KB198188

올림포스

수학 II

교육의 힘으로
세상의 차이를 좁혀 갑니다
차이가 차별로 이어지지 않는 미래를 위해
EBS가 가장 든든한 친구가 되겠습니다.

모든 교재 정보와 다양한 이벤트가 가득!
EBS 교재사이트 book.ebs.co.kr

본 교재는 EBS 교재사이트에서
eBook으로도 구입하실 수 있습니다.

기획 및 개발

최다인
이소민

집필 및 검토

김상철(청담고)
이채형(현대고)

검토

박혜련
허 석

편집 검토

김연희
신용민

본 교재의 강의는 TV와 모바일 APP, EBS*i* 사이트(www.ebs*i*.co.kr)에서 무료로 제공됩니다.

발행일 2017. 12. 1. **21쇄 인쇄일** 2024. 5. 3. **신고번호** 제2017-000193호 **펴낸곳** 한국교육방송공사 경기도 고양시 일산동구 한류월드로 281
표지디자인 디자인싹 **편집디자인** ㈜하이테크컴 **편집** ㈜하이테크컴 **인쇄** ㈜타라티피에스
인쇄 과정 중 잘못된 교재는 구입하신 곳에서 교환하여 드립니다. **신규 사업 및 교재 광고 문의** pub@ebs.co.kr

올림
포스

수학 II

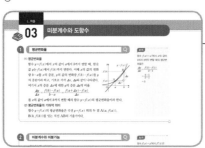

개념 정리

교과서의 기본 내용을 소주제별로 세분화하여 체계적으로 정리하고 보기, 설명, 참고, 주의, 증명을 통해서 개념의 이해를 도울 수 있도록 구성하였다.

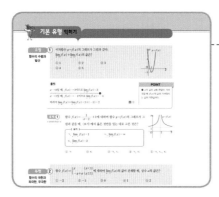

기본 유형 익히기

대표 문항을 통해 개념을 익히고 비슷한 유형의 유제 문항을 구성하여 개념에 대한 확실한 이해를 도울 수 있도록 하였다. 또한 대표 문항 풀이 과정 중 유의할 부분이나 추가 개념이 있는 경우 **point**를 통해 다시 한 번 학습할 수 있도록 하였다.

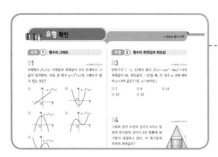

유형 확인

개념을 유형별로 나누어 다양한 문항을 연습할 수 있도록 하였다.

서술형 연습장

서술형 시험에 대비하여 풀이 과정을 단계적으로 서술하여 문제 해결 과정의 이해를 도왔다.

내신 + 수능 고난도 문항

내신 및 수능 1등급에 대비하기 위하여 난이도가 높은 문항들로 구성하였다.

대단원 종합 문제

체계적이고 종합적인 사고력을 학습할 수 있도록 기본 문항부터 고난도 문항까지 단계별로 수록하였다.

수행평가

학교 수행평가에 대비하여 단원별로 간단한 쪽지시험으로 구성하였다.

이 책의 차례

올림포스 **수학 II**

EBS 스마트북 활용 안내

EBS 스마트북은 스마트폰으로 바로 찍어 해설 영상을 수강할 수 있고, 교재 문제를 파일(한글, 이미지)로 다운로드하여 쉽게 활용할 수 있습니다.

학생 — 모르는 문제, 찍어서 해설 강의 수강

[8446-0001]

1. 윗글에 대해 이해한 내용으로 가장 적절한 것은?

\# 스마트폰 문제 촬영
\# 인공지능 단추 푸리봇 연결
\# 해설 강의 수강

※ EBSi 고교강의 앱 설치 후 이용하실 수 있습니다.
※ EBSi 홈페이지 및 앱 검색창에서 문항코드 입력으로도 확인이 가능합니다.

교사 — 교재 문항을 한글(HWP)문서로 저장

[8446-0001]

1. 윗글에 대해 이해한 내용으로 가장 적절한 것은

EBS 교재 문항을 한글(HWP)파일로 다운로드하여 이용할 수 있습니다

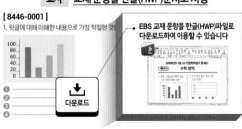

다운로드

※ 교사지원센터(http://teacher.ebsi.co.kr) 접속 후 '교사 인증'을 통해 이용 가능

01 함수의 극한

1 함수의 극한

보기

(1) 수렴

① 함수 $f(x)$에서 x의 값이 a가 아니면서 a에 한없이 가까워질 때, $f(x)$의 값이 일정한 값 α에 한없이 가까워지면 함수 $f(x)$는 α에 수렴한다고 한다. 이때 α를 $x=a$에서의 함수 $f(x)$의 극한값 또는 극한이라 하고, 기호로 다음과 같이 나타낸다.

$$\lim_{x \to a} f(x) = \alpha \ \text{또는} \ x \to a \text{일 때}, \ f(x) \to \alpha$$

② 함수 $f(x)$에서 x의 값이 한없이 커질 때, $f(x)$의 값이 일정한 값 α에 한없이 가까워지면 함수 $f(x)$는 α에 수렴한다고 하고 기호로 다음과 같이 나타낸다.

$$\lim_{x \to \infty} f(x) = \alpha \ \text{또는} \ x \to \infty \text{일 때}, \ f(x) \to \alpha$$

마찬가지로 x의 값이 음수이면서 절댓값이 한없이 커질 때, $f(x)$의 값이 일정한 값 α에 한없이 가까워지면 함수 $f(x)$는 α에 수렴한다고 하고 기호로 다음과 같이 나타낸다.

$$\lim_{x \to -\infty} f(x) = \alpha \ \text{또는} \ x \to -\infty \text{일 때}, \ f(x) \to \alpha$$

(2) 발산

함수 $f(x)$가 수렴하지 않으면 함수 $f(x)$는 발산한다고 한다.

보기

함수 $f(x) = \begin{cases} x+1 & (x \neq 0) \\ 0 & (x=0) \end{cases}$

에 대하여 $\lim\limits_{x \to 0} f(x) = 1$이다.

참고

∞는 무한히 커지는 상태를 뜻한다. 즉, $x \to \infty$는 x의 값이 한없이 커지는 상태를 나타낸다.

참고

$\lim\limits_{x \to a} f(x) = \infty$,
$\lim\limits_{x \to a} f(x) = -\infty$,
$\lim\limits_{x \to \infty} f(x) = \infty$,
$\lim\limits_{x \to \infty} f(x) = -\infty$,
$\lim\limits_{x \to -\infty} f(x) = \infty$,
$\lim\limits_{x \to -\infty} f(x) = -\infty$
의 경우도 발산이다.

2 좌극한과 우극한

(1) 좌극한과 우극한

함수 $f(x)$에서 x가 a보다 작은 값을 가지면서 a에 한없이 가까워질 때, $f(x)$의 값이 일정한 값 α에 한없이 가까워지면 α를 $x=a$에서의 함수 $f(x)$의 좌극한이라 하고 기호로 다음과 같이 나타낸다.

$$\lim_{x \to a-} f(x) = \alpha \ \text{또는} \ x \to a- \text{일 때}, \ f(x) \to \alpha$$

또, x가 a보다 큰 값을 가지면서 a에 한없이 가까워질 때, $f(x)$의 값이 일정한 값 α에 한없이 가까워지면 α를 $x=a$에서의 함수 $f(x)$의 우극한이라 하고 기호로 다음과 같이 나타낸다.

$$\lim_{x \to a+} f(x) = \alpha \ \text{또는} \ x \to a+ \text{일 때}, \ f(x) \to \alpha$$

(2) 함수의 극한과 좌극한, 우극한: $\lim\limits_{x \to a-} f(x) = \lim\limits_{x \to a+} f(x) = \alpha \iff \lim\limits_{x \to a} f(x) = \alpha$

참고 $x=a$에서의 좌극한과 우극한이 모두 존재하고 그 값이 α로 같으면 함수 $f(x)$의 $x=a$에서의 극한값은 α이다. 역으로 함수 $f(x)$의 $x=a$에서의 극한값이 α로 존재하면 $x=a$에서의 좌극한과 우극한이 모두 존재하고 그 값은 모두 α이다.

보기

함수 $f(x) = \begin{cases} 1 & (x<0) \\ x+1 & (x>0) \end{cases}$

에 대하여
$\lim\limits_{x \to 0-} f(x) = 1$
$\lim\limits_{x \to 0+} f(x) = 1$
이므로
$\lim\limits_{x \to 0} f(x) = 1$
이다.

3 함수의 극한의 성질

(1) 함수의 극한의 성질

두 함수 $f(x)$, $g(x)$에 대하여 $\lim\limits_{x \to a} f(x) = \alpha$, $\lim\limits_{x \to a} g(x) = \beta$($\alpha$, β는 상수)일 때

① $\lim\limits_{x \to a} \{f(x) + g(x)\} = \lim\limits_{x \to a} f(x) + \lim\limits_{x \to a} g(x) = \alpha + \beta$

② $\lim\limits_{x \to a} \{f(x) - g(x)\} = \lim\limits_{x \to a} f(x) - \lim\limits_{x \to a} g(x) = \alpha - \beta$

③ $\lim\limits_{x \to a} f(x)g(x) = \lim\limits_{x \to a} f(x) \times \lim\limits_{x \to a} g(x) = \alpha\beta$

④ $\lim\limits_{x \to a} \dfrac{f(x)}{g(x)} = \dfrac{\lim\limits_{x \to a} f(x)}{\lim\limits_{x \to a} g(x)} = \dfrac{\alpha}{\beta}$ (단, $g(x) \neq 0$, $\beta \neq 0$)

> **참고** (1) 함수의 극한의 성질은 $x \to \infty$, $x \to -\infty$, $x \to a-$, $x \to a+$일 때에도 성립한다.
> (2) 함수의 극한의 성질을 이용한 극한값의 계산: 함수의 극한의 성질을 직접 이용할 수 없는 경우 다음 방법으로 주어진 식을 변형하여 극한의 성질을 이용한다.
>
> ① $\lim\limits_{x \to a} \dfrac{f(x)}{g(x)}$의 극한을 구할 때, $\lim\limits_{x \to a} f(x) = 0$이고 $\lim\limits_{x \to a} g(x) = 0$인 경우
>   (i) $f(x)$와 $g(x)$가 다항식이면 인수분해한 후 공통인 인수를 약분한다.
>   (ii) $f(x)$ 또는 $g(x)$가 무리식이면 유리화한 후 공통인 인수를 약분한다.
> ② $\lim\limits_{x \to \infty} \dfrac{f(x)}{g(x)}$의 극한을 구할 때, $\lim\limits_{x \to \infty} f(x) = \infty$이고 $\lim\limits_{x \to \infty} g(x) = \infty$인 경우
>   분모의 최고차항으로 분자, 분모를 나눈다.
> ③ $\lim\limits_{x \to \infty} \{f(x) - g(x)\}$의 극한을 구할 때, $\lim\limits_{x \to \infty} f(x) = \infty$이고 $\lim\limits_{x \to \infty} g(x) = \infty$인 경우
> $f(x)$ 또는 $g(x)$가 무리식이면 유리화한다.

(2) 함수의 극한에 관련된 성질

$\lim\limits_{x \to a} \dfrac{f(x)}{g(x)} = \alpha$($\alpha$는 상수)이고 $\lim\limits_{x \to a} g(x) = 0$이면 $\lim\limits_{x \to a} f(x) = 0$이다.

> **설명** $\lim\limits_{x \to a} \dfrac{f(x)}{g(x)} = \alpha$, $\lim\limits_{x \to a} g(x) = 0$이면
>
> $\lim\limits_{x \to a} f(x) = \lim\limits_{x \to a} \left\{ \dfrac{f(x)}{g(x)} \times g(x) \right\} = \lim\limits_{x \to a} \dfrac{f(x)}{g(x)} \times \lim\limits_{x \to a} g(x) = \alpha \times 0 = 0$

4 함수의 극한의 대소 관계

$\lim\limits_{x \to a} f(x) = \alpha$, $\lim\limits_{x \to a} g(x) = \beta$($\alpha$, β는 상수)일 때, a에 가까운 모든 x의 값에 대하여

(1) $f(x) \leq g(x)$이면 $\alpha \leq \beta$

(2) $f(x) \leq h(x) \leq g(x)$이고 $\alpha = \beta$이면 $\lim\limits_{x \to a} h(x) = \alpha$

보기

$\lim\limits_{x \to 1} f(x) = 2$, $\lim\limits_{x \to 1} g(x) = 1$일 때,

$\lim\limits_{x \to 1} \{f(x) + g(x)\}$

$= \lim\limits_{x \to 1} f(x) + \lim\limits_{x \to 1} g(x)$

$= 2 + 1 = 3$

$\lim\limits_{x \to 1} f(x)g(x)$

$= \lim\limits_{x \to 1} f(x) \times \lim\limits_{x \to 1} g(x)$

$= 2 \times 1 = 2$

보기

$\lim\limits_{x \to 1} \dfrac{x^2 - 1}{x - 1}$

$= \lim\limits_{x \to 1} \dfrac{(x-1)(x+1)}{x-1}$

$= \lim\limits_{x \to 1} (x+1)$

$= 1 + 1 = 2$

주의

$f(x) < g(x)$이지만 $\lim\limits_{x \to a} f(x) = \lim\limits_{x \to a} g(x)$인 경우도 있다. 예를 들어, $f(x) = 0$, $g(x) = |x|$에 대하여 $x \neq 0$일 때, $f(x) < g(x)$이지만 $\lim\limits_{x \to 0} f(x) = \lim\limits_{x \to 0} g(x) = 0$

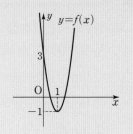

유형 1 함수의 수렴과 발산

이차함수 $y=f(x)$의 그래프가 그림과 같다.

$\lim\limits_{x \to 0} f(x) + \lim\limits_{x \to 1} f(x)$의 값은?

① 1   ② 2   ③ 3

④ 4   ⑤ 5

풀이

$x \to 0$일 때, $f(x) \to 3$이므로 $\lim\limits_{x \to 0} f(x) = 3$

$x \to 1$일 때, $f(x) \to -1$이므로 $\lim\limits_{x \to 1} f(x) = -1$ ❶

따라서 $\lim\limits_{x \to 0} f(x) + \lim\limits_{x \to 1} f(x) = 3 + (-1) = 2$ **답** ②

POINT

❶ x의 값이 a에 한없이 가까워질 때, $f(x)$의 값이 가까워지는 값이 극한값이다.

유제 1 • 8446-0001 •

함수 $f(x) = \dfrac{1}{|x-2|} + 1$에 대하여 함수 $y=f(x)$의 그래프가 그림과 같을 때, 〈보기〉에서 옳은 것만을 있는 대로 고른 것은?

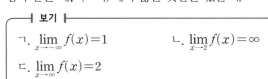

┤ 보기 ├

ㄱ. $\lim\limits_{x \to -\infty} f(x) = 1$ ㄴ. $\lim\limits_{x \to 2} f(x) = \infty$

ㄷ. $\lim\limits_{x \to \infty} f(x) = 2$

① ㄱ   ② ㄷ   ③ ㄱ, ㄴ   ④ ㄱ, ㄷ   ⑤ ㄱ, ㄴ, ㄷ

유형 2 함수의 극한과 좌극한, 우극한

함수 $f(x) = \begin{cases} x & (x<1) \\ -x+a & (x \geq 1) \end{cases}$에 대하여 $\lim\limits_{x \to 1} f(x)$의 값이 존재할 때, 상수 a의 값은?

① -2 ② -1 ③ 0   ④ 1   ⑤ 2

풀이

$\lim\limits_{x \to 1-} f(x) = \lim\limits_{x \to 1-} x = 1$ ······ ㉠

$\lim\limits_{x \to 1+} f(x) = \lim\limits_{x \to 1+} (-x+a) = -1+a$ ······ ㉡ ❶

㉠과 ㉡의 값이 같아야 하므로 $1 = -1+a$, $a=2$ **답** ⑤

POINT

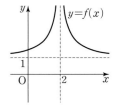

❶ $\lim\limits_{x \to a} f(x) = a \Longleftrightarrow$

$\lim\limits_{x \to a-} f(x) = \lim\limits_{x \to a+} f(x) = a$

유제 2 • 8446-0002 •

함수 $f(x) = \begin{cases} 2 & (x<1) \\ x^2+a & (x \geq 1) \end{cases}$에 대하여 $\lim\limits_{x \to 1} f(x) = b$일 때, 두 상수 a, b에 대하여 $a+b$의 값을 구하시오.

유형 3

함수의 극한의 성질(1)

$\displaystyle\lim_{x \to 1} \frac{x^2+2x-3}{x-1}$의 값은?

① 1　　　　② 2　　　　③ 3　　　　④ 4　　　　⑤ 5

풀이

$$\lim_{x \to 1} \frac{x^2+2x-3}{x-1} = \lim_{x \to 1} \frac{(x+3)(x-1)}{x-1} ❶$$
$$= \lim_{x \to 1} (x+3)$$
$$= \lim_{x \to 1} x + \lim_{x \to 1} 3$$
$$= 1+3 = 4$$

답 ④

POINT

❶ 분자를 인수분해한 후 $x-1$을 약분하여 함수의 극한의 성질을 이용한다.

유제 3

● 8446-0003 ●

$\displaystyle\lim_{x \to 2} \frac{\sqrt{x+2}-2}{x-2}$의 값은?

① $\dfrac{1}{4}$　　　② $\dfrac{1}{2}$　　　③ 1　　　④ 2　　　⑤ 4

유형 4

함수의 극한의 성질(2)

$\displaystyle\lim_{x \to \infty} \frac{6x^2+2x+1}{3x^2+4}$의 값은?

① $\dfrac{1}{3}$　　　② $\dfrac{1}{2}$　　　③ 1　　　④ 2　　　⑤ 3

풀이

$$\lim_{x \to \infty} \frac{6x^2+2x+1}{3x^2+4} = \lim_{x \to \infty} \frac{6+\dfrac{2}{x}+\dfrac{1}{x^2}}{3+\dfrac{4}{x^2}} = \frac{\displaystyle\lim_{x \to \infty} 6 + \lim_{x \to \infty} \frac{2}{x} + \lim_{x \to \infty} \frac{1}{x^2}}{\displaystyle\lim_{x \to \infty} 3 + \lim_{x \to \infty} \frac{4}{x^2}} ❶$$
$$= \frac{6+0+0}{3+0} = 2$$

답 ④

POINT

❶ 분모의 최고차항으로 분모, 분자를 나눈다.

유제 4

● 8446-0004 ●

$\displaystyle\lim_{x \to \infty} (\sqrt{x^2+2x}-x)$의 값은?

① 1　　　② 2　　　③ 3　　　④ 4　　　⑤ 5

유형 5

함수의 극한의 성질(3)

두 상수 a, b에 대하여 $\lim\limits_{x \to 1} \dfrac{x^2+ax+b}{x-1}=3$일 때, a^2+b^2의 값은?

① 1   ② 2   ③ 3   ④ 4   ⑤ 5

풀이

$x \to 1$일 때, (분모) $\to 0$이므로 (분자) $\to 0$에서 ❶
$\lim\limits_{x \to 1}(x^2+ax+b)=0$, $1+a+b=0$, $b=-a-1$

주어진 식에 대입하면

$$\lim\limits_{x \to 1}\dfrac{x^2+ax-(a+1)}{x-1}=\lim\limits_{x \to 1}\dfrac{(x-1)(x+a+1)}{x-1}$$
$$=\lim\limits_{x \to 1}(x+a+1)=a+2=3$$

따라서 $a=1$, $b=-2$이므로 $a^2+b^2=5$

답 ⑤

POINT

❶ $\lim\limits_{x \to a}\dfrac{f(x)}{g(x)}$의 값이 존재하고

$\lim\limits_{x \to a}g(x)=0$이면

$\lim\limits_{x \to a}f(x)=0$이다.

유제 5

● 8446-0005 ●

두 상수 a, b에 대하여 $\lim\limits_{x \to 2}\dfrac{\sqrt{x+7}-a}{x-2}=b$일 때, ab의 값은?

① $\dfrac{1}{3}$ ② $\dfrac{1}{2}$ ③ 1   ④ 2   ⑤ 3

유형 6

함수의 극한의 대소 관계

함수 $f(x)$가 모든 실수 x에 대하여 $4x-4 \le f(x) \le x^2$을 만족시킬 때, $\lim\limits_{x \to 2}f(x)$의 값을 구하시오.

풀이

$\lim\limits_{x \to 2}(4x-4)=4 \times 2-4=4$

$\lim\limits_{x \to 2}x^2=2^2=4$ ❶

이므로 함수의 극한의 대소 관계에 의하여

$\lim\limits_{x \to 2}f(x)=4$

답 4

POINT

❶ a에 가까운 모든 실수 x에 대하여 $f(x) \le h(x) \le g(x)$이고
$\lim\limits_{x \to a}f(x)=\lim\limits_{x \to a}g(x)=a$이면
$\lim\limits_{x \to a}h(x)=a$이다.

유제 6

● 8446-0006 ●

함수 $f(x)$가 모든 실수 x에 대하여 $\dfrac{x^2}{2x^2+3} \le f(x) \le \dfrac{x^2+1}{2x^2+3}$을 만족시킬 때, $\lim\limits_{x \to \infty}f(x)$의 값은?

① $\dfrac{1}{6}$ ② $\dfrac{1}{5}$ ③ $\dfrac{1}{4}$ ④ $\dfrac{1}{3}$ ⑤ $\dfrac{1}{2}$

• 정답과 풀이 3쪽

유형 1 함수의 수렴과 발산

01

• 8446-0007 •

함수 $y=f(x)$의 그래프가 그림과 같을 때, $\lim\limits_{x \to 1} f(x)+f(1)$의 값은?

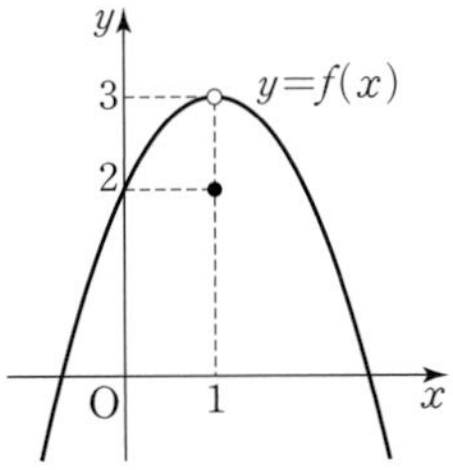

① 1   ② 2

③ 3   ④ 4

⑤ 5

02

• 8446-0008 •

그림과 같이 일차함수 $y=f(x)$의 그래프가 x축, y축과 만나는 점을 각각 $(a, 0)$, $(0, b)$라 하자.
$\lim\limits_{x \to 0} f(x)=1$, $\lim\limits_{x \to -1} f(x)=0$
일 때, $f(a+2b)$의 값은?

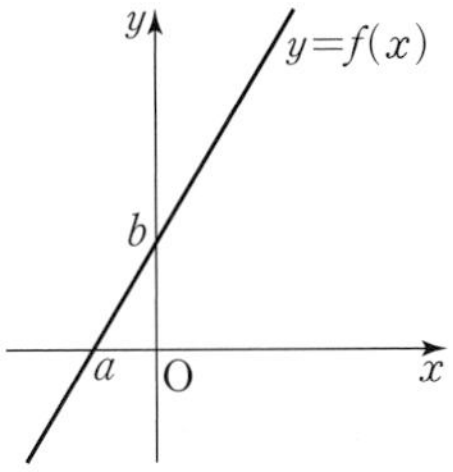

① 1   ② 2

③ 3   ④ 4   ⑤ 5

03

• 8446-0009 •

유리함수 $f(x)=\dfrac{ax+b}{x+c}$에 대하여 함수 $y=f(x)$의 그래프가 그림과 같이 점 $(0, 2)$를 지나고 한 점근선이 $x=-1$이다.
$\lim\limits_{x \to \infty} f(x)=1$일 때, $a+b+c$의 값은?
(단, a, b, c는 상수이다.)

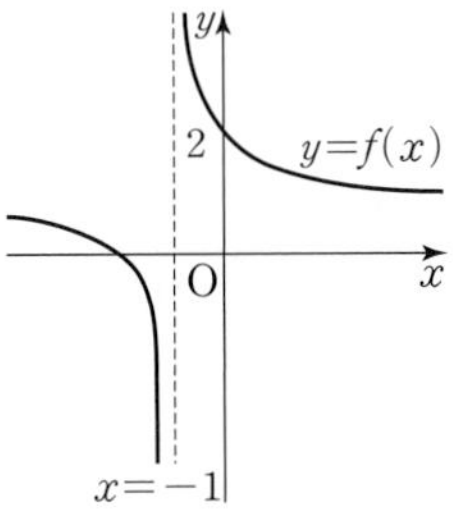

① 1   ② 2   ③ 3

④ 4   ⑤ 5

유형 2 함수의 극한과 좌극한, 우극한

04

• 8446-0010 •

함수 $y=f(x)$의 그래프가 그림과 같을 때,
$\lim\limits_{x \to -1-} f(x)+\lim\limits_{x \to 1+} f(x)$의 값은?

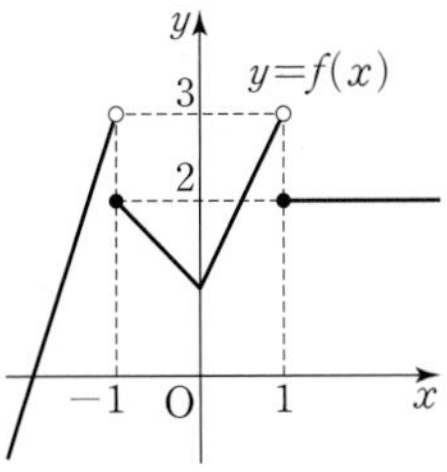

① 2   ② 3

③ 4   ④ 5

⑤ 6

05

• 8446-0011 •

함수 $f(x)=\dfrac{|x|}{x}$에 대하여 $\lim\limits_{x \to 0-} f(x)-\lim\limits_{x \to 0+} f(x)$의 값은?

① -2 ② -1 ③ 0

④ 1   ⑤ 2

06

• 8446-0012 •

함수 $f(x)=\dfrac{1}{|x|}$에 대하여 함수 $y=x^k f(x)$가 $x=0$에서 극한값을 갖기 위한 자연수 k의 최솟값은?

① 1   ② 2   ③ 3

④ 4   ⑤ 5

유형 **3** 함수의 극한의 성질(1)

07
• 8446-0013 •

함수 $f(x)$에 대하여 $\lim\limits_{x \to 1} f(x) = 2$일 때,

$\lim\limits_{x \to 1} \dfrac{f(x) + x}{x^2 + 2x + 3}$의 값은?

① $\dfrac{1}{6}$ ② $\dfrac{1}{5}$ ③ $\dfrac{1}{4}$

④ $\dfrac{1}{3}$ ⑤ $\dfrac{1}{2}$

08
• 8446-0014 •

$\lim\limits_{x \to 2} \dfrac{\sqrt{x+2} - 2}{x^2 - x - 2}$의 값은?

① $\dfrac{1}{11}$ ② $\dfrac{1}{12}$ ③ $\dfrac{1}{13}$

④ $\dfrac{1}{14}$ ⑤ $\dfrac{1}{15}$

09
• 8446-0015 •

$\lim\limits_{x \to 1} \dfrac{x^3 - 4x + 3}{x^2 - 1}$의 값은?

① $-\dfrac{1}{3}$ ② $-\dfrac{1}{2}$ ③ 0

④ $\dfrac{1}{2}$ ⑤ $\dfrac{1}{3}$

유형 **4** 함수의 극한의 성질(2)

10
• 8446-0016 •

$\lim\limits_{x \to \infty} \dfrac{(x+1)^3 - x^3}{x^2 + 2x + 3}$의 값은?

① 1 ② 2 ③ 3

④ 4 ⑤ 5

11
• 8446-0017 •

자연수 n과 0이 아닌 상수 a에 대하여

$\lim\limits_{x \to \infty} \dfrac{ax^n + 3}{x^2 + 2x + 4} = 4$일 때, $a + n$의 값은?

① 2 ② 4 ③ 6

④ 8 ⑤ 10

12
• 8446-0018 •

$\lim\limits_{x \to -\infty} (\sqrt{x^2 + 6x} + x)$의 값은?

① -5 ② -4 ③ -3

④ -2 ⑤ -1

13

• 8446-0019 •

두 상수 a, b에 대하여

$$\lim_{x \to 1} \frac{x^2 - a}{x^2 + x - 2} = b$$

일 때, $a+b$의 값은?

① $\frac{1}{3}$　　　② $\frac{2}{3}$　　　③ 1

④ $\frac{4}{3}$　　　⑤ $\frac{5}{3}$

14

• 8446-0020 •

두 상수 a, b에 대하여

$$\lim_{x \to 3} \frac{x^2 + ax - 3}{\sqrt{x+1} - 2} = b$$

일 때, $a+b$의 값은?

① 11　　　② 12　　　③ 13

④ 14　　　⑤ 15

15

• 8446-0021 •

두 상수 a, b에 대하여

$$\lim_{x \to a} \frac{x^2 - ax + a + 3}{x - a} = b$$

일 때, ab의 값을 구하시오.

16

• 8446-0022 •

함수 $f(x)$가 모든 실수 x에 대하여

$$2x - 1 \le f(x) \le x^2$$

일 때, $\lim_{x \to 1} \{(x+1)f(x)\}$의 값은?

① 1　　　② 2　　　③ 3

④ 4　　　⑤ 5

17

• 8446-0023 •

함수 $f(x)$가 모든 실수 x에 대하여

$$2x + 1 \le f(x) \le 2x + 3$$

일 때, $\lim_{x \to \infty} \dfrac{f(x)}{x+1}$의 값은?

① 1　　　② 2　　　③ 3

④ 4　　　⑤ 5

18

• 8446-0024 •

함수 $f(x)$가 $x > 1$인 모든 실수 x에 대하여

$$\frac{x^2 - 1}{x - 1} \le \frac{f(x)}{x + 2} \le \frac{x^3 - x^2 + x - 1}{x - 1}$$

이고 $\lim_{x \to 1} f(x) = a$일 때, 상수 a의 값을 구하시오.

함수 $y=f(x)$의 그래프가 그림과 같다. 함수

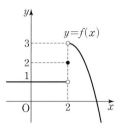

$$g(x)=\begin{cases} x+1 & (x<2) \\ x^2+a & (x\geq 2) \end{cases}$$

에 대하여 함수 $y=f(x)g(x)$가 $x=2$에서 극한값을 가질 때, 상수 a의 값을 구하시오.

풀이

좌극한과 우극한을 나누어 구하면 다음과 같다.

(ⅰ) 좌극한   → 함수의 극한이 존재함을 보이려면 (좌극한)=(우극한)임을 보인다.

$x\to 2-$일 때, $f(x)\to 1$에서

$\lim\limits_{x\to 2-} f(x)=1$

또, $\lim\limits_{x\to 2-} g(x)=\lim\limits_{x\to 2-}(x+1)=3$

그러므로

$\lim\limits_{x\to 2-} f(x)g(x)=\lim\limits_{x\to 2-}f(x)\times\lim\limits_{x\to 2-}g(x)$

$\qquad\qquad =1\times 3=3$ ◀ ❶

(ⅱ) 우극한

$x\to 2+$일 때, $f(x)\to 3$에서

$\lim\limits_{x\to 2+} f(x)=3$

또, $\lim\limits_{x\to 2+} g(x)=\lim\limits_{x\to 2+}(x^2+a)=4+a$

그러므로

$\lim\limits_{x\to 2+} f(x)g(x)=\lim\limits_{x\to 2+}f(x)\times\lim\limits_{x\to 2+}g(x)$

$\qquad\qquad =3\times(4+a)=12+3a$ ◀ ❷

(ⅰ), (ⅱ)의 두 극한값이 같아야 하므로

$3=12+3a$

$a=-3$ ◀ ❸

답 -3

단계	채점 기준	비율
❶	좌극한을 구한 경우	40 %
❷	우극한을 구한 경우	40 %
❸	극한값이 존재할 조건을 이용하여 a의 값을 구한 경우	20 %

01
● 8446-0025 ●

$\lim\limits_{x\to 1}\left\{\dfrac{1}{x^2-x}\left(\dfrac{1}{\sqrt{x+3}}-\dfrac{1}{2}\right)\right\}$의 값을 구하시오.

02
● 8446-0026 ●

다항함수 $f(x)$가 다음 조건을 만족시킨다.

(가) $\lim\limits_{x\to\infty}\dfrac{f(x)}{x^2+x}=2$

(나) $\lim\limits_{x\to 1}\dfrac{f(x)}{x-1}=6$

$f(3)$의 값을 구하시오.

03
● 8446-0027 ●

그림과 같이 곡선 $y=\sqrt{x}$와 직선 $y=x$가 직선 $x=t(0<t<1)$와 만나는 점을 각각 P, Q라 하고 점 Q를 지나고 x축에 평행한 직선이 직선 $x=1$과 만나는 점을 R라 하자. $\lim\limits_{t\to 1-}\dfrac{\overline{PQ}}{\overline{QR}}$의 값을 구하시오.

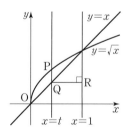

01

● 8446-0028 ●

정의역이 $\{x \mid x \geq -1\}$인 함수 $f(x) = x^2 + 2x + 2$의 역함수를 $g(x)$라 할 때, $\lim\limits_{x \to 2} \dfrac{g(x)}{f(x) - 10}$의 값은?

① $\dfrac{1}{11}$　　　　② $\dfrac{1}{12}$　　　　③ $\dfrac{1}{13}$　　　　④ $\dfrac{1}{14}$　　　　⑤ $\dfrac{1}{15}$

02

● 8446-0029 ●

최고차항의 계수가 1인 이차함수 $f(x)$가

$$\lim_{x \to 1} \frac{f(x)}{f(x) - 2(\sqrt{x} - 1)} = 2$$

를 만족시킬 때, $f(2)$의 값은?

① 1　　　　② 2　　　　③ 3　　　　④ 4　　　　⑤ 5

03

● 8446-0030 ●

그림과 같이 곡선 $y = x^2$ 위에 있으며 제1사분면에 있는 점을 $P(t, t^2)$이라 하자. 직선 OP에 평행하고 곡선 $y = x^2$에 접하는 직선이 y축과 만나는 점을 Q라 할 때, $\lim\limits_{t \to \infty} \dfrac{\overline{OQ}}{\overline{OP}}$의 값은?

(단, O는 원점이다.)

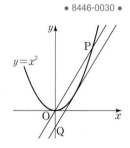

① $\dfrac{1}{6}$　　　　　② $\dfrac{1}{5}$　　　　　③ $\dfrac{1}{4}$

④ $\dfrac{1}{3}$　　　　　⑤ $\dfrac{1}{2}$

02 함수의 연속

1 함수의 연속

(1) 함수의 연속

함수 $f(x)$가 실수 a에 대하여 다음 세 조건

① 함숫값 $f(a)$가 정의되고

② $\lim\limits_{x \to a} f(x)$가 존재하며

③ $\lim\limits_{x \to a} f(x) = f(a)$

를 모두 만족시킬 때, $x=a$에서 연속이라 한다.

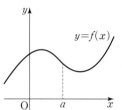

> **참고** 함수 $f(x)$가 $x=a$에서 연속이라는 것은 함수 $y=f(x)$의
> 그래프가 $x=a$에서 연결되어 있다는 것이다.

(2) 함수의 불연속

함수 $y=f(x)$의 그래프가 $x=a$에서 연속이 아닐 때, 함수 $f(x)$는 $x=a$에서 불연속이라 한다. 즉, 함수 $f(x)$가 위의 (1)의 세 조건 중 어느 한 조건이라도 만족시키지 않으면 $x=a$에서 불연속이다.

보기

함수 $f(x)=x^2$에 대하여 $x=1$에서의 연속성을 조사해 보자.

$f(1)=1$

$\lim\limits_{x \to 1} f(x) = 1$

$\lim\limits_{x \to 1} f(x) = f(1)$

이므로 함수 $f(x)$는 $x=1$에서 연속이다.

2 연속함수

(1) 구간

두 실수 a, $b\,(a<b)$에 대하여 다음 실수의 집합

$$\{x \mid a \le x \le b\}, \ \{x \mid a < x < b\}$$

$$\{x \mid a \le x < b\}, \ \{x \mid a < x \le b\}$$

를 구간이라 하며, 이것을 각각 기호로

$$[a,\ b],\ (a,\ b),\ [a,\ b),\ (a,\ b]$$

와 같이 나타낸다. 이때 $[a,\ b]$를 닫힌구간, $(a,\ b)$를 열린구간, $[a,\ b),\ (a,\ b]$를 반닫힌구간 또는 반열린구간이라 한다.

(2) 연속함수

함수 $f(x)$가 어떤 구간에 속하는 모든 실수 x에서 연속일 때, 함수 $f(x)$는 그 구간에서 연속이라 하고, 그 구간에서 연속인 함수를 그 구간에서 연속함수라 한다. 특히, 함수 $f(x)$가

① 열린구간 $(a,\ b)$에서 연속이고

② $\lim\limits_{x \to a+} f(x) = f(a)$, $\lim\limits_{x \to b-} f(x) = f(b)$

일 때, 함수 $f(x)$는 닫힌구간 $[a,\ b]$에서 연속이라 한다.

> **참고** 어떤 구간에서 연속인 함수 $y=f(x)$의 그래프는 그 구간에서 연결되어 있다.

보기

함수 $f(x)=\sqrt{x}$는 열린구간 $(0, \infty)$에서 연속이고 $\lim\limits_{x \to 0+} f(x) = f(0)$이므로 구간 $[0, \infty)$에서 연속이다.

3 연속함수의 성질

두 함수 $f(x)$, $g(x)$가 $x=a$에서 연속이면 다음 함수는 모두 $x=a$에서 연속이다.

(1) $f(x)+g(x)$ (2) $f(x)-g(x)$

(3) $f(x)g(x)$ (4) $\dfrac{f(x)}{g(x)}$ (단, $g(x)\neq0$)

> 참고   두 함수 $f(x)$, $g(x)$가 어떤 구간에서 연속이면 그 구간에서 함수 $f(x)+g(x)$,
> $f(x)-g(x)$, $f(x)g(x)$, $\dfrac{f(x)}{g(x)}$ $(g(x)\neq0)$도 모두 연속이다.

> 참고 $y=1$, $y=x$는 구간 $(-\infty, \infty)$에서 연속이므로 다항함수는 구간 $(-\infty, \infty)$에서 연속이
> 다. 또, 유리함수도 (분모)$\neq0$인 실수 전체의 집합에서 연속이다.

> **주의**
>
> 함수 $f(x)$ 또는 함수 $g(x)$가 $x=a$에서 불연속일 때에는 연속함수의 성질을 이용할 수 없다.

4 최대, 최소 정리

함수 $f(x)$가 닫힌구간 $[a, b]$에서 연속이면 $f(x)$는 이 구간에서 반드시 최댓값과 최솟값을 갖는다.

> 참고   최대, 최소 정리에서 주어진 조건을 만족시키지 않는 경우에는 최댓값 또는 최솟값이 존재할 수도 있고 존재하지 않을 수도 있으므로 최댓값과 최솟값을 직접 확인해 봐야 한다.

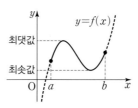

> **보기**
>
> 함수 $f(x)=x^2$은 구간 $[0, 1]$에서 연속이므로 이 구간에서 최댓값과 최솟값을 반드시 갖는다. 이때 최댓값은 1, 최솟값은 0이다.

5 사잇값의 정리

(1) 사잇값의 정리

함수 $f(x)$가 닫힌구간 $[a, b]$에서 연속이고 $f(a)\neq f(b)$일 때, $f(a)$와 $f(b)$ 사이의 임의의 값 k에 대하여

$$f(c)=k$$

를 만족시키는 c가 열린구간 (a, b) 안에 적어도 하나 존재한다.

(2) 사잇값의 정리의 방정식에의 활용

함수 $f(x)$가 닫힌구간 $[a, b]$에서 연속이고 $f(a)$와 $f(b)$의 부호가 다르면

$$f(c)=0$$

인 c가 열린구간 (a, b)에서 적어도 하나 존재한다. 즉, 방정식 $f(x)=0$은 열린구간 (a, b)에서 적어도 하나의 실근을 갖는다.

> 참고   사잇값의 정리에서 주어진 조건을 만족시키지 않는 경우에는 c가 존재할 수도 있고 존재하지 않을 수도 있으므로 직접 확인해 봐야 한다.

> **보기**
>
> 함수 $f(x)=x^2-1$은 구간 $[0, 2]$에서 연속이다. 이때 $f(0)<0$, $f(2)>0$이므로 구간 $(0, 2)$에서 방정식 $f(x)=0$은 적어도 하나의 실근을 갖는다.

기본 유형 익히기

유형 ①
함수의 연속(1)

함수 $f(x)=\begin{cases} x+1 & (x<2) \\ x^2+a & (x\geq2) \end{cases}$ 가 $x=2$에서 연속일 때, 상수 a의 값은?

① -2 ② -1 ③ 0 ④ 1 ⑤ 2

풀이

$\lim\limits_{x\to2-}f(x)=\lim\limits_{x\to2+}f(x)=f(2)$이어야 하므로 **❶**

$\lim\limits_{x\to2-}f(x)=\lim\limits_{x\to2-}(x+1)=3$, $\lim\limits_{x\to2+}f(x)=\lim\limits_{x\to2+}(x^2+a)=4+a$

$f(2)=4+a$

위의 세 값이 같아야 하므로 $3=4+a=4+a$에서 $a=-1$ **답 ②**

> **POINT**
>
> ❶ 함수 $f(x)$가 $x=a$에서 연속일 필요충분조건은
> $\lim\limits_{x\to a}f(x)=f(a)$
> 이다. 즉,
> $\lim\limits_{x\to a-}f(x)=\lim\limits_{x\to a+}f(x)=f(a)$

유제 ①
● 8446-0031 ●

함수 $f(x)=\begin{cases} x^2+2 & (x\neq1) \\ a & (x=1) \end{cases}$ 가 $x=1$에서 연속일 때, 상수 a의 값을 구하시오.

유형 ②
함수의 연속(2)

함수 $f(x)=\begin{cases} \dfrac{x^2-a}{x-1} & (x\neq1) \\ b & (x=1) \end{cases}$ 가 $x=1$에서 연속일 때, 두 상수 a, b에 대하여 $a+b$의 값을 구하시오.

풀이

함수 $f(x)$가 $x=1$에서 연속이므로 $\lim\limits_{x\to1}f(x)=f(1)$이어야 한다. **❶**

$\lim\limits_{x\to1}f(x)=\lim\limits_{x\to1}\dfrac{x^2-a}{x-1}$

이때 $x\to1$일 때, (분모)$\to0$이므로 (분자)$\to0$에서

$\lim\limits_{x\to1}(x^2-a)=0$, $1-a=0$, $a=1$

이 값을 대입하면

$\lim\limits_{x\to1}f(x)=\lim\limits_{x\to1}\dfrac{x^2-1}{x-1}=\lim\limits_{x\to1}\dfrac{(x-1)(x+1)}{x-1}=\lim\limits_{x\to1}(x+1)=1+1=2$

또, $f(1)=b$이므로 $b=2$

따라서 $a+b=1+2=3$ **답 3**

> **POINT**
>
> ❶ 유리함수, 무리함수의 연속성도
> $\lim\limits_{x\to a}f(x)=f(a)$
> 로 판단한다.

유제 ②
● 8446-0032 ●

함수 $f(x)=\begin{cases} x-a & (x\leq2) \\ \dfrac{\sqrt{x-1}-b}{x-2} & (x>2) \end{cases}$ 가 $x=2$에서 연속일 때, 두 상수 a, b에 대하여 $10ab$의 값을 구하시오.

유형 3

연속함수의
성질(1)

함수 $f(x) = \begin{cases} x^2+ax & (x<2) \\ x+a & (x\geq 2) \end{cases}$가 구간 $(-\infty, \infty)$에서 연속일 때, 상수 a의 값은?

① -5　　　　② -4　　　　③ -3　　　　④ -2　　　　⑤ -1

풀이

함수 $y=x^2+ax$는 열린구간 $(-\infty, 2)$에서 연속이고 함수 $y=x+a$는 구간 $[2, \infty)$에서 연속이므로 함수 $y=f(x)$가 구간 $(-\infty, \infty)$에서 연속이려면 $x=2$에서 연속이면 된다. ❶

즉, $\lim\limits_{x\to 2-} f(x) = \lim\limits_{x\to 2+} f(x) = f(2)$이어야 한다.

$\lim\limits_{x\to 2-} f(x) = \lim\limits_{x\to 2-} (x^2+ax) = 4+2a$, $\lim\limits_{x\to 2+} f(x) = \lim\limits_{x\to 2+} (x+a) = 2+a$

$f(2) = 2+a$

세 값이 같아야 하므로 $4+2a=2+a$, $a=-2$　　　　답 ④

POINT

❶ 다항함수는 연속함수의 성질에 의해 구간 $(-\infty, \infty)$에서 연속이다.

유제 3
• 8446-0033 •

함수 $f(x) = \begin{cases} ax+b & (|x|<1) \\ x^2-x & (|x|\geq 1) \end{cases}$가 구간 $(-\infty, \infty)$에서 연속일 때, 두 상수 a, b에 대하여 a^2+b^2의 값을 구하시오.

유형 4

연속함수의
성질(2)

두 함수 $f(x)=x-a$, $g(x) = \begin{cases} x^2+1 & (x\neq 1) \\ 3 & (x=1) \end{cases}$에 대하여 함수 $f(x)g(x)$가 구간 $(-\infty, \infty)$에서 연속일 때, 상수 a의 값을 구하시오.

풀이

함수 $f(x)$는 구간 $(-\infty, \infty)$에서 연속이고 함수 $g(x)$는 구간 $(-\infty, 1)$, $(1, \infty)$에서 연속이므로 함수 $f(x)g(x)$는 구간 $(-\infty, 1)$, $(1, \infty)$에서 연속이다. ❶ 그러므로 함수 $f(x)g(x)$가 구간 $(-\infty, \infty)$에서 연속이려면 $x=1$에서 연속이면 된다.

$\lim\limits_{x\to 1} f(x)g(x) = \lim\limits_{x\to 1} f(x) \times \lim\limits_{x\to 1} g(x) = (1-a)\times 2 = 2(1-a)$

$f(1)g(1) = (1-a)\times 3 = 3(1-a)$

그러므로 $2(1-a)=3(1-a)$, $a=1$　　　　답 1

POINT

❶ 두 함수 $f(x)$, $g(x)$가 $x=a$에서 연속이면 $f(x)g(x)$도 $x=a$에서 연속이다.

유제 4
• 8446-0034 •

두 함수 $f(x)=x^2+ax+b$, $g(x) = \begin{cases} x & (x<1) \\ x+1 & (1\leq x<2) \\ x+2 & (x\geq 2) \end{cases}$에 대하여 함수 $f(x)g(x)$가 구간 $(-\infty, \infty)$에서 연속일 때, $f(3)$의 값을 구하시오. (단, a, b는 상수이다.)

유형 5

연속함수의 성질(3)

두 함수 $f(x)=x+1$, $g(x)=x^2+6x+k$에 대하여 함수 $\dfrac{f(x)}{g(x)}$가 구간 $(-\infty,\ \infty)$에서 연속일 때, 정수 k의 최솟값은?

① 10　　　② 11　　　③ 12　　　④ 13　　　⑤ 14

풀이

$g(x)=0$인 x의 값이 있으면 이 점에서 함수 $\dfrac{f(x)}{g(x)}$는 정의되지 않으므로 구간 $(-\infty,\ \infty)$에서 불연속이다.

$g(x)=0$인 x의 값이 없으면 $f(x)$, $g(x)$는 다항함수이므로 구간 $(-\infty,\ \infty)$에서 연속이고, 함수 $\dfrac{f(x)}{g(x)}$도 구간 $(-\infty,\ \infty)$에서 연속이다.

그러므로 방정식 $x^2+6x+k=0$의 판별식을 D라 하면 $\dfrac{D}{4}=9-k<0$, $k>9$

따라서 정수 k의 최솟값은 10이다.　　　**답** ①

POINT

❶ 두 함수 $f(x)$, $g(x)$가 $x=a$에서 연속이고 $g(a)\neq0$이면 $\dfrac{f(x)}{g(x)}$도 $x=a$에서 연속이다.

유제 5
● 8446-0035 ●

함수 $f(x)=\begin{cases} \dfrac{x^2+3x+a}{x-1} & (x<1) \\ b & (x\geq1) \end{cases}$가 구간 $(-\infty,\ \infty)$에서 연속일 때, 두 상수 a, b에 대하여 $a+b$의 값을 구하시오.

유형 6

사잇값의 정리

닫힌구간 $[1,\ 4]$에서 연속인 함수 $f(x)$가 $f(1)=1$, $f(2)=-2$, $f(3)=3$, $f(4)=-4$일 때, 방정식 $f(x)=0$은 열린구간 $(1,\ 4)$에서 적어도 n개의 실근을 갖는다. 자연수 n의 값을 구하시오.

풀이

함수 $f(x)$가 닫힌구간 $[1,\ 4]$에서 연속이고

$f(1)>0$, $f(2)<0$, $f(3)>0$, $f(4)<0$

이므로 사잇값의 정리에 의해 방정식 $f(x)=0$은 구간 $(1,\ 2)$, $(2,\ 3)$, $(3,\ 4)$에서 각각 적어도 하나의 실근을 갖는다.

그러므로 방정식 $f(x)=0$은 열린구간 $(1,\ 4)$에서 적어도 3개의 실근을 갖는다.

따라서 $n=3$　　　**답** 3

POINT

❶ 닫힌구간 $[a,\ b]$에서 연속인 함수 $f(x)$가 $f(a)\neq f(b)$이면 $f(a)$와 $f(b)$ 사이의 임의의 실수 k에 대하여 $f(c)=k$를 만족시키는 c가 열린구간 $(a,\ b)$ 안에 적어도 하나 존재한다.

유제 6
● 8446-0036 ●

닫힌구간 $[0,\ 3]$에서 연속인 함수 $f(x)$가

$$f(0)=1,\ f(0)\times f(1)<0,\ f(1)\times f(2)>0,\ f(2)\times f(3)<0$$

을 만족시킬 때, 방정식 $f(x)=0$은 열린구간 $(0,\ 3)$에서 적어도 n개의 실근을 갖는다. 자연수 n의 값을 구하시오.

유형 ① 함수의 연속(1)

01

• 8446-0037 •

함수 $f(x)=\begin{cases} x^3+ax & (x\leq 2) \\ x+a & (x>2) \end{cases}$ 가 $x=2$에서 연속일 때, 상수 a의 값은?

① -6　　　　② -5　　　　③ -4

④ -3　　　　⑤ -2

02

• 8446-0038 •

함수 $f(x)=\begin{cases} x+2 & (x<a) \\ x^2 & (x\geq a) \end{cases}$ 이 $x=a$에서 연속일 때, 모든 상수 a의 값의 합은?

① -2　　　　② -1　　　　③ 0

④ 1　　　　⑤ 2

03

• 8446-0039 •

함수 $f(x)=\begin{cases} x^2 & (x<a) \\ 2x+k & (x\geq a) \end{cases}$ 가 $x=a$에서 연속이 되도록 하는 실수 a가 한 개일 때, 상수 k의 값은?

① -2　　　　② -1　　　　③ 0

④ 1　　　　⑤ 2

유형 ② 함수의 연속(2)

04

• 8446-0040 •

함수 $f(x)$가
$$(x-1)f(x)=x^2+x-2$$
를 만족시킨다. 함수 $f(x)$가 $x=1$에서 연속일 때, $f(1)$의 값은?

① 1　　　　② 2　　　　③ 3

④ 4　　　　⑤ 5

05

• 8446-0041 •

함수 $f(x)=\begin{cases} \dfrac{x^2+3x+a}{x+1} & (x<-1) \\ x+b & (x\geq -1) \end{cases}$ 가 $x=-1$에서 연속일 때, 두 상수 a, b에 대하여 $a+b$의 값은?

① 1　　　　② 2　　　　③ 3

④ 4　　　　⑤ 5

06

• 8446-0042 •

함수 $f(x)=\begin{cases} \dfrac{\sqrt{x+2}-2}{x-a} & (x\neq a) \\ b & (x=a) \end{cases}$ 가 $x=a$에서 연속일 때, 두 상수 a, b에 대하여 ab의 값은?

① $\dfrac{1}{4}$　　　　② $\dfrac{1}{2}$　　　　③ 1

④ 2　　　　⑤ 4

유형 3 연속함수의 성질(1)

07
• 8446-0043 •

두 다항함수 $f(x)$, $g(x)$에 대하여
$$\lim_{x \to 1}\{f(x)+g(x)\}=1, \ \lim_{x \to 1}\{f(x)-g(x)\}=3$$
일 때, $f(1)g(1)$의 값은?

① -2 ② -1 ③ 0

④ 1 ⑤ 2

08
• 8446-0044 •

다항함수 $f(x)$에 대하여
$$\lim_{x \to 1}\frac{f(x)(x^2-1)}{x-1}=12$$
일 때, $f(1)$의 값은?

① 2 ② 4 ③ 6

④ 8 ⑤ 10

09
• 8446-0045 •

함수 $f(x)=\begin{cases} 2x-a & (x<a) \\ x^3 & (x \ge a) \end{cases}$이 구간 $(-\infty, \infty)$에서 연속일 때, 상수 a의 최댓값은?

① -2 ② -1 ③ 0

④ 1 ⑤ 2

유형 4 연속함수의 성질(2)

10
• 8446-0046 •

두 함수 $f(x)=x^2-3x+a$, $g(x)=\begin{cases} x & (x \le 1) \\ x^2+1 & (x>1) \end{cases}$에 대하여 함수 $f(x)g(x)$가 구간 $(-\infty, \infty)$에서 연속일 때, 상수 a의 값은?

① 1 ② 2 ③ 3

④ 4 ⑤ 5

11
• 8446-0047 •

두 함수
$$f(x)=\begin{cases} x+1 & (x<0) \\ x^2+2 & (x \ge 0) \end{cases}, \ g(x)=\begin{cases} x^2+3 & (x<0) \\ x^2+a & (x \ge 0) \end{cases}$$
에 대하여 함수 $f(x)g(x)$가 구간 $(-\infty, \infty)$에서 연속일 때, 상수 a의 값은?

① $\dfrac{1}{2}$ ② 1 ③ $\dfrac{3}{2}$

④ 2 ⑤ $\dfrac{5}{2}$

12
• 8446-0048 •

두 함수
$$f(x)=\begin{cases} 1 & (x<1) \\ ax-a-1 & (x \ge 1) \end{cases},$$
$$g(x)=\begin{cases} x-2b+1 & (x<2) \\ x^2-x & (x \ge 2) \end{cases}$$
에 대하여 함수 $f(x)g(x)$가 구간 $(-\infty, \infty)$에서 연속이다. 두 상수 a, b에 대하여 $a+b$의 값은?

① 1 ② 2 ③ 3

④ 4 ⑤ 5

13

• 8446-0049 •

함수 $f(x) = \begin{cases} x+a & (x \leq 1) \\ \dfrac{\sqrt{x+3}-b}{x-1} & (x > 1) \end{cases}$ 가 구간 $(-\infty, \infty)$

에서 연속일 때, 두 상수 a, b에 대하여 $a+b$의 값은?

① $\dfrac{1}{4}$ ② $\dfrac{3}{4}$ ③ $\dfrac{5}{4}$

④ $\dfrac{7}{4}$ ⑤ $\dfrac{9}{4}$

14

• 8446-0050 •

함수 $f(x) = \begin{cases} \dfrac{x^2+(1-a)x+b}{x-a} & (x < a) \\ 2x-3 & (x \geq a) \end{cases}$ 이 구간

$(-\infty, \infty)$에서 연속일 때, 두 상수 a, b에 대하여 a^2+b^2의 값을 구하시오.

15

• 8446-0051 •

두 함수

$$f(x) = x^2+ax+b, \quad g(x) = \begin{cases} -x+1 & (x<1) \\ 2 & (x \geq 1) \end{cases}$$

에 대하여 함수 $\dfrac{f(x)}{g(x)}$가 구간 $(-\infty, \infty)$에서 연속일

때, 두 상수 a, b에 대하여 ab의 값은?

① -2 ② -1 ③ 0
④ 1 ⑤ 2

16

• 8446-0052 •

닫힌구간 $[1, 4]$에서 연속인 함수 $f(x)$가

$$f(1) < 0, \quad f(1)f(2) < 0, \quad \frac{f(2)}{f(3)} > 0, \quad f(4) < f(1)$$

을 만족시킬 때, 방정식 $f(x) = 0$은 구간 $(1, 4)$에서 적어도 n개의 실근을 갖는다. 자연수 n의 값을 구하시오.

17

• 8446-0053 •

닫힌구간 $[1, 4]$에서 연속인 함수 $f(x)$가

$$f(1) = 2, \quad f(2) = 1, \quad f(3) = 2, \quad f(4) = 5$$

일 때, 방정식 $f(x) = x$는 구간 $(1, 4)$에서 적어도 n개의 실근을 갖는다. 자연수 n의 값을 구하시오.

18

• 8446-0054 •

닫힌구간 $[0, 3]$에서 연속인 두 함수 $f(x)$, $g(x)$가 다음 조건을 만족시킨다.

> (가) $f(0) > 0$, $f(0)f(1) < 0$, $f(1)f(2) > 0$,
> $f(2)f(3) > 0$
> (나) $g(0) > 0$, $g(1) < 0$, $g(2) > 0$, $g(3) < 0$

방정식 $f(x)g(x) = 0$은 구간 $(0, 3)$에서 적어도 n개의 실근을 갖는다. 자연수 n의 값을 구하시오.

함수 $f(x)=x^2-1$과 그림과 같은 함수 $y=g(x)$의 그래프에 대하여 구간 $(0, 4)$에서 함수 $f(x)g(x)$가 $x=a$에서 불연속일 때, a의 값을 구하시오.

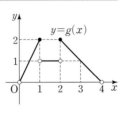

풀이

함수 $f(x)$는 다항함수이므로 구간 $(0, 4)$에서 연속이다.
또, 함수 $g(x)$는 구간 $(0, 1]$, $(1, 2)$, $[2, 4)$에서 연속이다.
└▶ 연속함수의 성질에 의해 다항함수는 $(-\infty, \infty)$에서 연속이다.
그러므로 연속함수의 성질에 의해 함수 $f(x)g(x)$는 구간 $(0, 1]$, $(1, 2)$, $[2, 4)$에서 연속이다. ◀ ❶

$x=1$에서 연속성을 조사하면

$\lim\limits_{x \to 1-} f(x)g(x) = \lim\limits_{x \to 1-} f(x) \times \lim\limits_{x \to 1-} g(x) = 0 \times 2 = 0$

$\lim\limits_{x \to 1+} f(x)g(x) = \lim\limits_{x \to 1+} f(x) \times \lim\limits_{x \to 1+} g(x) = 0 \times 1 = 0$

$f(1)g(1) = 0 \times 2 = 0$

이 세 값이 같으므로 $x=1$에서 연속이다. ◀ ❷

$x=2$에서 연속성을 조사하면

$\lim\limits_{x \to 2-} f(x)g(x) = \lim\limits_{x \to 2-} f(x) \times \lim\limits_{x \to 2-} g(x) = 3 \times 1 = 3$

$\lim\limits_{x \to 2+} f(x)g(x) = \lim\limits_{x \to 2+} f(x) \times \lim\limits_{x \to 2+} g(x) = 3 \times 2 = 6$

$f(2)g(2) = 3 \times 2 = 6$

이 세 값이 같지 않으므로 $x=2$에 불연속이다.
그러므로 불연속이 되는 a의 값은 2이다. ◀ ❸
└▶ 함수 $f(x)$가 $x=a$에서 연속 $\iff \lim\limits_{x \to a-} f(x) = \lim\limits_{x \to a+} f(x) = f(a)$ 目 2

단계	채점 기준	비율
❶	연속인 구간을 구한 경우	30 %
❷	$x=1$에서의 연속성을 조사한 경우	30 %
❸	$x=2$에서의 연속성을 조사하여 a의 값을 구한 경우	40 %

01
• 8446-0055 •

$x=1$에서 연속인 함수 $f(x)$가
$$(x^3-1)f(x) = \sqrt{x+15} + a$$
를 만족시킬 때, $f(1)$의 값을 구하시오.
(단, a는 상수이다.)

02
• 8446-0056 •

두 함수 $f(x) = \begin{cases} 2x+1 & (x<0) \\ x+a & (x \geq 0) \end{cases}$, $g(x) = x^2+2$에 대하여 함수 $y=f(x)+g(x)$가 실수 전체의 집합에서 연속이 되도록 하는 상수 a의 값을 구하시오.

03
• 8446-0057 •

세 실수 a, b, c $(a<b<c)$에 대하여 방정식
$$(x-a)(x-b)+(x-b)(x-c)$$
$$+(x-c)(x-a)=0$$
의 서로 다른 실근의 개수를 사잇값의 정리를 이용하여 구하시오.

01

● 8446-0058 ●

함수 $f(x)=\begin{cases} x+1 & (x<0) \\ x^2-2x & (x\geq0) \end{cases}$ 의 그래프가 그림과 같다. 함수 $f(x)f(x-k)$가 $x=k$에서 연속

이 되도록 하는 모든 상수 k의 값의 합은?

① -2

② -1

③ 0

④ 1

⑤ 2

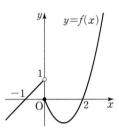

02

● 8446-0059 ●

실수 k에 대하여 원 $x^2+y^2=2$와 직선 $y=x+k$가 만나는 점의 개수를 $f(k)$라 할 때, 〈보기〉에서 옳은 것만을 있는 대로 고른 것은?

┤ 보기 ├

ㄱ. $\displaystyle\lim_{k\to2-}f(k)=2$

ㄴ. $\displaystyle\lim_{k\to a}f(k)\neq f(a)$를 만족시키는 서로 다른 상수 a의 개수는 2이다.

ㄷ. $y=(k+2)f(k)$는 $k=-2$에서 연속이다.

① ㄱ

② ㄴ

③ ㄱ, ㄷ

④ ㄴ, ㄷ

⑤ ㄱ, ㄴ, ㄷ

03

● 8446-0060 ●

함수 $f(x)$가 다음 조건을 만족시킨다.

(가) 모든 실수 x에 대하여 $f(x)=f(x+2)$이다.

(나) 구간 $[-1, 1)$에서 $f(x)=\begin{cases} x+a & (-1\leq x<0) \\ ax^2+b & (0\leq x<1) \end{cases}$ 이다.

함수 $f(x)$가 구간 $(-\infty, \infty)$에서 연속일 때, 두 상수 a, b에 대하여 $a+b$의 값은?

① -2

② -1

③ 0

④ 1

⑤ 2

Level I

01

• 8446-0061 •

$\lim\limits_{x \to 1} \dfrac{2x^2}{x+3}$의 값은?

① $\dfrac{1}{3}$ ② $\dfrac{1}{2}$ ③ 1

④ 2 ⑤ 3

02

• 8446-0062 •

$\lim\limits_{x \to \infty} \dfrac{(2x+3)^2}{(x+1)\sqrt{x^2+x}}$의 값은?

① 1 ② 2 ③ 3

④ 4 ⑤ 5

03

• 8446-0063 •

$\lim\limits_{x \to 1-} \dfrac{x^2-1}{|x-1|}$의 값은?

① -2 ② -1 ③ 0

④ 1 ⑤ 2

04

• 8446-0064 •

두 상수 a, b에 대하여

$$\lim\limits_{x \to 2} \dfrac{x^4-3x^2+a}{x^2-3x+2}=b$$

일 때, $a+b$의 값은?

① 12 ② 14 ③ 16

④ 18 ⑤ 20

05

• 8446-0065 •

함수 $f(x)=\begin{cases} x^2+ax & (x<1) \\ (x+1)^3 & (x \geq 1) \end{cases}$ 이 $x=1$에서 연속일 때, 상수 a의 값은?

① 5 ② 6 ③ 7

④ 8 ⑤ 9

06

• 8446-0066 •

$x>0$에서 정의되고 $x=4$에서 연속인 함수 $f(x)$가 $x \neq 4$일 때,

$$f(x)=\dfrac{\sqrt{x}-2}{x^2-3x-4}$$

이다. $f(4)$의 값은?

① $\dfrac{1}{20}$ ② $\dfrac{1}{10}$ ③ $\dfrac{3}{20}$

④ $\dfrac{1}{5}$ ⑤ $\dfrac{1}{4}$

07

• 8446-0067 •

다항함수 $f(x)$에 대하여

$$\lim\limits_{x \to 1} \dfrac{f(x)}{f(x)-3}=2$$

일 때, $f(1)$의 값은? (단, $f(1) \neq 3$이다.)

① 5 ② 6 ③ 7

④ 8 ⑤ 9

Level 2

08

● 8446-0068 ●

함수 $y=f(x)$의 그래프가 그림과 같다.

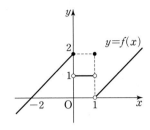

$\lim\limits_{x\to 0-}\{f(x)\}^2+\lim\limits_{x\to 1+}\sqrt{f(x)+1}$의 값은?

① 1   ② 2   ③ 3

④ 4   ⑤ 5

09

● 8446-0069 ●

두 함수 $y=f(x)$, $y=g(x)$의 그래프가 그림과 같을 때, 다음 〈보기〉 중 $x=1$에서 극한값이 존재하는 것만을 있는 대로 고른 것은?

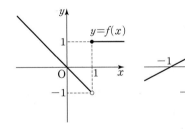

┤ 보기 ├

ㄱ. $f(x)+g(x)$ ㄴ. $f(x)-g(x)$

ㄷ. $f(x)g(x)$

① ㄱ   ② ㄴ   ③ ㄱ, ㄷ

④ ㄴ, ㄷ   ⑤ ㄱ, ㄴ, ㄷ

10

● 8446-0070 ●

두 함수 $f(x)$, $g(x)$에 대하여
$$\lim_{x\to 1}\{f(x)+g(x)\}=3,\ \lim_{x\to 1}f(x)g(x)=1$$
일 때, $\lim\limits_{x\to 1}[\{f(x)\}^2+\{g(x)\}^2]$의 값은?

① 5   ② 6   ③ 7

④ 8   ⑤ 9

11

● 8446-0071 ●

함수 $f(x)$가 모든 실수 x에 대하여
$$|f(x)-2x|<3$$
을 만족시킬 때, $\lim\limits_{x\to\infty}\dfrac{f(x)}{x}$의 값은?

① 1   ② 2   ③ 3

④ 4   ⑤ 5

12

● 8446-0072 ●

함수
$$f(x)=\begin{cases}\dfrac{x^2+ax+b}{x-1} & (x<1)\\[2mm] c & (x=1)\\[2mm] \dfrac{\sqrt{x+3}-d}{x-1} & (x>1)\end{cases}$$
가 $x=1$에서 연속일 때, $|a|+|b|+|c|+|d|$의 값은?
(단, a, b, c, d는 상수이다.)

① $\dfrac{11}{4}$ ② $\dfrac{13}{4}$ ③ $\dfrac{15}{4}$

④ $\dfrac{17}{4}$ ⑤ $\dfrac{19}{4}$

13

• 8446-0073 •

두 함수 $f(x)$, $g(x)$가

$$f(x)=\begin{cases} \dfrac{x-3}{|x-3|} & (x\neq 3) \\ 2 & (x=3) \end{cases}, \; g(x)=|x-a|$$

일 때, 함수 $f(x)g(x)$가 구간 $(-\infty, \infty)$에서 연속이 되도록 하는 상수 a의 값은?

① 1   ② 2   ③ 3

④ 4   ⑤ 5

14

• 8446-0074 •

함수

$$f(x)=\begin{cases} x^2-1 & (x<2) \\ x-1 & (x\geq 2) \end{cases}$$

에 대하여 함수 $y=\{f(x)-k\}^2$이 구간 $(-\infty, \infty)$에서 연속이 되도록 하는 상수 k의 값은?

① 1   ② 2   ③ 3

④ 4   ⑤ 5

15

• 8446-0075 •

닫힌구간 $[0, 4]$에서 연속인 두 함수 $f(x)$, $g(x)$가

$$f(0)<g(0), \; f(1)>g(1), \; f(2)<g(2),$$
$$f(3)<g(3), \; f(4)>g(4)$$

를 만족시킬 때, 방정식 $f(x)-g(x)=0$은 구간 $(0, 4)$에서 적어도 n개의 실근을 갖는다. 자연수 n의 값은?

① 1   ② 2   ③ 3

④ 4   ⑤ 5

Level 3

16

• 8446-0076 •

상수 a와 양수 k에 대하여

$$\lim_{x\to a}\frac{x^2+(2-a)x-2a}{x^2-x-2}=k$$일 때, $a+3k$의 값을 구하시오.

17

• 8446-0077 •

다항함수 $f(x)$가 다음 조건을 만족시킨다.

> (가) $\displaystyle\lim_{x\to 2}\frac{f(x)}{x^2-4x+4}=k$
>
> (나) $\displaystyle\lim_{x\to\infty}\frac{f(x)-x^3}{x^2+1}=2$

상수 k의 값을 구하시오.

18

• 8446-0078 •

그림과 같이 곡선 $y=\sqrt{x}$ 위의 점 $P(t, \sqrt{t})$에 대하여 중심이 O이고 반지름이 선분 OP인 원이 x축의 음의 방향과 만나는 점을 Q라 하자. 삼각형

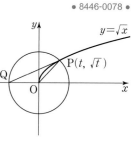

OPQ의 무게중심의 x좌표를 $f(t)$라 할 때, $\displaystyle\lim_{t\to\infty}f(t)$의 값은? (단, O는 원점이다.)

① $-\dfrac{1}{6}$ ② $-\dfrac{1}{3}$ ③ 0

④ $\dfrac{1}{3}$ ⑤ $\dfrac{1}{6}$

19

● 8446-0079 ●

집합 $\{x|x^2+2ax-a+2=0,\ x는\ 실수\}$의 원소의 개수를 $f(a)$라 할 때, $\lim\limits_{x \to a} f(x) \neq f(a)$를 만족시키는 모든 상수 a의 값의 합은?

① -2　　　② -1　　　③ 0

④ 1　　　⑤ 2

20

● 8446-0080 ●

구간 $(-3, 3)$에서 정의된 함수 $y=f(x)$의 그래프가 그림과 같다. 함수 $y=f(x)$의 그래프를 y축에 대하여 대칭이동한 그래프를 나타내는 함

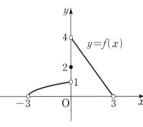

수를 $y=g(x)$라 할 때, 구간 $(-3, 3)$에서 연속인 함수만을 〈보기〉에서 있는 대로 고른 것은?

┤ 보기 ├
ㄱ. $f(x)+g(x)$　　ㄴ. $f(x)g(x)$　　ㄷ. $\dfrac{f(x)}{g(x)}$

① ㄱ　　　② ㄴ　　　③ ㄱ, ㄷ

④ ㄴ, ㄷ　　　⑤ ㄱ, ㄴ, ㄷ

21

● 8446-0081 ●

두 함수 $f(x)$, $g(x)$가

$$f(x)=x^2-ax+a,\ g(x)=\begin{cases} x+1 & (x<2) \\ x^2+a & (x\geq 2) \end{cases}$$

일 때, 함수 $f(x)g(x)$가 구간 $(-\infty, \infty)$에서 연속이 되도록 하는 모든 상수 a의 값의 합을 구하시오.

22

● 8446-0082 ●

최고차항의 계수가 1인 이차함수 $f(x)$가 다음 조건을 만족시킨다.

(가) $\lim\limits_{x \to 1-} \dfrac{f(x)}{|x-1|}$, $\lim\limits_{x \to 1+} \dfrac{f(x)}{|x-1|}$의 극한값이 존재한다.

(나) $\lim\limits_{x \to 1-} \dfrac{f(x)}{|x-1|} - \lim\limits_{x \to 1+} \dfrac{f(x)}{|x-1|} = 2$

$f(3)$의 값을 구하시오.

23

● 8446-0083 ●

다항함수 $f(x)$가 다음 조건을 만족시킨다.

(가) $\lim\limits_{x \to 1} f(x) = 2f(1)$

(나) $\lim\limits_{x \to \infty} \dfrac{f(x)-x^3}{x^2} = 2$

$\lim\limits_{x \to 1} \dfrac{f(x)}{(x-1)^2}$의 극한값이 존재할 때, 그 값을 구하시오.

03 미분계수와 도함수

1 평균변화율

(1) 평균변화율

함수 $y=f(x)$에서 x의 값이 a에서 b까지 변할 때, 함숫값 y는 $f(a)$에서 $f(b)$까지 변한다. 이때 x의 값의 변화량 $b-a$를 x의 증분, y의 값의 변화량 $f(b)-f(a)$를 y의 증분이라 하고, 기호로 각각 Δx, Δy와 같이 나타낸다. 여기서 x의 증분 Δx에 대한 y의 증분 Δy의 비율

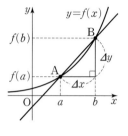

$$\frac{\Delta y}{\Delta x}=\frac{f(b)-f(a)}{b-a}=\frac{f(a+\Delta x)-f(a)}{\Delta x}$$

를 x의 값이 a에서 b까지 변할 때의 함수 $y=f(x)$의 평균변화율이라 한다.

(2) 평균변화율의 기하적 의미

함수 $y=f(x)$의 평균변화율은 곡선 $y=f(x)$ 위의 두 점 $A(a, f(a))$, $B(b, f(b))$를 잇는 직선 AB의 기울기이다.

보기

함수 $f(x)=x^2$에서 x의 값이 1에서 2까지 변할 때의 평균변화율은

$$\begin{aligned}\frac{\Delta y}{\Delta x}&=\frac{f(2)-f(1)}{2-1}\\&=\frac{4-1}{2-1}\\&=3\end{aligned}$$

2 미분계수와 미분가능

(1) 미분계수와 미분가능

함수 $y=f(x)$에서 x의 값이 a에서 $a+\Delta x$까지 변할 때의 평균변화율 $\frac{\Delta y}{\Delta x}=\frac{f(a+\Delta x)-f(a)}{\Delta x}$에서 $\Delta x\to 0$일 때의 평균변화율의 극한값

$$\lim_{\Delta x\to 0}\frac{\Delta y}{\Delta x}=\lim_{\Delta x\to 0}\frac{f(a+\Delta x)-f(a)}{\Delta x}$$

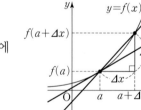

가 존재하면 이 극한값을 함수 $y=f(x)$의 $x=a$에서의 순간변화율 또는 미분계수라고 하며 기호 $f'(a)$로 나타낸다. $f'(a)$가 존재할 때, 함수 $y=f(x)$는 $x=a$에서 미분가능하다고 한다.

참고 ① $\Delta x=h$로 놓으면 $\Delta x\to 0$일 때, $h\to 0$이므로

$$f'(a)=\lim_{\Delta x\to 0}\frac{f(a+\Delta x)-f(a)}{\Delta x}=\lim_{h\to 0}\frac{f(a+h)-f(a)}{h}$$

② $a+\Delta x=x$로 놓으면 $\Delta x\to 0$일 때, $x\to a$이므로

$$f'(a)=\lim_{\Delta x\to 0}\frac{f(a+\Delta x)-f(a)}{\Delta x}=\lim_{x\to a}\frac{f(x)-f(a)}{x-a}$$

(2) 미분계수의 기하적 의미

함수 $y=f(x)$의 $x=a$에서의 미분계수 $f'(a)$는 곡선 $y=f(x)$ 위의 점 $(a, f(a))$에서의 접선의 기울기이다.

보기

함수 $f(x)=x^2$에서 $f'(1)$은

$$\begin{aligned}&f'(1)\\&=\lim_{\Delta x\to 0}\frac{f(1+\Delta x)-f(1)}{\Delta x}\\&=\lim_{\Delta x\to 0}\frac{(1+\Delta x)^2-1^2}{\Delta x}\\&=\lim_{\Delta x\to 0}\frac{2\Delta x+(\Delta x)^2}{\Delta x}\\&=\lim_{\Delta x\to 0}(2+\Delta x)\\&=2\end{aligned}$$

이다. 이 미분계수는 점 $(1, f(1))$에서의 접선의 기울기를 나타낸다.

3 미분가능성과 연속성

함수 $y=f(x)$가 $x=a$에서 미분가능하면 $f(x)$는 $x=a$에서 연속이다.

설명 함수 $y=f(x)$가 $x=a$에서 미분가능하면

$$f'(a)=\lim_{x \to a}\frac{f(x)-f(a)}{x-a}$$

가 존재한다. 이때 $x \to a$일 때, (분모) $\to 0$이므로 (분자) $\to 0$에서

$$\lim_{x \to a}\{f(x)-f(a)\}=0, \text{ 즉 } \lim_{x \to a}f(x)=f(a)$$

그러므로 함수 $f(x)$는 $x=a$에서 연속이다.

주의

이 문장의 역은 성립하지 않는다. 즉, 함수 $f(x)$가 $x=a$에서 연속이지만 미분가능하지 않은 경우가 있다.
예를 들어, $y=|x|$는 $x=0$에서 연속이지만 $x=0$에서 미분가능하지는 않다.

4 도함수

(1) 도함수

함수 $y=f(x)$가 정의역에 속하는 모든 x의 값에서 미분가능할 때, 각각의 x의 값에 미분계수 $f'(x)$를 대응시키는 함수 $f' : x \longrightarrow f'(x)$를 $f(x)$의 도함수라 한다. 즉,

$$f'(x)=\lim_{\Delta x \to 0}\frac{f(x+\Delta x)-f(x)}{\Delta x}$$

이때 $f'(x)$를 y', $\dfrac{dy}{dx}$, $\dfrac{d}{dx}f(x)$ 등의 기호로 나타내고 $f'(x)$를 구하는 것을 함수 $y=f(x)$를 미분한다고 한다.

참고 $f'(x)$를 다음과 같이 나타낼 수 있다.

$$f'(x)=\lim_{h \to 0}\frac{f(x+h)-f(x)}{h}=\lim_{t \to x}\frac{f(t)-f(x)}{t-x}$$

(2) 함수 $y=x^n$ (n은 자연수)과 상수함수의 도함수

① $y=x^n$ (n은 자연수)이면 $y'=\begin{cases} 1 & (n=1) \\ nx^{n-1} & (n \ge 2) \end{cases}$

② $y=c$ (c는 상수)이면 $y'=0$

보기

함수 $f(x)=x^2$에 대하여

$$\begin{aligned} f'(x) &=\lim_{h \to 0}\frac{f(x+h)-f(x)}{h} \\ &=\lim_{h \to 0}\frac{(x+h)^2-x^2}{h} \\ &=\lim_{h \to 0}(2x+h) \\ &=2x \end{aligned}$$

5 함수의 합, 차, 곱, 실수배의 미분법

미분가능한 두 함수 $f(x)$, $g(x)$에 대하여

(1) $\{f(x)+g(x)\}'=f'(x)+g'(x)$

(2) $\{f(x)-g(x)\}'=f'(x)-g'(x)$

(3) $\{f(x)g(x)\}'=f'(x)g(x)+f(x)g'(x)$

특히, $\{cf(x)\}'=cf'(x)$ (단, c는 상수)

보기

$f(x)=(2x+1)(x^2+3)$에 대하여

$$\begin{aligned} &f'(x) \\ &=(2x+1)'(x^2+3) \\ &\quad+(2x+1)(x^2+3)' \\ &=2(x^2+3)+(2x+1)(2x) \\ &=6x^2+2x+6 \end{aligned}$$

기본 유형 익히기

유형 ①
평균변화율

함수 $f(x)=ax^2+1$에 대하여 x의 값이 1에서 2까지 변할 때의 평균변화율이 6이다. 상수 a의 값은?

① $\dfrac{3}{2}$　　　② 2　　　③ $\dfrac{5}{2}$　　　④ 3　　　⑤ $\dfrac{7}{2}$

풀이

x의 값이 1에서 2까지 변할 때의 평균변화율이 6이므로

$$\underset{\underset{\textbf{❶}}{\underbrace{\phantom{\frac{f(2)-f(1)}{2-1}}}}}{\frac{f(2)-f(1)}{2-1}}=6$$

이때 $f(x)=ax^2+1$이므로

$(4a+1)-(a+1)=6,\ 3a=6$

$a=2$

답 ②

> **POINT**
>
> ❶ 함수 $f(x)$에 대하여 x의 값이 a에서 b까지 변할 때의 평균변화율은
> $$\frac{f(b)-f(a)}{b-a}$$

유제 ①
• 8446-0084 •

함수 $f(x)=x^2+2x$에 대하여 x의 값이 a에서 $a+1$까지 변할 때의 평균변화율이 9일 때, a의 값을 구하시오.

유형 ②
미분계수(1)

함수 $f(x)$에 대하여 $f'(1)=2$일 때, $\displaystyle\lim_{h\to 0}\frac{f(1+3h)-f(1)}{h}$의 값은?

① 2　　　② 4　　　③ 6　　　④ 8　　　⑤ 10

풀이

$f'(1)=2$에서

$$\underset{\underset{\textbf{❶}}{\underbrace{\phantom{\lim_{h\to 0}\frac{f(1+h)-f(1)}{h}}}}}{\lim_{h\to 0}\frac{f(1+h)-f(1)}{h}}=2 \qquad\qquad \cdots\cdots\ \text{㉠}$$

한편, 구하는 식에서 $3h=h'$으로 놓으면 $h\to 0$일 때, $h'\to 0$이므로 ㉠을 이용하면

$$\lim_{h\to 0}\frac{f(1+3h)-f(1)}{h}=\lim_{h'\to 0}\frac{f(1+h')-f(1)}{\frac{1}{3}h'}=3\lim_{h'\to 0}\frac{f(1+h')-f(1)}{h'}$$
$$=3f'(1)=3\times 2=6$$

답 ③

> **POINT**
>
> ❶ 함수 $f(x)$에 대하여 $x=a$에서의 미분계수는
> $$f'(a)$$
> $$=\lim_{\Delta x\to 0}\frac{f(a+\Delta x)-f(a)}{\Delta x}$$
> $$=\lim_{h\to 0}\frac{f(a+h)-f(a)}{h}$$

유제 ②
• 8446-0085 •

함수 $f(x)$에 대하여 $f'(1)=3$일 때, $\displaystyle\lim_{h\to 0}\frac{f(1+h)-f(1-h)}{h}$의 값을 구하시오.

유형 3

미분계수(2)

함수 $f(x)$에 대하여 $f'(3)=4$일 때, $\displaystyle\lim_{x\to 3}\dfrac{f(x)-f(3)}{x^2-9}$의 값은?

① $\dfrac{1}{3}$　　　② $\dfrac{2}{3}$　　　③ 1　　　④ $\dfrac{4}{3}$　　　⑤ $\dfrac{5}{3}$

풀이

$f'(3)=4$에서 $\displaystyle\lim_{x\to 3}\dfrac{f(x)-f(3)}{x-3}=4$이므로 ❶

$\displaystyle\lim_{x\to 3}\dfrac{f(x)-f(3)}{x^2-9}=\lim_{x\to 3}\dfrac{f(x)-f(3)}{(x-3)(x+3)}=\lim_{x\to 3}\dfrac{1}{x+3}\times\lim_{x\to 3}\dfrac{f(x)-f(3)}{x-3}$

$\qquad\qquad\qquad\qquad=\dfrac{1}{6}\times 4=\dfrac{2}{3}$　　　**目** ②

POINT

❶ 함수 $f(x)$에 대하여 $x=a$에서의 미분계수는

$f'(a)$

$=\displaystyle\lim_{\Delta x\to 0}\dfrac{f(a+\Delta x)-f(a)}{\Delta x}$

$=\displaystyle\lim_{x\to a}\dfrac{f(x)-f(a)}{x-a}$

유제 3

● 8446-0086 ●

함수 $f(x)$에 대하여 $f'(4)=3$일 때, $\displaystyle\lim_{x\to 2}\dfrac{f(x^2)-f(4)}{x-2}$의 값을 구하시오.

유형 4

미분가능성과 연속성

함수 $f(x)=\begin{cases}x^2 & (x<1)\\ ax+b & (x\geq 1)\end{cases}$가 $x=1$에서 미분가능할 때, 두 상수 a, b에 대하여 a^2+b^2의 값을 구하시오.

풀이

함수 $f(x)$가 $x=1$에서 미분가능하므로 $x=1$에서 연속이다. ❶

그러므로 $\displaystyle\lim_{x\to 1-}f(x)=\lim_{x\to 1+}f(x)=f(1)$

$1=a+b=a+b,\ b=-a+1$ …… ㉠

또, 함수 $f(x)$가 $x=1$에서 미분가능하므로

$\displaystyle\lim_{x\to 1-}\dfrac{f(x)-f(1)}{x-1}=\lim_{x\to 1+}\dfrac{f(x)-f(1)}{x-1}$

$\displaystyle\lim_{x\to 1-}\dfrac{x^2-1}{x-1}=\lim_{x\to 1+}\dfrac{(ax+b)-(a+b)}{x-1}$

$\displaystyle\lim_{x\to 1-}\dfrac{(x+1)(x-1)}{x-1}=\lim_{x\to 1+}\dfrac{a(x-1)}{x-1},\ \lim_{x\to 1-}(x+1)=\lim_{x\to 1+}a$

$a=2$이고 ㉠에서 $b=-1$이므로 $a^2+b^2=4+1=5$　　　**目** 5

POINT

❶ 함수 $f(x)$가 $x=a$에서 미분가능하면 함수 $f(x)$는 $x=a$에서 연속이다.

유제 4

● 8446-0087 ●

함수 $f(x)=\begin{cases}x^2+ax & (x<1)\\ 3x+b & (x\geq 1)\end{cases}$가 $x=1$에서 미분가능할 때, 두 상수 a, b에 대하여 $2a+b$의 값을 구하시오.

유형 5

합, 차, 실수 배의 미분법

함수 $f(x)=x^3+2x+3$에 대하여 $f'(1)+f'(2)+f'(3)$의 값은?

① 40　　　② 42　　　③ 44　　　④ 46　　　⑤ 48

풀이

$f'(x)=3x^2+2$이므로 ❶

$f'(1)=3+2=5$

$f'(2)=12+2=14$

$f'(3)=27+2=29$

따라서 $f'(1)+f'(2)+f'(3)=48$

답 ⑤

POINT

❶ 두 함수 $f(x)$, $g(x)$가 미분 가능할 때,

$\{f(x)+g(x)\}'$
$=f'(x)+g'(x)$

$\{f(x)-g(x)\}'$
$=f'(x)-g'(x)$

$\{cf(x)\}'=cf'(x)$

(단, c는 상수)

유제 5

• 8446-0088 •

함수 $f(x)=x^7+5x+3$에 대하여 $\lim\limits_{h\to0}\dfrac{f(1+h)-f(1)}{h}$의 값을 구하시오.

유형 6

곱의 미분법

함수 $f(x)=(x+1)(x^2+2)+3x$에 대하여 $\lim\limits_{x\to-1}\dfrac{f(x)-f(-1)}{x+1}$의 값은?

① 2　　　② 4　　　③ 6　　　④ 8　　　⑤ 10

풀이

$f(x)=(x+1)(x^2+2)+3x$에서

$f'(x)=(x^2+2)+(x+1)\times2x+3$ ❶

따라서

$\lim\limits_{x\to-1}\dfrac{f(x)-f(-1)}{x+1}=\lim\limits_{x\to-1}\dfrac{f(x)-f(-1)}{x-(-1)}$

$=f'(-1)=3+0\times(-2)+3$

$=6$

답 ③

POINT

❶ 두 함수 $f(x)$, $g(x)$가 미분 가능할 때,

$\{f(x)g(x)\}'$
$=f'(x)g(x)+f(x)g'(x)$

유제 6

• 8446-0089 •

함수 $f(x)=(x-1)(x^2+2)$에 대하여 $\lim\limits_{h\to0}\dfrac{f(k+h)-f(k)}{h}=3$을 만족시키는 양수 k의 값을 구하시오.

● 8446-0090 ●
● 8446-0091 ●
● 8446-0092 ●
● 8446-0093 ●
● 8446-0094 ●
● 8446-0095 ●

유형 1 평균변화율

01

함수 $f(x)=x^2+3$에 대하여 x의 값이 1에서 $a(a>1)$까지 변할 때의 평균변화율이 3일 때, a의 값은?

① 1   ② 2   ③ 3

④ 4   ⑤ 5

02

$f(0)=1$인 함수 $f(x)$에 대하여 x의 값이 0에서 $a(a>0)$까지 변할 때의 평균변화율이 a^2+2a일 때, $f(2)$의 값은?

① 15   ② 16   ③ 17

④ 18   ⑤ 19

03

함수 $f(x)$에 대하여 두 점 $(1, f(1))$, $(2, f(2))$를 지나는 직선의 기울기가 1, 두 점 $(2, f(2))$, $(3, f(3))$을 지나는 직선의 기울기가 5일 때, x의 값이 1에서 3까지 변할 때의 평균변화율은?

① 1   ② 2   ③ 3

④ 4   ⑤ 5

유형 2 미분계수(1)

04

곡선 $y=f(x)$ 위의 점 $(2, f(2))$에서의 접선의 기울기가 1일 때, $\lim\limits_{h \to 0} \dfrac{f(2+5h)-f(2+2h)}{h}$의 값은?

① 1   ② 2   ③ 3

④ 4   ⑤ 5

05

함수 $f(x)$에 대하여 x의 값이 1에서 $1+h$까지 변할 때의 y의 증분 Δy는 $\Delta y=h^3+2h^2+3h$이다. $f'(1)$의 값은?

① 1   ② 2   ③ 3

④ 4   ⑤ 5

06

함수 $f(x)$에 대하여 $\lim\limits_{h \to 0} \dfrac{f(1+2h)-f(1)}{h}=6$일 때, $\lim\limits_{h \to 0} \dfrac{f(1+h)-f(1-2h)}{h}$의 값은?

① 5   ② 6   ③ 7

④ 8   ⑤ 9

유형 3 미분계수(2)

07
• 8446-0096 •

함수 $f(x)$에 대하여 $f'(2)=3$일 때,

$\lim\limits_{x \to 2} \dfrac{f(x)-f(2)}{\sqrt{x}-\sqrt{2}}$의 값은?

① $2\sqrt{2}$ ② $4\sqrt{2}$ ③ 6

④ $6\sqrt{2}$ ⑤ 12

08
• 8446-0097 •

함수 $f(x)$에 대하여 x의 값이 1에서 t까지 변할 때의

평균변화율이 $\dfrac{t^2+2t-3}{t-1}$일 때, $f'(1)$의 값은?

① 1 ② 2 ③ 3

④ 4 ⑤ 5

09
• 8446-0098 •

함수 $f(x)$에 대하여 $f'(3)=12$일 때,

$\lim\limits_{x \to 2} \dfrac{f(x+1)-f(3)}{x^2-4}$의 값은?

① 1 ② 2 ③ 3

④ 4 ⑤ 5

유형 4 미분가능성과 연속성

10
• 8446-0099 •

함수 $f(x)$가 $x=1$에서 미분가능하고

$\lim\limits_{x \to 1}(x+1)^2 f(x)=8$일 때, $f(1)$의 값은?

① 1 ② 2 ③ 3

④ 4 ⑤ 5

11
• 8446-0100 •

함수 $f(x)=\begin{cases} x^2+x & (x<0) \\ ax+b & (x \geq 0) \end{cases}$에 대하여 곡선 $y=f(x)$

위의 점 $(0,\ f(0))$에서의 접선이 존재하고 이 접선의 기울기가 c일 때, 세 상수 $a,\ b,\ c$에 대하여 $a+b+c$의 값은?

① 1 ② 2 ③ 3

④ 4 ⑤ 5

12
• 8446-0101 •

함수 $f(x)=\begin{cases} x^2 & (x<b) \\ 6x+a & (x \geq b) \end{cases}$가 $x=b$에서 미분가능할

때, $a+b$의 값은? (단, a는 상수이다.)

① -6 ② -3 ③ 0

④ 3 ⑤ 6

유형 5 합, 차, 실수배의 미분법

13

• 8446-0102 •

함수 $f(x)=x^3+3x+5$에 대하여 $\lim\limits_{x \to 2}\dfrac{f(x)-f(2)}{x^2-x-2}$의 값은?

① 1 ② 2 ③ 3
④ 4 ⑤ 5

14

• 8446-0103 •

함수 $f(x)=x^2+2x+3$에 대하여
$\lim\limits_{h \to 0}\dfrac{f(1+h)-f(1-2h)}{h}$의 값은?

① 11 ② 12 ③ 13
④ 14 ⑤ 15

15

• 8446-0104 •

삼차함수 $y=f(x)$의 그래프는 원점에 대하여 대칭이고 이 그래프 위의 점 $(1, 3)$에서의 접선의 기울기가 5일 때, $f(3)$의 값은?

① 31 ② 32 ③ 33
④ 34 ⑤ 35

유형 6 곱의 미분법

16

• 8446-0105 •

다항함수 $f(x)$가 $f(1)=2$, $f'(1)=3$일 때, $g(x)=(x^2+2x)f(x)$에 대하여 $g'(1)$의 값은?

① 15 ② 16 ③ 17
④ 18 ⑤ 19

17

• 8446-0106 •

최고차항의 계수가 1인 삼차함수 $f(x)$가
$f(1)=f(2)=0$, $f(0)=-2$일 때,
$f'(1)+f'(2)+f'(3)$의 값은?

① 5 ② 6 ③ 7
④ 8 ⑤ 9

18

• 8446-0107 •

두 함수 $f(x)$, $g(x)$가 $f(1)=g(1)=2$, $f'(1)=3$, $g'(1)=4$일 때, $\lim\limits_{x \to 1}\dfrac{f(x)g(x)-4}{x-1}$의 값은?

① 11 ② 12 ③ 13
④ 14 ⑤ 15

함수 $f(x)=|x-k|$에 대하여 명제

'$\lim\limits_{h\to 0}\dfrac{f(1+h)-f(1-h)}{h}$가 존재하면 함수 $f(x)$는 $x=1$에서 미분가능하다.'가 거짓임을 보이는 상수 k의 값을 구하고, 이 명제가 거짓임을 보이시오.

풀이

$k=1$로 놓으면 함수 $f(x)$는

$f(x)=|x-1|$ ◀ ❶

이때

$\lim\limits_{h\to 0}\dfrac{f(1+h)-f(1-h)}{h}=\lim\limits_{h\to 0}\dfrac{|h|-|-h|}{h}$

$\qquad\qquad\qquad\qquad=\lim\limits_{h\to 0}\dfrac{0}{h}=0$

그러므로 극한값 $\lim\limits_{h\to 0}\dfrac{f(1+h)-f(1-h)}{h}$는 존재한다.

◀ ❷

그러나

$\lim\limits_{h\to 0-}\dfrac{f(1+h)-f(1)}{h}=\lim\limits_{h\to 0-}\dfrac{|h|}{h}=\lim\limits_{h\to 0-}\dfrac{-h}{h}$

$\qquad\qquad\qquad\qquad=\lim\limits_{h\to 0-}(-1)=-1$ ◀ ❸

$\qquad\qquad\qquad\qquad\qquad\quad$ $h<0$이므로 $|h|=-h$

또, $\lim\limits_{h\to 0+}\dfrac{f(1+h)-f(1)}{h}=\lim\limits_{h\to 0+}\dfrac{|h|}{h}=\lim\limits_{h\to 0+}\dfrac{h}{h}$

$\qquad\qquad\qquad\qquad=\lim\limits_{h\to 0+}1=1$ ◀ ❹

그러므로 $f'(1)$은 존재하지 않는다. 즉, $x=1$에서 미분가능하지 않다.

따라서 $k=1$일 때 위의 명제가 거짓임을 알 수 있다. ◀ ❺

📖 풀이 참조

단계	채점 기준	비율
❶	$k=1$로 놓은 경우	10 %
❷	극한값이 존재함을 보인 경우	30 %
❸	좌극한값을 구한 경우	20 %
❹	우극한값을 구한 경우	20 %
❺	미분가능하지 않음을 보여 거짓임을 설명한 경우	20 %

$x=1$에서 미분가능 ◀

$\Longleftrightarrow \lim\limits_{h\to 0-}\dfrac{f(1+h)-f(1)}{h}=\lim\limits_{h\to 0+}\dfrac{f(1+h)-f(1)}{h}$

01

• 8446-0108 •

삼차함수 $f(x)=x^3+ax^2+b$에 대하여

$\lim\limits_{x\to 2}\dfrac{f(x)-1}{x-2}=4$를 만족시키는 두 상수 a, b의 값을 미분을 이용하여 구하시오.

02

• 8446-0109 •

$\lim\limits_{x\to 1}\dfrac{x^n+2x-3}{x-1}=4$를 만족시키는 자연수 n의 값을 미분을 이용하여 구하시오.

03

• 8446-0110 •

x에 대한 다항식 $f(x)=x^{2018}+ax+b$가 $(x-1)^2$으로 나누어떨어질 때, 두 상수 a, b의 값을 미분을 이용하여 구하시오.

01

• 8446-0111 •

그림과 같이 최고차항의 계수가 음수인 이차함수 $y=f(x)$의 그래프가 직선 $y=x$와 점 $(1, 1)$에서 접하고 있다. 양수 a에 대하여 〈보기〉에서 옳은 것만을 있는 대로 고른 것은?

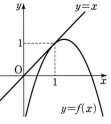

ㄱ. $\dfrac{f(a)}{a} \leq 1$ 　　　　ㄴ. $a>1$이면 $f'(a)>1$이다.

ㄷ. $f(a)<af'(a)$이면 $0<a<1$이다.

① ㄱ 　　② ㄴ 　　③ ㄱ, ㄷ 　　④ ㄴ, ㄷ 　　⑤ ㄱ, ㄴ, ㄷ

02

• 8446-0112 •

두 다항함수 $f(x)$, $g(x)$가

$$\lim_{x \to 2} \frac{f(x)-1}{x-2}=3, \quad \lim_{x \to 2} \frac{g(x)+1}{x-2}=2$$

를 만족시킬 때, 함수 $y=f(x)\{f(x)+2g(x)\}$의 $x=2$에서의 미분계수는?

① 1 　　② 2 　　③ 3 　　④ 4 　　⑤ 5

03

• 8446-0113 •

다항함수 $f(x)$가 모든 실수 x에 대하여 $f(x)=2xf'(x)+3x^2+x+2$를 만족시킬 때, $f(1)$의 값은?

① -2 　　② -1 　　③ 0 　　④ 1 　　⑤ 2

04 도함수의 활용(1)

1 접선의 방정식

곡선 $y=f(x)$ 위의 점 $\mathrm{P}(a, f(a))$에서의 접선의 방정식은

$$y-f(a)=f'(a)(x-a)$$

참고 여러 가지 접선의 방정식

기울기가 주어진 접선의 방정식, 곡선 밖의 점에서 그은 접선의 방정식 등은 접점의 좌표를 $(a, f(a))$로 놓고 위의 접선의 방정식을 이용하여 구한다.

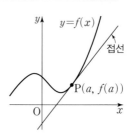

보기

곡선 $y=x^2$ 위의 점 $(1, 1)$에서의 접선의 방정식은 $y'=2x$이므로

$y-1=2(x-1)$

$y=2x-1$

2 평균값 정리

(1) **롤의 정리**

함수 $y=f(x)$가 닫힌구간 $[a, b]$에서 연속이고 열린구간 (a, b)에서 미분가능할 때, $f(a)=f(b)$이면

$$f'(c)=0 \ (a<c<b)$$

인 c가 적어도 하나 존재한다.

참고 롤의 정리는 열린구간 (a, b)에서 곡선 $y=f(x)$에 접하고 기울기가 0인 접선, 즉 x축에 평행한 접선이 적어도 하나 존재함을 의미한다.

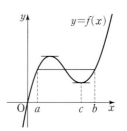

보기

함수 $f(x)=x^2$은 닫힌구간 $[-1, 1]$에서 연속이고 열린구간 $(-1, 1)$에서 미분가능하다. 이때 $f(-1)=f(1)$이고 $f'(0)=0$이므로 $f'(c)=0$인 c가 열린구간 $(-1, 1)$에서 존재한다.

(2) **평균값 정리**

함수 $y=f(x)$가 닫힌구간 $[a, b]$에서 연속이고 열린구간 (a, b)에서 미분가능할 때,

$$\frac{f(b)-f(a)}{b-a}=f'(c) \ (a<c<b)$$

인 c가 적어도 하나 존재한다.

참고 ① 평균값 정리는 열린구간 (a, b)에서 곡선 $y=f(x)$에 접하고 두 점 $(a, f(a))$, $(b, f(b))$를 지나는 직선과 평행한 접선이 적어도 하나 존재함을 의미한다.

② 평균값 정리에서 $f(a)=f(b)$인 경우가 롤의 정리이다.

③ 롤의 정리와 평균값 정리는 열린구간 (a, b)에서 미분가능하지 않으면 성립하지 않는다. 예를 들어, 함수 $f(x)=|x|$는 닫힌구간 $[-1, 1]$에서 연속이고 $f(-1)=f(1)$이지만 $f'(c)=0$인 c가 열린구간 $(-1, 1)$에서 존재하지 않는다.

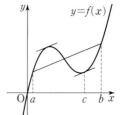

보기

함수 $f(x)=x^2$은 닫힌구간 $[0, 2]$에서 연속이고 열린구간 $(0, 2)$에서 미분가능하다. 이때 $\dfrac{f(2)-f(0)}{2-0}=2$이고 $f'(1)=2$이므로 $f'(c)=2$인 c가 열린구간 $(0, 2)$에서 존재한다.

3 **함수의 증가와 감소**

(1) **함수의 증가와 감소의 뜻**

함수 $f(x)$가 어떤 구간에 속하는 임의의 두 수 x_1, x_2에 대하여

① $x_1<x_2$이면 $f(x_1)<f(x_2)$일 때, 함수 $f(x)$는 그 구간에서 증가한다고 한다.

② $x_1<x_2$이면 $f(x_1)>f(x_2)$일 때, 함수 $f(x)$는 그 구간에서 감소한다고 한다.

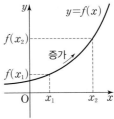

(2) **미분가능한 함수의 증가, 감소**

함수 $f(x)$가 어떤 열린구간에서 미분가능하고, 이 구간의 모든 x에 대하여

① $f'(x)>0$이면 $f(x)$는 이 구간에서 증가한다.

② $f'(x)<0$이면 $f(x)$는 이 구간에서 감소한다.

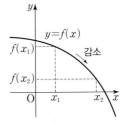

참고 상수함수가 아닌 다항함수 $f(x)$에 대하여
① 함수 $f(x)$가 열린구간에서 증가할 필요충분조건은 이 구간에서 $f'(x)\geq0$이다.
② 함수 $f(x)$가 열린구간에서 감소할 필요충분조건은 이 구간에서 $f'(x)\leq0$이다.

보기

함수 $f(x)=x^2$에 대하여 $f'(x)=2x$이다.
이때 구간 $(0, \infty)$에서 $f'(x)>0$이므로 함수 $f(x)$는 이 구간에서 증가한다.

4 **함수의 극대와 극소**

(1) **함수의 극대와 극소의 뜻**

함수 $f(x)$가 $x=a$를 포함하는 어떤 열린구간에 속하는 모든 x에 대하여

① $f(x)\leq f(a)$일 때, 함수 $f(x)$는 $x=a$에서 극대라고 하고, 이때의 함숫값 $f(a)$를 극댓값이라 한다.

② $f(x)\geq f(a)$일 때, 함수 $f(x)$는 $x=a$에서 극소라고 하고, 이때의 함숫값 $f(a)$를 극솟값이라 한다.

참고 극댓값과 극솟값을 통틀어 극값이라 한다.

(2) **미분가능한 함수의 극대, 극소**

미분가능한 함수 $f(x)$가 $f'(a)=0$이고 $x=a$의 좌우에서

① $f'(x)$의 부호가 양에서 음으로 바뀌면 $f(x)$는 $x=a$에서 극대이다.

② $f'(x)$의 부호가 음에서 양으로 바뀌면 $f(x)$는 $x=a$에서 극소이다.

참고 미분가능한 함수 $f(x)$가 $x=a$에서 극값을 가지면 $f'(a)=0$이다.

보기

함수 $f(x)=x^2$에 대하여 $f'(x)=2x$이다.
이때 $f'(0)=0$이고 $x=0$의 좌우에서 $f'(x)$의 부호가 음에서 양으로 바뀌므로 함수 $f(x)$는 $x=0$에서 극소이고 극솟값은 $f(0)=0$이다.

기본 유형 익히기

유형 ①

접선의 방정식(1)

곡선 $y=x^3+x$ 위의 점 $(1, 2)$에서의 접선의 방정식은 $y=mx+n$이다. 두 상수 m, n에 대하여 m^2+n^2의 값은?

① 10   ② 15   ③ 20   ④ 25   ⑤ 30

풀이

$y'=3x^2+1$이므로 점 $(1, 2)$에서의 접선의 기울기는 $3 \times 1^2+1=4$

따라서 구하는 접선의 방정식은

$y-2=4(x-1)$ ❶

$y=4x-2$

이므로 $m^2+n^2=16+4=20$

답 ③

POINT

❶ 곡선 $y=f(x)$ 위의 점 $(a, f(a))$에서의 접선의 방정식은

$y-f(a)=f'(a)(x-a)$

유제 ①

• 8446-0114 •

곡선 $y=x^4+2x$ 위의 점 $(1, 3)$에서의 접선의 y절편은?

① -5 ② -4 ③ -3 ④ -2 ⑤ -1

유형 ②

접선의 방정식(2)

곡선 $y=x^3-3x^2$에 접하고 기울기가 -3인 접선이 점 $(-1, k)$를 지날 때, 상수 k의 값은?

① 1   ② 2   ③ 3   ④ 4   ⑤ 5

풀이

접점의 좌표를 (a, a^3-3a^2)으로 놓으면 $y=x^3-3x^2$에서 $y'=3x^2-6x$이므로 접선의 기울기는 $3a^2-6a$이다. ❶

이때 접선의 기울기가 -3이므로

$3a^2-6a=-3$, $a^2-2a+1=0$

$(a-1)^2=0$, $a=1$

따라서 접점은 $(1, -2)$이므로 접선의 방정식은

$y-(-2)=-3(x-1)$

$y=-3x+1$

이 직선이 점 $(-1, k)$를 지나므로 $k=4$

답 ④

POINT

❶ 기울기가 주어진 접선, 곡선 밖에서 그은 접선 등은 접점의 좌표를 $(a, f(a))$로 놓고 미분을 이용한다.

유제 ②

• 8446-0115 •

점 $A(0, -2)$에서 곡선 $y=x^3-x$에 그은 접선이 점 $(2, k)$를 지날 때, 상수 k의 값을 구하시오.

유형 ③

평균값 정리

함수 $f(x)=x^3-x$에 대하여 닫힌구간 $[0, 3]$에서 평균값 정리를 만족시키는 상수 c의 값은?

① 1 ② $\sqrt{2}$ ③ $\sqrt{3}$ ④ 2 ⑤ $\sqrt{5}$

풀이

함수 $f(x)=x^3-x$는 다항함수이므로 닫힌구간 $[0, 3]$에서 연속이고 열린구간 $(0, 3)$에서 미분가능하다.

이때 평균값 정리에 의하여 $\dfrac{f(3)-f(0)}{3-0}=f'(c)$인 c가 열린구간 $(0, 3)$에서 적어도 하나 존재한다.❶

여기서 $f'(x)=3x^2-1$이므로

$\dfrac{24-0}{3}=3c^2-1,\ 3c^2=9,\ c^2=3$

$c=-\sqrt{3}$ 또는 $c=\sqrt{3}$

따라서 $0<c<3$이므로 $c=\sqrt{3}$

답 ③

POINT

❶ 함수 $f(x)$가 닫힌구간 $[a, b]$에서 연속이고 열린구간 (a, b)에서 미분가능하면
$$\dfrac{f(b)-f(a)}{b-a}=f'(c)$$
인 c가 열린구간 (a, b)에서 적어도 하나 존재한다.

유제 ③
• 8446-0116 •
함수 $f(x)=x^3+3x^2$에 대하여 구간 $[-3, 3]$에서 평균값 정리를 만족시키는 상수 c의 값을 구하시오.

유형 ④

**함수의 증가와
감소**

함수 $f(x)=x^3-\dfrac{3}{2}x^2-6x$는 구간 $[\alpha, \beta]$에서 감소한다. $\beta-\alpha$의 최댓값은?

① 1 ② 2 ③ 3 ④ 4 ⑤ 5

풀이

$f(x)=x^3-\dfrac{3}{2}x^2-6x$에서

$f'(x)=3x^2-3x-6=3(x^2-x-2)=3(x+1)(x-2)$

이므로 $f'(x)=0$에서 $x=-1$ 또는 $x=2$

함수 $f(x)$의 증가와 감소를 표로 나타내면 다음과 같다.

x	$\cdots$	-1	$\cdots$	2	$\cdots$
$f'(x)$	$+$	0	$-$	0	$+$
$f(x)$	↗		↘		↗

그러므로 함수 $f(x)$가 감소하는 구간은 $-1\le x\le 2$이므로 $\beta-\alpha$의 최댓값은 $2-(-1)=3$이다.❶

답 ③

POINT

❶ 상수함수가 아닌 다항함수 $f(x)$에 대하여 함수 $f(x)$가 감소할 필요충분조건은 $f'(x)\le 0$이다.

유제 ④
• 8446-0117 •
함수 $f(x)=x^4-4x+3$이 증가하는 구간은 $[a, \infty)$이다. a의 최솟값을 구하시오.

유형 5 함수의 극대와 극소(1)

함수 $f(x)=x^3-3x^2-9x+10$의 극댓값과 극솟값의 합은?

① -2　　　② -1　　　③ 0　　　④ 1　　　⑤ 2

풀이

$f'(x)=3x^2-6x-9=3(x^2-2x-3)=3(x+1)(x-3)$

$f'(x)=0$에서 $x=-1$ 또는 $x=3$

함수 $f(x)$의 증가와 감소를 표로 나타내면 다음과 같다.

x	$\cdots$	-1	$\cdots$	3	$\cdots$
$f'(x)$	$+$	0	$-$	0	$+$
$f(x)$	↗	15	↘	-17	↗

따라서 함수 $f(x)$는 $x=-1$에서 극댓값 15, $x=3$에서 극솟값 -17을 가지므로 두 값의 합은 -2이다. **❶**　　　**답 ①**

POINT

❶ 미분가능한 함수 $f(x)$가 $f'(a)=0$이고 $x=a$의 좌우에서
① $f'(x)$의 부호가 양에서 음으로 바뀌면 $f(x)$는 $x=a$에서 극대이다.
② $f'(x)$의 부호가 음에서 양으로 바뀌면 $f(x)$는 $x=a$에서 극소이다.

유제 5 ● 8446-0118 ●

함수 $f(x)=3x^4-6x^2+2$의 극댓값은?

① 1　　　② 2　　　③ 3　　　④ 4　　　⑤ 5

유형 6 함수의 극대와 극소(2)

함수 $f(x)=x^3+ax^2+bx$가 $x=1$에서 극값 7을 가질 때, $f(2)$의 값은?

(단, a, b는 상수이다.)

① 1　　　② 2　　　③ 3　　　④ 4　　　⑤ 5

풀이

함수 $f(x)$가 $x=1$에서 극값 7을 가지므로 $f(1)=7$에서

$1+a+b=7$

$a+b=6$　　　$\cdots\cdots$ ㉠

또, $f'(x)=3x^2+2ax+b$이고 $x=1$에서 극값을 가지므로 $f'(1)=0$ **❶**

$3+2a+b=0$

$2a+b=-3$　　　$\cdots\cdots$ ㉡

㉠과 ㉡을 연립하여 풀면 $a=-9$, $b=15$

이때 $f(x)=x^3-9x^2+15x$이므로

$f(2)=8-36+30=2$　　　**답 ②**

POINT

❶ 미분가능한 함수 $f(x)$가 $x=a$에서 극값을 가지면 $f'(a)=0$이다.

유제 6 ● 8446-0119 ●

함수 $f(x)=x^3+ax^2+bx+3$이 $x=1$, $x=3$에서 극값을 가질 때, 극댓값을 구하시오.

(단, a, b는 상수이다.)

01

● 8446-0120 ●

곡선 $y=x^3-x^2+2$ 위의 점 $(1, a)$에서의 접선의 방정식이 $y=mx+n$일 때, 세 상수 a, m, n에 대하여 amn의 값은?

① 1 ② 2 ③ 3
④ 4 ⑤ 5

02

● 8446-0121 ●

곡선 $y=x^4+3x+6$이 y축과 만나는 점을 A, 점 A에서의 접선이 x축과 만나는 점을 B라 하자. 삼각형 ABO의 넓이는? (단, O는 원점이다.)

① 3 ② 4 ③ 5
④ 6 ⑤ 7

03

● 8446-0122 ●

곡선 $y=x^3+1$ 위의 점 A$(1, 2)$에서의 접선이 이 곡선과 만나는 점 중 A가 아닌 점을 B라 할 때, 선분 AB의 중점의 좌표는 (a, b)이다. $a+b$의 값은?

① -5 ② -4 ③ -3
④ -2 ⑤ -1

04

● 8446-0123 ●

직선 $y=3x+2$에 평행하고 곡선 $y=\dfrac{1}{3}x^3+x^2$에 접하는 직선 중 y절편이 양수인 직선의 y절편은?

① 5 ② 6 ③ 7
④ 8 ⑤ 9

05

● 8446-0124 ●

곡선 $y=x^3+1$에 접하고 기울기가 3인 접선은 두 개가 있다. 이 두 접선 사이의 거리는?

① $\dfrac{\sqrt{10}}{10}$ ② $\dfrac{\sqrt{10}}{5}$ ③ $\dfrac{3\sqrt{10}}{10}$
④ $\dfrac{2\sqrt{10}}{5}$ ⑤ $\dfrac{\sqrt{10}}{2}$

06

● 8446-0125 ●

원점 O$(0, 0)$에서 곡선 $y=x^3+3x+2$에 그은 접선을 l이라 하고, 곡선 $y=x^3+3x+2$의 접선 중 l과 평행하고 l이 아닌 접선을 m이라 하자. 직선 m이 점 $(1, k)$를 지날 때, 상수 k의 값은?

① 8 ② 9 ③ 10
④ 11 ⑤ 12

유형 **3** 평균값 정리

07
• 8446-0126 •

이차함수 $f(x)=x^2-x$에 대하여 구간 $[1, 3]$에서 평균값 정리를 만족시키는 상수 c의 값을 구하시오.

08
• 8446-0127 •

사차함수 $f(x)=x^4-2x^3+1$에 대하여 닫힌구간 $[0, 2]$에서 롤의 정리를 만족시키는 상수 c의 값은?

① $\dfrac{1}{4}$ ② $\dfrac{1}{2}$ ③ 1

④ $\dfrac{3}{2}$ ⑤ 2

09
• 8446-0128 •

삼차함수 $f(x)=x^3-3x+1$에 대하여 닫힌구간 $[-\sqrt{3}, \sqrt{3}]$에서 롤의 정리를 만족시키는 모든 상수 c의 값의 곱은?

① -2 ② -1 ③ 0

④ 1 ⑤ 2

유형 **4** 함수의 증가와 감소

10
• 8446-0129 •

삼차함수 $f(x)=x^3+ax^2+ax+1$이 구간 $(-\infty, \infty)$에서 증가하도록 하는 정수 a의 개수는?

① 3 ② 4 ③ 5

④ 6 ⑤ 7

11
• 8446-0130 •

사차함수 $f(x)=x^4-4x^3-8x^2+6$이 구간 $[a, b]$에서 감소할 때, $b-a$의 최댓값은? (단, $a\geq0$, $b\geq0$이다.)

① 1 ② 2 ③ 3

④ 4 ⑤ 5

12
• 8446-0131 •

정의역이 실수 전체의 집합인 삼차함수
$$f(x)=-4x^3+ax^2-3x+1$$
이 역함수를 가지기 위한 정수 a의 개수는?

① 11 ② 12 ③ 13

④ 14 ⑤ 15

13

• 8446-0132 •

삼차함수 $f(x)=x^3-3x+k$가 극솟값 1을 가질 때, 극댓값은? (단, k는 상수이다.)

① 3   ② 4   ③ 5

④ 6   ⑤ 7

14

• 8446-0133 •

사차함수 $f(x)=\dfrac{1}{4}x^4-\dfrac{1}{3}x^3-3x^2+1$은 서로 다른 두 상수 a, b에 대하여 $x=a$, $x=b$에서 극소이다. $a+b$의 값은?

① -2 ② -1 ③ 0

④ 1   ⑤ 2

15

• 8446-0134 •

함수 $f(x)=x^3-3x^2+1$은 $x=a$에서 극댓값을 갖는다. 점 $A(a, f(a))$를 지나고 x축에 평행한 직선이 곡선 $y=f(x)$와 만나는 점 중 A가 아닌 점을 B라 할 때, 선분 AB의 길이는?

① 1   ② 2   ③ 3

④ 4   ⑤ 5

16

• 8446-0135 •

함수 $f(x)=2x^3-ax^2+30$이 $x=3$에서 극값을 가질 때, 극솟값은? (단, a는 상수이다.)

① 1   ② 3   ③ 5

④ 7   ⑤ 9

17

• 8446-0136 •

사차함수 $f(x)=x^4+ax^3+2bx^2+b$는 $x=1$에서 극값 3, $x=c$에서 극솟값 d, $x=e$에서 극솟값 f를 갖는다. $a+b+c+d+e+f$의 값은?

(단, a, b, c, d, e, f는 상수이다.)

① 1   ② 2   ③ 3

④ 4   ⑤ 5

18

• 8446-0137 •

삼차함수 $f(x)=x^3+ax^2+ax+2$가 극값을 갖도록 하는 자연수 a의 최솟값은?

① 1   ② 2   ③ 3

④ 4   ⑤ 5

그림과 같이 곡선 $y=\dfrac{1}{4}x^4+2x$ 위의 점 P와 두 점 A$(0,\ -1)$, B$(1,\ 0)$에 대하여 삼각형 PAB의 넓이의 최솟값을 구하시오.

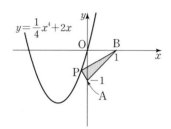

풀이

삼각형 PAB의 넓이가 최소가 되는 경우는 직선 AB와 평행한 접선의 접점이 P일 때이다.　◀ ❶

한편, 접점의 좌표를 $\left(a,\ \dfrac{1}{4}a^4+2a\right)$라 하면

$y'=x^3+2$이므로 접선의 기울기는 a^3+2

이때 직선 AB의 기울기가 1이므로

$a^3+2=1$, $a^3=-1$, $a=-1$

그러므로 접점의 좌표는 $\left(-1,\ -\dfrac{7}{4}\right)$이다.　◀ ❷

한편, 직선 AB의 방정식은 $y=x-1$, 즉 $x-y-1=0$이므로 이 직선과 점 $\left(-1,\ -\dfrac{7}{4}\right)$ 사이의 거리는

$\dfrac{\left|(-1)-\left(-\dfrac{7}{4}\right)-1\right|}{\sqrt{1^2+(-1)^2}}=\dfrac{\dfrac{1}{4}}{\sqrt{2}}=\dfrac{\sqrt{2}}{8}$
 점 $(x_1,\ y_1)$과 직선 $ax+by+c=0$ 사이의 거리는 $\dfrac{|ax_1+by_1+c|}{\sqrt{a^2+b^2}}$　◀ ❸

따라서 삼각형 PAB의 넓이의 최솟값은

$\dfrac{1}{2}\times\sqrt{2}\times\dfrac{\sqrt{2}}{8}=\dfrac{1}{8}$

답 $\dfrac{1}{8}$

단계	채점 기준	비율
❶	넓이가 최소가 되는 점 P의 위치를 구한 경우	20 %
❷	접점의 좌표를 구한 경우	40 %
❸	넓이의 최솟값을 구한 경우	40 %

01
• 8446-0138 •

다항함수 $f(x)$가 $\displaystyle\lim_{x\to1}\dfrac{f(x)-3}{x^2-1}=2$일 때, 곡선 $y=f(x)$ 위의 점 $(1,\ f(1))$에서의 접선의 방정식을 구하시오.

02
• 8446-0139 •

최고차항의 계수가 1인 삼차함수 $y=f(x)$가 다음 조건을 만족시킨다.

> (가) $f(0)=1$
> (나) 함수 $f(x)$는 구간 $(-\infty,\ 0]$, $[3,\ \infty)$에서는 증가하고 구간 $[0,\ 3]$에서 감소한다.

함수 $f(x)$의 극솟값을 구하시오.

03
• 8446-0140 •

직선 $x=t$가 곡선 $y=x^3$, 직선 $y=x$와 만나는 점을 각각 P, Q라 하자. 선분 PQ를 12 : 1로 외분하는 점을 R라 할 때, 점 R의 y좌표를 $f(t)$라 하자. 함수 $f(t)$의 극솟값과 극댓값을 구하시오.

01

● 8446-0141 ●

두 꼭짓점 A, C는 y축 위에 있고, 두 꼭짓점 B, D는 x축 위에 있는 사각형 ABCD가 다음 조건을 만족시킨다.

> (가) 두 직선 AB, CD는 곡선 $y=x^3-10x$에 접하고 기울기가 같다.
> (나) $\overline{AC} : \overline{BD}=2 : 1$이다.

사각형 ABCD의 넓이를 구하시오.

(단, 점 A의 y좌표는 양수, 점 C의 y좌표는 음수이고 점 B의 x좌표는 음수, 점 D의 x좌표는 양수이다.)

02

● 8446-0142 ●

함수 $f(x)=x^3-4x^2+x$ 위의 점 $(t, f(t))$ $(t<2)$에서의 접선의 y절편을 $g(t)$라 하자. 함수 $h(t)=\begin{cases} g(t) & (t<2) \\ at+b & (t\geq2) \end{cases}$

가 실수 전체의 집합에서 미분가능하도록 하는 두 상수 a, b에 대하여 $a+b$의 값은?

① 5   ② 6   ③ 7   ④ 8   ⑤ 9

03

● 8446-0143 ●

최고차항의 계수가 1인 삼차함수 $y=f(x)$와 기울기가 2인 직선이 $x=-1$인 점에서 접하고, $x=2$인 점에서 만난다. 함수 $y=f(x)$의 극솟값을 a, 극댓값을 b라 할 때, $b-a$의 값은?

① $\dfrac{\sqrt{3}}{9}$ ② $\dfrac{2\sqrt{3}}{9}$ ③ $\dfrac{\sqrt{3}}{3}$ ④ $\dfrac{4\sqrt{3}}{9}$ ⑤ $\dfrac{5\sqrt{3}}{9}$

05 도함수의 활용(2)

1 함수의 그래프

함수 $y=f(x)$의 그래프는 다음과 같은 방법으로 그린다.

① 도함수 $f'(x)$를 구하고, $f'(x)=0$을 만족시키는 x의 값을 구한다.

② 함수 $f(x)$의 증가와 감소, 극대와 극소를 조사한다.

③ 그래프가 좌표축과 만나는 점을 이용하여 함수 $y=f(x)$의 그래프를 그린다.

참고 최고차항의 계수가 양수인 삼차함수 $f(x)$에 대하여 이차방정식 $f'(x)=0$의 판별식을 D라 할 때, 함수 $y=f(x)$의 그래프는 그림과 같다.

(1) $D<0$인 경우   (2) $D=0$인 경우   (3) $D>0$인 경우

보기

함수 $f(x)=x^3-6x^2+9x+1$에 대하여 함수 $y=f(x)$의 그래프를 그려 보자.

$f'(x)=3x^2-12x+9$
$\qquad =3(x-1)(x-3)$

$f'(x)=0$에서 $x=1$ 또는 $x=3$

함수 $f(x)$는 $x=1$에서 극댓값 5, $x=3$에서 극솟값 1을 가지고, y축과 점 $(0, 1)$에서 만나므로 그래프는 그림과 같다.

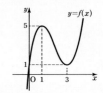

2 함수의 최대와 최소

(1) 함수 $f(x)$가 닫힌구간 $[a, b]$에서 연속이면 최대·최소 정리에 의하여 함수 $f(x)$는 이 구간에서 반드시 최댓값과 최솟값을 갖는다.

(2) 함수 $f(x)$가 닫힌구간 $[a, b]$에서 연속일 때, 함수 $f(x)$의 최댓값과 최솟값은 다음과 같은 방법으로 구한다.

① 닫힌구간 $[a, b]$에서 함수 $f(x)$의 극댓값과 극솟값을 구한다.

② 닫힌구간 $[a, b]$의 양 끝점에서의 함숫값 $f(a)$, $f(b)$를 구한다.

③ ①과 ②에서 구한 극댓값, 극솟값, $f(a)$, $f(b)$ 중에서 가장 큰 값이 최댓값이고, 가장 작은 값이 최솟값이다.

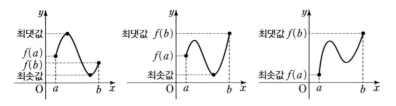

(3) 도형의 길이, 넓이, 부피 등의 최댓값 또는 최솟값은 다음과 같은 방법으로 구한다.

① 적당한 변수를 정하여 미지수 x로 놓고, x의 값의 범위를 구한다.

② 도형의 길이, 넓이, 부피 등을 x에 대한 함수 $f(x)$로 나타낸다.

③ 함수 $y=f(x)$의 그래프를 이용하여 ①에서 구한 x의 값의 범위에서 함수 $f(x)$의 최댓값 또는 최솟값을 구한다.

보기

닫힌구간 $[-2, 3]$에서 함수 $f(x)=x^3-3x-2$의 최댓값과 최솟값을 구해 보자.

$f'(x)=3x^2-3$
$\qquad =3(x+1)(x-1)$

$f'(x)=0$에서
$x=-1$ 또는 $x=1$

함수 $f(x)$는 $x=-1$에서 극댓값 0, $x=1$에서 극솟값 -4를 갖고, 구간의 양 끝점에서의 함숫값이 $f(-2)=-4$, $f(3)=16$이다.

따라서 닫힌구간 $[-2, 3]$에서 함수 $f(x)$의 최댓값은 16, 최솟값은 -4이다.

3 **방정식에의 활용**

(1) 방정식 $f(x)=0$의 실근은 함수 $y=f(x)$의 그래프와 x축이 만나는 점의 x좌표와 같다. 즉, 방정식 $f(x)=0$의 서로 다른 실근의 개수는 함수 $y=f(x)$의 그래프와 x축이 만나는 점의 개수와 같다.

(2) 방정식 $f(x)=k$(k는 상수)의 실근은 함수 $y=f(x)$의 그래프와 직선 $y=k$가 만나는 점의 x좌표와 같다. 즉, 방정식 $f(x)=k$의 서로 다른 실근의 개수는 함수 $y=f(x)$의 그래프와 직선 $y=k$가 만나는 점의 개수와 같다.

(3) 방정식 $f(x)=g(x)$의 실근은 함수 $y=f(x)$의 그래프와 함수 $y=g(x)$의 그래프가 만나는 점의 x좌표와 같다. 즉, 방정식 $f(x)=g(x)$의 서로 다른 실근의 개수는 함수 $y=f(x)$의 그래프와 함수 $y=g(x)$의 그래프가 만나는 점의 개수와 같다.

참고 삼차함수 $f(x)$가 극값을 가질 때, 삼차방정식 $f(x)=0$의 실근의 개수는 다음과 같다.
① (극댓값)×(극솟값)<0이면 서로 다른 실근의 개수는 3이다.
② (극댓값)×(극솟값)=0이면 서로 다른 실근의 개수는 2이다.
③ (극댓값)×(극솟값)>0이면 서로 다른 실근의 개수는 1이다.

보기

함수 $f(x)=-x^3+3x^2-30$에 대하여 방정식 $f(x)=0$의 실근의 개수를 구해 보자.
$f'(x)=-3x^2+6x$
$\qquad = -3x(x-2)$
$f'(x)=0$에서 $x=0$ 또는 $x=2$
함수 $f(x)$는 $x=0$에서 극솟값 -3, $x=2$에서 극댓값 1을 갖는다.
이때 (극댓값)×(극솟값)<0이므로 방정식 $f(x)=0$의 서로 다른 실근의 개수는 3이다.

4 **부등식에의 활용**

(1) 주어진 구간에서 부등식 $f(x)\geq0$이 성립함을 보이려면
➡ 함수 $y=f(x)$의 그래프를 그려서 주어진 구간에서 $y\geq0$임을 보인다.

(2) 주어진 구간에서 부등식 $f(x)\geq g(x)$가 성립함을 보이려면
$h(x)=f(x)-g(x)$로 놓고
➡ 함수 $y=h(x)$의 그래프를 그려서 주어진 구간에서 $y\geq0$임을 보인다.

보기

$x\geq0$에서 부등식
$2x^3-3x^2+1\geq0$이 항상 성립함을 증명해 보자.
$f(x)=2x^3-3x^2+1$이라 하면
$f'(x)=6x^2-6x=6x(x-1)$
$f'(x)=0$에서 $x=0$ 또는 $x=1$
$x\geq0$에서 함수 $f(x)$의 최솟값이 $f(1)=0$이므로 부등식
$2x^3-3x^2+1\geq0$이 항상 성립한다.

5 **직선 운동에서의 속도와 가속도**

(1) 수직선 위를 움직이는 점 P의 시각 t에서의 위치가 $x=f(t)$일 때, 점 P의 시각 t에서의 속도 v는 $\quad v=\dfrac{dx}{dt}=f'(t)$

(2) 수직선 위를 움직이는 점 P의 시각 t에서의 속도가 $v(t)$일 때, 점 P의 시각 t에서의 가속도 a는 $\quad a=\dfrac{dv}{dt}=v'(t)$

보기

원점을 출발하여 수직선 위를 움직이는 점 P의 시각 t에서의 위치가 $x=2t^3-8t^2$일 때,
점 P의 시각 t에서의 속도 v는
$v=6t^2-16t$
점 P의 시각 t에서의 가속도 a는
$a=12t-16$

기본 유형 익히기

8446-0144

유형 1
함수의 그래프

삼차함수 $f(x)=x^3+ax^2+bx+c$에 대하여 함수 $y=f'(x)$의 그래프는 두 점 $(-1, 0)$, $(5, 0)$을 지난다. 함수 $f(x)$가 극댓값 10을 가질 때, 세 상수 a, b, c에 대하여 abc의 값을 구하시오.

풀이

$f'(x)=3x^2+2ax+b$이고 방정식 $f'(x)=0$의 두 근이 $x=-1$, $x=5$이므로 이차방정식의 근과 계수의 관계에 의하여 ❶

$(-1)+5=-\dfrac{2a}{3}$에서 $a=-6$, $(-1)\times5=\dfrac{b}{3}$에서 $b=-15$

따라서 $f(x)=x^3-6x^2-15x+c$

$f(-1)=-1-6+15+c=10$에서 $c=2$

따라서 $abc=(-6)\times(-15)\times2=180$ **답 180**

POINT

❶ 함수 $y=f'(x)$의 그래프와 x축이 만나는 두 점의 x좌표가 각각 -1, 5이므로 방정식 $f'(x)=0$의 두 근은 $x=-1$, $x=5$이다.

유제 1
• 8446-0144 •

삼차함수 $f(x)$가 서로 다른 세 실수 a, b, c에 대하여 다음 조건을 만족시킨다.

(가) $f(a)=f(b)=0$　　　　　　(나) $f'(a)=f'(c)=0$

c를 a와 b로 나타낼 때 항상 옳은 것은?

① $\dfrac{a+2b}{3}$　　② $\dfrac{2a+b}{3}$　　③ $\dfrac{a+b}{3}$　　④ $\dfrac{a+b}{2}$　　⑤ $a+b$

유형 2
함수의 최댓값과 최솟값

닫힌구간 $[-3, 2]$에서 함수 $f(x)=-2x^3-6x^2+8$의 최댓값과 최솟값을 각각 M, m이라 할 때, $M-m$의 값을 구하시오.

풀이

$f'(x)=-6x^2-12x=-6x(x+2)$이고 $f'(x)=0$에서 $x=-2$ 또는 $x=0$
함수 $f(x)$의 증가와 감소를 표로 나타내면 다음과 같다.

x	$\cdots$	-2	$\cdots$	0	$\cdots$
$f'(x)$	$-$	0	$+$	0	$-$
$f(x)$	$\searrow$	극소	$\nearrow$	극대	$\searrow$

함수 $f(x)$의 극댓값은 $f(0)=8$, 극솟값은 $f(-2)=0$이고, 주어진 구간의 양 끝점에서의 함숫값은 $f(-3)=8$, $f(2)=-32$ ❶

따라서 $M=8$, $m=-32$이므로 $M-m=8-(-32)=40$ **답 40**

POINT

❶ 닫힌구간에서 연속인 함수의 최댓값과 최솟값은 그 구간에서의 함수의 극댓값, 극솟값, 구간의 양 끝점에서의 함숫값을 비교하여 구한다.

유제 2
• 8446-0145 •

밑면이 정사각형인 직육면체의 모든 모서리의 길이의 합이 24일 때, 이 직육면체의 부피의 최댓값을 구하시오.

유형 **3**

방정식에의 활용

사차방정식 $x^4-8x^2+a=0$이 서로 다른 네 실근을 갖도록 하는 정수 a의 개수는?

① 11 ② 12 ③ 13 ④ 14 ⑤ 15

풀이

$-x^4+8x^2=a$에서 $f(x)=-x^4+8x^2$으로 놓으면

$f'(x)=-4x^3+16x=-4x(x+2)(x-2)$

$f'(x)=0$에서 $x=-2$ 또는 $x=0$ 또는 $x=2$

함수 $f(x)$의 증가와 감소를 표로 나타내면 다음과 같다.

x	$\cdots$	-2	$\cdots$	0	$\cdots$	2	$\cdots$
$f'(x)$	$+$	0	$-$	0	$+$	0	$-$
$f(x)$	↗	극대	↘	극소	↗	극대	↘

함수 $f(x)$는 $x=-2$, $x=2$에서 극대이고,

극댓값은 $f(-2)=f(2)=16$

또, 함수 $f(x)$는 $x=0$에서 극소이고, 극솟값은

$f(0)=0$

따라서 함수 $y=f(x)$의 그래프는 그림과 같다.

사차방정식 $x^4-8x^2+a=0$이 서로 다른 네 실근

을 가지려면 함수 $y=f(x)$의 그래프와 직선 $y=a$가 서로 다른 네 점에서 만

나야 한다.❶

따라서 $0<a<16$이므로 정수 a의 값은 1, 2, 3, $\cdots$, 15이고, 그 개수는 15이다.

답 ⑤

POINT

❶ 방정식 $f(x)=g(x)$의 실근은 함수 $y=f(x)$의 그래프와 함수 $y=g(x)$의 그래프가 만나는 점의 x좌표와 같다.
즉, 방정식 $f(x)=g(x)$의 서로 다른 실근의 개수는 함수 $y=f(x)$의 그래프와 함수 $y=g(x)$의 그래프가 만나는 서로 다른 점의 개수와 같다.

유제 3
• 8446-0146 •

삼차방정식 $x^3-3x+a=0$이 서로 다른 세 실근을 갖도록 하는 실수 a의 값의 범위가 $p<a<q$일 때, $q-p$의 최댓값은?

① 1 ② 2 ③ 3 ④ 4 ⑤ 5

유제 4
• 8446-0147 •

삼차방정식 $x^3-6x^2+9x-a=0$의 서로 다른 실근의 개수가 2가 되도록 하는 모든 실수 a의 값의 합을 구하시오.

유형 4

부등식에의 활용

$x>-\dfrac{1}{2}$인 모든 실수 x에 대하여 부등식 $4x^3-3x^2-6x-a+3>0$이 성립하도록 하는 정수 a의 최댓값을 구하시오.

풀이

$f(x)=4x^3-3x^2-6x-a+3$으로 놓으면

$f'(x)=12x^2-6x-6=6(2x+1)(x-1)$

$f'(x)=0$에서 $x=-\dfrac{1}{2}$ 또는 $x=1$

함수 $f(x)$의 증가와 감소를 표로 나타내면 다음과 같다.

x	$\left(-\dfrac{1}{2}\right)$	$\cdots$	1	$\cdots$
$f'(x)$		$-$	0	$+$
$f(x)$		$\searrow$	극소	$\nearrow$

$x>-\dfrac{1}{2}$에서 함수 $f(x)$는 $x=1$에서 극소이면서 최소이므로 함수 $f(x)$의 최솟값은 $f(1)=-2-a$

$-2-a>0$에서 $a<-2$이므로 구하는 정수 a의 최댓값은 -3이다. **답** -3
❶

POINT

❶ 주어진 범위에서 부등식 $f(x)>0$이 성립함을 보이려면 주어진 범위에서 함수 $y=f(x)$의 그래프를 그려서 $y>0$임을 보이면 된다.

유제 5
● 8446-0148 ●

두 함수 $f(x)=x^4+2x^2-3x$, $g(x)=-x^2-13x+a$에 대하여 다음 조건을 만족시키는 실수 a의 최댓값을 구하시오.

모든 실수 x에 대하여 $f(x)\geq g(x)$이다.

유형 5

직선 운동에서의 속도와 가속도

수직선 위를 움직이는 두 점 P, Q의 시각 t에서의 위치가 각각 $t^3-9t^2+15t+8$, $t^3-15t^2+63t+10$이다. $t=a$에서 두 점 P, Q의 속도가 같을 때, 상수 a의 값을 구하시오.

풀이

점 P의 시각 t에서의 속도는 $\dfrac{d}{dt}(t^3-9t^2+15t+8)=3t^2-18t+15$
❶

점 Q의 시각 t에서의 속도는 $\dfrac{d}{dt}(t^3-15t^2+63t+10)=3t^2-30t+63$

$t=a$에서 두 점 P, Q의 속도가 같으므로 $3a^2-18a+15=3a^2-30a+63$

$12a=48$에서 $a=4$ **답** 4

POINT

❶ 수직선 위를 움직이는 점의 시각 t에서의 위치가 x일 때, 이 점의 시각 t에서의 속도 v는

$v=\dfrac{dx}{dt}$

유제 6
● 8446-0149 ●

수직선 위를 움직이는 점 P의 시각 t에서의 위치가 $6t-3t^2$일 때, 점 P의 시각 t에서의 가속도를 구하시오.

유형 **1** 함수의 그래프

01

• 8446-0150 •

다항함수 $f(x)$는 극댓값과 최댓값이 모두 존재하고 그 값이 일치한다. 다음 중 함수 $y=f'(x)$의 그래프가 될 수 있는 것은?

①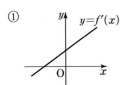

②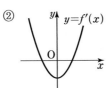

③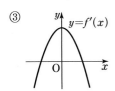

④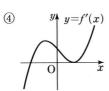

⑤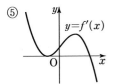

02

• 8446-0151 •

다항함수 $f(x)$에 대하여 함수 $y=f'(x)$의 그래프가 그림과 같을 때, 함수 $f(x)$는 $x=a$에서 극값을 갖는다. 모든 실수 a의 값의 합은?

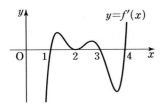

① 6　　　　② 7　　　　③ 8
④ 9　　　　⑤ 10

유형 **2** 함수의 최댓값과 최솟값

03

• 8446-0152 •

닫힌구간 $[-1, 5]$에서 함수 $f(x)=ax^3-6ax^2+b$의 최댓값이 10, 최솟값이 -22일 때, 두 상수 a, b에 대하여 $a+b$의 값은? (단, $a>0$이다.)

① 7　　　　② 9　　　　③ 11
④ 13　　　　⑤ 15

04

• 8446-0153 •

그림과 같이 모선의 길이가 5이고 밑면의 반지름의 길이가 3인 원뿔에 원기둥이 내접하고 있다. 이 원기둥의 부피의 최댓값은?

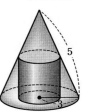

① $\dfrac{13}{3}\pi$　　　　② $\dfrac{14}{3}\pi$

③ 5π　　　　④ $\dfrac{16}{3}\pi$　　　　⑤ $\dfrac{17}{3}\pi$

05

• 8446-0154 •

함수 $f(x)=ax(2-x)$에 대하여 $g(a)=f(f(1))$이라 하자. 함수 $g(a)$가 $a=\alpha$일 때 최댓값 β를 가질 때, $\alpha+\beta$의 값은? (단, $a>0$이다.)

① $\dfrac{56}{27}$　　　　② $\dfrac{59}{27}$　　　　③ $\dfrac{62}{27}$

④ $\dfrac{65}{27}$　　　　⑤ $\dfrac{68}{27}$

06

● 8446-0155 ●

함수 $f(x)=-x^2(x-6)$에 대하여 닫힌구간 $[a,\ a+1]$에서 함수 $f(x)$의 최솟값을 $g(a)$라 하자. $-3\leq a\leq 3$에서 함수 $g(a)$의 최댓값과 최솟값을 각각 M, m이라 할 때, $M+m$의 값을 구하시오.

07

● 8446-0156 ●

좌표평면의 두 점 $O(0,\ 0)$, $A(4,\ 0)$에 대하여 선분 OA 위의 점 P에서 곡선 $y=x^2$에 그은 접선의 접점 중 원점이 아닌 점을 Q라 하자. 삼각형 PAQ의 넓이의 최 댓값이 $\dfrac{n}{m}$일 때, $m+n$의 값을 구하시오.

(단, m과 n은 서로소인 자연수이다.)

유형 3 방정식에의 활용

08

● 8446-0157 ●

x에 대한 방정식 $x^3-3k^2x+16=0$의 실근의 개수가 1 이 되도록 하는 정수 k의 개수는?

① 1　　　　　② 2　　　　　③ 3

④ 4　　　　　⑤ 5

09

● 8446-0158 ●

삼차함수 $f(x)=x^3-kx^2$에 대하여 방정식 $f(x)=-32$ 의 서로 다른 실근의 개수가 2가 되도록 하는 상수 k의 값을 구하시오. (단, $k\neq 0$이다.)

10

● 8446-0159 ●

x에 대한 삼차방정식

$$x^3-3nx+8n=0$$

의 서로 다른 실근의 개수가 1이 되도록 하는 자연수 n 의 개수를 구하시오.

11

● 8446-0160 ●

함수 $f(x)=x^3+3x^2-24x+2$에 대하여 방정식 $|f(x)|=k$의 서로 다른 실근의 개수가 5가 되도록 하 는 상수 k의 값을 구하시오.

12

• 8446-0161 •

모든 실수 x에 대하여 부등식

$$x^4+4a^3x+48>0$$

이 성립하도록 하는 정수 a의 개수는?

① 1   ② 2   ③ 3

④ 4   ⑤ 5

13

• 8446-0162 •

$x\geq-2$인 모든 실수 x에 대하여 부등식

$$x^3-3x^2+k\geq0$$

이 성립하도록 하는 실수 k의 최솟값은?

① 4   ② 8   ③ 12

④ 16   ⑤ 20

14

• 8446-0163 •

두 함수 $f(x)=x^4+2x^2$, $g(x)=-2x^2+12x-a$에 대하여 다음 조건을 만족시키는 실수 a의 최솟값은?

> 임의의 두 실수 x_1, x_2에 대하여 $f(x_1)\geq g(x_2)$이다.

① 12   ② 14   ③ 16

④ 18   ⑤ 20

15

• 8446-0164 •

수직선 위를 움직이는 점 P의 시각 t에서의 위치가

$$t^3-6t^2+9t+5$$

이다. 속도가 -3일 때의 시각 t의 값은?

① $\dfrac{2}{3}$ ② 1   ③ $\dfrac{4}{3}$

④ $\dfrac{5}{3}$ ⑤ 2

16

• 8446-0165 •

수직선 위를 움직이는 두 점 P, Q의 시각 t에서의 위치가 각각

$$2t^3-12t^2,\ 2t^2+16t$$

이다. 선분 PQ의 중점을 M이라 할 때, $0<t<6$에서 점 M이 운동 방향을 바꾼 횟수는?

① 1   ② 2   ③ 3

④ 4   ⑤ 5

17

• 8446-0166 •

수직선 위를 움직이는 두 점 P, Q의 시각 t에서의 위치가 각각

$$t^3-48t+3,\ t^2-2t+5$$

이다. $t>0$에서 두 점 P, Q가 움직이는 방향이 서로 반대인 t의 값의 범위가 $p<t<q$일 때, $q-p$의 최댓값은?

① 1   ② 2   ③ 3

④ 4   ⑤ 5

삼차방정식 $x^3-3x^2-9x+k=0$의 세 실근을 α, β, γ라 할 때, $\alpha<0<\beta<\gamma$를 만족시키는 정수 k의 개수를 구하시오.

풀이

$k=-x^3+3x^2+9x$에서

$f(x)=-x^3+3x^2+9x$로 놓으면

> 주어진 삼차방정식의 세 실근은 직선 $y=k$와 곡선 $y=-x^3+3x^2+9x$가 만나는 점의 x좌표이다.

$f'(x)=-3x^2+6x+9=-3(x+1)(x-3)$

$f'(x)=0$에서 $x=-1$ 또는 $x=3$

함수 $f(x)$의 증가와 감소를 표로 나타내면 다음과 같다.

x	$\cdots$	-1	$\cdots$	3	$\cdots$
$f'(x)$	$-$	0	$+$	0	$-$
$f(x)$	$\searrow$	극소	$\nearrow$	극대	$\searrow$

함수 $f(x)$는 $x=3$에서 극대이고 극댓값은 $f(3)=27$, $x=-1$에서 극소이고 극솟값은 $f(-1)=-5$ ◀ ❶

함수 $y=f(x)$의 그래프는 그림과 같다.

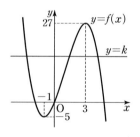

함수 $y=f(x)$의 그래프와 직선 $y=k$가 만나는 점의 x좌표가 음수 1개와 양수 2개이어야 한다. ◀ ❸

따라서 $0<k<27$이므로 정수 k의 값은 1, 2, 3, $\cdots$, 26이고, 그 개수는 26이다. ◀ ❹

달 26

단계	채점 기준	비율
❶	극값을 구한 경우	30 %
❷	그래프를 구한 경우	20 %
❸	직선 $y=k$와 만나는 점의 x좌표의 부호를 정한 경우	30 %
❹	정수 k의 개수를 구한 경우	20 %

01

• 8446-0167 •

다음 물음에 답하시오.

⑴ 미분가능한 함수 $y=f(x)$의 그래프가 그림과 같을 때, 함수 $y=f'(x)$의 그래프를 그리시오.

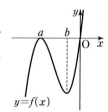

⑵ 함수 $y=g'(x)$의 그래프가 그림과 같을 때, 함수 $y=g(x)$의 그래프를 그리시오. (단, $g(0)=0$이다.)

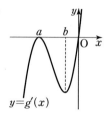

02

• 8446-0168 •

그림과 같이 반지름의 길이가 10인 구에 원기둥이 내접하고 있다. 이 원기둥의 부피가 최대일 때, 원기둥의 높이는 $\dfrac{q}{p}\sqrt{3}$이다. $p+q$의 값을 구하시오.

(단, p와 q는 서로소인 자연수이다.)

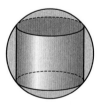

01

● 8446-0169 ●

최고차항의 계수가 양수인 사차함수 $f(x)$가 다음 조건을 만족시킨다.

(가) 함수 $f(x)$의 극값의 개수는 3이다.
(나) 방정식 $f(x)=0$은 서로 다른 두 실근과 두 허근을 갖는다.

두 집합 $A=\{x|f(x)f'(x)=0\}$, $B=\{x||f(x)|+|f'(x)|=0\}$에 대하여 $n(A\cap B^C)$의 값은?

① 1   ② 2   ③ 3   ④ 4   ⑤ 5

02

● 8446-0170 ●

삼차함수 $f(x)=x^3-3a^2x$에 대하여 $0<a<1$일 때 닫힌구간 $[0, 1]$에서 함수 $f(x)$의 최솟값을 $g(a)$, $a>1$일 때 닫힌 구간 $[0, 1]$에서 함수 $f(x)$의 최솟값을 $h(a)$라 하자. $g\left(\dfrac{1}{2}\right)\times h(2)$의 값은?

① $\dfrac{11}{4}$ ② 3   ③ $\dfrac{13}{4}$ ④ $\dfrac{7}{2}$ ⑤ $\dfrac{15}{4}$

03

● 8446-0171 ●

수직선 위를 움직이는 두 점 P, Q의 시각 t에서의 위치가 각각 $2t^3-3t^2$, t^3+t^2-4t이다. 두 점 P, Q가 동시에 원점을 출발한 후 두 점 사이의 거리가 가까워지는 t의 값의 범위가 $\alpha<t<\beta$일 때, $\beta-\alpha$의 최댓값은?

① 1   ② $\dfrac{4}{3}$ ③ $\dfrac{5}{3}$ ④ 2   ⑤ $\dfrac{7}{3}$

Level Ⅰ

01

● 8446-0172 ●

미분가능한 함수 $f(x)$가 $\lim\limits_{h \to 0} \dfrac{f(1+kh)-f(1)}{h}=4$를 만족시킨다. $f'(1)=2$일 때, 상수 k의 값은?

① 1　　　　② 2　　　　③ 3

④ 4　　　　⑤ 5

02

● 8446-0173 ●

함수 $y=f(x)$의 그래프가 그림과 같다. 함수 $f(x)$가 $x=a$에서 미분가능하지 않도록 하는 모든 실수 a의 값의 합은?

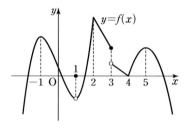

① 6　　　　② 8　　　　③ 10

④ 12　　　　⑤ 14

03

● 8446-0174 ●

삼차함수 $f(x)=x^3-\dfrac{3}{2}ax^2+b$가 극댓값 5, 극솟값 1을 가질 때, 두 상수 a, b에 대하여 $a+b$의 값은?

(단, $a>0$이다.)

① 6　　　　② 7　　　　③ 8

④ 9　　　　⑤ 10

04

● 8446-0175 ●

함수 $f(x)=3x^4-8x^3$의 최솟값은?

① -20　　　② -18　　　③ -16

④ -14　　　⑤ -12

05

● 8446-0176 ●

삼차방정식 $x^3-12x+k=0$이 서로 다른 세 실근을 갖도록 하는 정수 k의 개수는?

① 28　　　　② 29　　　　③ 30

④ 31　　　　⑤ 32

06

● 8446-0177 ●

수직선 위를 움직이는 점 P의 시각 t에서의 위치가 $6t-t^3$일 때, 점 P의 시각 $t=2$에서의 속도는?

① -10　　　② -8　　　③ -6

④ -4　　　⑤ -2

Level **2**

07

● 8446-0178 ●

함수 $f(x)$는 $x=0$에서 연속이지만 미분가능하지 않다. $x=0$에서 항상 미분가능한 함수만을 〈보기〉에서 있는 대로 고른 것은?

┤ 보기 ├
ㄱ. $xf(x)$ ㄴ. $|x|f(x)$
ㄷ. $x|x|f(x)$

① ㄱ   ② ㄷ   ③ ㄱ, ㄴ
④ ㄱ, ㄷ   ⑤ ㄴ, ㄷ

08

● 8446-0179 ●

점 P$(-2, 0)$에서 곡선 $y=x^3$에 그은 접선 중 기울기가 0이 아닌 접선의 방정식이 $y=ax+b$일 때, 두 상수 a, b에 대하여 $a+b$의 값은?

① 78   ② 79   ③ 80
④ 81   ⑤ 82

09

● 8446-0180 ●

삼차함수 $f(x)=x^3-2kx$가 $-1<x<1$에서 극솟값을 갖도록 하는 실수 k의 값의 범위가 $p<k<q$이다. $q-p$의 최댓값은?

① $\dfrac{1}{2}$ ② 1   ③ $\dfrac{3}{2}$

④ 2   ⑤ $\dfrac{5}{2}$

10

● 8446-0181 ●

최고차항의 계수가 양수인 삼차함수 $f(x)$에 대하여 함수 $y=f(x)$의 그래프가 그림과 같다. 부등식 $f(n)f'(n)\leq0$을 만족시키는 20 이하의 모든 자연수 n의 개수는? (단, $f(2)=f(11)=f'(5)=f'(11)=0$이다.)

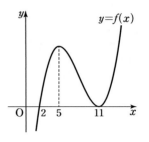

① 9   ② 11   ③ 13
④ 15   ⑤ 17

11

● 8446-0182 ●

양수 a에 대하여 함수
$$f(x)=x^3-3(a-1)x^2-12ax+3$$
의 극댓값을 $g(a)$, 극솟값을 $h(a)$라 할 때, $\displaystyle\lim_{a\to\infty}\dfrac{a^2g(a)}{h(a)}$의 값은?

① -3 ② -1 ③ 1
④ 3   ⑤ 5

12

• 8446-0183 •

두 다항함수 $f(x)$, $g(x)$에 대하여 함수 $y=f'(x)$의 그 래프와 함수 $y=g'(x)$의 그래프가 그림과 같이 서로 다 른 세 점 A, B, C에서 만난다. 함수 $h(x)$를 $h(x)=g(x)-f(x)$라 할 때, 함수 $h(x)$의 극솟값이 양수이다. 방정식 $f(x)=g(x)$의 서로 다른 실근의 개 수는?

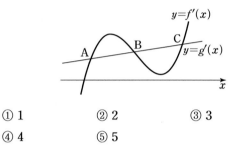

① 1   ② 2   ③ 3

④ 4   ⑤ 5

13

• 8446-0184 •

겉넓이가 54π인 원기둥의 부피는 밑면의 반지름의 길이 가 a일 때 최댓값 b를 갖는다. $\dfrac{b}{a\pi}$의 값을 구하시오.

(단, 원기둥의 겉넓이는 두 밑면과 옆면의 넓이를 모두 포함한다.)

14

• 8446-0185 •

수직선 위를 움직이는 두 점 P, Q의 시각 t에서의 위치 가 각각

$$t^4-8t^3+18t^2, \; mt$$

이다. $t>0$에서 점 P의 속도와 점 Q의 속도가 같아지는 순간이 2번 있기 위한 실수 m의 값을 구하시오.

Level 3

15

• 8446-0186 •

곡선 $y=x^2$ 위의 두 점 A$(a,\,a^2)$, B$(b,\,b^2)$에서의 접선 이 모두 점 $(2,\,2\sqrt{2})$를 지난다. 삼각형 ABC의 넓이가 최대가 되게 하는 곡선 $y=x^2$ 위의 점 C$(c,\,c^2)$에 대하 여 $10c^2$의 값을 구하시오. (단, $a<c<b$이다.)

16

• 8446-0187 •

두 함수 $f(x)=-x^3+x^2+k$, $g(x)=|x(x-1)|$에 대 하여 방정식 $f(x)=g(x)$의 서로 다른 실근의 개수가 5 가 되도록 하는 실수 k의 값의 범위가 $p<k<q$이다. $q-p$의 최댓값은?

① $\dfrac{1}{9}$ ② $\dfrac{4}{27}$ ③ $\dfrac{5}{27}$

④ $\dfrac{2}{9}$ ⑤ $\dfrac{7}{27}$

17

• 8446-0188 •

삼차함수 $f(x)=ax^3-6a^2x^2+9a^3x$에 대하여 〈보기〉 에서 옳은 것만을 있는 대로 고른 것은?

(단, a는 실수이다.)

┤ 보기 ├

ㄱ. 방정식 $f'(x)=0$은 서로 다른 두 실근을 갖는다.

ㄴ. 함수 $|f(x)|$가 극값을 갖는 x의 개수는 3이다.

ㄷ. $a>0$이면 $f'(c)=-2a^3$을 만족시키는 c가 구간 $(a,\,3a)$에 존재한다.

① ㄱ   ② ㄴ   ③ ㄱ, ㄷ

④ ㄴ, ㄷ   ⑤ ㄱ, ㄴ, ㄷ

18

● 8446-0189 ●

자연수 n에 대하여 삼차함수 $f(x)=x^3+nx^2+5x$가 다음 조건을 만족시킨다.

> (가) 방정식 $f(x)=0$의 실근의 개수는 1이다.
> (나) 함수 $f(x)$는 극값을 갖는다.

함수 $f(x)$의 극솟값은?

① -2 ② -1 ③ 0

④ 1 ⑤ 2

19

● 8446-0190 ●

양수 a와 삼차함수

$$f(x)=2x^3-3(a+2)x^2+12ax+16a$$

에 대하여 구간 $[0, \infty)$에서 부등식 $f(x)\geq0$이 항상 성립하도록 하는 a의 최댓값과 최솟값을 각각 M, m이라 할 때, $7(M+m)$의 값을 구하시오.

20

● 8446-0191 ●

삼차함수 $f(x)=-x^3+3x^2+4x-k$에 대하여 방정식 $f(x)=0$이 서로 다른 세 실근을 갖고, 세 실근이 모두 정수가 되도록 하는 실수 k의 개수는?

① 1 ② 2 ③ 3

④ 4 ⑤ 5

서술형 문제 ✏️

21

● 8446-0192 ●

다항함수 $f(x)$가 다음 조건을 만족시킬 때, $f(10)$의 값을 구하시오.

> (가) 모든 실수 x에 대하여 $(x-3)f'(x)=f(x)$ 이다.
> (나) $f(5)=8$

22

● 8446-0193 ●

양수 a와 실수 b에 대하여 삼차함수

$$f(x)=x^3-ax^2-a^2x+b$$

의 극댓값과 극솟값의 차가 4일 때, 방정식 $f(x)=0$이 서로 다른 두 개의 양의 실근과 한 개의 음의 실근을 갖도록 하는 b의 값의 범위를 구하시오.

23

● 8446-0194 ●

수직선 위를 움직이는 두 점 P, Q의 시각 t에서의 위치가 각각

$$-t^4+4t^3, \; kt^2$$

이다. $t>0$에서 두 점 P, Q의 가속도가 같아지는 순간이 2번 있도록 하는 모든 정수 k의 값의 합을 구하시오.

06 부정적분과 정적분

1 부정적분과 함수 $y=x^n$의 부정적분

(1) 부정적분

어떤 함수 $F(x)$의 도함수가 $f(x)$일 때, 즉 $F'(x)=f(x)$일 때, 함수 $F(x)$를 $f(x)$의 부정적분이라 하고, 함수 $f(x)$의 부정적분을 구하는 것을 $f(x)$를 적분한다고 한다.

이때 함수 $f(x)$의 임의의 부정적분은

$$F(x)+C \ (C는 상수)$$

의 꼴로 나타낼 수 있다. 이것을 기호로

$$\int f(x)\,dx=F(x)+C$$

와 같이 나타낸다. 이때 C를 적분상수라 한다.

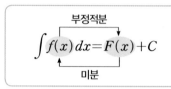

> 참고 함수 $f(x)$의 한 부정적분을 $F(x)$, 또 다른 부정적분을 $G(x)$라 하면
> $F'(x)=f(x)$, $G'(x)=f(x)$이므로
> $\{G(x)-F(x)\}'=G'(x)-F'(x)=f(x)-f(x)=0$에서
> $G(x)-F(x)=C$, $G(x)=F(x)+C$ (단, C는 상수)
> 즉, 함수 $f(x)$의 부정적분 $F(x)$는 무수히 많다.

> 참고 부정적분과 미분의 관계
> ① $\dfrac{d}{dx}\left\{\int f(x)\,dx\right\}=f(x)$
> ② $\int\left\{\dfrac{d}{dx}f(x)\right\}dx=f(x)+C$ (단, C는 적분상수)

(2) 함수 $y=x^n$의 부정적분

n이 음이 아닌 정수일 때,

$$\int x^n\,dx=\frac{1}{n+1}x^{n+1}+C \ (단, C는 적분상수)$$

특히, $n=0$일 때 $\int 1\,dx$는 $\int dx$로 나타낸다.

이때 $\int dx=x+C$ (C는 적분상수)이다.

> 설명 n이 자연수일 때, $\left(\dfrac{1}{n+1}x^{n+1}+C\right)'=x^n$이므로
> $$\int x^n\,dx=\frac{1}{n+1}x^{n+1}+C \ (단, C는 적분상수)$$
> $n=0$이면 $(x+C)'=1$이므로
> $$\int dx=x+C \ (단, C는 적분상수)$$

---

2 부정적분의 성질

두 함수 $f(x)$, $g(x)$가 연속함수일 때

(1) $\displaystyle \int kf(x)\,dx = k\int f(x)\,dx$ (단, k는 상수)

(2) $\displaystyle \int \{f(x)+g(x)\}\,dx = \int f(x)\,dx + \int g(x)\,dx$

(3) $\displaystyle \int \{f(x)-g(x)\}\,dx = \int f(x)\,dx - \int g(x)\,dx$

설명 두 함수 $f(x)$, $g(x)$의 한 부정적분을 각각 $F(x)$, $G(x)$라 하면
$F'(x)=f(x)$, $G'(x)=g(x)$가 성립한다.

① 상수 k에 대하여 $\{kF(x)\}'=kF'(x)=kf(x)$이므로

$$\int kf(x)\,dx = kF(x) = k\int f(x)\,dx$$

② $\{F(x)+G(x)\}'=F'(x)+G'(x)=f(x)+g(x)$이므로

$$\int \{f(x)+g(x)\}\,dx = F(x)+G(x) = \int f(x)\,dx + \int g(x)\,dx$$

③ $\{F(x)-G(x)\}'=F'(x)-G'(x)=f(x)-g(x)$이므로

$$\int \{f(x)-g(x)\}\,dx = F(x)-G(x) = \int f(x)\,dx - \int g(x)\,dx$$

보기

$$\int (6x^2-2x+5)\,dx$$
$$=6\int x^2\,dx - 2\int x\,dx + 5\int dx$$
$$=6\left(\frac{1}{3}x^3+C_1\right)$$
$$\quad -2\left(\frac{1}{2}x^2+C_2\right)+5(x+C_3)$$
$$=2x^3-x^2+5x$$
$$\qquad +6C_1-2C_2+5C_3$$

이때 $6C_1-2C_2+5C_3=C$로 놓으면

$$\int (6x^2-2x+5)\,dx$$
$$=2x^3-x^2+5x+C$$

(단, C는 적분상수)

3 정적분

함수 $f(x)$가 닫힌구간 $[a,\ b]$에서 연속일 때, 함수 $f(x)$의 부정적분 중의 하나를 $F(x)$라 하면

$$F(b)-F(a)$$

를 $f(x)$의 a에서 b까지의 정적분이라 하고, 기호로

$$\int_a^b f(x)\,dx$$

와 같이 나타낸다.

한편, $F(b)-F(a)$를 기호 $\left[F(x)\right]_a^b$로 나타내면

$$\int_a^b f(x)\,dx = \left[F(x)\right]_a^b = F(b)-F(a)$$

참고 ① $\displaystyle \int_a^a f(x)\,dx = 0$

② $\displaystyle \int_a^b f(x)\,dx = -\int_b^a f(x)\,dx$

보기

$$\int_1^2 (4x-3)\,dx$$
$$=\left[2x^2-3x\right]_1^2$$
$$=(8-6)-(2-3)$$
$$=2-(-1)=3$$

4 정적분으로 나타낸 함수의 미분과 극한 🔍

(1) 함수 $f(x)$가 닫힌구간 $[a, b]$에서 연속이면

$$\frac{d}{dx}\int_a^x f(t)\,dt=f(x) \text{ (단, } a<x<b)$$

> **설명** 함수 $f(t)$의 한 부정적분을 $F(t)$라 하면
>
> $$\int_a^x f(t)\,dt=F(x)-F(a)$$
>
> $$\frac{d}{dx}\int_a^x f(t)\,dt=\frac{d}{dx}\{F(x)-F(a)\}=F'(x)=f(x)$$

(2) 연속함수 $f(x)$와 상수 a에 대하여

① $\displaystyle\lim_{x\to 0}\frac{1}{x}\int_a^{x+a} f(t)\,dt=f(a)$　　② $\displaystyle\lim_{x\to a}\frac{1}{x-a}\int_a^x f(t)\,dt=f(a)$

> **보기**
>
> $$\frac{d}{dt}\int_a^x (t^2+t+1)\,dt$$
> $$=x^2+x+1$$

---

5 정적분의 성질 🔍

(1) 두 함수 $f(x)$, $g(x)$가 닫힌구간 $[a, b]$에서 연속일 때

① $\displaystyle\int_a^b kf(x)\,dx=k\int_a^b f(x)\,dx$ (단, k는 상수)

② $\displaystyle\int_a^b \{f(x)+g(x)\}\,dx=\int_a^b f(x)\,dx+\int_a^b g(x)\,dx$

③ $\displaystyle\int_a^b \{f(x)-g(x)\}\,dx=\int_a^b f(x)\,dx-\int_a^b g(x)\,dx$

(2) 함수 $f(x)$가 세 실수 a, b, c를 포함하는 구간에서 연속일 때,

$$\int_a^b f(x)\,dx=\int_a^c f(x)\,dx+\int_c^b f(x)\,dx$$

> **보기**
>
> $$\int_1^2 (x^3+3x)\,dx$$
> $$=\int_1^2 x^3\,dx+3\int_1^2 x\,dx$$
> $$=\left[\frac{1}{4}x^4\right]_1^2+3\left[\frac{1}{2}x^2\right]_1^2$$
> $$=\left(4-\frac{1}{4}\right)+3\left(2-\frac{1}{2}\right)$$
> $$=\frac{15}{4}+\frac{9}{2}=\frac{33}{4}$$

---

6 y축 또는 원점에 대하여 대칭인 함수의 정적분 🔍

(1) 연속함수 $f(x)$가 모든 실수 x에 대하여 $f(-x)=f(x)$이면, 즉 함수 $y=f(x)$의 그래프가 y축에 대하여 대칭이면

$$\int_{-a}^a f(x)\,dx=2\int_0^a f(x)\,dx$$

(2) 연속함수 $f(x)$가 모든 실수 x에 대하여 $f(-x)=-f(x)$이면, 즉 함수 $y=f(x)$의 그래프가 원점에 대하여 대칭이면

$$\int_{-a}^a f(x)\,dx=0$$

> **보기**
>
> $$\int_{-1}^1 (2x^3+x^2-3x+4)\,dx$$
> $$=\int_{-1}^1 (2x^3-3x)\,dx$$
> $$\qquad +\int_{-1}^1 (x^2+4)\,dx$$
> $$=0+2\int_0^1 (x^2+4)\,dx$$
> $$=2\left[\frac{1}{3}x^3+4x\right]_0^1=\frac{26}{3}$$

유형 1

부정적분과 함수 $y=x^n$의 부정적분

다항함수 $f(x)$에 대하여 $\int f(x)\,dx=x^4+4x^2-3x+5$를 만족시킬 때, 곡선 $y=f(x)$ 위의 점에서의 접선의 기울기의 최솟값은?

① 6 　　② 7 　　③ 8 　　④ 9 　　⑤ 10

풀이

$\dfrac{d}{dx}\int f(x)\,dx=\dfrac{d}{dx}(x^4+4x^2-3x+5)$에서 $\dfrac{d}{dx}\int f(x)\,dx=f(x)$이므로 ──①

$f(x)=4x^3+8x-3$

한편, 곡선 $y=f(x)$ 위의 점 $(t,f(t))$에서의 접선의 기울기는

$f'(t)=12t^2+8$

따라서 접선의 기울기는 $t=0$일 때 최솟값 8을 갖는다. 　　**답 ③**

POINT

❶ $\int f(x)\,dx=F(x)$이면 부정적분의 정의에 의하여 $F'(x)=f(x)$이다.

유제 1 함수 $F(x)=x^2+x+1$이 $f(x)$의 한 부정적분일 때, $f(5)$의 값을 구하시오.

● 8446-0195 ●

유형 2

부정적분의 성질

다항함수 $f(x)$에 대하여 $f'(x)=x(x+1)$일 때, 함수 $f(x)$의 극댓값과 극솟값의 차는?

① $\dfrac{1}{12}$ 　　② $\dfrac{1}{6}$ 　　③ $\dfrac{1}{4}$ 　　④ $\dfrac{1}{3}$ 　　⑤ $\dfrac{5}{12}$

풀이

$f'(x)=x^2+x$ 이므로

$f(x)=\int f'(x)\,dx=\int (x^2+x)\,dx=\dfrac{1}{3}x^3+\dfrac{1}{2}x^2+C$ (단, C는 적분상수) ──①

이때 함수 $f(x)$가 $x=-1$에서 극대, $x=0$에서 극소이므로 ──②

극댓값은 $f(-1)=-\dfrac{1}{3}+\dfrac{1}{2}+C=\dfrac{1}{6}+C$, 극솟값은 $f(0)=C$

따라서 극댓값과 극솟값의 차는 $\left(\dfrac{1}{6}+C\right)-C=\dfrac{1}{6}$ 　　**답 ②**

POINT

❶ 함수 $f(x)$의 도함수가 $f'(x)$이므로

$f(x)=\int f'(x)\,dx$가 성립한다.

❷ 함수 $f(x)$의 증가와 감소를 표로 나타내면 다음과 같다.

x	$\cdots$	-1	$\cdots$	0	$\cdots$
$f'(x)$	$+$	0	$-$	0	$+$
$f(x)$	↗	극대	↘	극소	↗

유제 2 부정적분 $\int \dfrac{x^5}{x^2+1}\,dx+\int \dfrac{x^3}{x^2+1}\,dx$를 $p(x)$라 하자. $p(0)=0$일 때, $p(2)$의 값은?

● 8446-0196 ●

① 3 　　② $\dfrac{7}{2}$ 　　③ 4 　　④ $\dfrac{9}{2}$ 　　⑤ 5

유형 3

정적분

미분가능한 함수 $f(x)$에 대하여 $f(2)=5$일 때, $\int_0^2 \{2xf(x)+x^2f'(x)\}\,dx$의 값을 구하시오.

풀이

$\dfrac{d}{dx}\{x^2f(x)\}=2xf(x)+x^2f'(x)$이므로

$\int_0^2 \{2xf(x)+x^2f'(x)\}\,dx=\int_0^2 \Big[\dfrac{d}{dx}\{x^2f(x)\}\Big]dx$

$\qquad\qquad\qquad\qquad\qquad = \Big[x^2f(x)\Big]_0^2 = 4f(2)-0$ ❶

$\qquad\qquad\qquad\qquad\qquad = 4\times 5 = 20$

답 20

POINT

❶ 함수 $f(x)$의 한 부정적분을 $F(x)$라 하면

$\int_a^b f(x)\,dx$

$= \Big[F(x)\Big]_a^b$

$= F(b)-F(a)$

유제 3
● 8446-0197 ●

$\int_0^a (2-3x)\,dx=\dfrac{1}{2}$을 만족시키는 모든 실수 a의 값의 합은?

① $\dfrac{1}{3}$　　② $\dfrac{2}{3}$　　③ 1　　④ $\dfrac{4}{3}$　　⑤ $\dfrac{5}{3}$

유형 4

정적분으로
나타낸 함수의
미분과 극한

$\displaystyle\lim_{h\to 0}\dfrac{1}{h}\int_1^{1+3h}(x^2+4x+2)\,dx$의 값은?

① 21　　② 22　　③ 23　　④ 24　　⑤ 25

풀이

$f(x)=x^2+4x+2$로 놓고, 함수 $f(x)$의 한 부정적분을 $F(x)$라 하면

$F'(x)=x^2+4x+2$ ❶

$\int_1^{1+3h} f(x)\,dx=\Big[F(x)\Big]_1^{1+3h}=F(1+3h)-F(1)$

따라서 $\displaystyle\lim_{h\to 0}\dfrac{1}{h}\int_1^{1+3h} f(x)\,dx=\lim_{h\to 0}\dfrac{F(1+3h)-F(1)}{h}$ ❷

$\qquad\qquad\qquad\qquad\qquad\qquad = 3F'(1)=3f(1)$

$\qquad\qquad\qquad\qquad\qquad\qquad = 3\times(1+4+2)$

$\qquad\qquad\qquad\qquad\qquad\qquad = 21$

답 ①

POINT

❶ 함수 $f(x)$의 한 부정적분을 $F(x)$라 하면
$F'(x)=f(x)$

❷ $\displaystyle\lim_{h\to 0}\dfrac{f(a+h)-f(a)}{h}$
$\quad =f'(a)$

유제 4
● 8446-0198 ●

함수 $f(x)=\int_a^x (2t^2+3t+4)\,dt$에 대하여 $f'(1)$의 값은? (단, a는 상수이다.)

① 6　　② 7　　③ 8　　④ 9　　⑤ 10

유형 ⑤

정적분의 성질

모든 실수 x에서 연속인 함수 $f(x)=\begin{cases} x^3 & (x\leq 1) \\ -x^2+a & (x>1) \end{cases}$에 대하여 $\displaystyle\int_0^2 f(x)\,dx=-\dfrac{q}{p}$일 때, $p+q$의 값을 구하시오. (단, a는 상수이고, p와 q는 서로소인 자연수이다.)

풀이

함수 $f(x)$가 $x=1$에서 연속이므로 $\displaystyle\lim_{x\to 1-} f(x)=\lim_{x\to 1+} f(x)=f(1)$

$1=-1+a$에서 $a=2$

따라서 $\displaystyle\int_0^2 f(x)\,dx=\int_0^1 x^3\,dx+\int_1^2 (-x^2+2)\,dx$ ❶

$\qquad =\left[\dfrac{1}{4}x^4\right]_0^1+\left[-\dfrac{1}{3}x^3+2x\right]_1^2=\dfrac{1}{4}+\left(-\dfrac{1}{3}\right)=-\dfrac{1}{12}$

이므로 $p+q=12+1=13$

답 13

POINT

❶ $\displaystyle\int_a^b f(x)\,dx$

$\quad =\displaystyle\int_a^c f(x)\,dx+\int_c^b f(x)\,dx$

유제 ⑤
● 8446-0199 ●

$\displaystyle\int_0^4 |x(x-1)|\,dx=\dfrac{q}{p}$일 때, $p+q$의 값을 구하시오. (단, p와 q는 서로소인 자연수이다.)

유형 ⑥

y축 또는 원점에 대하여 대칭인 함수의 정적분

$\displaystyle\int_{-2}^0 (x^3+3x^2-2x-3)\,dx-\int_2^0 (x^3+3x^2-2x-3)\,dx$의 값을 구하시오.

풀이

$\displaystyle\int_{-2}^0 (x^3+3x^2-2x-3)\,dx-\int_2^0 (x^3+3x^2-2x-3)\,dx$

$=\displaystyle\int_{-2}^0 (x^3+3x^2-2x-3)\,dx+\int_0^2 (x^3+3x^2-2x-3)\,dx$

$=\displaystyle\int_{-2}^2 (x^3+3x^2-2x-3)\,dx=2\int_0^2 (3x^2-3)\,dx$ ❶

$=2\left[x^3-3x\right]_0^2=2\times(8-6)=4$

답 4

POINT

❶ $f(-x)=f(x)$이면

$\displaystyle\int_{-a}^a f(x)\,dx=2\int_0^a f(x)\,dx$

$f(-x)=-f(x)$이면

$\displaystyle\int_{-a}^a f(x)\,dx=0$

유제 ⑥
● 8446-0200 ●

두 다항함수 $f(x)$, $g(x)$가 모든 실수 x에 대하여 다음 조건을 만족시킨다.

(가) $f(-x)=f(x)$ (나) $g(-x)=-g(x)$

$\displaystyle\int_{-a}^a \{f(x)+g(x)+f(x)g(x)\}\,dx=10$일 때, $\displaystyle\int_0^a f(x)\,dx$의 값은? (단, $a>0$이다.)

① 1 ② 2 ③ 3 ④ 4 ⑤ 5

유형 1 부정적분과 함수 $y=x^n$의 부정적분

01
• 8446-0201 •

다항함수 $f(x)$에 대하여

$$\int (x^2+1)f(x)\,dx = x^5-5x+C$$

를 만족시킬 때, $f(4)$의 값은? (단, C는 적분상수이다.)

① 55 　　② 60 　　③ 65
④ 70 　　⑤ 75

02
• 8446-0202 •

다항함수 $f(x)$가 다음 조건을 만족시킬 때, $f(3)$의 값을 구하시오. (단, a는 상수이다.)

(가) $\displaystyle \lim_{h \to 0} \frac{f(x+h)-f(x)}{h} = ax$

(나) $f(1)=5$, $f(2)=14$

03
• 8446-0203 •

두 다항함수 $f(x)$, $g(x)$가 다음 조건을 만족시킨다.

(가) $\displaystyle \frac{d}{dx}\int f(x)\,dx = \int \left\{\frac{d}{dx}g(x)\right\}dx$

(나) $f(1)=10$, $g(1)=7$

$f(2)-g(2)$의 값을 구하시오.

유형 2 부정적분의 성질

04
• 8446-0204 •

삼차함수 $f(x)$에 대하여 함수 $y=f'(x)$의 그래프가 그림과 같다. 함수 $f(x)$의 극댓값이 10, 극솟값이 6일 때, $f(-2)$의 값은?

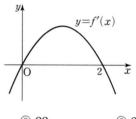

① 20 　　② 22 　　③ 24
④ 26 　　⑤ 28

05
• 8446-0205 •

다항함수 $f(x)$와 $f(x)$의 한 부정적분 $F(x)$에 대하여

$$F(x)=xf(x)+2x^3+x^2$$

을 만족시킨다. $f(1)=5$일 때, $f(2)$의 값은?

① -10 　　② -8 　　③ -6
④ -4 　　⑤ -2

06
• 8446-0206 •

실수 전체의 집합에서 미분가능한 함수 $f(x)$에 대하여

$$f'(x)=|x|+|x-1|$$

일 때, $f(3)-f(-2)$의 값을 구하시오.

유형 ③ 정적분

07
• 8446-0207 •

$\displaystyle\int_{-1}^{3}(3x^2+2)\,dx$의 값은?

① 34   ② 35   ③ 36

④ 37   ⑤ 38

08
• 8446-0208 •

다항함수 $f(x)$가

$$4\int_{0}^{2}x^3f(x)\,dx+\int_{0}^{2}(x^4+2)f'(x)\,dx=68$$

을 만족시킨다. $f(0)=2$일 때, $f(2)$의 값은?

① 3   ② $\dfrac{7}{2}$ ③ 4

④ $\dfrac{9}{2}$ ⑤ 5

09
• 8446-0209 •

다항함수 $f(x)$가 임의의 실수 x에 대하여

$$f(x)=9x^2+\int_{0}^{1}(3x-1)f(t)\,dt$$

를 만족시킬 때, $f(-2)$의 값은?

① -10 ② -8 ③ -6

④ -4 ⑤ -2

유형 ④ 정적분으로 나타낸 함수의 미분과 극한

10
• 8446-0210 •

다항함수 $f(x)$가 모든 실수 x에 대하여

$$\int_{2}^{x}f(t)\,dt=x^3+ax+4$$

를 만족시킬 때, $f(3)$의 값은? (단, a는 상수이다.)

① 15   ② 17   ③ 19

④ 21   ⑤ 23

11
• 8446-0211 •

함수 $f(x)=\displaystyle\int_{1}^{x}(3t^2-9t+6)\,dt$의 극솟값은?

① $-\dfrac{5}{6}$ ② $-\dfrac{2}{3}$ ③ $-\dfrac{1}{2}$

④ $-\dfrac{1}{3}$ ⑤ $-\dfrac{1}{6}$

12
• 8446-0212 •

$\displaystyle\lim_{h\to0}\frac{1}{h}\int_{2-h}^{2+h}(x+x^2)\,dx$의 값은?

① 11   ② 12   ③ 13

④ 14   ⑤ 15

13

• 8446-0213 •

함수 $f(x) = \int_0^x (6t^2 - 16t + 6) \, dt$에 대하여

$$\frac{d}{dx} \int_0^x f(t) \, dt = \int_a^x \left\{ \frac{d}{dt} f(t) \right\} dt$$

를 만족시키는 모든 실수 a의 값의 합은?

① 1   ② 2   ③ 3

④ 4   ⑤ 5

14

• 8446-0214 •

함수 $f(x) = \int_0^x t(t-1) \, dt$에 대하여 닫힌구간 $[0, 3]$에서 함수 $f(x)$의 최댓값과 최솟값을 각각 M, m이라 할 때, $M + m$의 값은?

① $\dfrac{25}{6}$ ② $\dfrac{13}{3}$ ③ $\dfrac{9}{2}$

④ $\dfrac{14}{3}$ ⑤ $\dfrac{29}{6}$

15

• 8446-0215 •

다항함수 $f(x)$가 모든 실수 x에 대하여

$$(x-1)f(x) = (x-1)^2 + \int_{-1}^x f(t) \, dt$$

를 만족시킬 때, $\displaystyle\lim_{x \to 0} \frac{1}{x} \int_4^{x+4} f(t) \, dt$의 값은?

① 2   ② 4   ③ 6

④ 8   ⑤ 10

유형 ⑤ 정적분의 성질

16

• 8446-0216 •

$\displaystyle\int_0^1 x^2(1-x) \, dx$의 값은?

① $\dfrac{1}{24}$ ② $\dfrac{1}{12}$ ③ $\dfrac{1}{8}$

④ $\dfrac{1}{6}$ ⑤ $\dfrac{5}{24}$

17

• 8446-0217 •

$\displaystyle\int_{-3}^0 (1-2x) \, dx + \int_1^0 (2x-1) \, dx$의 값은?

① 3   ② 6   ③ 9

④ 12   ⑤ 15

18

• 8446-0218 •

다항함수 $f(x)$가

$$f(x) = 3x^2 + 6x + 2\int_0^1 f'(t) \, dt$$

를 만족시킬 때, $\displaystyle\int_0^1 f(x) \, dx$의 값을 구하시오.

19

• 8446-0219 •

함수 $f(x)=\begin{cases}2x^2 & (x\le 1)\\ 3-x & (x>1)\end{cases}$에 대하여 $\displaystyle\int_{-1}^{2}f(x)\,dx$의 값은?

① $\dfrac{13}{6}$ 　② $\dfrac{7}{3}$ 　③ $\dfrac{5}{2}$

④ $\dfrac{8}{3}$ 　⑤ $\dfrac{17}{6}$

20

• 8446-0220 •

다항함수 $f(x)$가 다음 조건을 만족시킨다.

> (가) 모든 실수 x에 대하여 $f'(-x)=f'(x)$이다.
> (나) $f(a)=1$, $f(0)=0$

$\displaystyle\int_{-a}^{a}(5-x)f'(x)\,dx$의 값을 구하시오. (단, $a>0$이다.)

21

• 8446-0221 •

정의역이 $\{x\,|\,-2\le x\le 6\}$인 함수 $f(x)$가 다음 조건을 만족시킨다.

> (가) $-2\le x\le 2$에서 $f(x)=\dfrac{1}{2}x^2+3$이다.
> (나) 함수 $y=f(x)$의 그래프는 직선 $x=2$에 대하여 대칭이다.

$\displaystyle\int_{0}^{6}f(x)\,dx$의 값을 구하시오.

22

• 8446-0222 •

이차함수 $f(x)$가 모든 실수 x에 대하여 $f(-1+x)=f(-1-x)$를 만족시킨다.

$$\int_{-3}^{-1}f(x)\,dx=a,\quad \int_{-2}^{1}f(x)\,dx=b$$

일 때, $\displaystyle\int_{-1}^{0}f(x)\,dx$의 값을 a, b로 나타낸 것으로 항상 옳은 것은?

① $-a-b$ 　② $-a+b$ 　③ $a-b$
④ $a+b$ 　⑤ $a+2b$

23

• 8446-0223 •

두 다항함수 $f(x)$, $g(x)$가

$$f(x)=x^3+\int_{-1}^{1}g(t)\,dt,$$
$$g(x)=x^2+\int_{-1}^{1}f(t)\,dt$$

를 만족시킬 때, $\displaystyle\int_{-1}^{1}f(x)\,dx-\int_{-1}^{1}xg(x)\,dx$의 값은?

① $-\dfrac{4}{9}$ 　② $-\dfrac{2}{9}$ 　③ 0

④ $\dfrac{2}{9}$ 　⑤ $\dfrac{4}{9}$

함수 $f(x)=x^2+2x+3$과 다항함수 $g(x)$에 대하여 함수 $f(x)+g(x)$가 함수 $f(x)-g(x)$의 한 부정적분일 때, $g(5)$의 값을 구하시오.

풀이

함수 $f(x)+g(x)$가 함수 $f(x)-g(x)$의 한 부정적분이므로

$$\frac{d}{dx}\{f(x)+g(x)\}=f(x)-g(x)$$

$f'(x)+g'(x)=f(x)-g(x)$

$(2x+2)+g'(x)=(x^2+2x+3)-g(x)$

$g(x)+g'(x)=x^2+1$ ...... ㉠ ◀ ❶

㉠에서 함수 $g(x)$는 최고차항의 계수가 1인 이차함수이므로 $g(x)=x^2+ax+b$ (a, b는 상수)로 놓을 수 있다. ◀ ❷

$g'(x)=2x+a$이므로 ㉠에서

$(x^2+ax+b)+(2x+a)=x^2+1$

$x^2+(a+2)x+b+a=x^2+1$

즉, $a=-2$, $b=3$이므로 ⟶ x에 대한 항등식이므로

$g(x)=x^2-2x+3$ $\qquad a+2=0,\ b+a=1$

따라서

$g(5)=25-10+3=18$ ◀ ❸

답 18

단계	채점 기준	비율
❶	$g(x)+g'(x)$를 구한 경우	30 %
❷	$g(x)$를 이차함수로 놓은 경우	30 %
❸	$g(5)$의 값을 구한 경우	40 %

01
• 8446-0224 •

다항함수 $f(x)$가

$$f(x)=x^3+2x+\int_0^2 f(t)\,dt$$

를 만족시킬 때, $f(3)$의 값을 구하시오.

02
• 8446-0225 •

일차함수 $f(x)$에 대하여 $\int_0^1 f(x)\,dx=2$일 때, $\int_0^1 \{f(x)\}^2\,dx$의 값을 k라 하자. $|k|\le10$인 정수 k에 대하여 $\int_0^1 \{f(x)\}^2\,dx$의 값이 될 수 있는 k의 개수를 구하시오.

03
• 8446-0226 •

다항함수 $f(x)$가 모든 실수 x에 대하여 $f(-x)=f(x)$를 만족시킨다. $\int_0^1 f(x)\,dx=3$일 때, $\int_{-1}^0 (x+2)f(x)\,dx+\int_0^1 (x+3)f(x)\,dx$의 값을 구하시오.

01

• 8446-0227 •

함수 $f(x)=x^3-\dfrac{9}{2}x^2+6x+a$에 대하여 $F(x)$는 $f(x)$의 한 부정적분이고, $F(0)=b$이다. $F(x)$가 $f'(x)$로 나누어 떨어질 때, 두 상수 a, b에 대하여 $8(b-a)$의 값을 구하시오.

02

• 8446-0228 •

이차함수 $f(x)=x^2-4x+a-1$과 정의역이 $\{x\,|\,x>0\}$인 함수 $g(x)=\displaystyle\int_0^x f(t)dt$가 다음 조건을 만족시킨다.

(가) 방정식 $f(x)=0$은 서로 다른 두 양의 실근을 갖는다.
(나) 방정식 $g(x)=0$의 실근 중 양수인 근이 존재한다.

양수 a의 값의 범위가 $p<a\le q$일 때, $q-p$의 최댓값은?

① 1   ② 2   ③ 3   ④ 4   ⑤ 5

03

• 8446-0229 •

이차함수 $f(x)$와 일차함수 $g(x)$에 대하여 세 실수 α, β, γ가 $\alpha<0$, $1<\beta<\gamma$이고, 함수 $y=f(x)$의 그래프와 직선 $y=g(x)$가 그림과 같다. $h(x)=\displaystyle\int_1^x \{f(t)-g(t)\}\,dt$라 할 때, 〈보기〉에서 옳은 것만을 있는 대로 고른 것은?

┤ 보기 ├
ㄱ. $h(1)=0$
ㄴ. 함수 $h(x)$는 $x=\beta$에서 극대이다.
ㄷ. 방정식 $h(x)=0$의 모든 실근의 곱은 음수이다.

① ㄱ   ② ㄴ   ③ ㄱ, ㄷ   ④ ㄴ, ㄷ   ⑤ ㄱ, ㄴ, ㄷ

07 정적분의 활용

1 곡선과 x축 사이의 넓이

함수 $y=f(x)$가 닫힌구간 $[a, b]$에서 연속일 때, 곡선 $y=f(x)$와 x축 및 두 직선 $x=a$, $x=b$로 둘러싸인 부분의 넓이 S는

$$S=\int_a^b |f(x)|\,dx$$

설명 ① 닫힌구간 $[a, b]$에서 $f(x)\geq0$일 때,

$$S=\int_a^b f(x)\,dx=\int_a^b |f(x)|\,dx$$

② 닫힌구간 $[a, b]$에서 $f(x)\leq0$일 때, 곡선 $y=f(x)$를 x축에 대하여 대칭이동시킨 곡선 $y=-f(x)$에 대하여 $-f(x)\geq0$이므로

$$S=\int_a^b \{-f(x)\}\,dx=\int_a^b |f(x)|\,dx$$

③ 닫힌구간 $[a, c]$에서 $f(x)\leq0$이고 닫힌 구간 $[c, b]$에서 $f(x)\geq0$일 때,

$$S=S_1+S_2=\int_a^c \{-f(x)\}\,dx+\int_c^b f(x)\,dx$$

$$=\int_a^c |f(x)|\,dx+\int_c^b |f(x)|\,dx=\int_a^b |f(x)|\,dx$$

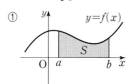 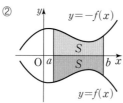 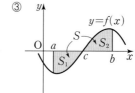

보기

구간 $[1, 3]$에서 곡선 $y=x^2-2x$와 x축 및 두 직선 $x=1$, $x=3$으로 둘러싸인 부분의 넓이를 구해 보자.

$f(x)=x^2-2x$로 놓으면 함수 $y=f(x)$의 그래프는 그림과 같다.

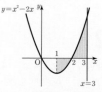

구간 $[1, 2]$에서 $f(x)\leq0$이고, 구간 $[2, 3]$에서 $f(x)\geq0$이므로 구하는 넓이를 S라 하면

$$S=\int_1^3 |x^2-2x|\,dx$$

$$=\int_1^2 (2x-x^2)\,dx$$

$$\qquad+\int_2^3 (x^2-2x)\,dx$$

$$=\left[x^2-\frac{1}{3}x^3\right]_1^2$$

$$\qquad+\left[\frac{1}{3}x^3-x^2\right]_2^3$$

$$=2$$

2 두 곡선 사이의 넓이

두 함수 $y=f(x)$, $y=g(x)$가 닫힌구간 $[a, b]$에서 연속일 때, 두 곡선 $y=f(x)$, $y=g(x)$와 두 직선 $x=a$, $x=b$로 둘러싸인 부분의 넓이 S는

$$S=\int_a^b |f(x)-g(x)|\,dx$$

설명 닫힌구간 $[a, c]$에서 $g(x)\leq f(x)$이고, 닫힌구간 $[c, b]$에서 $f(x)\leq g(x)$일 때,

$$S=\int_a^c \{f(x)-g(x)\}\,dx+\int_c^b \{g(x)-f(x)\}\,dx$$

$$=\int_a^c |f(x)-g(x)|\,dx+\int_c^b |f(x)-g(x)|\,dx$$

$$=\int_a^b |f(x)-g(x)|\,dx$$

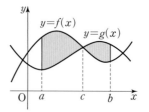

보기

두 곡선 $y=-x^2+2x+2$, $y=x^2-2$로 둘러싸인 부분의 넓이를 구해 보자.

두 곡선이 만나는 점의 x좌표는 $-x^2+2x+2=x^2-2$에서 $x=-1$ 또는 $x=2$

따라서 구하는 넓이는

$$\int_{-1}^2 \{(-x^2+2x+2)$$

$$\qquad-(x^2-2)\}\,dx$$

$$=\int_{-1}^2 (-2x^2+2x+4)\,dx$$

$$=\left[-\frac{2}{3}x^3+x^2+4x\right]_{-1}^2=9$$

3. 직선 운동에서의 위치와 움직인 거리

(1) 직선 운동에서의 위치

수직선 위를 움직이는 점 P의 시각 t에서의 속도를 $v(t)$, 시각 $t=a$에서의 점 P의 위치를 $x(a)$라 하면 시각 t에서의 점 P의 위치 $x(t)$는

$$x(t)=x(a)+\int_a^t v(t)dt$$

설명 수직선 위를 움직이는 점 P의 위치 x가 시각 t의 함수 $x(t)$로 나타내어질 때, 시각 t에서의 속도 $v(t)$는

$$v(t)=\frac{dx}{dt}=x'(t)$$

이므로

$$\int_a^t v(t)dt=\Big[x(t)\Big]_a^t=x(t)-x(a),\ \ \text{즉}\ x(t)=x(a)+\int_a^t v(t)dt$$

보기

수직선 위의 $x=4$인 점에서 출발하여 수직선 위를 움직이는 점 P의 시각 t에서의 속도가 $v(t)=4-2t$일 때, 시각 $t=1$에서의 점 P의 위치 $x(1)$은

$$x(1)=4+\int_0^1(4-2t)dt$$
$$=4+\Big[4t-t^2\Big]_0^1$$
$$=4+3=7$$

(2) 직선 운동에서의 위치의 변화량과 움직인 거리

수직선 위를 움직이는 점 P의 시각 t에서의 속도를 $v(t)$라 하면

① 시각 $t=a$에서 시각 $t=b(a\leq b)$까지 점 P의 위치의 변화량은

$$\int_a^b v(t)dt$$

② 시각 $t=a$에서 시각 $t=b(a\leq b)$까지 점 P가 움직인 거리 s는

$$s=\int_a^b |v(t)|dt$$

설명 점 P의 시각 $t=a$에서의 위치를 $x(a)$라 하면

① 시각 $t=a$, $t=b$에서의 점 P의 위치가 각각 $x(a)$, $x(b)$이므로 시각 $t=a$에서 시각 $t=b(a\leq b)$까지 점 P의 위치의 변화량 $x(b)-x(a)$는

$$x(b)-x(a)=\Big\{x(t)-\int_b^t v(t)dt\Big\}-\Big\{x(t)-\int_a^t v(t)dt\Big\}$$
$$=\int_a^t v(t)dt-\int_b^t v(t)dt$$
$$=\int_a^t v(t)dt+\int_t^b v(t)dt=\int_a^b v(t)dt$$

② $v(t)$가 양수이면 점 P는 양의 방향으로 움직이고, $v(t)$가 음수이면 점 P는 음의 방향으로 움직이므로

구간 $[a,\ b]$에서 $v(t)\geq 0$이면

$$s=x(b)-x(a)=\int_a^b v(t)dt=\int_a^b |v(t)|\,dt$$

구간 $[a,\ b]$에서 $v(t)\leq 0$이면

$$s=x(a)-x(b)=-\int_a^b v(t)dt=\int_a^b |v(t)|\,dt$$

보기

원점을 출발하여 수직선 위를 움직이는 점 P의 시각 t에서의 속도를 $v(t)=2-t$라 하자.

① 시각 $t=0$에서 시각 $t=3$까지 점 P의 위치의 변화량은

$$\int_0^3(2-t)dt$$
$$=\Big[2t-\frac{1}{2}t^2\Big]_0^3$$
$$=6-\frac{9}{2}=\frac{3}{2}$$

② 시각 $t=0$에서 시각 $t=3$까지 점 P가 움직인 거리는

$$\int_0^3|2-t|\,dt$$
$$=\int_0^2(2-t)dt+\int_2^3(t-2)dt$$
$$=\Big[2t-\frac{1}{2}t^2\Big]_0^2+\Big[\frac{1}{2}t^2-2t\Big]_2^3$$
$$=2+\frac{1}{2}=\frac{5}{2}$$

기본 유형 익히기

유형 ①

곡선과 x축 사이의 넓이

그림과 같이 곡선 $y=2x^2+8x+k$는 x축과 서로 다른 두 점에서 만난다. 곡선 $y=2x^2+8x+k$와 x축으로 둘러싸인 부분을 A, 곡선 $y=2x^2+8x+k$와 x축 및 y축으로 둘러싸인 부분을 B라 하자. 두 부분 A, B의 넓이를 각각 S_1, S_2라 할 때, $S_1=2S_2$를 만족시키는 양수 k의 값은?

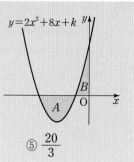

① $\dfrac{16}{3}$ ② $\dfrac{17}{3}$ ③ 6 ④ $\dfrac{19}{3}$ ⑤ $\dfrac{20}{3}$

풀이

$y=2(x+2)^2+k-8$이므로 곡선 $y=2x^2+8x+k$는 직선 $x=-2$에 대하여 대칭이다.

$S_1=2S_2$이므로 $\displaystyle\int_{-2}^{0}(2x^2+8x+k)dx=0$ ❶

$\displaystyle\int_{-2}^{0}(2x^2+8x+k)dx=\left[\dfrac{2}{3}x^3+4x^2+kx\right]_{-2}^{0}=-\dfrac{32}{3}+2k$

따라서 $-\dfrac{32}{3}+2k=0$에서 $k=\dfrac{16}{3}$

답 ①

POINT

❶ 곡선 $y=2x^2+8x+k$가 직선 $x=-2$에 대하여 대칭이므로 곡선 $y=2x^2+8x+k$와 x축 및 직선 $x=-2$로 둘러싸인 두 부분의 넓이는 서로 같다.

유제 ①
● 8446-0230 ●

곡선 $y=x^3-3x^2+2x$와 x축으로 둘러싸인 부분의 넓이는?

① $\dfrac{1}{4}$ ② $\dfrac{1}{2}$ ③ $\dfrac{3}{4}$ ④ 1 ⑤ $\dfrac{5}{4}$

유형 ②

두 곡선 사이의 넓이

곡선 $y=x^2$과 직선 $y=mx$로 둘러싸인 부분의 넓이가 36일 때, 양수 m의 값을 구하시오.

풀이

곡선 $y=x^2$과 직선 $y=mx$가 만나는 점의 x좌표는

$x^2=mx$에서 $x(x-m)=0$

$x=0$ 또는 $x=m$

곡선 $y=x^2$과 직선 $y=mx$는 그림과 같다.

따라서 구하는 넓이를 S라 하면

$S=\displaystyle\int_{0}^{m}(mx-x^2)dx=\left[\dfrac{m}{2}x^2-\dfrac{1}{3}x^3\right]_{0}^{m}=\dfrac{1}{6}m^3$ ❶

이므로 $\dfrac{1}{6}m^3=36$에서 $m=6$

답 6

POINT

❶ 두 곡선 $y=f(x)$, $y=g(x)$와 두 직선 $x=a$, $x=b$로 둘러싸인 부분의 넓이 S는

$$S=\int_{a}^{b}|f(x)-g(x)|dx$$

유제 ②
● 8446-0231 ●

곡선 $y=x^2-3$과 곡선 $y=-x^2+2x+1$로 둘러싸인 부분의 넓이를 구하시오.

유형 ③

직선 운동에서의 위치와 움직인 거리

수직선 위의 점 A(20)에서 출발하여 수직선 위를 움직이는 점 P의 시각 $t(t>0)$에서의 속도가 $30-10t$일 때, 점 P가 출발 후 점 A에 다시 돌아올 때까지 움직인 거리를 구하시오.

풀이

점 P의 시각 t에서의 위치는

$$20+\int_0^t (30-10x)\,dx=20+\left[30x-5x^2\right]_0^t$$
$$=-5t^2+30t+20$$

점 P가 출발 후 점 A에 다시 돌아올 때의 시각은

$-5t^2+30t+20=20$에서

$t=0$ 또는 $t=6$

$t>0$이므로 $t=6$

따라서 점 P가 출발 후 시각 $t=6$까지 움직인 거리는 ❶

$$\int_0^6 |30-10t|\,dt$$
$$=\int_0^3 (30-10t)\,dt+\int_3^6 (10t-30)\,dt$$
$$=\left[30t-5t^2\right]_0^3+\left[5t^2-30t\right]_3^6$$
$$=45+45$$
$$=90$$

目 90

POINT

❶ 수직선 위를 움직이는 점 P의 시각 t에서의 속도를 $v(t)$라 하면 시각 $t=a$에서 시각 $t=b(a\leq b)$까지 점 P가 움직인 거리 s는

$$s=\int_a^b |v(t)|\,dt$$

유제 ③

• 8446-0232 •

원점을 동시에 출발하여 수직선 위를 움직이는 두 점 P, Q의 시각 $t(t>0)$에서의 속도가 각각

$$3t^2-4t+4,\ 8-4t$$

일 때, 두 점 P, Q는 시각 $t=a$에서 다시 만난다. a의 값을 구하시오.

유제 ④

• 8446-0233 •

원점을 출발하여 수직선 위를 움직이는 점 P의 시각 $t(t>0)$에서의 속도가 $4t-t^2$일 때, 출발 후 시각 $t=6$일 때까지 점 P가 움직인 거리는?

① $\dfrac{62}{3}$ ② $\dfrac{64}{3}$ ③ 22 ④ $\dfrac{68}{3}$ ⑤ $\dfrac{70}{3}$

유형 1 곡선과 x축 사이의 넓이

01

• 8446-0234 •

닫힌구간 $[2, 3]$에서 곡선 $y=x^2-x-2$와 x축 및 직선 $x=3$으로 둘러싸인 부분의 넓이는?

① $\dfrac{11}{6}$ ② 2 ③ $\dfrac{13}{6}$

④ $\dfrac{7}{3}$ ⑤ $\dfrac{5}{2}$

02

• 8446-0235 •

곡선 $y=x(x-3)(x-a)$와 x축으로 둘러싸인 두 부분의 넓이가 서로 같도록 하는 상수 a의 값은?

(단, $a>3$이다.)

① $\dfrac{16}{3}$ ② $\dfrac{11}{2}$ ③ $\dfrac{17}{3}$

④ $\dfrac{35}{6}$ ⑤ 6

03

• 8446-0236 •

다항함수 $f(x)$가 다음 조건을 만족시킨다.

> (가) $\displaystyle\lim_{x \to \infty} \dfrac{f(x)}{x^2+x+1}=-2$
>
> (나) $\displaystyle\lim_{x \to 1} \dfrac{f(x)}{x-1}=-8$

곡선 $y=f(x)$와 x축으로 둘러싸인 부분의 넓이는?

① $\dfrac{61}{3}$ ② $\dfrac{62}{3}$ ③ 21

④ $\dfrac{64}{3}$ ⑤ $\dfrac{65}{3}$

유형 2 두 곡선 사이의 넓이

04

• 8446-0237 •

곡선 $y=x^4$과 곡선 $y=x^2$으로 둘러싸인 부분의 넓이는?

① $\dfrac{1}{5}$ ② $\dfrac{7}{30}$ ③ $\dfrac{4}{15}$

④ $\dfrac{3}{10}$ ⑤ $\dfrac{1}{3}$

05

• 8446-0238 •

그림과 같이 곡선 $y=9-x^2$과 y축 및 직선 $y=k$로 둘러싸인 부분 중 $x \geq 0$인 부분의 넓이를 S_1이라 하고, 곡선 $y=9-x^2$과 두 직선 $x=3$, $y=k$로 둘러싸인 부분의 넓이를 S_2라 하자. $S_1=S_2$를 만족시키는 상수 k의 값을 구하시오. (단, $0<k<9$이다.)

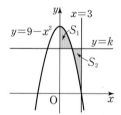

06

• 8446-0239 •

함수 $f(x)=x^3-3x^2+5$는 $x=a$, $x=b$에서 극값을 갖는다. 곡선 $y=f(x)$와 두 직선 $y=f(a)$, $x=b$로 둘러싸인 부분 중 $x \leq b$인 부분의 넓이는?

(단, a, b는 $a<b$인 상수이다.)

① $\dfrac{31}{8}$ ② 4 ③ $\dfrac{33}{8}$

④ $\dfrac{17}{4}$ ⑤ $\dfrac{35}{8}$

07

● 8446-0240 ●

두 다항함수 $f(x)$, $g(x)$가 모든 실수 x에 대하여 다음 조건을 만족시킨다.

> (가) $\displaystyle\int_0^x \{f(t)+g(t)\}dt = x^3 + \frac{9}{2}x^2$
>
> (나) $\displaystyle\int_0^x \{f(t)-g(t)\}dt = x^3 - \frac{3}{2}x^2 - 6x$

곡선 $y=f(x)$와 곡선 $y=g(x)$로 둘러싸인 부분의 넓이는?

① $\dfrac{51}{4}$ ② 13 ③ $\dfrac{53}{4}$

④ $\dfrac{27}{2}$ ⑤ $\dfrac{55}{4}$

08

● 8446-0241 ●

점 $(0, -1)$에서 곡선 $y=x^2+2$에 그은 접선 중 기울기가 양수인 접선을 l이라 하자. 곡선 $y=x^2+2$와 y축 및 직선 l로 둘러싸인 부분의 넓이는?

① $\dfrac{\sqrt{3}}{3}$ ② $\dfrac{2\sqrt{3}}{3}$ ③ $\sqrt{3}$

④ $\dfrac{4\sqrt{3}}{3}$ ⑤ $\dfrac{5\sqrt{3}}{3}$

09

● 8446-0242 ●

곡선 $y=|x^2-1|$과 직선 $y=x+1$로 둘러싸인 두 부분의 넓이의 합은 $\dfrac{q}{p}$이다. $p+q$의 값을 구하시오.

(단, p와 q는 서로소인 자연수이다.)

10

● 8446-0243 ●

삼차함수 $f(x)=x^3-6x^2+9x$가 $x=a$, $x=b$에서 극값을 갖는다. 두 점 $A(a, f(a))$, $B(b, f(b))$에 대하여 곡선 $y=f(x)$와 직선 AB로 둘러싸인 두 부분의 넓이의 합은?

① $\dfrac{1}{8}$ ② $\dfrac{1}{4}$ ③ $\dfrac{3}{8}$

④ $\dfrac{1}{2}$ ⑤ $\dfrac{5}{8}$

유형 **3** 직선 운동에서의 위치와 움직인 거리

11

● 8446-0244 ●

수직선 위를 움직이는 점 P가 정지된 상태에서 시각 $t=0$에서 시각 $t=5$까지 일정한 가속도로 속도를 높여 거리 s_1만큼 움직인 후, 시각 $t=5$에서 시각 $t=a$까지 일정한 속도로 거리 s_2만큼 움직이고, 시각 $t=a$에서 시각 $t=b$까지 일정한 가속도로 속도를 줄여 거리 s_3만큼 움직이고 정지하였다. $s_1=25$, $s_2=100$, $s_3=50$일 때, $a+b$의 값을 구하시오. (단, $5<a<b$이다.)

12

● 8446-0245 ●

수직선 위를 움직이는 점 P의 시각 $t(t>0)$에서의 위치가 t^3-3t^2일 때, 〈보기〉에서 옳은 것만을 있는 대로 고른 것은?

> ┤ 보기 ├
>
> ㄱ. 점 P의 시각 $t=1$에서의 속력은 3이다.
> ㄴ. 점 P가 움직이는 방향을 바꾸는 횟수는 1이다.
> ㄷ. 원점을 출발한 점 P의 위치가 다시 원점이 될 때까지 움직인 거리는 8이다.

① ㄱ ② ㄷ ③ ㄱ, ㄴ

④ ㄴ, ㄷ ⑤ ㄱ, ㄴ, ㄷ

● 정답과 풀이 62쪽

원점을 출발하여 수직선 위를 움직이는 두 점 P, Q
의 시각 $t(t>0)$에서의 속도가 각각

$$-t+2, \ \frac{1}{2}t^2-1$$

일 때, 두 점 P, Q의 시각 $t=a$에서의 위치를 각각
x_1, x_2라 하자. $5x_1+x_2=0$을 만족시키는 모든 실수
a의 값의 합을 구하시오.

풀이

점 P의 시각 $t=a$에서의 위치 x_1은

$$x_1=\int_0^a (-t+2)dt=\left[-\frac{1}{2}t^2+2t\right]_0^a$$

$$=-\frac{1}{2}a^2+2a \longrightarrow 점 P는 원점을 출발한다. \quad ◀ ❶$$

점 Q의 시각 $t=a$에서의 위치 x_2는

$$x_2=\int_0^a \left(\frac{1}{2}t^2-1\right)dt=\left[\frac{1}{6}t^3-t\right]_0^a$$

$$=\frac{1}{6}a^3-a \longrightarrow 점 Q는 원점을 출발한다. \quad ◀ ❷$$

$5x_1+x_2=0$에서

$$5\left(-\frac{1}{2}a^2+2a\right)+\left(\frac{1}{6}a^3-a\right)=0$$

정리하면 $a^3-15a^2+54a=0$

$a(a^2-15a+54)=0$

$a(a-6)(a-9)=0$

$a=0$ 또는 $a=6$ 또는 $a=9$

$a>0$이므로 $a=6$ 또는 $a=9$ $\longrightarrow t>0$이므로 $a>0$이다.

따라서 모든 실수 a의 값의 합은

$6+9=15$ \quad ◀ ❸

🔒 15

단계	채점 기준	비율
❶	x_1을 a에 대한 식으로 나타낸 경우	30 %
❷	x_2를 a에 대한 식으로 나타낸 경우	30 %
❸	모든 실수 a의 값의 합을 구한 경우	40 %

01

● 8446-0246 ●

그림과 같이 곡선 $y=x^2-x-2$와 직선 $y=x+1$로
둘러싸인 부분의 넓이를 직선 $x=a$가 이등분할 때,
상수 a의 값을 구하시오. (단, $-1<a<3$이다.)

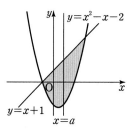

02

● 8446-0247 ●

곡선 $y=x(x+1)(x-1)$과 곡선 $y=x(x+1)$이
그림과 같다. 두 곡선으로 둘러싸인 두 부분의 넓이
를 각각 S_1, S_2라 할 때, $|S_1-S_2|=\dfrac{q}{p}$이다.

$p+q$의 값을 구하시오.

(단, p와 q는 서로소인 자연수이다.)

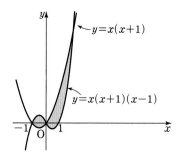

01

● 8446-0248 ●

[그림 1]과 같이 한 변의 길이가 4인 정사각형 모양의 땅을 포물선을 경계로 A, B 두 사람이 가지고 있다. 이 땅을 [그림 2]와 같이 한 변의 길이가 4인 직사각형 모양의 땅으로 넓이가 [그림 1]과 같도록 나눌 때, [그림 2]에서 A, B가 갖는 직사각형 모양의 땅의 다른 한 변의 길이를 각각 a, b라 하자. $30a + 60b$의 값을 구하시오. (단, $a < 4$, $b < 4$이다.)

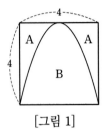

[그림 1]

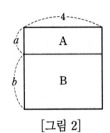

[그림 2]

02

● 8446-0249 ●

삼차함수 $f(x) = x^3 - x$에 대하여 곡선 $y = f(x)$와 x축으로 둘러싸인 두 부분의 넓이의 합을 S라 하자. 곡선 $y = f(x)$와 직선 $y = mx (m > 0)$로 둘러싸인 두 부분의 넓이의 합을 $S(m)$이라 할 때, $\dfrac{S(m)}{S} = 16$을 만족시키는 상수 m의 값은?

① 2　　　② $\dfrac{9}{4}$　　　③ $\dfrac{5}{2}$　　　④ $\dfrac{11}{4}$　　　⑤ 3

03 실생활 활용

● 8446-0250 ●

직선 도로를 움직이는 자동차의 시각 t에서의 속도를 $v(t)$라 하면

$$v(t) = \begin{cases} -t^2 + 4t & (0 \le t < 2) \\ k & (2 \le t < 8) \\ -t + 12 & (8 \le t < 12) \end{cases}$$

이다. 자동차가 출발 후 정지할 때까지 움직인 거리가 s일 때, 출발 후 시각 $t = a$까지 움직인 거리가 $\dfrac{s}{2}$이다. 상수 a의 값은? (단, k는 상수이다.)

① $\dfrac{31}{6}$　　　② $\dfrac{16}{3}$　　　③ $\dfrac{11}{2}$　　　④ $\dfrac{17}{3}$　　　⑤ $\dfrac{35}{6}$

Level 1

01

● 8446-0251 ●

다항함수 $f(x)$가
$$f'(x)=3x^2-4x,\ f(0)=1$$
을 만족시킬 때, $f(4)$의 값을 구하시오.

02

● 8446-0252 ●

함수 $f(x)$의 한 부정적분이 $F(x)=x^3+x^2+x+1$일 때, $\displaystyle\int_1^2 f(x)dx$의 값은?

① 9   ② 11   ③ 13

④ 15   ⑤ 17

03

● 8446-0253 ●

함수 $f(x)=3x^2+2x-3$에 대하여
$\displaystyle\lim_{x\to 1}\frac{1}{x^2-1}\int_1^x f(t)\,dt$의 값은?

① 1   ② 2   ③ 3

④ 4   ⑤ 5

04

● 8446-0254 ●

곡선 $y=(x+1)(x-3)$과 x축으로 둘러싸인 부분의 넓이는?

① $\dfrac{61}{6}$ ② $\dfrac{31}{3}$ ③ $\dfrac{21}{2}$

④ $\dfrac{32}{3}$ ⑤ $\dfrac{65}{6}$

05

● 8446-0255 ●

곡선 $y=x^2(x-2)$와 x축으로 둘러싸인 부분의 넓이는?

① 1   ② $\dfrac{7}{6}$ ③ $\dfrac{4}{3}$

④ $\dfrac{3}{2}$ ⑤ $\dfrac{5}{3}$

06

● 8446-0256 ●

원점을 출발하여 수직선 위를 움직이는 점 P의 시각 $t(t>0)$에서의 속도가 $2t+3t^2$일 때, 시각 $t=2$에서의 점 P의 위치를 구하시오.

Level 2

07

• 8446-0257 •

최고차항의 계수가 1인 삼차함수 $f(x)$가 다음 조건을 만족시킬 때, $f(2)$의 값은?

> (가) 함수 $f(x)$가 극값을 갖지 않는다.
> (나) $f(1)=0$, $f'(1)=0$

① 1　　　　② 2　　　　③ 3

④ 4　　　　⑤ 5

08

• 8446-0258 •

다항함수 $f(x)$에 대하여 함수 $y=f(x)$의 그래프는 점 $(0, 3)$을 지나고, 이 그래프 위의 점 $(t, f(t))$에서의 접선의 기울기는 $3t^2-4t+5$이다. 점 $(1, k)$가 이 그래프 위의 점일 때, 상수 k의 값은?

① 6　　　　② 7　　　　③ 8

④ 9　　　　⑤ 10

09

• 8446-0259 •

다항함수 $f(x)$가

$$f(x)=3x^2+x\int_0^1 f(t)\,dt$$

를 만족시킬 때, $f(1)$의 값은?

① 1　　　　② 2　　　　③ 3

④ 4　　　　⑤ 5

10

• 8446-0260 •

함수 $f(x)=\int_0^x (|t|-1)\,dt$에 대하여 방정식 $f(x)=0$의 서로 다른 실근의 개수는?

① 1　　　　② 2　　　　③ 3

④ 4　　　　⑤ 5

11

• 8446-0261 •

모든 삼차함수 $f(x)$가 두 실수 α, β에 대하여

$$\int_{-1}^1 f(x)\,dx=f(\alpha)+f(\beta)$$

를 만족시킬 때, $\alpha\beta$의 값은?

① $-\dfrac{2}{3}$　　　② $-\dfrac{1}{3}$　　　③ 0

④ $\dfrac{1}{3}$　　　⑤ $\dfrac{2}{3}$

12

• 8446-0262 •

함수 $f(x)$가 모든 실수 x에 대하여

$$\int_1^x f(t)\,dt+\int_1^2 (x-t)f(t)\,dt=-x+c$$

를 만족시킬 때, 상수 c의 값은?

① $\dfrac{17}{16}$　　　② $\dfrac{9}{8}$　　　③ $\dfrac{19}{16}$

④ $\dfrac{5}{4}$　　　⑤ $\dfrac{21}{16}$

13

• 8446-0263 •

그림과 같이 곡선 $y=-x^2+4x$와 x축 및 직선 $x=a$ $(0<a<4)$로 둘러싸인 두 부분 중 $x\le a$인 부분의 넓이를 S_1, $x\ge a$인 부분의 넓이를 S_2라 하자. $S_1:S_2=27:5$를 만족시키는 상수 a의 값을 구하시오.

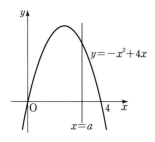

14

• 8446-0264 •

곡선 $y=x^3$ 위의 점 $P(1,\ 1)$에서의 접선을 l이라 할 때, 곡선 $y=x^3$과 직선 l로 둘러싸인 부분의 넓이는?

① $\dfrac{13}{2}$ ② $\dfrac{27}{4}$ ③ 7

④ $\dfrac{29}{4}$ ⑤ $\dfrac{15}{2}$

15

• 8446-0265 •

최고차항의 계수가 1인 삼차함수 $f(x)$가 임의의 실수 a에 대하여

$$\int_{-a}^{a} f(x)\,dx=0$$

을 만족시킨다. $f'(0)=-3$일 때, 곡선 $y=|f(x)|$와 x축으로 둘러싸인 부분의 넓이는?

① 4 ② $\dfrac{17}{4}$ ③ $\dfrac{9}{2}$

④ $\dfrac{19}{4}$ ⑤ 5

Level 3

16

• 8446-0266 •

두 다항함수 $f(x)$, $g(x)$가 다음 조건을 만족시킨다.

> (가) $f(0)=2$, $g(0)=1$
>
> (나) $\dfrac{d}{dx}\{f(x)-g(x)\}=1$
>
> (다) $\dfrac{d}{dx}\big[\{f(x)\}^2+\{g(x)\}^2\big]=26x+16$

$f'(1)g(1)+f(1)g'(1)$의 값을 구하시오.

17

• 8446-0267 •

함수 $f(x)$가 모든 실수 x에 대하여

$$\int_{1}^{x}(x-t)f(t)\,dt=\int_{0}^{x}(t^3+at^2+bt)\,dt$$

를 만족시킬 때, $10f(b-a)$의 값을 구하시오.

(단, a, b는 상수이다.)

18

• 8446-0268 •

$f(0)\ne 0$인 다항함수 $f(x)$가 다음 조건을 만족시킨다.

> (가) 모든 실수 x에 대하여
> $$f(x)=\dfrac{8}{a}x^3-\dfrac{6}{a}x^2+\dfrac{4}{a}x+\left\{\int_{0}^{1}f(t)\,dt\right\}^2$$
>
> (나) $f(0)=2\displaystyle\int_{0}^{1}f(t)\,dt$

$f(-1)$의 값을 구하시오. (단, a는 0이 아닌 상수이다.)

19

• 8446-0269 •

그림과 같이 곡선 $y=x(x-1)^2$과 직선 $y=mx$로 둘러싸인 두 부분의 넓이가 같을 때, 상수 m의 값은?

(단, $0<m<1$이다.)

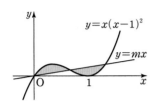

① $\dfrac{1}{18}$ ② $\dfrac{1}{9}$ ③ $\dfrac{1}{6}$

④ $\dfrac{2}{9}$ ⑤ $\dfrac{5}{18}$

20

• 8446-0270 •

원점을 출발하여 수직선 위를 움직이는 두 점 P, Q의 시각 $t(t>0)$에서의 속도는 각각 $3t^2$, $6t+9$이다. 〈보기〉에서 옳은 것만을 있는 대로 고른 것은?

┤ 보기 ├

ㄱ. $t=3$일 때 두 점 P, Q의 속도는 같다.

ㄴ. $t=3$일 때까지 두 점 P, Q가 움직인 거리는 같다.

ㄷ. 출발 후 두 점 P, Q가 만나는 횟수는 1이다.

① ㄱ   ② ㄷ   ③ ㄱ, ㄷ
④ ㄴ, ㄷ   ⑤ ㄱ, ㄴ, ㄷ

서술형 문제

21

• 8446-0271 •

상수함수가 아닌 두 다항함수 $f(x)$, $g(x)$가 다음 조건을 만족시킨다.

(가) $\dfrac{d}{dx}\{f(x)g(x)\}=4x+2$

(나) $f(0)=1$, $g(0)=0$

$f(5)+g(6)$의 값을 구하시오.

22

• 8446-0272 •

정의역이 $\{x\,|\,0<x<2\}$인 함수

$$f(x)=\int_0^2 (x-t)\,|x-t|\,dt$$

에 대하여 함수 $f'(x)$의 최솟값을 구하시오.

23

• 8446-0273 •

함수 $f(x)=\displaystyle\int_0^1 (9t^2-10xt+2x^2)dt$에 대하여 곡선 $y=f(x)$와 직선 $y=x+3$으로 둘러싸인 부분의 넓이를 구하시오.

올림포스 수학 II

수행평가

01 함수의 극한 3쪽

01 $f(x)=\dfrac{8x}{x+4}\,(x>0)$

02 0 　　　　**03** 8

04 $a=-3,\ b=-6$

05 $\dfrac{1}{2}$ 　　　　**06** 4

02 함수의 연속 5쪽

01 6 　　　　**02** 6

03 연속 　　　　**04** $a=2,\ b=-2$

05 9 　　　　**06** 4

03 미분계수와 도함수 7쪽

01 1

02 -1

03 0, 1

04 1

05 $a=3,\ b=-2$

06 21

04 도함수의 활용 (1) 9쪽

01 $f'(x)=3x^2-12x+9$

02

x	$\cdots$	(1)	$\cdots$	(3)	$\cdots$
$f'(x)$	(+)	0	(−)	0	+
$f(x)$	(↗)	(극대)	(↘)	(극소)	↗

03 극댓값: 16, 극솟값: 12

04 $y=12x-15$

05 $a=\dfrac{17}{4},\ b=-\dfrac{3}{4}$

06 13

05 도함수의 활용 (2) 11쪽

01 $x=0$ 또는 $x=1$

02 1

03 $k\geq 1$

04 최댓값:29, 최솟값:24

05 $-2<k<2$

06 12

06 부정적분과 정적분 13쪽

01 $F(t)=3t^2-\dfrac{1}{6}t^3$

02 $\displaystyle\int_0^3\left(6t-\dfrac{1}{2}t^2\right)dt$

03 $\dfrac{45}{2}$

04 25

05 $\dfrac{1}{2}$

06 16

07 정적분의 활용 15쪽

01 $-\dfrac{2}{3}$

02 $\dfrac{4}{3}$

03 2

04 $\dfrac{1}{2}$

05 9

06 2

[1~3] 갑이 A지점을 출발하여 B지점을 지나 C지점에 도착한다. A지점과 B지점 사이의 거리는 $2\,km$, B지점과 C지점 사이의 거리도 $2\,km$이고, A지점에서 B지점으로 이동할 때는 $x\,km/$분의 속력으로, B지점에서 C지점으로 이동할 때는 $4\,km/$분의 속력으로 이동한다. 갑이 A지점에서 C지점까지 이동하는 동안의 평균속력을 $f(x)\,km/$분이라 할 때, 다음 물음에 답하시오.

1 $x>0$일 때, 함수 $f(x)$를 구하시오. [20점]

2 함수 $y=f(x)$의 그래프를 이용하여 $\lim\limits_{x\to 0+} f(x)$의 값을 구하시오. [15점]

3 함수 $y=f(x)$의 그래프를 이용하여 $\lim\limits_{x\to\infty} f(x)$의 값을 구하시오. [15점]

4 $\lim\limits_{x\to 2}\dfrac{3x^2+ax+b}{x-2}=9$일 때, 두 상수 a, b의 값을 구하시오. [15점]

5 $x>0$에서 함수 $f(x)$가 부등식
$$x^3+x^2-3x\le f(x)\le x^3+4x^2+x+1$$
을 만족시킬 때, $\lim\limits_{x\to\infty}\dfrac{f(x)}{2x^3+x}$의 값을 구하시오. [15점]

6 함수 $y=f(x)$의 그래프가 그림과 같다.

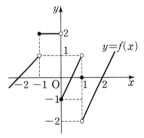

$\lim\limits_{x\to -1+} f(x)+\lim\limits_{x\to 1+} |f(x)|$의 값을 구하시오. [20점]

함수의 극한과 좌극한, 우극한

$$\lim_{x \to a-} f(x) = \lim_{x \to a+} f(x) = \alpha \Longleftrightarrow \lim_{x \to a} f(x) = \alpha$$

함수의 극한에 관련된 성질

$\lim\limits_{x \to a} \dfrac{f(x)}{g(x)} = \alpha (\alpha$는 상수)이고 $\lim\limits_{x \to a} g(x) = 0$이면 $\lim\limits_{x \to a} f(x) = 0$이다.

함수의 극한의 대소 관계

$\lim\limits_{x \to a} f(x) = \alpha$, $\lim\limits_{x \to a} g(x) = \beta(\alpha, \beta$는 상수)일 때, a에 가까운 모든 x의 값에 대하여

(1) $f(x) \leq g(x)$이면 $\alpha \leq \beta$

(2) $f(x) \leq h(x) \leq g(x)$이고 $\alpha = \beta$이면 $\lim\limits_{x \to a} h(x) = \alpha$

평 가 요 소

▶ 과제를 작성하여 제출할 수 있다.

▶ 그래프를 이용하여 함수의 극한값을 구할 수 있다.

▶ 분수함수의 극한값을 이용하여 미지수를 구할 수 있다.

▶ 함수의 극한의 대소 관계를 이용하여 극한값을 구할 수 있다.

▶ 그래프를 이용하여 좌극한값과 우극한값을 구할 수 있다.

[1~3] 함수 $f(x) = \begin{cases} \dfrac{x^2+2x-8}{x-2} & (x \neq 2) \\ 6 & (x=2) \end{cases}$ 에 대하여 다음 물음에 답하시오.

1 $f(2)$의 값을 구하시오. [10점]

2 $\displaystyle\lim_{x \to 2} f(x)$의 값을 구하시오. [20점]

3 $x=2$에서 함수 $f(x)$의 연속성을 판별하시오.
[20점]

4 정의역이 $\{x \mid x \geq 1\}$인 함수
$$f(x) = \begin{cases} \dfrac{a\sqrt{x-1}+b}{x-2} & (x \neq 2) \\ 1 & (x=2) \end{cases}$$
에 대하여 $x \geq 1$인 모든 실수 x에 대하여 함수 $f(x)$가 연속이 되도록 두 상수 a, b의 값을 정하시오. [15점]

5 모든 실수 x에서 연속인 함수 $f(x)$가
$$(x-1)f(x) = x^3 + 3x^2 + k$$
를 만족시킬 때, $f(1)$의 값을 구하시오.
(단, k는 상수이다.) [15점]

6 모든 실수 x에서 연속인 함수 $f(x)$가 다음 조건을 만족시킨다.

> (가) 모든 실수 x에 대하여 $f(-x)=f(x)$이다.
> (나) $f(-1)=-2$, $f(0)=1$, $f(2)=3$

방정식 $f(x)=0$의 실근의 개수의 최솟값을 구하시오. [20점]

함수의 연속

함수 $f(x)$가 실수 a에 대하여 다음 세 조건

① 함숫값 $f(a)$가 정의되고

② $\lim\limits_{x \to a} f(x)$가 존재하며

③ $\lim\limits_{x \to a} f(x) = f(a)$

를 모두 만족시킬 때, $x=a$에서 연속이라 한다.

연속함수의 성질

함수 $f(x)$, $g(x)$가 $x=a$에서 연속이면 다음 함수는 모두 $x=a$에서 연속이다.

(1) $f(x)+g(x)$ (2) $f(x)-g(x)$

(3) $f(x)g(x)$ (4) $\dfrac{f(x)}{g(x)}$ (단, $g(x) \neq 0$)

사잇값의 정리의 방정식에의 활용

함수 $f(x)$가 닫힌구간 $[a, b]$에서 연속이고 $f(a)$와 $f(b)$의 부호가 다르면
$$f(c)=0$$
인 c가 열린구간 (a, b)에서 적어도 하나 존재한다. 즉, 방정식 $f(x)=0$은 열린구간 (a, b)에서 적어도 하나의 실근을 갖는다.

평 가 요 소

▶ 과제를 작성하여 제출할 수 있다.

▶ 함수의 연속을 판별할 수 있다.

▶ 연속함수가 되도록 미지수를 정할 수 있다.

▶ 사잇값의 정리를 이용하여 방정식의 실근의 개수를 구할 수 있다.

단원명	03. 미분계수와 도함수	미분계수와 미분가능

[1~3] 함수 $f(x)=|x(x-1)|$에 대하여 다음 물음에 답하시오.

1 $\lim\limits_{h \to 0+} \dfrac{f(0+h)-f(0)}{h}$ 의 값을 구하시오. [15점]

2 $\lim\limits_{h \to 0-} \dfrac{f(0+h)-f(0)}{h}$ 의 값을 구하시오. [15점]

3 함수 $f(x)$가 $x=a$에서 미분가능하지 않을 때, 모든 a의 값을 구하시오. [20점]

4 x의 값이 1부터 2까지 변할 때, 함수 $f(x)=-x^2+4x$의 평균변화율을 구하시오. [10점]

5 함수 $f(x)=\begin{cases} x^3 & (x \leq 1) \\ ax+b & (x>1) \end{cases}$ 에 대하여 함수 $f(x)$가 $x=1$에서 미분가능하도록 두 상수 a, b의 값을 정하시오. [20점]

6 두 함수 $f(x)=3x+2$, $g(x)=x^2+x$에 대하여 $h(x)=f(x)g(x)$라 할 때, $h'(1)$의 값을 구하시오. [20점]

미분계수와 미분가능

함수 $y=f(x)$에서 x의 값이 a에서 $a+\Delta x$까지 변할 때의 평균변화율
$\dfrac{\Delta y}{\Delta x}=\dfrac{f(a+\Delta x)-f(a)}{\Delta x}$에서 $\Delta x \to 0$일 때의 평균변화율의 극한값

$$\lim_{\Delta x \to 0}\frac{\Delta y}{\Delta x}=\lim_{\Delta x \to 0}\frac{f(a+\Delta x)-f(a)}{\Delta x}$$

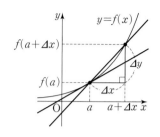

가 존재하면 이 극한값을 함수 $y=f(x)$의 $x=a$에서의 순간변화율 또는 미분계수라고 하며 기호 $f'(a)$로 나타낸다. $f'(a)$가 존재할 때, 함수 $y=f(x)$는 $x=a$에서 미분가능하다고 한다.

미분가능성과 연속성

함수 $y=f(x)$가 $x=a$에서 미분가능하면 $f(x)$는 $x=a$에서 연속이다.

함수의 합, 차, 곱의 미분법

미분가능한 두 함수 $f(x)$, $g(x)$에 대하여
(1) $\{f(x)+g(x)\}'=f'(x)+g'(x)$
(2) $\{f(x)-g(x)\}'=f'(x)-g'(x)$
(3) $\{f(x)g(x)\}'=f'(x)g(x)+f(x)g'(x)$

평 가 요 소

▶ 과제를 작성하여 제출할 수 있다.

▶ 미분계수를 이용하여 미분가능성을 조사할 수 있다.

▶ 평균변화율의 의미를 알고, 그 값을 구할 수 있다.

▶ 함수가 미분가능하도록 미지수의 값을 정할 수 있다.

▶ 곱의 미분법을 이용하여 미분계수를 구할 수 있다.

단원명	04. 도함수의 활용 (1)	접선의 방정식, 극대·극소

[1~3] 함수 $f(x)=x^3-6x^2+9x+12$에 대하여 다음 물음에 답하시오.

1 도함수 $f'(x)$를 구하시오. [10점]

2 함수 $f(x)$의 증가와 감소를 나타내는 다음 표를 완성하시오. [15점]

x	$\cdots$	( )	$\cdots$	( )	$\cdots$
$f'(x)$	( )	0	( )	0	+
$f(x)$	( )	( )	( )	( )	↗

3 함수 $f(x)$의 극댓값과 극솟값을 구하시오. [25점]

4 곡선 $y=x^3+1$ 위의 점 $(2, 9)$에서의 접선의 방정식을 구하시오. [15점]

5 두 함수
$$f(x)=x^3+ax, \quad g(x)=ax^2+bx+1$$
에 대하여 두 곡선 $y=f(x)$와 $y=g(x)$ 위의 x좌표가 2인 점에서의 접선이 일치할 때, 두 상수 a, b의 값을 구하시오. [15점]

6 함수 $f(x)=x^3+kx^2+12x+5$가 모든 실수 x에서 증가하도록 하는 정수 k의 개수를 구하시오. [20점]

접선의 방정식

곡선 $y=f(x)$ 위의 점 $P(a, f(a))$에서의 접선의 방정식은

$$y-f(a)=f'(a)(x-a)$$

미분가능한 함수의 증가, 감소

함수 $f(x)$가 어떤 열린구간에서 미분가능하고, 이 구간의 모든 x에 대하여

(1) $f'(x)>0$이면 $f(x)$는 이 구간에서 증가한다.

(2) $f'(x)<0$이면 $f(x)$는 이 구간에서 감소한다.

미분가능한 함수의 극대, 극소

미분가능한 함수 $f(x)$가 $f'(a)=0$이고 $x=a$의 좌우에서

(1) $f'(x)$의 부호가 양에서 음으로 바뀌면 $f(x)$는 $x=a$에서 극대이다.

(2) $f'(x)$의 부호가 음에서 양으로 바뀌면 $f(x)$는 $x=a$에서 극소이다.

평 가 요 소

▶ 과제를 작성하여 제출할 수 있다.

▶ 도함수를 이용하여 함수의 증가와 감소를 판별할 수 있다.

▶ 도함수를 이용하여 함수의 극댓값과 극솟값을 구할 수 있다.

▶ 접선의 방정식을 구할 수 있다.

단원명	05. 도함수의 활용 (2)	방정식, 부등식에의 활용

[1~3] 함수 $f(x)=2x^3-3x^2+k$에 대하여 다음 물음에 답하시오.

1 방정식 $f'(x)=0$의 근을 구하시오. [15점]

2 함수 $f(x)$의 극댓값과 극솟값의 차를 구하시오. [15점]

3 $x \geq 0$인 모든 실수 x에 대하여 부등식 $f(x) \geq 0$이 성립하도록 하는 실수 k의 값의 범위를 구하시오. [20점]

4 닫힌구간 $[1, 3]$에서 함수
$$f(x)=2x^3-15x^2+36x+1$$
의 최댓값과 최솟값을 구하시오. [20점]

5 함수 $f(x)=x^3-3x+k$에 대하여 방정식 $f(x)=0$의 서로 다른 실근의 개수가 3이 되도록 하는 실수 k의 값의 범위를 구하시오. [20점]

6 원점을 출발하여 수직선 위를 움직이는 점 P의 시각 t에서의 위치가
$$6t-3t^2$$
일 때, 시각 $t=3$에서의 점 P의 속력을 구하시오. [10점]

방정식의 실근의 개수

방정식 $f(x)=g(x)$의 실근은 함수 $y=f(x)$의 그래프와 함수 $y=g(x)$의 그래프가 만나는 점의 x좌표와 같다. 즉, 방정식 $f(x)=g(x)$의 서로 다른 실근의 개수는 함수 $y=f(x)$의 그래프와 함수 $y=g(x)$의 그래프가 만나는 점의 개수와 같다.

극값을 갖는 삼차함수 $f(x)$에 대하여 방정식 $f(x)=0$의 실근의 개수

(1) (극댓값)×(극솟값)<0이면 서로 다른 실근의 개수는 3이다.
(2) (극댓값)×(극솟값)=0이면 서로 다른 실근의 개수는 2이다.
(3) (극댓값)×(극솟값)>0이면 서로 다른 실근의 개수는 1이다.

직선 운동에서의 속도

수직선 위를 움직이는 점 P의 시각 t에서의 위치가 $x=f(t)$일 때, 점 P의 시각 t에서의 속도 v는

$$v=\frac{dx}{dt}=f'(t)$$

평 가 요 소

▶ 과제를 작성하여 제출할 수 있다.

▶ 도함수를 방정식에 활용할 수 있다.

▶ 도함수를 부등식에 활용할 수 있다.

▶ 함수의 최댓값과 최솟값을 구할 수 있다.

▶ 직선 운동에서의 속도를 구할 수 있다.

| 단원명 | 06. 부정적분과 정적분 | 정적분 |
| | | |

[1~3] 어느 발전소에서 발전을 시작하여 t시간 동안 발전한 전력량을 $F(t)$라 할 때, 전력량의 순간변화율 $F'(t)$는

$$F'(t)=6t-\frac{1}{2}t^2\ (0\le t\le 12)$$

이라 한다. 다음 물음에 답하시오.

1 $F(0)=0$일 때, $F(t)$를 구하시오. [10점]

2 이 발전소에서 발전을 시작하여 3시간 동안 발전한 전력량을 적분기호를 사용하여 나타내시오.
[20점]

3 이 발전소에서 발전을 시작하여 3시간 동안 발전한 전력량을 구하시오. [20점]

4 함수 $f(x)$에 대하여 $f'(x)=3x^2+8x$이다. $f(0)=1$일 때, $f(2)$의 값을 구하시오. [15점]

5 함수 $f(x)$에 대하여 $f'(x)=3x(x-1)$이다. 함수 $f(x)$의 극댓값과 극솟값을 각각 M, m이라 할 때, $M-m$의 값을 구하시오. [15점]

6 함수 $f(x)$가 모든 실수 x에 대하여

$$f(x)=x^2-2x+3\int_0^1 f(t)dt$$

를 만족시킬 때, $f(5)$의 값을 구하시오. [20점]

함수 $y = x^n$의 부정적분

n이 음이 아닌 정수일 때,

$$\int x^n \, dx = \frac{1}{n+1} x^{n+1} + C \ (\text{단, } C\text{는 적분상수})$$

특히, $n = 0$일 때 $\int 1 \, dx$는 $\int dx$로 나타낸다.

정적분

함수 $f(x)$가 닫힌구간 $[a, b]$에서 연속일 때, 함수 $f(x)$의 부정적분 중의 하나를 $F(x)$라 하면

$$F(b) - F(a)$$

를 $f(x)$의 a에서 b까지의 정적분이라 하고, 기호로

$$\int_a^b f(x) \, dx$$

와 같이 나타낸다.

정적분의 성질

함수 $f(x)$가 세 실수 a, b, c를 포함하는 구간에서 연속일 때,

$$\int_a^b f(x) \, dx = \int_a^c f(x) \, dx + \int_c^b f(x) \, dx$$

평 가 요 소

▶ 과제를 작성하여 제출할 수 있다.

▶ 부정적분을 구할 수 있다.

▶ 정적분을 구할 수 있다.

▶ 도함수를 이용하여 부정적분을 구할 수 있다.

| 단원명 | 07. 정적분의 활용 | 넓이와 이동거리 |

[1~3] 원점을 출발하여 수직선 위를 움직이는 점 P의 시각 t에서의 속도 $v(t)$가

$$v(t) = t^2 - 2t$$

일 때, 다음 물음에 답하시오.

1 시각 $t=1$에서 시각 $t=2$까지의 점 P의 위치의 변화량을 구하시오. [10점]

2 시각 $t=2$에서 시각 $t=3$까지의 점 P의 위치의 변화량을 구하시오. [10점]

3 시각 $t=1$에서 시각 $t=3$까지 점 P가 움직인 거리를 구하시오. [20점]

4 곡선 $y=x^3-x$와 x축으로 둘러싸인 부분의 넓이를 구하시오. [15점]

5 두 함수
$$f(x) = x^2 - 3x + 1, \ g(x) = -x^2 - x + 5$$
에 대하여 두 곡선 $y=f(x)$와 $y=g(x)$로 둘러싸인 부분의 넓이를 구하시오. [20점]

6 곡선 $y=x^2$과 직선 $y=4x-3$으로 둘러싸인 부분의 넓이를 직선 $x=k$가 이등분할 때, 상수 k의 값을 구하시오. (단, $1<k<3$이다.) [25점]

두 곡선 사이의 넓이

두 함수 $y=f(x)$, $y=g(x)$가 닫힌구간 $[a,\ b]$에서 연속일 때, 두 곡선 $y=f(x)$, $y=g(x)$와 두 직선 $x=a$, $x=b$로 둘러싸인 부분의 넓이 S는

$$S=\int_a^b |f(x)-g(x)|\,dx$$

직선 운동에서의 위치

수직선 위를 움직이는 점 P의 시각 t에서의 속도를 $v(t)$, 시각 $t=a$에서의 점 P의 위치를 $x(a)$라 하면 시각 t에서의 점 P의 위치 $x(t)$는

$$x(t)=x(a)+\int_a^t v(t)\,dt$$

직선 운동에서의 위치의 변화량과 움직인 거리

수직선 위를 움직이는 점 P의 시각 t에서의 속도를 $v(t)$라 하면
(1) 시각 $t=a$에서 시각 $t=b(a\leq b)$까지 점 P의 위치의 변화량은

$$\int_a^b v(t)\,dt$$

(2) 시각 $t=a$에서 시각 $t=b(a\leq b)$까지 점 P가 움직인 거리 s는

$$s=\int_a^b |v(t)|\,dt$$

평 가 요 소

▶ 과제를 작성하여 제출할 수 있다.

▶ 곡선과 좌표축으로 둘러싸인 부분의 넓이를 구할 수 있다.

▶ 두 곡선으로 둘러싸인 부분의 넓이를 구할 수 있다.

▶ 직선 운동을 하는 점의 위치의 변화량을 구할 수 있다.

▶ 직선 운동을 하는 점이 움직인 거리를 구할 수 있다.

내 신 과
학력평가를
모 ──── 두
책 임 지 는

하루6개
1등급
영어독해

매일매일 밥 먹듯이,
EBS랑 영어 1등급 완성하자!

✓ 규칙적인 일일 학습으로
   영어 1등급 수준 미리 성취

✓ 최신 기출문제 + 실전 같은
   문제 풀이 연습으로
   내신과 학력평가 등급 UP!

✓ 대학별 최저 등급 기준 충족을 위한
   변별력 높은 문항 집중 학습

EBSⁱ

하루6개
1등급
영어독해
전국연합학력평가 기출

고1

수능 영어 절대평가 1등급 5주 완성 전략!

EBSⁱ

하루6개
1등급
영어독해
전국연합학력평가 기출

고2

수능 영어 절대평가 1등급 5주 완성 전략!

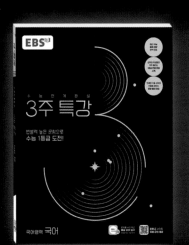

"학교 시험 대비 특별 부록"으로
서술형 · 수행평가까지!
내신의 모든 것 완벽 대비!!

올림포스

수학Ⅱ

정답과 풀이

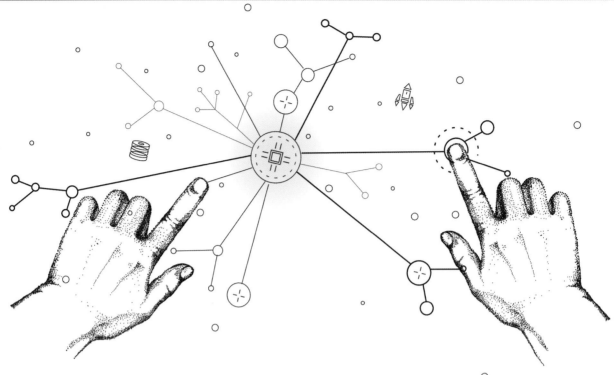

한국사, 사회, 과학의 최강자가 탄생했다!

「개념완성, 개념완성 문항편」

완벽한 이해를 위한 **꼼꼼하고 체계적인** 내용 정리

내신 대비 최적화된 교과서 **핵심 분석**

내신/수능 적중률을 높이기 위한 **최신 시험 경향 분석**

개념완성

한국사영역
필수 한국사 / 자료와 연표로 흐름을 읽는 한국사

사회탐구영역
통합사회 / 생활과 윤리 / 윤리와 사상 /
한국지리 / 세계지리 / 사회·문화 /
정치와 법 / 동아시아사

과학탐구영역
통합과학 / 물리학 I / 화학 I /
생명과학 I / 지구과학 I / 물리학 II /
화학 II / 생명과학 II / 지구과학 II

개념완성 문항편

사회탐구영역
통합사회

과학탐구영역
통합과학 / 물리학 I / 화학 I /
생명과학 I / 지구과학 I

올림포스 **수학 II**

정답과 풀이

정답과 풀이

01 함수의 극한

기본 유형 익히기   유제   본문 8~10쪽

1. ③   **2.** 3   **3.** ①   **4.** ①   **5.** ②
6. ⑤

1. ㄱ. $x \longrightarrow -\infty$일 때, $f(x) \longrightarrow 1$이므로
$\displaystyle\lim_{x \to -\infty} f(x) = 1$ (참)

ㄴ. $x \longrightarrow 2$일 때, $f(x) \longrightarrow \infty$이므로
$\displaystyle\lim_{x \to 2} f(x) = \infty$ (참)

ㄷ. $x \longrightarrow \infty$일 때, $f(x) \longrightarrow 1$이므로
$\displaystyle\lim_{x \to \infty} f(x) = 1$ (거짓)

이상에서 옳은 것은 ㄱ, ㄴ이다.

답 ③

2. $x \longrightarrow 1-$일 때, $f(x) \longrightarrow 2$이므로
$\displaystyle\lim_{x \to 1-} f(x) = 2$ …… ㉠
$x \longrightarrow 1+$일 때, $f(x) \longrightarrow a+1$이므로
$\displaystyle\lim_{x \to 1+} f(x) = a+1$ …… ㉡
$\displaystyle\lim_{x \to 1} f(x) = b$이어야 하므로 ㉠과 ㉡에서
$2 = a+1 = b$
따라서 $a=1$, $b=2$이므로
$a+b=3$

답 3

3. $\displaystyle\lim_{x \to 2} \frac{\sqrt{x+2}-2}{x-2}$

$= \displaystyle\lim_{x \to 2} \frac{(\sqrt{x+2}-2)(\sqrt{x+2}+2)}{(x-2)(\sqrt{x+2}+2)}$

$= \displaystyle\lim_{x \to 2} \frac{x-2}{(x-2)(\sqrt{x+2}+2)}$

$= \displaystyle\lim_{x \to 2} \frac{1}{\sqrt{x+2}+2}$

$= \dfrac{1}{\displaystyle\lim_{x \to 2} \sqrt{x+2} + \lim_{x \to 2} 2}$

$= \dfrac{1}{2+2}$

$= \dfrac{1}{4}$

답 ①

4. $\displaystyle\lim_{x \to \infty} (\sqrt{x^2+2x}-x)$

$= \displaystyle\lim_{x \to \infty} \frac{(\sqrt{x^2+2x}-x)(\sqrt{x^2+2x}+x)}{\sqrt{x^2+2x}+x}$

$= \displaystyle\lim_{x \to \infty} \frac{2x}{\sqrt{x^2+2x}+x}$

$= \displaystyle\lim_{x \to \infty} \frac{2}{\sqrt{1+\dfrac{2}{x}}+1}$

$= \dfrac{\displaystyle\lim_{x \to \infty} 2}{\displaystyle\lim_{x \to \infty} \sqrt{1+\dfrac{2}{x}} + \lim_{x \to \infty} 1}$

$= \dfrac{2}{1+1}$

$= 1$

답 ①

5. $x \longrightarrow 2$일 때, (분모)$\longrightarrow 0$이므로 (분자)$\longrightarrow 0$에서
$\displaystyle\lim_{x \to 2} (\sqrt{x+7}-a) = 0$
$3-a=0$
$a=3$
이 값을 대입하면
$\displaystyle\lim_{x \to 2} \frac{\sqrt{x+7}-3}{x-2}$

$= \displaystyle\lim_{x \to 2} \frac{(\sqrt{x+7}-3)(\sqrt{x+7}+3)}{(x-2)(\sqrt{x+7}+3)}$

$= \displaystyle\lim_{x \to 2} \frac{x-2}{(x-2)(\sqrt{x+7}+3)}$

$= \displaystyle\lim_{x \to 2} \frac{1}{\sqrt{x+7}+3}$

$= \dfrac{1}{6} = b$

따라서 $ab = \dfrac{1}{2}$

답 ②

6. $\displaystyle\lim_{x\to\infty}\frac{x^2}{2x^2+3}=\lim_{x\to\infty}\frac{1}{2+\dfrac{3}{x^2}}=\frac{1}{2+0}=\frac{1}{2}$

$\displaystyle\lim_{x\to\infty}\frac{x^2+1}{2x^2+3}=\lim_{x\to\infty}\frac{1+\dfrac{1}{x^2}}{2+\dfrac{3}{x^2}}=\frac{1+0}{2+0}=\frac{1}{2}$

이므로 함수의 극한의 대소 관계에 의하여

$\displaystyle\lim_{x\to\infty}f(x)=\frac{1}{2}$

답 ⑤

본문 11~13쪽

유형 확인

01 ⑤	02 ②	03 ④	04 ④	05 ①
06 ②	07 ⑤	08 ②	09 ②	10 ③
11 ③	12 ③	13 ⑤	14 ④	15 9
16 ②	17 ②	18 6		

01 $x\to1$일 때, $f(x)\to3$이므로

$\displaystyle\lim_{x\to1}f(x)=3$

또, $f(1)=2$

따라서

$\displaystyle\lim_{x\to1}f(x)+f(1)=3+2=5$

답 ⑤

02 $\displaystyle\lim_{x\to0}f(x)=1$에서

$b=1$

또, $\displaystyle\lim_{x\to-1}f(x)=0$이므로

$a=-1$

따라서 $f(x)=x+1$이므로

$f(a+2b)=f(1)=2$

답 ②

03 $\displaystyle\lim_{x\to\infty}f(x)=1$이므로 한 점근선은 $y=1$이다.

이때 다른 점근선이 $x=-1$이므로

$f(x)=\dfrac{k}{x+1}+1$ (단, k는 상수)

이때 $f(0)=2$이므로

$k+1=2$

$k=1$

따라서

$f(x)=\dfrac{1}{x+1}+1=\dfrac{x+2}{x+1}$

따라서 $a=1$, $b=2$, $c=1$이므로

$a+b+c=4$

답 ④

04 $x\to-1-$일 때, $f(x)\to3$이므로

$\displaystyle\lim_{x\to-1-}f(x)=3$

또, $x\to1+$일 때, $f(x)\to2$이므로

$\displaystyle\lim_{x\to1+}f(x)=2$

따라서

$\displaystyle\lim_{x\to-1-}f(x)+\lim_{x\to1+}f(x)=3+2=5$

답 ④

05 $f(x)=\begin{cases}-1 & (x<0)\\ 1 & (x>0)\end{cases}$

이때

$x\to0-$일 때, $f(x)\to-1$이므로

$\displaystyle\lim_{x\to0-}f(x)=-1$

$x\to0+$일 때, $f(x)\to1$이므로

$\displaystyle\lim_{x\to0+}f(x)=1$

따라서

$\displaystyle\lim_{x\to0-}f(x)-\lim_{x\to0+}f(x)=-1-1=-2$

답 ①

06 $f(x)=\begin{cases}-\dfrac{1}{x} & (x<0)\\[2mm] \dfrac{1}{x} & (x>0)\end{cases}$

(i) $k=1$일 때,

$xf(x)=\begin{cases}-1 & (x<0)\\ 1 & (x>0)\end{cases}$

이므로

$\displaystyle\lim_{x\to0-}xf(x)=-1$, $\displaystyle\lim_{x\to0+}xf(x)=1$

이때 $\displaystyle\lim_{x\to0-}xf(x)\neq\lim_{x\to0+}xf(x)$이므로 $x=0$에서 극한값을 갖지 않는다.

(ii) $k=2$일 때,

$$x^2 f(x) = \begin{cases} -x & (x<0) \\ x & (x>0) \end{cases}$$

이므로

$$\lim_{x \to 0-} x^2 f(x) = 0, \quad \lim_{x \to 0+} x^2 f(x) = 0$$

이때 $\lim_{x \to 0-} x^2 f(x) = \lim_{x \to 0+} x^2 f(x)$이므로 $x=0$에서 극한값을 갖는다.

(iii) $k \geq 3$일 때,

$$x^k f(x) = \begin{cases} -x^{k-1} & (x<0) \\ x^{k-1} & (x>0) \end{cases}$$

이므로

$$\lim_{x \to 0-} x^k f(x) = 0, \quad \lim_{x \to 0+} x^k f(x) = 0$$

이때 $\lim_{x \to 0-} x^k f(x) = \lim_{x \to 0+} x^k f(x)$이므로 $x=0$에서 극한값을 갖는다.

(i), (ii), (iii)에서 자연수 k의 최솟값은 2이다.

답 ②

07 $\lim_{x \to 1} \dfrac{f(x)+x}{x^2+2x+3}$

$$= \frac{\lim_{x \to 1}\{f(x)+x\}}{\lim_{x \to 1}(x^2+2x+3)}$$

$$= \frac{\lim_{x \to 1} f(x) + \lim_{x \to 1} x}{\lim_{x \to 1} x^2 + \lim_{x \to 1} 2x + \lim_{x \to 1} 3}$$

$$= \frac{2+1}{1+2+3}$$

$$= \frac{1}{2}$$

답 ⑤

08 $\lim_{x \to 2} \dfrac{\sqrt{x+2}-2}{x^2-x-2}$

$$= \lim_{x \to 2} \frac{(\sqrt{x+2}-2)(\sqrt{x+2}+2)}{(x-2)(x+1)(\sqrt{x+2}+2)}$$

$$= \lim_{x \to 2} \frac{x-2}{(x-2)(x+1)(\sqrt{x+2}+2)}$$

$$= \lim_{x \to 2} \frac{1}{(x+1)(\sqrt{x+2}+2)}$$

$$= \frac{1}{(2+1)(2+2)}$$

$$= \frac{1}{12}$$

답 ②

09 $P(x) = x^3 - 4x + 3$이라 하면 $P(1)=0$이므로 $P(x)$는 $x-1$을 인수로 갖는다. 그러므로 조립제법을 이용하면 다음과 같다.

1	1	0	-4	3
		1	1	-3
	1	1	-3	0

그러므로

$$P(x) = (x-1)(x^2+x-3)$$

따라서

$$\lim_{x \to 1} \frac{x^3-4x+3}{x^2-1}$$

$$= \lim_{x \to 1} \frac{(x-1)(x^2+x-3)}{(x-1)(x+1)}$$

$$= \lim_{x \to 1} \frac{x^2+x-3}{x+1}$$

$$= \frac{1+1-3}{1+1}$$

$$= -\frac{1}{2}$$

답 ②

10 $\lim_{x \to \infty} \dfrac{(x+1)^3 - x^3}{x^2+2x+3}$

$$= \lim_{x \to \infty} \frac{3x^2+3x+1}{x^2+2x+3}$$

$$= \lim_{x \to \infty} \frac{3 + \dfrac{3}{x} + \dfrac{1}{x^2}}{1 + \dfrac{2}{x} + \dfrac{3}{x^2}}$$

$$= \frac{3+0+0}{1+0+0}$$

$$= 3$$

답 ③

11 n의 값에 따라 나누면 다음과 같다.

(i) $n=1$일 때,

$$\lim_{x \to \infty} \frac{ax+3}{x^2+2x+4}$$

$$= \lim_{x \to \infty} \frac{\dfrac{a}{x} + \dfrac{3}{x^2}}{1 + \dfrac{2}{x} + \dfrac{4}{x^2}}$$

$$= 0$$

그러므로 조건을 만족시키지 않는다.

(ii) $n=2$일 때,

$$\lim_{x \to \infty} \frac{ax^2+3}{x^2+2x+4}$$

$$=\lim_{x \to \infty} \frac{a+\dfrac{3}{x^2}}{1+\dfrac{2}{x}+\dfrac{4}{x^2}}$$

$$=\frac{a+0}{1+0+0}$$

$$=a=4$$

(iii) $n \geq 3$일 때,

$$\lim_{x \to \infty} \frac{ax^n+3}{x^2+2x+4}$$

$$=\lim_{x \to \infty} \frac{ax^{n-2}+\dfrac{3}{x^2}}{1+\dfrac{2}{x}+\dfrac{4}{x^2}}$$

이 값은 ∞ 또는 $-\infty$로 발산한다.

(ⅰ), (ⅱ), (ⅲ)에서 $n=2$, $a=4$이므로

$$a+n=6$$

답 ③

12 $t=-x$로 놓으면 $x \to -\infty$일 때, $t \to \infty$이므로

$$\lim_{x \to -\infty} (\sqrt{x^2+6x}+x)$$

$$=\lim_{t \to \infty}(\sqrt{t^2-6t}-t)$$

$$=\lim_{t \to \infty} \frac{(\sqrt{t^2-6t}-t)(\sqrt{t^2-6t}+t)}{\sqrt{t^2-6t}+t}$$

$$=\lim_{t \to \infty} \frac{-6t}{\sqrt{t^2-6t}+t}$$

$$=\lim_{t \to \infty} \frac{-6}{\sqrt{1-\dfrac{6}{t}}+1}$$

$$=\frac{-6}{1+1}$$

$$=-3$$

답 ③

13 $x \to 1$일 때, (분모) $\to 0$이므로 (분자) $\to 0$에서

$$\lim_{x \to 1}(x^2-a)=1-a=0$$

$$a=1$$

이 값을 대입하면

$$\lim_{x \to 1} \frac{x^2-1}{x^2+x-2}$$

$$=\lim_{x \to 1} \frac{(x-1)(x+1)}{(x-1)(x+2)}$$

$$=\lim_{x \to 1} \frac{x+1}{x+2}$$

$$=\frac{1+1}{1+2}$$

$$=\frac{2}{3}=b$$

따라서

$$a+b=1+\frac{2}{3}=\frac{5}{3}$$

답 ⑤

14 $x \to 3$일 때, (분모) $\to 0$이므로 (분자) $\to 0$에서

$$\lim_{x \to 3}(x^2+ax-3)=9+3a-3=0$$

$$a=-2$$

이 값을 대입하면

$$\lim_{x \to 3} \frac{x^2-2x-3}{\sqrt{x+1}-2}$$

$$=\lim_{x \to 3} \frac{(x-3)(x+1)}{\sqrt{x+1}-2}$$

$$=\lim_{x \to 3} \frac{(x-3)(x+1)(\sqrt{x+1}+2)}{(\sqrt{x+1}-2)(\sqrt{x+1}+2)}$$

$$=\lim_{x \to 3} \frac{(x-3)(x+1)(\sqrt{x+1}+2)}{x-3}$$

$$=\lim_{x \to 3}(x+1)(\sqrt{x+1}+2)$$

$$=(3+1) \times (2+2)$$

$$=16$$

$$=b$$

따라서 $a+b=(-2)+16=14$

답 ④

15 $x \to a$일 때, (분모) $\to 0$이므로 (분자) $\to 0$에서

$$\lim_{x \to a}(x^2-ax+a+3)=a^2-a^2+a+3=0$$

$$a=-3$$

이 값을 대입하면

$$\lim_{x \to -3} \frac{x^2+3x}{x+3}$$

$$=\lim_{x \to -3} \frac{x(x+3)}{x+3}$$

$$= \lim_{x \to -3} x$$
$$= -3$$
$$= b$$
따라서 $ab = 9$

답 9

16 $\lim_{x \to 1}(2x-1) = 2 \times 1 - 1 = 1$

$\lim_{x \to 1} x^2 = 1 \times 1 = 1$

이므로 함수의 극한의 대소 관계에 의하여

$\lim_{x \to 1} f(x) = 1$

따라서

$\lim_{x \to 1} \{(x+1)f(x)\}$

$= \lim_{x \to 1}(x+1) \times \lim_{x \to 1} f(x)$

$= 2 \times 1 = 2$

답 ②

17 $2x+1 \le f(x) \le 2x+3$

이므로 $x+1 > 0$일 때

$$\frac{2x+1}{x+1} \le \frac{f(x)}{x+1} \le \frac{2x+3}{x+1}$$

$\lim_{x \to \infty} \dfrac{2x+1}{x+1} = \lim_{x \to \infty} \dfrac{2+\frac{1}{x}}{1+\frac{1}{x}} = 2$

$\lim_{x \to \infty} \dfrac{2x+3}{x+1} = \lim_{x \to \infty} \dfrac{2+\frac{3}{x}}{1+\frac{1}{x}} = 2$

이므로 함수의 극한의 대소 관계에 의하여

$\lim_{x \to \infty} \dfrac{f(x)}{x+1} = 2$

답 ②

18 $\dfrac{x^2-1}{x-1} \le \dfrac{f(x)}{x+2} \le \dfrac{x^3-x^2+x-1}{x-1}$

에서

$$\frac{(x+1)(x-1)}{x-1} \le \frac{f(x)}{x+2} \le \frac{(x^2+1)(x-1)}{x-1}$$

이때 $x > 1$이므로

$x+1 \le \dfrac{f(x)}{x+2} \le x^2+1$

이때

$\lim_{x \to 1+}(x+1) = 2$

$\lim_{x \to 1+}(x^2+1) = 2$

이므로 함수의 극한의 대소 관계에 의하여

$\lim_{x \to 1+} \dfrac{f(x)}{x+2} = 2$

이때 $\lim_{x \to 1} f(x)$가 존재하므로

$\lim_{x \to 1} f(x) = \lim_{x \to 1+} f(x)$

$\qquad = \lim_{x \to 1+}(x+2) \times \lim_{x \to 1+} \dfrac{f(x)}{x+2}$

$\qquad = 3 \times 2$

$\qquad = 6$

따라서 $a = 6$

답 6

서술형 **연습장** 본문 14쪽

01 $-\dfrac{1}{16}$ **02** 20 **03** $\dfrac{1}{2}$

01 $\lim_{x \to 1} \left\{ \dfrac{1}{x^2-x} \left(\dfrac{1}{\sqrt{x+3}} - \dfrac{1}{2} \right) \right\}$

$= \lim_{x \to 1} \left(\dfrac{1}{x^2-x} \times \dfrac{2-\sqrt{x+3}}{2\sqrt{x+3}} \right)$ ‥‥‥ ❶

$= \lim_{x \to 1} \left\{ \dfrac{1}{x^2-x} \times \dfrac{(2-\sqrt{x+3})(2+\sqrt{x+3})}{2\sqrt{x+3}(2+\sqrt{x+3})} \right\}$

$= \lim_{x \to 1} \left\{ \dfrac{1}{x(x-1)} \times \dfrac{1-x}{2\sqrt{x+3}(2+\sqrt{x+3})} \right\}$ ‥‥‥ ❷

$= -\lim_{x \to 1} \left\{ \dfrac{1}{x} \times \dfrac{1}{2\sqrt{x+3}(2+\sqrt{x+3})} \right\}$

$= -\lim_{x \to 1} \dfrac{1}{x} \times \lim_{x \to 1} \dfrac{1}{2\sqrt{x+3}} \times \lim_{x \to 1} \dfrac{1}{2+\sqrt{x+3}}$

$= (-1) \times \dfrac{1}{2 \times 2} \times \dfrac{1}{2+2}$

$= -\dfrac{1}{16}$ ‥‥‥ ❸

답 $-\dfrac{1}{16}$

단계	채점 기준	비율
❶	식을 정리한 경우	30 %
❷	식을 유리화한 경우	30 %
❸	극한값을 구한 경우	40 %

02 조건 (가)에서 $\lim\limits_{x \to \infty} \dfrac{f(x)}{x^2+x}=2$이므로 $f(x)$는 최고차항의

계수가 2인 이차함수이다. ······ ❶

조건 (나)에서 $x \to 1$일 때, (분모)$\to 0$이므로 (분자)$\to 0$에서

$\lim\limits_{x \to 1} f(x)=0$

그러므로 $f(x)=2(x-1)(x-a)$ (a는 상수)이다. ······ ❷

이것을 조건 (나)에 대입하면

$\lim\limits_{x \to 1} \dfrac{2(x-1)(x-a)}{x-1}=6$

$\lim\limits_{x \to 1} 2(x-a)=6$

$2(1-a)=6$

$a=-2$

따라서 $f(x)=2(x-1)(x+2)$이므로 ······ ❸

$f(3)=2 \times 2 \times 5=20$ ······ ❹

답 20

단계	채점 기준	비율
❶	$f(x)$의 최고차항을 구한 경우	20 %
❷	극한값의 성질을 이용한 경우	30 %
❸	$f(x)$를 구한 경우	40 %
❹	$f(3)$의 값을 구한 경우	10 %

03 두 점 P, Q의 좌표는 $P(t, \sqrt{t})$, $Q(t, t)$

그러므로

$\overline{PQ}=\sqrt{t}-t$ ······ ❶

또, 점 R의 좌표는 $R(1, t)$이므로

$\overline{QR}=1-t$ ······ ❷

따라서

$\lim\limits_{t \to 1^-} \dfrac{\overline{PQ}}{\overline{QR}}=\lim\limits_{t \to 1^-} \dfrac{\sqrt{t}-t}{1-t}$

$\qquad =\lim\limits_{t \to 1^-} \dfrac{(\sqrt{t}-t)(\sqrt{t}+t)}{(1-t)(\sqrt{t}+t)}$

$\qquad =\lim\limits_{t \to 1^-} \dfrac{t-t^2}{(1-t)(\sqrt{t}+t)}$

$\qquad =\lim\limits_{t \to 1^-} \dfrac{t(1-t)}{(1-t)(\sqrt{t}+t)}$

$\qquad =\lim\limits_{t \to 1^-} \dfrac{t}{\sqrt{t}+t}$

$\qquad =\dfrac{1}{1+1}$

$\qquad =\dfrac{1}{2}$ ······ ❸

답 $\dfrac{1}{2}$

단계	채점 기준	비율
❶	$\overline{PQ}$를 구한 경우	30 %
❷	$\overline{QR}$를 구한 경우	30 %
❸	극한값을 구한 경우	40 %

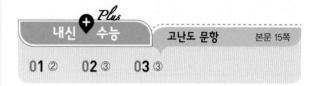

내신 ➕ 수능 · 고난도 문항 · 본문 15쪽

01 ② **02** ③ **03** ③

01 $f(x)=x^2+2x+2$에서

$y=(x+1)^2+1$ ($x \geq -1$, $y \geq 1$)

$(x+1)^2=y-1$ ($x \geq -1$, $y \geq 1$)

$x=\sqrt{y-1}-1$ ($x \geq -1$, $y \geq 1$)

x, y를 바꾸면

$y=\sqrt{x-1}-1$ ($x \geq 1$, $y \geq -1$)

그러므로

$g(x)=\sqrt{x-1}-1$

따라서

$\lim\limits_{x \to 2} \dfrac{g(x)}{f(x)-10}$

$=\lim\limits_{x \to 2} \dfrac{\sqrt{x-1}-1}{x^2+2x-8}$

$=\lim\limits_{x \to 2} \dfrac{(\sqrt{x-1}-1)(\sqrt{x-1}+1)}{(x-2)(x+4)(\sqrt{x-1}+1)}$

$=\lim\limits_{x \to 2} \dfrac{x-2}{(x-2)(x+4)(\sqrt{x-1}+1)}$

$=\lim\limits_{x \to 2} \dfrac{1}{(x+4)(\sqrt{x-1}+1)}$

$=\dfrac{1}{(2+4) \times (1+1)}$

$=\dfrac{1}{12}$

답 ②

02 $\lim\limits_{x \to 1} f(x) \neq 0$이라 하면 주어진 식은

$$\lim_{x \to 1} \frac{f(x)}{f(x) - 2(\sqrt{x} - 1)}$$

$$= \frac{\lim_{x \to 1} f(x)}{\lim_{x \to 1} f(x) - \lim_{x \to 1} 2(\sqrt{x} - 1)}$$

$$= \frac{\lim_{x \to 1} f(x)}{\lim_{x \to 1} f(x)} = 1$$

로 조건을 만족시키지 않는다.

그러므로 $\lim_{x \to 1} f(x) = 0$

이때 $f(x)$는 최고차항의 계수가 1인 이차함수이므로

$f(x) = (x-1)(x-a)$ (a는 상수)

로 놓을 수 있다.

이 식을 주어진 식에 대입하면

$$\lim_{x \to 1} \frac{(x-1)(x-a)}{(x-1)(x-a) - 2 \times \dfrac{(\sqrt{x}-1)(\sqrt{x}+1)}{\sqrt{x}+1}}$$

$$= \lim_{x \to 1} \frac{(x-1)(x-a)}{(x-1)(x-a) - 2 \times \dfrac{x-1}{\sqrt{x}+1}}$$

$$= \lim_{x \to 1} \frac{x-a}{(x-a) - 2 \times \dfrac{1}{\sqrt{x}+1}}$$

$$= \frac{1-a}{(1-a) - 2 \times \dfrac{1}{2}}$$

$$= \frac{1-a}{-a}$$

$$= 2$$

$1 - a = -2a$

$a = -1$

따라서 $f(x) = (x-1)(x+1)$이므로

$f(2) = 1 \times 3 = 3$

답 ③

03 직선 OP의 기울기는

$$\frac{t^2 - 0}{t - 0} = t$$

그러므로 이 직선에 평행한 직선의 기울기는 t이다.

이때 기울기가 t이고 곡선 $y = x^2$에 접하는 직선의 방정식을

$y = tx + n$ (n은 상수)

이라 하면 이 직선과 곡선 $y = x^2$이 접해야 하므로 방정식

$x^2 = tx + n$

이 중근을 가져야 한다.

위의 방정식은

$x^2 - tx - n = 0$

이므로 이 방정식의 판별식을 D라 하면

$D = t^2 - 4 \times 1 \times (-n) = 0$

$n = -\dfrac{t^2}{4}$

그러므로 점 Q의 좌표는 $\left(0, -\dfrac{t^2}{4} \right)$

따라서 $\overline{OP} = \sqrt{t^2 + t^4}$, $\overline{OQ} = \dfrac{t^2}{4}$이므로

$$\lim_{t \to \infty} \frac{\overline{OQ}}{\overline{OP}} = \lim_{t \to \infty} \frac{\dfrac{t^2}{4}}{\sqrt{t^2 + t^4}}$$

$$= \lim_{t \to \infty} \frac{\dfrac{1}{4}}{\sqrt{\dfrac{1}{t^2} + 1}}$$

$$= \frac{\dfrac{1}{4}}{1}$$

$$= \frac{1}{4}$$

답 ③

02 함수의 연속

기본 유형 익히기   유제   본문 18~20쪽

1. 3 **2.** 15 **3.** 2 **4.** 2 **5.** 1
6. 2

1. 함수 $f(x)$가 $x=1$에서 연속이므로
$$\lim_{x\to 1}f(x)=f(1)$$
이어야 한다.
이때
$$\lim_{x\to 1}f(x)=\lim_{x\to 1}(x^2+2)=1^2+2=3$$
$$f(1)=a$$
따라서 $a=3$

답 3

2. 함수 $f(x)$가 $x=2$에서 연속이므로
$$\lim_{x\to 2-}f(x)=\lim_{x\to 2+}f(x)=f(2)$$
이어야 한다.
$$\lim_{x\to 2-}f(x)=\lim_{x\to 2-}(x-a)=2-a \quad \cdots\cdots ㉠$$
$$\lim_{x\to 2+}f(x)=\lim_{x\to 2+}\frac{\sqrt{x-1}-b}{x-2}$$
여기서 $x\to 2+$일 때, (분모)$\to 0$이므로 (분자)$\to 0$에서
$$\lim_{x\to 2+}(\sqrt{x-1}-b)=1-b=0$$
$$b=1$$
이 값을 대입하면
$$\lim_{x\to 2+}f(x)=\lim_{x\to 2+}\frac{\sqrt{x-1}-1}{x-2}$$
$$=\lim_{x\to 2+}\frac{(\sqrt{x-1}-1)(\sqrt{x-1}+1)}{(x-2)(\sqrt{x-1}+1)}$$
$$=\lim_{x\to 2+}\frac{x-2}{(x-2)(\sqrt{x-1}+1)}$$
$$=\lim_{x\to 2+}\frac{1}{\sqrt{x-1}+1}$$
$$=\frac{1}{2} \quad \cdots\cdots ㉡$$
또, $f(2)=2-a \quad \cdots\cdots ㉢$
㉠, ㉡, ㉢의 세 값이 같아야 하므로

$$2-a=\frac{1}{2}$$
$$a=\frac{3}{2}$$
따라서 $10ab=15$

답 15

3. 함수 $y=ax+b$는 열린구간 $(-1, 1)$에서 연속이고 함수 $y=x^2-x$는 구간 $(-\infty, -1]$, $[1, \infty)$에서 연속이므로 함수 $y=f(x)$가 구간 $(-\infty, \infty)$에서 연속이려면 $x=-1$, $x=1$에서 연속이면 된다.
(ⅰ) $x=-1$에서 연속
$$\lim_{x\to -1-}f(x)=\lim_{x\to -1-}(x^2-x)=2,$$
$$\lim_{x\to -1+}f(x)=\lim_{x\to -1+}(ax+b)=-a+b, \ f(-1)=2$$
그러므로 $-a+b=2 \quad \cdots\cdots ㉠$
(ⅱ) $x=1$에서 연속
$$\lim_{x\to 1-}f(x)=\lim_{x\to 1-}(ax+b)=a+b,$$
$$\lim_{x\to 1+}f(x)=\lim_{x\to 1+}(x^2-x)=0, \ f(1)=0$$
그러므로 $a+b=0 \quad \cdots\cdots ㉡$
㉠과 ㉡에서 $a=-1$, $b=1$이므로 $a^2+b^2=2$

답 2

4. 함수 $f(x)$는 구간 $(-\infty, \infty)$에서 연속이다.
또, 함수 $y=x$는 구간 $(-\infty, 1)$에서 연속이고 함수 $y=x+1$은 구간 $[1, 2)$에서 연속이며 함수 $y=x+2$는 구간 $[2, \infty)$에서 연속이므로 함수 $g(x)$는 구간 $(-\infty, 1)$, $[1, 2)$, $[2, \infty)$에서 연속이다.
그러므로 함수 $f(x)g(x)$는 연속함수의 성질에 의해 구간 $(-\infty, 1)$, $[1, 2)$, $[2, \infty)$에서 연속이다.
함수 $f(x)g(x)$가 구간 $(-\infty, \infty)$에서 연속이려면 $x=1$, $x=2$에서 연속이면 된다.
(ⅰ) $x=1$에서 연속
$$\lim_{x\to 1-}f(x)g(x)=\lim_{x\to 1+}f(x)g(x)=f(1)g(1)$$
이어야 한다.
$$\lim_{x\to 1-}f(x)g(x)=\lim_{x\to 1-}f(x)\times\lim_{x\to 1-}g(x)$$
$$=(1+a+b)\times 1=a+b+1$$
$$\lim_{x\to 1+}f(x)g(x)=\lim_{x\to 1+}f(x)\times\lim_{x\to 1+}g(x)$$
$$=(1+a+b)\times 2=2(a+b+1)$$

$f(1)g(1)=(1+a+b)\times2=2(a+b+1)$

세 값이 같아야 하므로

$a+b+1=2(a+b+1)$

$a+b=-1$ ...... ㉠

(ii) $x=2$에서 연속

$\lim_{x\to2-}f(x)g(x)=\lim_{x\to2+}f(x)g(x)=f(2)g(2)$

이어야 한다.

$\lim_{x\to2-}f(x)g(x)=\lim_{x\to2-}f(x)\times\lim_{x\to2-}g(x)$

$=(4+2a+b)\times3=3(2a+b+4)$

$\lim_{x\to2+}f(x)g(x)=\lim_{x\to2+}f(x)\times\lim_{x\to2+}g(x)$

$=(4+2a+b)\times4=4(2a+b+4)$

$f(2)g(2)=(4+2a+b)\times4=4(2a+b+4)$

세 값이 같아야 하므로

$3(2a+b+4)=4(2a+b+4)$

$2a+b=-4$ ...... ㉡

㉠과 ㉡을 연립하여 풀면

$a=-3,\ b=2$

따라서 $f(x)=x^2-3x+2$이므로

$f(3)=9-9+2=2$

답 2

5. 함수 $y=\dfrac{x^2+3x+a}{x-1}$는 구간 $(-\infty,\ 1)$에서 연속이고

함수 $y=b$는 구간 $[1,\ \infty)$에서 연속이다.

그러므로 $y=f(x)$가 $(-\infty,\ \infty)$에서 연속이려면 $x=1$에서 연속이면 된다.

이때

$\lim_{x\to1-}f(x)=\lim_{x\to1-}\dfrac{x^2+3x+a}{x-1}$

$x\to1-$일 때, (분모)$\to0$이므로 (분자)$\to0$에서

$\lim_{x\to1-}(x^2+3x+a)=4+a=0$

$a=-4$

이 값을 대입하면

$\lim_{x\to1-}f(x)=\lim_{x\to1-}\dfrac{x^2+3x-4}{x-1}$

$=\lim_{x\to1-}\dfrac{(x-1)(x+4)}{x-1}$

$=\lim_{x\to1-}(x+4)$

$=5$

또,

$\lim_{x\to1+}f(x)=\lim_{x\to1+}b=b$

$f(1)=b$

세 값이 같아야 하므로

$b=5$

따라서 $a+b=(-4)+5=1$

답 1

6. $f(0)=1$, $f(0)\times f(1)<0$, $f(1)\times f(2)>0$,

$f(2)\times f(3)<0$에서

$f(0)>0,\ f(1)<0,\ f(2)<0,\ f(3)>0$

이때 닫힌구간 $[0,\ 3]$에서 함수 $f(x)$가 연속이므로 사잇값의 정리에 의해 방정식 $f(x)=0$은 구간 $(0,\ 1)$, $(2,\ 3)$에서 각각 적어도 하나의 실근을 갖는다.

그러므로 방정식 $f(x)=0$은 열린구간 $(0,\ 3)$에서 적어도 2개의 실근을 갖는다.

따라서 $n=2$

답 2

01 ①	02 ④	03 ②	04 ③	05 ④
06 ②	07 ①	08 ③	09 ④	10 ②
11 ③	12 ②	13 ③	14 32	15 ①
16 2	17 2	18 3		

01 $x=2$에서 연속이므로

$\lim_{x\to2-}f(x)=\lim_{x\to2+}f(x)=f(2)$

이어야 한다.

이때

$\lim_{x\to2-}f(x)=\lim_{x\to2-}(x^3+ax)=8+2a$

$\lim_{x\to2+}f(x)=\lim_{x\to2+}(x+a)=2+a$

$f(2)=8+2a$

세 값이 같아야 하므로

$8+2a=a+2$

$a=-6$

답 ①

02 $x=a$에서 연속이므로
$$\lim_{x \to a-} f(x) = \lim_{x \to a+} f(x) = f(a)$$
이어야 한다.
이때
$$\lim_{x \to a-} f(x) = \lim_{x \to a-} (x+2) = a+2$$
$$\lim_{x \to a+} f(x) = \lim_{x \to a+} x^2 = a^2$$
$$f(a) = a^2$$
세 값이 같아야 하므로
$$a^2 = a+2$$
$$a^2 - a - 2 = 0$$
따라서 모든 상수 a의 값의 합은 근과 계수의 관계에서 1이다.
답 ④

03 $x=a$에서 연속이므로
$$\lim_{x \to a-} f(x) = \lim_{x \to a+} f(x) = f(a)$$
이어야 한다.
이때
$$\lim_{x \to a-} f(x) = \lim_{x \to a-} x^2 = a^2$$
$$\lim_{x \to a+} f(x) = \lim_{x \to a+} (2x+k) = 2a+k$$
$$f(a) = 2a+k$$
세 값이 같아야 하므로
$$a^2 = 2a+k$$
$$a^2 - 2a - k = 0$$
이 방정식을 만족시키는 실수 a가 한 개이므로 이 방정식의 판별식을 D라 하면
$$\frac{D}{4} = 1+k = 0$$
$$k = -1$$
답 ②

04 함수 $f(x)$가 $x=1$에서 연속이므로
$$\lim_{x \to 1} f(x) = f(1)$$
한편, $x \neq 1$일 때, $(x-1)f(x) = x^2+x-2$에서
$$f(x) = \frac{x^2+x-2}{x-1}$$
이므로
$$f(1) = \lim_{x \to 1} \frac{x^2+x-2}{x-1}$$

$$= \lim_{x \to 1} \frac{(x-1)(x+2)}{x-1}$$
$$= \lim_{x \to 1} (x+2)$$
$$= 1+2$$
$$= 3$$
답 ③

05 함수 $f(x)$가 $x=-1$에서 연속이므로
$$\lim_{x \to -1-} f(x) = \lim_{x \to -1+} f(x) = f(-1)$$
이때
$$\lim_{x \to -1-} f(x) = \lim_{x \to -1-} \frac{x^2+3x+a}{x+1}$$
여기서 $x \to -1-$일 때, (분모)$\to 0$이므로 (분자)$\to 0$에서
$$\lim_{x \to -1-} (x^2+3x+a) = 1+(-3)+a = a-2 = 0$$
$$a = 2$$
이 값을 대입하면
$$\lim_{x \to -1-} f(x) = \lim_{x \to -1-} \frac{x^2+3x+2}{x+1}$$
$$= \lim_{x \to -1-} \frac{(x+1)(x+2)}{x+1}$$
$$= \lim_{x \to -1-} (x+2)$$
$$= (-1)+2$$
$$= 1$$
또,
$$\lim_{x \to -1+} f(x) = \lim_{x \to -1+} (x+b)$$
$$= (-1)+b$$
$$= b-1$$
$$f(-1) = b-1$$
세 값이 같아야 하므로
$$b-1 = 1$$
$$b = 2$$
따라서
$$a+b = 2+2 = 4$$
답 ④

06 함수 $f(x)$가 $x=a$에서 연속이므로
$$\lim_{x \to a} f(x) = f(a)$$
이때

$\lim\limits_{x \to a} f(x) = \lim\limits_{x \to a} \dfrac{\sqrt{x+2}-2}{x-a}$

$x \to a$일 때, (분모)$\to 0$이므로 (분자)$\to 0$에서

$\lim\limits_{x \to a}(\sqrt{x+2}-2) = \sqrt{a+2}-2 = 0$

$\sqrt{a+2} = 2$

$a+2 = 4$

$a = 2$

이 값을 대입하면

$\lim\limits_{x \to a} f(x) = \lim\limits_{x \to 2} \dfrac{\sqrt{x+2}-2}{x-2}$

$\qquad = \lim\limits_{x \to 2} \dfrac{(\sqrt{x+2}-2)(\sqrt{x+2}+2)}{(x-2)(\sqrt{x+2}+2)}$

$\qquad = \lim\limits_{x \to 2} \dfrac{x-2}{(x-2)(\sqrt{x+2}+2)}$

$\qquad = \lim\limits_{x \to 2} \dfrac{1}{\sqrt{x+2}+2}$

$\qquad = \dfrac{1}{2+2}$

$\qquad = \dfrac{1}{4}$

또,

$f(2) = b$

따라서 $a=2$, $b=\dfrac{1}{4}$이므로

$ab = \dfrac{1}{2}$

답 ②

07 두 다항함수 $f(x)$, $g(x)$는 구간 $(-\infty, \infty)$에서 연속이므로

$\lim\limits_{x \to 1} f(x) = f(1)$, $\lim\limits_{x \to 1} g(x) = g(1)$

그러므로 $\lim\limits_{x \to 1}\{f(x)+g(x)\}=1$, $\lim\limits_{x \to 1}\{f(x)-g(x)\}=3$에서

$f(1)+g(1) = 1$

$f(1)-g(1) = 3$

두 식을 연립하여 풀면

$f(1)=2$, $g(1)=-1$

이므로

$f(1)g(1) = -2$

답 ①

08 다항함수 $f(x)$는 구간 $(-\infty, \infty)$에서 연속이므로 $x=1$에서도 연속이다.

즉, $\lim\limits_{x \to 1} f(x) = f(1)$이다.

그러므로 주어진 식은

$\lim\limits_{x \to 1} \dfrac{f(x)(x^2-1)}{x-1}$

$= \lim\limits_{x \to 1} f(x) \times \lim\limits_{x \to 1} \dfrac{x^2-1}{x-1}$

$= f(1) \times \lim\limits_{x \to 1}(x+1)$

$= 2f(1) = 12$

따라서 $f(1) = 6$

답 ③

09 함수 $y=2x-a$는 구간 $(-\infty, a)$에서 연속이고 함수 $y=x^3$은 구간 $[a, \infty)$에서 연속이다.

그러므로 함수 $f(x)$는 구간 $(-\infty, a)$, $[a, \infty)$에서 연속이다.

함수 $f(x)$가 구간 $(-\infty, \infty)$에서 연속이려면 함수 $f(x)$는 $x=a$에서 연속이면 된다.

즉,

$\lim\limits_{x \to a-} f(x) = \lim\limits_{x \to a+} f(x) = f(a)$

이어야 한다.

$\lim\limits_{x \to a-} f(x) = \lim\limits_{x \to a-}(2x-a) = a$

$\lim\limits_{x \to a+} f(x) = \lim\limits_{x \to a+} x^3 = a^3$

$f(a) = a^3$

세 값이 같아야 하므로

$a^3 = a$

$a(a+1)(a-1) = 0$

$a=-1$ 또는 $a=0$ 또는 $a=1$

따라서 a의 최댓값은 1이다.

답 ④

10 함수 $f(x)$는 다항함수이므로 구간 $(-\infty, \infty)$에서 연속이다.

함수 $y=x$는 구간 $(-\infty, 1]$에서 연속이고 함수 $y=x^2+1$은 구간 $(1, \infty)$에서 연속이므로 함수 $g(x)$는 구간 $(-\infty, 1]$, $(1, \infty)$에서 연속이다.

그러므로 함수 $f(x)g(x)$는 구간 $(-\infty, 1]$, $(1, \infty)$에서 연속이다.

함수 $f(x)g(x)$가 구간 $(-\infty, \infty)$에서 연속이려면 $x=1$에서 연속이어야 한다.

$$\lim_{x\to1-}f(x)g(x)=\lim_{x\to1-}f(x)\times\lim_{x\to1-}g(x)$$
$$=(-2+a)\times1=-2+a$$
$$\lim_{x\to1+}f(x)g(x)=\lim_{x\to1+}f(x)\times\lim_{x\to1+}g(x)$$
$$=(-2+a)\times2=2(-2+a)$$
$$f(1)g(1)=(-2+a)\times1=-2+a$$
세 값이 같아야 하므로
$$-2+a=2(-2+a)$$
$$a=2$$

답 ②

11 두 함수 $f(x)$, $g(x)$는 구간 $(-\infty, 0)$, $[0, \infty)$에서 연속이므로 함수 $f(x)g(x)$는 이 구간에서 연속이다.
그러므로 함수 $f(x)g(x)$가 구간 $(-\infty, \infty)$에서 연속이려면 함수 $f(x)g(x)$는 $x=0$에서 연속이어야 한다.
$$\lim_{x\to0-}f(x)g(x)=\lim_{x\to0-}f(x)\times\lim_{x\to0-}g(x)=1\times3=3$$
$$\lim_{x\to0+}f(x)g(x)=\lim_{x\to0+}f(x)\times\lim_{x\to0+}g(x)=2\times a=2a$$
$$f(0)g(0)=2\times a=2a$$
세 값이 같아야 하므로
$$2a=3$$
$$a=\frac{3}{2}$$

답 ③

12 함수 $f(x)$는 구간 $(-\infty, 1)$, $[1, \infty)$에서 연속이고 함수 $g(x)$는 구간 $(-\infty, 2)$, $[2, \infty)$에서 연속이므로 함수 $f(x)g(x)$는 구간 $(-\infty, 1)$, $[1, 2)$, $[2, \infty)$에서 연속이다.
그러므로 $x=1$, $x=2$에서 함수 $f(x)g(x)$가 연속이면 이 함수는 구간 $(-\infty, \infty)$에서 연속이다.
(i) $x=1$에서 연속
$$\lim_{x\to1-}f(x)g(x)=\lim_{x\to1-}f(x)\times\lim_{x\to1-}g(x)$$
$$=1\times(2-2b)=2-2b$$
$$\lim_{x\to1+}f(x)g(x)=\lim_{x\to1+}f(x)\times\lim_{x\to1+}g(x)$$
$$=(-1)\times(2-2b)=-(2-2b)$$
$$f(1)g(1)=(-1)\times(2-2b)=-(2-2b)$$
세 값이 같아야 하므로
$$2-2b=-(2-2b)$$
$$b=1$$

(ii) $x=2$에서 연속
$$g(x)=\begin{cases}x-1 & (x<2) \\ x^2-x & (x\geq2)\end{cases}$$ 이므로
$$\lim_{x\to2-}f(x)g(x)=\lim_{x\to2-}f(x)\times\lim_{x\to2-}g(x)$$
$$=(a-1)\times1=a-1$$
$$\lim_{x\to2+}f(x)g(x)=\lim_{x\to2+}f(x)\times\lim_{x\to2+}g(x)$$
$$=(a-1)\times2=2(a-1)$$
$$f(2)g(2)=(a-1)\times2=2(a-1)$$
세 값이 같아야 하므로
$$a-1=2(a-1)$$
$$a=1$$
따라서 $a+b=1+1=2$

답 ②

13 함수 $y=x+a$는 구간 $(-\infty, 1]$에서 연속이고 함수 $y=\dfrac{\sqrt{x+3}-b}{x-1}$는 구간 $(1, \infty)$에서 연속이다.
그러므로 함수 $f(x)$가 구간 $(-\infty, \infty)$에서 연속이려면 $x=1$에서 연속이어야 한다.
이때
$$\lim_{x\to1-}f(x)=\lim_{x\to1-}(x+a)=a+1$$
$$\lim_{x\to1+}f(x)=\lim_{x\to1+}\frac{\sqrt{x+3}-b}{x-1}$$
여기서 $x\to1+$일 때, (분모)$\to0$이므로 (분자)$\to0$에서
$$\lim_{x\to1+}(\sqrt{x+3}-b)=2-b=0$$
$$b=2$$
이 값을 대입하면
$$\lim_{x\to1+}f(x)=\lim_{x\to1+}\frac{\sqrt{x+3}-2}{x-1}$$
$$=\lim_{x\to1+}\frac{(\sqrt{x+3}-2)(\sqrt{x+3}+2)}{(x-1)(\sqrt{x+3}+2)}$$
$$=\lim_{x\to1+}\frac{x-1}{(x-1)(\sqrt{x+3}+2)}$$
$$=\lim_{x\to1+}\frac{1}{\sqrt{x+3}+2}$$
$$=\frac{1}{4}$$
$$f(1)=1+a$$
세 값이 같아야 하므로

$a+1=\dfrac{1}{4}$, $a=-\dfrac{3}{4}$

따라서

$a+b=\left(-\dfrac{3}{4}\right)+2=\dfrac{5}{4}$

답 ③

14 함수 $y=\dfrac{x^2+(1-a)x+b}{x-a}$는 구간 $(-\infty,\ a)$에서 연속이고 함수 $y=2x-3$은 구간 $[a,\ \infty)$에서 연속이므로 함수 $f(x)$는 구간 $(-\infty,\ a)$, $[a,\ \infty)$에서 연속이다.

그러므로 함수 $f(x)$가 구간 $(-\infty,\ \infty)$에서 연속이려면 $x=a$에서 연속이어야 한다.

$\displaystyle\lim_{x\to a-}f(x)=\lim_{x\to a-}\dfrac{x^2+(1-a)x+b}{x-a}$

여기서 $x\to a-$일 때, (분모)$\to0$이므로 (분자)$\to0$에서

$\displaystyle\lim_{x\to a-}\{x^2+(1-a)x+b\}=a+b=0$

$b=-a$

이 값을 대입하면

$\displaystyle\lim_{x\to a-}f(x)=\lim_{x\to a-}\dfrac{x^2+(1-a)x-a}{x-a}$

$\qquad\qquad\quad=\displaystyle\lim_{x\to a-}\dfrac{(x-a)(x+1)}{x-a}$

$\qquad\qquad\quad=\displaystyle\lim_{x\to a-}(x+1)=a+1$

$\displaystyle\lim_{x\to a+}f(x)=\lim_{x\to a+}(2x-3)=2a-3$

$f(a)=2a-3$

세 값이 같아야 하므로

$a+1=2a-3$

$a=4$

따라서 $a=4$, $b=-4$이므로

$a^2+b^2=32$

답 32

15 함수 $f(x)$는 구간 $(-\infty,\ \infty)$에서 연속이고 함수 $g(x)$는 구간 $(-\infty,\ 1)$, $[1,\ \infty)$에서 연속이며 이 구간에서 $g(x)\neq0$이므로 함수 $\dfrac{f(x)}{g(x)}$는 구간 $(-\infty,\ 1)$, $[1,\ \infty)$에서 연속이다.

그러므로 함수 $\dfrac{f(x)}{g(x)}$가 구간 $(-\infty,\ \infty)$에서 연속이려면 $x=1$에서 연속이어야 한다.

$\displaystyle\lim_{x\to1-}\dfrac{f(x)}{g(x)}=\lim_{x\to1-}\dfrac{x^2+ax+b}{-x+1}$

여기서 $x\to1-$일 때, (분모)$\to0$이므로 (분자)$\to0$에서

$\displaystyle\lim_{x\to1-}(x^2+ax+b)=1+a+b=0$

$b=-a-1$

이 값을 대입하면

$\displaystyle\lim_{x\to1-}\dfrac{f(x)}{g(x)}=\lim_{x\to1-}\dfrac{x^2+ax-(a+1)}{-x+1}$

$\qquad\qquad\quad=\displaystyle\lim_{x\to1-}\dfrac{(x-1)(x+a+1)}{-(x-1)}$

$\qquad\qquad\quad=-\displaystyle\lim_{x\to1-}(x+a+1)$

$\qquad\qquad\quad=-(a+2)$

$\displaystyle\lim_{x\to1+}\dfrac{f(x)}{g(x)}=\lim_{x\to1+}\dfrac{x^2+ax-(a+1)}{2}=0$

$\dfrac{f(1)}{g(1)}=\dfrac{0}{2}=0$

세 값이 같아야 하므로

$-(a+2)=0$

$a=-2$

따라서 $a=-2$, $b=1$이므로

$ab=-2$

답 ①

16 $f(1)<0$, $f(1)f(2)<0$, $\dfrac{f(2)}{f(3)}>0$, $f(4)<f(1)$이므로

$f(1)<0$, $f(2)>0$, $f(3)>0$, $f(4)<0$

이때 함수 $f(x)$가 닫힌구간 $[1,\ 4]$에서 연속이므로 사잇값의 정리에 의해 방정식 $f(x)=0$은 구간 $(1,\ 2)$, $(3,\ 4)$에서 각각 적어도 하나의 실근을 갖는다.

그러므로 방정식 $f(x)=0$은 구간 $(1,\ 4)$에서 적어도 2개의 실근을 갖는다.

따라서 $n=2$

답 2

17 $g(x)=f(x)-x$로 놓으면 두 함수 $f(x)$, $y=x$는 닫힌구간 $[1,\ 4]$에서 연속이므로 $g(x)$도 닫힌구간 $[1,\ 4]$에서 연속이다.

이때

$g(1)=f(1)-1=2-1=1>0$

$g(2)=f(2)-2=1-2=-1<0$

$g(3)=f(3)-3=2-3=-1<0$

$g(4)=f(4)-4=5-4=1>0$

이므로 사잇값의 정리에 의해 방정식 $g(x)=0$은 구간 $(1,\ 2)$, $(3,\ 4)$에서 각각 적어도 하나의 실근을 갖는다.

그러므로 방정식 $g(x)=0$은 구간 $(1, 4)$에서 적어도 2개의 실근을 갖는다.

따라서 $n=2$

답 2

18 두 함수 $f(x)$, $g(x)$가 구간 $[0, 3]$에서 연속이므로 함수 $f(x)g(x)$도 닫힌구간 $[0, 3]$에서 연속이다.

한편, 조건 (가)에서

$f(0)>0$, $f(0)f(1)<0$, $f(1)f(2)>0$, $f(2)f(3)>0$이므로

$f(0)>0$, $f(1)<0$, $f(2)<0$, $f(3)<0$ ····· ㉠

또, 조건 (나)에서

$g(0)>0$, $g(1)<0$, $g(2)>0$, $g(3)<0$ ····· ㉡

이때 ㉠에서 함수 $f(x)$가 연속이고 $f(0)>0$, $f(1)<0$이므로 사잇값 정리에 의해 열린구간 $(0, 1)$에서 적당한 c가 존재하여 $f(c)=0$이다.

또, ㉡에서 함수 $g(x)$가 연속이고 $g(0)>0$, $g(1)<0$이므로 사잇값 정리에 의해 열린구간 $(0, 1)$에서 적당한 d가 존재하여 $g(d)=0$이다.

이때 $c=d$일 수 있으므로 방정식 $f(x)g(x)=0$은 적어도 1개의 실근을 갖는다.

또, 두 함수 $f(x)$, $g(x)$가 닫힌구간 $[0, 3]$에서 연속이므로 함수 $f(x)g(x)$도 닫힌구간 $[0, 3]$에서 연속이다. 이때 ㉠과 ㉡에서

$f(0)g(0)>0$, $f(1)g(1)>0$, $f(2)g(2)<0$, $f(3)g(3)>0$

이므로 사잇값의 정리에 의해 방정식 $f(x)g(x)=0$은 구간 $(1, 2)$, $(2, 3)$에서 각각 적어도 1개의 실근을 갖는다.

그러므로 방정식 $f(x)g(x)=0$은 구간 $(0, 3)$에서 적어도 3개의 실근을 갖는다.

따라서 $n=3$

답 3

서술형 연습장

본문 24쪽

01 $\dfrac{1}{24}$ **02** 1 **03** 2

01 함수 $f(x)$가 $x=1$에서 연속이므로

$f(1)=\lim\limits_{x \to 1}f(x)$ ····· ❶

$x \neq 1$일 때,

$f(x)=\dfrac{\sqrt{x+15}+a}{x^3-1}$

이므로

$\lim\limits_{x \to 1}f(x)=\lim\limits_{x \to 1}\dfrac{\sqrt{x+15}+a}{x^3-1}$

여기서 $x \to 1$일 때, (분모)$\to 0$이므로 (분자)$\to 0$에서

$\lim\limits_{x \to 1}(\sqrt{x+15}+a)=0$

$4+a=0$

$a=-4$ ····· ❷

그러므로

$f(1)=\lim\limits_{x \to 1}\dfrac{\sqrt{x+15}-4}{x^3-1}$

$=\lim\limits_{x \to 1}\dfrac{(\sqrt{x+15}-4)(\sqrt{x+15}+4)}{(x-1)(x^2+x+1)(\sqrt{x+15}+4)}$

$=\lim\limits_{x \to 1}\dfrac{x-1}{(x-1)(x^2+x+1)(\sqrt{x+15}+4)}$

$=\lim\limits_{x \to 1}\dfrac{1}{(x^2+x+1)(\sqrt{x+15}+4)}$

$=\dfrac{1}{3 \times 8}$

$=\dfrac{1}{24}$ ····· ❸

답 $\dfrac{1}{24}$

단계	채점 기준	비율
❶	$x=1$에서 연속인 조건을 구한 경우	30 %
❷	상수 a의 값을 구한 경우	30 %
❸	$f(1)$의 값을 구한 경우	40 %

02 함수 $f(x)$가 $x \neq 0$인 실수 전체의 집합에서 연속이고, 함수 $g(x)$가 구간 $(-\infty, \infty)$에서 연속이므로 함수 $y=f(x)+g(x)$는 $x \neq 0$인 실수 전체의 집합에서 연속이다.

····· ❶

그러므로 함수 $y=f(x)+g(x)$가 $x=0$에서 연속이면 실수 전체의 집합에서 연속이다.

····· ❷

$\lim\limits_{x \to 0-}\{f(x)+g(x)\}=\lim\limits_{x \to 0-}f(x)+\lim\limits_{x \to 0-}g(x)=1+2=3$

$\lim\limits_{x \to 0+}\{f(x)+g(x)\}=\lim\limits_{x \to 0+}f(x)+\lim\limits_{x \to 0+}g(x)=a+2$

$f(0)+g(0)=a+2$

세 값이 같아야 하므로

$a+2=3$

$a=1$ ····· ❸

답 1

단계	채점 기준	비율
❶	연속인 구간을 구한 경우	30 %
❷	실수 전체의 집합에서 연속인 조건을 언급한 경우	20 %
❸	상수 a의 값을 구한 경우	50 %

03 $f(x)=(x-a)(x-b)+(x-b)(x-c)+(x-c)(x-a)$
라 하면 함수 $f(x)$는 구간 $(-\infty, \infty)$에서 연속이다. …… ❶
한편,
$f(a)=(a-b)(a-c)>0$
$f(b)=(b-c)(b-a)<0$
$f(c)=(c-a)(c-b)>0$
이므로 사잇값의 정리에 의해 방정식 $f(x)=0$은 구간 (a, b),
(b, c)에서 각각 적어도 하나의 실근을 갖는다.
그러므로 방정식 $f(x)=0$은 구간 (a, c), 즉 $(-\infty, \infty)$에서
적어도 두 개의 실근을 갖는다. …… ❷
한편, 이차방정식 $f(x)=0$의 실근의 개수의 최댓값은 2이다.
따라서 이차방정식 $f(x)=0$의 서로 다른 실근의 개수는 2이다.
…………………………………………………………… ❸

답 2

단계	채점 기준	비율
❶	$(-\infty, \infty)$에서의 연속성을 조사한 경우	30 %
❷	사잇값의 정리를 이용한 경우	50 %
❸	이차방정식의 서로 다른 실근의 개수를 구한 경우	20 %

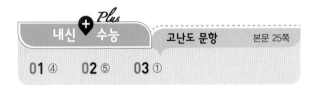

고난도 문항 본문 25쪽

01 ④ **02** ⑤ **03** ①

01 함수 $y=f(x-k)$의 그래프는 함수 $y=f(x)$의 그래프를
x축의 방향으로 k만큼 평행이동한 것이다.
한편, 함수 $y=f(x)$는 $x=0$에서 불연속이므로 함수
$y=f(x-k)$는 $x=k$에서 불연속이다.
그러므로 함수 $f(x)f(x-k)$가 $x=k$에서 연속이려면 $x=k$에
서 함수 $y=f(x)$의 그래프는 x축과 만나야 한다.
따라서 구하는 k의 값은 -1 또는 2이므로 모든 상수 k의 값의
합은 1이다.

답 ④

다른풀이
함수 $f(x)f(x-k)$가 $x=k$에서 연속이려면
$$\lim_{x \to k-} f(x)f(x-k) = \lim_{x \to k+} f(x)f(x-k) = f(k)f(0)$$
이어야 한다.
이때
$$\lim_{x \to k-} f(x)f(x-k) = \lim_{x \to k-} f(x) \times \lim_{x \to k-} f(x-k)$$
$$= \lim_{x \to k-} f(x) \times \lim_{t \to 0-} f(t)$$
$$= \lim_{x \to k-} f(x) \times 1$$
$$= \lim_{x \to k-} f(x)$$
$$\lim_{x \to k+} f(x)f(x-k) = \lim_{x \to k+} f(x) \times \lim_{x \to k+} f(x-k)$$
$$= \lim_{x \to k+} f(x) \times \lim_{t \to 0+} f(t)$$
$$= \lim_{x \to k+} f(x) \times 0 = 0$$
또, $x=k$에서의 함숫값은
$f(k)f(0)=f(k) \times 0 = 0$
세 값이 같아야 하므로
$$\lim_{x \to k-} f(x) = 0$$
따라서 k의 값은 -1, 2이므로 그 합은 1이다.

02 원 $x^2+y^2=2$에 접하고 기울기가 1인 접선의 방정식은
$y=x \pm \sqrt{2}\sqrt{1^2+1}$
$\quad = x \pm 2$
그러므로
$$f(k)=\begin{cases} 0 \ (k<-2) \\ 1 \ (k=-2) \\ 2 \ (-2<k<2) \\ 1 \ (k=2) \\ 0 \ (k>2) \end{cases}$$
이고 함수 $y=f(k)$의 그래프는 그림과 같다.

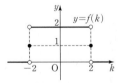

ㄱ. $\lim_{k \to 2-} f(k) = \lim_{k \to 2-} 2 = 2$ (참)

ㄴ. $\lim_{k \to a} f(k) \neq f(a)$를 만족시키는 a는 함수 $y=f(k)$가 $k=a$
에서 불연속인 것을 의미한다.

이때 불연속인 점의 k좌표는 -2, 2이므로 a의 개수는 2이다. (참)

ㄷ. $\displaystyle\lim_{k\to-2-}(k+2)f(k)=\lim_{k\to-2-}(k+2)\times\lim_{k\to-2-}f(k)$
$\qquad\qquad\qquad\quad=0\times0=0$

$\displaystyle\lim_{k\to-2+}(k+2)f(k)=\lim_{k\to-2+}(k+2)\times\lim_{k\to-2+}f(k)$
$\qquad\qquad\qquad\quad=0\times2=0$

$\{(-2)+2\}\times f(-2)=0\times1=0$

그러므로 함수 $(k+2)f(k)$는 $k=-2$에서 연속이다. (참)

이상에서 옳은 것은 ㄱ, ㄴ, ㄷ이다.

답 ⑤

03 조건 (나)에서 함수 $f(x)$는 구간 $[-1, 0)$, $[0, 1)$에서 연속이므로 함수 $f(x)$가 구간 $[-1, 1)$에서 연속이기 위해서는 $x=0$에서 연속이어야 한다.

$\displaystyle\lim_{x\to0-}f(x)=\lim_{x\to0-}(x+a)=a$

$\displaystyle\lim_{x\to0+}f(x)=\lim_{x\to0+}(ax^2+b)=b$

$f(0)=b$

세 값이 같아야 하므로

$b=a$

또, 조건 (가)에서 $f(x)=f(x+2)$이고 함수 $f(x)$가 $(-\infty, \infty)$에서 연속이어야 하므로 $x=1$에서 연속이어야 한다.

$\displaystyle\lim_{x\to1-}f(x)=\lim_{x\to1-}(ax^2+b)=a+b$

$\displaystyle\lim_{x\to1+}f(x)=\lim_{x\to1+}\{(x-2)+a\}=-1+a$

$f(1)=-1+a$

세 값이 같아야 하므로

$a+b=-1+a$

$b=-1$

따라서 $a=-1$, $b=-1$이므로

$a+b=-2$

답 ①

대단원 종합 문제

본문 26~29쪽

01 ②	**02** ④	**03** ①	**04** ③	**05** ③
06 ①	**07** ②	**08** ⑤	**09** ③	**10** ③
11 ②	**12** ⑤	**13** ③	**14** ②	**15** ③
16 6	**17** 8	**18** ①	**19** ②	**20** ②
21 3	**22** 2	**23** 5		

01 $\displaystyle\lim_{x\to1}\frac{2x^2}{x+3}$

$=\dfrac{\displaystyle\lim_{x\to1}2x^2}{\displaystyle\lim_{x\to1}(x+3)}$

$=\dfrac{2\displaystyle\lim_{x\to1}x\times\lim_{x\to1}x}{\displaystyle\lim_{x\to1}x+\lim_{x\to1}3}$

$=\dfrac{2\times1\times1}{1+3}$

$=\dfrac{1}{2}$

답 ②

02 $\displaystyle\lim_{x\to\infty}\frac{(2x+3)^2}{(x+1)\sqrt{x^2+x}}$

$=\displaystyle\lim_{x\to\infty}\frac{\left(2+\dfrac{3}{x}\right)^2}{\left(1+\dfrac{1}{x}\right)\sqrt{1+\dfrac{1}{x}}}$

$=\dfrac{2^2}{1\times1}$

$=4$

답 ④

03 $\displaystyle\lim_{x\to1-}\frac{x^2-1}{|x-1|}$

$=\displaystyle\lim_{x\to1-}\frac{(x-1)(x+1)}{-(x-1)}$

$=-\lim_{x\to1-}(x+1)$

$=-(1+1)$

$=-2$

답 ①

04 주어진 식은 $x\to2$일 때, (분모)$\to0$이므로 (분자)$\to0$에서

$\displaystyle\lim_{x\to2}(x^4-3x^2+a)=0$

$4+a=0$

$a=-4$

이 값을 대입하면

$\displaystyle\lim_{x\to2}\frac{x^4-3x^2-4}{x^2-3x+2}$

$=\displaystyle\lim_{x\to2}\frac{(x^2-4)(x^2+1)}{(x-1)(x-2)}$

$$= \lim_{x \to 2} \frac{(x-2)(x+2)(x^2+1)}{(x-1)(x-2)}$$

$$= \lim_{x \to 2} \frac{(x+2)(x^2+1)}{x-1}$$

$$= \frac{(2+2) \times (4+1)}{2-1}$$

$$= 20 = b$$

따라서

$$a+b = (-4) + 20 = 16$$

답 ③

05 함수 $f(x)$가 $x=1$에서 연속이려면

$$\lim_{x \to 1-} f(x) = \lim_{x \to 1+} f(x) = f(1)$$

이어야 한다.

$$\lim_{x \to 1-} f(x) = \lim_{x \to 1-} (x^2 + ax) = a+1$$

$$\lim_{x \to 1+} f(x) = \lim_{x \to 1+} (x+1)^3 = (1+1)^3 = 8$$

$$f(1) = 8$$

세 값이 같아야 하므로

$$a+1 = 8$$

$$a = 7$$

답 ③

06 함수 $f(x)$가 $x=4$에서 연속이므로

$$f(4) = \lim_{x \to 4} f(x)$$

$$= \lim_{x \to 4} \frac{\sqrt{x}-2}{x^2 - 3x - 4}$$

$$= \lim_{x \to 4} \frac{(\sqrt{x}-2)(\sqrt{x}+2)}{(x^2 - 3x - 4)(\sqrt{x}+2)}$$

$$= \lim_{x \to 4} \frac{x-4}{(x-4)(x+1)(\sqrt{x}+2)}$$

$$= \lim_{x \to 4} \frac{1}{(x+1)(\sqrt{x}+2)}$$

$$= \frac{1}{(4+1) \times (2+2)}$$

$$= \frac{1}{20}$$

답 ①

07 다항함수 $f(x)$는 실수 전체의 집합에서 연속이므로

$$\lim_{x \to 1} f(x) = f(1)$$

그러므로

$$\frac{\lim_{x \to 1} f(x)}{\lim_{x \to 1} f(x) - 3} = 2$$

$$\frac{f(1)}{f(1) - 3} = 2$$

$$f(1) = 2f(1) - 6$$

$$f(1) = 6$$

답 ②

08 $\lim_{x \to 0-} f(x) = 2$이므로

$$\lim_{x \to 0-} \{f(x)\}^2 = 2 \times 2 = 4$$

또, $\lim_{x \to 1+} f(x) = 0$이므로

$$\lim_{x \to 1+} \sqrt{f(x)+1} = 1$$

따라서

$$\lim_{x \to 0-} \{f(x)\}^2 + \lim_{x \to 1+} \sqrt{f(x)+1} = 4+1 = 5$$

답 ⑤

09 ㄱ. $\lim_{x \to 1-} \{f(x)+g(x)\} = \lim_{x \to 1-} f(x) + \lim_{x \to 1-} g(x)$

$$= (-1) + 1 = 0$$

$\lim_{x \to 1+} \{f(x)+g(x)\} = \lim_{x \to 1+} f(x) + \lim_{x \to 1+} g(x)$

$$= 1 + (-1) = 0$$

그러므로 함수 $f(x)+g(x)$는 $x=1$에서 극한값 0을 갖는다.

ㄴ. $\lim_{x \to 1-} \{f(x)-g(x)\} = \lim_{x \to 1-} f(x) - \lim_{x \to 1-} g(x)$

$$= (-1) - 1 = -2$$

$\lim_{x \to 1+} \{f(x)-g(x)\} = \lim_{x \to 1+} f(x) - \lim_{x \to 1+} g(x)$

$$= 1 - (-1) = 2$$

그러므로 함수 $f(x)-g(x)$는 $x=1$에서 극한값을 갖지 않는다.

ㄷ. $\lim_{x \to 1-} f(x)g(x) = \lim_{x \to 1-} f(x) \times \lim_{x \to 1-} g(x)$

$$= (-1) \times 1 = -1$$

$\lim_{x \to 1+} f(x)g(x) = \lim_{x \to 1+} f(x) \times \lim_{x \to 1+} g(x)$

$$= 1 \times (-1) = -1$$

그러므로 함수 $f(x)g(x)$는 $x=1$에서 극한값 -1을 갖는다.

이상에서 극한값이 존재하는 것은 ㄱ, ㄷ이다.

답 ③

10 $f(x)+g(x)=h(x)$, $f(x)g(x)=i(x)$라 하면

$\lim\limits_{x\to 1} h(x)=3$, $\lim\limits_{x\to 1} i(x)=1$

따라서

$\lim\limits_{x\to 1}[\{f(x)\}^2+\{g(x)\}^2]$

$=\lim\limits_{x\to 1}[\{h(x)\}^2-2i(x)]$

$=\lim\limits_{x\to 1}h(x)\times\lim\limits_{x\to 1}h(x)-2\lim\limits_{x\to 1}i(x)$

$=3\times3-2\times1$

$=7$

답 ③

11 $|f(x)-2x|<3$에서

$-3<f(x)-2x<3$

$2x-3<f(x)<2x+3$

이므로 $x>0$일 때

$2-\dfrac{3}{x}<\dfrac{f(x)}{x}<2+\dfrac{3}{x}$

이때

$\lim\limits_{x\to\infty}\left(2-\dfrac{3}{x}\right)=2$

$\lim\limits_{x\to\infty}\left(2+\dfrac{3}{x}\right)=2$

이므로 함수의 극한의 대소 관계에 의하여

$\lim\limits_{x\to\infty}\dfrac{f(x)}{x}=2$

답 ②

12 함수 $f(x)$가 $x=1$에서 연속이므로

$\lim\limits_{x\to 1-}f(x)=\lim\limits_{x\to 1+}f(x)=f(1)$

이어야 한다.

$\lim\limits_{x\to 1-}f(x)=\lim\limits_{x\to 1-}\dfrac{x^2+ax+b}{x-1}$

여기서 $x\to 1-$일 때, (분모)$\to 0$이므로 (분자)$\to 0$에서

$\lim\limits_{x\to 1-}(x^2+ax+b)=1+a+b=0$

$b=-a-1$

이 값을 대입하면

$\lim\limits_{x\to 1-}f(x)=\lim\limits_{x\to 1-}\dfrac{x^2+ax-(a+1)}{x-1}$

$=\lim\limits_{x\to 1-}\dfrac{(x-1)(x+a+1)}{x-1}$

$=\lim\limits_{x\to 1-}(x+a+1)$

$=a+2$ ······ ㉠

$\lim\limits_{x\to 1+}f(x)=\lim\limits_{x\to 1+}\dfrac{\sqrt{x+3}-d}{x-1}$

여기서 $x\to 1+$일 때, (분모)$\to 0$이므로 (분자)$\to 0$에서

$\lim\limits_{x\to 1+}(\sqrt{x+3}-d)=2-d=0$

$d=2$

이 값을 대입하면

$\lim\limits_{x\to 1+}f(x)=\lim\limits_{x\to 1+}\dfrac{\sqrt{x+3}-2}{x-1}$

$=\lim\limits_{x\to 1+}\dfrac{(\sqrt{x+3}-2)(\sqrt{x+3}+2)}{(x-1)(\sqrt{x+3}+2)}$

$=\lim\limits_{x\to 1+}\dfrac{x-1}{(x-1)(\sqrt{x+3}+2)}$

$=\lim\limits_{x\to 1+}\dfrac{1}{\sqrt{x+3}+2}$

$=\dfrac{1}{4}$ ······ ㉡

$f(1)=c$ ······ ㉢

㉠, ㉡, ㉢에서 세 값이 같아야 하므로

$a+2=c=\dfrac{1}{4}$

$a=-\dfrac{7}{4}$, $c=\dfrac{1}{4}$

이때

$b=-a-1=\dfrac{3}{4}$

또, $d=2$

따라서

$|a|+|b|+|c|+|d|=\dfrac{7}{4}+\dfrac{3}{4}+\dfrac{1}{4}+2$

$\qquad\qquad\qquad\quad=\dfrac{19}{4}$

답 ⑤

13 $f(x)=\begin{cases}\dfrac{x-3}{|x-3|} & (x\neq 3)\\ 2 & (x=3)\end{cases}$

$=\begin{cases}-1 & (x<3)\\ 2 & (x=3)\\ 1 & (x>3)\end{cases}$

이때 함수 $f(x)$는 구간 $(-\infty,\ 3)$, $(3,\ \infty)$에서 연속이고 함수 $g(x)$는 구간 $(-\infty,\ \infty)$에서 연속이므로 연속함수의 성질에 의하여 함수 $f(x)g(x)$는 구간 $(-\infty,\ 3)$, $(3,\ \infty)$에서 연속이다.

그러므로 함수 $f(x)g(x)$가 구간 $(-\infty, \infty)$에서 연속이려면 $x=3$에서 연속이어야 한다.

$$\lim_{x \to 3-} f(x)g(x) = \lim_{x \to 3-} f(x) \times \lim_{x \to 3-} g(x)$$
$$= (-1) \times |3-a|$$
$$= -|3-a|$$
$$\lim_{x \to 3+} f(x)g(x) = \lim_{x \to 3+} f(x) \times \lim_{x \to 3+} g(x)$$
$$= 1 \times |3-a|$$
$$= |3-a|$$
$$f(3)g(3) = 2|3-a|$$

세 값이 같아야 하므로
$$-|3-a| = |3-a| = 2|3-a|$$
$$a=3$$

답 ③

14 함수 $f(x)$가 구간 $(-\infty, 2)$, $[2, \infty)$에서 연속이므로 함수 $f(x)-k$도 이 구간에서 연속이다.

그러므로 함수 $\{f(x)-k\}^2$도 이 구간에서 연속이다.

한편, 함수 $y = \{f(x)-k\}^2$이 구간 $(-\infty, \infty)$에서 연속이기 위해서는 $x=2$에서 연속이면 되므로

$$\lim_{x \to 2-} \{f(x)-k\}^2 = \lim_{x \to 2+} \{f(x)-k\}^2 = \{f(2)-k\}^2$$

이어야 한다.

$$\lim_{x \to 2-} \{f(x)-k\}^2 = (3-k)^2$$
$$\lim_{x \to 2+} \{f(x)-k\}^2 = (1-k)^2$$
$$\{f(2)-k\}^2 = (1-k)^2$$

세 값이 같아야 하므로
$$(3-k)^2 = (1-k)^2$$
$$k^2-6k+9 = k^2-2k+1$$
$$4k=8$$
$$k=2$$

답 ②

15 두 함수 $f(x)$, $g(x)$가 닫힌구간 $[0, 4]$에서 연속이므로 $y = f(x)-g(x)$도 닫힌구간 $[0, 4]$에서 연속이다.

한편,
$$f(0) < g(0), f(1) > g(1), f(2) < g(2), f(3) < g(3),$$
$$f(4) > g(4)$$

이므로

$$f(0)-g(0) < 0, f(1)-g(1) > 0, f(2)-g(2) < 0,$$
$$f(3)-g(3) < 0, f(4)-g(4) > 0$$

그러므로 사잇값의 정리에 의해 방정식 $f(x)-g(x)=0$은 구간 $(0, 1)$, $(1, 2)$, $(3, 4)$에서 각각 적어도 하나의 실근을 갖는다.

즉, 방정식 $f(x)-g(x)=0$은 구간 $(0, 4)$에서 적어도 3개의 실근을 갖는다.

따라서 $n=3$

답 ③

16 $\lim_{x \to a} \dfrac{x^2+(2-a)x-2a}{x^2-x-2}$

$$= \lim_{x \to a} \frac{(x-a)(x+2)}{(x+1)(x-2)} \quad \cdots\cdots \text{㉠}$$

이때 $a \neq -1$이고 $a \neq 2$라 하면 분모의 극한값은 0이 아니고 분자의 극한값은 0이므로 $k>0$에 모순이다.

그러므로 다음 각 경우로 나눌 수 있다.

(i) $a=-1$일 때,

㉠은

$$\lim_{x \to -1} \frac{(x+1)(x+2)}{(x+1)(x-2)}$$
$$= \lim_{x \to -1} \frac{x+2}{x-2}$$
$$= \frac{(-1)+2}{(-1)-2}$$
$$= -\frac{1}{3}$$

이때 $k = -\dfrac{1}{3}$이므로 $k>0$을 만족시키지 않는다.

(ii) $a=2$일 때,

㉠은

$$\lim_{x \to 2} \frac{(x-2)(x+2)}{(x+1)(x-2)}$$
$$= \lim_{x \to 2} \frac{x+2}{x+1}$$
$$= \frac{2+2}{2+1}$$
$$= \frac{4}{3}$$

이때 $k = \dfrac{4}{3}$이므로 $k>0$을 만족시킨다.

(i), (ii)에서
$$a+3k = 2+4 = 6$$

답 6

17 조건 (나)에서 $f(x)-x^3$은 최고차항의 계수가 2인 이차함수이다. 그러므로 $f(x)=x^3+2x^2+ax+b$ (a, b는 상수)로 놓을 수 있다.

한편, 조건 (가)에서 $x \longrightarrow 2$일 때, (분모) $\longrightarrow 0$이므로 (분자) $\longrightarrow 0$에서

$\lim\limits_{x \to 2} f(x)=8+8+2a+b=0$

$b=-2a-16$

이때 $f(x)=x^3+2x^2+ax-2a-16$이고 $f(2)=0$이므로 조립제법을 이용하면 다음과 같다.

$$
\begin{array}{r|rrrr}
2 & 1 & 2 & a & -2a-16 \\
  &   & 2 & 8 & 2a+16 \\
\hline
  & 1 & 4 & a+8 & 0
\end{array}
$$

그러므로 $f(x)=(x-2)(x^2+4x+a+8)$

이 함수를 조건 (가)에 대입하면

$\lim\limits_{x \to 2} \dfrac{f(x)}{x^2-4x+4}$

$=\lim\limits_{x \to 2} \dfrac{(x-2)(x^2+4x+a+8)}{(x-2)^2}$

$=\lim\limits_{x \to 2} \dfrac{x^2+4x+a+8}{x-2}$ ...... ㉠

위의 식에서 $x \longrightarrow 2$일 때, (분모) $\longrightarrow 0$이므로 (분자) $\longrightarrow 0$에서

$\lim\limits_{x \to 2}(x^2+4x+a+8)=0$

$4+8+a+8=0$

$a=-20$

이 값을 ㉠에 대입하면

$\lim\limits_{x \to 2} \dfrac{x^2+4x-12}{x-2}$

$=\lim\limits_{x \to 2} \dfrac{(x-2)(x+6)}{x-2}$

$=\lim\limits_{x \to 2}(x+6)$

$=8$

따라서 $k=8$

달 8

18 원의 반지름의 길이는

$\overline{\mathrm{OP}}=\sqrt{t^2+(\sqrt{t})^2}=\sqrt{t^2+t}$

그러므로 점 Q의 좌표는 $(-\sqrt{t^2+t},\ 0)$

이때 삼각형 OPQ의 무게중심의 x좌표가 $f(t)$이므로

$f(t)=\dfrac{0+t+(-\sqrt{t^2+t})}{3}$

$=\dfrac{t-\sqrt{t^2+t}}{3}$

따라서

$\lim\limits_{t \to \infty} f(t)$

$=\lim\limits_{t \to \infty} \dfrac{t-\sqrt{t^2+t}}{3}$

$=\lim\limits_{t \to \infty} \dfrac{(t-\sqrt{t^2+t})(t+\sqrt{t^2+t})}{3(t+\sqrt{t^2+t})}$

$=\lim\limits_{t \to \infty} \dfrac{-t}{3(t+\sqrt{t^2+t})}$

$=\lim\limits_{t \to \infty} \dfrac{-1}{3\left(1+\sqrt{1+\dfrac{1}{t}}\right)}$

$=\dfrac{-1}{3(1+1)}$

$=-\dfrac{1}{6}$

달 ①

19 x에 대한 방정식 $x^2+2ax-a+2=0$의 판별식을 D라 하면

$\dfrac{D}{4}=a^2-(-a+2)$

$=(a+2)(a-1)$

이때 $D>0$이면 $f(a)=2$, $D=0$이면 $f(a)=1$, $D<0$이면 $f(a)=0$이므로

$f(a)=\begin{cases} 2 & (a<-2) \\ 1 & (a=-2) \\ 0 & (-2<a<1) \\ 1 & (a=1) \\ 2 & (a>1) \end{cases}$

따라서 $\lim\limits_{x \to a} f(x) \neq f(a)$를 만족시키는 a는 -2, 1로 그 합은 -1이다.

달 ②

20 함수 $y=f(x)$는 구간 $(-3,\ 0)$, $(0,\ 3)$에서 연속이므로 함수 $y=g(x)$도 이 구간에서 연속이다.

그러므로 함수 $f(x)+g(x)$, $f(x)g(x)$, $\dfrac{f(x)}{g(x)}$ $(g(x) \neq 0)$도 이 구간에서 연속이다.

그러므로 세 함수의 연속성은 $x=0$에서 살펴보면 된다.

한편, 함수 $y=g(x)$의 그래프는 그림과 같다.

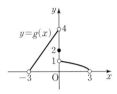

ㄱ. $\lim\limits_{x \to 0-} \{f(x)+g(x)\} = \lim\limits_{x \to 0-} f(x) + \lim\limits_{x \to 0-} g(x)$
$$=1+4$$
$$=5$$
$\lim\limits_{x \to 0+} \{f(x)+g(x)\} = \lim\limits_{x \to 0+} f(x) + \lim\limits_{x \to 0+} g(x)$
$$=4+1$$
$$=5$$
$f(0)+g(0)=2+2=4$

그러므로 함수 $f(x)+g(x)$는 구간 $(-3, 3)$에서 불연속이다.

ㄴ. $\lim\limits_{x \to 0-} \{f(x)g(x)\} = \lim\limits_{x \to 0-} f(x) \times \lim\limits_{x \to 0-} g(x)$
$$=1 \times 4$$
$$=4$$
$\lim\limits_{x \to 0+} \{f(x)g(x)\} = \lim\limits_{x \to 0+} f(x) \times \lim\limits_{x \to 0+} g(x)$
$$=4 \times 1$$
$$=4$$
$f(0)g(0)=2 \times 2=4$

그러므로 함수 $f(x)g(x)$는 구간 $(-3, 3)$에서 연속이다.

ㄷ. $\lim\limits_{x \to 0-} \dfrac{f(x)}{g(x)} = \dfrac{\lim\limits_{x \to 0-} f(x)}{\lim\limits_{x \to 0-} g(x)}$
$$=\dfrac{1}{4}$$
$\lim\limits_{x \to 0+} \dfrac{f(x)}{g(x)} = \dfrac{\lim\limits_{x \to 0+} f(x)}{\lim\limits_{x \to 0+} g(x)}$
$$=\dfrac{4}{1}$$
$$=4$$
$\dfrac{f(0)}{g(0)} = \dfrac{2}{2} = 1$

그러므로 함수 $\dfrac{f(x)}{g(x)}$는 구간 $(-3, 3)$에서 불연속이다.

이상에서 연속인 것은 ㄴ이다.

답 ②

21 함수 $f(x)$는 다항함수이므로 구간 $(-\infty, \infty)$에서 연속이다.

또, 함수 $g(x)$는 a의 값에 관계없이 구간 $(-\infty, 2)$, $[2, \infty)$에서 연속이다.

그러므로 함수 $f(x)g(x)$는 구간 $(-\infty, 2)$, $[2, \infty)$에서 연속이다.

따라서 함수 $f(x)g(x)$가 구간 $(-\infty, \infty)$에서 연속이기 위해서는 $x=2$에서 연속이어야 한다.

함수 $f(x)g(x)$가 $x=2$에서 연속이려면
$$\lim_{x \to 2-} f(x)g(x) = \lim_{x \to 2+} f(x)g(x) = f(2)g(2)$$
이어야 한다.

이때
$$\lim_{x \to 2-} f(x)g(x) = \lim_{x \to 2-} f(x) \times \lim_{x \to 2-} g(x)$$
$$=(4-a) \times 3$$
$$\lim_{x \to 2+} f(x)g(x) = \lim_{x \to 2+} f(x) \times \lim_{x \to 2+} g(x)$$
$$=(4-a) \times (a+4)$$
$$f(2)g(2)=(4-a) \times (a+4)$$

세 값이 같아야 하므로
$$3(4-a)=(4-a)(a+4)$$
$$(a+1)(a-4)=0$$
$$a=-1 \text{ 또는 } a=4$$

따라서 모든 상수 a의 값의 합은
$$(-1)+4=3$$

답 3

22 $\lim\limits_{x \to 1-} \dfrac{f(x)}{|x-1|}$의 극한값이 존재하고 $x \to 1-$일 때,

(분모) $\to 0$이므로 (분자) $\to 0$에서
$$\lim_{x \to 1-} f(x)=0$$

이때 $f(x)$는 최고차항의 계수가 1인 이차함수이므로
$$f(x)=(x-1)(x-a) \ (a는 \ 상수)$$
로 놓을 수 있다. ······ ❶

이때
$$\lim_{x \to 1-} \dfrac{f(x)}{|x-1|} = \lim_{x \to 1-} \dfrac{(x-1)(x-a)}{-(x-1)}$$
$$= \lim_{x \to 1-} \{-(x-a)\}$$
$$= -1+a \qquad \cdots\cdots \ \bigcirc \qquad \cdots\cdots \ ❷$$

또,

$$\lim_{x\to 1+}\frac{f(x)}{|x-1|}=\lim_{x\to 1+}\frac{(x-1)(x-a)}{x-1}$$
$$=\lim_{x\to 1+}(x-a)$$
$$=1-a \qquad \cdots\cdots \text{ⓛ} \qquad \cdots\cdots \text{❸}$$

$\lim_{x\to 1-}\dfrac{f(x)}{|x-1|}-\lim_{x\to 1+}\dfrac{f(x)}{|x-1|}=2$와 ㉠, ㉡에서

$$(-1+a)-(1-a)=2$$
$$2a-2=2$$
$$a=2$$

따라서 $f(x)=(x-1)(x-2)$이므로 $\qquad \cdots\cdots$ ❹

$$f(3)=2 \qquad\qquad\qquad\qquad \cdots\cdots \text{❺}$$

답 2

단계	채점 기준	비율
❶	조건 (가)를 이용한 경우	30 %
❷	좌극한을 구한 경우	20 %
❸	우극한을 구한 경우	20 %
❹	$f(x)$를 구한 경우	20 %
❺	$f(3)$의 값을 구한 경우	10 %

23 다항함수 $f(x)$는 연속이므로 $\lim_{x\to 1}f(x)=f(1)$이다.

그러므로 조건 (가)에서
$$f(1)=2f(1)$$
$$f(1)=0 \qquad \cdots\cdots \text{㉠} \qquad \cdots\cdots \text{❶}$$

조건 (나)에서 $f(x)-x^3$은 최고차항의 계수가 2인 이차함수이므로
$$f(x)=x^3+2x^2+ax+b \ (a, b는 상수)$$
로 놓을 수 있다.

이때 ㉠에서 $f(1)=0$이므로
$$3+a+b=0$$
$$b=-a-3$$

즉, $f(x)=x^3+2x^2+ax-a-3 \qquad \cdots\cdots \text{❷}$

이때 $f(x)$는 $x-1$을 인수로 가지므로 조립제법을 이용하면 다음과 같다.

```
  1 | 1   2    a    -a-3
    |     1    3    a+3
    ---------------------
      1   3   a+3 |  0
```

그러므로
$$f(x)=(x-1)(x^2+3x+a+3)$$

이것을 구하는 식에 대입하면
$$\lim_{x\to 1}\frac{f(x)}{(x-1)^2}=\lim_{x\to 1}\frac{x^2+3x+a+3}{x-1}$$

여기서 $x\to 1$일 때, (분모)$\to 0$이므로 (분자)$\to 0$에서
$$\lim_{x\to 1}(x^2+3x+a+3)=0$$
$$a+7=0$$
$$a=-7 \qquad\qquad\qquad \cdots\cdots \text{❸}$$

이 값을 대입하여 계산하면
$$\lim_{x\to 1}\frac{x^2+3x-4}{x-1}=\lim_{x\to 1}\frac{(x-1)(x+4)}{x-1}$$
$$=\lim_{x\to 1}(x+4)$$
$$=1+4$$
$$=5 \qquad\qquad \cdots\cdots \text{❹}$$

답 5

단계	채점 기준	비율
❶	$f(1)=0$을 구한 경우	20 %
❷	조건 (나)를 이용한 경우	30 %
❸	극한값이 존재할 조건을 이용한 경우	30 %
❹	극한값을 구한 경우	20 %

Ⅱ. 미분

03 미분계수와 도함수

기본 유형 익히기   유제   본문 32~34쪽

1. 3   **2.** 6   **3.** 12   **4.** 1   **5.** 12
6. 1

---

1. x의 값이 a에서 $a+1$까지 변할 때의 평균변화율이 9이므로

$$\frac{f(a+1)-f(a)}{(a+1)-a}=9$$

이때 $f(x)=x^2+2x$이므로

$$\{(a+1)^2+2(a+1)\}-(a^2+2a)=9$$
$$(a^2+4a+3)-(a^2+2a)=9$$
$$2a+3=9$$
$$a=3$$

답 3

---

2. $f'(1)=3$에서

$$\lim_{h\to 0}\frac{f(1+h)-f(1)}{h}=3 \qquad \cdots\cdots \text{㉠}$$

한편, ㉠을 이용하여 주어진 식을 변형하면

$$\lim_{h\to 0}\frac{f(1+h)-f(1-h)}{h}$$
$$=\lim_{h\to 0}\frac{\{f(1+h)-f(1)\}-\{f(1-h)-f(1)\}}{h}$$
$$=\lim_{h\to 0}\frac{f(1+h)-f(1)}{h}+\lim_{h\to 0}\frac{f(1-h)-f(1)}{-h}$$
$$=f'(1)+\lim_{h\to 0}\frac{f(1-h)-f(1)}{-h} \qquad \cdots\cdots \text{㉡}$$

이때 $\displaystyle\lim_{h\to 0}\frac{f(1-h)-f(1)}{-h}$에서 $-h=h'$으로 놓으면 $h\to 0$일 때 $h'\to 0$이므로

$$\lim_{h\to 0}\frac{f(1-h)-f(1)}{-h}=\lim_{h'\to 0}\frac{f(1+h')-f(1)}{h'}$$
$$=f'(1)$$

따라서 ㉡은

$$f'(1)+f'(1)=2f'(1)=2\times 3=6$$

답 6

---

3. $f'(4)=3$에서

$$\lim_{x\to 4}\frac{f(x)-f(4)}{x-4}=3$$

구하는 식에서 $x^2=t$로 놓으면 $x\to 2$일 때, $t\to 4$이므로

$$\lim_{x\to 2}\frac{f(x^2)-f(4)}{x-2}=\lim_{x\to 2}\left\{\frac{f(x^2)-f(4)}{(x-2)(x+2)}\times(x+2)\right\}$$
$$=\lim_{x\to 2}(x+2)\times\lim_{x\to 2}\frac{f(x^2)-f(4)}{x^2-4}$$
$$=4\times\lim_{t\to 4}\frac{f(t)-f(4)}{t-4}$$
$$=4f'(4)$$
$$=4\times 3=12$$

답 12

---

4. 함수 $f(x)$가 $x=1$에서 미분가능하므로 $x=1$에서 연속이다.

그러므로 $\displaystyle\lim_{x\to 1-}f(x)=\lim_{x\to 1+}f(x)=f(1)$

$$1+a=3+b=3+b$$
$$b=a-2 \qquad \cdots\cdots \text{㉠}$$

함수 $f(x)$가 $x=1$에서 미분가능하므로

$$\lim_{x\to 1-}\frac{f(x)-f(1)}{x-1}=\lim_{x\to 1+}\frac{f(x)-f(1)}{x-1}$$
$$\lim_{x\to 1-}\frac{(x^2+ax)-(a+1)}{x-1}=\lim_{x\to 1+}\frac{(3x+b)-(3+b)}{x-1}$$
$$\lim_{x\to 1-}\frac{(x-1)(x+a+1)}{x-1}=\lim_{x\to 1+}\frac{3(x-1)}{x-1}$$

$$a+2=3, \ a=1$$

㉠에서 $b=-1$

따라서 $2a+b=1$

답 1

---

5. $f(x)=x^7+5x+3$에서
$f'(x)=7x^6+5$

따라서

$$\lim_{h\to 0}\frac{f(1+h)-f(1)}{h}=f'(1)$$
$$=7+5=12$$

답 12

---

6. $f(x)=(x-1)(x^2+2)$에서
$$f'(x)=(x^2+2)+(x-1)\times 2x$$
$$=3x^2-2x+2$$

따라서
$$\lim_{h \to 0} \frac{f(k+h)-f(k)}{h}=f'(k)$$
$$=3k^2-2k+2=3$$
$3k^2-2k-1=0$
$(3k+1)(k-1)=0$
$k>0$이므로 $k=1$

답 **1**

유형 확인　　　　　본문 35~37쪽

01 ②	**02** ③	**03** ③	**04** ③	**05** ③
06 ⑤	**07** ④	**08** ④	**09** ③	**10** ②
11 ②	**12** ①	**13** ⑤	**14** ②	**15** ③
16 ③	**17** ⑤	**18** ④		

01 x의 값이 1에서 a까지 변할 때의 평균변화율이 3이므로
$$\frac{f(a)-f(1)}{a-1}=3$$
이때 $f(x)=x^2+3$이므로
$$\frac{(a^2+3)-(1+3)}{a-1}=3$$
$a^2-1=3(a-1)$
$a^2-3a+2=0$
$(a-1)(a-2)=0$
$a>1$이므로 $a=2$

답 ②

02 x의 값이 0에서 $a\,(a>0)$까지 변할 때의 평균변화율이 a^2+2a이므로
$$\frac{f(a)-f(0)}{a-0}=a^2+2a$$
이때 $f(0)=1$이므로
$$\frac{f(a)-1}{a}=a^2+2a$$
$f(a)=a^3+2a^2+1$
따라서 $f(2)=2^3+2\times2^2+1=17$

답 ③

03 두 점 $(1, f(1))$, $(2, f(2))$를 지나는 직선의 기울기가 1이므로

$$\frac{f(2)-f(1)}{2-1}=1$$
$f(2)=f(1)+1$ ······ ㉠
또, 두 점 $(2, f(2))$, $(3, f(3))$을 지나는 직선의 기울기가 5이므로
$$\frac{f(3)-f(2)}{3-2}=5$$
$f(3)=f(2)+5$ ······ ㉡
㉠과 ㉡에서 $f(3)=f(1)+6$
따라서 x의 값이 1에서 3까지 변할 때의 평균변화율은
$$\frac{f(3)-f(1)}{3-1}=\frac{\{f(1)+6\}-f(1)}{2}=3$$

답 ③

04 $f'(2)=1$이므로
$$\lim_{h \to 0} \frac{f(2+h)-f(2)}{h}=1$$ ······ ㉠
그러므로
$$\lim_{h \to 0} \frac{f(2+5h)-f(2+2h)}{h}$$
$$=\lim_{h \to 0} \frac{\{f(2+5h)-f(2)\}-\{f(2+2h)-f(2)\}}{h}$$
$$=\lim_{h \to 0} \frac{f(2+5h)-f(2)}{h}-\lim_{h \to 0} \frac{f(2+2h)-f(2)}{h}$$ ······ ㉡
이때 $\displaystyle\lim_{h \to 0} \frac{f(2+5h)-f(2)}{h}$에서 $5h=h'$으로 놓으면 $h \to 0$에서 $h' \to 0$이므로 ㉠을 이용하면
$$\lim_{h \to 0} \frac{f(2+5h)-f(2)}{h}=5\lim_{h \to 0} \frac{f(2+5h)-f(2)}{5h}$$
$$=5\lim_{h' \to 0} \frac{f(2+h')-f(2)}{h'}$$
$$=5f'(2)$$
또, $\displaystyle\lim_{h \to 0} \frac{f(2+2h)-f(2)}{h}$에서 $2h=h'$으로 놓으면 $h \to 0$에서 $h' \to 0$이므로 ㉠을 이용하면
$$\lim_{h \to 0} \frac{f(2+2h)-f(2)}{h}=2\lim_{h \to 0} \frac{f(2+2h)-f(2)}{2h}$$
$$=2\lim_{h' \to 0} \frac{f(2+h')-f(2)}{h'}$$
$$=2f'(2)$$
따라서 ㉡은
$5f'(2)-2f'(2)=3f'(2)=3\times1=3$

답 ③

05 함수 $f(x)$에 대하여 x의 값이 1에서 $1+h$까지 변할 때의 y의 증분 Δy는

$$\Delta y = h^3 + 2h^2 + 3h$$

이므로

$$f(1+h) - f(1) = h^3 + 2h^2 + 3h$$

따라서

$$f'(1) = \lim_{h \to 0} \frac{f(1+h) - f(1)}{h} = \lim_{h \to 0}(h^2 + 2h + 3)$$
$$= 0 + 0 + 3 = 3$$

답 ③

06 $\lim_{h \to 0} \dfrac{f(1+2h) - f(1)}{h} = 6$에서 $2h = h'$이라 하면 $h \to 0$에서 $h' \to 0$이므로

$$\lim_{h \to 0} \frac{f(1+2h) - f(1)}{h} = 2 \lim_{h \to 0} \frac{f(1+2h) - f(1)}{2h}$$
$$= 2 \lim_{h' \to 0} \frac{f(1+h') - f(1)}{h'}$$
$$= 2f'(1) = 6$$

그러므로 $f'(1) = 3$

한편,

$$\lim_{h \to 0} \frac{f(1+h) - f(1-2h)}{h}$$
$$= \lim_{h \to 0} \frac{\{f(1+h) - f(1)\} - \{f(1-2h) - f(1)\}}{h}$$
$$= \lim_{h \to 0} \frac{f(1+h) - f(1)}{h} + \lim_{h \to 0} \frac{f(1-2h) - f(1)}{-h}$$
$$= f'(1) + \lim_{h \to 0} \frac{f(1-2h) - f(1)}{-h} \qquad \cdots\cdots \text{㉠}$$

이때 $\lim_{h \to 0} \dfrac{f(1-2h) - f(1)}{-h}$에서 $-2h = h'$으로 놓으면 $h \to 0$에서 $h' \to 0$이므로

$$\lim_{h \to 0} \frac{f(1-2h) - f(1)}{-h} = 2 \lim_{h \to 0} \frac{f(1-2h) - f(1)}{-2h}$$
$$= 2 \lim_{h' \to 0} \frac{f(1+h') - f(1)}{h'}$$
$$= 2f'(1)$$

따라서 ㉠은

$$f'(1) + 2f'(1) = 3f'(1) = 3 \times 3 = 9$$

답 ⑤

07 $f'(2) = 3$에서

$$\lim_{x \to 2} \frac{f(x) - f(2)}{x - 2} = 3$$

따라서

$$\lim_{x \to 2} \frac{f(x) - f(2)}{\sqrt{x} - \sqrt{2}} = \lim_{x \to 2} \frac{\{f(x) - f(2)\}(\sqrt{x} + \sqrt{2})}{(\sqrt{x} - \sqrt{2})(\sqrt{x} + \sqrt{2})}$$
$$= \lim_{x \to 2}(\sqrt{x} + \sqrt{2}) \times \lim_{x \to 2} \frac{f(x) - f(2)}{x - 2}$$
$$= 2\sqrt{2} \times f'(2) = 2\sqrt{2} \times 3 = 6\sqrt{2}$$

답 ④

08 x의 값이 1에서 t까지 변할 때의 평균변화율이 $\dfrac{t^2 + 2t - 3}{t - 1}$이므로

$$f'(1) = \lim_{t \to 1} \frac{t^2 + 2t - 3}{t - 1} = \lim_{t \to 1} \frac{(t-1)(t+3)}{t - 1}$$
$$= \lim_{t \to 1}(t+3) = 1 + 3 = 4$$

답 ④

09 $f'(3) = 12$에서

$$\lim_{x \to 3} \frac{f(x) - f(3)}{x - 3} = 12$$

구하는 식에서 $x + 1 = t$로 놓으면 $x \to 2$일 때 $t \to 3$이므로

$$\lim_{x \to 2} \frac{f(x+1) - f(3)}{x^2 - 4} = \lim_{x \to 2} \frac{f(x+1) - f(3)}{(x-2)(x+2)}$$
$$= \lim_{x \to 2} \frac{1}{x+2} \times \lim_{x \to 2} \frac{f(x+1) - f(3)}{x - 2}$$
$$= \frac{1}{4} \times \lim_{t \to 3} \frac{f(t) - f(3)}{t - 3} = \frac{1}{4} \times f'(3)$$
$$= \frac{1}{4} \times 12 = 3$$

답 ③

10 함수 $f(x)$가 $x = 1$에서 미분가능하므로 함수 $f(x)$는 $x = 1$에서 연속이다.

즉, $\lim_{x \to 1} f(x) = f(1)$

이때 $\lim_{x \to 1}(x+1)^2 f(x) = 8$에서

$$\lim_{x \to 1}(x+1)^2 \times \lim_{x \to 1} f(x) = 8$$
$$4f(1) = 8, \ f(1) = 2$$

답 ②

11 점 $(0, f(0))$에서의 접선의 기울기가 존재하므로 함수 $f(x)$는 $x = 0$에서 미분가능하다.

이때 $f(x)$는 $x=0$에서 연속이므로

$$\lim_{x \to 0-} f(x) = \lim_{x \to 0+} f(x) = f(0)$$

$$0 = b = b$$

또, 함수 $f(x)$가 $x=0$에서 미분가능하므로

$$\lim_{x \to 0-} \frac{f(x)-f(0)}{x-0} = \lim_{x \to 0+} \frac{f(x)-f(0)}{x-0}$$

$$\lim_{x \to 0-} \frac{x^2+x}{x} = \lim_{x \to 0+} \frac{ax}{x}$$

$$1 = a$$

또, $f'(0)=1$에서 $c=1$

따라서 $a+b+c=1+0+1=2$

답 ②

12 함수 $f(x)$가 $x=b$에서 미분가능하므로 $x=b$에서 연속이다.

$$\lim_{x \to b-} f(x) = \lim_{x \to b+} f(x) = f(b)$$

$$b^2 = 6b+a = 6b+a \qquad \cdots\cdots \ \ominus$$

또, 함수 $f(x)$가 $x=b$에서 미분가능하므로

$$\lim_{x \to b-} \frac{f(x)-f(b)}{x-b} = \lim_{x \to b+} \frac{f(x)-f(b)}{x-b}$$

$$\lim_{x \to b-} \frac{x^2-b^2}{x-b} = \lim_{x \to b+} \frac{(6x+a)-(6b+a)}{x-b}$$

$$\lim_{x \to b-} \frac{(x+b)(x-b)}{x-b} = \lim_{x \to b+} \frac{6(x-b)}{x-b}$$

$$2b = 6, \ b = 3$$

$\ominus$에서 $a = b^2-6b = -9$

따라서 $a+b = -6$

답 ①

13 함수 $f(x) = x^3+3x+5$에서

$$f'(x) = 3x^2+3$$

따라서

$$\lim_{x \to 2} \frac{f(x)-f(2)}{x^2-x-2} = \lim_{x \to 2} \frac{f(x)-f(2)}{(x-2)(x+1)}$$

$$= \lim_{x \to 2} \frac{1}{x+1} \times \lim_{x \to 2} \frac{f(x)-f(2)}{x-2}$$

$$= \frac{1}{3} \times f'(2)$$

$$= \frac{1}{3} \times 15$$

$$= 5$$

답 ⑤

14 $f(x) = x^2+2x+3$에서 $f'(x) = 2x+2$이고 함수 $f(x)$는 구간 $(-\infty, \infty)$에서 미분가능하다.

이때

$$\lim_{h \to 0} \frac{f(1+h)-f(1-2h)}{h}$$

$$= \lim_{h \to 0} \frac{\{f(1+h)-f(1)\}-\{f(1-2h)-f(1)\}}{h}$$

$$= \lim_{h \to 0} \frac{f(1+h)-f(1)}{h} + 2\lim_{h \to 0} \frac{f(1-2h)-f(1)}{-2h}$$

$$= f'(1)+2f'(1) = 3f'(1)$$

$$= 3 \times 4 = 12$$

답 ②

15 삼차함수 $y=f(x)$의 그래프가 원점에 대하여 대칭이므로

$$f(x) = ax^3+bx \ (a, \ b\text{는 상수}, \ a \neq 0)$$

이 그래프 위의 점이 $(1, 3)$이므로 대입하면

$$3 = a+b \qquad \cdots\cdots \ \ominus$$

또, 이 그래프 위의 점 $(1, 3)$에서의 접선의 기울기가 5이므로

$f'(x) = 3ax^2+b$에서

$$f'(1) = 3a+b = 5 \qquad \cdots\cdots \ \bigcirc$$

$\ominus$과 $\bigcirc$에서

$$a = 1, \ b = 2$$

따라서 $f(x) = x^3+2x$이므로

$$f(3) = 27+6 = 33$$

답 ③

16 $g(x) = (x^2+2x)f(x)$에서

$$g'(x) = (2x+2)f(x)+(x^2+2x)f'(x)$$

이때 $f(1)=2$, $f'(1)=3$이므로

$$g'(1) = 4f(1)+3f'(1)$$

$$= 4 \times 2 + 3 \times 3$$

$$= 17$$

답 ③

17 $f(x)$가 최고차항의 계수가 1인 삼차함수이고

$f(1) = f(2) = 0$이므로

$$f(x) = (x-1)(x-2)(x-a) \ (a\text{는 상수})$$

로 놓을 수 있다.

이때 $f(0) = -2$이므로

$$f(0) = -2a = -2$$

$$a = 1$$

그러므로 $f(x)=(x-1)^2(x-2)$

이때 $f'(x)=2(x-1)(x-2)+(x-1)^2$이므로

$f'(1)=0$, $f'(2)=1$, $f'(3)=8$

따라서

$f'(1)+f'(2)+f'(3)=0+1+8=9$

답 ⑤

18 $f'(1)=3$, $g'(1)=4$이므로 함수 $f(x)$와 $g(x)$는 모두 $x=1$에서 미분가능하다.

그러므로 함수 $f(x)g(x)$도 $x=1$에서 미분가능하다.

이때 $f(1)=g(1)=2$이므로 $h(x)=f(x)g(x)$라 하면

$$\lim_{x\to1}\frac{f(x)g(x)-4}{x-1}=\lim_{x\to1}\frac{f(x)g(x)-f(1)g(1)}{x-1}$$
$$=\lim_{x\to1}\frac{h(x)-h(1)}{x-1}$$
$$=h'(1)$$

이때 $h'(x)=f'(x)g(x)+f(x)g'(x)$이므로

$h'(1)=f'(1)g(1)+f(1)g'(1)$
$\qquad=3\times2+2\times4$
$\qquad=14$

답 ④

서술형 연습장

본문 38쪽

01 $a=-2$, $b=1$ **02** 2

03 $a=-2018$, $b=2017$

01 $x\to2$일 때, (분모)$\to0$이므로 (분자)$\to0$에서

$\lim_{x\to2}\{f(x)-1\}=0$

다항함수 $f(x)$는 연속이므로 $f(2)=1$

이때

$8+4a+b=1$

$4a+b=-7$ ⋯⋯ ㉠ ⋯⋯ ❶

주어진 식은

$\lim_{x\to2}\frac{f(x)-f(2)}{x-2}=4$

$f'(2)=4$ ⋯⋯ ❷

한편, $f'(x)=3x^2+2ax$이므로

$12+4a=4$

$4a=-8$, $a=-2$

㉠에서 $b=1$ ⋯⋯ ❸

답 $a=-2$, $b=1$

단계	채점 기준	비율
❶	극한값이 존재할 조건을 이용한 경우	40 %
❷	$f'(2)$의 값을 구한 경우	30 %
❸	상수 a, b의 값을 구한 경우	30 %

02 $\lim_{x\to1}\dfrac{x^n+2x-3}{x-1}=4$에서 $f(x)=x^n+2x-3$으로 놓으면

$f(1)=0$이므로

$\lim_{x\to1}\dfrac{f(x)-f(1)}{x-1}=4$

$f'(1)=4$ ⋯⋯ ❶

이때 $f'(x)=nx^{n-1}+2$이므로

$n+2=4$

$n=2$ ⋯⋯ ❷

답 2

단계	채점 기준	비율
❶	미분계수로 나타낸 경우	50 %
❷	n의 값을 구한 경우	50 %

03 $f(x)=x^{2018}+ax+b$가 $(x-1)^2$으로 나누어떨어지므로 몫을 $Q(x)$라 하면

$x^{2018}+ax+b=(x-1)^2Q(x)$ ⋯⋯ ㉠ ⋯⋯ ❶

이때 $x=1$을 대입하면

$1+a+b=0$

$a+b=-1$ ⋯⋯ ㉡ ⋯⋯ ❷

㉠의 양변을 x에 대하여 미분하면

$2018x^{2017}+a=2(x-1)Q(x)+(x-1)^2Q'(x)$ ⋯⋯ ❸

이 식에 $x=1$을 대입하면

$2018+a=0$, $a=-2018$

㉡에서 $b=2017$ ⋯⋯ ❹

답 $a=-2018$, $b=2017$

단계	채점 기준	비율
❶	주어진 식을 $(x-1)^2Q(x)$로 나타낸 경우	30 %
❷	$x=1$을 대입하여 식을 구한 경우	20 %
❸	미분하여 식을 구한 경우	30 %
❹	상수 a, b의 값을 구한 경우	20 %

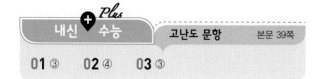
01 ㄱ. $\dfrac{f(a)}{a}$는 원점과 점 $(a, f(a))$를 잇는 직선의 기울기이다.

이때 이 직선의 기울기는 1보다 작거나 같다.

그러므로 $\dfrac{f(a)}{a} \leq 1$ (참)

ㄴ. $a > 1$이면 점 $(a, f(a))$에서의 접선의 기울기는 1보다 작으므로 $f'(a) < 1$이다. (거짓)

ㄷ. $f(a) < af'(a)$에서

$$\dfrac{f(a)}{a} < f'(a)$$

이때 원점과 점 $(a, f(a))$를 잇는 직선의 기울기 $\dfrac{f(a)}{a}$가

점 $(a, f(a))$에서의 접선의 기울기 $f'(a)$보다 작은 a의 값의 범위는 $0 < a < 1$이다. (참)

이상에서 옳은 것은 ㄱ, ㄷ이다.

답 ③

02 $\displaystyle\lim_{x \to 2} \dfrac{f(x)-1}{x-2} = 3$에서 $x \to 2$일 때, (분모)→0이므로

(분자)→0에서

$\displaystyle\lim_{x \to 2} \{f(x)-1\} = 0$, $f(2) = 1$

$\displaystyle\lim_{x \to 2} \dfrac{f(x)-f(2)}{x-2} = 3$에서

$f'(2) = 3$

마찬가지 방법으로 하면 $\displaystyle\lim_{x \to 2} \dfrac{g(x)+1}{x-2} = 2$에서

$g(2) = -1$, $g'(2) = 2$

따라서 $y = f(x)\{f(x)+2g(x)\}$에서

$y' = f'(x)\{f(x)+2g(x)\} + f(x)\{f'(x)+2g'(x)\}$

이므로 $x = 2$에서의 미분계수는

$f'(2)\{f(2)+2g(2)\} + f(2)\{f'(2)+2g'(2)\}$

$= 3\{1+2\times(-1)\} + 1\times(3+2\times2)$

$= (-3)+7 = 4$

답 ④

03 $f(x)$의 차수를 n(n은 자연수)이라 하면 $f'(x)$는 $n-1$차이므로 $2xf'(x)$는 n차이다.

이때 $n = 1$이라 하면 좌변은 1차이고 우변은 2차이므로 성립하지 않는다.

$n \geq 3$이라 하고 $f(x)$의 최고차항을 ax^n이라 하면 좌변의 최고차항은 ax^n이다.

한편, $f'(x)$의 최고차항은 $(ax^n)' = nax^{n-1}$이므로 우변의 최고차항은 $2nax^n$이다.

그러므로 $ax^n = 2nax^n$

$(2n-1)ax^n = 0$

이때 $n \geq 3$이므로 $a = 0$

이는 모순이다.

그러므로 $n = 2$

$f(x) = ax^2 + bx + c$(a, b, c는 상수)로 놓으면

$f'(x) = 2ax + b$이므로

$ax^2 + bx + c = 2x(2ax+b) + 3x^2 + x + 2$

$ax^2 + bx + c = (4a+3)x^2 + (2b+1)x + 2$

그러므로

$a = 4a+3$, $b = 2b+1$, $c = 2$

$a = -1$, $b = -1$, $c = 2$

따라서 $f(x) = -x^2 - x + 2$이므로

$f(1) = 0$

답 ③

Ⅱ. 미분

04 도함수의 활용(1)

기본 유형 익히기   유제   본문 42~44쪽

1. ③ **2.** 2 **3.** 1 **4.** 1 **5.** ②
6. 7

1. $y=x^4+2x$에서 $y'=4x^3+2$이므로 점 $(1, 3)$에서의 접선의 기울기는
$4\times1^3+2=6$
그러므로 접선의 방정식은
$y-3=6(x-1)$
$y=6x-3$
따라서 접선의 y절편은 -3이다.

답 ③

2. 곡선 $y=x^3-x$ 위의 접점을 (a, a^3-a)로 놓으면
$y'=3x^2-1$이므로 접선의 방정식은
$y-(a^3-a)=(3a^2-1)(x-a)$
이 접선이 점 $A(0, -2)$를 지나므로
$-2-(a^3-a)=(3a^2-1)(-a)$
$2a^3=2$
$a=1$
그러므로 접선의 방정식은
$y=2(x-1)$
$y=2x-2$
이때 이 접선이 점 $(2, k)$를 지나므로
$k=2$

답 2

3. 함수 $f(x)=x^3+3x^2$은 다항함수이므로 닫힌구간 $[-3, 3]$에서 연속이고 열린구간 $(-3, 3)$에서 미분가능하다.
이때 평균값 정리에 의하여
$\dfrac{f(3)-f(-3)}{3-(-3)}=f'(c)$
인 c가 열린구간 $(-3, 3)$에서 적어도 하나 존재한다.
이때 $f'(x)=3x^2+6x$이므로
$\dfrac{54-0}{6}=3c^2+6c$, $3c^2+6c-9=0$
$c^2+2c-3=0$, $(c+3)(c-1)=0$

$c=-3$ 또는 $c=1$
이때 $-3<c<3$이므로 $c=1$

답 1

4. 함수 $f(x)=x^4-4x+3$에서
$f'(x)=4x^3-4=4(x-1)(x^2+x+1)$
이므로 $f'(x)=0$에서 $x=1$
함수 $f(x)$의 증가와 감소를 표로 나타내면 다음과 같다.

x	$\cdots$	1	$\cdots$
$f'(x)$	$-$	0	$+$
$f(x)$	↘		↗

그러므로 함수 $f(x)$가 증가하는 구간은 $[1, \infty)$이므로 a의 최솟값은 1이다.

답 1

5. $f'(x)=12x^3-12x=12x(x^2-1)$
$\qquad\qquad=12x(x+1)(x-1)$
$f'(x)=0$에서 $x=-1$ 또는 $x=0$ 또는 $x=1$
함수 $f(x)$의 증가와 감소를 표로 나타내면 다음과 같다.

x	$\cdots$	-1	$\cdots$	0	$\cdots$	1	$\cdots$
$f'(x)$	$-$	0	$+$	0	$-$	0	$+$
$f(x)$	↘	-1	↗	2	↘	-1	↗

따라서 극댓값은 $x=0$일 때 2이다.

답 ②

6. $f'(x)=3x^2+2ax+b$이고 함수 $f(x)$가 $x=1$, $x=3$에서 극값을 가지므로
$f'(1)=0$, $f'(3)=0$
$f'(x)=3(x-1)(x-3)$
$\qquad\quad=3x^2-12x+9$
그러므로 $2a=-12$, $b=9$
$a=-6$, $b=9$
따라서 $f(x)=x^3-6x^2+9x+3$
$f'(x)=0$에서 $x=1$ 또는 $x=3$
함수 $f(x)$의 증가와 감소를 표로 나타내면 다음과 같다.

x	$\cdots$	1	$\cdots$	3	$\cdots$
$f'(x)$	$+$	0	$-$	0	$+$
$f(x)$	↗	7	↘	3	↗

따라서 함수 $f(x)$는 $x=1$에서 극댓값 7을 갖는다.

답 7

본문 45~47쪽

유형 확인

01 ② **02** ④ **03** ③ **04** ⑤ **05** ④
06 ③ **07** 2 **08** ④ **09** ② **10** ②
11 ④ **12** ③ **13** ③ **14** ④ **15** ③
16 ② **17** ④ **18** ④

01 점 $(1, a)$가 곡선 $y=x^3-x^2+2$ 위의 점이므로
$a=1-1+2=2$
이때 $y'=3x^2-2x$이므로 접선의 기울기는
$3\times 1^2-2\times 1=1$
따라서 접선의 방정식은
$y-2=1\times(x-1)$
$y=x+1$
이므로 $amn=2\times 1\times 1=2$

답 ②

02 곡선 $y=x^4+3x+6$이 y축과 만나는 점의 y좌표는 $x=0$을 대입하면
$y=6$
즉, $A(0, 6)$
한편, $y'=4x^3+3$에서 점 A에서의 접선의 기울기는 3이므로 접선의 방정식은
$y-6=3(x-0)$
$y=3x+6$
이 접선의 x절편은
$0=3x+6$
$x=-2$
그러므로 $B(-2, 0)$
따라서 삼각형 ABO의 넓이는
$\dfrac{1}{2}\times 6\times 2=6$

답 ④

03 $y=x^3+1$에서 $y'=3x^2$이므로 점 $A(1, 2)$에서의 접선의 기울기는 3이다.

그러므로 접선의 방정식은
$y-2=3(x-1)$
$y=3x-1$
이때 이 접선과 곡선 $y=x^3+1$이 만나는 점 B의 x좌표는
$x^3+1=3x-1$
$x^3-3x+2=0$
한편, $f(x)=x^3-3x+2$로 놓으면 $f(1)=0$이므로 조립제법을 이용하면 다음과 같다.

1	1	0	-3	2
		1	1	-2
	1	1	-2	0

그러므로 위의 방정식은
$(x-1)(x^2+x-2)=0$
$(x-1)^2(x+2)=0$
$x=1$ 또는 $x=-2$
따라서 $B(-2, -7)$이므로 선분 AB의 중점의 좌표는
$\left(\dfrac{1+(-2)}{2}, \dfrac{2+(-7)}{2}\right)=\left(-\dfrac{1}{2}, -\dfrac{5}{2}\right)$
이므로
$a+b=\left(-\dfrac{1}{2}\right)+\left(-\dfrac{5}{2}\right)=-3$

답 ③

04 접점의 좌표를 $\left(a, \dfrac{1}{3}a^3+a^2\right)$이라 하면
$y'=x^2+2x$이므로 접선의 방정식은
$y-\left(\dfrac{1}{3}a^3+a^2\right)=(a^2+2a)(x-a)$
이 접선이 직선 $y=3x+2$와 평행하므로
$a^2+2a=3$
$(a+3)(a-1)=0$
$a=-3$ 또는 $a=1$
이때 접선의 방정식은
$y=3(x+3), y-\dfrac{4}{3}=3(x-1)$
$y=3x+9, y=3x-\dfrac{5}{3}$
두 직선의 y절편은 각각 9, $-\dfrac{5}{3}$이므로 양수인 y절편은 9이다.

답 ⑤

05 접점을 (a, a^3+1)로 놓으면 $y'=3x^2$이므로 접선의 방정

식은
$$y-(a^3+1)=3a^2(x-a)$$
이때 접선의 기울기가 3이므로
$$3a^2=3$$
$$a=-1 \text{ 또는 } a=1$$
그러므로 두 접선의 방정식은
$$y=3(x+1), \quad y-2=3(x-1)$$
$$y=3x+3, \quad y=3x-1$$
두 접선 사이의 거리는 직선 $y=3x+3$ 위의 점 $(0,3)$과 직선 $3x-y-1=0$ 사이의 거리이므로
$$\frac{|0-3-1|}{\sqrt{3^2+(-1)^2}}=\frac{4}{\sqrt{10}}=\frac{2\sqrt{10}}{5}$$

답 ④

06 접선의 접점을 (a, a^3+3a+2)로 놓으면 $y'=3x^2+3$이므로 접선의 방정식은
$$y-(a^3+3a+2)=(3a^2+3)(x-a) \quad \cdots\cdots \text{㉠}$$
이 접선 l이 원점 $O(0,0)$을 지나므로
$$-a^3-3a-2=-3a^3-3a$$
$$2a^3=2$$
$$a=1$$
그러므로 접선 l의 방정식은
$$y-6=6(x-1)$$
$$y=6x$$
이 접선의 기울기가 6이므로 ㉠에서
$$3a^2+3=6$$
$$a=-1 \text{ 또는 } a=1$$
그러므로 접선 m의 방정식은
$$y-(-2)=6(x+1)$$
$$y=6x+4$$
이 직선이 점 $(1, k)$를 지나므로
$$k=10$$

답 ③

07 $f(x)=x^2-x$는 다항함수이므로 닫힌구간 $[1, 3]$에서 연속이고 열린구간 $(1, 3)$에서 미분가능하다.
그러므로 평균값 정리에 의하여
$$\frac{f(3)-f(1)}{3-1}=f'(c)$$
를 만족시키는 c가 열린구간 $(1, 3)$에서 적어도 하나 존재한다.

한편, $f'(x)=2x-1$이므로
$$\frac{6-0}{3-1}=2c-1$$
$$c=2$$

답 2

08 $f(x)=x^4-2x^3+1$은 다항함수이므로 닫힌구간 $[0, 2]$에서 연속이고 열린구간 $(0, 2)$에서 미분가능하다.
한편, $f(0)=1$, $f(2)=1$이므로
$$f'(c)=0$$
인 c가 열린구간 $(0, 2)$에서 적어도 하나 존재한다.
이때 $f'(x)=4x^3-6x^2$이므로
$$4c^3-6c^2=0$$
$$4c^2\left(c-\frac{3}{2}\right)=0$$
$$c=0 \text{ 또는 } c=\frac{3}{2}$$
이때 $0<c<2$이므로 $c=\frac{3}{2}$

답 ④

09 $f(x)=x^3-3x+1$은 다항함수이므로 닫힌구간 $[-\sqrt{3}, \sqrt{3}]$에서 연속이고 열린구간 $(-\sqrt{3}, \sqrt{3})$에서 미분가능하다.
한편, $f(-\sqrt{3})=1$, $f(\sqrt{3})=1$이므로
$$f'(c)=0$$
인 c가 열린구간 $(-\sqrt{3}, \sqrt{3})$에서 적어도 하나 존재한다.
이때 $f'(x)=3x^2-3$이므로
$$3c^2-3=0$$
$$c=-1 \text{ 또는 } c=1$$
따라서 모든 c의 값의 곱은 -1이다.

답 ②

10 $f(x)=x^3+ax^2+ax+1$에서
$$f'(x)=3x^2+2ax+a$$
이때 함수 $f(x)$가 구간 $(-\infty, \infty)$에서 증가하면 이 구간에서 $f'(x)\geq0$이어야 한다.
그러므로 방정식 $f'(x)=0$의 판별식을 D라 하면
$$\frac{D}{4}=a^2-3a\leq0$$
$$a(a-3)\leq0$$

$0 \le a \le 3$

따라서 정수 a는 0, 1, 2, 3이고, 그 개수는 4이다.

답 ②

11 $f(x)=x^4-4x^3-8x^2+6$에서

$f'(x)=4x^3-12x^2-16x$

$\qquad =4x(x^2-3x-4)$

$\qquad =4x(x+1)(x-4)$

이므로 $f'(x)=0$에서

$x=-1$ 또는 $x=0$ 또는 $x=4$

함수 $f(x)$의 증가와 감소를 표로 나타내면 다음과 같다.

x	$\cdots$	-1	$\cdots$	0	$\cdots$	4	$\cdots$
$f'(x)$	$-$	0	$+$	0	$-$	0	$+$
$f(x)$	$\searrow$	3	$\nearrow$	6	$\searrow$	-122	$\nearrow$

그러므로 감소하는 구간은 $(-\infty, -1]$, $[0, 4]$이다.

따라서 a, b $(a \ge 0,\ b \ge 0)$에 대하여 $b-a$의 최댓값은

$4-0=4$

답 ④

12 $f(x)=-4x^3+ax^2-3x+1$이 역함수를 갖기 위해서는 함수 $f(x)$가 일대일대응이어야 하므로 증가 또는 감소해야 한다.

즉, 실수 전체의 집합에서 $f'(x) \ge 0$ 또는 $f'(x) \le 0$이어야 한다. 이때 $f'(x)=-12x^2+2ax-3$이므로 $f'(x) \le 0$이어야 한다.

그러므로 방정식 $f'(x)=0$의 판별식을 D라 하면

$\dfrac{D}{4}=a^2-36 \le 0$

$(a+6)(a-6) \le 0$

$-6 \le a \le 6$

따라서 정수 a는 -6, -5, $\cdots$, 5, 6이고, 그 개수는 13이다.

답 ③

13 $f'(x)=3x^2-3=3(x+1)(x-1)$

$f'(x)=0$에서 $x=-1$ 또는 $x=1$

함수 $f(x)$의 증가와 감소를 표로 나타내면 다음과 같다.

x	$\cdots$	-1	$\cdots$	1	$\cdots$
$f'(x)$	$+$	0	$-$	0	$+$
$f(x)$	$\nearrow$	$k+2$	$\searrow$	$k-2$	$\nearrow$

함수 $f(x)$는 $x=1$에서 극솟값 $k-2$를 갖는다.

이때 극솟값이 1이므로

$k-2=1$

$k=3$

따라서 극댓값은 $x=-1$일 때 5이다.

답 ③

14 $f'(x)=x^3-x^2-6x$

$\qquad =x(x^2-x-6)$

$\qquad =x(x+2)(x-3)$

$f'(x)=0$에서 $x=-2$ 또는 $x=0$ 또는 $x=3$

함수 $f(x)$의 증가와 감소를 표로 나타내면 다음과 같다.

x	$\cdots$	-2	$\cdots$	0	$\cdots$	3	$\cdots$
$f'(x)$	$-$	0	$+$	0	$-$	0	$+$
$f(x)$	$\searrow$	극소	$\nearrow$	극대	$\searrow$	극소	$\nearrow$

이때 함수 $f(x)$는 $x=-2$, $x=3$에서 극솟값을 가지므로

$a+b=(-2)+3=1$

답 ④

15 $f'(x)=3x^2-6x=3x(x-2)$

$f'(x)=0$에서 $x=0$ 또는 $x=2$

함수 $f(x)$의 증가와 감소를 표로 나타내면 다음과 같다.

x	$\cdots$	0	$\cdots$	2	$\cdots$
$f'(x)$	$+$	0	$-$	0	$+$
$f(x)$	$\nearrow$	1	$\searrow$	-3	$\nearrow$

이때 함수 $f(x)$는 $x=0$에서 극댓값 1을 갖는다.

그러므로 $A(0, 1)$

점 A를 지나고 x축에 평행한 직선의 방정식은 $y=1$이므로 곡선 $y=f(x)$와의 교점의 x좌표는

$x^3-3x^2+1=1$

$x^2(x-3)=0$

$x=0$ 또는 $x=3$

따라서 점 B의 x좌표는 3이므로

$\overline{AB}=3-0=3$

답 ③

16 함수 $f(x)=2x^3-ax^2+30$에서

$f'(x)=6x^2-2ax$

이때 함수 $f(x)$가 $x=3$에서 극값을 가지므로 $f'(3)=0$에서

$54-6a=0$, $a=9$

이때 $f(x)=2x^3-9x^2+30$이므로

$f'(x)=6x^2-18x=6x(x-3)$

$f'(x)=0$에서

$x=0$ 또는 $x=3$

함수 $f(x)$의 증가와 감소를 표로 나타내면 다음과 같다.

x	$\cdots$	0	$\cdots$	3	$\cdots$
$f'(x)$	$+$	0	$-$	0	$+$
$f(x)$	↗	30	↘	3	↗

따라서 함수 $f(x)$는 $x=3$에서 극솟값 3을 갖는다.

답 ②

17 $x=1$에서 극값 3을 가지므로 $f(1)=3$에서

$1+a+3b=3$

$a+3b=2$ ...... ㉠

또, $f'(x)=4x^3+3ax^2+4bx$이고 $x=1$에서 극값을 가지므로

$f'(1)=0$에서

$4+3a+4b=0$

$3a+4b=-4$ ...... ㉡

㉠과 ㉡을 연립하여 풀면

$a=-4$, $b=2$

따라서 $f(x)=x^4-4x^3+4x^2+2$이고

$f'(x)=4x^3-12x^2+8x=4x(x^2-3x+2)$

$\qquad=4x(x-1)(x-2)$

이므로 $f'(x)=0$에서

$x=0$ 또는 $x=1$ 또는 $x=2$

함수 $f(x)$의 증가와 감소를 표로 나타내면 다음과 같다.

x	$\cdots$	0	$\cdots$	1	$\cdots$	2	$\cdots$
$f'(x)$	$-$	0	$+$	0	$-$	0	$+$
$f(x)$	↘	2	↗	3	↘	2	↗

따라서 함수 $f(x)$는 $x=0$에서 극솟값 2를 갖고, $x=2$에서 극솟값 2를 가지므로

$a+b+c+d+e+f=(-4)+2+0+2+2+2$

$\qquad\qquad\qquad=4$

답 ④

18 $f'(x)=3x^2+2ax+a$

이때 함수 $f(x)$가 극값을 가지려면 이차방정식 $f'(x)=0$은 서로 다른 두 실근을 가져야 한다.

이 이차방정식의 판별식을 D라 하면

$\dfrac{D}{4}=a^2-3a>0$

$a(a-3)>0$

$a<0$ 또는 $a>3$

따라서 자연수 a의 최솟값은 4이다.

답 ④

서술형 연습장 본문 48쪽

01 $y=4x-1$ **02** $-\dfrac{25}{2}$

03 극솟값: $-\dfrac{16}{11}$, 극댓값: $\dfrac{16}{11}$

01 $\displaystyle\lim_{x\to1}\dfrac{f(x)-3}{x^2-1}=2$에서 $x\to1$일 때, (분모)$\to0$이므로

(분자)$\to0$에서

$\displaystyle\lim_{x\to1}\{f(x)-3\}=0$

다항함수는 실수 전체의 집합에서 연속이므로

$f(1)=3$ ...... ❶

이때 주어진 식은

$\displaystyle\lim_{x\to1}\dfrac{f(x)-f(1)}{(x-1)(x+1)}=2$

$\displaystyle\lim_{x\to1}\dfrac{1}{x+1}\times\lim_{x\to1}\dfrac{f(x)-f(1)}{x-1}=2$

$\dfrac{1}{2}f'(1)=2$

$f'(1)=4$ ...... ❷

따라서 접선의 방정식은

$y-3=4(x-1)$

$y=4x-1$ ...... ❸

답 $y=4x-1$

단계	채점 기준	비율
❶	$f(1)$의 값을 구한 경우	30 %
❷	$f'(1)$의 값을 구한 경우	40 %
❸	접선의 방정식을 구한 경우	30 %

02 조건 (가)에서 $f(0)=1$이고 $f(x)$는 최고차항의 계수가 1인 삼차함수이므로

$f(x)=x^3+ax^2+bx+1$ $(a, b$는 상수$)$

로 놓을 수 있다. ...... ❶

조건 (나)에서 함수 $f(x)$는 구간 $(-\infty, 0]$, $[3, \infty)$에서는 증가하고 구간 $[0, 3]$에서 감소하므로 함수 $f(x)$는 $x=0$에서 극댓값을 갖고 $x=3$에서 극솟값을 갖는다.

그러므로 $f'(0)=0$, $f'(3)=0$이다.

한편, $f'(x)=3x^2+2ax+b$이므로

$f'(0)=b=0$

$f'(3)=27+6a+b=0$

$a=-\dfrac{9}{2}$

따라서 $f(x)=x^3-\dfrac{9}{2}x^2+1$ ⋯⋯ ❷

함수 $f(x)$는 $x=3$에서 극솟값을 가지므로 극솟값은

$f(3)=27-\dfrac{81}{2}+1=-\dfrac{25}{2}$ ⋯⋯ ❸

답 $-\dfrac{25}{2}$

단계	채점 기준	비율
❶	삼차함수를 식으로 나타낸 경우	20 %
❷	$f(x)$를 구한 경우	50 %
❸	극솟값을 구한 경우	30 %

03 직선 $x=t$가 곡선 $y=x^3$, 직선 $y=x$와 만나는 점이 각각 P, Q이므로

P(t, t^3), Q(t, t)

선분 PQ를 12 : 1로 외분하는 점이 R이므로 점 R의 y좌표는

$f(t)=\dfrac{12 \times t-1 \times t^3}{12-1}=\dfrac{-t^3+12t}{11}$ ⋯⋯ ❶

이때 $f'(t)=-\dfrac{3}{11}(t^2-4)=-\dfrac{3}{11}(t+2)(t-2)$이므로

$f'(t)=0$에서 $t=-2$ 또는 $t=2$ ⋯⋯ ❷

함수 $f(t)$의 증가와 감소를 표로 나타내면 다음과 같다.

t	$\cdots$	-2	$\cdots$	2	$\cdots$
$f'(t)$	$-$	0	$+$	0	$-$
$f(t)$	$\searrow$	$-\dfrac{16}{11}$	$\nearrow$	$\dfrac{16}{11}$	$\searrow$

따라서 함수 $f(t)$는 $t=-2$일 때 극솟값 $-\dfrac{16}{11}$을 갖고, $t=2$일 때 극댓값 $\dfrac{16}{11}$을 갖는다. ⋯⋯ ❸

답 극솟값: $-\dfrac{16}{11}$, 극댓값: $\dfrac{16}{11}$

단계	채점 기준	비율
❶	점 R의 y좌표를 구한 경우	40 %
❷	$f'(t)=0$인 t의 값을 구한 경우	30 %
❸	극솟값과 극댓값을 구한 경우	30 %

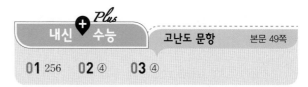

내신 ➕ 수능   고난도 문항   본문 49쪽

01 256   **02** ④   **03** ④

01 $\overline{AC}:\overline{BD}=2:1$이므로 직선 AB의 기울기는 2이다.

직선 AB와 곡선 $y=x^3-10x$에 접하는 접점을 (a, a^3-10a)로 놓으면 $y'=3x^2-10$에서 기울기는

$3a^2-10=2$

$a=-2$ 또는 $a=2$

이때 접점의 좌표는 $(-2, 12)$이므로 접선의 방정식은

$y=2(x+2)+12=2x+16$

따라서 이 접선의 x절편은 -8, y절편은 16이고 사각형 ABCD가 마름모이므로 사각형 ABCD의 넓이는

$4 \times \triangle \text{OAB}=4 \times \left(\dfrac{1}{2} \times 8 \times 16\right)=256$

답 256

02 $f(x)=x^3-4x^2+x$에서

$f'(x)=3x^2-8x+1$

이므로 곡선 $y=f(x)$ 위의 점 $(t, f(t))$에서의 접선의 방정식은

$y-(t^3-4t^2+t)=(3t^2-8t+1)(x-t)$

이때 y절편은 $x=0$을 대입하면

$y=-2t^3+4t^2$

따라서 $g(t)=-2t^3+4t^2$

그러므로 함수 $h(t)=\begin{cases} -2t^3+4t^2 & (t<2) \\ at+b & (t \geq 2) \end{cases}$는 $t \neq 2$일 때 다항함수이므로 미분가능하다.

따라서 실수 전체의 집합에서 미분가능하려면 $t=2$에서 미분가능하면 된다.

$h(t)$가 $t=2$에서 미분가능하므로 $t=2$에서 연속이다.

$\lim\limits_{t \to 2-} h(t)=\lim\limits_{t \to 2+} h(t)=h(2)$

$0=2a+b=2a+b$ ⋯⋯ ㉠

또, $t=2$에서 미분가능하므로

$$\lim_{t \to 2-} \frac{h(t)-h(2)}{t-2} = \lim_{t \to 2+} \frac{h(t)-h(2)}{t-2}$$

$$\lim_{t \to 2-} \frac{(-2t^3+4t^2)-0}{t-2} = \lim_{t \to 2+} \frac{(at+b)-(2a+b)}{t-2}$$

$$\lim_{t \to 2-} (-2t^2) = \lim_{t \to 2+} a$$

$$-8=a$$

㉠에서 $b=-2a$이므로 $b=16$

따라서 $a+b=(-8)+16=8$

답 ④

03 기울기가 2인 직선을 $y=2x+k$ (k는 상수)라 하면 이 직선과 곡선 $y=f(x)$가 $x=-1$인 점에서 접하고 $x=2$인 점에서 만나므로

$$f(x)-(2x+k)=(x+1)^2(x-2)$$

로 놓을 수 있다.

$$f(x)=(x+1)^2(x-2)+2x+k$$
$$=x^3-x+k-2$$

$f'(x)=3x^2-1$이므로 $f'(x)=0$에서

$$x=-\frac{\sqrt{3}}{3} \text{ 또는 } x=\frac{\sqrt{3}}{3}$$

함수 $f(x)$의 증가와 감소를 표로 나타내면 다음과 같다.

x	$\cdots$	$-\dfrac{\sqrt{3}}{3}$	$\cdots$	$\dfrac{\sqrt{3}}{3}$	$\cdots$
$f'(x)$	$+$	0	$-$	0	$+$
$f(x)$	↗	$\dfrac{2\sqrt{3}}{9}+k-2$	↘	$-\dfrac{2\sqrt{3}}{9}+k-2$	↗

따라서 $b-a=\dfrac{4\sqrt{3}}{9}$

답 ④

---

05 도함수의 활용(2)

기본 유형 익히기   유제   본문 52~54쪽

1. ①   **2.** 8   **3.** ④   **4.** 4   **5.** -6
6. -6

1. 조건 (가)에서 $f(a)=f(b)=0$이므로

$$f(x)=k(x-a)(x-b)(x-a) \ (a\text{는 상수이고 } k \neq 0)$$

로 놓으면

$$f'(x)=k\{(x-b)(x-a)+(x-a)(x-a)$$
$$+(x-a)(x-b)\}$$

조건 (나)에서 $f'(a)=0$이므로

$$f'(a)=k(a-b)(a-a)=0$$

$a \neq b$이므로 $a=a$

즉, $f'(x)=k\{(x-b)(x-a)+(x-a)^2+(x-a)(x-b)\}$
$$=k(x-a)(3x-a-2b)$$

조건 (나)에서 $f'(c)=0$이므로

$$f'(c)=k(c-a)(3c-a-2b)=0$$

이때 $a \neq c$이므로 $3c-a-2b=0$에서

$$c=\frac{a+2b}{3}$$

답 ①

2. 밑면의 한 변의 길이를 x, 직육면체의 높이를 y라 하면 모든 모서리의 길이의 합이 24이므로

$8x+4y=24$에서 $2x+y=6$

이때 $y=6-2x>0$에서 $0<x<3$

직육면체의 부피를 $f(x)$라 하면

$$f(x)=x^2y=x^2(6-2x)$$
$$=-2x^3+6x^2$$

$$f'(x)=-6x^2+12x$$
$$=-6x(x-2)$$

$f'(x)=0$에서 $x=0$ 또는 $x=2$

함수 $f(x)$의 증가와 감소를 표로 나타내면 다음과 같다.

x	(0)	$\cdots$	2	$\cdots$	(3)
$f'(x)$		$+$	0	$-$	
$f(x)$		↗	극대	↘	

따라서 함수 $f(x)$가 $x=2$에서 극대이면서 최대이므로 구하는

부피의 최댓값은

$f(2)=-16+24=8$

답 8

3. $f(x)=x^3-3x+a$로 놓으면

$f'(x)=3x^2-3=3(x+1)(x-1)$

$f'(x)=0$에서 $x=-1$ 또는 $x=1$

함수 $f(x)$의 증가와 감소를 표로 나타내면 다음과 같다.

x	$\cdots$	-1	$\cdots$	1	$\cdots$
$f'(x)$	$+$	0	$-$	0	$+$
$f(x)$	↗	극대	↘	극소	↗

함수 $f(x)$는 $x=-1$에서 극대, $x=1$에서 극소이다.

이때 삼차방정식 $f(x)=0$이 서로 다른 세 실근을 갖도록 하려면 (극댓값)×(극솟값)<0이어야 하므로

$f(-1)f(1)=(a+2)(a-2)<0$, $-2<a<2$

따라서 $q-p$의 최댓값은

$2-(-2)=4$

답 ④

4. $f(x)=x^3-6x^2+9x-a$로 놓으면

$f'(x)=3x^2-12x+9=3(x-1)(x-3)$

$f'(x)=0$에서 $x=1$ 또는 $x=3$

함수 $f(x)$의 증가와 감소를 표로 나타내면 다음과 같다.

x	$\cdots$	1	$\cdots$	3	$\cdots$
$f'(x)$	$+$	0	$-$	0	$+$
$f(x)$	↗	극대	↘	극소	↗

함수 $f(x)$는 $x=1$에서 극대, $x=3$에서 극소이다.

이때 삼차방정식 $f(x)=0$의 서로 다른 실근의 개수가 2가 되려면 (극댓값)$=0$ 또는 (극솟값)$=0$이어야 한다.

따라서 $f(1)=4-a=0$ 또는 $f(3)=-a=0$에서

$a=4$ 또는 $a=0$

따라서 모든 실수 a의 값의 합은

$4+0=4$

답 4

5. $h(x)=f(x)-g(x)$로 놓으면

$h(x)=(x^4+2x^2-3x)-(-x^2-13x+a)$

$\qquad=x^4+3x^2+10x-a$

주어진 조건을 만족시키려면 함수 $h(x)$의 최솟값이 0보다 크거나 같으면 된다.

$h'(x)=4x^3+6x+10$

$\qquad=2(x+1)(2x^2-2x+5)$

$h'(x)=0$에서 $x=-1$

함수 $h(x)$는 $x=-1$에서 극소이면서 최소이므로 함수 $h(x)$의 최솟값은

$h(-1)=-6-a$

따라서 $-6-a\geq0$에서 $a\leq-6$이므로 실수 a의 최댓값은 -6이다.

답 -6

6. 점 P의 시각 t에서의 속도를 v라 하면

$v=\dfrac{d}{dt}(6t-3t^2)=6-6t$

따라서 점 P의 시각 t에서의 가속도를 a라 하면

$a=\dfrac{dv}{dt}=-6$

답 -6

유형 확인

본문 55~57쪽

01 ⑤	02 ③	03 ③	04 ④	05 ⑤
06 32	07 539	08 ③	09 6	10 15
11 26	12 ③	13 ⑤	14 ④	15 ⑤
16 ②	17 ③			

01 ① $f'(x)$의 부호가 음수에서 양수로 바뀌므로 함수 $f(x)$는 극솟값과 최솟값을 가진다.

따라서 극댓값과 최댓값이 모두 존재하지 않는다.

② $f'(x)$의 부호가 양수, 음수, 양수로 바뀌므로 함수 $f(x)$는 극솟값과 극댓값을 모두 가진다.

그러나 최댓값은 존재하지 않는다.

③ $f'(x)$의 부호가 음수, 양수, 음수로 바뀌므로 함수 $f(x)$는 극솟값과 극댓값을 모두 가진다.

그러나 최댓값은 존재하지 않는다.

④ $f'(x)$의 부호가 음수에서 양수로 바뀌므로 함수 $f(x)$는 극솟값과 최솟값을 가진다.

따라서 극댓값과 최댓값이 모두 존재하지 않는다.

⑤ $f'(x)$의 부호가 양수에서 음수로 바뀌므로 함수 $f(x)$는 극댓값과 최댓값을 모두 가지고, 그 값이 일치한다.

답 ⑤

02 $f'(x)=0$에서

$x=1$ 또는 $x=2$ 또는 $x=3$ 또는 $x=4$

함수 $f(x)$의 증가와 감소를 표로 나타내면 다음과 같다.

x	$\cdots$	1	$\cdots$	2	$\cdots$	3	$\cdots$	4	$\cdots$
$f'(x)$	$-$	0	$+$	0	$+$	0	$-$	0	$+$
$f(x)$	$\searrow$	극소	$\nearrow$		$\nearrow$	극대	$\searrow$	극소	$\nearrow$

함수 $f(x)$는 $x=1$, $x=4$에서 극소이고, $x=3$에서 극대이다.

따라서 실수 a의 값은 1, 3, 4이고, 그 합은

$1+3+4=8$

답 ③

03 $f'(x)=3ax^2-12ax=3ax(x-4)$

$f'(x)=0$에서 $x=0$ 또는 $x=4$

$a>0$이므로 함수 $f(x)$의 증가와 감소를 표로 나타내면 다음과 같다.

x	$\cdots$	0	$\cdots$	4	$\cdots$
$f'(x)$	$+$	0	$-$	0	$+$
$f(x)$	$\nearrow$	극대	$\searrow$	극소	$\nearrow$

함수 $f(x)$의 극댓값은 $f(0)=b$, 극솟값은 $f(4)=b-32a$이고, 주어진 구간의 양 끝점에서의 함숫값은

$f(-1)=b-7a$, $f(5)=b-25a$

즉, 함수 $f(x)$의 최댓값 b, 최솟값은 $b-32a$이다.

따라서 $b=10$, $b-32a=-22$이므로 $a=1$

따라서 $a+b=1+10=11$

답 ③

04 원뿔의 모선의 길이가 5이고, 밑면의 반지름의 길이가 3이므로 이 원뿔의 높이는 4이다.

원기둥의 밑면의 반지름의 길이를 $r\,(0<r<3)$, 높이를 h라 하자.

삼각형의 닮음에 의하여 $4:3=(4-h):r$에서

$h=\dfrac{12-4r}{3}$

원기둥의 부피를 V라 하면

$$V=\pi r^2 \times h$$
$$=\pi r^2 \times \frac{12-4r}{3}$$
$$=\frac{\pi}{3}(12r^2-4r^3)$$

$$\frac{dV}{dr}=\frac{\pi}{3}(24r-12r^2)$$

$\dfrac{dV}{dr}=0$에서 $r=2$

따라서 원기둥의 부피가 $r=2$일 때 최대이므로 구하는 최댓값은

$\dfrac{\pi}{3}(12\times 2^2-4\times 2^3)=\dfrac{16}{3}\pi$

답 ④

05 $g(a)=f(f(1))=f(a)=a^2(2-a)$

$g'(a)=a(4-3a)$

$g'(a)=0$에서 $a=0$ 또는 $a=\dfrac{4}{3}$

함수 $g(a)$의 증가와 감소를 표로 나타내면 다음과 같다.

a	(0)	$\cdots$	$\dfrac{4}{3}$	$\cdots$
$g'(a)$		$+$	0	$-$
$g(a)$		$\nearrow$	극대	$\searrow$

함수 $g(a)$는 $a=\dfrac{4}{3}$일 때 극대이면서 최대이므로

$a=\dfrac{4}{3}$, $\beta=g\left(\dfrac{4}{3}\right)=\dfrac{32}{27}$

따라서 $\alpha+\beta=\dfrac{4}{3}+\dfrac{32}{27}=\dfrac{68}{27}$

답 ⑤

06 $f(x)=-x^3+6x^2$

$f'(x)=-3x^2+12x$
$\qquad =-3x(x-4)$

$f'(x)=0$에서 $x=0$ 또는 $x=4$

함수 $f(x)$는 $x=0$에서 극솟값 0, $x=4$에서 극댓값 32를 갖는다. 즉, 함수 $y=f(x)$의 그래프는 그림과 같다.

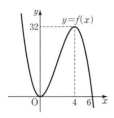

(i) $-3 \le a \le -1$일 때,

  $g(a)=f(a+1)$이므로 함수 $y=g(a)$의 그래프는 함수 $y=f(a)$의 그래프를 a축의 방향으로 -1만큼 평행이동한 것과 같다.

(ii) $-1 \le a \le 0$일 때,

  $g(a)=f(0)=0$

(iii) $0 \le a \le 3$일 때,

  $g(a)=f(a)$

(i), (ii), (iii)에서 함수 $y=g(a)$의 그래프는 그림과 같다.

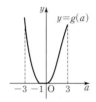

함수 $g(a)$는 $a=-3$일 때 최댓값, $-1 \le a \le 0$일 때 최솟값을 가지므로

$M=g(-3)=f(-2)=32$

$m=g(0)=f(0)=0$

따라서 $M+m=32+0=32$

탑 32

07 $P(p, 0)$ $(0<p<4)$으로 놓으면 곡선 $y=x^2$ 위의 점 (t, t^2)에서의 접선이 점 P를 지나야 한다.

곡선 $y=x^2$ 위의 점 (t, t^2)에서의 접선의 방정식이

$y-t^2=2t(x-t)$ $\qquad$ ...... ㉠

㉠에 $x=p$, $y=0$을 대입하면

$t^2-2pt=0$에서 $t=0$ 또는 $t=2p$

이때 점 Q가 원점이 아니므로 $t=2p$

즉, $Q(2p, 4p^2)$이므로 삼각형 PAQ의 넓이를 $S(p)$라 하면

$S(p)=\dfrac{1}{2} \times (4-p) \times 4p^2$

$\qquad = -2p^3+8p^2$

$S'(p)=-6p^2+16p$

$\qquad = -2p(3p-8)$

$S'(p)=0$에서 $p=0$ 또는 $p=\dfrac{8}{3}$

함수 $S(p)$는 $p=\dfrac{8}{3}$에서 극대이면서 최대이다.

따라서 함수 $S(p)$의 최댓값이 $S\left(\dfrac{8}{3}\right)=\dfrac{512}{27}$이므로

$m+n=27+512=539$

탑 539

08 $f(x)=x^3-3k^2x+16$이라 하자.

(i) $k=0$일 때

  방정식 $x^3+16=0$의 실근은 $\sqrt[3]{-16}$뿐이므로 실근의 개수는 1이다.

(ii) $k \ne 0$일 때

  $f'(x)=3x^2-3k^2$이므로 $f'(x)=0$에서

  $x=-k$ 또는 $x=k$

  방정식 $f(x)=0$의 실근의 개수가 1이 되려면 함수 $f(x)$의 극댓값과 극솟값이 모두 양수이거나 모두 음수이어야 한다.

  즉, 부등식 $f(-k)f(k)>0$을 만족시켜야 한다.

  $(2k^3+16)(-2k^3+16)>0$, $(k^3+8)(k^3-8)<0$에서

  $-2<k<2$

(i), (ii)에서 정수 k의 값은 -1, 0, 1이고, 그 개수는 3이다.

탑 ③

09 $f'(x)=3x^2-2kx=x(3x-2k)$

$f'(x)=0$에서 $x=0$ 또는 $x=\dfrac{2k}{3}$

$k \ne 0$이므로 함수 $f(x)$는 $x=0$, $x=\dfrac{2k}{3}$에서 극값을 갖는다.

이때 $f(0)=0$이므로 주어진 조건을 만족시키려면

$f\left(\dfrac{2k}{3}\right)=-32$이어야 한다.

$f\left(\dfrac{2k}{3}\right)=\left(\dfrac{2k}{3}\right)^3-k\left(\dfrac{2k}{3}\right)^2$

$\qquad\qquad = -\dfrac{4}{27}k^3$

따라서 $-\dfrac{4}{27}k^3=-32$에서

$k^3=6^3$이므로 $k=6$

탑 6

10 $f(x)=x^3-3nx+8n$으로 놓으면

$f'(x)=3x^2-3n$

$f'(x)=0$에서 $x=\pm\sqrt{n}$

함수 $f(x)$는 $x=-\sqrt{n}$에서 극대, $x=\sqrt{n}$에서 극소이다.

이때 방정식 $x^3-3nx+8n=0$의 실근의 개수가 1이려면 $f(-\sqrt{n})<0$ 또는 $f(\sqrt{n})>0$이어야 한다.

(ⅰ) $f(-\sqrt{n})=-n\sqrt{n}+3n\sqrt{n}+8n$

$\qquad\qquad =2n\sqrt{n}+8n$

$\quad f(-\sqrt{n})>0$이므로 $f(-\sqrt{n})<0$을 만족시키는 자연수 n 은 존재하지 않는다.

(ⅱ) $f(\sqrt{n})=n\sqrt{n}-3n\sqrt{n}+8n$

$\qquad\qquad =-2n\sqrt{n}+8n$

$\qquad\qquad =2n(-\sqrt{n}+4)$

$\quad f(\sqrt{n})>0$에서 $\sqrt{n}<4$, $n<16$

(ⅰ), (ⅱ)에서 구하는 자연수 n의 값은 1, 2, 3, $\cdots$, 15이고, 그 개수는 15이다.

답 15

11 $f'(x)=3x^2+6x-24$

$\qquad\quad =3(x+4)(x-2)$

$f'(x)=0$에서 $x=-4$ 또는 $x=2$

함수 $f(x)$의 증가와 감소를 표로 나타내면 다음과 같다.

x	$\cdots$	-4	$\cdots$	2	$\cdots$
$f'(x)$	$+$	0	$-$	0	$+$
$f(x)$	↗	극대	↘	극소	↗

함수 $f(x)$는 $x=-4$에서 극댓값 82를 갖고, $x=2$에서 극솟값 -26을 갖는다.

함수 $y=|f(x)|$의 그래프는 그림과 같다.

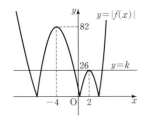

따라서 함수 $y=|f(x)|$의 그래프와 직선 $y=k$가 만나는 서로 다른 점의 개수가 5인 경우는 $k=26$일 때뿐이므로 구하는 상수 k의 값은 26이다.

답 26

12 $f(x)=x^4+4a^3x+48$로 놓으면

$f'(x)=4x^3+4a^3$

$\qquad\quad =4(x+a)(x^2-ax+a^2)$

$f'(x)=0$에서 $x=-a$

함수 $f(x)$의 증가와 감소를 표로 나타내면 다음과 같다.

x	$\cdots$	$-a$	$\cdots$
$f'(x)$	$-$	0	$+$
$f(x)$	↘	극소	↗

함수 $f(x)$는 $x=-a$에서 극소이면서 최소이므로 함수 $f(x)$의 최솟값은

$f(-a)=-3a^4+48$

따라서 $-3a^4+48>0$에서

$(a^2+4)(a+2)(a-2)<0$

$-2<a<2$이므로 정수 a의 값은 -1, 0, 1이고, 그 개수는 3 이다.

답 ③

13 $f(x)=x^3-3x^2+k$로 놓으면

$f'(x)=3x^2-6x=3x(x-2)$

$f'(x)=0$에서 $x=0$ 또는 $x=2$

함수 $f(x)$의 증가와 감소를 표로 나타내면 다음과 같다.

x	-2	$\cdots$	0	$\cdots$	2	$\cdots$
$f'(x)$	$+$	$+$	0	$-$	0	$+$
$f(x)$	↗		극대	↘	극소	↗

$f(-2)=-20+k$, $f(2)=-4+k$이므로 $x\geq-2$에서 함수 $f(x)$는 최솟값 $-20+k$를 갖는다.

따라서 $-20+k\geq0$에서 $k\geq20$이므로 구하는 실수 k의 최솟 값은 20이다.

답 ⑤

14 $f'(x)=4x^3+4x=4x(x^2+1)$

$f'(x)=0$에서 $x=0$

함수 $f(x)$는 $x=0$에서 극소이면서 최소이므로 함수 $f(x)$의 최솟값은

$f(0)=0$

한편, $g(x)=-2x^2+12x-a$

$\qquad\qquad =-2(x-3)^2+18-a$

이므로 함수 $g(x)$는 $x=3$에서 최댓값 $18-a$를 갖는다.

따라서 함수 $f(x)$의 최솟값이 함수 $g(x)$의 최댓값보다 크거나 같아야 하므로

$0 \geq 18 - a$, $a \geq 18$
따라서 실수 a의 최솟값은 18이다.

답 ④

15 점 P의 시각 t에서의 속도를 v라 하면
$v = \dfrac{d}{dt}(t^3 - 6t^2 + 9t + 5)$
$\quad = 3t^2 - 12t + 9$
$3t^2 - 12t + 9 = -3$
$3(t-2)^2 = 0$
따라서 $t = 2$일 때 점 P의 속도가 -3이다.

답 ⑤

16 점 M의 시각 t에서의 위치를 x라 하면
$x = \dfrac{(2t^3 - 12t^2) + (2t^2 + 16t)}{2}$
$\quad = t^3 - 5t^2 + 8t$
점 M의 시각 t에서의 속도를 v라 하면
$v = \dfrac{dx}{dt} = 3t^2 - 10t + 8$
$\quad = (3t - 4)(t - 2)$
$v = 0$에서 $t = \dfrac{4}{3}$ 또는 $t = 2$
따라서 $0 < t < 6$에서 점 M이 운동 방향을 바꾼 횟수는 2이다.

답 ②

17 점 P의 시각 t에서의 속도는
$\dfrac{d}{dt}(t^3 - 48t + 3) = 3t^2 - 48$
점 Q의 시각 t에서의 속도는
$\dfrac{d}{dt}(t^2 - 2t + 5) = 2t - 2$
두 점 P, Q가 움직이는 방향이 서로 반대이면 두 점 P, Q의 시각 t에서의 속도가 서로 다른 부호이므로
$(3t^2 - 48)(2t - 2) < 0$
$6(t+4)(t-4)(t-1) < 0$
$t > 0$이므로
$1 < t < 4$
따라서 구하는 최댓값은
$4 - 1 = 3$

답 ③

01 풀이 참조   **02** 23

01 (1) $x \leq a$에서 함수 $f(x)$가 증가하므로
$f'(x) \geq 0$ ❶
$a \leq x \leq b$에서 함수 $f(x)$가 감소하므로
$f'(x) \leq 0$ ❷
$x \geq b$에서 함수 $f(x)$가 증가하므로
$f'(x) \geq 0$ ❸
따라서 함수 $y = f'(x)$의 그래프는 그림과 같다.

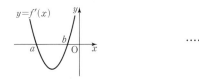

     ❹

단계	채점 기준	비율
❶	$x \leq a$에서 $f'(x)$의 부호를 정한 경우	10 %
❷	$a \leq x \leq b$에서 $f'(x)$의 부호를 정한 경우	10 %
❸	$x \geq b$에서 $f'(x)$의 부호를 정한 경우	10 %
❹	함수 $y = f'(x)$의 그래프를 그린 경우	20 %

(2) $x \leq 0$에서 $g'(x) \leq 0$이므로 함수 $g(x)$는 감소한다. …… ❶
$x \geq 0$에서 $g'(x) \geq 0$이므로 함수 $g(x)$는 증가한다. …… ❷
따라서 원점을 지나는 함수 $y = g(x)$의 그래프는 그림과 같다.

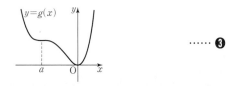

     ❸

단계	채점 기준	비율
❶	$x \leq 0$에서 $g(x)$의 증가와 감소를 정한 경우	10 %
❷	$x \geq 0$에서 $g(x)$의 증가와 감소를 정한 경우	10 %
❸	함수 $y = g(x)$의 그래프를 그린 경우	30 %

답 풀이 참조

02 원기둥의 밑면의 반지름의 길이를 r, 높이를 $2h$라 하자.

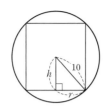

그림의 직각삼각형에서 피타고라스 정리에 의하여

$r^2+h^2=100$ ⋯⋯ ❶

원기둥의 부피를 V라 하면

$V=\pi r^2\times 2h$

　$=\pi(100-h^2)\times 2h$

　$=\pi(200h-2h^3)$ ⋯⋯ ❷

$\dfrac{dV}{dh}=\pi(200-6h^2)$

$\dfrac{dV}{dh}=0$에서 $h=\dfrac{10\sqrt{3}}{3}$ ⋯⋯ ❸

따라서 $h=\dfrac{10\sqrt{3}}{3}$일 때 원기둥의 부피가 최대이므로 구하는 원

기둥의 높이는

$2\times\dfrac{10\sqrt{3}}{3}=\dfrac{20\sqrt{3}}{3}$

따라서 $p+q=3+20=23$ ⋯⋯ ❹

🅐 23

단계	채점 기준	비율
❶	r와 h의 관계식을 구한 경우	20 %
❷	부피를 h에 대한 식으로 나타낸 경우	30 %
❸	부피가 최대일 때의 h의 값을 구한 경우	30 %
❹	$p+q$의 값을 구한 경우	20 %

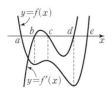

내신 ✚ 수능 Plus ┃ 고난도 문항 ┃ 본문 59쪽

01 ⑤ **02** ① **03** ②

01 조건을 만족시키는 함수 $y=f(x)$의 그래프의 한 형태와
함수 $y=f'(x)$의 그래프는 그림과 같다.

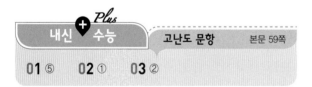

그림에서 $A=\{a,\ b,\ c,\ d,\ e\}$, $B=\varnothing$이므로

$A\cap B^C=\{a,\ b,\ c,\ d,\ e\}$

따라서 $n(A\cap B^C)=5$

🅐 ⑤

02 $f'(x)=3x^2-3a^2=3(x+a)(x-a)$

$f'(x)=0$에서 $x=-a$ 또는 $x=a$

함수 $f(x)$의 증가와 감소를 표로 나타내면 다음과 같다.

x	$\cdots$	$-a$	$\cdots$	a	$\cdots$
$f'(x)$	$+$	0	$-$	0	$+$
$f(x)$	↗	극대	↘	극소	↗

$f(0)=0$이므로 함수 $y=f(x)$의 그래프는 그림과 같고, 함수
$f(x)$는 $x=a$에서 극솟값을 갖는다.

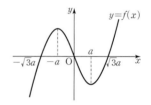

(ⅰ) $0<a<1$일 때

　닫힌구간 $[0,\ 1]$에서 함수 $f(x)$는 $x=a$에서 최솟값을 가

　지므로

　$g(a)=f(a)=a^3-3a^3=-2a^3$

(ⅱ) $a>1$일 때

　닫힌구간 $[0,\ 1]$에서 함수 $f(x)$는 $x=1$에서 최솟값을 가

　지므로

　$h(a)=f(1)=1-3a^2$

(ⅰ), (ⅱ)에서

$g(a)=-2a^3$, $h(a)=1-3a^2$

이므로

$g\left(\dfrac{1}{2}\right)\times h(2)=\left(-\dfrac{1}{4}\right)\times(-11)=\dfrac{11}{4}$

🅐 ①

03 두 점 P, Q가 동시에 원점을 출발한 후 두 점 사이의 거리는

$|(2t^3-3t^2)-(t^3+t^2-4t)|=|t^3-4t^2+4t|$

이므로 $f(t)=t^3-4t^2+4t$라 하면 함수 $y=|f(t)|$가 감소할
때 두 점 사이의 거리가 가까워진다.

$f'(t)=3t^2-8t+4$

　$=(3t-2)(t-2)$

$f'(t)=0$에서 $t=\dfrac{2}{3}$ 또는 $t=2$

함수 $f(t)$가 $t=\dfrac{2}{3}$에서 극대, $t=2$에서 극소이고, 함수 $f(t)$의 극솟값이 0이므로 함수 $y=|f(t)|$의 그래프는 그림과 같다.

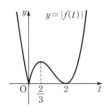

따라서 $t>0$에서 함수 $y=|f(t)|$가 감소하는 t의 값의 범위가 $\dfrac{2}{3}<t<2$이므로 $\beta-\alpha$의 최댓값은

$2-\dfrac{2}{3}=\dfrac{4}{3}$

답 ②

대단원 종합 문제
본문 60~63쪽

01 ②	02 ③	03 ②	04 ③	05 ④
06 ③	07 ④	08 ④	09 ③	10 ①
11 ①	12 ②	13 18	14 16	15 40
16 ②	17 ⑤	18 ①	19 58	20 ②
21 28	22 $0<b<\dfrac{27}{8}$		23 15	

01 $\displaystyle\lim_{h\to0}\dfrac{f(1+kh)-f(1)}{h}=\lim_{h\to0}\dfrac{f(1+kh)-f(1)}{kh}\times k$

$\qquad\qquad\qquad\qquad\qquad=f'(1)\times k$

이므로 $f'(1)\times k=4$

$f'(1)=2$이므로 $2k=4$에서

$k=2$

답 ②

02 (i) 함수 $f(x)$는 $x=1$, $x=3$에서 불연속이므로 미분가능하지 않다.

(ii) $\displaystyle\lim_{h\to0-}\dfrac{f(2+h)-f(2)}{h}>0$, $\displaystyle\lim_{h\to0+}\dfrac{f(2+h)-f(2)}{h}<0$

이므로 함수 $f(x)$는 $x=2$에서 미분가능하지 않다.

또, $\displaystyle\lim_{h\to0-}\dfrac{f(4+h)-f(4)}{h}<0$, $\displaystyle\lim_{h\to0+}\dfrac{f(4+h)-f(4)}{h}>0$

이므로 함수 $f(x)$는 $x=4$에서 미분가능하지 않다.

(i), (ii)에서 실수 a의 값은 1, 2, 3, 4이고, 그 합은

$1+2+3+4=10$

답 ③

03 $f'(x)=3x^2-3ax=3x(x-a)$

$f'(x)=0$에서 $x=0$ 또는 $x=a$

$a>0$이므로 함수 $f(x)$의 증가와 감소를 표로 나타내면 다음과 같다.

x	$\cdots$	0	$\cdots$	a	$\cdots$
$f'(x)$	$+$	0	$-$	0	$+$
$f(x)$	↗	극대	↘	극소	↗

함수 $f(x)$는 $x=0$에서 극대이고, $x=a$에서 극소이다.

함수 $f(x)$의 극댓값이 5이므로

$f(0)=b=5$

함수 $f(x)$의 극솟값이 1이므로

$f(a)=-\dfrac{1}{2}a^3+b=1$에서

$a^3=8$, $a=2$

따라서 $a+b=2+5=7$

답 ②

04 $f'(x)=12x^3-24x^2=12x^2(x-2)$

$f'(x)=0$에서 $x=0$ 또는 $x=2$

함수 $f(x)$의 증가와 감소를 표로 나타내면 다음과 같다.

x	$\cdots$	0	$\cdots$	2	$\cdots$
$f'(x)$	$-$	0	$-$	0	$+$
$f(x)$	↘		↘	극소	↗

함수 $y=f(x)$의 그래프는 그림과 같고, 함수 $f(x)$는 $x=2$에서 극소이면서 최소이다.

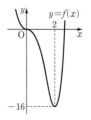

따라서 최솟값은

$f(2)=48-64=-16$

답 ③

05 $f(x)=x^3-12x+k$로 놓으면
$f'(x)=3x^2-12=3(x+2)(x-2)$
$f'(x)=0$에서 $x=-2$ 또는 $x=2$
함수 $f(x)$의 증가와 감소를 표로 나타내면 다음과 같다.

x	$\cdots$	-2	$\cdots$	2	$\cdots$
$f'(x)$	$+$	0	$-$	0	$+$
$f(x)$	↗	극대	↘	극소	↗

함수 $f(x)$는 $x=-2$에서 극대, $x=2$에서 극소이고 주어진 방정식이 서로 다른 세 실근을 가지려면 (극댓값)×(극솟값)<0 이어야 한다.
$f(-2)\times f(2)=(k+16)(k-16)<0$에서
$-16<k<16$
따라서 정수 k의 값은 $-15,\ -14,\ -13,\ \cdots,\ 15$이고, 그 개수는
$15-(-15)+1=31$

답 ④

06 점 P의 시각 t에서의 속도는
$\dfrac{d}{dt}(6t-t^3)=6-3t^2$
따라서 점 P의 시각 $t=2$에서의 속도는
$6-3\times 2^2=-6$

답 ③

07 함수 $f(x)$가 $x=0$에서 연속이므로 $\lim\limits_{x\to 0}f(x)=f(0)$이다.

ㄱ. $\lim\limits_{h\to 0}\dfrac{(0+h)f(0+h)-0\times f(0)}{h}=\lim\limits_{h\to 0}\dfrac{hf(h)}{h}$
$=\lim\limits_{h\to 0}f(h)$
$=f(0)$
따라서 함수 $xf(x)$는 $x=0$에서 미분가능하다.

ㄴ. $\lim\limits_{h\to 0}\dfrac{|0+h|f(0+h)-|0|\times f(0)}{h}=\lim\limits_{h\to 0}\dfrac{|h|f(h)}{h}$
그런데 $\lim\limits_{h\to 0-}\dfrac{|h|f(h)}{h}=\lim\limits_{h\to 0-}\{-f(h)\}=-f(0)$,
$\lim\limits_{h\to 0+}\dfrac{|h|f(h)}{h}=\lim\limits_{h\to 0+}f(h)=f(0)$이므로 $f(0)\neq 0$이면
$\lim\limits_{h\to 0}\dfrac{|0+h|f(0+h)-|0|\times f(0)}{h}$의 값이 존재하지 않는다.
따라서 함수 $|x|f(x)$는 $x=0$에서 항상 미분가능한 것은 아니다.

ㄷ. $\lim\limits_{h\to 0}\dfrac{(0+h)|0+h|\,f(0+h)-0\times|0|\times f(0)}{h}$
$=\lim\limits_{h\to 0}\dfrac{h|h|f(h)}{h}$
$=\lim\limits_{h\to 0}|h|f(h)$
$=0$
따라서 함수 $x|x|f(x)$는 $x=0$에서 미분가능하다.
이상에서 $x=0$에서 항상 미분가능한 함수는 ㄱ, ㄷ이다.

답 ④

08 접선의 접점을 $T(t,\ t^3)$이라 하면 $y'=3x^2$이므로 접선의 방정식은
$y-t^3=3t^2(x-t)$
이 접선이 점 $P(-2,\ 0)$을 지나므로
$0-t^3=3t^2(-2-t)$
$2t^2(t+3)=0$에서 $t=0$ 또는 $t=-3$
기울기가 0이 아니므로 $t=-3$이고 접선의 방정식은
$y+27=27(x+3)$
$y=27x+54$
따라서 $a+b=27+54=81$

답 ④

09 $f'(x)=3x^2-2k$
방정식 $f'(x)=0$이 서로 다른 두 실근을 가져야 하므로 $k>0$
$3x^2-2k=0$에서 $x=\pm\sqrt{\dfrac{2k}{3}}$
함수 $f(x)$는 $x=-\sqrt{\dfrac{2k}{3}}$에서 극대, $x=\sqrt{\dfrac{2k}{3}}$에서 극소이다.
이때 $-1<\sqrt{\dfrac{2k}{3}}<1$이어야 하고 $k>0$이므로 $0<k<\dfrac{3}{2}$
따라서 $q-p$의 최댓값은 $\dfrac{3}{2}-0=\dfrac{3}{2}$

답 ③

10 (ⅰ) $x\leq 2$일 때
$f(x)\leq 0$이고, 함수 $f(x)$가 증가하므로 $f'(x)\geq 0$
즉, $f(x)f'(x)\leq 0$
(ⅱ) $2\leq x\leq 5$일 때
$f(x)\geq 0$이고, 함수 $f(x)$가 증가하므로 $f'(x)\geq 0$
즉, $f(x)f'(x)\geq 0$
(ⅲ) $5\leq x\leq 11$일 때
$f(x)\geq 0$이고, 함수 $f(x)$가 감소하므로 $f'(x)\leq 0$

즉, $f(x)f'(x) \leq 0$

(iv) $x \geq 11$일 때

$f(x) \geq 0$이고, 함수 $f(x)$가 증가하므로 $f'(x) \geq 0$

즉, $f(x)f'(x) \geq 0$

(i)~(iv)에서 부등식 $f(x)f'(x) \leq 0$을 만족시키는 x의 값의 범위는

$x \leq 2$ 또는 $5 \leq x \leq 11$

따라서 20 이하의 자연수 n의 값은

1, 2, 5, 6, 7, 8, 9, 10, 11

이고, 그 개수는 9이다.

답 ①

11 $f'(x) = 3x^2 - 6(a-1)x - 12a$
$\qquad = 3(x+2)(x-2a)$

$f'(x) = 0$에서 $x = -2$ 또는 $x = 2a$

$a > 0$이므로 함수 $f(x)$의 증가와 감소를 표로 나타내면 다음과 같다.

x	$\cdots$	-2	$\cdots$	$2a$	$\cdots$
$f'(x)$		$+$	0	$-$	0	$+$
$f(x)$		$\nearrow$	극대	$\searrow$	극소	$\nearrow$

함수 $f(x)$는 $x = -2$에서 극대, $x = 2a$에서 극소이다.

따라서 $g(a) = f(-2) = 12a + 7$,

$h(a) = f(2a) = -4a^3 - 12a^2 + 3$이므로

$$\lim_{a \to \infty} \frac{a^2 g(a)}{h(a)} = \lim_{a \to \infty} \frac{a^2(12a+7)}{-4a^3 - 12a^2 + 3}$$

$$= \lim_{a \to \infty} \frac{12a^3 + 7a^2}{-4a^3 - 12a^2 + 3}$$

$$= -3$$

답 ①

12 세 점 A, B, C의 x좌표를 각각 a, b, $c (a < b < c)$라 하면

$h'(x) = g'(x) - f'(x)$

$h'(x) = 0$에서 $x = a$ 또는 $x = b$ 또는 $x = c$

함수 $h(x)$의 증가와 감소를 표로 나타내면 다음과 같다.

x	$\cdots$	a	$\cdots$	b	$\cdots$	c	$\cdots$
$h'(x)$		$+$	0	$-$	0	$+$	0	$-$
$h(x)$		$\nearrow$	극대	$\searrow$	극소	$\nearrow$	극대	$\searrow$

함수 $h(x)$는 $x = b$에서 극소이다.

이때 방정식 $f(x) = g(x)$의 서로 다른 실근의 개수는 함수

$y = h(x)$의 그래프와 x축이 만나는 서로 다른 점의 개수와 같다.

그런데 함수 $h(x)$의 극솟값이 양수이므로 구하는 서로 다른 실근의 개수는 2이다.

답 ②

13 밑면의 반지름의 길이를 x, 원기둥의 높이를 h라 하면 원기둥의 겉넓이는

$2 \times \pi x^2 + 2\pi x \times h = 2\pi x(x+h)$

$2\pi x(x+h) = 54\pi$에서

$h = \dfrac{27}{x} - x$

원기둥의 부피를 $f(x)$라 하면

$f(x) = \pi x^2 \times \left(\dfrac{27}{x} - x \right)$

$\qquad = \pi(27x - x^3)$

이때 $x(27 - x^2) > 0$에서 $0 < x < 3\sqrt{3}$

$f'(x) = \pi(27 - 3x^2)$이므로 $f'(x) = 0$에서

$x = -3$ 또는 $x = 3$

함수 $f(x)$가 $x = 3$에서 극대이면서 최대이므로 $a = 3$

$b = f(3) = \pi \times (27 \times 3 - 3^3) = 54\pi$

따라서 $\dfrac{b}{a\pi} = \dfrac{54\pi}{3 \times \pi} = 18$

답 18

14 점 P의 시각 t에서의 속도는

$\dfrac{d}{dt}(t^4 - 8t^3 + 18t^2) = 4t^3 - 24t^2 + 36t$

점 Q의 시각 t에서의 속도는

$\dfrac{d}{dt}(mt) = m$

두 점 P, Q의 속도가 같아야 하므로

$4t^3 - 24t^2 + 36t = m$

$f(t) = 4t^3 - 24t^2 + 36t$로 놓으면

$f'(t) = 12t^2 - 48t + 36$

$\qquad = 12(t-1)(t-3)$

$f'(t) = 0$에서 $t = 1$ 또는 $t = 3$

함수 $f(t)$의 증가와 감소를 표로 나타내면 다음과 같다.

t	(0)	$\cdots$	1	$\cdots$	3	$\cdots$
$f'(t)$			$+$	0	$-$	0	$+$
$f(t)$			$\nearrow$	극대	$\searrow$	극소	$\nearrow$

함수 $f(t)$는 $t=1$에서 극댓값 $f(1)=16$을 갖고, $t=3$에서 극솟값 $f(3)=0$을 갖는다.

이때 속도가 같아지는 순간이 2번 있으려면 방정식 $f(t)=m$이 $t>0$에서 서로 다른 두 실근을 가져야 한다.

따라서 곡선 $y=f(t)$와 직선 $y=m$이 서로 다른 두 점에서 만나야 하므로

$m=f(1)=16$

답 16

15 곡선 $y=x^2$ 위의 점 $\mathrm{T}(t,\ t^2)$에서의 접선의 방정식은

$y-t^2=2t(x-t)$

이 직선이 점 $(2,\ 2\sqrt{2})$를 지나므로

$2\sqrt{2}-t^2=2t(2-t)$

정리하면 $t^2-4t+2\sqrt{2}=0$

이차방정식 $t^2-4t+2\sqrt{2}=0$의 두 근이 a, b이므로 근과 계수의 관계에 의하여

$a+b=4$

한편, 직선 AB의 기울기는

$\dfrac{a^2-b^2}{a-b}=a+b=4$

따라서 삼각형 ABC의 넓이가 최대가 되려면 점 C에서의 접선의 기울기가 4이어야 하므로

$2c=4$에서 $c=2$

따라서 $10c^2=10\times2^2=40$

답 40

16 $f(x)=g(x)$에서

$k=x^3-x^2+|x(x-1)|$

$h(x)=x^3-x^2+|x(x-1)|$

로 놓으면

(i) $0\leq x\leq1$일 때

$h(x)=x^3-x^2-x(x-1)$

$\qquad=x^3-2x^2+x$

$h'(x)=3x^2-4x+1$

$\qquad=(3x-1)(x-1)$

$h'(x)=0$에서

$x=\dfrac{1}{3}$ 또는 $x=1$

이때 $h\left(\dfrac{1}{3}\right)=\dfrac{4}{27}$, $h(1)=0$

(ii) $x<0$ 또는 $x>1$일 때

$h(x)=x^3-x^2+x(x-1)$

$\qquad=x^3-x$

$h'(x)=3x^2-1$

$\qquad=(\sqrt{3}x+1)(\sqrt{3}x-1)$

$h'(x)=0$에서

$x=-\dfrac{1}{\sqrt{3}}$

이때 $h\left(-\dfrac{1}{\sqrt{3}}\right)=\dfrac{2\sqrt{3}}{9}$

(i), (ii)에서 함수 $y=h(x)$의 그래프는 그림과 같다.

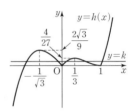

그림에서 함수 $y=h(x)$의 그래프와 직선 $y=k$가 만나는 서로 다른 점의 개수가 5가 되는 실수 k의 값의 범위는

$0<k<\dfrac{4}{27}$

따라서 $q-p$의 최댓값은

$\dfrac{4}{27}-0=\dfrac{4}{27}$

답 ②

17 ㄱ. $f'(x)=3ax^2-12a^2x+9a^3$

이차방정식 $f'(x)=0$의 판별식을 D라 하면

$\dfrac{D}{4}=36a^4-27a^4=9a^4$

$D>0$이므로 방정식 $f'(x)=0$은 서로 다른 두 실근을 갖는다. (참)

ㄴ. $f'(x)=3a(x-a)(x-3a)$

$f'(x)=0$에서 $x=a$ 또는 $x=3a$

$f(a)=4a^4$, $f(3a)=0$이므로 함수 $f(x)$는 $x=a$에서 극댓값 $4a^4$, $x=3a$에서 극솟값 0을 갖는다.

$a>0$일 때, 함수 $y=f(x)$의 그래프와 함수 $y=|f(x)|$의 그래프는 그림과 같다.

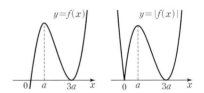

$a<0$일 때, 함수 $y=f(x)$의 그래프와 함수 $y=|f(x)|$의 그래프는 그림과 같다.

즉, 함수 $|f(x)|$는 $x=0$, $x=a$, $x=3a$에서 극값을 가지므로 극값을 갖는 x의 개수는 3이다. (참)

ㄷ. $\dfrac{f(3a)-f(a)}{3a-a}=\dfrac{0-4a^4}{2a}=-2a^3$

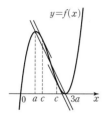

평균값 정리에 의하여 $f'(c)=-2a^3$을 만족시키는 c가 구간 $(a, 3a)$에서 적어도 하나 존재한다. (참)

이상에서 옳은 것은 ㄱ, ㄴ, ㄷ이다.

답 ⑤

18 $f(x)=x(x^2+nx+5)$이므로 방정식 $f(x)=0$은 $x=0$을 실근으로 갖는다.

조건 (가)에서 방정식 $f(x)=0$의 실근의 개수가 1이므로 이차방정식 $x^2+nx+5=0$은 실근을 갖지 않아야 한다.

이차방정식 $x^2+nx+5=0$의 판별식을 D_1이라 하면

$D_1=n^2-20<0$에서 $n^2<20$

또, $f'(x)=3x^2+2nx+5$이고, 조건 (나)에서 함수 $f(x)$가 극값을 가지므로 이차방정식 $3x^2+2nx+5=0$은 서로 다른 두 실근을 갖는다.

이차방정식 $3x^2+2nx+5=0$의 판별식을 D_2라 하면

$\dfrac{D_2}{4}=n^2-15>0$에서 $n^2>15$

n은 자연수이고 $15<n^2<20$이므로 $n=4$이다.

$f'(x)=3x^2+8x+5$
$\qquad=(3x+5)(x+1)$

$f'(x)=0$에서 $x=-\dfrac{5}{3}$ 또는 $x=-1$

함수 $f(x)$의 증가와 감소를 표로 나타내면 다음과 같다.

x	$\cdots$	$-\dfrac{5}{3}$	$\cdots$	-1	$\cdots$
$f'(x)$	$+$	0	$-$	0	$+$
$f(x)$	↗	극대	↘	극소	↗

함수 $f(x)$는 $x=-\dfrac{5}{3}$에서 극댓값, $x=-1$에서 극솟값을 갖는다.

따라서 함수 $f(x)$의 극솟값은

$f(-1)=(-1)^3+4\times(-1)^2+5\times(-1)=-2$

답 ①

19 $f'(x)=6x^2-6(a+2)x+12a$
$\qquad\quad=6(x-a)(x-2)$

$f'(x)=0$에서 $x=a$ 또는 $x=2$

(ⅰ) $0<a<2$인 경우

함수 $f(x)$는 $x=a$에서 극대, $x=2$에서 극소이고 $f(0)>0$이므로 구간 $[0, \infty)$에서 부등식 $f(x)\geq0$이 성립하려면 $f(2)\geq0$을 만족시키면 된다.

$f(2)=-8+28a$이므로

$-8+28a\geq0$에서 $a\geq\dfrac{2}{7}$

따라서 $\dfrac{2}{7}\leq a<2$

(ⅱ) $a=2$인 경우

$f'(x)=6(x-2)^2$이므로 함수 $f(x)$는 실수 전체의 집합에서 증가한다.

$f(0)>0$이므로 구간 $[0, \infty)$에서 부등식 $f(x)\geq0$이 항상 성립한다.

따라서 $a=2$

(ⅲ) $a>2$인 경우

함수 $f(x)$는 $x=2$에서 극대, $x=a$에서 극소이고 $f(0)>0$이므로 구간 $[0, \infty)$에서 부등식 $f(x)\geq0$이 성립하려면 $f(a)\geq0$을 만족시키면 된다.

$f(a)=-a^3+6a^2+16a$이므로

$-a^3+6a^2+16a\geq0$에서 $a(a+2)(a-8)\leq0$

$a>0$이므로 $0<a\leq8$

따라서 $2<a\leq8$

(ⅰ), (ⅱ), (ⅲ)에서

$\dfrac{2}{7}\leq a\leq8$이므로 $M=8$, $m=\dfrac{2}{7}$

따라서 $7(M+m)=7\left(8+\dfrac{2}{7}\right)=56+2=58$

답 58

20 $g(x)=-x^3+3x^2+4x$라 하자.

(i) $g(x)=-x(x^2-3x-4)=-x(x+1)(x-4)$이므로
$k=0$일 때, 방정식 $f(x)=0$은 세 실근 -1, 0, 4를 갖는다.

(ii) $g'(x)=-3x^2+6x+4$

$g'(x)=0$에서 $x=\dfrac{3-\sqrt{21}}{3}$ 또는 $x=\dfrac{3+\sqrt{21}}{3}$

함수 $g(x)$의 증가와 감소를 표로 나타내면 다음과 같다.

x	$\cdots$	$\dfrac{3-\sqrt{21}}{3}$	$\cdots$	$\dfrac{3+\sqrt{21}}{3}$	$\cdots$
$g'(x)$	$-$	0	$+$	0	$-$
$g(x)$	$\searrow$	극소	$\nearrow$	극대	$\searrow$

$-1<\dfrac{3-\sqrt{21}}{3}<0$, $2<\dfrac{3+\sqrt{21}}{3}<3$이므로 함수 $y=g(x)$의 그래프는 그림과 같다.

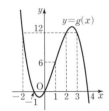

$g(1)=6$, $g(-2)=g(2)=g(3)=12$이므로 $k=12$일 때, 방정식 $f(x)=0$은 세 실근 -2, 2, 3을 갖는다.

(i), (ii)에서 세 실근이 모두 정수가 되도록 하는 실수 k의 값은 0, 12이고, 그 개수는 2이다.

탑 ②

21 다항함수 $f(x)$의 차수를 n, 최고차항의 계수를 a_n이라 하면 도함수 $f'(x)$의 차수는 $n-1$, 최고차항의 계수는 na_n이다.

조건 (가)에서 양변의 x^n항의 계수가 같아야 하므로
$na_n=a_n$에서 $n=1$ ······ **❶**

$f(x)=ax+b$ (a, b는 상수, $a\neq0$)로 놓으면 조건 (가)에서
$(x-3)\times a=ax+b$이므로
$b=-3a$

한편, $f(5)=5a+b=5a+(-3a)=2a$

조건 (나)에서 $2a=8$, $a=4$

따라서 $b=-12$이므로
$f(x)=4x-12$ ······ **❷**

따라서 $f(10)=4\times10-12=28$ ······ **❸**

탑 28

단계	채점 기준	비율
❶	$f(x)$의 차수를 구한 경우	40 %
❷	$f(x)$를 구한 경우	40 %
❸	$f(10)$의 값을 구한 경우	20 %

22 $f'(x)=3x^2-2ax-a^2$
$\qquad\ \ =(3x+a)(x-a)$

$f'(x)=0$에서 $x=-\dfrac{a}{3}$ 또는 $x=a$

함수 $f(x)$의 증가와 감소를 표로 나타내면 다음과 같다.

x	$\cdots$	$-\dfrac{a}{3}$	$\cdots$	a	$\cdots$
$f'(x)$	$+$	0	$-$	0	$+$
$f(x)$	$\nearrow$	극대	$\searrow$	극소	$\nearrow$

함수 $f(x)$는 $x=-\dfrac{a}{3}$에서 극대이고 $x=a$에서 극소이므로

함수 $f(x)$의 극댓값은
$f\left(-\dfrac{a}{3}\right)=\dfrac{5}{27}a^3+b$

함수 $f(x)$의 극솟값은
$f(a)=-a^3+b$ ······ **❶**

이때 극댓값과 극솟값의 차가 4이므로
$\left(\dfrac{5}{27}a^3+b\right)-(-a^3+b)=4$

$\dfrac{32}{27}a^3=4$에서 $a=\dfrac{3}{2}$ ······ **❷**

방정식 $f(x)=0$이 서로 다른 두 개의 양의 실근과 한 개의 음의 실근을 가지려면 $f(0)>0$, $f(a)<0$을 만족시켜야 하므로
$f(0)=b$에서 $b>0$

$f(a)=f\left(\dfrac{3}{2}\right)=-\dfrac{27}{8}+b$이므로

$-\dfrac{27}{8}+b<0$에서 $b<\dfrac{27}{8}$

따라서 $0<b<\dfrac{27}{8}$ ······ **❸**

탑 $0<b<\dfrac{27}{8}$

단계	채점 기준	비율
❶	$f(x)$의 극값을 구한 경우	40 %
❷	a의 값을 구한 경우	20 %
❸	b의 값의 범위를 구한 경우	40 %

23 $f(t)=-t^4+4t^3$, $g(t)=kt^2$이라 하자.

두 점 P, Q의 시각 t에서의 속도는 각각

$f'(t)=-4t^3+12t^2$, $g'(t)=2kt$ ......❶

두 점 P, Q의 시각 t에서의 가속도는 각각

$\dfrac{d}{dt}f'(t)=-12t^2+24t$

$\dfrac{d}{dt}g'(t)=2k$ ......❷

그런데 $\dfrac{d}{dt}f'(t)=-12t^2+24t=-12(t-1)^2+12$이므로

$t>0$에서 두 점 P, Q의 가속도가 같아지는 순간이 2번 있으려면

$0<2k<12$, $0<k<6$ ......❸

따라서 정수 k의 값은 1, 2, 3, 4, 5이고, 그 합은

$1+2+3+4+5=15$ ......❹

답 15

단계	채점 기준	비율
❶	두 점 P, Q의 속도를 구한 경우	20%
❷	두 점 P, Q의 가속도를 구한 경우	20%
❸	k의 값의 범위를 구한 경우	30%
❹	모든 정수 k의 값의 합을 구한 경우	30%

Ⅲ. 적분

06 부정적분과 정적분

기본 유형 익히기 유제 본문 67~69쪽

1. 11 **2.** ③ **3.** ④ **4.** ④ **5.** 44
6. ⑤

1. $F'(x)=f(x)$이므로

$f(x)=\dfrac{d}{dx}(x^2+x+1)=2x+1$

따라서 $f(5)=10+1=11$

답 11

2. $\displaystyle\int\dfrac{x^5}{x^2+1}dx+\int\dfrac{x^3}{x^2+1}dx$

$=\displaystyle\int\left(\dfrac{x^5}{x^2+1}+\dfrac{x^3}{x^2+1}\right)dx$

$=\displaystyle\int\dfrac{x^3(x^2+1)}{x^2+1}dx$

$=\displaystyle\int x^3 dx$

$=\dfrac{1}{4}x^4+C$ (C는 적분상수)

이므로 $p(x)=\dfrac{1}{4}x^4+C$

이때 $p(0)=0$이므로 $C=0$

따라서 $p(x)=\dfrac{1}{4}x^4$이므로

$p(2)=\dfrac{1}{4}\times 2^4=4$

답 ③

3. $\displaystyle\int_0^a(2-3x)dx=\left[2x-\dfrac{3}{2}x^2\right]_0^a$

$=2a-\dfrac{3}{2}a^2$

$2a-\dfrac{3}{2}a^2=\dfrac{1}{2}$에서

$3a^2-4a+1=0$

$(3a-1)(a-1)=0$

$a=\dfrac{1}{3}$ 또는 $a=1$

따라서 모든 실수 a의 값의 합은

$$\frac{1}{3}+1=\frac{4}{3}$$

답 ④

4. $f(x)=\int_a^x (2t^2+3t+4)\,dt$의 양변을 x에 대하여 미분

하면

$$f'(x)=\frac{d}{dx}\int_a^x (2t^2+3t+4)\,dt$$
$$=2x^2+3x+4$$

따라서

$$f'(1)=2+3+4=9$$

답 ④

5. $\int_0^4 |x(x-1)|\,dx$

$$=\int_0^1 (-x^2+x)\,dx+\int_1^4 (x^2-x)\,dx$$

$$=\left[-\frac{1}{3}x^3+\frac{1}{2}x^2\right]_0^1+\left[\frac{1}{3}x^3-\frac{1}{2}x^2\right]_1^4$$

$$=\frac{1}{6}+\frac{27}{2}$$

$$=\frac{41}{3}$$

따라서 $p=3$, $q=41$이므로

$$p+q=3+41=44$$

답 44

6. $h(x)=f(x)g(x)$로 놓으면 조건 (가)와 조건 (나)에서

$$h(-x)=f(-x)g(-x)$$
$$=f(x)\{-g(x)\}$$
$$=-f(x)g(x)$$
$$=-h(x)$$

따라서

$$\int_{-a}^a \{f(x)+g(x)+f(x)g(x)\}\,dx$$

$$=\int_{-a}^a f(x)\,dx+\int_{-a}^a g(x)\,dx+\int_{-a}^a h(x)\,dx$$

$$=2\int_0^a f(x)\,dx+0+0$$

이므로 $2\int_0^a f(x)\,dx=10$에서

$$\int_0^a f(x)\,dx=5$$

답 ⑤

유형 확인   본문 70~73쪽

01 ⑤	**02** 29	**03** 3	**04** ④	**05** ③
06 13	**07** ③	**08** ③	**09** ③	**10** ④
11 ③	**12** ②	**13** ④	**14** ②	**15** ④
16 ②	**17** ④	**18** 22	**19** ⑤	**20** 10
21 22	**22** ②	**23** ①		

01 부정적분의 정의에 의하여

$$(x^2+1)f(x)=\frac{d}{dx}(x^5-5x+C)$$
$$=5x^4-5$$
$$=5(x^4-1)$$
$$=5(x^2+1)(x^2-1)$$

따라서 $f(x)=5(x^2-1)$이므로

$$f(4)=5\times(16-1)=75$$

답 ⑤

02 $f'(x)=\lim_{h\to 0}\frac{f(x+h)-f(x)}{h}$이므로 조건 (가)에서

$$f'(x)=ax$$

$$f(x)=\int f'(x)\,dx$$

$$=\int ax\,dx$$

$$=\frac{a}{2}x^2+C \text{ (단, } C\text{는 적분상수)}$$

조건 (나)에서

$$f(1)=\frac{a}{2}+C=5 \qquad\qquad \cdots\cdots \,\text{㉠}$$

$$f(2)=2a+C=14 \qquad\qquad \cdots\cdots \,\text{㉡}$$

㉠, ㉡에서 $a=6$, $C=2$

따라서 $f(x)=3x^2+2$이므로

$$f(3)=27+2=29$$

답 29

03 함수 $f(x)$의 한 부정적분을 $F(x)$라 하면

$\dfrac{d}{dx}\displaystyle\int f(x)dx = \dfrac{d}{dx}\{F(x)+C_1\}$ (단, C_1은 적분상수)

$\qquad\qquad\qquad = F'(x) = f(x)$

또, $\displaystyle\int\left\{\dfrac{d}{dx}g(x)\right\}dx = \displaystyle\int g'(x)dx$

$\qquad\qquad\qquad\qquad = g(x)+C_2$ (단, C_2는 적분상수)

조건 (가)에서

$f(x) = g(x)+C_2$

$f(x)-g(x) = C_2$

즉, 함수 $f(x)-g(x)$는 상수함수이다.

따라서 조건 (나)에서 $f(1)-g(1)=10-7=3$이므로

$f(2)-g(2)=3$

답 3

04 이차함수 $y=f'(x)$의 그래프가 x축과 만나는 두 점의 x좌표가 0, 2이므로

$f'(x)=ax(x-2)$ $(a<0)$

로 놓을 수 있다.

$f(x)=\displaystyle\int f'(x)dx$

$\qquad = \displaystyle\int(ax^2-2ax)dx$

$\qquad = \dfrac{a}{3}x^3-ax^2+C$ (단, C는 적분상수)

한편, 함수 $f(x)$는 $x=0$에서 극소, $x=2$에서 극대이므로

$f(0)=6$, $f(2)=10$이다.

$f(0)=6$에서 $C=6$

$f(2)=\dfrac{8}{3}a-4a+6=10$에서 $a=-3$

따라서 $f(x)=-x^3+3x^2+6$이므로

$f(-2)=8+12+6=26$

답 ④

05 $F'(x)=f(x)$이므로 주어진 등식의 양변을 x에 대하여 미분하면

$F'(x)=f(x)+xf'(x)+6x^2+2x$

$f(x)=f(x)+xf'(x)+6x^2+2x$

$xf'(x)=-6x^2-2x$에서

$f'(x)=-6x-2$

이때

$f(x)=\displaystyle\int f'(x)dx$

$\qquad = \displaystyle\int(-6x-2)dx$

$\qquad = -3x^2-2x+C$ (단, C는 적분상수)

$f(1)=-5+C$이므로

$-5+C=5$에서 $C=10$

따라서 $f(x)=-3x^2-2x+10$이므로

$f(2)=-12-4+10=-6$

답 ③

06 $f'(x)=\begin{cases} -2x+1 & (x<0) \\ 1 & (0\le x<1) \\ 2x-1 & (x\ge 1) \end{cases}$이므로

$f(x)=\begin{cases} -x^2+x+C_1 & (x<0) \\ x+C_2 & (0\le x<1) \\ x^2-x+C_3 & (x\ge 1) \end{cases}$

(단, C_1, C_2, C_3은 적분상수)

함수 $f(x)$가 실수 전체의 집합에서 연속이므로

$C_1=C_2$, $1+C_2=C_3$에서

$C_3-C_1=1$

따라서

$f(3)-f(-2)=(9-3+C_3)-(-4-2+C_1)$

$\qquad\qquad\quad = (6+C_3)-(-6+C_1)$

$\qquad\qquad\quad = 12+(C_3-C_1)$

$\qquad\qquad\quad = 12+1=13$

답 13

07 $\displaystyle\int_{-1}^{3}(3x^2+2)dx = \Big[x^3+2x\Big]_{-1}^{3}$

$\qquad\qquad\qquad\qquad = 33-(-3)=36$

답 ③

08 $4\displaystyle\int_{0}^{2}x^3 f(x)dx + \displaystyle\int_{0}^{2}(x^4+2)f'(x)dx$

$\qquad = \displaystyle\int_{0}^{2}\{4x^3 f(x)+(x^4+2)f'(x)\}dx$

$\qquad = \displaystyle\int_{0}^{2}\{(x^4+2)f(x)\}'\,dx$

$\qquad = \Big[(x^4+2)\,f(x)\Big]_{0}^{2}$

$\qquad = 18f(2)-2f(0)$

따라서 $18f(2)-2\times 2=68$에서

$f(2)=4$

답 ③

09 $f(x)=9x^2+(3x-1)\displaystyle\int_0^1 f(t)\,dt$

$\displaystyle\int_0^1 f(t)\,dt=k$로 놓으면 $f(x)=9x^2+3kx-k$이므로

$k=\displaystyle\int_0^1 (9t^2+3kt-k)\,dt$

$\quad=\left[3t^3+\dfrac{3k}{2}t^2-kt\right]_0^1$

$\quad=3+\dfrac{3k}{2}-k$

$k=3+\dfrac{1}{2}k$에서 $k=6$

따라서 $f(x)=9x^2+18x-6$이므로

$f(-2)=36-36-6=-6$

답 ③

10 $\displaystyle\int_2^x f(t)\,dt=x^3+ax+4$에 $x=2$를 대입하면

$0=8+2a+4$에서 $a=-6$

또, $\displaystyle\int_2^x f(t)\,dt=x^3-6x+4$의 양변을 x에 대하여 미분하면

$f(x)=3x^2-6$

따라서

$f(3)=27-6=21$

답 ④

11 $f'(x)=\dfrac{d}{dx}\displaystyle\int_1^x (3t^2-9t+6)\,dt$

$\qquad\quad=3x^2-9x+6$

$\qquad\quad=3(x-1)(x-2)$

$f'(x)=0$에서 $x=1$ 또는 $x=2$

함수 $f(x)$는 $x=1$에서 극대, $x=2$에서 극소이다.

따라서 극솟값은

$f(2)=\displaystyle\int_1^2 (3t^2-9t+6)\,dt$

$\qquad=\left[t^3-\dfrac{9}{2}t^2+6t\right]_1^2$

$\qquad=2-\dfrac{5}{2}=-\dfrac{1}{2}$

답 ③

12 $f(x)=x+x^2$으로 놓고, 함수 $f(x)$의 한 부정적분을 $F(x)$라 하면

$F'(x)=x+x^2$

$\displaystyle\int_{2-h}^{2+h} f(x)\,dx=\left[F(x)\right]_{2-h}^{2+h}$

$\qquad\qquad\qquad\quad=F(2+h)-F(2-h)$

따라서

$\displaystyle\lim_{h\to 0}\dfrac{1}{h}\int_{2-h}^{2+h} f(x)\,dx$

$=\displaystyle\lim_{h\to 0}\dfrac{F(2+h)-F(2-h)}{h}$

$=\displaystyle\lim_{h\to 0}\left\{\dfrac{F(2+h)-F(2)}{h}-\dfrac{F(2-h)-F(2)}{h}\right\}$

$=\displaystyle\lim_{h\to 0}\dfrac{F(2+h)-F(2)}{h}+\lim_{h\to 0}\dfrac{F(2-h)-F(2)}{-h}$

$=F'(2)+F'(2)$

$=2f(2)$

$=2\times(2+4)$

$=12$

답 ②

13 $\dfrac{d}{dx}\displaystyle\int_0^x f(t)\,dt=f(x)$

$\displaystyle\int_a^x \left\{\dfrac{d}{dt}f(t)\right\}\,dt=\int_a^x f'(t)\,dt$

$\qquad\qquad\qquad\quad=\left[f(t)\right]_a^x$

$\qquad\qquad\qquad\quad=f(x)-f(a)$

$\dfrac{d}{dx}\displaystyle\int_0^x f(t)\,dt=\int_a^x \left\{\dfrac{d}{dt}f(t)\right\}\,dt$에서

$f(x)=f(x)-f(a)$, 즉 $f(a)=0$

한편, $f(a)=\displaystyle\int_0^a (6t^2-16t+6)\,dt$

$\qquad\quad=\left[2t^3-8t^2+6t\right]_0^a$

$\qquad\quad=2a^3-8a^2+6a$

$\qquad\quad=2a(a-1)(a-3)$

따라서 $f(a)=0$에서

$a=0$ 또는 $a=1$ 또는 $a=3$

이므로 모든 실수 a의 값의 합은

$0+1+3=4$

답 ④

14 $f'(x) = \dfrac{d}{dx}\displaystyle\int_0^x t(t-1)\,dt$

$\qquad = x(x-1)$

$f'(x) = 0$에서 $x = 0$ 또는 $x = 1$

함수 $f(x)$는 $x = 0$에서 극대, $x = 1$에서 극소이다.

따라서 극값과 구간의 양 끝점에서의 함숫값이

$f(0) = \displaystyle\int_0^0 t(t-1)\,dt = 0$

$f(1) = \displaystyle\int_0^1 t(t-1)\,dt$

$\qquad = \left[\dfrac{1}{3}t^3 - \dfrac{1}{2}t^2\right]_0^1$

$\qquad = -\dfrac{1}{6}$

$f(3) = \displaystyle\int_0^3 t(t-1)\,dt$

$\qquad = \left[\dfrac{1}{3}t^3 - \dfrac{1}{2}t^2\right]_0^3 = \dfrac{9}{2}$

이므로 $M = \dfrac{9}{2}$, $m = -\dfrac{1}{6}$

따라서 $M + m = \dfrac{9}{2} + \left(-\dfrac{1}{6}\right) = \dfrac{13}{3}$

답 ②

15 $(x-1)f(x) = (x^2 - 2x + 1) + \displaystyle\int_{-1}^x f(t)\,dt$ ······ ㉠

㉠에 $x = -1$을 대입하면

$-2f(-1) = 4 + 0$, $f(-1) = -2$

또, ㉠의 양변을 x에 대하여 미분하면

$f(x) + (x-1)f'(x) = (2x - 2) + f(x)$

$(x-1)f'(x) = 2(x-1)$에서

$f'(x) = 2$

$f(x) = \displaystyle\int f'(x)\,dx$

$\qquad = \displaystyle\int 2\,dx$

$\qquad = 2x + C$ (단, C는 적분상수)

이때 $f(-1) = -2$이므로 $C = 0$

따라서 $f(x) = 2x$

한편, 함수 $f(x)$의 한 부정적분을 $F(x)$라 하면

$F'(x) = 2x$

$\displaystyle\int_4^{x+4} f(t)\,dt = \Big[F(t)\Big]_4^{x+4}$

$\qquad = F(x+4) - F(4)$

따라서

$\displaystyle\lim_{x \to 0} \dfrac{1}{x}\int_4^{x+4} f(t)\,dt = \lim_{x \to 0}\dfrac{F(x+4) - F(4)}{x}$

$\qquad = F'(4)$

$\qquad = 2 \times 4 = 8$

답 ④

16 $\displaystyle\int_0^1 x^2(1-x)\,dx = \int_0^1 (x^2 - x^3)\,dx$

$\qquad = \left[\dfrac{1}{3}x^3 - \dfrac{1}{4}x^4\right]_0^1$

$\qquad = \dfrac{1}{3} - \dfrac{1}{4}$

$\qquad = \dfrac{1}{12}$

답 ②

17 $\displaystyle\int_{-3}^0 (1 - 2x)\,dx + \int_1^0 (2x - 1)\,dx$

$\qquad = \displaystyle\int_{-3}^0 (1 - 2x)\,dx + \int_0^1 (1 - 2x)\,dx$

$\qquad = \displaystyle\int_{-3}^1 (1 - 2x)\,dx$

$\qquad = \Big[x - x^2\Big]_{-3}^1$

$\qquad = 0 - (-12)$

$\qquad = 12$

답 ④

18 $f(x) = 3x^2 + 6x + 2\displaystyle\int_0^1 f'(t)\,dt$의 양변을 x에 대하여 미분하면 $f'(x) = 6x + 6$이므로

$\displaystyle\int_0^1 f'(t)\,dt = \int_0^1 (6t + 6)\,dt$

$\qquad = \Big[3t^2 + 6t\Big]_0^1$

$\qquad = 3 + 6$

$\qquad = 9$

에서 $f(x) = 3x^2 + 6x + 18$

따라서

$\displaystyle\int_0^1 f(x)\,dx = \int_0^1 (3x^2 + 6x + 18)\,dx$

$\qquad = \Big[x^3 + 3x^2 + 18x\Big]_0^1$

$$=1+3+18$$
$$=22$$

답 22

19 $\displaystyle\int_{-1}^{2} f(x)\,dx = \int_{-1}^{1} f(x)\,dx + \int_{1}^{2} f(x)\,dx$

$$=\int_{-1}^{1} 2x^2\,dx + \int_{1}^{2} (3-x)\,dx$$

$$=4\int_{0}^{1} x^2\,dx + \int_{1}^{2} (3-x)\,dx$$

$$=4\left[\frac{1}{3}x^3\right]_{0}^{1} + \left[3x - \frac{1}{2}x^2\right]_{1}^{2}$$

$$=\frac{4}{3}+\frac{3}{2}$$

$$=\frac{17}{6}$$

답 ⑤

20 $\displaystyle\int_{-a}^{a} (5-x)f'(x)\,dx = 5\int_{-a}^{a} f'(x)\,dx - \int_{-a}^{a} xf'(x)\,dx$

이때 조건 (가)에서 $f'(-x)=f'(x)$이므로

$$5\int_{-a}^{a} f'(x)\,dx = 10\int_{0}^{a} f'(x)\,dx$$

또, $g(x)=xf'(x)$로 놓으면

$$g(-x) = -xf'(-x)$$
$$=-xf'(x)$$
$$=-g(x)$$

이므로 $\displaystyle\int_{-a}^{a} xf'(x)\,dx = 0$

따라서

$$\int_{-a}^{a} (5-x)f'(x)\,dx = 10\int_{0}^{a} f'(x)\,dx$$

$$=10\left[f(x)\right]_{0}^{a}$$

$$=10\times\{f(a)-f(0)\}$$

$$=10\times(1-0)$$

$$=10$$

답 10

21 조건 (가)에서 구간 $[-2,\ 2]$의 함수 $y=f(x)$의 그래프가 y축에 대하여 대칭이므로

$$\int_{-2}^{0} f(x)\,dx = \int_{0}^{2} f(x)\,dx$$

조건 (나)에서 함수 $y=f(x)$의 그래프가 직선 $x=2$에 대하여 대칭이므로

$$\int_{-2}^{2} f(x)\,dx = \int_{2}^{6} f(x)\,dx$$

따라서

$$\int_{0}^{6} f(x)\,dx = \int_{0}^{2} f(x)\,dx + \int_{2}^{6} f(x)\,dx$$

$$=\int_{0}^{2} f(x)\,dx + \int_{-2}^{2} f(x)\,dx$$

$$=\int_{0}^{2} f(x)\,dx + \int_{-2}^{0} f(x)\,dx + \int_{0}^{2} f(x)\,dx$$

$$=3\int_{0}^{2} f(x)\,dx$$

$$=3\int_{0}^{2} \left(\frac{1}{2}x^2+3\right)dx$$

$$=3\left[\frac{1}{6}x^3+3x\right]_{0}^{2}$$

$$=3\left(\frac{4}{3}+6\right)$$

$$=4+18=22$$

답 22

22 모든 실수 x에 대하여 $f(-1+x)=f(-1-x)$이므로 함수 $y=f(x)$의 그래프는 직선 $x=-1$에 대하여 대칭이다.

$\displaystyle\int_{-3}^{-1} f(x)\,dx = a$에서 $\displaystyle\int_{-1}^{1} f(x)\,dx = a$

따라서

$$\int_{-1}^{0} f(x)\,dx = \int_{-2}^{-1} f(x)\,dx$$

$$=\int_{-2}^{1} f(x)\,dx - \int_{-1}^{1} f(x)\,dx$$

$$=b-a$$

답 ②

23 $\displaystyle\int_{-1}^{1} f(t)\,dt = a$, $\displaystyle\int_{-1}^{1} g(t)\,dt = b$로 놓으면

$$f(x)=x^3+b,\quad g(x)=x^2+a$$

$$a=\int_{-1}^{1} f(t)\,dt$$

$$=\int_{-1}^{1} (t^3+b)\,dt$$

$$=2\int_{0}^{1} b\,dt$$

$$=2\Big[\,bt\,\Big]_0^1$$

$$=2b$$

에서 $a=2b$ ⋯⋯ ㉠

$$b=\int_{-1}^1 g(t)dt$$

$$=\int_{-1}^1 (t^2+a)\,dt$$

$$=2\int_0^1 (t^2+a)\,dt$$

$$=2\Big[\frac{1}{3}t^3+at\Big]_0^1$$

$$=2\times\Big(\frac{1}{3}+a\Big)$$

에서 $b=\dfrac{2}{3}+2a$ ⋯⋯ ㉡

㉠, ㉡에서 $a=-\dfrac{4}{9}$, $b=-\dfrac{2}{9}$

즉, $f(x)=x^3-\dfrac{2}{9}$, $g(x)=x^2-\dfrac{4}{9}$이므로

$$\int_{-1}^1 f(x)dx-\int_{-1}^1 xg(x)dx$$

$$=\int_{-1}^1 \{f(x)-xg(x)\}dx$$

$$=\int_{-1}^1 \Big\{\Big(x^3-\frac{2}{9}\Big)-x\Big(x^2-\frac{4}{9}\Big)\Big\}dx$$

$$=\int_{-1}^1 \Big(\frac{4}{9}x-\frac{2}{9}\Big)dx$$

$$=2\int_0^1 \Big(-\frac{2}{9}\Big)dx$$

$$=2\Big[-\frac{2}{9}x\Big]_0^1$$

$$=2\times\Big(-\frac{2}{9}\Big)$$

$$=-\frac{4}{9}$$

답 ①

서술형 **연습장** 본문 74쪽

01 25 **02** 6 **03** 15

01 $\displaystyle\int_0^2 f(t)\,dt=k$로 놓으면

$$f(x)=x^3+2x+k$$ ⋯⋯ ❶

$$k=\int_0^2 f(t)\,dt$$

$$=\int_0^2 (t^3+2t+k)\,dt$$

$$=\Big[\frac{1}{4}t^4+t^2+kt\Big]_0^2$$

$$=4+4+2k$$

에서 $k=-8$ ⋯⋯ ❷

따라서 $f(x)=x^3+2x-8$이므로

$$f(3)=27+6-8=25$$ ⋯⋯ ❸

답 25

단계	채점 기준	비율
❶	$f(x)$를 나타낸 경우	30 %
❷	$\displaystyle\int_0^2 f(t)\,dt$의 값을 구한 경우	50 %
❸	$f(3)$의 값을 구한 경우	20 %

02 $f(x)=ax+b$ (a, b는 상수, $a\neq 0$)로 놓으면

$$\int_0^1 f(x)dx=\int_0^1 (ax+b)\,dx$$

$$=\Big[\frac{a}{2}x^2+bx\Big]_0^1$$

$$=\frac{a}{2}+b$$

$\dfrac{a}{2}+b=2$에서 $b=2-\dfrac{a}{2}$ ⋯⋯ ㉠ ⋯⋯ ❶

한편,

$$\int_0^1 \{f(x)\}^2 dx=\int_0^1 (ax+b)^2 dx$$

$$=\int_0^1 (a^2x^2+2abx+b^2)\,dx$$

$$=\Big[\frac{a^2}{3}x^3+abx^2+b^2x\Big]_0^1$$

$$=\frac{a^2}{3}+ab+b^2$$

㉠에서 $b=2-\dfrac{a}{2}$이므로

$$\int_0^1 \{f(x)\}^2 dx=\frac{a^2}{3}+a\Big(2-\frac{a}{2}\Big)+\Big(2-\frac{a}{2}\Big)^2$$

$$=\frac{a^2}{12}+4$$ ⋯⋯ ❷

따라서 $k=\dfrac{a^2}{12}+4>4$이므로 정수 k의 값은 5, 6, 7, 8, 9, 10

이고, 그 개수는 6이다. ······ ❸

🖺 6

단계	채점 기준	비율
❶	$f(x)=ax+b$에서 a와 b의 관계식을 구한 경우	40%
❷	k를 a에 대한 식으로 나타낸 경우	40%
❸	정수 k의 개수를 구한 경우	20%

03 $\displaystyle\int_{-1}^{0}(x+2)f(x)\,dx+\int_{0}^{1}(x+3)f(x)\,dx$

$\displaystyle=\int_{-1}^{0}(x+2)f(x)\,dx+\int_{0}^{1}(x+2)f(x)\,dx$

$\displaystyle\qquad\qquad\qquad\qquad+\int_{0}^{1}f(x)\,dx$

$\displaystyle=\int_{-1}^{1}(x+2)f(x)\,dx+\int_{0}^{1}f(x)\,dx$

$\displaystyle=\int_{-1}^{1}xf(x)\,dx+2\int_{-1}^{1}f(x)\,dx+\int_{0}^{1}f(x)\,dx$ ······ ❶

이때 $g(x)=xf(x)$로 놓으면

$g(-x)=-xf(-x)=-xf(x)=-g(x)$

이므로

$\displaystyle\int_{-1}^{1}g(x)\,dx=0$ ······ ❷

따라서

$\displaystyle\int_{-1}^{0}(x+2)f(x)\,dx+\int_{0}^{1}(x+3)f(x)\,dx$

$\displaystyle=4\int_{0}^{1}f(x)\,dx+\int_{0}^{1}f(x)\,dx$

$\displaystyle=5\int_{0}^{1}f(x)\,dx$

$=5\times3$

$=15$ ······ ❸

🖺 15

단계	채점 기준	비율
❶	주어진 식을 정리한 경우	40%
❷	$\displaystyle\int_{-1}^{1}xf(x)\,dx=0$임을 구한 경우	30%
❸	주어진 정적분을 구한 경우	30%

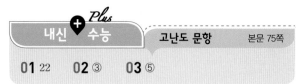

내신 ➕ 수능 | 고난도 문항 | 본문 75쪽

01 22 **02** ③ **03** ⑤

01 $\displaystyle F(x)=\int f(x)\,dx$

$\displaystyle\qquad=\int\left(x^3-\frac{9}{2}x^2+6x+a\right)dx$

$\displaystyle\qquad=\frac{1}{4}x^4-\frac{3}{2}x^3+3x^2+ax+C$ (단, C는 적분상수)

이때 $F(0)=b$이므로 $C=b$

즉, $F(x)=\dfrac{1}{4}x^4-\dfrac{3}{2}x^3+3x^2+ax+b$

또, $f'(x)=3x^2-9x+6=3(x-1)(x-2)$

한편, $F(x)$를 $f'(x)$로 나누었을 때의 몫을 $Q(x)$라 하면

$F(x)=f'(x)Q(x)$이므로

$F(1)=0$, $F(2)=0$

$F(1)=a+b+\dfrac{7}{4}=0$ ······ ㉠

$F(2)=2a+b+4=0$ ······ ㉡

㉠, ㉡에서 $a=-\dfrac{9}{4}$, $b=\dfrac{1}{2}$

따라서

$8(b-a)=8\times\left\{\dfrac{1}{2}-\left(-\dfrac{9}{4}\right)\right\}=8\times\dfrac{11}{4}=22$

🖺 22

02 $f(x)=(x^2-4x+4)+a-5$

$\qquad=(x-2)^2+a-5$

함수 $y=f(x)$의 그래프가 x축의 양의 부분과 서로 다른 두 점에서 만나야 하므로

$f(0)=a-1>0$, $f(2)=a-5<0$

에서 $1<a<5$ ······ ㉠

한편, $\displaystyle g(x)=\int_{0}^{x}(t^2-4t+a-1)\,dt$

$\displaystyle\qquad=\left[\frac{1}{3}t^3-2t^2+(a-1)t\right]_{0}^{x}$

$\displaystyle\qquad=\frac{1}{3}x^3-2x^2+(a-1)x$

$\displaystyle\qquad=\frac{1}{3}x(x^2-6x+3a-3)$

$\displaystyle\qquad=\frac{1}{3}x\{(x^2-6x+9)+3a-12\}$

$\displaystyle\qquad=\frac{1}{3}x\{(x-3)^2+3a-12\}$

이때 $x>0$에서 방정식 $g(x)=0$의 근 중에서 양수인 근이 존재하려면 $3a-12\leq0$이어야 하므로

$0<a\leq4$ ...... ⓛ

㉠, ⓛ에서

$1<a\leq4$

따라서 $q-p$의 최댓값은

$4-1=3$

답 ③

03 ㄱ. $h(x)=\int_1^x\{f(t)-g(t)\}\,dt$에 $x=1$을 대입하면

$$h(1)=\int_1^1\{f(t)-g(t)\}\,dt=0 \text{ (참)}$$

ㄴ. $h(x)=\int_1^x\{f(t)-g(t)\}\,dt$의 양변을 x에 대하여 미분하면

$$h'(x)=\frac{d}{dx}\int_1^x\{f(t)-g(t)\}\,dt$$
$$=f(x)-g(x)$$

$h'(x)=0$에서 $x=\alpha$ 또는 $x=\beta$

함수 $h(x)$는 $x=\alpha$에서 극소, $x=\beta$에서 극대이다. (참)

ㄷ. ㄱ에서 $h(1)=0$이므로 방정식 $h(x)=0$은 서로 다른 세 실근을 갖고, 음수인 근 한 개와 양수인 근 두 개를 갖는다.

따라서 방정식 $h(x)=0$의 모든 실근의 곱은 음수이다. (참)

이상에서 옳은 것은 ㄱ, ㄴ, ㄷ이다.

답 ⑤

07 정적분의 활용

기본 유형 익히기 유제 본문 78~79쪽

1. ② **2.** 9 **3.** 2 **4.** ②

1. 곡선 $y=x^3-3x^2+2x$와 x축이 만나는 점의 x좌표는 $x^3-3x^2+2x=0$에서

$x(x-1)(x-2)=0$

$x=0$ 또는 $x=1$ 또는 $x=2$

곡선 $y=x^3-3x^2+2x$는 그림과 같다.

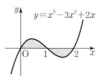

따라서 구하는 넓이를 S라 하면

$$S=\int_0^1(x^3-3x^2+2x)\,dx-\int_1^2(x^3-3x^2+2x)\,dx$$
$$=\left[\frac{1}{4}x^4-x^3+x^2\right]_0^1-\left[\frac{1}{4}x^4-x^3+x^2\right]_1^2$$
$$=\frac{1}{4}+\frac{1}{4}=\frac{1}{2}$$

답 ②

2. 두 곡선이 만나는 점의 x좌표는

$x^2-3=-x^2+2x+1$에서

$2x^2-2x-4=0$

$2(x+1)(x-2)=0$

$x=-1$ 또는 $x=2$

곡선 $y=x^2-3$과 곡선 $y=-x^2+2x+1$은 그림과 같다.

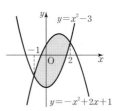

따라서 구하는 넓이를 S라 하면

$$S=\int_{-1}^2\{(-x^2+2x+1)-(x^2-3)\}\,dx$$
$$=\int_{-1}^2(-2x^2+2x+4)\,dx$$

$$= \left[-\frac{2}{3}x^3 + x^2 + 4x \right]_{-1}^{2}$$

$$= \frac{20}{3} - \left(-\frac{7}{3} \right) = 9$$

답 9

3. 두 점 P, Q의 시각 $t=a$에서의 위치를 각각 x_1, x_2라 하면

$$x_1 = \int_0^a (3t^2 - 4t + 4)\,dt$$

$$= \left[t^3 - 2t^2 + 4t \right]_0^a$$

$$= a^3 - 2a^2 + 4a$$

$$x_2 = \int_0^a (8 - 4t)\,dt$$

$$= \left[8t - 2t^2 \right]_0^a$$

$$= 8a - 2a^2$$

$x_1 = x_2$에서

$$a^3 - 2a^2 + 4a = 8a - 2a^2$$

$$a^3 - 4a = 0$$

$$a(a+2)(a-2) = 0$$

$a = -2$ 또는 $a = 0$ 또는 $a = 2$

따라서 $a > 0$이므로 $a = 2$

답 2

4. 출발 후 시각 $t=6$일 때까지 점 P가 움직인 거리를 s라 하면

$$s = \int_0^6 |4t - t^2|\,dt$$

$$= \int_0^4 (4t - t^2)\,dt + \int_4^6 (t^2 - 4t)\,dt$$

$$= \left[2t^2 - \frac{1}{3}t^3 \right]_0^4 + \left[\frac{1}{3}t^3 - 2t^2 \right]_4^6$$

$$= \frac{32}{3} + \frac{32}{3} = \frac{64}{3}$$

답 ②

유형 확인			본문 80~81쪽	
01 ①	**02** ⑤	**03** ④	**04** ③	**05** 6
06 ②	**07** ④	**08** ③	**09** 19	**10** ④
11 40	**12** ⑤			

01 곡선 $y = x^2 - x - 2$와 직선 $x = 3$은 그림과 같다.

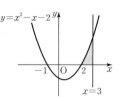

따라서 구하는 넓이를 S라 하면

$$S = \int_2^3 (x^2 - x - 2)\,dx$$

$$= \left[\frac{1}{3}x^3 - \frac{1}{2}x^2 - 2x \right]_2^3$$

$$= -\frac{3}{2} - \left(-\frac{10}{3} \right) = \frac{11}{6}$$

답 ①

02 곡선 $y = x(x-3)(x-a)$는 그림과 같다.

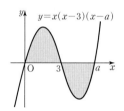

곡선 $y = x(x-3)(x-a)$와 x축으로 둘러싸인 두 부분의 넓이가 서로 같으므로 $\int_0^a x(x-3)(x-a)\,dx = 0$을 만족시킨다.

$$\int_0^a \{x^3 - (3+a)x^2 + 3ax\}\,dx$$

$$= \left[\frac{1}{4}x^4 - \frac{3+a}{3}x^3 + \frac{3a}{2}x^2 \right]_0^a$$

$$= \frac{1}{4}a^4 - \frac{3+a}{3} \times a^3 + \frac{3a}{2} \times a^2$$

$$= -\frac{1}{12}a^3(a-6) = 0$$

따라서 $a > 3$이므로

$$a = 6$$

답 ⑤

03 조건 (가)에서 $f(x)$가 최고차항의 계수가 -2인 이차함수이므로

$$f(x) = -2x^2 + ax + b \,(a, b\text{는 상수})$$

로 놓을 수 있다.

조건 (나)에서 $x \to 1$일 때, (분모) $\to 0$이므로 (분자) $\to 0$에서

$$\lim_{x \to 1} f(x) = 0$$

$-2 + a + b = 0, \ b = 2 - a$

$$\lim_{x \to 1} \frac{f(x)}{x-1} = \lim_{x \to 1} \frac{-2x^2 + ax + b}{x-1}$$

$$= \lim_{x \to 1} \frac{-2x^2 + ax + 2 - a}{x-1}$$

$$= \lim_{x \to 1} \frac{-2(x+1)(x-1) + a(x-1)}{x-1}$$

$$= \lim_{x \to 1} \{-2(x+1) + a\}$$

$$= -4 + a$$

$-4 + a = -8$에서

$a = -4, \ b = 6$

$f(x) = -2x^2 - 4x + 6$이므로 함수 $y = f(x)$의 그래프는 그림과 같다.

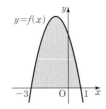

따라서 곡선 $y = f(x)$와 x축으로 둘러싸인 부분의 넓이는

$$\int_{-3}^{1} (-2x^2 - 4x + 6) \, dx = \left[-\frac{2}{3}x^3 - 2x^2 + 6x \right]_{-3}^{1}$$

$$= \frac{10}{3} - (-18) = \frac{64}{3}$$

답 ④

04 곡선 $y = x^4$과 곡선 $y = x^2$이 만나는 점의 x좌표는 $x^4 = x^2$에서

$x^2(x+1)(x-1) = 0$

$x = -1$ 또는 $x = 0$ 또는 $x = 1$

곡선 $y = x^4$과 곡선 $y = x^2$은 그림과 같다.

따라서 두 곡선이 모두 y축에 대하여 대칭이므로 구하는 넓이를 S라 하면

$$\frac{1}{2} S = \int_0^1 (x^2 - x^4) \, dx$$

$$= \left[\frac{1}{3}x^3 - \frac{1}{5}x^5 \right]_0^1$$

$$= \frac{1}{3} - \frac{1}{5} = \frac{2}{15}$$

에서 $S = \frac{4}{15}$

답 ③

05 $S_1 = S_2$이므로

$$\int_0^3 \{(9 - x^2) - k\} \, dx = 0$$

$$\left[(9 - k)x - \frac{1}{3}x^3 \right]_0^3 = 0$$

$(9 - k) \times 3 - 9 = 0$

따라서 $k = 6$

답 6

06 $f'(x) = 3x^2 - 6x = 3x(x-2)$

$f'(x) = 0$에서 $x = 0$ 또는 $x = 2$이므로 $a = 0, \ b = 2$

함수 $f(x)$는 $x = 0$에서 극댓값 5, $x = 2$에서 극솟값 1을 갖는다.

곡선 $y = f(x)$와 두 직선 $y = 5, \ x = 2$는 그림과 같다.

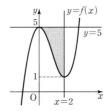

따라서 구하는 넓이를 S라 하면

$$S = \int_0^2 \{5 - (x^3 - 3x^2 + 5)\} \, dx$$

$$= \int_0^2 (-x^3 + 3x^2) \, dx$$

$$= \left[-\frac{1}{4}x^4 + x^3 \right]_0^2$$

$$= -4 + 8 = 4$$

답 ②

07 조건 (가)에서 양변을 x에 대하여 미분하면

$f(x) + g(x) = 3x^2 + 9x$ ······ ㉠

조건 (나)에서 양변을 x에 대하여 미분하면

$f(x)-g(x)=3x^2-3x-6$ ...... ⓒ

㉠+ⓒ에서 $2f(x)=6x^2+6x-6$이므로

$f(x)=3x^2+3x-3$

㉠-ⓒ에서 $2g(x)=12x+6$이므로

$g(x)=6x+3$

한편, 곡선 $y=f(x)$와 곡선 $y=g(x)$가 만나는 점의 x좌표는

$3x^2+3x-3=6x+3$에서

$3(x+1)(x-2)=0$

$x=-1$ 또는 $x=2$

따라서 구하는 넓이를 S라 하면

$$S=\int_{-1}^{2}\{(6x+3)-(3x^2+3x-3)\}dx$$

$$=\int_{-1}^{2}(-3x^2+3x+6)dx$$

$$=\left[-x^3+\frac{3}{2}x^2+6x\right]_{-1}^{2}$$

$$=10-\left(-\frac{7}{2}\right)=\frac{27}{2}$$

답 ④

08 $y'=2x$이므로 곡선 $y=x^2+2$ 위의 점 (t, t^2+2)에서의 접선의 방정식은

$y-(t^2+2)=2t(x-t)$

점 $(0, -1)$이 이 접선 위의 점이므로

$-1-(t^2+2)=2t(0-t)$에서 $t^2=3$

$t=-\sqrt{3}$ 또는 $t=\sqrt{3}$

접선 l의 기울기가 양수이므로 $t=\sqrt{3}$

따라서 접선 l의 방정식은 $y=2\sqrt{3}x-1$

곡선 $y=x^2+2$와 직선 $y=2\sqrt{3}x-1$은 그림과 같다.

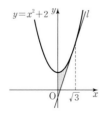

따라서 구하는 넓이를 S라 하면

$$S=\int_{0}^{\sqrt{3}}\{(x^2+2)-(2\sqrt{3}x-1)\}dx$$

$$=\int_{0}^{\sqrt{3}}(x^2-2\sqrt{3}x+3)\,dx$$

$$=\left[\frac{1}{3}x^3-\sqrt{3}x^2+3x\right]_{0}^{\sqrt{3}}$$

$$=\sqrt{3}-3\sqrt{3}+3\sqrt{3}=\sqrt{3}$$

답 ③

09 곡선 $y=|x^2-1|$과 직선 $y=x+1$은 그림과 같다.

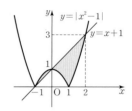

$x\leq0$에서 둘러싸인 부분의 넓이를 S_1, $x\geq0$에서 둘러싸인 부분의 넓이를 S_2라 하면

$$S_1=\int_{-1}^{0}(1-x^2)dx-\frac{1}{2}\times1\times1$$

$$=\left[x-\frac{1}{3}x^3\right]_{-1}^{0}-\frac{1}{2}$$

$$=\frac{2}{3}-\frac{1}{2}=\frac{1}{6}$$

$$S_2=\frac{1}{2}\times(1+3)\times2-\int_{0}^{1}(1-x^2)dx-\int_{1}^{2}(x^2-1)dx$$

$$=4-\left[x-\frac{1}{3}x^3\right]_{0}^{1}-\left[\frac{1}{3}x^3-x\right]_{1}^{2}$$

$$=4-\frac{2}{3}-\frac{4}{3}=2$$

따라서 $S_1=\frac{1}{6}$, $S_2=2$이므로

$$S_1+S_2=\frac{1}{6}+2=\frac{13}{6}$$

따라서 $p+q=6+13=19$

답 19

10 $f'(x)=3x^2-12x+9$

$=3(x-1)(x-3)$

$f'(x)=0$에서 $x=1$ 또는 $x=3$

함수 $f(x)$의 증가와 감소를 표로 나타내면 다음과 같다.

x	$\cdots$	1	$\cdots$	3	$\cdots$
$f'(x)$	$+$	0	$-$	0	$+$
$f(x)$	↗	극대	↘	극소	↗

함수 $f(x)$는 $x=1$에서 극댓값 $f(1)=4$를 갖고, $x=3$에서 극솟값 $f(3)=0$을 가지므로 $a=1$, $b=3$이라고 하면

$A(1, 4)$, $B(3, 0)$

직선 AB의 방정식은 $y=-2x+6$

함수 $y=f(x)$의 그래프와 직선 $y=-2x+6$에서
$x^3-6x^2+9x=-2x+6$, $x^3-6x^2+11x-6=0$
$(x-1)(x-2)(x-3)=0$
따라서 곡선 $y=f(x)$와 직선 $y=-2x+6$은 그림과 같다.

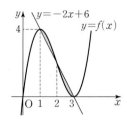

따라서 구하는 넓이를 S라 하면
$$S=\int_1^2\{(x^3-6x^2+9x)-(-2x+6)\}dx$$
$$+\int_2^3\{(-2x+6)-(x^3-6x^2+9x)\}dx$$
$$=\int_1^2(x^3-6x^2+11x-6)dx+\int_2^3(-x^3+6x^2-11x+6)dx$$
$$=\frac{1}{4}+\frac{1}{4}$$
$$=\frac{1}{2}$$

답 ④

11 (i) $0\le t\le5$에서 점 P의 속도를 k_1t $(k_1>0)$로 놓으면
$s_1=25$이므로
$$\int_0^5 k_1t\,dt=25$$
$\left[\dfrac{k_1}{2}t^2\right]_0^5=\dfrac{25k_1}{2}$이므로
$\dfrac{25k_1}{2}=25$에서 $k_1=2$

(ii) 시각 $t=5$에서 점 P의 속도가 10이므로 $5\le t\le a$에서 점 P의 속도는 10
그런데 $s_2=100$이므로
$$\int_5^a 10\,dt=100$$
$\left[10t\right]_5^a=10(a-5)$이므로
$10(a-5)=100$에서 $a=15$

(iii) $15\le t\le b$에서 점 P의 속도를 $-k_2(t-b)$ $(k_2>0)$로 놓으면 시각 $t=15$에서 속도가 10이므로
$-k_2(15-b)=10$에서 $k_2=\dfrac{10}{b-15}$

또, $s_3=50$이므로
$$\int_{15}^b\left\{-\frac{10}{b-15}(t-b)\right\}dt=50$$
$\dfrac{10}{15-b}\left[\dfrac{1}{2}t^2-bt\right]_{15}^b=\dfrac{5}{b-15}(b^2-30b+225)$이므로
$\dfrac{5}{b-15}(b^2-30b+225)=50$에서
$b^2-40b+375=0$
$(b-15)(b-25)=0$
$b=15$ 또는 $b=25$
$b>15$이므로 $b=25$
따라서 $a=15$, $b=25$이므로
$a+b=15+25=40$

답 40

참고 점 P의 시각 t $(0\le t\le25)$에서의 속도 v는 그림과 같다.

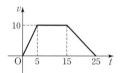

12 ㄱ. 점 P의 시각 t에서의 속도를 v라 하면
$$v=\frac{d}{dt}(t^3-3t^2)$$
$$=3t^2-6t$$
점 P의 시각 $t=1$에서의 속도가
$3\times1^2-6\times1=-3$
이므로 점 P의 시각 $t=1$에서의 속력은 $|-3|=3$이다.
(참)

ㄴ. $v=0$에서 $3t(t-2)=0$
$t=0$ 또는 $t=2$
따라서 점 P는 시각 $t=2$에서 움직이는 방향을 바꾼다.
즉, 점 P가 움직이는 방향을 바꾸는 횟수는 1이다. (참)

ㄷ. $t^3-3t^2=0$, $t^2(t-3)=0$
이므로 시각 $t=3$에서 점 P의 위치는 원점이다.
따라서 출발 후 시각 $t=3$까지 점 P가 움직인 거리는
$$\int_0^3|3t^2-6t|\,dt$$
$$=\int_0^2(6t-3t^2)dt+\int_2^3(3t^2-6t)dt$$
$$=\left[3t^2-t^3\right]_0^2+\left[t^3-3t^2\right]_2^3$$

$=4+4=8$ (참)

이상에서 옳은 것은 ㄱ, ㄴ, ㄷ이다.

답 ⑤

연습장

본문 82쪽

01 1   **02** 13

01 곡선 $y=x^2-x-2$와 직선 $y=x+1$이 만나는 점의 x좌표는 $x^2-x-2=x+1$에서

$x^2-2x-3=0$, $(x+1)(x-3)=0$

$x=-1$ 또는 $x=3$

곡선 $y=x^2-x-2$와 직선 $y=x+1$로 둘러싸인 부분의 넓이는

$\int_{-1}^{3}\{(x+1)-(x^2-x-2)\}dx$

$=\int_{-1}^{3}(-x^2+2x+3)dx$

$=\left[-\dfrac{1}{3}x^3+x^2+3x\right]_{-1}^{3}$

$=9-\left(-\dfrac{5}{3}\right)=\dfrac{32}{3}$ ……❶

이때 직선 $x=a$가 이 넓이를 이등분하므로

$\dfrac{16}{3}=\int_{-1}^{a}\{(x+1)-(x^2-x-2)\}dx$

$=\int_{-1}^{a}(-x^2+2x+3)dx$

$=\left[-\dfrac{1}{3}x^3+x^2+3x\right]_{-1}^{a}$

$=-\dfrac{1}{3}a^3+a^2+3a+\dfrac{5}{3}$ ……❷

정리하면 $a^3-3a^2-9a+11=0$

$(a-1)(a^2-2a-11)=0$

$a=1$ 또는 $a=1\pm2\sqrt{3}$

$-1<a<3$이므로

$a=1$ ……❸

답 1

단계	채점 기준	비율
❶	곡선 $y=x^2-x-2$와 직선 $y=x+1$로 둘러싸인 부분의 넓이를 구한 경우	40 %
❷	이등분한 넓이를 a에 대한 식으로 나타낸 경우	30 %
❸	상수 a의 값을 구한 경우	30 %

02 두 곡선 $y=x(x+1)(x-1)$, $y=x(x+1)$이 만나는 점의 x좌표는

$x(x+1)(x-1)=x(x+1)$

$x(x+1)(x-2)=0$

$x=-1$ 또는 $x=0$ 또는 $x=2$ ……❶

따라서

$|S_1-S_2|=\int_{-1}^{2}\{x(x+1)-x(x+1)(x-1)\}dx$

$=\int_{-1}^{2}(-x^3+x^2+2x)dx$

$=\left[-\dfrac{1}{4}x^4+\dfrac{1}{3}x^3+x^2\right]_{-1}^{2}$

$=\dfrac{8}{3}-\dfrac{5}{12}$

$=\dfrac{27}{12}$

$=\dfrac{9}{4}$

이므로

$p+q=4+9=13$ ……❷

답 13

단계	채점 기준	비율
❶	두 곡선이 만나는 점의 x좌표를 구한 경우	40 %
❷	$|S_1-S_2|$의 값을 계산하여 $p+q$의 값을 구한 경우	60 %

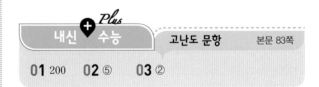

고난도 문항

본문 83쪽

01 200   **02** ⑤   **03** ②

01 [그림 1]의 정사각형을 그림과 같이 좌표평면 위에 놓으면 경계인 포물선의 방정식은

$y=-x(x-4)$ $(0\le x\le4)$

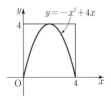

B가 가지고 있는 땅의 넓이는

$$\int_0^4 (-x^2+4x)\,dx=\left[-\frac{1}{3}x^3+2x^2\right]_0^4$$

$$=-\frac{64}{3}+32$$

$$=\frac{32}{3}$$

A가 가지고 있는 땅의 넓이는

$$16-\frac{32}{3}=\frac{16}{3}$$

따라서 $a:b=\frac{16}{3}:\frac{32}{3}=1:2$이므로

$$a=4\times\frac{1}{3}=\frac{4}{3}$$

$$b=4\times\frac{2}{3}=\frac{8}{3}$$

따라서

$$30a+60b=30\times\frac{4}{3}+60\times\frac{8}{3}$$

$$=200$$

🔳 200

02 모든 실수 x에 대하여 $f(-x)=-f(x)$이므로 곡선 $y=f(x)$는 원점에 대하여 대칭이다.

$$f(x)=x^3-x=x(x+1)(x-1)$$

이므로 곡선 $y=f(x)$와 x축이 만나는 점의 x좌표는 -1, 0, 1이다.

$$f'(x)=3x^2-1$$

$$=(\sqrt{3}x+1)(\sqrt{3}x-1)$$

이므로 $f'(x)=0$에서

$$x=-\frac{1}{\sqrt{3}} \text{ 또는 } x=\frac{1}{\sqrt{3}}$$

함수 $f(x)$의 증가와 감소를 표로 나타내면 다음과 같다.

x	$\cdots$	$-\dfrac{1}{\sqrt{3}}$	$\cdots$	$\dfrac{1}{\sqrt{3}}$	$\cdots$
$f'(x)$	$+$	0	$-$	0	$+$
$f(x)$	↗	극대	↘	극소	↗

함수 $y=f(x)$의 그래프와 직선 $y=mx$는 그림과 같다.

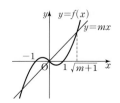

(i) $\dfrac{1}{2}S=\displaystyle\int_0^1 |x^3-x|\,dx$

$$=\int_0^1 (x-x^3)\,dx$$

$$=\left[\frac{1}{2}x^2-\frac{1}{4}x^4\right]_0^1$$

$$=\frac{1}{2}-\frac{1}{4}$$

$$=\frac{1}{4}$$

이므로 $S=\dfrac{1}{2}$

(ii) $x^3-x=mx$에서 $x(x^2-m-1)=0$이므로 곡선 $y=f(x)$와 직선 $y=mx$가 제1사분면에서 만나는 점의 x좌표는 $\sqrt{m+1}$이다.

$$\frac{1}{2}S(m)=\int_0^{\sqrt{m+1}}\{mx-(x^3-x)\}\,dx$$

$$=\int_0^{\sqrt{m+1}}\{(m+1)x-x^3\}\,dx$$

$$=\left[\frac{1}{2}(m+1)x^2-\frac{1}{4}x^4\right]_0^{\sqrt{m+1}}$$

$$=\frac{1}{2}(m+1)^2-\frac{1}{4}(m+1)^2$$

$$=\frac{1}{4}(m+1)^2$$

이므로 $S(m)=\dfrac{1}{2}(m+1)^2$

(i), (ii)에서

$$\frac{S(m)}{S}=\frac{\frac{1}{2}(m+1)^2}{\frac{1}{2}}$$

$$=(m+1)^2=16$$

$$m^2+2m-15=0$$

$$(m+5)(m-3)=0$$

$$m=-5 \text{ 또는 } m=3$$

그런데 $m>0$이므로 $m=3$

🔳 ⑤

03 함수 $v(t)$의 그래프가 $0\le t\le 12$에서 연속이므로 $k=4$

함수 $v(t)$의 그래프는 그림과 같다.

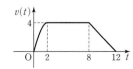

시각 $0 \le t \le 12$에서 자동차가 움직인 거리 s는 함수 $v(t)$의 그래프와 t축으로 둘러싸인 부분의 넓이와 같으므로

$$s = \int_0^2 (-t^2 + 4t)\, dt + 6 \times 4 + \frac{1}{2} \times 4 \times 4$$

$$= \left[-\frac{1}{3}t^3 + 2t^2 \right]_0^2 + 32$$

$$= \frac{16}{3} + 32$$

$$= \frac{112}{3}$$

따라서

$$\frac{56}{3} = \int_0^2 (-t^2 + 4t)\, dt + (a-2) \times 4$$

$$\frac{56}{3} = \frac{16}{3} + (a-2) \times 4$$

따라서 $a = \dfrac{16}{3}$

답 ②

대단원 종합 문제

본문 84~87쪽

01 33	**02** ②	**03** ①	**04** ④	**05** ③
06 12	**07** ①	**08** ②	**09** ⑤	**10** ③
11 ②	**12** ④	**13** 3	**14** ②	**15** ③
16 19	**17** 65	**18** 22	**19** ②	**20** ③
21 18	**22** 2	**23** 9		

01 $f(x) = \int (3x^2 - 4x)\, dx$

$\qquad = x^3 - 2x^2 + C$ (단, C는 적분상수)

이때 $f(0) = 1$이므로 $C = 1$

따라서 $f(x) = x^3 - 2x^2 + 1$이므로

$f(4) = 64 - 32 + 1 = 33$

답 33

02 $F'(x) = f(x)$이므로

$$\int_1^2 f(x)\, dx = \left[F(x) \right]_1^2$$

$$= F(2) - F(1)$$

$$= 15 - 4$$

$$= 11$$

답 ②

03 함수 $f(x)$의 한 부정적분을 $F(x)$라 하면

$F'(x) = 3x^2 + 2x - 3$

$$\int_1^x f(t)\, dt = \left[F(t) \right]_1^x = F(x) - F(1)$$

따라서

$$\lim_{x \to 1} \frac{1}{x^2 - 1} \int_1^x f(t)\, dt = \lim_{x \to 1} \frac{F(x) - F(1)}{x^2 - 1}$$

$$= \lim_{x \to 1} \left\{ \frac{F(x) - F(1)}{x - 1} \times \frac{1}{x + 1} \right\}$$

$$= \lim_{x \to 1} \frac{F(x) - F(1)}{x - 1} \times \lim_{x \to 1} \frac{1}{x + 1}$$

$$= F'(1) \times \frac{1}{2}$$

$$= f(1) \times \frac{1}{2}$$

$$= 2 \times \frac{1}{2}$$

$$= 1$$

답 ①

04 곡선 $y = (x+1)(x-3)$과 x축이 만나는 점의 x좌표는 $(x+1)(x-3) = 0$에서

$x = -1$ 또는 $x = 3$

곡선 $y = (x+1)(x-3)$은 그림과 같다.

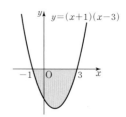

따라서 구하는 넓이를 S라 하면

$$S = -\int_{-1}^3 (x+1)(x-3)\, dx$$

$$= -\int_{-1}^3 (x^2 - 2x - 3)\, dx$$

$$= -\left[\frac{1}{3}x^3 - x^2 - 3x \right]_{-1}^3$$

$$= -\left(-9 - \frac{5}{3} \right)$$

$$= \frac{32}{3}$$

답 ④

05 곡선 $y=x^2(x-2)$는 그림과 같다.

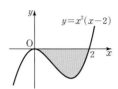

따라서 구하는 넓이를 S라 하면

$$S=\int_0^2(-x^3+2x^2)\,dx$$

$$=\left[-\frac{1}{4}x^4+\frac{2}{3}x^3\right]_0^2$$

$$=-4+\frac{16}{3}$$

$$=\frac{4}{3}$$

답 ③

06 점 P의 시각 t에서의 위치를 $x(t)$라 하면

$$x(2)=\int_0^2(2t+3t^2)\,dt$$

$$=\left[t^2+t^3\right]_0^2$$

$$=4+8$$

$$=12$$

답 12

07 이차함수 $f'(x)$의 최고차항의 계수는 3
조건 (가)에서 $f'(x)\geq0$이고, 조건 (나)에서 $f'(1)=0$이므로
$f'(x)=3(x-1)^2$

$$f(x)=\int f'(x)\,dx$$

$$=\int(3x^2-6x+3)\,dx$$

$$=x^3-3x^2+3x+C \text{ (단, } C\text{는 적분상수)}$$

조건 (나)에서 $f(1)=0$이므로 $C=-1$
즉, $f(x)=x^3-3x^2+3x-1$
따라서
$f(2)=8-12+6-1=1$

답 ①

08 $f'(t)=3t^2-4t+5$이므로

$$f(t)=\int f'(t)\,dt$$

$$=\int(3t^2-4t+5)\,dt$$

$$=t^3-2t^2+5t+C \text{ (단, } C\text{는 적분상수)}$$

이때 $f(0)=3$이므로 $C=3$
따라서 $f(t)=t^3-2t^2+5t+3$이므로
$f(x)=x^3-2x^2+5x+3$
$f(1)=k$이므로
$k=1-2+5+3=7$

답 ②

09 $\displaystyle\int_0^1 f(t)\,dt=k$로 놓으면

$f(x)=3x^2+kx$

$$k=\int_0^1(3t^2+kt)\,dt$$

$$=\left[t^3+\frac{k}{2}t^2\right]_0^1=1+\frac{k}{2}$$

$k=1+\dfrac{k}{2}$에서 $k=2$
따라서 $f(x)=3x^2+2x$이므로
$f(1)=3+2=5$

답 ⑤

10 $f(0)=\displaystyle\int_0^0(|t|-1)\,dt=0$이므로 $x=0$은 방정식
$f(x)=0$의 실근이다.
또, $f(x)=\displaystyle\int_0^x(|t|-1)\,dt$의 양변을 x에 대하여 미분하면
$f'(x)=|x|-1$
$f'(x)=0$에서 $x=-1$ 또는 $x=1$
함수 $f(x)$의 증가와 감소를 표로 나타내면 다음과 같다.

x	$\cdots$	-1	$\cdots$	1	$\cdots$
$f'(x)$	$+$	0	$-$	0	$+$
$f(x)$	↗	극대	↘	극소	↗

함수 $f(x)$는 $x=-1$에서 극대, $x=1$에서 극소이고, 함수 $y=f(x)$의 그래프가 원점을 지나므로 방정식 $f(x)=0$은 양수인 근 1개와 음수인 근 1개를 갖는다.
따라서 방정식 $f(x)=0$의 서로 다른 실근의 개수는 3이다.

답 ③

11 $f(x)=ax^3+bx^2+cx+d\,(a\neq0)$으로 놓으면

$$\int_{-1}^{1}f(x)\,dx=\int_{-1}^{1}(ax^3+bx^2+cx+d)\,dx$$

$$=2\int_{0}^{1}(bx^2+d)\,dx$$

$$=2\left[\frac{b}{3}x^3+dx\right]_{0}^{1}$$

$$=2\times\left(\frac{b}{3}+d\right)$$

$$=\frac{2b}{3}+2d$$

한편,

$$f(\alpha)+f(\beta)=a(\alpha^3+\beta^3)+b(\alpha^2+\beta^2)+c(\alpha+\beta)+2d$$

$$\int_{-1}^{1}f(x)\,dx=f(\alpha)+f(\beta)$$

이므로

$$\frac{2b}{3}+2d=a(\alpha^3+\beta^3)+b(\alpha^2+\beta^2)+c(\alpha+\beta)+2d$$

에서 $\alpha^3+\beta^3=0$, $\alpha^2+\beta^2=\frac{2}{3}$, $\alpha+\beta=0$

따라서 $\frac{2}{3}=\alpha^2+\beta^2=(\alpha+\beta)^2-2\alpha\beta$이므로

$\frac{2}{3}=-2\alpha\beta$에서

$$\alpha\beta=-\frac{1}{3}$$

답 ②

12 주어진 등식은

$$\int_{1}^{x}f(t)\,dt+x\int_{1}^{2}f(t)\,dt-\int_{1}^{2}tf(t)\,dt=-x+c \quad\cdots\cdots\ \bigcirc$$

㉠에 $x=1$을 대입하면

$$0+\int_{1}^{2}f(t)\,dt-\int_{1}^{2}tf(t)\,dt=-1+c$$

이므로

$$c=\int_{1}^{2}f(t)\,dt-\int_{1}^{2}tf(t)\,dt+1$$

또, ㉠의 양변을 x에 대하여 미분하면

$$f(x)+\int_{1}^{2}f(t)\,dt-0=-1$$

이때 $\int_{1}^{2}f(t)\,dt=k$로 놓으면 $f(x)=-1-k$이므로

$$k=\int_{1}^{2}f(t)\,dt$$

$$=\int_{1}^{2}(-1-k)\,dt$$

$$=-1-k$$

에서 $k=-\frac{1}{2}$

따라서 $f(x)=-\frac{1}{2}$이므로

$$c=\int_{1}^{2}\left(-\frac{1}{2}\right)dt-\int_{1}^{2}\left(-\frac{1}{2}t\right)dt+1$$

$$=\left[-\frac{1}{2}t\right]_{1}^{2}-\left[-\frac{1}{4}t^2\right]_{1}^{2}+1$$

$$=\left(-\frac{1}{2}\right)-\left(-\frac{3}{4}\right)+1$$

$$=\frac{5}{4}$$

답 ④

13 곡선 $y=-x^2+4x$와 x축으로 둘러싸인 부분의 넓이를 S라 하면

$$S=\int_{0}^{4}(-x^2+4x)\,dx$$

$$=\left[-\frac{1}{3}x^3+2x^2\right]_{0}^{4}$$

$$=\frac{32}{3}$$

이때 $S_1:S_2=27:5$이므로

$$S_1=S\times\frac{27}{32}=\frac{32}{3}\times\frac{27}{32}=9$$

$$9=\int_{0}^{a}(-x^2+4x)\,dx$$

$$=\left[-\frac{1}{3}x^3+2x^2\right]_{0}^{a}$$

$$=-\frac{1}{3}a^3+2a^2$$

정리하면 $a^3-6a^2+27=0$

$$(a-3)(a^2-3a-9)=0$$

$$a=3\ \text{또는}\ a=\frac{3\pm3\sqrt{5}}{2}$$

$0<a<4$이므로

$$a=3$$

답 3

14 $y'=3x^2$이므로 점 P에서의 접선의 기울기는 3이다.

즉, 직선 l의 방정식은

$y-1=3(x-1)$

$y=3x-2$

곡선 $y=x^3$과 직선 l이 만나는 점의 x좌표는 $x^3=3x-2$에서

$(x-1)^2(x+2)=0$

$x=-2$ 또는 $x=1$

곡선 $y=x^3$과 직선 l은 그림과 같다.

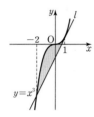

따라서 구하는 넓이를 S라 하면

$S=\int_{-2}^{1}\{x^3-(3x-2)\}\,dx$

$=\int_{-2}^{1}(x^3-3x+2)\,dx$

$=\left[\dfrac{1}{4}x^4-\dfrac{3}{2}x^2+2x\right]_{-2}^{1}$

$=\dfrac{3}{4}-(-6)$

$=\dfrac{27}{4}$

답 ②

15 임의의 실수 a에 대하여 $\int_{-a}^{a}f(x)\,dx=0$이므로

$f(x)=x^3+kx$(k는 상수)로 놓을 수 있다.

$f'(x)=3x^2+k$이므로 $f'(0)=-3$에서

$k=-3$

따라서 $f(x)=x^3-3x$

곡선 $y=|f(x)|$는 그림과 같다.

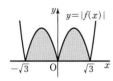

따라서 곡선 $y=|f(x)|$가 y축에 대하여 대칭이므로 구하는 넓이를 S라 하면

$\dfrac{1}{2}S=\int_{0}^{\sqrt{3}}\{-f(x)\}\,dx$

$=\int_{0}^{\sqrt{3}}(-x^3+3x)\,dx$

$=\left[-\dfrac{1}{4}x^4+\dfrac{3}{2}x^2\right]_{0}^{\sqrt{3}}$

$=-\dfrac{9}{4}+\dfrac{9}{2}=\dfrac{9}{4}$

에서 $S=2\times\dfrac{9}{4}=\dfrac{9}{2}$

답 ③

16 조건 (나)에서

$f(x)-g(x)=\int dx$

$=x+C_1$ (단, C_1은 적분상수)

이때 $f(0)-g(0)=1$이므로 $C_1=1$

따라서 $f(x)-g(x)=x+1$ ······ ㉠

조건 (다)에서

$\{f(x)\}^2+\{g(x)\}^2=\int(26x+16)\,dx$

$=13x^2+16x+C_2$ (단, C_2는 적분상수)

이때 $\{f(0)\}^2+\{g(0)\}^2=5$이므로 $C_2=5$

따라서 $\{f(x)\}^2+\{g(x)\}^2=13x^2+16x+5$ ······ ㉡

㉠, ㉡에서

$\{f(x)-g(x)\}^2=\{f(x)\}^2+\{g(x)\}^2-2f(x)g(x)$

$(x+1)^2=13x^2+16x+5-2f(x)g(x)$

$f(x)g(x)=6x^2+7x+2$ ······ ㉢

㉢의 양변을 x에 대하여 미분하면

$f'(x)g(x)+f(x)g'(x)=12x+7$

따라서

$f'(1)g(1)+f(1)g'(1)=12+7=19$

답 19

17 $\int_{1}^{x}(x-t)f(t)\,dt=\int_{0}^{x}(t^3+at^2+bt)\,dt$ ······ ㉠

㉠의 양변에 $x=1$을 대입하면

$0=\int_{0}^{1}(t^3+at^2+bt)\,dt$

$=\left[\dfrac{1}{4}t^4+\dfrac{a}{3}t^3+\dfrac{b}{2}t^2\right]_{0}^{1}$

$=\dfrac{1}{4}+\dfrac{a}{3}+\dfrac{b}{2}$

에서 $4a+6b+3=0$ ······ ㉡

또, ㉠에서

$$x\int_1^x f(t)\,dt - \int_1^x tf(t)\,dt = \int_0^x (t^3+at^2+bt)\,dt$$

양변을 x에 대하여 미분하면

$$\int_1^x f(t)\,dt + xf(x) - xf(x) = x^3+ax^2+bx$$

$$\int_1^x f(t)\,dt = x^3+ax^2+bx \qquad \cdots\cdots ㉢$$

㉢의 양변에 $x=1$을 대입하면

$$0 = 1+a+b \qquad \cdots\cdots ㉣$$

㉡, ㉣을 연립하여 풀면

$$a=-\frac{3}{2}, \ b=\frac{1}{2}$$

㉢의 양변을 x에 대하여 미분하면

$$f(x) = 3x^2+2ax+b$$
$$= 3x^2-3x+\frac{1}{2}$$

따라서

$$f(b-a) = f\left\{\frac{1}{2}-\left(-\frac{3}{2}\right)\right\}$$
$$= f(2)$$
$$= 12-6+\frac{1}{2}$$
$$= \frac{13}{2}$$

이므로

$$10f(b-a) = 10 \times \frac{13}{2}$$
$$= 65$$

답 65

18 조건 (가)에서 $f(0)=\left\{\int_0^1 f(t)\,dt\right\}^2$이므로 조건 (나)에서

$$\left\{\int_0^1 f(t)\,dt\right\}^2 = 2\int_0^1 f(t)\,dt$$

즉, $\int_0^1 f(t)\,dt = 2$

$$\int_0^1 \left(\frac{8}{a}t^3 - \frac{6}{a}t^2 + \frac{4}{a}t + 4\right)dt = 2$$

$$\left[\frac{2}{a}t^4 - \frac{2}{a}t^3 + \frac{2}{a}t^2 + 4t\right]_0^1 = 2$$

$$\frac{2}{a} - \frac{2}{a} + \frac{2}{a} + 4 = 2 \text{에서}$$

$$a = -1$$

따라서 $f(x) = -8x^3+6x^2-4x+4$이므로

$$f(-1) = 8+6+4+4$$
$$= 22$$

답 22

19

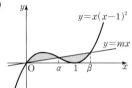

그림과 같이 곡선 $y=x(x-1)^2$과 직선 $y=mx$가 만나는 점의 x좌표를 각각 α, β $(0<\alpha<\beta)$라 하면

$$x(x-1)^2 = mx$$
$$x(x^2-2x+1-m) = 0$$

이므로 이차방정식 $x^2-2x+1-m=0$의 두 근이 $x=\alpha$, $x=\beta$이다.

이차방정식 $x^2-2x+1-m=0$에서 $x=1\pm\sqrt{m}$이므로 $\alpha=1-\sqrt{m}$, $\beta=1+\sqrt{m}$이다.

곡선 $y=x(x-1)^2$과 직선 $y=mx$로 둘러싸인 두 부분의 넓이 가 같으므로

$$\int_0^\beta \{f(x)-mx\}\,dx = 0$$

$$\int_0^\beta \{x^3-2x^2+(1-m)x\}\,dx = 0$$

$$\left[\frac{1}{4}x^4 - \frac{2}{3}x^3 + \frac{1-m}{2}x^2\right]_0^\beta = 0$$

$$\frac{1}{4}\beta^4 - \frac{2}{3}\beta^3 + \frac{1-m}{2}\beta^2 = 0$$

$\beta \neq 0$이므로

$$3\beta^2 - 8\beta + 6(1-m) = 0$$
$$3(1+\sqrt{m})^2 - 8(1+\sqrt{m}) + 6(1-m) = 0$$

정리하면 $3m+2\sqrt{m}-1=0$

$$(3\sqrt{m}-1)(\sqrt{m}+1) = 0$$

$$\sqrt{m} = \frac{1}{3} \text{ 또는 } \sqrt{m} = -1$$

$\sqrt{m} > 0$이므로 $\sqrt{m} = \frac{1}{3}$에서

$$m = \frac{1}{9}$$

답 ②

20 ㄱ. 점 P의 시각 $t=3$에서의 속도는

$3 \times 3^2 = 27$

점 Q의 시각 $t=3$에서의 속도는

$6 \times 3 + 9 = 27$

$t=3$일 때 두 점 P, Q의 속도는 같다. (참)

ㄴ. 출발 후 시각 $t=x$일 때까지 두 점 P, Q가 움직인 거리를 각각 s_P, s_Q라 하면

$s_P = \int_0^x |3t^2|\, dt = x^3$

$s_Q = \int_0^x |6t+9|\, dt = 3x^2 + 9x$

출발 후 $t=3$일 때까지 두 점 P, Q가 움직인 거리는 각각 $3^3 = 27$, $3 \times 3^2 + 9 \times 3 = 54$이므로 같지 않다. (거짓)

ㄷ. 두 점 P, Q의 속도가 항상 양수이므로 $s_P = s_Q$에서

$x^3 - 3x^2 - 9x = 0$

$x(x^2 - 3x - 9) = 0$

$x = 0$ 또는 $x = \dfrac{3 \pm 3\sqrt{5}}{2}$

$x > 0$이므로

$x = \dfrac{3 + 3\sqrt{5}}{2}$

따라서 출발 후 두 점 P, Q가 만나는 횟수는 1이다. (참)

이상에서 옳은 것은 ㄱ, ㄷ이다.

답 ③

21 조건 (가)에서

$\dfrac{d}{dx}\{f(x)g(x)\} = 4x+2$이므로

$f(x)g(x) = 2x^2 + 2x + C$ (단, C는 적분상수)

이때 조건 (나)에서

$f(0)g(0) = 0$이므로 $C = 0$

따라서 $f(x)g(x) = 2x^2 + 2x$ ⋯⋯ ❶

그런데 $f(x)g(x) = 2x^2 + 2x = 2x(x+1)$이고 $f(0) = 1$, $g(0) = 0$이므로

$f(x) = x+1$, $g(x) = 2x$ ⋯⋯ ❷

따라서

$f(5) + g(6) = 6 + 12 = 18$ ⋯⋯ ❸

답 18

단계	채점 기준	비율
❶	$f(x)g(x)$를 구한 경우	40 %
❷	$f(x)$와 $g(x)$를 구한 경우	40 %
❸	$f(5) + g(6)$의 값을 구한 경우	20 %

22 $x - t \geq 0$에서 $t \leq x$이므로

$0 \leq t \leq x$일 때 $|x-t| = x-t$이고,

$x < t \leq 2$일 때 $|x-t| = -x+t$이다. ⋯⋯ ❶

$f(x) = \int_0^2 (x-t)|x-t|\, dt$

$= \int_0^x (x-t)^2\, dt - \int_x^2 (x-t)^2\, dt$

$= \int_0^x (x^2 - 2xt + t^2)\, dt - \int_x^2 (x^2 - 2xt + t^2)\, dt$

$= \left[x^2 t - xt^2 + \dfrac{1}{3}t^3 \right]_0^x - \left[x^2 t - xt^2 + \dfrac{1}{3}t^3 \right]_x^2$

$= \dfrac{2}{3}x^3 - 2x^2 + 4x - \dfrac{8}{3}$ ⋯⋯ ❷

$f'(x) = 2x^2 - 4x + 4$

$= 2(x-1)^2 + 2$

따라서 함수 $f'(x)$는 $x=1$에서 최솟값 2를 갖는다. ⋯⋯ ❸

답 2

단계	채점 기준	비율
❶	$|x-t|$를 t의 값의 범위에 따라 나타낸 경우	30 %
❷	$f(x)$를 구한 경우	40 %
❸	함수 $f'(x)$의 최솟값을 구한 경우	30 %

23 $f(x) = \int_0^1 (9t^2 - 10xt + 2x^2)\, dt$

$= \left[3t^3 - 5xt^2 + 2x^2 t \right]_0^1$

$= 3 - 5x + 2x^2$ ⋯⋯ ❶

이때 곡선 $y=f(x)$와 직선 $y=x+3$이 만나는 점의 x좌표는

$3 - 5x + 2x^2 = x + 3$

$2x^2 - 6x = 0$

$2x(x-3) = 0$

$x = 0$ 또는 $x = 3$

곡선 $y=f(x)$와 직선 $y=x+3$은 그림과 같다.

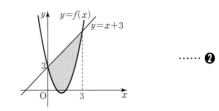

⋯⋯ ❷

따라서 구하는 넓이를 S라 하면

$$S = \int_0^3 \{(x+3) - (3 - 5x + 2x^2)\}\,dx$$

$$= \int_0^3 (-2x^2 + 6x)\,dx$$

$$= \left[-\frac{2}{3}x^3 + 3x^2 \right]_0^3$$

$$= (-18) + 27$$

$$= 9 \qquad \cdots\cdots ❸$$

답 9

단계	채점 기준	비율
❶	$f(x)$를 구한 경우	30 %
❷	곡선 $y = f(x)$와 직선 $y = x + 3$을 나타낸 경우	30 %
❸	넓이를 구한 경우	40 %

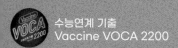

수능연계 기출
Vaccine VOCA 2200

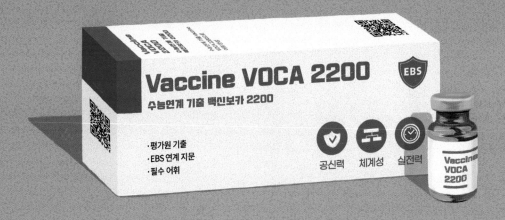

O 수능 영단어장의 끝판왕!
10개년 수능 빈출 어휘 + 7개년 연계교재 핵심 어휘

O 수능 적중 어휘 자동암기 3종 세트 제공
휴대용 포켓 단어장 / 표제어 & 예문 MP3 파일 / 수능형 어휘 문항 실전 테스트

휴대용 **포켓 단어장** 제공

내신에서 수능으로
수능의 시작, 감부터 잡자!

국어, 영어, 수학 I, 수학 II, 확률과 통계, 미적분

내신에서 수능으로 연결되는 포인트를 잡는 학습 전략

내신형 문항
내신 유형의 문항으로
익히는 개념과 해결법

**동일한
소재 · 유형**

수능형 문항
수능 유형의 문항을
통해 익숙해지는 수능

고1~2 내신 중점 로드맵

과목	고교 입문	기초	기본	특화	+ 단기
국어	고등 예비 과정	내 등급은? 윤혜정의 개념의 나비효과 입문편/워크북 어휘가 독해다! 정승익의 수능 개념 잡는 대박구문 주혜연의 해석공식 논리 구조편	기본서 올림포스	국어 특화 국어 독해의 원리 ／ 국어 문법의 원리	단기 특강
영어			올림포스 전국연합 학력평가 기출문제집	영어 특화 Grammar POWER ／ Reading POWER Listening POWER ／ Voca POWER	
수학		기초 50일 수학 매쓰 디렉터의 고1 수학 개념 끝장내기	유형서 올림포스 유형편	고급 올림포스 고난도 수학 특화 수학의 왕도	
한국사 사회		인공지능 수학과 함께하는 고교 AI 입문 수학과 함께하는 AI 기초	기본서 개념완성 개념완성 문항편	고등학생을 위한 多담은 한국사 연표	
과학					

과목	시리즈명	특징	수준	권장 학년
전과목	고등예비과정	예비 고등학생을 위한 과목별 단기 완성	●	예비 고1
	내 등급은?	고1 첫 학력평가+반 배치고사 대비 모의고사	●	예비 고1
국/수/영	올림포스	내신과 수능 대비 EBS 대표 국어·수학·영어 기본서	●	고1~2
	올림포스 전국연합학력평가 기출문제집	전국연합학력평가 문제 + 개념 기본서	●	고1~2
	단기 특강	단기간에 끝내는 유형별 문항 연습	●	고1~2
한/사/과	개념완성 & 개념완성 문항편	개념 한 권+문항 한 권으로 끝내는 한국사·탐구 기본서	●	고1~2
국어	윤혜정의 개념의 나비효과 입문편/워크북	윤혜정 선생님과 함께 시작하는 국어 공부의 첫걸음	●	예비 고1~고2
	어휘가 독해다!	학평·모평·수능 출제 필수 어휘 학습	●	예비 고1~고2
	국어 독해의 원리	내신과 수능 대비 문학·독서(비문학) 특화서	●	고1~2
	국어 문법의 원리	필수 개념과 필수 문항의 언어(문법) 특화서	●	고1~2
영어	정승익의 수능 개념 잡는 대박구문	정승익 선생님과 CODE로 이해하는 영어 구문	●	예비 고1~고2
	주혜연의 해석공식 논리 구조편	주혜연 선생님과 함께하는 유형별 지문 독해	●	예비 고1~고2
	Grammar POWER	구문 분석 트리로 이해하는 영어 문법 특화서	●	고1~2
	Reading POWER	수준과 학습 목적에 따라 선택하는 영어 독해 특화서	●	고1~2
	Listening POWER	수준별 수능형 영어듣기 모의고사	●	고1~2
	Voca POWER	영어 교육과정 필수 어휘와 어원별 어휘 학습	●	고1~2
수학	50일 수학	50일 만에 완성하는 중학~고교 수학의 맥	●	예비 고1~고2
	매쓰 디렉터의 고1 수학 개념 끝장내기	스타강사 강의, 손글씨 풀이와 함께 고1 수학 개념 정복	●	예비 고1~고1
	올림포스 유형편	유형별 반복 학습을 통해 실력 잡는 수학 유형서	●	고1~2
	올림포스 고난도	1등급을 위한 고난도 유형 집중 연습	●	고1~2
	수학의 왕도	직관적 개념 설명과 세분화된 문항 수록 수학 특화서	●	고1~2
한국사	고등학생을 위한 多담은 한국사 연표	연표로 흐름을 잡는 한국사 학습	●	예비 고1~고2
기타	수학과 함께하는 고교 AI 입문/AI 기초	파이선 프로그래밍, AI 알고리즘에 필요한 수학 개념 학습	●	예비 고1~고2

고2~N수 수능 집중 로드맵

수능 입문	→	기출 / 연습	→	연계+연계 보완	→	심화 / 발전	모의고사

수능 입문
- 윤혜정의 개념/패턴의 나비효과
- 하루 6개 1등급 영어독해
- 수능 감(感)잡기
- 수능특강 Light

강의노트 수능개념

기출 / 연습
- 윤혜정의 기출의 나비효과
- 수능 기출의 미래
- 수능 기출의 미래 미니모의고사
- 수능특강Q 미니모의고사

연계+연계 보완
- 수능연계교재의 VOCA 1800
- 수능연계 기출 Vaccine VOCA 2200

연계
- 수능특강
- 수능완성

- 수능특강 사용설명서
- 수능특강 연계 기출
- 수능 영어 간접연계 서치라이트
- 수능완성 사용설명서

심화 / 발전
- 수능연계완성 3주 특강
- 박봄의 사회·문화 표 분석의 패턴

모의고사
- FINAL 실전모의고사
- 만점마무리 봉투모의고사
- 만점마무리 봉투모의고사 시즌2
- 만점마무리 봉투모의고사 BLACK Edition

구분	시리즈명	특징	수준	영역
수능 입문	윤혜정의 개념/패턴의 나비효과	윤혜정 선생님과 함께하는 수능 국어 개념/패턴 학습	●	국어
	하루 6개 1등급 영어독해	매일 꾸준한 기출문제 학습으로 완성하는 1등급 영어 독해	●	영어
	수능 감(感) 잡기	동일 소재·유형의 내신과 수능 문항 비교로 수능 입문	●	국/수/영
	수능특강 Light	수능 연계교재 학습 전 연계교재 입문서	●	영어
	수능개념	EBSi 대표 강사들과 함께하는 수능 개념 다지기	●	전 영역
기출/연습	윤혜정의 기출의 나비효과	윤혜정 선생님과 함께하는 까다로운 국어 기출 완전 정복	●	국어
	수능 기출의 미래	올해 수능에 딱 필요한 문제만 선별한 기출문제집	●	전 영역
	수능 기출의 미래 미니모의고사	부담없는 실전 훈련, 고품질 기출 미니모의고사	●	국/수/영
	수능특강Q 미니모의고사	매일 15분으로 연습하는 고품격 미니모의고사	●	전 영역
연계 + 연계 보완	수능특강	최신 수능 경향과 기출 유형을 분석한 종합 개념서	●	전 영역
	수능특강 사용설명서	수능 연계교재 수능특강의 지문·자료·문항 분석	●	국/영
	수능특강 연계 기출	수능특강 수록 작품·지문과 연결된 기출문제 학습	●	국어
	수능완성	유형 분석과 실전모의고사로 단련하는 문항 연습	●	전 영역
	수능완성 사용설명서	수능 연계교재 수능완성의 국어·영어 지문 분석	●	국/영
	수능 영어 간접연계 서치라이트	출제 가능성이 높은 핵심만 모아 구성한 간접연계 대비 교재	●	영어
	수능연계교재의 VOCA 1800	수능특강과 수능완성의 필수 중요 어휘 1800개 수록	●	영어
	수능연계 기출 Vaccine VOCA 2200	수능-EBS 연계 및 평가원 최다 빈출 어휘 선별 수록	●	영어
심화/발전	수능연계완성 3주 특강	단기간에 끝내는 수능 1등급 변별 문항 대비서	●	국/수/영
	박봄의 사회·문화 표 분석의 패턴	박봄 선생님과 사회·문화 표 분석 문항의 패턴 연습	●	사회탐구
모의고사	FINAL 실전모의고사	EBS 모의고사 중 최다 분량, 최다 과목 모의고사	●	전 영역
	만점마무리 봉투모의고사	실제 시험지 형태와 OMR 카드로 실전 훈련 모의고사	●	전 영역
	만점마무리 봉투모의고사 시즌2	수능 직전 실전 훈련 봉투모의고사	●	국/수/영
	만점마무리 봉투모의고사 BLACK Edition	수능 직전 최종 마무리용 실전 훈련 봉투모의고사	●	국·수·영

올림
포스

수학 II

교재 구입 문의
TEL (02)1588-1580

교재 내용 문의
EBS _i_ 사이트(www.ebs_i_.co.kr)의
학습 Q&A 서비스를 활용하시기 바랍니다.

정가 **6,500원**

53410

9 788954 743792

ISBN 978-89-547-4379-2

초등부터 EBS

EBS

기초 영독해

중학 영어 내신 만점을 위한 첫걸음

초등 영어를 정리하고 중학으로 도약하자!

인터넷 · 모바일
· TV 무료 강의
제공

초·중학
베스트셀러
시리즈

ook Cover Updated

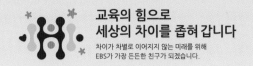

**교육의 힘으로
세상의 차이를 좁혀 갑니다**
차이가 차별로 이어지지 않는 미래를 위해
EBS가 가장 든든한 친구가 되겠습니다.

기획 및 개발

정자경

김현영

허진희

집필 및 검토

이상기(대표집필, 한국교원대)

이창희(한밭초)

정운경(강남서초교육지원청)

허혜정(교육연구사)

황현빈(세종고)

검토

박현민

전자영

편집 검토

김인하

김진희

방선희

정미창

조문영

최혜영

원어민 검토

Colleen Chapco

Scott Schafer

본 교재는 기존 발행한 교재와 동일한 내용을 수록하고 있습니다.

본 교재의 강의는 TV와 모바일, EBS 초등사이트(primary.ebs.co.kr)에서 무료로 제공됩니다.

발행일 2022. 10. 22. **3쇄 인쇄일** 2024. 2. 16. **신고번호** 제2017-000193호 **펴낸곳** 한국교육방송공사 경기도 고양시 일산동구 한류월드로 281 **제조국** 대한민국
표지디자인 다우 **표지 디자인싹 편집** ㈜동국문화 **인쇄** ㈜매일경제신문사
인쇄 과정 중 잘못된 교재는 구입하신 곳에서 교환하여 드립니다. **신규 사업 및 교재 광고 문의** pub@ebs.co.kr

Main Book

EBS

기초 영독해

중학 영어 내신 만점을 위한 첫걸음
초등 영어를 정리하고 중학으로 도약하자!

Main Book으로

가뿐한 레벨부터

도전 의식을 불태우는 레벨까지!

재밌는 내용의 영어 글감을 읽고,

다양한 리딩 활동을 통해 생각하고

쓰다 보면 어느새 영어 읽기에

자신감이 붙은 자신을

발견할 수 있을 거예요.

PDF 정답과 해설은 EBS 초등사이트(primary.ebs.co.kr)에서 다운로드 받으실 수 있습니다.

| 교 재
내 용
문 의 | 교재 내용 문의는 EBS 초등사이트
(primary.ebs.co.kr)의 교재 Q&A
서비스를 활용하시기 바랍니다. | 교 재
정오표
공 지 | 발행 이후 발견된 정오 사항을 EBS 초등사이트
정오표 코너에서 알려 드립니다.
교과/교재 → 교재 → 교재 선택 → 정오표 | 교 재
정 정
신 청 | 공지된 정오 내용 외에 발견된 정오 사항이
있다면 EBS 초등사이트를 통해 알려 주세요.
교과/교재 → 교재 → 교재 선택 → 교재 Q&A |

EBS
기초 영독해

Main Book

이 책의 구성 및 활용법

● Main Book

Unit 1

Going to the Dog Center

① ②

❷ Pop Quiz

● What is the boy doing in the dog center?

☐ He is buying a pet dog.

☐ He is ordering some pet food.

☐ He is getting his dog a checkup.

❸ ☺ Let's Read

● 다음 글을 읽어 봅시다.

Once a year, I take my dog, Sunny, for a checkup. She doesn't like to go, but it's good for her. The animal doctor checks her. First, he listens to her heart and then checks her eyes and ears. Finally, he weighs her and gives her a shot. After the checkup, I buy Sunny her favorite snack. I love Sunny, and I hope she stays healthy.

❹

❺ Key Words

● 각 그림에 어울리는 단어를 보기에서 찾아 써 봅시다.

보기	shot	weigh	healthy	checkup

1   2   3   4

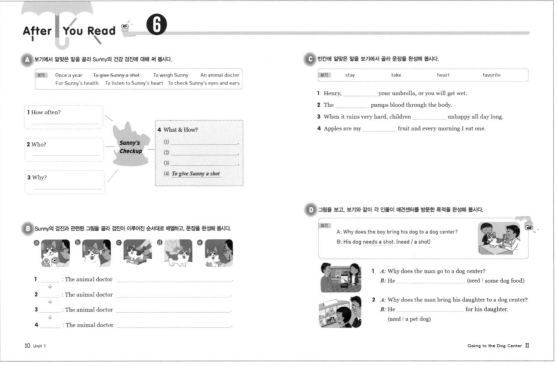

After You Read ☺ ❻

Ⓐ 보기에서 알맞은 말을 골라 Sunny의 건강 검진에 대해 써 봅시다.

보기	Once a year	To give Sunny a shot	To weigh Sunny	An animal doctor
	For Sunny's health	To listen to Sunny's heart	To check Sunny's eyes and ears	

1 How often?

2 Who?

3 Why?

Sunny's Checkup

4 What & How?
(1) _____
(2) _____
(3) _____
(4) *To give Sunny a shot*

Ⓑ Sunny의 검진과 관련된 그림을 골라 검진이 이루어진 순서대로 배열하고, 문장을 완성해 봅시다.

ⓐ   ⓑ   ⓒ   ⓓ   ⓔ

1 ____ : The animal doctor _____
  ↓
2 ____ : The animal doctor _____
  ↓
3 ____ : The animal doctor _____
  ↓
4 ____ : The animal doctor _____

Ⓒ 빈칸에 알맞은 말을 보기에서 골라 문장을 완성해 봅시다.

보기	stay	take	heart	favorite

1 Henry, _____ your umbrella, or you will get wet.

2 The _____ pumps blood through the body.

3 When it rains very hard, children _____ unhappy all day long.

4 Apples are my _____ fruit and every morning I eat one.

Ⓓ 그림을 보고, 보기와 같이 각 인물이 애견센터를 방문한 목적을 완성해 봅시다.

보기
A: Why does the boy bring his dog to a dog center?
B: His dog needs a shot. (need / a shot)

1 *A:* Why does the man go to a dog center?
  B: He _____ (need / some dog food)

2 *A:* Why does the man bring his daughter to a dog center?
  B: He _____ for his daughter.
  (need / a pet dog)

❶ 그림을 보고 글의 내용을 유추해 봅시다.

❷ Pop Quiz: 주어진 그림 또는 자신의 경험을 바탕으로 질문에 답해 봅시다.

❸ Let's Read: 글을 읽고 내용을 파악해 봅시다. 이 책은 다음 Unit으로 학습을 진행하면서 지문이 조금씩 길어지며, 다양한 주제의 글과 단어를 접할 수 있도록 구성되어 있습니다. 차례대로 학습해 나가면서 성장한 영어 독해 실력을 발견해 보아요!

❹ QR 코드를 스마트폰으로 스캔하여 원어민이 읽어 주는 지문을 들어 봅시다.
   (App Store / Google Play에서 'EBS 초등' 모바일 앱을 다운로드하세요.)

❺ Key Words: Let's Read에 나온 단어들 중 핵심 단어들을 익혀 봅시다.

❻ After You Read: Let's Read 내용 이해를 바탕으로 다양한 읽기 활동을 해 봅시다. 활동들을 통해 자연스럽게 글의 구조와 내용을 더욱 잘 파악할 수 있고 단어 학습과 쓰기 활동을 할 수 있답니다.

• **Workbook**

❶ Vocabulary Practice
   A. 단어를 따라 쓰며 익혀 봅시다.
   B. 단어 게임을 통해 단어를 재미있게 익혀 봅시다.

❷ Reading Practice
   문장의 구조를 파악하거나 Let's Read의 글을 다시 읽고 질문에 답하는 과정을 통해 다양한 읽기 전략을 익혀 봅시다.

이 책의 차례

Contents

이 책의 학습 계획

• 60-day Plan

Main Book의 한 개 Unit을 하루에 학습하고 다음 날 Workbook으로 복습하는 구성입니다.

◯ **Day 1**	◯ **Day 2**	◯ **Day 3**	◯ **Day 4**	◯ **Day 5**	◯ **Day 6**
Unit 1 Main Book	Unit 1 Workbook	Unit 2 Main Book	Unit 2 Workbook	Unit 3 Main Book	Unit 3 Workbook
월 일	월 일	월 일	월 일	월 일	월 일

◯ **Day 7**	◯ **Day 8**	◯ **Day 9**	◯ **Day 10**	◯ **Day 11**	◯ **Day 12**
Unit 4 Main Book	Unit 4 Workbook	Unit 5 Main Book	Unit 5 Workbook	Unit 6 Main Book	Unit 6 Workbook
월 일	월 일	월 일	월 일	월 일	월 일

◯ **Day 13**	◯ **Day 14**	◯ **Day 15**	◯ **Day 16**	◯ **Day 17**	◯ **Day 18**
Unit 7 Main Book	Unit 7 Workbook	Unit 8 Main Book	Unit 8 Workbook	Unit 9 Main Book	Unit 9 Workbook
월 일	월 일	월 일	월 일	월 일	월 일

◯ **Day 19**	◯ **Day 20**	◯ **Day 21**	◯ **Day 22**	◯ **Day 23**	◯ **Day 24**
Unit 10 Main Book	Unit 10 Workbook	Unit 11 Main Book	Unit 11 Workbook	Unit 12 Main Book	Unit 12 Workbook
월 일	월 일	월 일	월 일	월 일	월 일

◯ **Day 25**	◯ **Day 26**	◯ **Day 27**	◯ **Day 28**	◯ **Day 29**	◯ **Day 30**
Unit 13 Main Book	Unit 13 Workbook	Unit 14 Main Book	Unit 14 Workbook	Unit 15 Main Book	Unit 15 Workbook
월 일	월 일	월 일	월 일	월 일	월 일

◯ **Day 31**	◯ **Day 32**	◯ **Day 33**	◯ **Day 34**	◯ **Day 35**	◯ **Day 36**
Unit 16 Main Book	Unit 16 Workbook	Unit 17 Main Book	Unit 17 Workbook	Unit 18 Main Book	Unit 18 Workbook
월 일	월 일	월 일	월 일	월 일	월 일

◯ **Day 37**	◯ **Day 38**	◯ **Day 39**	◯ **Day 40**	◯ **Day 41**	◯ **Day 42**
Unit 19 Main Book	Unit 19 Workbook	Unit 20 Main Book	Unit 20 Workbook	Unit 21 Main Book	Unit 21 Workbook
월 일	월 일	월 일	월 일	월 일	월 일

◯ **Day 43**	◯ **Day 44**	◯ **Day 45**	◯ **Day 46**	◯ **Day 47**	◯ **Day 48**
Unit 22 Main Book	Unit 22 Workbook	Unit 23 Main Book	Unit 23 Workbook	Unit 24 Main Book	Unit 24 Workbook
월 일	월 일	월 일	월 일	월 일	월 일

◯ **Day 49**	◯ **Day 50**	◯ **Day 51**	◯ **Day 52**	◯ **Day 53**	◯ **Day 54**
Unit 25 Main Book	Unit 25 Workbook	Unit 26 Main Book	Unit 26 Workbook	Unit 27 Main Book	Unit 27 Workbook
월 일	월 일	월 일	월 일	월 일	월 일

◯ **Day 55**	◯ **Day 56**	◯ **Day 57**	◯ **Day 58**	◯ **Day 59**	◯ **Day 60**
Unit 28 Main Book	Unit 28 Workbook	Unit 29 Main Book	Unit 29 Workbook	Unit 30 Main Book	Unit 30 Workbook
월 일	월 일	월 일	월 일	월 일	월 일

Going to the Dog Center

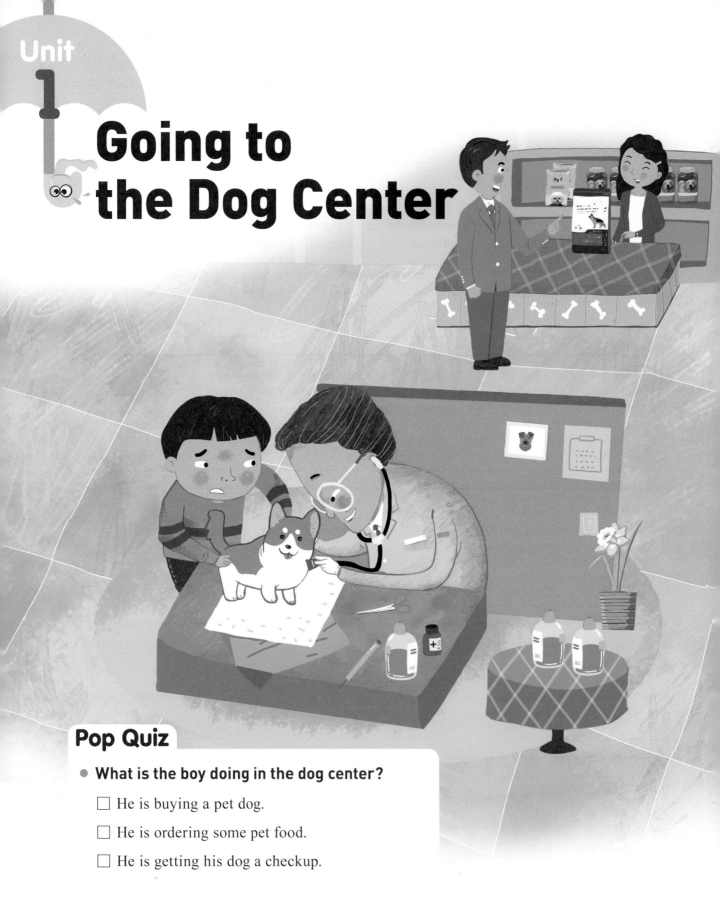

Pop Quiz

- **What is the boy doing in the dog center?**

  ☐ He is buying a pet dog.

  ☐ He is ordering some pet food.

  ☐ He is getting his dog a checkup.

🐛 Let's Read

● 다음 글을 읽어 봅시다.

Once a year, I take my dog, Sunny, for a checkup. She doesn't like to go, but it's good for her. The animal doctor checks her. First, he listens to her heart and then checks her eyes and ears. Finally, he weighs her and gives her a shot. After the checkup, I buy Sunny her favorite snack. I love Sunny, and I hope she stays healthy.

Key Words

● 각 그림에 어울리는 단어를 보기에서 찾아 써 봅시다.

보기	shot	weigh	healthy	checkup

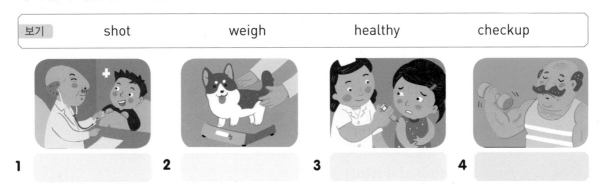

1   2   3   4

After You Read

A 보기에서 알맞은 말을 골라 Sunny의 건강 검진에 대해 써 봅시다.

| 보기 | Once a year ~~To give Sunny a shot~~ To weigh Sunny An animal doctor |
| | For Sunny's health To listen to Sunny's heart To check Sunny's eyes and ears |

1 How often?
_____

2 Who?
_____

3 Why?
_____

Sunny's Checkup

4 What & How?
(1) _____ ,
(2) _____ ,
(3) _____ ,
(4) *To give Sunny a shot*

B Sunny의 검진과 관련된 그림을 골라 검진이 이루어진 순서대로 배열하고, 문장을 완성해 봅시다.

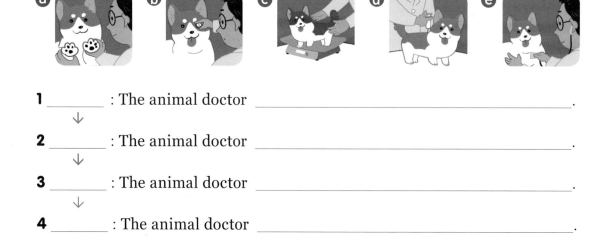

ⓐ ⓑ ⓒ ⓓ ⓔ

1 _____ : The animal doctor _____ .
↓
2 _____ : The animal doctor _____ .
↓
3 _____ : The animal doctor _____ .
↓
4 _____ : The animal doctor _____ .

빈칸에 알맞은 말을 보기에서 골라 문장을 완성해 봅시다.

보기	stay	take	heart	favorite

1 Henry, _____ your umbrella, or you will get wet.

2 The _____ pumps blood through the body.

3 When it rains very hard, children _____ unhappy all day long.

4 Apples are my _____ fruit and every morning I eat one.

그림을 보고, 보기와 같이 각 인물이 애견센터를 방문한 목적을 완성해 봅시다.

보기

A: Why does the boy bring his dog to a dog center?

B: His dog <u>needs a shot</u>. (need / a shot)

1 *A:* Why does the man go to a dog center?

   B: He _____. (need / some dog food)

2 *A:* Why does the man bring his daughter to a dog center?

   B: He _____ for his daughter.

   (need / a pet dog)

Unit 2

My House

Pop Quiz

● **Which of the following do you have in your house?**

☐ bedroom ☐ kitchen ☐ dining room ☐ family room

☐ porch ☐ yard ☐ bathroom ☐ attic

● **Where is the family in the picture?**

☐ In the kitchen ☐ In the bathroom ☐ In the family room

Let's Read

● 다음 글을 읽어 봅시다.

My house has seven rooms. There are three bedrooms, a bathroom, a kitchen, and a dining room. We also have a family room with a big television and a sofa. My house has a porch in the back with a swing. There is a flower garden in the backyard. My family lives a happy life here. I love my house.

Key Words

● 각 그림에 어울리는 단어를 보기에서 찾아 써 봅시다.

| 보기 | swing | dining | porch | backyard |

1   2   3   4

After You Read

A 글의 내용과 일치하도록 집 구조도를 완성해 봅시다.

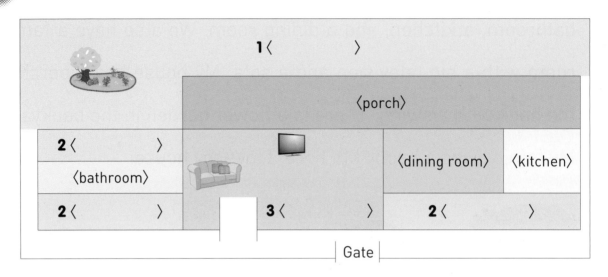

1 〈   〉

〈porch〉

2 〈   〉

〈bathroom〉

2 〈   〉

3 〈   〉

2 〈   〉

〈dining room〉 〈kitchen〉

Gate

B 글의 내용과 일치하도록 각 사물과 그것이 있는 곳을 연결해 봅시다.

1

2

3

4

ⓐ on the porch

ⓑ in the backyard

ⓒ in the family room

C 그림을 보고, 빈칸에 알맞은 말을 써서 문장을 완성해 봅시다.

1 Many beautiful flowers grow in the _____.

2 I like sitting in the _____ when I watch a movie in a theater.

3 I share my _____ with my sister. We have two beds in the room.

4 I have a big _____. I live with my grandparents, parents, and two brothers.

D 주어진 질문에 대해 자신의 경우로 응답해 봅시다.

1 *Q:* How many rooms does your house have?
   A: My house _____.

2 *Q:* What kind of rooms are there in your house?
   A: There are _____
   _____ in my house.

My Neighborhood

Pop Quiz

● **What do you like about your neighborhood?**

☐ Good people

☐ A playground for children

☐ A bakery with great cakes

☐ A library with various kinds of books

☐ A snack bar with delicious *tteokbokki*

☐ A grocery store with fresh vegetables

Let's Read

● 다음 글을 읽어 봅시다.

I live on Oak Street. Ms. Pelt and her dog live next door. We are next-door neighbors. On the other side of my house is Mr. Thomson's house. He has the best flower garden in the neighborhood. My best friend Sam lives across the street. We play together every day. At the end of Oak Street is a small grocery store. I drop by there after school to buy snacks. I think my neighborhood is the best one in town.

Key Words

● 각 그림에 어울리는 단어를 보기에서 찾아 써 봅시다.

보기	across	drop by	street	neighbor

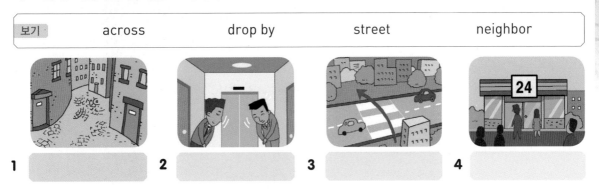

1 _____ 2 _____ 3 _____ 4 _____

After You Read

A Oak Street의 지도를 완성해 봅시다.

1
_____

2
_____

Oak Street

3	My house	Ms. Pelt's house
_____		

B Oak Street의 각 장소와 특징을 연결해 봅시다.

1 Ms. Pelt's house •

ⓐ

2 Mr. Thomson's house •

ⓑ

3 a grocery store •

ⓒ

C 빈칸에 알맞은 말을 보기에서 골라 문장을 완성해 봅시다.

보기	town	grocery	next-door	neighborhood

1 Where does your family usually go _____ shopping?

2 This tree is bigger than the one in the _____ neighbor's yard.

3 Anne's Dining is the most famous restaurant in this _____.

4 Amy's grandparents live in the _____, so she often visits them.

D 글의 내용과 일치하도록 빈칸에 알맞은 말을 써 봅시다.

I live on **1**_____ Street. Next door to me live **2**_____ and her **3**_____. **4**_____ has the best flower garden in the neighborhood. My best friend, **5**_____, lives across the **6**_____ from me. Sometimes I go to the **7**_____ store to buy snacks after school.

Pictures
and Letters

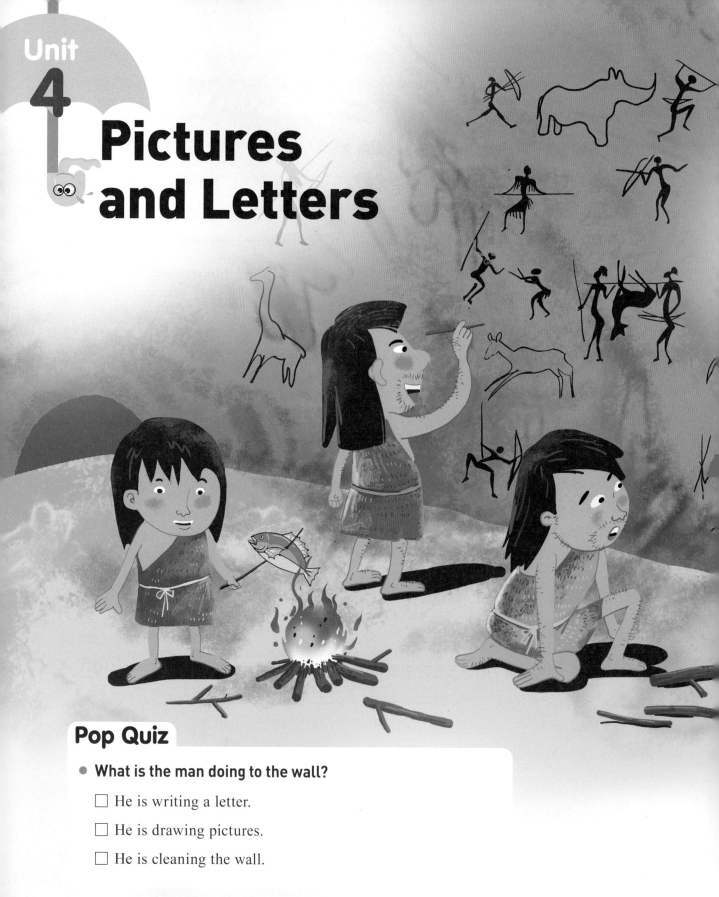

Pop Quiz

● **What is the man doing to the wall?**

☐ He is writing a letter.

☐ He is drawing pictures.

☐ He is cleaning the wall.

Let's Read

● 다음 글을 읽어 봅시다.

Before people used letters to make words, they used picture writing. We find many pictures on the walls of caves and those pictures tell stories from long ago. They tell us about hunting, growing food, and people's lives. Today, we write about our lives with letters of the alphabet instead of pictures. Every language has an alphabet. Sometimes characters from alphabets look like letters and sometimes the characters look like pictures.

Key Words

● 각 그림에 어울리는 단어를 보기에서 찾아 써 봅시다.

보기	cave	language	character	instead of

한국어 English
中國語 にほんご
Deutsch

I II III
1 2 3 !?
. "" −

1   2   3   4

After You Read

A 글자와 그림 문자에 해당되는 표현을 보기에서 골라 써 봅시다.

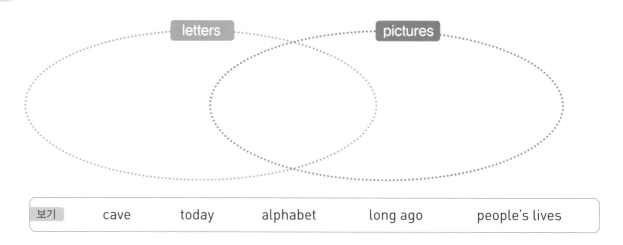

letters   pictures

보기   cave   today   alphabet   long ago   people's lives

B 그림과 해당하는 내용을 연결하고, 발견된 동굴 벽화의 내용으로 언급된 것을 모두 골라 □에 ✓표시 해 봅시다.

□ 1

ⓐ hunting

□ 2

ⓑ using letters

□ 3

ⓒ growing food

C 빈칸에 알맞은 말을 보기에서 골라 문장을 완성해 봅시다.

보기	life	letter	sometimes	alphabet

1 English has 26 _____s.

2 *Hangeul* is the Korean _____.

3 Andy usually gets up early, but he _____ oversleeps.

4 Jiwon moved to Busan and started a new _____ there.

D 글의 내용과 일치하도록 질문에 대한 응답을 완성해 봅시다.

1 *A:* What do the pictures on the caves tell you about?

B: They tell us about _____, _____, and

_____.

2 *A:* Today, what do we use to write about our lives?

B: We use _____ instead of _____.

Fighting Germs

Pop Quiz

- **What does the girl do to fight germs and stay healthy?**

  ☐ She exercises.

  ☐ She gets enough sleep.

  ☐ She often washes her hands.

Let's Read

● 다음 글을 읽어 봅시다.

Germs are everywhere, but they are too tiny to see with our eyes. Living germs can make people sick with a fever, rash, or sore throat, but they don't always. Our blood has germ-fighting white cells in it and those cells help keep us healthy. Most of the time these white blood cells kill the germs before they can make us sick. We can also keep our bodies strong by eating healthy foods, exercising, and getting regular checkups.

Key Words

● 각 그림에 어울리는 단어를 보기에서 찾아 써 봅시다.

| 보기 | blood | fever | sick | tiny |

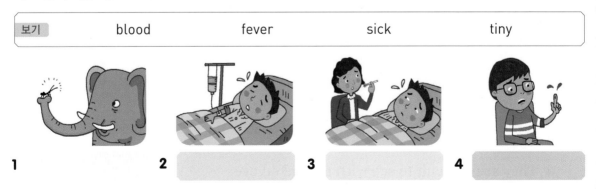

1

2

3

4

After You Read

A 글에서 언급된 세균으로 인한 증상을 겪는 사람을 모두 골라 봅시다.

B 보기와 같이 세균에 대한 내용에는 G(germs), 백혈구에 대한 내용에는 W(white cells)에 ✓표 해 봅시다.

		G	W
보기	They are in blood.	☐	☑

1 They are everywhere. ☐ ☐

2 They help keep us healthy. ☐ ☐

3 They can make people sick. ☐ ☐

4 They are difficult to see with the naked eye. ☐ ☐

C 빈칸에 알맞은 말을 보기에서 골라 문장을 완성해 봅시다.

> 보기   sore   rash   germ   regular

1 A _____ causes the disease.

2 We need _____ exercise to be healthy.

3 My feet are still _____ after the long walk.

4 After I ate some fruit, a _____ appeared all over my face.

D 글의 내용과 일치하도록 주어진 질문에 대해 응답해 봅시다.

How can we keep our bodies strong?

1 We should _____.

2 We should _____.

3 We should _____.

Unit 6

Winter Sleep

Pop Quiz

- **How does the squirrel spend the cold winter?**
  - ☐ It enjoys the cold weather.
  - ☐ It sleeps during the winter.
  - ☐ It stays outside all the time.

Let's Read

● 다음 글을 읽어 봅시다.

Hibernation means "winter sleep." Skunks, some types of squirrels and bats, and bears hibernate. To get ready for the long sleep, these animals store fat on their bodies during the summer and the fall. When it gets cold, the animals crawl into their homes and fall into a deep sleep. Little by little, the stored fat gets used up. When they wake up in the warm spring, they are thin and ready for a big meal.

Key Words

● 각 그림에 어울리는 단어를 보기에서 찾아 써 봅시다.

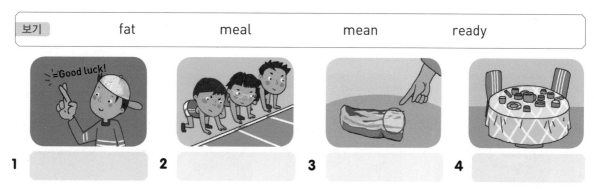

| 보기 | fat | meal | mean | ready |

1 _____   2 _____   3 _____   4 _____

After You Read

A 원인과 결과를 연결해 봅시다.

원인

결과

 1 Animals store fat during the summer and the fall.

 ⓐ Animals crawl into their warm homes.

 2 It gets cold.

 ⓑ The animals are thin and ready for a big meal when they wake up.

 3 The stored fat is used up during hibernation.

 ⓒ Animals are ready for the long winter sleep.

B 겨울잠을 자는 동물로 언급되지 <u>않은</u> 것을 골라 봅시다.

1 ☐   **2** ☐   **3** ☐   **4** ☐

C 빈칸에 알맞은 말을 보기에서 골라 문장을 완성해 봅시다.

보기	crawl	hibernation	squirrel	thin

1 A _____ is climbing up the tree.

2 The baby girl _____s to her mom.

3 She is very tall and _____, like her mother.

4 Bears go into _____ during the winter.

D 글의 내용과 일치하도록 주어진 단어들을 순서대로 배열하여 질문에 대한 응답을 완성해 봅시다.

1 *A:* Before hibernation, what do animals do?
   B: They _____.
        (and / fat / eat / store / a lot / on their bodies)

2 *A:* After hibernation, what will animals do?
   B: They _____.
        (a / eat / will / big meal)

Hurricanes

Pop Quiz

- **A hurricane is hitting the beach. How is the weather now?**

  ☐ It is sunny.

  ☐ It snows heavily.

  ☐ It is extremely windy.

Let's Read

● 다음 글을 읽어 봅시다.

Hurricanes are strong storms with high winds. These storms develop over the ocean. They can cause great damage when they reach land. Scientists and hurricane hunters study hurricanes. They fly airplanes into the center to learn more about hurricanes. With the data from airplanes, they can make predictions about the strength and direction of the storms. These predictions help to protect the people in the path of the hurricane.

Key Words

● 각 그림에 어울리는 단어를 보기에서 찾아 써 봅시다.

보기	path	reach	develop	prediction

1   2   3   4

After You Read

A 과학자들의 허리케인 연구 과정을 완성해 봅시다.

1

→

to _____ airplanes

2

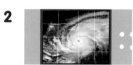

to _____ hurricanes

↓

4

←

to _____ people

3

to _____ predictions

B 글의 내용과 일치하도록 질문에 대한 응답으로 알맞은 것을 모두 골라 봅시다.

1 What is a hurricane?

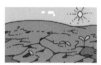

❶ a strong storm ❷ a long dry season ❸ heavy snow

2 Where does a hurricane start?

❶ over the land ❷ over the ocean ❸ over the forest

3 What are scientists' predictions about?

❶ the use of the storms ❷ the strength of the storms ❸ the direction of the storms

C 빈칸에 알맞은 말을 보기에서 골라 문장을 완성해 봅시다.

> 보기   cause   damage   protect   direction

1 Bad weather _____s car accidents.

2 Sunglasses _____ our eyes from the strong sunshine.

3 Look both to the left and right before you change _____.

4 The accident caused a lot of _____ to his car.

D 글의 내용과 일치하도록 주어진 표현들을 순서대로 배열하여 문장을 완성해 봅시다.

1 (develop / on land / over the ocean / cause great damage)

→ Hurricanes _____ and _____.

2 (about the storms / make predictions / study hurricanes)

→ Scientists _____ and _____
to protect people.

When I Grow Up

Pop Quiz

- **What does an airplane pilot do?**

  ☐ He flies an airplane.

  ☐ He steers a ship.

  ☐ He fixes airplanes.

Let's Read

● 다음 글을 읽어 봅시다.

This is my family. My father is an airplane pilot. He flies to many different countries around the world. My mother is a zoo veterinarian. She works with animals in the zoo. She cares for the health of animals. She treats the wounds of animals. She checks the feeding conditions, too. My brother is a chef. He works in a restaurant. He prepares and cooks different kinds of food. My sister is a fashion designer. She designs and makes clothes. She is very creative. Sometimes, she makes clothes for me. When I grow up, I want to be a teacher. I love children.

Key Words

● 각 그림에 어울리는 단어를 보기에서 찾아 써 봅시다.

| 보기 | teacher | wound | feed | chef |

1   2   3   4

After You Read

A 글을 읽고, 관련된 것을 서로 연결해 봅시다.

1

a fashion designer

a chef

an airplane pilot

a teacher

a zoo veterinarian

2

3

4

5

B 문장을 읽고, 알맞은 단어를 보기에서 골라 써 넣어 봅시다.

보기	an airplane pilot	a zoo veterinarian	a chef
	a fashion designer	a teacher	

1 _____ I cook meat and fish in a restaurant.

2 _____ I design and make clothes.

3 _____ I teach young children at school.

4 _____ I care for the health of animals.

5 _____ I fly to many different countries.

C 빈칸에 알맞은 말을 보기에서 골라 문장을 완성해 봅시다.

보기	chef	care	designer	check

1 He is a web _____. He is very creative. He creates websites for companies.

2 Nurses _____ for the health of patients.

3 Let me _____ my reservation on the computer.

4 She is a famous _____. She cooks Chinese food in a hotel.

D 그림을 보고, 보기에서 알맞은 표현을 골라 문장을 완성해 봅시다.

보기	a photographer	to take pictures
	a writer	to write stories
	a pianist	to play the piano
	a basketball player	to play basketball

[예시] Mina: I want to be a photographer. I like to take pictures.

1 Jinsu: _____

2 Amy: _____

3 David: _____

We Are Twins

Pop Quiz

● **Who has long hair?**

☐ the girl wearing glasses

☐ the girl wearing a cap

 # Let's Read

● 다음 글을 읽어 봅시다.

Hi! I am Lora. I have a twin sister, Jane. We are twins, but we are different. I have short hair, but she has long hair. Jane wears glasses. I don't wear glasses.

I am an outgoing person. I have many friends at school. I like to play with my friends. I am talkative. I try to be kind and friendly to everyone. However, Jane is different from me. Jane is quiet. Jane mostly likes to talk to her best friends. She is shy. She feels uncomfortable when she talks to unfamiliar friends. We are different, but we always love each other.

Key Words

● 각 그림에 어울리는 단어를 보기에서 찾아 써 봅시다.

| 보기 | quiet | glasses | outgoing | twins |

1   2   3   4

After You Read

A 글의 내용과 일치하는 주인공의 모습을 찾아 바르게 연결해 봅시다.

1

2

Lora

Jane

B 보기에서 알맞은 말을 골라 빈칸에 써 넣어 봅시다.

보기	outgoing	best	friendly	unfamiliar	shy

Lora		Jane
I am a(n) **1**_____ person.	vs.	I am **2**_____.
I have many friends.	vs.	I like to talk to my **3**_____ friends.
I try to be kind and **4**_____ to everyone.	vs.	I feel uncomfortable when I try to talk with **5**_____ friends.

C 문장을 읽고, 주인공의 성격을 가장 잘 설명한 단어를 찾아 바르게 연결해 봅시다.

1 I like to help my friends.

•   • talkative

2 I like to talk with others. People say I talk a lot.

•   • kind

3 I don't feel comfortable when I talk to an unfamiliar person.

•   • shy

D 보기를 참고하여, Kevin을 소개하는 글을 써 봅시다.

보기

• 외모: has long hair
• 성격: shy
• 좋아하는 것: to read books

This is Jane.

She has long hair.

She is shy.

She likes to read books.

• 외모: has brown hair
• 성격: kind
• 좋아하는 것: to play soccer

This is Kevin.

He

What Part of a Plant Do You Eat?

Pop Quiz

● Q: A carrot is _____.

☐ the root of a plant

☐ the stem of a plant

☐ the seed of a plant

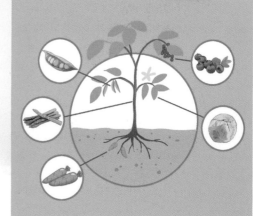

Let's Read

● 다음 글을 읽어 봅시다.

When you eat fruits or vegetables, you are eating part of a plant. Carrots grow in the ground. A carrot is a root. You are eating the root of the plant when you eat a carrot. When you eat cabbage, you are eating the plant's leaves. When you eat asparagus, you are eating the stem of the plant. Berries are fruit. Corn and peas are the seeds of the plant.

Some plants have more than one part to eat. You eat the stems and flowers of broccoli. The fruit of the pumpkin is the part most people eat, but the flowers of the pumpkin can also be eaten.

Key Words

● 각 그림에 어울리는 단어를 보기에서 찾아 써 봅시다.

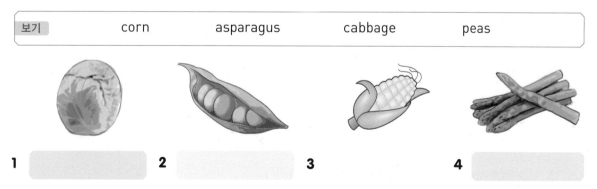

보기	corn	asparagus	cabbage	peas

1   2   3   4

After You Read

A 빈칸에 알맞은 단어를 보기에서 골라 써 넣어 봅시다.

| 보기 | stems | roots | flowers | fruit | seeds | leaves |

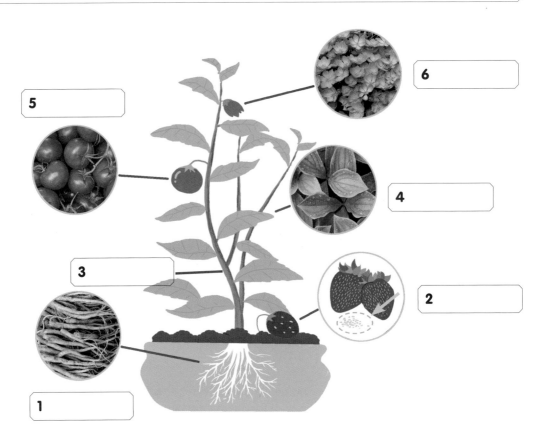

5

6

4

3

2

1

B 글의 내용과 일치하면 T, 일치하지 않으면 F에 표시해 봅시다.

1 A carrot is the root of the plant. (T/F)

2 Asparagus and corn are the stems of the plant. (T/F)

3 We eat only one part of the plant. (T/F)

C 보기의 채소와 과일이 식물의 어느 부분에 해당하는지 빈칸에 알맞게 써 넣어 봅시다.

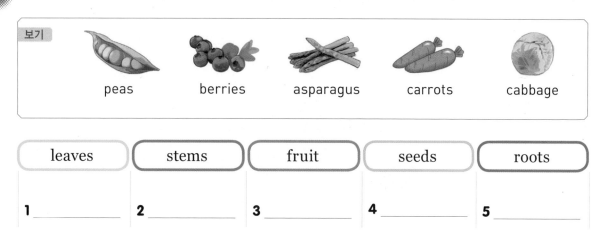

보기				
peas	berries	asparagus	carrots	cabbage

leaves	stems	fruit	seeds	roots
1_____	2_____	3_____	4_____	5_____

D 그림을 보고 알맞은 말과 연결한 후, 다음 문장을 완성해 봅시다.

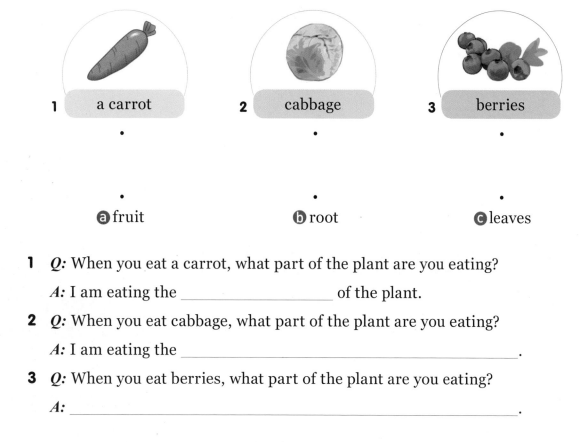

1 a carrot   2 cabbage   3 berries

ⓐ fruit   ⓑ root   ⓒ leaves

1 *Q:* When you eat a carrot, what part of the plant are you eating?

   A: I am eating the _____ of the plant.

2 *Q:* When you eat cabbage, what part of the plant are you eating?

   A: I am eating the _____.

3 *Q:* When you eat berries, what part of the plant are you eating?

   A: _____.

The Statue of Liberty

Pop Quiz

- **Which one is an American landmark?**

  ☐ The Statue of Liberty

  ☐ The Leaning Tower of Pisa

  ☐ The Sydney Opera House

Let's Read

● 다음 글을 읽어 봅시다.

The Statue of Liberty is one of the most famous American landmarks. It is on Liberty Island in New York City. It is a large statue. The statue itself is 46 meters tall. And the full height is 93 meters, measured from the bottom of the base to its top. The Statue of Liberty has seven rays in her crown. She holds a torch in her right hand and holds a tablet in her left hand. The Statue of Liberty is a friendship gift from France.

Key Words

● 각 그림에 어울리는 단어를 보기에서 찾아 써 봅시다.

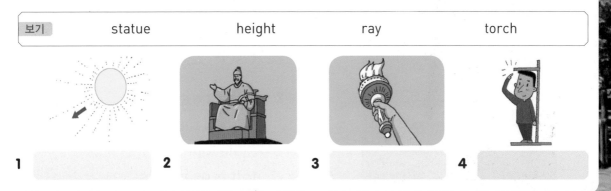

보기	statue	height	ray	torch

1

2

3

4

After You Read

A 글을 읽고, 자유의 여신상에 대해 써 봅시다.

> ### *The Statue of Liberty*
>
> *Q:* **Where is she?**
> *A:* She is on Liberty Island in **1** _____.
>
> *Q:* **What does she hold?**
> *A:* She holds **2** _____ in her right hand.
>   She holds **3** _____ in her left hand.

B 글을 읽고, 빈칸에 알맞은 말을 써 봅시다.

statue

full height

1 *Q:* How tall is the statue itself?
   A: It is _____ meters.

2 *Q:* What is its full _____, measured
   from the _____ of the base to
   its top?
   A: It is 93 meters.

C 그림을 보고, 빈칸에 알맞은 단어를 보기에서 골라 문장을 완성해 봅시다.

보기	landmark	gift	crown	famous

1 Mt. Fuji is a natural _____ in Japan.

2 The queen's _____ has a frame with many diamonds.

3 We went to the most _____ restaurant in Chicago.

4 Yesterday was my birthday.
I got a bike as a birthday _____.

* Mt. Fuji: 후지산

D 그림을 보고, 주어진 질문에 완전한 문장으로 답을 써 봅시다.

보기

Q: What is he wearing on his left hand?
A: He is wearing a glove on his left hand.

1 *Q:* What is he wearing on his head?
A: He _____.

2 *Q:* What is he holding in his right hand?
A: He _____.

String Musical Instruments

mandolin

violin

cello

banjo

guitar

contrabass

lute

harp

Pop Quiz

● **Which one is a musical instrument?**

☐ a violin

☐ a telescope

☐ a camera

Let's Read

● 다음 글을 읽어 봅시다.

There are so many ways to make sounds with musical instruments. String instruments make sounds by vibrating the strings. The violin, viola, cello, and contrabass are the four main string instruments in an orchestra. All these instruments have strings and a wooden body. They are played with a bow. The violin is the smallest and it makes the highest sound. The viola is bigger than the violin and smaller than the cello. The contrabass is the biggest and makes the lowest sound. Smaller instruments make higher sounds and larger instruments make lower sounds. The guitar and the harp are string instruments, too. They are mainly played with fingers. Each musical instrument makes a unique sound because of its shape, material, and size.

Key Words

● 각 그림에 어울리는 단어를 보기에서 찾아 써 봅시다.

| 보기 | vibrate | string | wooden | bow |

1   2   3   4

After You Read

A 다음 글을 읽고, 알맞은 악기를 골라 연결해 봅시다.

1 It is the smallest string instrument.
It can play the highest sound.

•

• viola

2 It is bigger than the violin.
It is smaller than the cello.

•

• contrabass

3 It is bigger than the viola.
It is smaller than the contrabass.

•

• cello

4 It is the biggest bowed string instrument.
It can play the lowest sound.

•

• violin

B 글을 읽고, 보기에서 알맞은 문장을 골라 다음 물음에 답해 봅시다.

1 How do the string instruments make sounds?

> 보기
> • They make sounds by vibrating the strings.
> • They make sounds by being hit.

→ _____

2 Which one makes a lower sound, the viola or the contrabass?

> 보기
> • The contrabass makes a lower sound than the viola.
> • The viola makes a lower sound than the contrabass.

→ _____

C 그림을 보고, 빈칸에 알맞은 단어를 보기에서 골라 문장을 완성해 봅시다.

| 보기 | your fingers | a cello | a guitar | a harp | a bow |

1 It is _____. It usually has 6 strings.

2 It is _____. You can play it by moving _____ across the strings.

3 It is _____. You can play it with _____. Each string sound is a different musical note.

D 그림을 보고, 비교하는 문장을 써 봅시다.

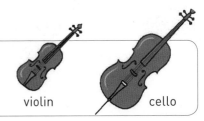
violin   cello

| 보기 | The cello, the violin (big)
→ <u>The cello is bigger than the violin.</u> |

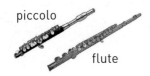
piccolo
flute

1 The piccolo, the flute (small)

→ _____

my guitar $310
$180
your guitar

2 My guitar, your guitar (expensive)

→ _____

The Arctic Tundra

Pop Quiz

- **Which animal lives in the Arctic?**

  ☐ a lizard

  ☐ a camel

  ☐ a polar bear

Let's Read

● 다음 글을 읽어 봅시다.

   The Arctic tundra is a very cold area near the Arctic. It is found in the northern parts of North America, Europe, and Asia. The ground is frozen most of the year. The Arctic tundra is dry, windy, and has no trees. Summers are very short and cool, and winters are very long and cold. It is hard to live in this area. Every animal has *adapted in order to survive. Some animals might have thick fur to keep them warm. Some animals might move when it gets too cold. Most birds move south at the beginning of winter. The animals you can find in the Arctic tundra are arctic foxes, snowy owls, and polar bears.

*adapt 적응하다

Key Words

● 각 그림에 어울리는 단어를 보기에서 찾아 써 봅시다.

보기	fur	owl	frozen	thick

1 _____ 2 _____ 3 _____ 4 _____

After You Read

A 글을 읽고, 다음 빈칸에 알맞은 말을 넣어 북극 툰드라에 관한 내용을 완성해 봅시다.

> ### *The Arctic tundra*

Place   **1** It is near _____.

Seasons   **2** Summers are very _____ and _____,
and winters are very _____ and _____.

Animals   **3** The animals you can find in the Arctic tundra are arctic foxes,
_____, and _____.

B 다음은 북극 툰드라에 사는 동물들이 겨울을 보내는 방법입니다. 서로 어울리는 것을 연결해 봅시다.

1

2

  •

  •

ⓐ They have thick white fur to keep
them warm.

ⓑ They fly south when it gets too
cold.

보기에서 알맞은 단어를 골라 다음 문장을 완성해 봅시다.

| 보기 | dry | survive | cold | in order to |

A desert is one of the hardest places to **1**_____. There is very little rain. It is very **2**_____. It is hot during the day and **3**_____ at night. The ground is covered with sand. Animals that live in this area have adapted **4**_____ survive. For example, camels have long eyelashes to keep the sand out of their eyes.

D 우리말 뜻을 읽고, 괄호 안의 표현들을 바르게 배열하여 알맞은 문장을 완성해 봅시다.

1 북극 툰드라는 북극 근처의 매우 추운 지역이다.

(area, the Arctic, cold, near, very)

→ The Arctic tundra is a_____.

2 북극 툰드라에 사는 것은 어렵다.

(to, hard, in, live, is, the Arctic tundra, It)

→ _____.

Plastic Pollution

Pop Quiz

- What kinds of plastic items did you use today?

Let's Read

● 다음 글을 읽어 봅시다.

How much plastic do you use every day? We are surrounded by things made with plastic such as water bottles, plastic bags, and straws. Most of them are thrown on the land or in the ocean. Plastic pollutes our land and water. Also, plastic is harmful to animals. For example, most plastics in the ocean break down into small pieces. Fish or birds mistake these tiny pieces of plastic for food. It can make them sick. We need to clean up the Earth. Reusing, recycling, and reducing plastic is one way to save the Earth.

Key Words

● 각 그림에 어울리는 단어를 보기에서 찾아 써 봅시다.

| 보기 | bottle | straw | pollute | harmful |

1

2

3

4

After You Read

A 글을 읽고, 다음 빈칸에 알맞은 말을 써 넣어 봅시다.

Plastic items	**1**	w_____, _____, _____
Problems	**2**	Plastic pollutes our _____ and _____.
	3	Plastic can be harmful to _____.
Things we can do	**4**	R _____, _____, and _____ plastic is one way to save the Earth.

B 다음 문장에 해당하는 단어를 보기에서 골라 써 봅시다.

> 보기   recycling   reusing   reducing

1 _____ using something again rather than throwing it out

2 _____ making something smaller in size or amount, or less in degree

3 _____ taking materials from products you have finished using and making brand new products with them

C 다음은 환경을 보호할 수 있는 다양한 방법에 대한 글입니다. 보기에서 알맞은 단어를 골라 완성해 봅시다.

보기	land	reduce	plastic	Earth

There are several ways to save our **1**_____. First, turn your computer off every night. Then, you can save the power you use. Second, when you brush your teeth, turn the tap off while brushing. Third, plant trees. It is good for the environment, both the **2**_____ and the air. Fourth, **3**_____ using single-use plastic. For example, use eco-bags instead of **4**_____ bags. These are the simple things you can do to save the environment.

D 그림을 보고, 플라스틱 오염을 줄이기 위한 나의 다짐을 적어 봅시다.

보기
(reduce plastic bag use)
I will reduce plastic bag use.

보기	• use reusable containers
	• reduce plastic straw use

1 _____.

2 _____.

Unit 15

Cyber Etiquette

Pop Quiz

- What is the boy doing?

Let's Read

● 다음 글을 읽어 봅시다.

These days, people use the Internet almost every day. We communicate with friends by e-mail and messenger. We post photos on social media when we go on a trip. We also buy things through Internet shopping. The space where communication happens over computer networks is called cyberspace.

In cyberspace, it's very important to be polite. We don't meet each other face to face in cyberspace. So, it can be easy to forget that you are talking to another person. But you should respect and consider others. Also, it is good to have an open mind when expressing your thoughts. You should try to listen to others' ideas. Also, more importantly, you should not say bad things about others. In some countries, it is a crime to lie or say bad things on the Internet. Even in cyberspace, we should follow basic rules and try not to hurt others.

Key Words

● 각 그림에 어울리는 단어를 보기에서 찾아 써 봅시다.

보기	communicate	consider	follow	respect

1

2

3

4

After You Read

A 글을 읽고, 빈칸에 알맞은 단어를 써 봅시다.

1 _____ the space where communication happens over computer networks

2 _____ manners or rules for those using cyberspace

B 글의 내용을 바탕으로, 가상 공간과 인터넷 예절에 대하여 <u>잘못된</u> 말을 하고 있는 사람은 누구인지 찾아봅시다.

We should follow basic rules and try not to hurt others in cyberspace.

도이

It is good to have an open mind when expressing your thoughts in cyberspace.

재영

You should respect and consider others on the Internet.

정원

It is okay to lie or say bad things in cyberspace.

은혁

C 글의 내용을 바탕으로, 보기의 단어를 활용하여 학교 컴퓨터실의 게시물을 완성해 봅시다.

보기	listen	follow	say	forget

Notice

Welcome to Cyberspace!

You should _____ basic rules.

1 Don't _____ that you are talking to another person.

2 You should try to _____ to others' ideas.

3 You should not _____ bad things about others.

D 그림을 보고, 글의 내용을 바탕으로 주어진 표현들을 적절히 배열하여 내용을 완성해 봅시다.

사람들의 다양한 인터넷 사용법

1 _____

e-mail and messenger, by, with, friends, Communicating

2 _____

social media, photos, Posting, on

3 _____

Buying, Internet shopping, things through

Stomachaches

Minjung

Dongjae

Haerim

Sunki

Minsu

Pop Quiz

- **What did Minsu eat as a snack?**

Let's Read

● 다음 글을 읽어 봅시다.

We suffer from stomachaches for many reasons. Indigestion is the most common reason. If you eat too quickly, the food will not digest well. So, you must eat your food slowly.

A stomachache might also be caused by food poisoning. You shouldn't eat unripe fruit. It's dangerous to eat expired food. You should be careful of eating cold or uncooked foods especially during the summer.

Sometimes your stomach might feel uncomfortable because you eat too much. Eating too much is not good for your health. Also, eating too much spicy, salty, or greasy food is not good for your digestion. It is important to develop healthy eating habits.

Also, when you sleep on summer nights, it's good to cover your stomach with a blanket even when it's hot. If you frequently get stomachaches, it is best to see a doctor for a checkup.

Key Words

● 각 그림에 어울리는 단어를 보기에서 찾아 써 봅시다.

보기	stomachache	greasy	poison	digest

1 _____ 2 _____ 3 _____ 4 _____

After You Read

A 글의 내용을 바탕으로, 복통의 원인과 예방법에 해당하는 단어를 본문에서 찾아 빈칸에 써 봅시다.

원인

1 I _____

2 Food p_____

3 Eating too m_____

4 Eating too much s_____, s_____, or g_____
food

예방법

5 Eat s_____.

6 Be c_____ of eating cold or uncooked foods.

7 D_____ healthy eating habits.

8 C_____ your stomach with a blanket on summer nights.

B 글의 내용과 일치하지 <u>않는</u> 부분을 찾아 바르게 고쳐 봅시다.

1 You must eat your food fast.

_____ → _____

2 Eating too much spicy, salty, or greasy food is good for your digestion.

_____ → _____

C 글의 내용을 바탕으로, 알맞은 단어를 빈칸에 넣어 문장을 완성해 봅시다.

> | 보기 | cold | unripe | uncooked | expired |

A stomachache might be caused by food poisoning.

You shouldn't eat **1**_____ fruit.

It's dangerous to eat **2**_____ food.

You should be careful of eating **3**_____ or **4**_____

foods especially during the summer.

D 우리말 뜻을 읽고, 주어진 표현들을 적절히 배열하여 문장을 완성해 봅시다.

1 우리는 많은 원인으로 복통을 앓는다.

→ We _____.

> reasons, stomachaches, for, suffer from, many

2 건강한 식습관을 기르는 것은 중요하다.

→ It is important _____.

> eating habits, to develop, healthy

3 만일 당신이 자주 배가 아프다면, 병원에 가서 검진을 받아보는 것이 가장 좋다.

→ If you frequently get stomachaches, _____.

> it, best, for, a checkup, to see, a doctor, is

O2O
(Online to Offline)

Seoyun

Jungmin

Pop Quiz

● How did Seoyun pay for the food?

😊 Let's Read

● 다음 글을 읽어 봅시다.

O2O is short for Online to Offline. O2O is a mix of online and offline e-commerce purchases. The start of this service is social commerce. First, sellers promote a product online and consumers also promote the product to attract more people online. Sellers can sell many products and promote them easily. Also, consumers can buy things at very reasonable prices.

With O2O, there are advantages to online shopping as well as to offline shopping. The advantages of online shopping are that it is easy to get information and the items are affordable. Also, one advantage of offline shopping is reliability because you can see the real thing.

O2O is already common in our lives. When you select food and pay for it on an app, the food is delivered to your home. You can use taxis by searching and paying for them online. You can also buy books at an online bookstore and visit an offline bookstore to pick them up. With more smartphone users, the O2O market is still growing.

Key Words

● 각 그림에 어울리는 단어를 보기에서 찾아 써 봅시다.

| 보기 | promote | commerce | purchase | product |

1 _____ 2 _____ 3 _____ 4 _____

After You Read

A 글의 내용을 바탕으로, 빈칸에 알맞은 단어를 써 봅시다.

O2O is short for Online to Offline. The **1** s_____ of this service is social commerce.

How to Use Social Commerce

1) Sellers **2** p_____ a product online.

2) Consumers also promote the product to **3** a_____ more people online.

3) Then people buy it at **4** r_____ prices.

Advantages of Social Commerce

5 S_____	can sell many products and promote them easily.
6 C_____	can buy things at very reasonable prices.

B 글의 내용을 바탕으로, Online과 Offline 활동을 구분하여 분류하고 빈칸에 번호를 써 봅시다.

O2Os in Our Lives

Online	Offline

1 use a taxi

2 have food delivered to my home

3 buy books at an online bookstore

4 select food and pay for it on an app

5 search and pay for a service on an app

6 visit an offline bookstore to pick up books

C 다음은 글의 내용을 바탕으로 정리한 내용입니다. 보기에서 알맞은 단어를 골라 빈칸에 넣어 완성해 봅시다.

보기	Reliable	get	Affordable	Advantage

1_____ s of O2O

Online	Offline
• Easy to **2**_____ information • **3**_____ items	• **4**_____ (you can see the real thing)

D 글의 내용을 바탕으로, 주어진 단서를 활용하여 두 친구의 대화를 완성해 봅시다.

1 hint: be short for

 What does O2O mean?

_____.

2 hint: common

 Is O2O used a lot?

_____.

3 hint: grow

 How's the O2O market going?

With more smartphone users,

_____.

The Importance of a Sound Sleep

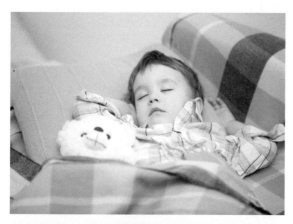 

Pop Quiz

- What are they doing?

🐛 Let's Read

● 다음 글을 읽어 봅시다.

Sleeping well is very important for our health. If you stay awake for one night, you will lose concentration and energy. If you don't sleep for more than a week, you cannot think well and your memory will be bad. Then, you won't be able to make good decisions.

You need enough sleep to stay in good shape and work efficiently. How many hours do you need to sleep? Well, it depends on the person. Most people need at least six hours of sleep to live a normal life. Newborn babies need much more sleeping time. In fact, they spend most of the day sleeping. If they don't have enough sleep, they don't have enough growth hormones.

Some people say that it is wasteful to spend one-fourth of your day sleeping, but that's not true. Your brain doesn't rest while you sleep. Scientists have found that the brain is doing something while you sleep. When you sleep, your body is resting, but your brain is still working hard. So, try to sleep comfortably at night. If you have sleeping problems, it's best to get professional help as soon as possible.

Key Words

● 각 그림에 어울리는 단어를 보기에서 찾아 써 봅시다.

| 보기 | scientist | professional | comfortable | concentration |

1 _____ 2 _____ 3 _____ 4 _____

After You Read

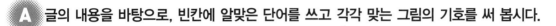

A 글의 내용을 바탕으로, 빈칸에 알맞은 단어를 쓰고 각각 맞는 그림의 기호를 써 봅시다.

1 Sleeping well is very i_____ for our health.
You need e_____ sleep to stay in good shape and work efficiently.

( )

2 If you stay awake for one night, you will l_____ concentration and energy.

( )

A

B

B 글의 내용과 일치하지 <u>않는</u> 부분을 찾아 바르게 고쳐 봅시다.

1 Most people need at least two hours of sleep to live a normal life.

_____ → _____

2 Your brain rests while you sleep.

_____ → _____

3 Newborn babies don't need much more sleeping time.

_____ → _____

C 글의 내용을 바탕으로, 보기에서 알맞은 말을 골라 빈칸에 넣어 말풍선을 완성해 봅시다.

> 보기   brain   as soon as possible   rest   wasteful

Some people say that it is **1**＿＿＿＿＿＿ to spend one-fourth of your day sleeping. Is it true?

What should we do if we have sleeping problems?

That's not true. Your **2**＿＿＿＿＿ doesn't rest while you sleep. When you sleep, your body is **3**＿＿＿＿ing, but your brain is still working hard.

If you have sleeping problems, it's best to get professional help **4**＿＿＿＿＿＿＿＿＿＿＿.

D 우리말 뜻을 읽고, 주어진 표현들을 적절히 배열하여 문장을 완성해 봅시다.

1 잘 자는 것은 우리 건강에 매우 중요하다.

→ Sleeping well ＿＿＿＿＿＿＿＿＿＿＿＿＿＿＿＿＿＿＿.

> is, very, our health, for, important

2 좋은 컨디션을 유지하고 효율적으로 일하기 위해서는 충분한 수면이 필요하다.

→ You need enough sleep ＿＿＿＿＿＿＿＿＿＿＿＿＿＿＿＿.

> and, work efficiently, to stay in good shape

3 네가 잠을 자는 동안에도 너의 뇌는 쉬지 않는다.

→ Your ＿＿＿＿＿＿＿＿＿＿＿＿＿＿＿＿＿＿＿.

> while, you, doesn't rest, brain, sleep

New Words Related to Low Birthrates

Pop Quiz

- Are these couples with children?

 Let's Read

● 다음 글을 읽어 봅시다.

A low birthrate is a big social problem in South Korea. Many people are talking about it, and some new words like DINKs, PINKs, and TONKs are being widely used.

Some people choose not to have children. We call them DINKs (Double Income, No Kids). They value freedom and independence. They see money and success as important goals.

PINKs (Poor Income, No Kids) don't have children either, but for a different reason. They usually experience economic difficulties. They don't think they have enough money to raise a child.

Some elderly people, called TONKs (Two Only, No Kids), want to enjoy their own lives. In the past, older generations were often dependent on their adult children or they were expected to take care of their grandchildren. But recently, the older generation does not want to depend on their children, and they do not want to take care of their grandchildren.

Key Words

● 각 그림에 어울리는 단어를 보기에서 찾아 써 봅시다.

| 보기 | generation | birthrate | independence | income |

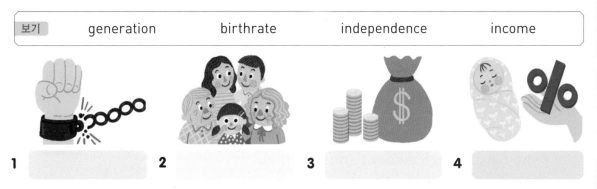

1 _____ 2 _____ 3 _____ 4 _____

After You Read

A 글의 내용을 바탕으로, 주어진 문장을 완성해 봅시다.

1 DINKs is short for _____ .

2 PINKs is short for _____ .

3 TONKs is short for _____ .

B 글의 내용을 바탕으로, 빈칸에 알맞은 단어를 써 봅시다.

소개	신조어
1 We want to enjoy our own lives. We do not want to depend on our children and we do not want to take care of our grandchildren.	_____
2 We value freedom and independence. We see money and success as important goals.	_____
3 We usually experience economic difficulties. We don't think we have enough money to raise a child.	_____

C 글의 내용을 바탕으로, 보기에서 알맞은 말을 골라 빈칸에 넣어 말풍선을 완성하여 봅시다.

보기	choose	take care of	depend	enjoy

Some people **1**_____ not to have children.

May I ask why?

That is true. I don't have children either.

My wife and I want to **2**_____ our lives without children. We do not want to **3**_____ on our adult children or **4**_____ our grandchildren.

D 우리말 뜻을 읽고, 주어진 표현들을 적절히 배열하여 문장을 완성해 봅시다.

1 그들은 돈과 성공을 중요한 목표로 생각한다.

→ They see _____.

money, as, goals, important, and, success

2 그들은 자신들이 아이를 키울 만한 충분한 경제적 여유가 있다고 생각하지 않는다.

→ They don't think _____.

they, have, to raise a child, enough money

How to Manage Your Time Efficiently

Schedule

Pop Quiz

- What is the woman doing?

Let's Read

● 다음 글을 읽어 봅시다.

We use our time to do many things like study, exercise, and travel. Life cannot be separated from time. Time is limited to 24 hours a day. Also, time is a valuable resource. It cannot be saved or borrowed. It is important to balance your time.

■ Set goals and plans: You should set clear goals and plan what you need to do. You need to do the urgent or important things first. This will save you a lot of time.

■ Set deadlines: A deadline means you must finish something by this time. You should set deadlines and finish things before the deadline. Then, check again later to see if there are any mistakes.

■ Create a visual schedule: If you create a visual schedule, you can see what you need to do. You can write down a checklist of things to do today, or you can add a start and end date on a calendar. You can record them in your own way and keep it in your room to see it easily.

Key Words

● 각 그림에 어울리는 단어를 보기에서 찾아 써 봅시다.

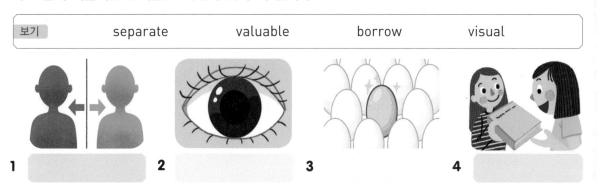

| 보기 | separate | valuable | borrow | visual |

1

2

3

4

After You Read

A 글의 내용을 바탕으로, 각각의 문제점과 해결 방법을 바르게 연결해 봅시다.

문제점		해결 방법
1 I don't know what to do first.	**ⓐ**	Create a visual schedule. Write down a checklist of things to do today.
2 I don't have time to check mistakes.	**ⓑ**	Set clear goals and plans. Do the urgent or important things first.
3 I want to check my schedule every day.	**ⓒ**	Set deadlines and finish things before the deadline. Check again later to see if there are any mistakes.

B 글의 내용과 일치하지 <u>않는</u> 부분을 찾아 바르게 고쳐 봅시다.

1 Time can be saved or borrowed.

_____ → _____

2 You need to do the urgent or important things later.

_____ → _____

3 You should set deadlines and finish things after the deadline.

_____ → _____

C 글의 내용을 바탕으로, 알맞은 단어를 빈칸에 넣어 누나와 동생의 대화를 완성해 봅시다.

보기	create	keep	calendar	easily

How do you manage your time?

I **1**_____ a visual schedule. I can see what I need to do.

How can I do it?

You can write down a checklist of things to do today, or you can add a start and end date on a **2**_____. You can record them in your own way and **3**_____ it in your room to see it **4**_____.

D 우리말 뜻을 읽고, 주어진 표현들을 적절히 배열하여 문장을 완성해 봅시다.

1 우리는 공부, 운동, 그리고 여행 같은 많은 것을 하는 데 시간을 사용하고 있다.

→ We use our time _____.

exercise, many things, like, study, to do, and travel

2 정확한 목표를 설정하고 해야 할 일을 계획해야 한다.

→ You should set _____.

what you need, and plan, to do, clear goals

3 너는 오늘 할 일의 체크리스트를 기록할 수 있다.

→ You can _____.

of things, write down, to do, today, a checklist

Various Forms of Transportation in the World

Sucheol

Pop Quiz

- What form of transportation is Sucheol taking?

Let's Read

● 다음 글을 읽어 봅시다.

You can see a lot of cars, buses, and subway stations in South Korea. Some countries have their own forms of transportation. This is very interesting because they cannot be found in Korea.

TUK-TUKs

This is a three-wheel motorcycle. There is a small engine inside this machine. It is widely used in Southeast Asia. It is used a lot in Thailand. When you start the engine, it makes a 'tuktuk' sound.

JEEPNEYs

This is a common type of transportation in the Philippines. After World War II, the USA left many military jeeps in the Philippines. The Philippine people modified the jeeps to make a new form of transportation. Jeepneys vary in size and color, and they reflect the personality of the owner.

WATER TAXIs

A water taxi takes passengers by water. Fares are more expensive than regular taxi fares. However, some people prefer to use them because there are no traffic jams on the water. Australian water taxis cross the waters of Sydney Harbour. It is a popular way for tourists to see the city.

Key Words

● 각 그림에 어울리는 단어를 보기에서 찾아 써 봅시다.

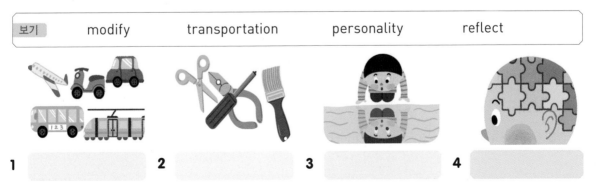

| 보기 | modify | transportation | personality | reflect |

1 _____ 2 _____ 3 _____ 4 _____

After You Read

A 글의 내용을 바탕으로, 빈칸을 채워 각 교통수단에 대한 설명을 완성하고 해당하는 것을 찾아 연결해 봅시다.

교통수단	관련 설명
TUK-TUK ·	· This is a **1**_____ type of transportation in the Philippines. After World War II, the USA left many **2**_____ jeeps in the Philippines. The Philippine people modified the jeeps to make a new form of transportation.
JEEPNEY ·	· It takes passengers by **3**_____. There are no **4**_____ when you use it. In Australia, it crosses the waters of Sydney Harbour.
WATER TAXI ·	· This is a three-wheel **5**_____. There is a small engine inside this machine. When you start the **6**_____, it makes a 'tuktuk' sound.

B 글의 내용과 일치하지 <u>않는</u> 부분을 찾아 바르게 고쳐 봅시다.

1 TUK-TUK is a two-wheel motorcycle.

_____ → _____

2 Jeepneys are all the same in size and color.

_____ → _____

3 Water taxi fares are cheaper than regular taxi fares.

_____ → _____

C 글의 내용을 바탕으로, 알맞은 단어를 빈칸에 넣어 여행기를 완성해 봅시다.

보기	passenger	expensive	Harbour	Fare

I went to Australia last summer vacation. At that time, I took a water taxi. The water taxi took **1**_____s by water. **2**_____s were more **3**_____ than regular taxi fares. It crossed the waters of Sydney **4**_____. It was really amazing.

D 우리말 뜻을 읽고, 주어진 단어를 적절히 배열하여 문장을 완성해 봅시다.

1 몇몇 나라에는 그 나라만의 교통수단이 있다.

→ Some countries _____.

> of, their, own forms, transportation, have

2 이것은 관광객들이 도시를 둘러보는 데 인기 있는 수단이다.

→ It is _____.

> the city, a popular way, tourists, for, to see

3 미국은 필리핀에 많은 군용 지프를 두고 떠났다.

→ The USA _____.

> military jeeps, many, the Philippines, in, left

Good Eating Habits

Lunch

Pop Quiz

- What did the boy eat for lunch?

Let's Read

● 다음 글을 읽어 봅시다.

Your body needs six kinds of nutrients: carbohydrates, proteins, fats, minerals, vitamins, and water. They make the energy your body needs to work. They make up muscles, blood, and bones. Also, they control how the body functions. Our bodies cannot make their own nutrients. So, we must get them from what we eat and drink.

Rice, rice cakes, noodles, and bread contain carbohydrates. Beef, fish, beans, and eggs contain proteins. Margarine, cooking oil, and butter contain fats. Cheese, yogurt, and milk are great sources of the mineral calcium. Strawberries, oranges, spinach, and carrots are high in vitamin C. And water itself is a nutrient.

A balanced diet gives you all the necessary nutrients you need. A growing child's eating habits are especially important. Eating an unbalanced diet, skipping meals, and overeating can harm your health. In other words, you can stay healthy with good eating habits.

Key Words

● 각 그림에 어울리는 단어를 보기에서 찾아 써 봅시다.

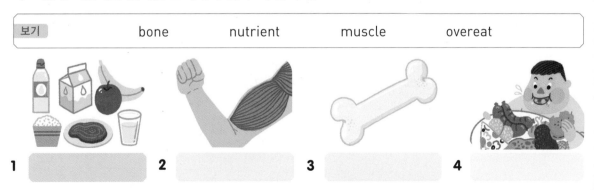

| 보기 | bone | nutrient | muscle | overeat |

1 _____   2 _____   3 _____   4 _____

After You Read

A 글의 내용을 바탕으로, 빈칸에 해당하는 음식을 각각 영어로 적어 봅시다.

1
_____
_____
_____
_____

Carbohydrate 탄수화물

2
_____
_____
_____
_____

Protein 단백질

3
_____
_____
_____
_____

Fat 지방

4
_____
_____
_____
_____

Mineral 무기질

5
_____
_____
_____
_____

Vitamin 비타민

6
_____
_____
_____
_____

Water 물

B 글의 내용과 일치하지 <u>않는</u> 부분을 찾아 바르게 고쳐 봅시다.

1 Your body needs five kinds of nutrients.

_____ → _____

2 A growing child's eating habits are not important.

_____ → _____

3 Our bodies can make their own nutrients.

_____ → _____

C 글의 내용을 바탕으로, 알맞은 단어를 빈칸에 넣어 말풍선을 완성해 봅시다.

| 보기 | blood | must | own | control |

What do nutrients do?

They make the energy your body needs to work.
They make up muscles, **1**_____, and bones.
Also, they **2**_____ how the body functions.

How can we get nutrients?

Our bodies cannot make their **3**_____
nutrients. So, we **4**_____ get them
from what we eat and drink.

D 우리말 뜻을 읽고, 주어진 단어를 적절히 배열하여 문장을 완성해 봅시다.

1 우리는 먹고 마시는 것에서 영양소를 얻어야 한다.

→ We must _____.

what we eat and drink, nutrients, from, get

2 균형 잡힌 식사는 네가 필요로 하는 모든 필수 영양소를 준다.

→ A balanced diet _____.

all, you, the, gives, necessary, nutrients you need

3 너는 올바른 식생활 습관으로 건강을 유지할 수 있다.

→ You _____.

can, good eating habits, stay healthy, with

I Got the Wrong Shoes

Pop Quiz

- Where did Sooho buy his shoes?

- What color of shoes did Sooho buy?

Let's Read

- 다음 글을 읽어 봅시다.

Sooho is really into fashion. He likes to buy new fashion items. When a new brand of shoes came out, he bought the shoes online. The shoes finally arrived. Sooho opened the shoebox and was surprised. Those shoes were the wrong shoes! He decided to complain to the company.

Order Information

Order number: 12101024702
Items: Shoes
Sold by HJ Company
Size: 250
Color: Black
Price: 56,000 won
Ordered May 20, 2020
Delivered May 29, 2020

[Customer Review] ★★★☆☆ **3 out of 5**

Title: I got the wrong shoes!

I bought the shoes on your website. I really wanted to wear them right away because the shoes looked comfortable. However, I got the wrong shoes! I ordered black shoes, but you sent yellow ones. What can you do to fix this problem?

[HJ Company's Answer]

Hello, Sooho! We are very sorry for the delivery problem. We are busy dealing with a lot of orders because the new shoes are so popular. For the wrong delivery, please return the yellow shoes and we will be pleased to send you the black shoes right away. You will be able to get them in two days. To help you feel better, we will give you a 10% discount coupon. You can use it anytime on our website. Again, thank you for shopping with us and we hope you like your shoes!

Key Words

● 각 그림에 어울리는 단어를 보기에서 찾아 써 봅시다.

| 보기 | popular | complain | comfortable | delivery |

1 _____   2 _____   3 _____   4 _____

After You Read

A 글을 읽고 빈칸에 알맞은 말을 써 봅시다.

Sooho's **1**_____ Shopping

[Problem]

- Wrong shoes **2**_____

- Sooho ordered the **3**_____
  shoes but he got the wrong color.

→

[Solutions]

- Sooho will **4**_____ the wrong
  shoes.
- The company will send the right shoes.
- The company will give a **5**_____
  to Sooho.

B 글의 내용과 일치하지 <u>않는</u> 부분을 찾아 바르게 고쳐 봅시다.

Customer Name: Sooho
Item: Shoes / 250 / Black / Online

....

1 He ordered black shoes, but he got the white ones.

_____ → _____

2 He will be able to get the right shoes in five days.

_____ → _____

3 He can use a 20% discount coupon on our website.

_____ → _____

C 글의 내용을 바탕으로, 알맞은 단어를 빈칸에 넣어 말풍선을 완성해 봅시다.

보기   send   dealing   delivery   ordered

Hello, I bought some shoes on your website.

Hi, Sooho! How can I help you?

I **1**_____ black shoes, but I got yellow ones.

Oh, I am so sorry for the wrong **2**_____.

I am very unhappy about this. What can you do to fix this problem?

Sorry. We are busy **3**_____ with a lot of orders these days.

Please return the yellow shoes.

And we will **4**_____ you the black shoes right away.

D 주어진 문장을 활용하여 음식 구매 후기 글을 완성해 봅시다.

보기   when you order pizza online   But you sent the wrong pizza
        we deal with a lot of orders

[Customer Review]
Sooho >
★★☆☆☆ 2 out of 5

   I really enjoy your pizza. But, I was very unhappy this time. I ordered a potato pizza. **1**_____. It was a cheese pizza! What can you do to fix this problem?

[Papa's Pizza Answer]
↳ Hello, Sooho! We are very sorry for the wrong delivery. We are usually busy at lunch time because **2**_____. To help you feel better, we will give you a free salad coupon. You can use it anytime **3**_____.

Let's Make a Blueberry Cake

Hajun

Pop Quiz

- **Where is Hajun going this weekend?**

- **What will Hajun make for Boram?**

Let's Read

- 다음 글을 읽어 봅시다.

Hajun has been invited to Boram's birthday party this weekend. He will make a birthday cake for her. He knows how to make a delicious blueberry cake.

Blueberry Cake Recipe

Ingredients: butter, fresh blueberries, sugar, eggs, salt, flour, milk

Steps:

1. Preheat the oven to 175°C.
2. Wash the blueberries and put them on the paper  towels. Dry them gently with the paper towels.
3. Place the blueberries on the glass dish.
4. Mix the flour and salt in the mixing bowl.
5. Add the butter and sugar and beat the batter until it becomes smooth.
6. Put the eggs and milk into the bowl. Mix all the ingredients together.
7. Pour the batter over the blueberries.
8. Bake for one hour. When it is done, the cake will look brown.
9. Cut the cake into small pieces and enjoy.

Cooking Tip

Put a knife into the center of the cake.
If the knife comes out clean,
the cake is done. If not, you
should put it back in the oven.

Key Words

● 각 그림에 어울리는 단어를 보기에서 찾아 써 봅시다.

보기	batter	ingredients	bowl	pour

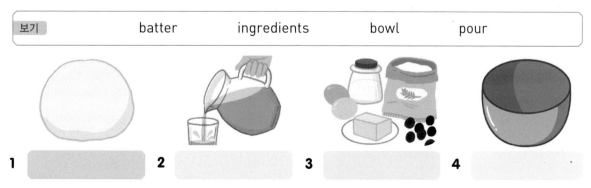

1   2   3   4

After You Read

A 글을 읽고, 빈칸에 알맞은 말을 써 봅시다.

Making a Blueberry Cake for Boram's **1**_____

| Blueberries | Batter | Baking |

↓   ↓   ↓

- Use fresh blueberries.
- Wash the blueberries and dry them gently with the **2**_____.

- Beat the batter until it becomes **3**_____.
- Pour the batter over the blueberries.

- Preheat the **4**_____.
- When the cake is done, the cake will look **5**_____.

B 글의 내용과 일치하지 <u>않는</u> 부분을 찾아 바르게 고쳐 봅시다.

Useful tips to make a delicious blueberry cake!

1 Preheat the oven to 100°C.

_____ → _____

2 Bake the cake for 30 minutes.

_____ → _____

3 Put the knife into the center of the cake. If the knife comes out clean, the cake is not done.

_____ → _____

C 글의 내용을 바탕으로 요리법을 완성해 봅시다.

보기　　　ingredients　　　until　　　Place　　　delicious

Today, we will make a
1_____ blueberry cake.

First, wash fresh blueberries
and dry them with paper towels.
2_____ blueberries
on the dish.

Put all the **3**_____ into
the bowl. Then, mix
them well.

When the batter is ready, bake the
cake **4**_____ it
looks brown.

D 주어진 문장을 활용하여 햄 샌드위치 요리법을 완성해 봅시다.

보기　　　Place the ham and cheese on the other slice of bread
until it is brown
Put your sandwich together and cut it in half

How To Make a Ham Sandwich

1) Put the bread into a toaster.
2) Toast the bread **1**_____.
3) Spread butter on one slice of bread.
4) **2**_____.
5) Add some lettuce and tomatoes on top of the ham and
cheese.
6) **3**_____.

Sneeze Etiquette

Pop Quiz

- **What is the right way to sneeze?**

- **After you sneeze into your hands, what should you do?**

Let's Read

- 다음 글을 읽어 봅시다.

What happens when you sneeze? When you sneeze, you send out small droplets from your mouth. If you are sick, the droplets can carry millions of viruses through the air. Other people can get sick when the viruses get into their bodies. To protect yourself and others, sneeze etiquette is very important.

Cover your mouth and nose!

When you sneeze, cover your mouth and nose with a tissue. Don't forget to put your used tissue in a waste basket. If you do not have a tissue around you, sneeze into your shirt sleeve, not your hands. It is also good to wear a mask. Masks can stop the viruses from spreading.

Wash your hands after sneezing!

If you sneeze into your hands, wash them right away. If not, you may spread the viruses on your hands when you touch something. Wash your hands with soap and clean running water for at least 30 seconds. Follow these four steps to wash your hands in the right way.

1. Wet your hands first with clean, running water.

2. Rub soap into the palms of your hands, the backs of your hands, between your fingers, and under your nails.

3. Rinse your hands well under clean, running water.

4. Dry your hands with a clean towel or use a hand dryer.

Key Words

● 각 그림에 어울리는 단어를 보기에서 찾아 써 봅시다.

보기	cover	spread	sneeze	droplet

1   2   3   4

After You Read

A 글을 읽고, 빈칸에 알맞은 말을 써 봅시다.

Sneeze **1**_____

When you sneeze, the **2**_____ from your mouth can make people sick.

3_____ your mouth and nose!
- Use a tissue.
- Sneeze into your **4**_____ .
- Wear a mask.

Wash your hands after sneezing!
- Wash your hands with **5**_____ and clean running water.

B 글의 내용과 일치하지 <u>않는</u> 부분을 찾아 바르게 고쳐 봅시다.

1 If you sneeze into your hands, you may spread the viruses when you eat something.

_____ → _____

2 Wash your hands with soap and clean running water for at least 10 seconds.

_____ → _____

3 Rub soap into the palms of your hands before you wet your hands.

_____ → _____

C 글의 내용을 바탕으로, 알맞은 단어를 빈칸에 넣어 말풍선을 완성해 봅시다.

보기	touch	protect	follow	carry

Sneeze etiquette is important because it can **1**_____ yourself and others.

When you sneeze into your hands, you may **2**_____ the viruses on your hands.

If you don't wash your hands, you may spread the viruses when you **3**_____ something.

Please **4**_____ the four steps to wash your hands in the right way.

D 주어진 문장을 활용하여 포스터를 완성해 봅시다.

보기	It can stop the viruses from spreading further
	Sneeze Etiquette Can Protect Your Health
	do not touch the outside of the mask

1_____

Cover your mouth and nose! **2**_____.

• When you sneeze, cover your mouth and nose with a tissue.

• If you do not have a tissue around you, sneeze into your shirt sleeve.

• When you take off the mask, **3**_____.

Viruses can be all over your hands.

I Feel Angry!

Pop Quiz

- How is Sojin feeling?

- What does Sojin do when she feels angry?

Let's Read

- 다음 글을 읽어 봅시다.

When do you usually get angry? You may feel anger when you have an unpleasant experience. It is normal to be angry sometimes. However, you should learn how to handle your anger in a healthy way. Here are some useful tips for you.

1. Take your time before you speak!

When you are angry, you may hurt someone with words. You may regret your words later. Words can hurt people's feelings. When you are angry at someone, take a few minutes of quiet time. It will help you calm down and react in a more positive way.

2. Get some exercise!

Exercise can help you become less angry. If you start feeling angry, spend some time walking or running. Physical activities can reduce stress and improve your mood. You will feel much better after you exercise.

3. Write down your feelings!

When you are angry, write down your feelings. It will help you stop and think about yourself. You can ask yourself some questions: Why am I fighting with my friend? Why am I so angry? Answering these questions will help you understand your feelings better.

Key Words

● 각 그림에 어울리는 단어를 보기에서 찾아 써 봅시다.

| 보기 | reduce | useful | regret | physical |

1
2
3
4

After You Read

A 글을 읽고, 빈칸에 알맞은 낱말을 써 봅시다.

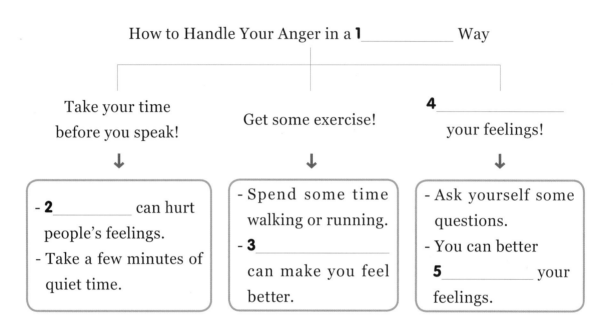

How to Handle Your Anger in a **1**_____ Way

Take your time before you speak!

↓

- **2**_____ can hurt people's feelings.
- Take a few minutes of quiet time.

Get some exercise!

↓

- Spend some time walking or running.
- **3**_____ can make you feel better.

4_____ your feelings!

↓

- Ask yourself some questions.
- You can better **5**_____ your feelings.

B 글의 내용과 일치하지 <u>않는</u> 부분을 찾아 바르게 고쳐 봅시다.

1 You may feel anger when you have a pleasant experience.

_____ → _____

2 Take your time before you speak because you may regret your feelings later.

_____ → _____

3 When you feel angry, exercise can improve your muscles.

_____ → _____

C 글의 내용을 바탕으로, 알맞은 단어를 빈칸에 넣어 말풍선을 완성해 봅시다.

> 보기   Spend   help   handle   useful

When you are angry, what do you usually do? I will give you some **1**_____ tips.

If you start feeling angry, take a few minutes of quiet time. It can help you **2**_____ your anger.

Walking and running can also **3**_____ you reduce stress. You will feel much better after you exercise.

4_____ some time writing down your feelings. You will understand them better.

D 주어진 문장을 활용하여 소진이의 고민에 답하는 편지를 완성해 봅시다.

> 보기
> - It will help you calm down and feel less angry
> - you can handle your anger in a healthy way
> - it is good to write down your feelings

Dear Sojin,

I am sorry that you had a fight with your best friend, Jenny. You must feel angry. But you and Jenny will be best friends again if **1**_____
_____

2_____. Before you speak to her,
_____.

By doing so, you can ask yourself some questions: Why was I fighting with Jenny? Why was I so angry?

3_____
_____.

Yours,
Sam

A World of Glass

Pop Quiz

- **What can you make with glass?**

- **Where does glass come from?**

Let's Read

- 다음 글을 읽어 봅시다.

You can find glass everywhere. Glass is a popular material. Glass can be used to make many things like windows, mirrors, and dishes.

Where does glass come from?

Glass is made by heating sand. When the sand is melted, it turns into a very hot liquid. When the liquid sand cools, you get molten glass. By adding some chemicals, you can change the color of glass and make the glass stronger.

How is molten glass formed into shapes?

Glassmakers use an open pipe to make a shape. They wrap the molten glass around the pipe and blow air into it. Then, air goes inside the glass and makes the glass bigger. While it is still hot, glassmakers can cut and pull the glass with many tools to make a shape.

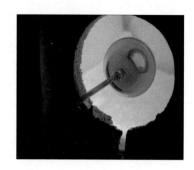

Can old glass be recycled into new glass?

We can use old glass again to make new glass. Old glass is broken into small pieces and mixed with sand. It is melted again. Then, we can get new glass in different colors and sizes. Recycling glass saves energy because old glass is easy to melt. Recycling glass also means less garbage.

Key Words

● 각 그림에 어울리는 단어를 보기에서 찾아 써 봅시다.

보기	blow	melt	recycle	liquid

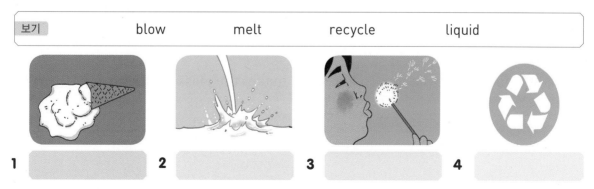

1   2   3   4

After You Read

A 글을 읽고 빈칸에 알맞은 낱말을 써 봅시다.

Where does glass come from?

- Glass is made by heating **1**_____.
- When the liquid sand cools, you get molten glass.

A World of Glass

Can old glass **4**_____ into new glass?

- Old glass is broken into small pieces and mixed with sand.
- It **5**_____ again.

How is molten glass formed into **2**_____?

- Glassmakers wrap the molten glass around the pipe and **3**_____ air into it.
- They cut and pull the glass with many tools.

B 글의 내용과 일치하지 <u>않는</u> 부분을 찾아 바르게 고쳐 봅시다.

1 By adding some chemicals, you can change the color of glass and make the glass weaker.

_____ → _____

2 Air goes inside the molten glass and makes the glass smaller.

_____ → _____

3 Recycling glass saves energy because new glass is easy to melt.

_____ → _____

C 글의 내용을 바탕으로, 알맞은 단어를 빈칸에 넣어 말풍선을 완성해 봅시다.

보기   While   turns   popular   Add

Glass is everywhere. Today, I will show you how to make this **1**_____ material.

3_____ the molten glass is still hot, you can make the glass into different shapes.

First, you need to melt sand. When the sand melts and cools, it **2**_____ into molten glass.

We can recycle old glass. **4**_____ sand to old glass and melt them together.

D 주어진 문장을 활용하여 유리 재활용에 관한 안내판을 완성해 봅시다.

보기   it will turn into different sizes and shapes
        old glass can be used again to make new things
        While it is still hot, add some chemicals

Old glass is broken into small pieces and mixed with sand. It is melted again.

Recycling glass in this way means less garbage because **3**_____.

1_____.
Then, you can change the color of the glass.

By cutting and pulling the glass with many tools,
2_____.

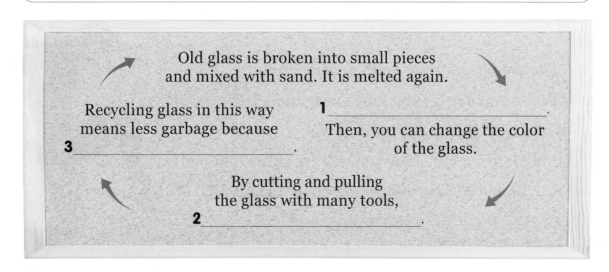

Dancing Is Good for You

Pop Quiz

- **What are the people doing in the picture?**

- **Why is dancing good for you?**

 ## Let's Read

- 다음 글을 읽어 봅시다.

People dance for different reasons. Some people dance for fun. Other people dance for work. But why you dance is not important. Dancing is good for your physical health and your emotions. It is even good for your brain.

Dancing is good for your physical health.

When you dance, you move your body to the sound of music. Dancing is a natural way to move your body. Dancing can improve your muscles and bones. Dancing for an hour helps you burn about 400 calories. It can help you lose weight.

Dancing is good for your emotions.

When you feel stressed, dancing is a safe way to express your feelings. While you are dancing, you can listen to your favorite music and spend quality time with other people. Moving your body to the rhythm of the music produces 'happy' hormones like endorphins. These hormones can make you feel better.

Dancing is good for your brain.

When you dance, you do many things at the same time. You should remember the steps and move your body to the music in the right order. This can be an excellent exercise for your brain. Dancing will make your brain work hard. This type of mental exercise improves your memory.

Key Words

● 각 그림에 어울리는 단어를 보기에서 찾아 써 봅시다.

| 보기 | emotion | rhythm | mental | weight |

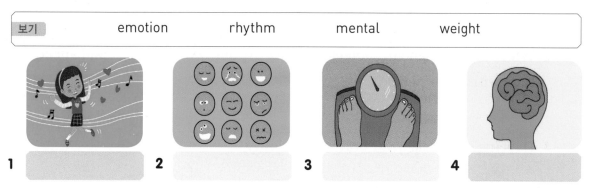

1

2

3

4

After You Read

A 글을 읽고, 빈칸에 알맞은 말을 써 봅시다.

Dancing is Good for You!

| Dancing is good for your physical health. | Dancing is good for your emotions. | Dancing is good for your **4**_____. |

- Dancing can **1**_____ your muscles and bones.
- Dancing can help you lose weight.

- Dancing is a **2**_____ way to express your feelings.
- Moving your body to the rhythm of the music produces **3**'_____' hormones.

- When you dance, you do many things at the same time.
- This type of mental exercise improves your **5**_____.

B 글의 내용과 일치하지 <u>않는</u> 부분을 찾아 바르게 고쳐 봅시다.

1 Dancing for an hour helps you burn about 200 calories.

_____ → _____

2 While you are dancing, you can't listen to your favorite music and spend quality time with other people.

_____ → _____

3 Dancing will make your brain work slowly.

_____ → _____

C 글의 내용을 바탕으로, 알맞은 단어를 빈칸에 넣어 말풍선을 완성해 봅시다.

보기   make   express   improve   order

People dance for different reasons, but dancing can **1**_____ your health in many ways.

By moving your body to the rhythm of the music, you can **2**_____ yourself and have fun. This helps you feel less stressed.

Dancing can be good for your memory. This is because you should do many things at the same time and in the right **3**_____.

You can burn about 400 calories if you dance for an hour. So, dancing can **4**_____ you lose weight naturally.

D 주어진 문장을 활용하여 신문기사를 완성해 봅시다.

보기   It will improve your confidence and social skills
        Some dances make your heart and lungs work hard
        Dancing is a great way to use your brain

Dancing is more than moving your body to the music. Here are three reasons why dancing is good for your health:

1. **Physical Health**
1_____. It helps you stay at a healthy body weight.

2. **Emotional Health**
Dancing with others helps you learn how to make friends. **2**_____
_____.

3. **Mental Health**
3_____. When you dance, you need to remember and do many things in the right order.

Cubes in Everyday Life

Pop Quiz

- How many sides does a cube have?

- Where can you find cubes?

Let's Read

- 다음 글을 읽어 봅시다.

A cube is a shape. It has six identical squares. Because all the squares in a cube have the same height and width, a cube has the same depth. If you look around, you can find cubes everywhere.

Cube Boxes

There are many different shapes of boxes, but cube boxes are the most popular. There are good points about cube boxes. You can move cube boxes around more easily because they take up less space. If you want to wrap a birthday gift, use a box in a cube shape. Your gift will be safe because cube boxes are stronger than other shapes of boxes.

Dice

Dice are small cubes. There are different numbers of dots on each side. When you throw a die, the die will show you any number between one and six. Playing dice games is so easy that anyone can do them!

Rubik's Cubes

The Rubik's cube is a puzzle toy. The Rubik's cube has six sides with different colors: white, red, blue, orange, green, and yellow. Each side has nine little cubes. Players turn the Rubik's cube to make each side of the cube the same color. If you can solve the puzzle quickly, you will amaze your friends.

Key Words

● 각 그림에 어울리는 단어를 보기에서 찾아 써 봅시다.

보기	dot	cube	wrap	square

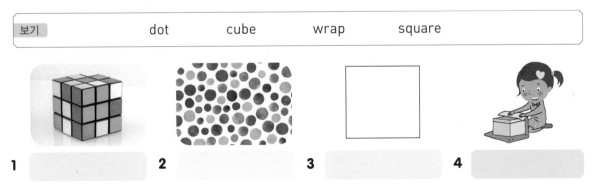

1   2   3   4

After You Read

A 글을 읽고, 빈칸에 알맞은 낱말을 써 봅시다.

Cubes in Everyday Life

Cube boxes

2 _____

Rubik's cube

- You can move cube boxes around more easily because they take up less **1**_____ .
- Cube boxes are stronger than other shapes of boxes.

- There are different numbers of **3**_____ on each side.
- Playing dice games is easy for everyone.

- The Rubik's cube has six sides with **4**_____ .
- Players **5**_____ the Rubik's cube to make each side of the cube the same color.

B 글의 내용과 일치하지 <u>않는</u> 부분을 찾아 바르게 고쳐 봅시다.

1 Because all the squares have the same height and width, a cube has the different depth.

_____ → _____

2 When you throw a die, the die will show you any number between one and seven.

_____ → _____

3 Each side of the Rubik's cube has twelve little cubes.

_____ → _____

C 글의 내용을 바탕으로, 알맞은 단어를 빈칸에 넣어 말풍선을 완성해 봅시다.

보기	popular	identical	solve	than

A cube has six squares. All of them are **1**_____ in height and width. Cubes are everywhere!

When you wrap something, use cube boxes. They are easier to move around **2**_____ other shapes of boxes.

Dice are small cubes with different numbers of dots on each side. Dice games are **3**_____ because anyone can do it.

There are six sides on a Rubik's cube. Each side has nine little cubes. By turning each cube, you can **4**_____ the puzzle.

D 주어진 문장을 활용하여 수학 노트를 완성하여 봅시다.

보기	connect both squares with straight lines
	A square has the same height and width
	Draw an identical square behind the first square

How to draw a cube

1 First, draw a square. _____.

2 _____.

3 Finally, _____.

4 If you erase the inner lines, you will have a cube.

Amazing Senses

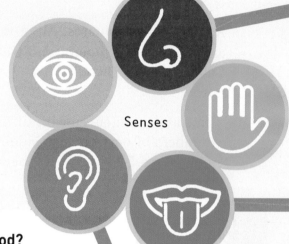

Senses

Pop Quiz

- Which part do bats use when they look for food?

- Which part do white sharks use when they look for food?

- Which part do monitor lizards use when they look for food?

Let's Read

- 다음 글을 읽어 봅시다.

Some animals have special senses. They use those senses when they hunt for food.

Bats use sound waves to find food. They send out sound waves from the mouth. When the sound waves go out, they hit something. Then, they go back to the bats' ears. By listening to these sound waves, bats can find food in the dark.

White sharks have excellent noses for hunting. They can smell even one drop of blood in the water. There are also many small holes on their noses. These holes help them feel weak electricity in a fish's heart. That is how they can find their food from far away.

Monitor lizards have forked tongues. When lizards look for food, they move their tongues in and out very quickly. This is because they can taste the air and pick up the smell of food. By using their special tongues, they can taste their food before eating it.

Key Words

● 각 그림에 어울리는 단어를 보기에서 찾아 써 봅시다.

보기	sense	forked	electricity	hole

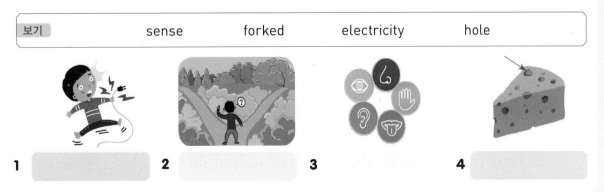

1 _____ 2 _____ 3 _____ 4 _____

After You Read

A 글을 읽고, 빈칸에 알맞은 말을 써 봅시다.

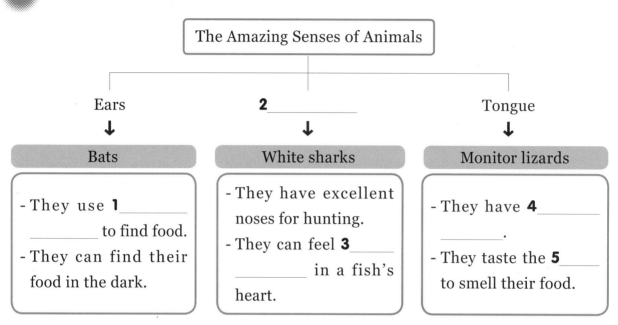

The Amazing Senses of Animals

Ears → Bats

2_____ → White sharks

Tongue → Monitor lizards

Bats
- They use **1**_____ _____ to find food.
- They can find their food in the dark.

White sharks
- They have excellent noses for hunting.
- They can feel **3**_____ _____ in a fish's heart.

Monitor lizards
- They have **4**_____ _____.
- They taste the **5**_____ to smell their food.

B 글의 내용과 일치하지 <u>않는</u> 부분을 찾아 바르게 고쳐 봅시다.

1 Bats send out sound waves to find their food. If the sound waves hit something on the way, they don't come back to the bats.

_____ → _____

2 White sharks have excellent noses for hunting. There are many big holes on their noses.

_____ → _____

3 Monitor lizards use their forked tongues to look for food. They can pick up the smell of food by moving the tongues in and out slowly.

_____ → _____

C 글의 내용을 바탕으로, 알맞은 단어를 빈칸에 넣어 말풍선을 완성해 봅시다.

listen to   taste   hunt   smell

Today, let's learn about how animals **1**_____ for food. They use special senses when they look for food.

Bats have a good sense of hearing. They **2**_____ sound waves and use them to find food in the dark.

White sharks have very good noses. Their noses have many small holes, so they can **3**_____ even one drop of blood in the water.

Monitor lizards move their forked tongues in and out quickly. They can **4**_____ the air with their tongues before eating.

D 주어진 문장을 활용하여 동물 사전의 그림을 묘사하는 글을 완성해 봅시다.

Their noses help them smell food from far away

Their noses help them smell food from far away

They can find good grass by tasting it

They listen to the very small sound of animals when they hunt

Amazing senses of animals!		
Owls	Polar bears	Cows
Owls can find food in the dark. They have a good sense of hearing. **1**_____ _____.	Polar bears have large, black noses. They use their strong noses when they hunt. **2**_____ _____.	Cows have powerful tongues. They can sense sweetness. Sweetness means that the grass is safe to eat. **3**_____ _____.

Memo

효과가 상상 이상입니다.

예전에는 아이들의 어휘 학습을 위해 학습지를 만들어 주기도 했는데,
이제는 이 교재가 있으니 어휘 학습 고민은 해결되었습니다.
아이들에게 아침 자율 활동으로 할 것을 제안하였는데,
"선생님, 더 풀어도 되나요?"라는 모습을 보면,
아이들의 기초 학습 습관 형성에도 큰 도움이 되고 있다고 생각합니다.

ㄷ초등학교 안○○ 선생님

어휘 공부의 힘을 느꼈습니다.

학습에 자신감이 없던 학생도 이미 배운 어휘가 수업에 나왔을 때 반가워합니다.
어휘를 먼저 학습하면서 흥미도가 높아지고
동기 부여가 되는 것을 보면서 어휘 공부의 힘을 느꼈습니다.

ㅂ학교 김○○ 선생님

학생들 스스로 뿌듯해해요.

처음에는 어휘 학습을 따로 한다는 것 자체가 부담스러워했지만,
공부하는 내용에 대해 이해도가 높아지는 경험을 하면서
스스로 뿌듯해하는 모습을 볼 수 있었습니다.

ㅅ초등학교 손○○ 선생님

앞으로도 활용할 계획입니다.

학생들에게 확인 문제의 수준이 너무 어렵지 않으면서도
교과서에 나오는 낱말의 뜻을 확실하게 배울 수 있었고,
주요 학습 내용과 관련 있는 낱말의 뜻과 용례를
정확하게 공부할 수 있어서 효과적이었습니다.

ㅅ초등학교 지○○ 선생님

학교 선생님들이 확인한
어휘가 문해력이다의 학습 효과!
직접 경험해 보세요

학기별 교과서 어휘 완전 학습
<어휘가 문해력이다>
— 예비 초등 ~ 중학 3학년 —

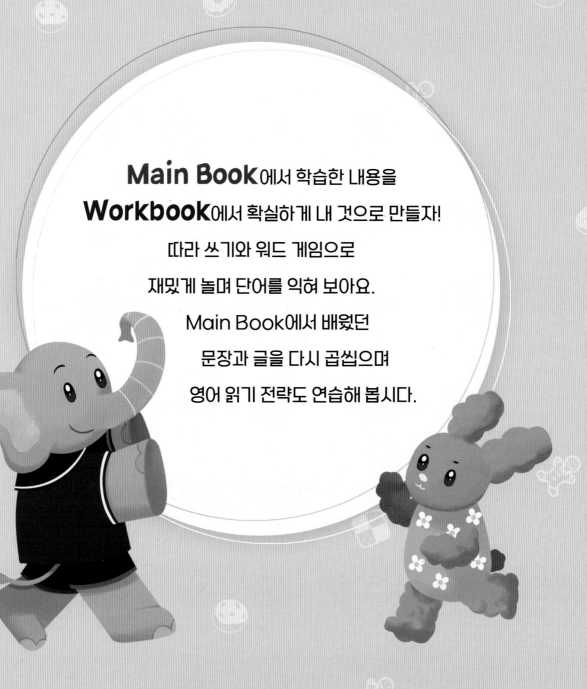

Main Book에서 학습한 내용을
Workbook에서 확실하게 내 것으로 만들자!
따라 쓰기와 워드 게임으로
재밌게 놀며 단어를 익혀 보아요.
Main Book에서 배웠던
문장과 글을 다시 곱씹으며
영어 읽기 전략도 연습해 봅시다.

EBS

기초 영독해

Workbook

중학 영어 내신 만점을 위한 첫걸음
초등 영어를 정리하고 중학으로 도약하자!

EBS
기초 영독해

Workbook

Going to the Dog Center

Vocabulary Practice

A 각 단어를 따라 쓰면서 익혀 봅시다.

1 ....heart....

2  ....healthy....

3 ....favorite....

4 ....checkup....

B 우리말에 해당하는 영단어를 철자판에서 찾아 써 봅시다.

1 주사 : s_____

2 유지하다 : s_____

3 무게를 재다 : w_____

4 데려가다, 갖고 가다 : t_____

```
                                a
                                r   p   w
                                e   w   k
                                o   u   q   b   w
                                a   s   h   p   m
        g   i   w   n   n   s   t   a   y   w   q   t   h   o   e   h   d
        c   z   s   f   h   a   x   p   f   y   d   y   u   o   l
        o   u   n   h   i   w   k   e   y   n   a   l   p
            w   f   t   e   r   k   z   n   s   b   d
                p   i   a   a   v   b   k   h   t
                g   b   t   l   v   r   z   o   c
            h   p   v   g   f   l   l   b   t   s   h
            c   o   h   g               u   f   k   r
            r   n   y   b                   y   i   h   z
            l   r   o                       e   o   w
        x   f   u                           c   h   q
```

Reading Practice

A 보기와 같이 각 문장의 주어에 _____, 동사에 ------------ 로 표시해 봅시다.

> 보기 *She doesn't like to go.*

1 I hope she stays healthy.

2 He weighs her and gives her a shot.

3 Once a year, I take my dog, Sunny, for a checkup.

4 He listens to her heart and checks her eyes and ears.

B 밑줄 친 말이 가리키는 대상을 글에서 찾아 써 봅시다.

> Once a year, I take my dog, Sunny, for a checkup. ¹She doesn't like to go, but ²it's good for her. The animal doctor checks her. ³He listens to her heart and checks her eyes and ears. He weighs her and gives her a shot. After the checkup, I buy Sunny her favorite snack. I love Sunny, and I hope ⁴she stays healthy.

1 →

2 →

3 →

4 →

My House

Vocabulary Practice

A 각 단어를 따라 쓰면서 익혀 봅시다.

1 family

2 garden

3 back

4 bedroom

B 주어진 철자를 바르게 배열하여 빈칸에 알맞은 단어를 쓰고, 우리말 뜻과 연결해 봅시다.

1 Nancy loves playing on the s_____.
    (ignw)

    ⓐ 식사, 정찬

2 Dry your wet sneakers on the p_____.
    (chor)

    ⓑ 뒤뜰

3 Mom orders a new table for the d_____ room.
    (iignn)

    ⓒ 그네

4 Ted plays basketball in the b_____ of his house.
    (acadkry)

    ⓓ 베란다

Reading Practice

A 밑줄 친 부분을 우리말로 해석해 봅시다.

1 There <u>are three bedrooms, a bathroom, a kitchen, and a dining room</u>.

→ _____

2 My house <u>has a porch</u> in the back with a swing.

→ _____

3 There <u>is a flower garden</u> in the backyard.

→ _____

B 보기와 같이 밑줄 친 동사가 나타내는 동작이나 상태의 대상이 되는 말에 동그라미 해 봅시다.

보기	My house <u>has</u> (seven rooms).

1 We also <u>have</u> a family room with a sofa.

2 My family <u>lives</u> a happy life here.

3 I <u>love</u> my house.

My Neighborhood

Vocabulary Practice

A 각 단어를 따라 쓰면서 익혀 봅시다.

1 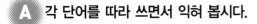 next-door ....

2 neighborhood ....

3 grocery ....

4 town ....

B 우리말에 해당하는 영단어를 철자판에서 찾아 써 봅시다.

1 거리, 도로 : s_____

2 이웃 사람 : n_____

3 식료품 : g_____

4 소도시, 시내 : t_____

```
            t t o l u h f
          k o l v c n p p y w q
        x i c g a a q a l d f e m r v
      w n j u f z y m y x m t t v h f a
    v r y c i i i p v h j o x p n i q y b
    b y d p c x n j i f l j v i w y d c y
  z s l k h m c d f b i b w q p n p x m x o
  m x s i v l h v o s g r o c e r y w c d d
  u d b w x z u i i h r e s x u a r t j c x
  y y f d s k p c m c k d f x d h l y z h h
  r j i s t r e e t k a a y i j t e k t r w
  b t v v w l i z q j q s j f p d n n o a e
  c r e c i f u a m d e f u l s u b m j
  f k w l c t o w n m r z o y f h k v y
  k f t s d w i i v j t p g g b l a
    p y t o u p f i n u d i c j y
      r n l h k j i v e c k
        r k y d n n y
```

Reading Practice

A 보기와 같이 각 문장의 주어에 _____ , 동사에 ----------- 로 표시해 봅시다.

> | 보기 | I live on Oak Street.

1 Ms. Pelt and her dog live next door.

2 On the other side of my house is Mr. Thomson's house.

3 At the end of Oak Street is a small grocery store.

4 I think my neighborhood is the best one in town.

B 밑줄 친 말이 가리키는 대상을 글에서 찾아 써 봅시다.

> I live on Oak Street. Ms. Pelt and her dog live next door. [1] We are nextdoor neighbors. On the other side of my house is Mr. Thomson's house. [2] He has the best flower garden in the neighborhood. My best friend Sam lives across the street. [3] We play together every day. At the end of Oak Street is a small grocery store. I drop by [4] there after school to buy snacks. I think my neighborhood is the best [5] one in town.

1 → _____   **2** → _____

3 → _____   **4** → _____

5 → _____

4 Pictures and Letters

Vocabulary Practice

A 각 단어를 따라 쓰면서 익혀 봅시다.

1 ㄱㄴㄷ...ㅌㅍㅎ   letter

2   life

3 ABC ㄱㄴㄷ   alphabet

4   sometimes

B 어떤 영단어를 뜻하는 말인지 연결한 후, 그 영단어에 해당하는 우리말과도 연결해 봅시다.

1 A large hole in the side of a cliff or hill ·   **ⓐ** cave   ·   **ⓔ** 글자, 부호

2 A written letter, number, or other symbol   ·   **ⓑ** language   ·   **ⓕ** 때때로, 가끔

3 Not all the time but on some occasions   ·   **ⓒ** character   ·   **ⓖ** 동굴

4 A communication system with a set of sounds and written symbols   ·   **ⓓ** sometimes   ·   **ⓗ** 언어, 말

Reading Practice

A 보기와 같이 각 문장의 주어에 _____ , 동사에 _ _ _ _ _ _ _ 로 표시해 봅시다.

> 보기
>
> Every language has an alphabet.

1 People used letters to make words.

2 Today, we write about our lives with letters.

3 Sometimes the characters look like pictures.

4 They tell you about hunting, growing food, and people's lives.

B 보기와 같이 밑줄 친 부분이 꾸미는 말을 찾아 동그라미 해 봅시다.

> 보기
>
> We find many pictures on the walls of caves.

1 Those pictures tell stories from long ago.

2 We write about our lives with letters of the alphabet.

3 Sometimes characters from alphabets look like letters.

5 Fighting Germs

Vocabulary Practice

A 각 단어를 따라 쓰면서 익혀 봅시다.

1 germ

2 rash

3 regular

4 sore

B 보기에 흩어져 있는 모음 알파벳 중 알맞은 것을 찾아 단어를 완성하고, 우리말 뜻을 써 봅시다.

보기 e o e o a e u o e

1 s ☐ r ☐ : _____

2 f ☐ v ☐ r : _____

3 b l ☐ ☐ d : _____

4 r ☐ g ☐ l ☐ r : _____

Reading Practice

A 보기와 같이 밑줄 친 부분이 꾸미는 말을 찾아 동그라미 해 봅시다.

> 보기　　　Living (germs) can make people sick.

1 <u>These</u> white blood cells kill the germs.

2 They are too tiny <u>to see</u> with our eyes.

3 Our blood has <u>germ-fighting</u> white cells.

4 Let's keep our bodies strong by eating <u>healthy</u> foods.

B 밑줄 친 말이 가리키는 대상을 글에서 찾아 써 봅시다.

Germs are everywhere, but [1]<u>they</u> are too tiny to see with our eyes. Living germs can make people sick with a fever, rash, or sore throat, but [2]<u>they</u> don't always. Our blood has germ-fighting white cells in it and [3]<u>those cells</u> help keep us healthy. Most of the time these white blood cells kill the germs before [4]<u>they</u> can make us sick. We can also keep our bodies strong by eating healthy foods, exercising, and getting regular checkups.

1 →

2 →

3 →

4 →

6 Winter Sleep

Vocabulary Practice

A 각 단어를 따라 쓰면서 익혀 봅시다.

1  thin

2 crawl

3 squirrel

4  hibernation

B 보기와 같이 붉은색 철자부터 이어져 만들어지는 단어를 쓰고, 그 의미를 찾아 연결해 봅시다.

보기

 _____thin_____ • ———— • with no extra fat on the body

1
c	o	l
r	w	e
a	d	i

_____ • ⓐ food for breakfast, lunch, or dinner

2
p	m	e
a	e	n
l	n	s

_____ • ⓑ a small animal with a long furry tail

3
e	q	s
l	u	i
e	r	r

_____ • ⓒ to move forward on hands and knees

Reading Practice

A 보기와 같이 밑줄 친 and가 연결하는 말을 찾아 써 봅시다.

> 보기
>
> They are thin and ready for a big meal.
>
> → ___thin___ / ___ready___

1 Skunks, some types of squirrels and bats, and bears hibernate.

→ _____ / _____

2 Skunks, some types of squirrels and bats, and bears hibernate.

→ _____ / _____ / _____

3 These animals store fat on their bodies during the summer and the fall.

→ _____ / _____

4 The animals crawl into their homes and fall into a deep sleep.

→ _____ / _____

B 보기와 같이 각 문장의 주어에 _____, 동사에 ⋯⋯⋯⋯⋯ 로 표시해 봅시다.

> 보기
>
> Hibernation means "winter sleep."

1 The stored fat gets used up.

2 They are thin and ready for a big meal.

3 The animals crawl into their homes and fall into a deep sleep.

4 These animals store fat on their bodies during the summer and the fall.

Hurricanes

Vocabulary Practice

A 각 단어를 따라 쓰면서 익혀 봅시다.

1  cause ....

2 damage ....

3 direction ....

4 protect ....

B 우리말 단서를 참고하여 십자말 퍼즐을 풀어 봅시다.

¹d					

²p

³p

〈Across〉

1 손상, 피해

3 예측, 예견

〈Down〉

1 생기다, (일이) 일어나다

2 보호하다, 지키다

Reading Practice

A 보기와 같이 밑줄 친 동사가 나타내는 동작의 대상이 되는 말에 동그라미 해 봅시다.

> 보기   They can <u>cause</u> (great damage.)

1 They <u>fly</u> airplanes into the center.

2 Scientists and hurricane hunters <u>study</u> hurricanes.

3 These predictions help to <u>protect</u> the people in the path of the hurricane.

4 They can <u>make</u> predictions about the strength and direction of the storms.

B 밑줄 친 말이 가리키는 대상을 글에서 찾아 써 봅시다.

> Hurricanes are strong storms with high winds. These storms develop over the ocean. [1]<u>They</u> can cause great damage when [2]<u>they</u> reach land. Scientists and hurricane hunters study hurricanes. [3]<u>They</u> fly airplanes into the center to learn more about hurricanes. With the data from airplanes, [4]<u>they</u> can make predictions about the strength and direction of the storms. These predictions help to protect the people in the path of the hurricane.

1 →

2 →

3 →

4 →

When I Grow Up

Vocabulary Practice

A 각 단어를 따라 쓰면서 익혀 봅시다.

1 wound

2 feed

3 designer

4 chef

B 우리말에 해당하는 영단어를 철자판에서 찾아 써 봅시다.

1 점검하다 : c_____

2 돌보다 : c_____

3 교사 : t_____

4 요리하다; 요리사 : c_____

```
s  w  p  q  f  n  a  l  i  p  v  l
o  h  j  f  s  m  b  f  h  p  x  i
e  c  b  j  n  c  w  i  e  y  o  e
k  m  y  n  w  o  m  r  v  y  z  q
b  v  n  l  e  o  q  y  v  v  n  e
i  p  j  e  j  k  e  p  x  h  t  e
v  m  l  c  h  e  c  k  w  c  e  w
b  n  s  v  z  c  w  m  x  f  a  s
d  k  p  z  n  c  a  r  e  o  c  n
y  a  x  y  s  s  n  e  e  t  h  c
g  d  r  d  i  c  c  y  a  a  e  j
i  h  e  d  m  s  g  c  h  d  r  o
```

Reading Practice

A 보기와 같이 각 문장의 주어에 _____ , 동사에 --------------- 로 표시해 봅시다.

> | 보기 | My father is an airplane pilot.

1 She treats the wounds of animals.

2 He prepares and cooks different kinds of food.

3 She works with animals.

4 She designs and makes clothes.

B 보기와 같이 각 문장에서 **틀린** 곳을 찾아 밑줄을 긋고 바르게 고쳐 봅시다.

> | 보기 | He bake bread. (bake → bakes)

1 A zoo veterinarian work with animals in the zoo.

_____ → _____

2 She check the feeding conditions.

_____ → _____

3 We treats the wounds of animals.

_____ → _____

4 My brother are a chef.

_____ → _____

We Are Twins

Vocabulary Practice

A 각 단어를 따라 쓰면서 익혀 봅시다.

1  outgoing

2 talkative

3 kind

4 shy

B 우리말 단서를 참고하여 십자말 퍼즐을 풀어 봅시다.

⟨Down⟩

1 외향적인 : o_____

2 조용한 : q_____

3 쌍둥이들 : t_____

⟨Across⟩

3 말이 많은, 수다스러운 : t_____

4 수줍음이 많은 : s_____

Reading Practice

A 괄호 안에서 알맞은 것을 골라 봅시다.

1 We are different, (but / or) we always love each other.

2 John is strong, (so / but) his father is weak.

3 Which juice do you want, mango (or / so) orange?

4 I bought tomatoes (and / so) grapes in the supermarket.

B 밑줄 친 단어의 뜻이 보기와 <u>다른</u> 하나는?

| 보기 | I <u>like</u> to play with my friends. |

① I don't <u>like</u> hot chocolate.

② She <u>likes</u> to watch TV.

③ Dose he <u>like</u> to play basketball?

④ My brother looks <u>like</u> me.

What Part of a Plant Do You Eat?

Vocabulary Practice

A 각 단어를 따라 쓰면서 익혀 봅시다.

1 root ....

2 stem ....

3  flower ....

4 seed ....

B 우리말에 해당하는 영단어를 철자판에서 찾아 써 봅시다.

1 당근 : c_____

2 양배추 : c_____

3 옥수수 : c_____

4 완두콩 : p_____

```
u u i b s k j z b c r e
c a b b a g e d y q m e
y t i i o s q z a m g p
y e c h a v x q d j a z
p l r a k w m p d x m q
v k i v r y l x c i d f
r t v u n r p w y o i h
w x v p f z o q g v r w
f a q x t f w t v j n h
h o q n t a p e a q n m
a g m n p n v x d j w k
```

Reading Practice

A 주어진 철자를 바르게 배열하여 알맞은 단어를 빈칸에 쓰고, 우리말 뜻과 연결해 봅시다.

1 A _____ has a new plant inside it. (dese) •

ⓐ 씨앗

2 A _____ grows at the end of a stem, and only survives for a short time. (wlrofe) •

ⓑ 뿌리

3 A _____ is the part of a plant that grows under the ground. (toro) •

ⓒ 줄기

4 A _____ connects the roots to other parts of the plant. (tems) •

ⓓ 꽃

B 보기와 같이 각 문장의 주어에 _____, 동사에 .... 로 표시해 봅시다.

> 보기   <u>Berries</u> <u>are</u> fruit.

1 Corn and peas are the seeds of the plant.

2 Some plants have more than one part to eat.

3 The fruit of the pumpkin is the part most people eat.

The Statue of Liberty

Vocabulary Practice

A 각 단어를 따라 쓰면서 익혀 봅시다.

1 ray

2 torch

3 crown

4 statue

B 우리말에 해당하는 영단어를 철자판에서 찾아 써 봅시다.

1 랜드마크 : l＿＿＿＿＿＿＿

2 동상 : s＿＿＿＿＿＿

3 유명한 : f＿＿＿＿＿＿

4 선물 : g＿＿＿＿＿＿

```
y t c l y o v i l e l d
j e w g s t c g d s a p
k e c q r w t v d c n l
f v t m u e x m w v d f
w d i z r o s a e g m y
o w y q g u x o n l a a
p y q f o i b b a g r n
q g x m s t f e h i k o
u h a p j r u t s f i d
w f m h a t y a r t v j
l a d x a f y y e t f f
s h z t q v e l z d q s
d d s y q x t k m l v c
```

Reading Practice

A 다음 글을 읽고 질문에 답을 찾을 수 <u>없는</u> 것은?

> The Statue of Liberty is one of the most famous American landmarks. It is on Liberty Island in New York City. It is a large statue. The statue itself is 46 meters tall. And the full height is 93 meters, measured from the bottom of the base to its top. The Statue of Liberty has seven rays in her crown. She holds a torch in her right hand and holds a tablet in her left hand. The Statue of Liberty is a friendship gift from France.

① Where is the Statue of Liberty?

② What is the Statue of Liberty made of?

③ What is the full height of the Statue of Liberty?

④ What does the Statue of Liberty hold in her right hand?

B 본문의 내용과 일치하면 T, 일치하지 않으면 F에 표시해 봅시다.

1 The Statue of Liberty is famous. (T / F)

2 The Statue of Liberty has six rays in her crown. (T / F)

3 The Statue of Liberty is a friendship gift from England. (T / F)

String Musical Instruments

Vocabulary Practice

A 각 단어를 따라 쓰면서 익혀 봅시다.

1 string

2 vibrate

3 bow

4 wooden

B 우리말 단서를 참고하여 십자말 퍼즐을 풀어 봅시다.

〈Down〉

1 현 : s_____

2 진동시키다 : v_____

4 바이올린 : v_____

6 활 : b_____

〈Across〉

3 손가락 : f_____

5 기타 : g_____

7 첼로 : c_____

Reading Practice

A 아래 그림에 대한 문장을 읽고, 가장 낮은 소리가 나는 악기부터 차례대로 쓰시오.

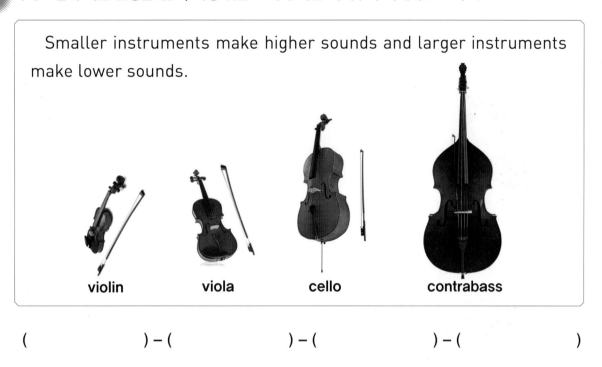

Smaller instruments make higher sounds and larger instruments make lower sounds.

violin   viola   cello   contrabass

(   ) – (   ) – (   ) – (   )

B 빈칸에 들어갈 알맞은 말을 보기에서 골라 써 봅시다.

보기	by	of	for	with	to

1 String instruments make sounds _____ vibrating the strings.

2 Each string instrument makes different sounds because _____ its shape and size.

The Arctic Tundra

Vocabulary Practice

A 각 단어를 따라 쓰면서 익혀 봅시다.

1 owl

2 fur

3 frozen

4  dry

B 우리말에 해당하는 영단어를 철자판에서 찾아 써 봅시다.

1 서늘한 : c_____

2 얼어붙은 : f_____

3 살아남다 : s_____

4 두꺼운 : t_____

```
l  b  f  b  x  l  k  p  b  y  i  w
e  z  i  b  k  v  p  g  b  t  k  o
c  e  r  y  x  q  j  j  h  h  e  j
b  g  r  d  m  t  v  y  h  i  v  x
w  r  d  r  w  g  s  p  w  c  x  r
x  t  m  c  l  e  o  l  m  k  n  a
f  r  o  z  e  n  j  d  q  u  u  d
f  k  k  h  y  s  u  r  v  i  v  e
l  w  m  f  c  q  c  b  x  s  w  f
g  s  s  g  f  a  b  o  w  f  q  v
h  t  e  w  u  z  q  f  o  z  m  k
c  y  t  v  p  h  z  c  n  l  z  r
```

Reading Practice

A 다음 글을 읽고, 북극 툰드라에 대한 설명으로 맞지 <u>않는</u> 것을 골라 봅시다.

> The Arctic tundra is a very cold area near the Arctic. It is found in the northern parts of North America, Europe, and Asia. The ground is frozen most of the year. The Arctic tundra is dry, windy, and has no trees. Summers are very short and cool, and winters are very long and cold. It is hard to live in this area. Every animal has adapted in order to survive. Some animals might have thick fur to keep them warm. Some animals might move when it gets too cold. Most birds move south at the beginning of winter. The animals you can find in the Arctic tundra are arctic foxes, snowy owls, and polar bears.

① The Arctic tundra is a very cold area.

② The Arctic tundra can be found in the northern parts of North America.

③ The Arctic tundra has many trees.

④ Arctic foxes live in the Arctic tundra.

B 보기와 같이 각 문장의 주어에 _____, 동사에 .... 로 표시해 봅시다.

보기　　Most birds move south at the beginning of winter.

1 The Arctic tundra is a very cold area near the Arctic.

2 In the Arctic tundra, summers are very short and cool.

3 Animals like polar bears have thick fur to keep them warm.

4 Every animal has adapted in order to survive.

Plastic Pollution

Vocabulary Practice

A 각 단어를 따라 쓰면서 익혀 봅시다.

1   bottle   ....

2    straw   ....

3   land   ....

4 🌍   Earth   ....

B 우리말 단서를 참고하여 십자말 퍼즐을 풀어 봅시다.

⟨Down⟩

1 해로운 : h_____

3 병 : b_____

⟨Across⟩

2 플라스틱 : p_____

4 오염시키다 : p_____

Reading Practice

A 다음 글의 괄호 안에 들어갈 말로 알맞은 것을 짝지은 것은?

> How much plastic do you use every day? We are (surrounding / surrounded) by things made with plastic such as water bottles, plastic bags, and straws. Most of them are (throwing / thrown) on the land or in the ocean. Plastic pollutes our land and water. Also, plastic is harmful to animals. For example, most plastics in the ocean break down into small pieces. Fish or birds mistake these tiny pieces of plastic for food. It can make them sick. We need to clean up the Earth. Reusing, recycling, and reducing plastic is one way to save the Earth.

① surrounding – throwing
② surrounding – thrown
③ surrounded – throwing
④ surrounded – thrown

B 괄호 안의 단어들을 올바른 순서로 배열하여 문장을 완성해 봅시다.

1 플라스틱은 우리의 땅과 물을 오염시킨다. (water, and, our land, pollutes)

→ Plastic _____.

2 플라스틱은 동물들에게 해롭다. (to, harmful, is, animals)

→ Plastic _____.

3 우리는 지구를 깨끗하게 할 필요가 있다. (clean up, the Earth, need, to)

→ We _____.

Vocabulary Practice

A 각 단어를 따라 쓰면서 익혀 봅시다.

1 communicate ....

2 respect ....

3 consider ....

4 follow ....

B 우리말 단서를 참고하여 십자말 퍼즐을 풀어 봅시다.

〈Across〉

1 의사소통을 하다

3 말하다

5 존중하다, 존경하다

7 (귀 기울여) 듣다

〈Down〉

2 (규칙 등을) 따르다

4 배려하다, 생각하다

6 표현하다

8 잊다

Reading Practice

A 다음 글을 읽고, 질문에 답해 봅시다.

(A) These days, people use the Internet almost every day. (B) The space where communication happens over computer networks is called cyberspace.

In cyberspace, it's very important to be polite. We don't meet each other face to face in cyberspace. So, it can be easy to forget that you are talking to another person. (C) But you should respect and consider others. Also, it is good to have an open mind when expressing your thoughts. You should try to listen to others' ideas. (D) In some countries, it is a crime to lie or say bad things on the Internet. Even in cyberspace, we should follow basic rules and try not to hurt others.

1 글의 주제로 가장 적절한 것은?

① 사이버 예절의 중요성　　② 인터넷 쇼핑을 하는 방법　　③ 다른 나라의 사이버 범죄

2 글의 내용과 일치하지 <u>않는</u> 것은?

① 요즘 사람들은 거의 매일 인터넷을 사용한다.

② 가상 공간에서 예절을 지키는 것은 중요하다.

③ 가상 공간에서 직접 만나서 얼굴을 보며 대화한다.

3 (A) ~ (D) 중 주어진 문장이 들어갈 곳으로 적절한 곳은?

Also, more importantly, you should not say bad things about others.

16 Stomachaches

Vocabulary Practice

A 각 단어를 따라 쓰면서 익혀 봅시다.

1 poison

2 digest

3 stomachache

4 greasy

B 단어의 뜻을 참고하여 숨겨진 단어를 찾아봅시다.

s	t	o	m	a	c	h	a	c	h	e
d	f	r	e	q	u	e	n	t	l	y
i	e	s	u	n	c	o	o	k	e	d
g	x	u	a	s	d	f	g	z	x	h
e	p	f	u	n	r	i	p	e	d	c
s	i	f	a	w	e	q	r	t	c	o
t	r	e	y	u	b	s	c	m	s	l
a	e	r	j	g	f	h	j	d	v	d
s	d	d	f	h	g	d	a	z	b	n

복통	s
덜 익은, 설익은	u
자주, 흔히	f
익히지 않은	u
고통받다	s
차가운	c
소화하다	d
기한이 지난	e

Reading Practice

다음 글을 읽고, 질문에 답해 봅시다.

(A) A stomachache might also be caused by food poisoning. You shouldn't eat unripe fruit. It's dangerous to eat expired food. (B) <u>You should be careful of ⓐ eat cold or uncooked foods especially during the summer.</u>

Sometimes your stomach might feel uncomfortable because you eat too much. Eating too much is not good for your health. Also, eating too much spicy, salty, or greasy food is not good for your digestion. It is important ⓑ <u>develop</u> healthy eating habits. (C) <u>Let's go to a nice restaurant.</u>

Also, when you sleep on summer nights, it's good to cover your stomach with a blanket even when it's hot. (D) <u>If you frequently get stomachaches, it is best to see a doctor for a checkup.</u>

1 밑줄 친 ⓐ와 ⓑ를 각각 알맞은 형태로 고쳐 써 봅시다.

ⓐ _____   ⓑ _____

2 글의 내용과 일치하는 것은?

① 더운 여름에도 담요로 배를 덮고 자는 게 좋다.

② 여름에는 차가운 음식을 많이 먹는 것이 좋다.

③ 과식을 하면 영양분을 많이 섭취하여 건강에 좋다.

3 (A) ~ (D) 중 전체 흐름과 관계 <u>없는</u> 문장을 골라 봅시다.

020 (Online to Offline)

Vocabulary Practice

A 각 단어를 따라 쓰면서 익혀 봅시다.

1 purchase ....

2 commerce ....

3 promote ....

4 product ....

B 단어의 뜻을 참고하여 철자를 바르게 배열하여 봅시다.

제시어	단어 뜻	배열한 단어
Riaelebl	믿을 만한	R
Aobfalrdef	(가격이) 적당한, 알맞은	A
Phaursce	구매	P
Pordctu	제품	P
Gte	얻다	G
Cocermem	상업	C
Porotme	홍보하다	P
Agatevdan	장점	A

Reading Practice

A 다음 글을 읽고, 질문에 답해 봅시다.

O2O is short for Online to Offline. O2O is a mix of online and offline e-commerce purchases. The start of this service is social commerce. (A) <u>And consumers also promote the product to attract more people online.</u> (B) <u>Then people buy it offline at reasonable price.</u> (C) <u>First, sellers promote a product online.</u> Sellers can sell many products and promote them easily. Also, consumers can buy things at very good prices.

With O2O, there are advantages to online shopping as well as to offline shopping. The advantages of online shopping are that it is easy to get information and the items are affordable. Also, one advantage of offline shopping is reliability because you can see the real thing.

1 글의 내용이 자연스럽게 연결되도록 (A) ~ (C)의 순서를 바르게 배열해 봅시다.

2 글의 내용과 일치하지 <u>않는</u> 것은?

① 소셜 커머스에서 제품 홍보는 판매자만 한다.

② 온라인 쇼핑의 장점은 쉽게 정보를 얻을 수 있다는 것이다.

③ 실제의 제품을 볼 수 있는 것은 오프라인 쇼핑의 장점이다.

3 글의 내용을 바탕으로, [ ] 안에서 알맞은 단어를 골라 봅시다.

(1) The advantages of online shopping are that it is [easy / hard] to get information and the items are affordable.

(2) One [strong / weak] point of offline shopping is reliability because you can see the real thing.

The Importance of a Sound Sleep

Vocabulary Practice

A 각 단어를 따라 쓰면서 익혀 봅시다.

1 concentration

2 scientist

3 comfortable

4 professional

B 우리말 단서를 참고하여 십자말 퍼즐을 풀어 봅시다.

〈Across〉
1 집중하다
3 직업의, 전문적인
5 낭비적인

〈Down〉
1 편안한
2 쉬다
4 효율적인
6 뇌
7 건강

Crossword:
- 1 across: c
- 4 across: e
- 6 down: b
- 7 down: h
- 2 down: r
- 3 across: p
- 5 across: w

Reading Practice

A 다음 글을 읽고, 질문에 답해 봅시다.

(A) You need enough sleep to stay in good shape and work efficiently. How many hours do you need to sleep? (B) Well, it depends on the person. Most people need at least six hours of sleep to live a normal life. Newborn babies need much more sleeping time. In fact, they spend most of the day sleeping. (C) If they don't have enough sleep, they don't have enough growth hormones.

Some people say that it is wasteful to spend one-fourth of your day sleeping. (D) Your brain doesn't rest while you sleep. Scientists have found that the brain is doing something while you sleep. When you sleep, your body is resting, but your brain is still working hard. So, try to sleep comfortably at night. If you have sleeping problems, it's best to get professional help as soon as possible.

1 (A) ~ (D) 중 주어진 문장이 들어갈 알맞은 곳을 골라 봅시다.

But that's not true.

2 글의 내용과 일치하지 <u>않는</u> 것은?

① 갓 태어난 아기는 더 많은 수면 시간을 필요로 한다.

② 충분한 수면을 취해야 효율적으로 일할 수 있다.

③ 잠을 자는 동안에는 뇌도 함께 휴식을 취한다.

3 글의 주제로 가장 적절한 것은?

① 충분한 잠의 중요성　　② 불면증의 원인　　③ 과학자의 수면 연구

New Words Related to Low Birthrates

Vocabulary Practice

A 각 단어를 따라 쓰면서 익혀 봅시다.

1 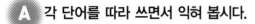 independence ....

2 generation ....

3 income ....

4 birthrate ....

B 단어의 뜻을 참고하여 숨겨진 단어를 찾아봅시다.

g	e	n	e	r	a	t	i	o	n	q	e
c	z	x	c	v	b	n	m	j	e	a	x
h	a	d	e	p	e	n	d	q	n	z	p
o	s	d	f	g	h	j	k	l	j	w	e
o	e	c	o	n	o	m	i	c	o	s	c
s	q	w	e	r	t	y	u	i	y	x	t
e	r	b	i	r	t	h	r	a	t	e	e
i	n	d	e	p	e	n	d	e	n	c	e

세대	g
즐기다	e
기대하다	e
선택하다	c
의존하다	d
독립	i
출산율	b
경제적인	e

Reading Practice

A 다음 글을 읽고, 질문에 답해 봅시다.

Some people choose not to have children. (A) We call them DINKs (Double Income, No Kids). They value freedom and independence. They see money and success as important goals.

PINKs (Poor Income, No Kids) don't have children either, but for a different reason. (B) They usually experience economic difficulties. They don't think they have enough money to raise a child.

Some elderly people, called TONKs (Two Only, No Kids), want to enjoy their own lives. (C) The generation gap is also a big social problem. In the past, older generations were often dependent on their adult children or they were expected to take care of their grandchildren. (D) But recently, the older generation does not want to depend on their children, and they do not want to take care of their grandchildren.

1 (A) ~ (D) 중 전체 흐름과 관계 <u>없는</u> 문장을 골라 봅시다.

2 글의 내용과 일치하는 것은?

① DINK족은 경제적 어려움으로 인하여 아이를 가지지 않는 부부를 의미한다.

② PINK족은 경제적으로 부유한 사람들이 많다.

③ TONK족은 자녀 없이 자신들만의 삶을 즐기려는 노년 부부를 의미한다.

3 글의 내용을 바탕으로, [ ] 안에서 알맞은 단어를 골라 봅시다.

(1) PINKs usually experience difficulties with [money / health].

(2) TONKs do not want to [meet / raise] their grandchildren.

How to Manage Your Time Efficiently

Vocabulary Practice

A 각 단어를 따라 쓰면서 익혀 봅시다.

1   separate

2   visual

3   valuable

4 borrow

B 단어의 뜻을 참고하여 철자를 바르게 배열하여 봅시다.

제시어	단어 뜻	배열한 단어
Vlabluae	소중한	V
Ctreea	창조하다	C
Saterape	분리하다	S
Rdrceo	기록하다	R
Vuaisl	시각의	V
Candlare	달력	C
Add	더하다	A
Bwroor	빌리다	B

Reading Practice

A 다음 글을 읽고, 질문에 답해 봅시다.

■ Set goals and plans: You should set clear goals and plan what you need to do. You need to do the urgent or important things first. This will save you a lot of time.

■ Set deadlines: A deadline means you must finish something by this time. You should set deadlines and finish things before the deadline. Then, check again later to see if there are any mistakes.

■ Create a visual schedule: _____ you create a visual schedule, you can see what you need to do. You can write down a checklist of things to do today, or you can add a start and end date on a calendar.

1 빈칸에 들어갈 말로 가장 알맞은 것은?

① If   ② Before   ③ However   ④ Though

2 글의 내용과 일치하지 <u>않는</u> 것은?

① 명확한 목표를 세워야 한다.

② 중요하고 급한 일은 먼저 할 필요가 있다.

③ 데드라인까지 일을 마친다면 실수가 있는지 확인할 필요가 없다.

Various Forms of Transportation in the World

Vocabulary Practice

A 각 단어를 따라 쓰면서 익혀 봅시다.

1 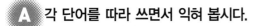 transportation

2 modify

3 reflect

4 personality

B 단어의 뜻을 참고하여 숨겨진 단어를 찾아봅시다.

p	a	e	x	p	e	n	s	i	v	e	h	h	q	r
a	s	q	d	q	m	z	l	s	x	c	a	g	a	e
s	d	w	f	a	o	x	k	f	e	v	r	f	z	f
s	f	e	g	s	d	c	j	a	d	d	b	d	w	l
e	g	a	h	d	i	v	h	r	f	h	o	k	s	e
n	h	s	j	f	f	b	g	e	f	j	u	g	c	c
g	j	s	k	g	y	n	f	a	d	g	r	r	g	t
e	k	p	e	r	s	o	n	a	l	i	t	y	k	j
r	t	r	a	n	s	p	o	r	t	a	t	i	o	n

승객	p
운송, 수송	t
비싼	e
성격	p
반영하다	r
항구	h
수정하다	m
요금	f

Reading Practice

A 다음 글을 읽고, 질문에 답해 봅시다.

TUK-TUKs

(A) ① <u>This</u> is a three-wheel motorcycle. There is a small engine inside ② <u>this machine</u>. ③ <u>It</u> is widely used in Southeast Asia. (B) It is used a lot in Thailand. When you start ④ <u>the engine</u>, it makes a 'tuktuk' sound.

JEEPNEYs

This is a common type of transportation in the Philippines. After World War II, the USA left many military jeeps in the Philippines. (C) The Philippine people modified the jeeps to make a new form of transportation. Jeepneys vary in size and color, and they reflect the personality of the owner.

WATER TAXIs

A water taxi takes passengers by water. Fares are more expensive than regular taxis. (D) Australian water taxis cross the waters of Sydney Harbour. It is a popular way for tourists to see the city.

---

1 밑줄 친 ① ~ ④ 중, 가리키는 것이 <u>다른</u> 하나는?

① This   ② this machine   ③ It   ④ the engine

2 글의 내용과 일치하는 것은?

① 툭툭은 우리나라에서도 종종 발견할 수 있다.   ② 툭툭은 미국에서 흔하게 볼 수 있다.
③ 지프니는 바퀴 세 개 달린 오토바이다.   ④ 수상 택시는 일반 택시에 비해 요금이 비싸다.

3 (A) ~ (D) 중 주어진 문장이 들어갈 알맞은 곳은?

> However, some people prefer to use them because there are no traffic jams on the water.

22 Good Eating Habits

Vocabulary Practice

A 각 단어를 따라 쓰면서 익혀 봅시다.

1  nutrient

2 muscle

3 bone

4 overeat

B 단어의 뜻을 참고하여 철자를 바르게 배열하여 봅시다.

제시어	단어 뜻	배열한 단어
Onw	자신의	O
Nruniett	영양소	N
Oaervet	과식하다	O
Muts	~해야 한다	M
Mcuesl	근육	M
Bnoe	뼈	B
Blodo	혈액	B
Crotoln	통제하다	C

Reading Practice

다음 글을 읽고, 질문에 답해 봅시다.

Your body needs six kinds of nutrients: carbohydrates, proteins, fats, minerals, vitamins, and water. (A) They make the energy your body needs to work. They make up muscles, blood, and bones. Also, they control how the body functions. Our bodies cannot make their own nutrients. (B)

A balanced diet gives you all the necessary nutrients you need. A ⓐ grow child's eating habits are especially important. (C) Eating an unbalanced diet, skipping meals, and ⓑ overeat can harm your health. In other words, you can stay healthy with good eating habits. (D)

1 밑줄 친 ⓐ와 ⓑ를 각각 알맞은 형태로 고쳐 써 봅시다.

ⓐ _____   ⓑ _____

2 글의 내용과 일치하지 <u>않는</u> 것은?

① 영양소는 에너지를 만들고 신체 기능을 조절한다.

② 어린이의 식생활 습관은 성인에 비해 중요하지 않다.

③ 우리는 식사를 통해 영양소를 섭취해야 한다.

3 (A) ～ (D) 중 주어진 문장이 들어갈 알맞은 곳은?

So, we must get them from what we eat and drink.

23 I Got the Wrong Shoes

Vocabulary Practice

A 각 단어를 따라 쓰면서 익혀 봅시다.

1 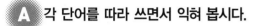 delivery

2 comfortable

3 complain

4 popular

B 단어의 뜻을 참고하여 철자를 바르게 배열하여 봅시다.

1 touescrm   c_____   고객

2 iweevr   r_____   후기

3 ends   s_____   보내다

4 ifx   f_____   고치다

5 raierv   a_____   도착하다

6 eturnr   r_____   반품하다

7 linoen   o_____   온라인에서

8 rdoer   o_____   주문하다; 주문

9 didece   d_____   결심하다

Reading Practice

A 다음 글을 읽고, 질문에 답해 봅시다.

[Customer Review]

Title: I got the wrong shoes!

I bought the shoes on your website. I really wanted to wear them right away because the shoes looked comfortable. However, I got the wrong shoes! I ordered black shoes, but you sent yellow ones. What can you do to fix this problem?

[HJ Company's answer]

Hello, Sooho! We are very sorry for the delivery problem. (A) We are busy dealing with a lot of orders because the new shoes are so popular. (B) For the wrong delivery, please return the yellow shoes and we will be pleased to send you the black shoes right away. (C) To help you feel better, we will give you a 10% discount coupon. You can use it anytime on our website. Again, thank you for shopping with us and we hope you like your shoes!

---

1 고객 후기의 목적으로 가장 적절한 것은?

① 신발 색상과 크기를 문의하려고

② 잘못된 신발 배송에 항의하려고

③ 온라인 주문의 어려운 점을 알리려고

2 글의 내용과 일치하지 <u>않는</u> 것은?

① 수호는 독특한 디자인 때문에 신발을 주문했다.

② 노란색 신발을 반품하면, 신발 회사는 검정색 신발을 즉시 보내 줄 예정이다.

③ 신발 회사는 수호에게 10% 할인 쿠폰을 제공할 것이다.

3 (A) ~ (C) 중 주어진 문장이 들어갈 알맞은 곳은?

> You will be able to get them in two days.

24 Let's Make a Blueberry Cake

Vocabulary Practice

A 각 단어를 따라 쓰면서 익혀 봅시다.

1 pour

2 ingredients

3 batter

4 delicious

B 단어의 뜻을 참고하여 숨겨진 단어를 찾아봅시다.

```
c p b p g f d h y t h z
g y y r r e g i y u t h
o g n w x e n w h o f q
z z o d i g h t h z v h
u o b r r h q e l x h z
n g w i d u s s a y b j
t c u c y e a m d t n x
i n v i t e r o u d w j
l y l o o k f o w r b c
t a a x e o l t r y a n
s i n o d q t h e i z m
k m h n u t b a k e h z
```

예열하다	p
말리다	d
부드럽게	g
～할 때까지	u
부드러운	s
초대하다	i
굽다	b
～처럼 보이다	l

Reading Practice

A 다음 글을 읽고, 질문에 답해 봅시다.

Steps for making a delicious blueberry cake

1. Preheat the oven to 175°C.
2. Wash the blueberries and put them on the paper towels. Dry them gently with the paper towels.
3. Place the blueberries on the glass dish.
4. Mix the flour and salt in the mixing bowl.
5. Add the butter and sugar and beat the batter until it becomes smooth.
6. Put the eggs and milk into the bowl. Mix all the ingredients together.
7. Pour the batter over the blueberries.
8. Bake for one hour. When it is done, the cake will look brown.
9. Cut the cake into small pieces and enjoy.

   [Cooking Tip]

   (A) If not, you should put it back in the oven.
   (B) Put a knife into the center of the cake.
   (C) If the knife comes out clean, the cake is done.

---

1 글의 주제로 가장 적절한 것은?

① Blueberries for your good health   ② Delicious blueberry cake recipe

③ Fun and easy cooking for children

2 글의 내용과 일치하는 것은?

① 오븐은 100°C로 예열시킨다.   ② 씻은 블루베리는 으깨어 보관한다.

③ 케이크가 다 구워지면 갈색을 띤다.

3 (A) ~ (C)를 가장 자연스럽게 배열한 것은?

① (A) - (B) - (C)   ② (B) - (C) - (A)   ③ (B) - (A) - (C)

Sneeze Etiquette

Vocabulary Practice

A 각 단어를 따라 쓰면서 익혀 봅시다.

1 sneeze ....

2 spread ....

3  carry ....

4 follow ....

B 우리말 단서를 참고하여 십자말 퍼즐을 풀어 봅시다.

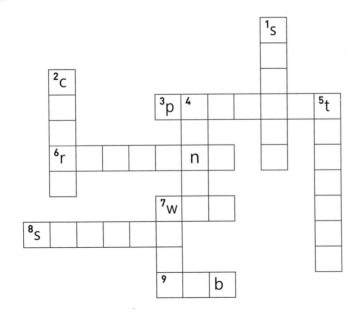

〈Across〉
3 보호하다
6 흐르는
7 적시다
8 소매
9 문지르다

〈Down〉
1 퍼트리다, 퍼지다
2 운반하다
4 헹구다
5 ~을 통해
7 (모자, 마스크를) 쓰다

Reading Practice

다음 글을 읽고, 질문에 답해 봅시다.

What happens when you sneeze? When you sneeze, you send out small droplets from your mouth. If you are sick, the droplets can carry millions of viruses through the air. Other people can get sick when the viruses get into their bodies. To protect yourself and others, sneeze etiquette is very important.

Cover your mouth and nose!

When you sneeze, cover your mouth and nose with a tissue. Don't forget to put your used tissue in a waste basket. If you do not have a tissue around you, sneeze into your shirt sleeve, not your hands. It is also good to wear a mask. Masks can stop the viruses from spreading.

Wash your hands after sneezing!

If you sneeze into your hands, wash them right away. (A)_____, you may spread the viruses on your hands when you touch something. Wash your hands with soap and clean running water for at least 30 seconds.

1 글의 목적으로 가장 적절한 것은?

① 손 씻기의 중요성을 알리려고
② 올바른 재채기 예절을 안내하려고
③ 바이러스의 위험성을 경고하려고

2 글의 내용과 일치하지 <u>않는</u> 것은?

① 재채기할 때 주변에 휴지가 없으면 옷 소매에 한다.
② 마스크로 바이러스가 퍼지는 것을 막을 수 없다.
③ 손을 씻을 때는 흐르는 물에 30초 이상 씻는다.

3 빈칸 (A)에 들어갈 말로 가장 적절한 것은?

① Then   ② But   ③ If not

I Feel Angry!

Vocabulary Practice

A 각 단어를 따라 쓰면서 익혀 봅시다.

1 physical

2  regret

3 useful

4 reduce

B 단어의 뜻을 참고하여 숨겨진 단어를 찾아봅시다.

```
e t z k n h z m o o d l p b
x e r t d v t n w s a u y i
w v k h a n d l e m p h v m
a s w c z c r x r y t c m p
x j p n x v t o p l h y z r
w x w e s o n n a z r e h o
t a i a n k t e i c l s u v
l j y i n d h f a c v w r e
g t v n b e x t n w y q t f
r y e a s y j m g k k i w n
p o s i t i v e e i p c p x
l m w z q d s t r j w x w g
z q y a g b a p k n p o g b
j r o g e n x s c b p g j p
```

화	a
정상적인	n
다루다	h
건전한	h
방법	w
다치게 하다	h
긍정적인	p
시간을 보내다	s
향상시키다	i
기분	m

Reading Practice

A 다음 글을 읽고, 질문에 답해 봅시다.

Here are some useful tips to handle your anger in a healthy way.

1. Take your time before you speak!

When you are angry, you may hurt someone with words. You may regret your words later. Words can hurt people's feelings. When you are angry at someone, take a few minutes of quiet time. It will help you calm down and react in a more positive way.

2. Get some exercise!

Exercise can help you become less angry. (A) <u>If you start feeling angry, spend some time walking or running.</u> (B) <u>You should warm up before you exercise.</u> (C) <u>Physical activities can reduce stress and improve your mood.</u>

3. Write down your feelings!

When you are angry, write down your feelings. It will help you stop and think about yourself. You can ask yourself some questions: Why am I fighting with my friend? Why am I so angry? Answering these questions will help you understand your feelings better.

1 글의 목적으로 가장 적절한 것은?

① 자신의 감정을 효과적으로 이해하는 방법을 조언하려고
② 화가 났을 때 올바르게 운동하는 방법을 설명하려고
③ 화를 건전한 방식으로 다스리는 방법을 알려 주려고

2 글의 내용과 일치하지 않는 것은?

① 말은 사람의 감정을 다치게 할 수 있다.
② 화가 났을 때 걷거나 뛰는 것은 기분 전환에 도움이 된다.
③ 화가 났을 때 상대방의 감정을 적으면 자신에 대해 생각할 수 있다.

3 (A) ~ (C) 중 전체 흐름과 관계 없는 문장은?

① (A)　　　　　　② (B)　　　　　　③ (C)

27 A World of Glass

Vocabulary Practice

A 각 단어를 따라 쓰면서 익혀 봅시다.

1 melt

2 recycle

3 add

4 blow

B 단어의 뜻을 참고하여 철자를 바르게 배열하여 봅시다.

1	orplpua	p_____	인기 있는
2	aeht	h_____	가열하다
3	olco	c_____	식다
4	lnmteo	m_____	녹은
5	ihmclaec	c_____	화학 물질
6	paehs	s_____	모양
7	rawp	w_____	감싸다
8	ielwh	w_____	~하는 동안
9	loot	t_____	도구
10	agrgeab	g_____	쓰레기

Reading Practice

A 다음 글을 읽고, 질문에 답해 봅시다.

> **Where does glass come from?**
> Glass is made by heating sand. When the sand is melted, (A) <u>it</u> turns into a very hot liquid. When the liquid sand cools, you get molten glass. By adding some chemicals, you can change the color of glass and make the glass stronger.
>
> **How is molten glass formed into shapes?**
> Glassmakers use an open pipe to make a shape. They wrap the molten glass around the pipe and blow air into (B) <u>it</u>. Then, air goes inside the glass and makes the glass bigger. While (C) <u>it</u> is still hot, glassmakers can cut and pull the glass with many tools to make a shape.
>
> **Can old glass be recycled into new glass?**
> We can use old glass again to make new glass. Old glass is broken into small pieces and mixed with sand. It is melted again. Then, we can get new glass in different colors and sizes. Recycling glass saves energy because old glass is easy to melt. Recycling glass also means less garbage.

1 글의 주제로 가장 적절한 것은?

① Life cycle of glass

② Glass from liquid sand

③ The amazing skills of glassmakers

2 글의 내용과 일치하는 것은?

① 유리의 색을 바꾸거나 유리를 더 강하게 만들 수 있다.

② 유리가 식었을 때 모양을 만들 수 있다.

③ 유리를 재활용하면 더 많은 쓰레기가 발생한다.

3 밑줄 친 (A) ～ (C) 중 가리키는 대상이 잘못 짝지어진 것은?

① (A): the sand　　　② (B): glassmakers　　　③ (C): the glass

Dancing is Good for You

Vocabulary Practice

A 각 단어를 따라 쓰면서 익혀 봅시다.

1 emotion

2  rhythm

3  order

4 improve

B 우리말 단서를 참고하여 십자말 퍼즐을 풀어 봅시다.

⟨Across⟩
1 만들다, 생산하다
4 자연스러운
6 태우다
7 기억력
8 근육
10 향상시키다

⟨Down⟩
2 이유
3 표현하다
5 뼈
9 (체중이) 줄다

¹p	²				³e		
⁴n			a				⁵b
				⁶b			
⁷m							
			⁸	s	⁹l		
	¹⁰i						

Reading Practice

다음 글을 읽고, 질문에 답해 봅시다.

Dancing is good for your physical health.

When you dance, you move your body to the sound of music. Dancing is a natural way to move your body. Dancing can improve your muscles and bones. Dancing for an hour (A) help / helps you burn about 400 calories. It can help you lose weight.

Dancing is good for your emotions.

When you feel stressed, dancing is a safe way to express your feelings. While you are dancing, you can listen to your favorite music and (B) spend / spending quality time with other people. Moving your body to the rhythm of the music produces 'happy' hormones like endorphins. These hormones can make you feel better.

Dancing is good for your brain.

When you dance, you do many things at the same time. You should remember the steps and move your body to the music in the right order. This can be an excellent exercise for your brain. Dancing will make your brain (C) work / to work hard. This type of mental exercise improves your memory.

---

1 글의 목적으로 가장 적절한 것은?

① 춤이 어떻게 체중 조절에 도움이 되는지를 안내하려고
② 춤이 기억력 향상에 도움이 된다는 점을 홍보하려고
③ 춤이 우리에게 미치는 긍정적인 영향을 설명하려고

2 글의 내용과 일치하는 것은?

① 춤을 통해 감정을 안전하게 표현할 수 있다.
② 춤을 추면 '행복' 호르몬의 생산이 줄어든다.
③ 춤을 추는 것은 기억력 향상과 큰 상관이 없다.

3 (A), (B), (C) 각 네모 안에서 어법에 맞는 표현은?

	(A)		(B)		(C)
①	helps	……	spend	……	work
②	help	……	spending	……	to work
③	helps	……	spend	……	to work

Cubes in Everyday Life

Vocabulary Practice

A 각 단어를 따라 쓰면서 익혀 봅시다.

1   square ....

2   straight ....

3   identical ....

4   solve ....

B 단어의 뜻을 참고하여 숨겨진 단어를 찾아봅시다.

```
s a q s s p n g c t w u l
t s m p x t u r n i h s q
r l w a x n q f l t x x d
a f k c i v x k p w f x i
i e e e w e l e g i m f d
g p y d p a d j v d c w e
h z u a r l h e w t z m n
t g h q x f w g y h o l t
a s m j g h e i g h t s i
m r e r o q p r c i e r c
q r l s t f v r q c n h a
q d w z a t f b f d d w l
v v y w z y x q t h u g r
```

도형	s
동일한	i
높이	h
공간	s
너비	w
돌리다	t
직선의	s
깊이	d

Reading Practice

A 다음 글을 읽고, 질문에 답해 봅시다.

If you look around, you can find cubes everywhere.

Cube Boxes

There are many different shapes of boxes, but cube boxes are the most popular. There are good points about cube boxes. You can move cube boxes around more easily because they take up less space. If you want to wrap a birthday gift, use a box in a cube shape. Your gift will be safe because cube boxes are stronger than other shapes of boxes.

Dice

Dice are small cubes. There are different numbers of dots on each side. When you throw a die, the die will show you any number between one and six. Playing dice games is so (A) _____ that anyone can do them!

Rubik's Cubes

The Rubik's cube is a puzzle toy. The Rubik's cube has six sides with different colors: white, red, blue, orange, green, and yellow. Each side has nine little cubes. Players turn the Rubik's cube to make each side of the cube the same color. If you can solve the puzzle quickly, you will amaze your friends.

1 글의 요지로 가장 적절한 것은?

① Dice games are fun. ② Cubes are in everyday life.

③ Cube boxes are useful.

2 글의 내용과 일치하지 <u>않는</u> 것은?

① 정육면체 상자는 공간을 덜 차지하기 때문에 옮기기 쉽다.

② 루빅큐브의 각 면은 서로 다른 여섯 가지의 색을 가지고 있다.

③ 루빅큐브 게임 참가자는 한 면에 다양한 색이 보이도록 퍼즐을 돌려 맞춘다.

3 빈칸 (A)에 들어갈 말로 가장 적절한 것은?

① easy ② difficult ③ boring

30 Amazing Senses

Vocabulary Practice

A 각 단어를 따라 쓰면서 익혀 봅시다.

1 sense

2 electricity

3 hunt

4 taste

B 우리말 단서를 참고하여 십자말 퍼즐을 풀어 봅시다.

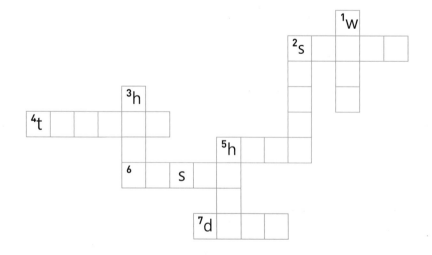

〈Across〉
2 냄새를 맡다; 냄새
4 혀
5 구멍
6 맛보다
7 방울

〈Down〉
1 약한
2 감각
3 사냥하다
5 듣다

Reading Practice

A 다음 글을 읽고, 질문에 답해 봅시다.

Some animals have special senses. They use those senses when they hunt for food.

Bats use sound waves to find food. They send out sound waves from the mouth. When the sound waves go out, they hit something. Then, they go back to the bats' ears. By listening to these sound waves, bats can find food in the dark.

White sharks have excellent noses for hunting. They can (A) <u>smell</u> even one drop of blood in the water. There are also many small holes on their noses. These holes help them (B) <u>feel</u> weak electricity in a fish's heart. That is how they can find their food from far away.

Monitor lizards have forked tongues. When lizards look for food, they move their tongues in and out very quickly. This is because they can (C)<u>see</u> the air and pick up the smell of food. By using their special tongues, they can taste their food before eating it.

1 글의 요지로 가장 적절한 것은?

① Bats can use sound waves even in the dark.

② Some animals use special senses for hunting.

③ White sharks have small holes on their noses.

2 글의 내용과 일치하지 <u>않는</u> 것은?

① 박쥐는 음파를 사용하여 먹이를 찾는다.

② 백상아리는 귀에 있는 작은 구멍들을 통해 전기를 느낄 수 있다.

③ 왕도마뱀은 혀를 사용하여 공기 중의 냄새를 맡는다.

3 밑줄 친 (A) ~ (C) 중, 문맥상 낱말의 쓰임이 적절하지 <u>않은</u> 것은?

① (A)   ② (B)   ③ (C)

Key Words List

A
across ~을 건너서, ~을 가로질러
add 넣다, 첨가하다
alphabet 알파벳, 자모
anger 화
Arctic 북극의
area 지역, 구역
asparagus 아스파라거스

B
back (앞에서 멀리 떨어진) 뒤쪽
backyard 뒷마당, 뒤뜰
bake (빵을) 굽다
base 받침, 토대
batter 반죽
bedroom 침실, 방
before ~하기 전에
birthrate 출산율
blood 피, 혈액
blow 불다
bone 뼈
borrow 빌리다
bottle 병
bottom 바닥, 맨 아래
bow 활
bowl (우묵한) 그릇

C
calm 차분한
care for ~을 돌보다
carrot 당근
carry 운반하다
cause ~을 야기하다, 초래하다; 원인
cave 동굴
cell 세포
character 글자, 부호
checkup (건강) 검진
chef 요리사
comfortable 편안한
commerce 상업
common 흔한
communicate 의사소통하다
complain 항의하다
concentration 집중
consider 배려하다, 생각하다
consumer 소비자

corn 옥수수
cover 가리다
crawl (엎드려) 기다, 기어가다
creative 창의적인, 창조적인
crime 범죄
crown 왕관
cube 정육면체
customer 고객

D
damage 손상, 피해, 훼손
decision 결정, 판단
delicious 맛있는
delivery 배달
designer 디자이너
develop 생기다
digest 소화하다
dining 식사, 정찬
direction 방향, 쪽
dot 점
drop by 잠깐 들르다
drop 방울
droplets 물방울
dry 건조한

E
Earth 지구
electricity 전기
emotion 감정
enough (필요한 만큼) 충분한
exercise 운동하다
expect 기대하다, 예상하다
express 나타내다, 표현하다

F
family 가족, 가정, 가구
fat 지방, 비계
favorite (가장) 좋아하는
feed 먹이를 주다
fever 열, 열병
fix 고치다
flower 꽃
fly 비행하다
follow 따르다
forked 한쪽 끝이 갈라진
freedom 자유

frequently 자주, 빈번히
friendly 친절한, 다정한
frozen 얼어붙은
fur (동물의) 털

G
garden 뜰, 정원
generation 세대
germ 세균, 미생물
glasses 안경
greasy 기름진, 기름이 많은
grocery 식료품
growth 성장

H
handle 다루다
harmful 해로운
healthy 건강한
heart 심장
height 높이
hibernate 겨울잠을 자다
hibernation 겨울잠, 동면
hole 구멍
hunt 사냥하다
hurt 다치게 하다

I
identical 동일한
improve 향상시키다
income 소득, 수입
independence 독립
ingredient 재료
instead of ~ 대신에
invite 초대하다

K L
kind 친절한
land 땅
language 언어, 말
leaf 잎(*pl.* leaves)
letter 글자, 문자
life 삶, 생활
liquid 액체

M
machine 기계

material 재료, 자료
meal 식사, 끼니, 밥
mean ~을 의미하다
measure 측정하다
melt 녹이다
memory 기억력
mental 정신의
most of 대부분의
muscle 근육
musical instrument 악기

N
necessary 필요한
neighbor 이웃 (사람)
neighborhood 근처, 인근, 이웃
next-door 옆집의, 옆집에 사는

O
normal 자연스러운
nutrient 영양소, 영양분
ocean 대양, 바다
order 주문하다; 주문, 순서
outgoing 외향적인, 활발한
overeat 과식하다
owl 올빼미

P
path 길
pea 콩
personality 성격, 개성
physical 신체의
piece 조각
poison 독, 독약
polite 예의 바른
pollute 오염시키다
popular 인기 있는
porch 베란다
positive 긍정적인
pour 붓다
prediction 예측, 예견
prefer ~을 더 좋아하다, 선호하다
produce 만들다
product 제품, 생산품
promote 홍보하다, 촉진하다
protect 보호하다, 지키다
purchase 구매(하다)

Q R

quiet 조용한
rash 발진
ray 광선
reach ~에 닿다
ready 준비가 된
reason 이유
recycle 재활용하다
reduce (크기·양 등을) 줄이다, 감소시키다
reflect (사물의 속성·사람의 감정을) 나타내다
regret 후회하다
regular 규칙적인, 정기적인, 주기적인
respect 존중하다, 존경하다
reuse 재사용하다
review 후기
rhythm 리듬
root 뿌리

S

save 저축하다, 절약하다, 모으다, 구하다
scientist 과학자
second 초
seed 씨앗
sense 감각
separate 분리하다, 나누다
shape 모양, 도형
shot 주사
shy 수줍음이 많은
sick 아픈, 병든
sneeze 재채기하다
solve 풀다
sometimes 때때로, 가끔
sore (보통 염증이 생기거나 근육을 많이 써) 아픈
spend 시간을 보내다
spread 퍼지다
square 정사각형
squirrel 다람쥐
statue 동상
stay (특정한 상태 상황을 계속) 유지하다
stem 줄기
stomachache 복통
store 저장하다, 쌓다, 축적하다
straight 직선

straw 빨대
street 거리, 도로
string 현
success 성공
survive 살아남다, 견뎌내다
swing 그네

T

talkative 수다스러운
taste 맛보다
teacher 교사
thick 두꺼운
thin 마른, 얇은, 가는
thought 생각
throat 목구멍, 목
throw 버리다, 던지다
tiny 아주 작은
tongue 혀
torch 횃불
town 소도시, 읍, 시내
transportation 운송, 수송
twin 쌍둥이의; 쌍둥이 중 한 명

U V

unique 유일무이한, 고유의
use 사용하다, 이용하다
useful 유용한
valuable 소중한, 귀중한
various 여러 가지의, 다양한
vegetable 채소
vibrate 진동시키다
visual 시각의, 보는

W

way 방법
wear 쓰다, 착용하다
weigh 무게를 재다
weight 몸무게
wooden 나무의
wound 상처
wrap 포장하다

예비 중학생을 위한 기본 수학 개념서

30일 수학 상 하

30일 수학 상 하 |2책|

- 수학의 맥을 짚는 중학 수학 입문서
- 수학 영역별 핵심 개념을 연결하여 단계적으로 학습
- 영역별 연습 문항으로 부족한 영역 집중 마스터

"중학교 수학, 더 이상의 걱정은 없다!"

시작은
든든하게

예·비·중1·을·위·한

EBS중학
신 입 생
예비과정

새 학년! 내신 성적 향상을 위한
최고의 **단기 완성 교재**와 함께 준비하자!

EBS

새 교육과정 반영

**중학 내신 영어듣기,
초등부터
미리 대비하자!**

초등 영어 듣기 실전 대비서

영어듣기평가 완벽대비

전국 시·도교육청 영어듣기능력평가 시행 방송사 EBS가 만든

초등 영어듣기평가 완벽대비

'듣기 – 받아쓰기 – 문장 완성'을 통한 반복 듣기	듣기 집중력 향상 + 영어 어순 습득
다양한 유형의 **실전 모의고사 10회** 수록	각종 영어 듣기 시험 대비 가능
딕토글로스* 활동 등 **수행평가 대비 워크시트** 제공	중학 수업 미리 적응

* Dictogloss, 듣고 문장으로 재구성하기

Main Book과
Workbook을 학습하고,
정답과 해설로 나의 답과 비교해 봅시다.
틀렸다고 낙심하지 말아요!
답을 확인하고 생각하면서
영어 독해 실력이
한 뼘 더 성장합니다.

EBS
기초 영독해

정답과 해설

Unit 1 Going to the Dog Center

Pop Quiz

정답 He is getting his dog a checkup.

해석 소년은 애견센터에서 무엇을 하고 있는가?
그는 반려견을 사고 있다.
그는 반려동물의 사료를 주문하고 있다.
그는 그의 개가 건강 검진을 받게 하고 있다.

해설 소년은 수의사로부터 자신의 반려견의 건강 검진을 받고 있다.

Let's Read

해석 일 년에 한 번 나는 나의 개 Sunny를 건강 검진받으러 데려간다. 그것은 가고 싶어 하지 않지만 그것은 그 아이에게 유익하다. 수의사는 그것을 검사한다. 우선 그는 그것의 심장 소리를 듣고 나서 그것의 눈과 귀를 검사한다. 마지막으로 그는 그것의 체중을 재고 그것에게 주사를 놓는다. 검진 후에 나는 Sunny에게 그것이 가장 좋아하는 간식을 사 준다. 나는 Sunny를 사랑하고 나는 그것이 건강한 상태를 유지하기를 바란다.

어휘 **take** 데려가다, 갖고 가다
checkup (건강) 검진, 신체검사 **check** 검사하다, 검진하다
heart 심장, 마음 **weigh** 무게를 재다 **shot** 주사
favorite (가장) 좋아하는 **snack** 간식
stay (특정한 상태·상황을 계속) 유지하다
healthy 건강한, 건강에 좋은

Key Words

정답 1 checkup 2 weigh 3 shot 4 healthy

해석 1 검진 2 무게를 재다 3 주사 4 건강한

After You Read

정답 1 Once a year 2 An animal doctor 3 For Sunny's health
4 (1) To listen to Sunny's heart (2) To check Sunny's eyes and ears (3) To weigh Sunny

해석

1 얼마나 자주?

2 누가?

3 왜?

Sunny의 검진

4 무엇을 & 어떻게?
(4) Sunny에게 주사를 놓다

보기

일 년에 한 번 / Sunny에게 주사를 놓다 / Sunny의 체중을 재다 / 수의사 / Sunny의 건강을 위해 / Sunny의 심장 소리를 듣다 / Sunny의 눈과 귀를 검사하다

해설 1 일 년에 한 번 Sunny를 검진받으러 데려간다고 했다.
2 수의사가 검진한다고 했다.
3 Sunny가 가고 싶어 하지 않지만 건강을 유지하길 바라기 때문에 검진받으러 데려간다고 볼 수 있다.
4 수의사가 Sunny의 심장 소리를 듣고, 눈과 귀를 검사하고, 체중을 재고, 주사를 놓는다고 했다.

정답 1 ⓔ, listens to Sunny's heart 2 ⓑ, checks Sunny's eyes 3 ⓒ, weighs Sunny
4 ⓓ, gives Sunny a shot

해석 1 수의사가 Sunny의 심장 소리를 듣는다.
2 수의사가 Sunny의 눈을 검사한다.
3 수의사가 Sunny의 체중을 잰다.
4 수의사가 Sunny에게 주사를 놓는다.

해설 본문에 언급된 순서대로 그림을 고르고 내용에 어울리도록 문장을 완성한다. 수의사가 Sunny의 심장 소리를 듣고, 눈과 귀를 검사하고, 체중을 재고, 주사를 놓는다고 했으나, 발을 검사한다는 언급은 없었다.

C

정답 1 take 2 heart 3 stay 4 favorite

해석 1 Henry야, 네 우산을 가지고 가렴, 그렇지 않으면 비에 젖게 될 거야.
2 심장은 몸 전체에 피를 뿜어 보낸다.
3 비가 매우 심하게 올 때 아이들은 하루 종일 우울한 상태이다.
4 사과는 내가 가장 좋아하는 과일이고 매일 아침 나는 한 개씩 먹는다.

해설 **1** take는 사람이 동작의 대상일 때는 '데려가다', 물건이 동작의 대상일 때는 '갖고 가다'의 의미로 쓰인다.

2 몸 전체에 혈액이 돌게 하는 역할을 하는 것은 심장(heart)이다.

3 특정한 상황이나 상태가 유지된다는 의미의 동사로 stay를 쓴다.

4 '가장 좋아하는'의 의미를 가진 favorite가 맥락상 어울린다.

D

정답 **1** needs some dog food

2 needs a pet dog

해석 보기

A: 그 소년은 왜 그의 개를 애견센터에 데려오는가?

B: 그의 개는 접종이 필요하다.

1 A: 그 남자는 왜 애견센터에 가는가?

B: 그는 개 사료가 좀 필요하다.

2 A: 그 남자는 왜 자신의 딸을 애견센터에 데려오는가?

B: 그는 자신의 딸을 위한 반려견이 필요하다.

해설 그림과 괄호 안에 주어진 표현을 사용하여 무엇이 필요해서 애견센터를 방문했는지를 나타내는 문장을 완성한다.

1 그림 속 남자는 개 사료를 사고 있다.

2 그림 속 남자는 딸이 강아지들을 구경하도록 해주고 있다.

Unit 2 My House

Pop Quiz

정답 **1** 자신의 집에 있는 공간에 모두 표시

2 In the family room

해석 **1** 여러분의 집에 다음 중 어떤 것을 갖고 있는가?

침실 부엌 식당 거실

베란다 마당 욕실 다락

2 그림에서 가족들은 어디에 있는가?

부엌에 욕실에 거실에

해설 **1** 자신의 집에 있는 공간을 생각해 보고 표시한다.

2 그림에서 가족들은 거실에 있다.

Let's Read

해석 나의 집에는 일곱 개의 방이 있다. 침실 세 개, 욕실 하나, 부엌 하나, 그리고 식당 하나가 있다. 우리는 또한 대형 텔레비전 한 대와 소파 한 개를 갖춘 거실을 갖고 있다. 나의 집에는 그네가 설치된 베란다가 뒤편에 있다. 뒤뜰에는 화원이 있다. 나의 가족은 여기서 행복한 삶을 산다. 나는 나의 집을 사랑한다.

어휘 **bedroom** 침실, 방 **dining** 식사, 정찬 **dining room** 식당 **family** 가족, 가정, 가구(家口) **family room** 거실 **with** ～을 갖고 있는 **porch** 베란다, (건물 입구에 지붕이 얹혀 있고 흔히 벽이 둘러진) 현관 **back** (앞에서 멀리 떨어진) 뒤쪽 **swing** 그네 **garden** 뜰, 정원 **backyard** 뒷마당, 뒤뜰 **live a life** 삶을 살다

Key Words

정답 **1** dining **2** porch **3** swing **4** backyard

해석 **1** 식사, 정찬 **2** 베란다 **3** 그네 **4** 뒷마당, 뒤뜰

After You Read

A

정답 **1** backyard **2** bedroom **3** family room

해석

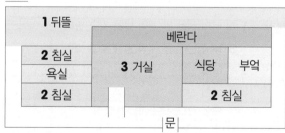

1 뒤뜰				
	베란다			
2 침실	**3** 거실		식당	부엌
욕실				
2 침실			**2** 침실	
		문		

해설 본문의 내용과 비교하면서 집의 구조도를 완성한다. 침실이 세 개 있고, 텔레비전과 소파를 갖춘 거실이 있으며 화원이 있는 뒤뜰이 있다고 했다.

B

정답 **1** ⓒ **2** ⓐ **3** ⓑ **4** ⓒ

해석 ⓐ 베란다에 ⓑ 뒤뜰에 ⓒ 거실에

해 설　본문에 의하면 대형 TV와 소파는 거실에 있다고 했고, 화원은 뒤뜰에 있다고 했으며, 그네는 베란다에 있다고 했다.

C

정 답　**1** garden **2** back **3** bedroom **4** family

해 석　**1** 수많은 아름다운 꽃들이 정원에서 자란다.

2 나는 극장에서 영화 볼 때 뒤편에 앉는 것을 좋아한다.

3 나는 나의 언니(여동생)와 침실을 같이 쓴다. 우리는 방에 두 개의 침대를 갖고 있다.

4 나는 대가족을 갖고 있다. 나는 나의 조부모님과 부모님과 두 명의 남자형제와 함께 산다.

해 설　**1** 그림에서 꽃들이 자라고(grow) 있는 곳은 정원이다.

2 그림의 상황을 보면, 극장의 뒤편에 앉아서 화면을 보고 있다.

3 방에 두 개의 침대가 놓여 있는 것으로 보아 한 개의 침실을 두 사람이 공유하고 있다는 것을 알 수 있다.

4 조부모님(grandparents)과 부모님(parents), 삼남매가 식사 중인 것으로 보아 대가족임을 알 수 있다.

D

예시답안

1 has seven rooms **2** three bedrooms, a bathroom, a family room, a kitchen, and a dining room

해 석　**1** A: 너의 집은 몇 개의 방을 갖고 있니?

B: 내 집은 일곱 개의 방을 갖고 있어.

2 A: 너의 집에는 어떤 종류의 방이 있니?

B: 나의 집에는 침실 세 개, 욕실 하나, 거실 하나, 부엌 하나, 식당 하나가 있어.

해 설　질문의 의미를 파악하고 자신의 집 구조를 생각하면서 주어진 문장 구조에 맞게 응답을 완성한다.

1 My house가 주어이므로 동사는 has의 형태로 쓴다.

2 There are ~로 시작하는 문장은 '~들이 있다'라는 의미이다.

---

3 My Neighborhood

Pop Quiz

정 답　자신에게 해당하는 것에 모두 표시

해 석　여러분은 여러분의 이웃에 대해 무엇이 마음에 드는가?

좋은 사람들

어린이들을 위한 놀이터

훌륭한 케이크가 있는 빵집

다양한 종류의 책이 있는 도서관

맛있는 떡볶이가 있는 분식집

신선한 채소를 파는 식료품점

해 설　자신이 사는 동네 인근을 생각해 보면서 해당되는 것을 모두 고른다.

Let's Read

해 석　나는 Oak Street에 산다. Pelt 여사와 그녀의 개가 옆집에 산다. 우리는 옆집 이웃이다. 내 집의 다른 쪽에는 Thomson 씨의 집이 있다. 그는 인근에서 최고의 화원을 갖고 있다. 내 가장 친한 친구 Sam은 거리 건너편에 산다. 우리는 매일 같이 논다. Oak Street의 끝에는 작은 식료품점이 하나 있다. 나는 방과 후에 간식을 사기 위해 그곳에 잠깐 들른다. 나는 내 이웃이 마을에서 최고의 것(이웃)이라고 생각한다.

어 휘　**street** 거리, 도로, -가(街)

next-door 옆집의, 옆집에 사는

neighbor 이웃 (사람), 가까이 있는 사람

neighborhood 근처, 인근, 이웃

across ~을 건너서, ~을 가로질러　**grocery** 식료품

drop by 잠깐 들르다, 불시에 찾아가다

snack 간식　**town** 소도시, 읍, 시내

Key Words

정 답　**1** street **2** neighbor **3** across **4** drop by

해 석　**1** 거리, 도로 **2** 이웃 (사람) **3** ~을 건너서 **4** 잠깐 들르다

After You Read

정답 1 Sam's house 2 grocery store
3 Mr. Thomson's house

해석

	1. Sam의 집		2. 식료품점
Oak Street			
	3. Thomson 씨의 집	내 집	Pelt 여사의 집

해설 1 나의 집의 건너편에는 Sam이 산다고 했다.

2 Oak Street 끝에는 작은 식료품점이 있다고 했다.

3 나의 집의 한쪽 옆에는 Pelt 여사가, 다른 한쪽 옆에는 Thomson 씨가 산다고 했다.

B

정답 1 ⓑ 2 ⓐ 3 ⓒ

해석 1 Pelt 여사의 집 2 Thomson 씨의 집 3 식료품점

해설 1 Pelt 여사는 개과 함께 산다고 했다.

2 Thomson 씨는 인근에서 최고의 화원을 갖고 있다고 했다.

3 식료품점은 'I'가 방과 후에 들러 간식을 사먹는 곳이라고 했다.

C

정답 1 grocery 2 next-door 3 town 4 neighborhood

해석 1 너의 가족은 장 보러 주로 어디로 가니?

2 이 나무는 옆집 이웃의 뜰에 있는 것보다 더 크다.

3 Anne's Dining은 이 마을에서 가장 유명한 음식점이다.

4 Amy의 조부모님은 이웃에 사셔서 그녀는 자주 그들을 방문한다.

해설 1 shopping과 어울리는 말은 grocery이다. go -ing는 '~하러 가다'라는 표현으로, go shopping은 '쇼핑하러 가다'라는 뜻이다.

2 이웃 사람의 뜰을 수식하는 말로 가장 자연스러운 것을 고른다.

3 '~에서 가장 유명한(famous) 음식점'을 나타내므로 이 마을을 나타내는 말이 오는 것이 자연스럽다.

4 Amy가 자주 조부모님을 방문하는(visit) 이유는 그분들이 가까이에 살기 때문이라고 보는 것이 자연스럽다.

D

정답 1 Oak 2 Ms. Pelt 3 dog 4 Mr. Thomson
5 Sam 6 street 7 grocery

해석 나는 Oak Street에 산다. 내 옆집에는 Pelt 여사와 그녀의 개가 산다. Thomson 씨는 인근에서 최고의 화원을 갖고 있다. 내 가장 친한 친구 Sam은 나로부터 거리 건너편에 산다. 가끔 나는 방과 후에 간식을 사러 식료품점에 간다.

해설 본문의 내용을 상기하며 문장을 완성한다. 내가 사는 거리의 이름은 Oak Street이고, 내 옆집에 사는 양쪽 이웃 중 여자의 이름은 Pelt이며 자신의 개와 함께 산다고 했다. 이웃에서 최고의 화원을 갖고 있는 사람은 Thomson이라고 했고, 내 가장 친한 친구는 Sam이며, 그는 내 집에서 거리 건너편에 산다고 했다. 방과 후에 간식을 사러 들르는 곳으로는 작은 식료품점을 언급했다.

Unit 4 Pictures and Letters

Pop Quiz

정답 He is drawing pictures.

해석 남자는 벽에 무엇을 하고 있는가?
그는 편지를 쓰고 있다.
그는 그림을 그리고 있다.
그는 벽을 닦고 있다.

해설 남자는 벽에 그림을 그리는 중이다.

Let's Read

해석 사람들이 단어를 만들기 위해 글자를 사용하기 전에, 그들은 그림 문자를 사용했다. 우리는 동굴의 벽에 있는 많은 그림들을 찾고 그 그림들은 오래 전으로부터 전해진 이야기들을 말해 준다. 그것들은 사냥과 식량 재배와 사람들의 생활에 대해 우리에게 말해 준다. 오늘날 우리는 그림 대신에 알파벳이라는 글자를 가지고서 우리의 생활에 대해서 쓴다. 모든 언어는 알파벳을 가지고 있다. 가끔 알파벳의 문자

들은 글자처럼 보이기도 하고 가끔 그 문자들은 그림처럼 보이기도 한다.

어휘 **before** ~하기 전에 **use** 사용하다, 이용하다
letter 글자, 문자
picture writing 그림에 의한 기록, 그림 문자, 상형 문자
cave 동굴 **tell** 말해 주다 **life** 삶, 생활
alphabet 알파벳, 자모 [참고] the Arabic alphabet 아라비아 문자, the Greek alphabet 그리스 문자, the Latin alphabet 로마자 **instead of** ~ 대신에 **language** 언어, 말
sometimes 때때로, 가끔 **character** 글자, 부호
look like ~처럼 보이다

Key Words

정답 **1** cave **2** instead of **3** language **4** character
해석 **1** 동굴 **2** ~ 대신에 **3** 언어, 말 **4** 글자, 부호

After You Read

A

정답

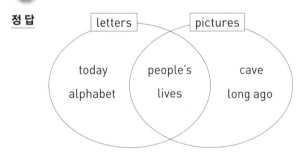

해석

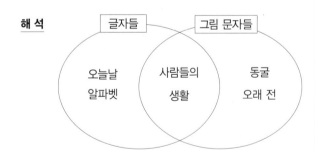

해설 글자에 의한 표기와 그림에 의한 표기에 해당하는 내용을 구분한다. 단, 두 가지 표기에 공통으로 언급된 내용도 있음에 유의한다.

B

정답 ☐ **1** ⓑ ☑ **2** ⓒ ☑ **3** ⓐ

해석 ⓐ 사냥 ⓑ 글자 사용 ⓒ 식량 재배
해설 동굴 벽화의 내용으로 사냥과 식량 재배와 같은 사람들 생활 모습이라고 언급되었다. 그러나 글자를 사용하기 전 글자 대신 그림 문자를 사용한 것이 동굴 벽화라는 내용으로 봤을 때 글자 사용을 벽화로 표현했을 수는 없다.

C

정답 **1** letter **2** alphabet **3** sometimes **4** life
해석 **1** 영어는 26개의 글자를 갖고 있다.
2 한글은 한국의 알파벳이다.
3 Andy는 대개 일찍 일어나지만, 그는 가끔 늦잠을 잔다.
4 지원이는 부산으로 이사했고 그곳에서 새로운 삶을 시작했다.
해설 **1** 영어는 자음과 모음 합쳐서 26개의 글자를 갖고 있다.
2 한글은 우리나라 알파벳(자모체계)의 이름이다.
3 연결어 but으로 반대 의미를 나타내는 두 개의 절이 연결되고 있으므로 usually(대개)와 대조적인 의미의 sometimes가 빈칸에 어울린다.
4 다른 지역으로 옮겨 간 후 새로운 생활을 시작했다는 표현이 가장 어울린다.

D

정답 **1** hunting, growing food, people's lives
2 letters (of the alphabet), pictures
해석 **1** A: 동굴의 벽화는 여러분에게 무엇에 대해 말해 주는가?
  B: 그것들은 우리에게 사냥, 식량 재배, 그리고 사람들의 삶에 대해 말해 준다.
2 A: 오늘날 우리는 우리의 삶에 대해 기록하기 위해 무엇을 사용하는가?
  B: 우리는 그림 대신에 (알파벳이라는) 글자를 사용한다.
해설 **1** 동굴의 벽화가 나타내는 내용으로 사냥, 식량 재배, 사람들의 삶이 언급되었다.
2 오늘날 사람들은 그림 문자 대신 알파벳 글자를 사용한다.

Unit
5 Fighting Germs

Pop Quiz

정 답 She exercises.

해 석 소녀는 세균과 싸우고 건강한 상태를 유지하기 위해 무엇을 하는가?

그녀는 운동을 한다.

그녀는 충분히 잔다.

그녀는 자주 손을 씻는다.

해 설 그림에서 백혈구 쪽의 건강한 소녀는 운동을 하고, 건강에 좋은 음식을 먹고, 병원에서 검진을 받는다.

Let's Read

해 석 세균은 모든 곳에 존재하지만 그것들은 우리 눈으로 보기에는 지나치게 작다. 살아 있는 세균은 열병, 발진, 또는 인후염으로 사람들을 병들게 할 수 있지만, 항상 그런 것은 아니다. 우리의 피는 그 안에 세균과 싸우는 백혈구를 갖고 있고 그 세포들은 우리가 건강을 유지하는 것을 돕는다. 대부분의 때에 이 백혈구들은 그것들이 우리를 병들게 할 수 있기 전에 세균들을 죽인다. 우리는 또한 건강에 좋은 음식을 먹고, 운동을 하고, 정기적인 건강 검진을 받음으로써 우리의 몸을 강하게 지킬 수 있다.

어 휘 **germ** 세균, 미생물
everywhere 모든 곳에, 모든 곳에서, 어디나; 모든 곳
tiny 아주 작은 **living** 살아 있는 **sick** 아픈, 병든
fever 열, 열병 **rash** 발진
sore (보통 빨갛게 염증이 생기거나 근육을 많이 써서) 아픈
throat 목구멍, 목 **always** 항상, 늘 **blood** 피, 혈액
germ-fighting 세균을 퇴치하는, 병원균과 싸우는
cell 세포 **white cell** 백혈구 **most of** 대부분의
exercise 운동하다 **regular** 규칙적인, 정기적인, 주기적인

Key Words

정 답 **1** tiny **2** sick **3** fever **4** blood

해 석 **1** 아주 작은 **2** 아픈, 병든 **3** 열, 열병 **4** 피, 혈액

After You Read

 A

정 답 **2 3 4**

해 설 살아 있는 세균은 열병, 발진, 또는 인후염(아픈 목)으로 사람들을 병나게 할 수 있다고 했다.

B

정 답 **1** G **2** W **3** G **4** G

해 석 〈보기〉 그것들은 피 안에 있다.

1 그것들은 어디에나 있다.

2 그것들은 우리가 건강을 유지하는 것을 돕는다.

3 그것들은 사람들을 병들게 할 수 있다.

4 그것들은 맨눈으로 보기 어렵다.

해 설 세균은 모든 곳에 존재하고, 사람들을 병들게 할 수 있으나, 너무 작아서 눈으로 볼 수 없다고 했다. 백혈구는 피 안에 있고, 세균과 싸워서 우리가 건강을 유지하는 것을 돕는다고 했다.

C

정 답 **1** germ **2** regular **3** sore **4** rash

해 석 **1** 세균이 그 질병을 야기한다.

2 우리는 건강하기 위해 규칙적인 운동이 필요하다.

3 오래 걸은 후 내 두 발이 여전히 아프다.

4 내가 어떤 과일을 먹고 난 후, 발진이 내 온 얼굴 위에 나타났다.

해 설 **1** 질병(disease)을 야기하는 요인은 세균이다.

2 건강하기 위해 필요한 것은 운동(exercise)을 규칙적으로 하는 것이다.

3 오래 걸었기 때문에 두 발(feet)이 아직도 아프다고 하는 것이 자연스럽다.

4 음식을 잘못 먹고 얼굴에 나타난(appear) 것으로 발진이 자연스럽다.

D

정 답 **1** eat healthy foods **2** exercise **3** get regular checkups

해 석 우리는 어떻게 우리 몸을 강하게 지킬 수 있는가?

1 우리는 건강에 좋은 음식을 먹어야 한다.

2 우리는 운동을 해야 한다.

3 우리는 정기적인 건강 검진을 받아야 한다.

해 설 본문의 제일 마지막에 건강에 좋은 음식을 먹고, 운동을 하고, 정기적인 건강 검진을 받음으로써 몸을 강하게 지킬 수 있다고 언급되어 있다.

Unit 6 Winter Sleep

Pop Quiz

정답 It sleeps during the winter.

해석 다람쥐는 추운 겨울을 어떻게 보내는가?

그것은 추운 날씨를 즐긴다.

그것은 겨울 동안 잔다.

그것은 항상 밖에 있다.

해설 그림에서 다람쥐는 겨울잠을 자고 있다.

Let's Read

해석 동면은 '겨울잠'을 의미한다. 스컹크, 다람쥐와 박쥐의 일부 유형과 곰이 겨울잠을 잔다. 긴 잠을 대비하기 위해서 이 동물들은 여름과 가을 동안에 자신들의 몸에 지방을 저장한다. 날씨가 추워지면 그 동물들은 자신들의 집으로 기어들어가서 깊은 잠에 빠진다. 서서히 저장된 지방은 다 소모된다. 그들이 따뜻한 봄에 잠에서 깨어날 때, 그들은 말라 있고 많은 양의 식사를 할 준비가 된 상태이다.

어휘 **hibernation** 겨울잠, 동면
mean ~라는 뜻이다, ~을 의미하다 **type** 유형, 종류
squirrel 다람쥐 **bat** 박쥐 **hibernate** 겨울잠을 자다
ready 준비가 된 **store** 저장하다, 쌓다, 축적하다
fat (사람·동물의 몸에 축적된) 지방, 비계 **during** ~ 동안
crawl (엎드려) 기다, 기어가다
fall into a sleep 잠이 들다, 한잠 자다
little by little 조금씩, 천천히, 서서히
used up 다 써 버린, 소진한 **thin** 마른, 여윈; 얇은, 가는
meal 식사, 끼니, 밥

Key Words

정답 **1** mean **2** ready **3** fat **4** meal

해석 **1** ~을 의미하다 **2** 준비가 된 **3** (사람·동물의 몸에 축적된) 지방, 비계 **4** 식사, 끼니, 밥

After You Read

A

정답 **1** ⓒ **2** ⓐ **3** ⓑ

해석 **1** 동물들은 여름과 가을 동안 지방을 저장한다. − ⓒ 동물들은 긴 겨울잠을 위한 준비가 되어 있다.

2 날씨가 추워진다. − ⓐ 동물들은 자신들의 따뜻한 집 안으로 기어 들어간다.

3 저장된 지방은 동면하는 동안 다 소모된다. − ⓑ 그들이 깨어날 때 그 동물들은 말라 있고 많은 양의 식사를 할 준비가 되어 있다.

해설 **1** 여름과 가을에 많이 먹어 몸에 지방을 축적해 둠으로써 긴 겨울잠에 대비된 상태가 된다.

2 날씨가 추워지면 동물들은 겨울잠을 자기 위해 자신의 집으로 들어간다.

3 몸에 축적된 지방은 겨울잠을 자는 동안 소진되기 때문에 잠에서 깨면 몸은 말라 있고 많이 먹고 싶은 상태가 된다.

B

정답 **2**

해설 겨울잠을 자는 여러 동물 중 본문에는 스컹크, 다람쥐, 박쥐, 곰이 언급되었다. 뱀은 겨울잠을 자는 동물이지만 본문에는 언급되지 않았다.

C

정답 **1** squirrel **2** crawl **3** thin **4** hibernation

해석 **1** 다람쥐 한 마리가 나무 위로 올라가고 있다.

2 그 여자 아기는 그녀의 엄마에게 기어간다.

3 그녀는 자신의 엄마처럼 매우 키가 크고 말랐다.

4 곰은 겨울 동안 겨울잠에 들어간다.

해설 **1** 나무 위로 올라가는 대상으로 적절한 것은 다람쥐이다.

2 아기이므로 엄마한테 기어가는 동작이 어울린다.

3 엄마를 닮은 외모를 묘사하고 있으므로 키가 크고 몸이 말랐다는 것이 자연스럽다.

4 추운 겨울 동안 곰들은 겨울잠을 잔다는 표현이 자연스럽다.

D

정답 **1** eat a lot and store fat on their bodies
2 will eat a big meal

해석 **1** A: 동면 전에 동물들은 무엇을 하는가?

B: 그들은 많이 먹고 몸에 지방을 저장한다.

2 A: 동면 후에 동물들은 무엇을 할까?

B: 그들은 많은 양의 식사를 할 것이다.

해설　동면 전과 후 동물들의 행동에 대해 언급된 내용을 상기하여 응답을 완성한다.

　　　1 동면 전에는 많이 먹어 몸에 지방을 저장한다.

　　　2 동면 후에는 몸에 저장했던 지방을 다 써 버린 상태라서 많은 양의 식사를 할 준비가 되어 있다고 했다.

Unit 7 Hurricanes

Pop Quiz

정답　It is extremely windy.

해석　허리케인이 해변을 강타하고 있다. 지금 날씨는 어떠한가?

　　　화창하다. / 심하게 눈이 온다. / 극심하게 바람이 분다.

해설　나무가 휠 정도로 바람이 강하게 불고 있다.

Let's Read

해석　허리케인은 세찬 바람을 동반하는 강력한 폭풍이다. 이 폭풍은 대양 위에서 생긴다. 그것들이 육지에 도달할 때 그것들은 엄청난 피해를 야기할 수 있다. 과학자들과 허리케인 정찰대는 허리케인을 연구한다. 그들은 허리케인에 대해서 더 많은 것을 알기 위해서 중심부 안으로 비행기를 띄운다. 비행기들로부터 얻은 데이터를 갖고서 그들은 폭풍의 강도와 방향에 대해 예측을 할 수 있다. 이 예측들은 그 허리케인의 경로에 있는 사람들을 보호하는 것을 돕는다.

어휘　**develop** (병·문제가) 생기다　**ocean** 대양, 바다
cause ~을 야기하다, 초래하다　**damage** 손상, 피해, 훼손
reach ~에 이르다, 닿다, 도달하다
hurricane hunter 허리케인 관측기 (승무원), 기상 정찰 비행대　**data** 자료, 정보, 데이터　**prediction** 예측, 예견
make a prediction 예측하다　**strength** 힘, 세력, 강도
direction 방향, 쪽　**protect** 보호하다, 지키다
path 길, (사람·사물이 나아가는) 방향

Key Words

정답　1 develop　2 reach　3 prediction　4 path

해석　1 생기다　2 ~에 닿다　3 예측, 예견　4 길

After You Read

A

정답　1 fly　2 learn more about
　　　3 make　4 (help to) protect

해석　1 비행기를 띄우기　2 허리케인에 대해 더 많이 알기
　　　3 예측을 하기　4 사람들을 보호하(는 것을 돕)기

해설　허리케인의 중심부로 비행기를 띄워서 허리케인에 대해 더 많이 알아내고, 얻어 낸 자료들을 갖고 예측을 하여 사람들을 보호한다고 했다.

B

정답　1 ①　2 ②　3 ②, ③

해석　1 허리케인은 무엇인가?
　　　❶ 강력한 폭풍　❷ 오랜 건기　❸ 폭설
　　　2 허리케인은 어디에서 시작되는가?
　　　❶ 육지 위에서　❷ 대양 위에서　❸ 숲 위에서
　　　3 과학자들의 예측은 무엇에 대한 것인가?
　　　❶ 폭풍의 용도　❷ 폭풍의 강도　❸ 폭풍의 방향

해설　1 본문 처음에서 허리케인은 강력한 폭풍이라고 했다.
　　　2 허리케인은 대양 위에서 생긴다고 했다.
　　　3 과학자들은 폭풍의 경로에 놓여 있는 사람들을 돕기 위해 폭풍의 강도와 방향을 예측한다.

C

정답　1 cause　2 protect　3 direction　4 damage

해석　1 나쁜 날씨는 자동차 사고를 야기한다.
　　　2 선글라스는 강한 햇빛으로부터 우리 눈을 보호한다.
　　　3 방향을 바꾸기 전에 왼쪽과 오른쪽으로 양쪽 모두를 봐라.
　　　4 그 사고는 그의 차에 많은 손상을 입혔다.

해설　1 나쁜 날씨와 자동차 사고(accident)는 원인과 결과의 관계로 볼 수 있다.
　　　2 선글라스의 기능은 햇빛(sunshine)으로부터 눈을 보호하는 것이라고 할 수 있다.

3 좌우를 살피는 것은 방향을 바꾸기(change) 전에 할 일이다.

4 자동차 사고는 차에 많은 손상을 입혔을 것이라고 볼 수 있다.

정답 **1** develop over the ocean, cause great damage on land

2 study hurricanes, make predictions about the storms

해석 **1** 허리케인은 대양 위에서 생기고 육지에 엄청난 피해를 야기한다.

2 과학자들은 허리케인을 연구하고 폭풍에 대한 예측을 한다.

해설 주어진 말에 이어지는 표현을 적절히 연결하여 본문의 내용과 일치하는 문장을 완성한다.

1 on land와 over the ocean이라는 장소와 허리케인 사이에 어떤 관련이 있는지 본문의 내용을 상기해 본다. 한 곳은 허리케인이 생기는 곳으로, 다른 한 곳은 피해가 일어나는 곳으로 언급되었다.

2 연결어 and는 대등한 표현을 잇는 말이다. scientists가 어떤 행동과 어떤 행동을 하는지를 상기해 보면서 문장을 완성한다.

Unit 8 When I Grow Up

Pop Quiz
정답 He flies an airplane.
해석 비행기 조종사는 무엇을 하는가?
그는 비행기를 조종한다. / 그는 배를 조종한다. / 그는 비행기를 고친다.

Let's Read
해석 이것은 나의 가족이야. 나의 아빠는 비행기 조종사야. 그는 세계의 많은 다른 나라로 비행해. 나의 엄마는 동물

원 수의사야. 그녀는 동물원에서 동물들과 함께 일해. 그녀는 동물들의 건강을 돌봐. 그녀는 동물들의 상처를 치료해. 그녀는 또한 사육 조건을 점검해. 나의 형은 요리사야. 그는 식당에서 일해. 그는 다른 종류의 음식을 준비하고 요리해. 나의 누나는 패션 디자이너야. 그녀는 옷을 디자인하고 만들어. 그녀는 매우 창의적이야. 때때로 그녀는 나를 위해 옷을 만들어. 내가 어른이 될 때, 나는 교사가 되기를 원해. 나는 아이들을 사랑해.

어휘 **airplane pilot** 비행기 조종사
fly 비행하다 **around** ~의 사방에서, ~을 빙 둘러
veterinarian 수의사 **care for** ~을 돌보다
health 건강 **treat** 치료하다, 처치하다
wound 상처 **check** 점검하다, 확인하다
feed (먹이를) 주다 **chef** 요리사 **cook** 요리하다; 요리사
designer 디자이너 **design** 디자인하다
creative 창의적인, 창조적인

Key Words
정답 **1** wound **2** chef **3** teacher **4** feed
해석 **1** 상처 **2** 요리사 **3** 교사 **4** 먹이를 주다

After You Read

정답 **1** an airplane pilot **2** a zoo veterinarian
3 a chef **4** a fashion designer **5** a teacher

해석 **1** 비행기 조종사 **2** 동물원 수의사 **3** 요리사 **4** 패션 디자이너 **5** 교사

해설 **1** 아빠는 비행기 조종사이다.
2 엄마는 동물원 수의사이다.
3 형은 요리사이다.
4 누나는 패션 디자이너이다.
5 나는 어른이 될 때 교사가 되고 싶다고 했다.

B

정답 **1** a chef **2** a fashion designer **3** a teacher
4 a zoo veterinarian **5** an airplane pilot

해석 **1** 나는 식당에서 고기와 생선을 요리한다.
2 나는 옷을 디자인하고 만든다.
3 나는 학교에서 어린아이들을 가르친다.
4 나는 동물들의 건강을 돌본다.

5 나는 많은 다른 나라를 비행한다.

해설 본문을 참고하여, 하는 일에 해당하는 직업을 찾아 쓸 수 있도록 한다.

1 식당에서 고기와 생선을 요리하는 사람은 요리사이다.

2 옷을 디자인하고 만드는 사람은 패션 디자이너이다.

3 학교에서 아이들을 가르치는 사람은 교사이다.

4 동물들의 건강을 돌보는 사람은 동물원 수의사이다.

5 많은 다른 나라를 비행하는 사람은 비행기 조종사이다.

C

정답 **1** designer **2** care **3** check **4** chef

해석 **1** 그는 웹 디자이너이다. 그는 매우 창조적이다. 그는 회사를 위해 웹사이트를 만든다.

2 간호사는 환자의 건강을 돌본다.

3 컴퓨터에서 나의 예약을 확인할게.

4 그녀는 유명한 요리사이다. 그녀는 호텔에서 중국 음식을 요리한다.

해설 **1** 웹사이트를 만드는 사람으로 designer가 적절하다.

2 '돌보다'라는 의미를 가진 동사 care가 맥락상 적절하다.

3 예약을 확인할 때는 동사 check를 쓰는 것이 적절하다.

4 호텔에서 중국 음식을 요리하는 사람은 chef이다.

D

정답 **1** I want to be a writer. I like to write stories.

2 I want to be a pianist. I like to play the piano.

3 I want to be a basketball player. I like to play basketball.

해석 〈보기〉 미나: 나는 사진작가가 되고 싶어. 나는 사진 찍는 것을 좋아해.

1 진수: 나는 작가가 되고 싶어. 나는 글을 쓰는 것을 좋아해.

2 Amy: 나는 피아니스트가 되고 싶어. 나는 피아노 연주하는 것을 좋아해.

3 David: 나는 농구 선수가 되고 싶어. 나는 농구하는 것을 좋아해.

해설 그림과 보기에 주어진 표현을 사용하여 각 사람이 되고 싶은 직업과 좋아하는 것을 표현한다. I want to be 다음에 직업을 쓰고, I like 다음에 좋아하는 일을 써서 완성된 문장을 만든다.

1 그림 속 진수는 글을 쓰는 것을 좋아한다.

2 그림 속 Amy는 피아노 연주하는 것을 좋아한다.

3 그림 속 David는 농구하는 것을 좋아한다.

Unit 9 We Are Twins

Pop Quiz

정답 the girl wearing glasses

해석 누구의 머리가 긴가?

안경을 쓴 소녀 / 모자를 쓴 소녀

해설 긴 머리를 한 사람은 안경을 쓴 소녀이다.

Let's Read

해석 안녕! 나는 Lora야. 나에게는 쌍둥이 자매, Jane이 있어. 우리는 쌍둥이지만, 우리는 달라. 나는 짧은 머리를 하고 있지만, 그녀는 긴 머리를 하고 있어. Jane은 안경을 써. 나는 안경을 쓰지 않아.

나는 외향적인 사람이야. 나는 학교에 많은 친구가 있어. 나는 친구와 함께 놀기를 좋아해. 나는 말하기를 좋아해. 나는 모든 사람들에게 친절하고 다정하기 위해 노력해. 그러나 Jane은 나와는 달라. Jane은 조용해. Jane은 주로 그녀의 친한 친구들과 이야기하는 것을 좋아해. 그녀는 수줍음을 많이 타. 그녀는 친하지 않은 사람과 이야기할 때 불편함을 느껴. 우리는 다르지만 우리는 항상 서로를 사랑해.

어휘 **twin** 쌍둥이의; 쌍둥이 중 한 명(*pl.* twins)
glasses 안경 **outgoing** 외향적인, 사교적인
talkative 말하기를 좋아하는, 수다스러운
kind 친절한 **friendly** 다정한, 친절한 **quiet** 조용한
shy 수줍음을 많이 타는, 부끄러워하는

unfamiliar 낯선, 익숙지 않은

Key Words

정답   1 quiet   2 outgoing   3 twins   4 glasses

해석   1 조용한   2 외향적인   3 쌍둥이   4 안경

After You Read

정답   1 Jane   2 Lora

해석   본문에 나타난 주인공의 외모와 성격에 어울리는 그림을 찾아 연결한다. Jane은 머리가 길고 안경을 썼으며 수줍음을 많이 타는 성격이고, Lora는 머리가 짧고 안경을 쓰지 않았으며 친구가 많고 외향적인 성격이다.

B

정답   1 outgoing   2 shy   3 best   4 friendly
      5 unfamiliar

해석   Lora

나는 외향적인 사람이야.

나는 친구가 많아.

나는 모든 사람에게 친절하고 다정하려고 노력해.

Jane

나는 수줍음이 많아.

나는 나의 친한 친구들과 이야기하는 것을 좋아해.

나는 친하지 않은 사람과 이야기하려고 시도할 때 불편함을 느껴.

해석   1 Lora는 외향적인 사람이므로 outgoing이 적합하다.

2 Jane은 수줍음을 많이 타므로 shy가 적합하다

3 Jane은 친한 친구들과 이야기하는 것을 좋아하므로 best가 적절하다.

4 앞 단어 kind와 유사한 의미인 friendly가 의미상 적절하다.

5 친하지 않은 사람과 이야기할 때 어려움을 느끼므로 unfamiliar가 적절하다.

C

정답   1 kind   2 talkative   3 shy

해석   1 나는 내 친구들을 돕는 것을 좋아한다.

2 나는 다른 사람들과 이야기하는 것을 좋아한다. 사람들은 내가 말을 많이 한다고 이야기한다.

3 나는 친하지 않은 사람과 대화할 때, 불편하다.

해설   1 친구를 돕는 것을 좋아하는 사람은 친절한(kind) 사람이다.

2 말하기를 좋아하는 사람은 수다스러운(talkative) 사람이다.

3 친하지 않은 사람과 대화할 때, 불편한 사람은 수줍음이 많은(shy) 사람이다.

D

정답   (He) has brown hair. He is kind. He likes to play soccer.

해석

〈보기〉
이 사람은 Jane이야. Jane은 긴 머리를 가졌어. Jane은 수줍음을 많이 타. Jane은 책 읽기를 좋아해.
그는 Kevin이야. 그는 갈색 머리를 가졌어. 그는 친절해. 그는 축구하는 것을 좋아해.

해설   예시 글을 참고하여 Kevin의 외모와 성격을 소개하는 글을 완성하도록 한다.

Unit 10   What Part of a Plant Do You Eat?

Pop Quiz

정답   the root of a plant

해석   당근은 _____ 이다.

식물의 뿌리 / 식물의 줄기 / 식물의 씨앗

해설   그림을 참고하여 알맞은 답을 고른다. 당근은 땅속에서 자라며 식물의 뿌리 부분에 해당한다.

Let's Read

해석　여러분이 과일이나 채소를 먹을 때 여러분은 식물의 부분을 먹고 있다. 당근은 땅속에서 자란다. 당근은 뿌리이다. 여러분이 당근을 먹을 때, 여러분은 식물의 뿌리를 먹고 있다. 여러분이 양배추를 먹을 때 여러분은 식물의 잎을 먹고 있다. 여러분이 아스파라거스를 먹을 때, 여러분은 식물의 줄기를 먹고 있다. 베리는 열매이다. 옥수수와 완두콩은 식물의 씨앗이다.

어떤 식물들은 먹을 수 있는 부분을 하나 이상 가지고 있다. 여러분은 브로콜리의 꽃과 줄기를 먹는다. 호박의 열매는 대부분의 사람들이 먹는 부분이지만, 호박의 꽃 역시 먹을 수 있다.

어휘　**fruit** 과일, 열매　**vegetable** 채소　**carrot** 당근
root 뿌리　**cabbage** 양배추　**leaf** 잎(pl. leaves)
stem 줄기, 잎자루　**asparagus** 아스파라거스
berry 베리　**corn** 옥수수, 곡식
pea 완두콩(pl. peas)　**seed** 씨앗, 종자
flower 꽃, 화초　**broccoli** 브로콜리　**pumpkin** 호박

Key Words

정답　**1** cabbage **2** peas **3** corn **4** asparagus
해석　**1** 양배추 **2** 완두콩 **3** 옥수수 **4** 아스파라거스

After You Read

정답　**1** roots **2** seeds **3** stems **4** leaves **5** fruit
6 flowers
해석　**1** 뿌리 **2** 씨앗 **3** 줄기 **4** 잎 **5** 열매 **6** 꽃
해설　식물의 각 부분의 명칭을 빈칸에 알맞게 적는다.

B

정답　**1** T **2** F **3** F
해석　**1** 당근은 식물의 뿌리이다.
2 아스파라거스와 옥수수는 식물의 줄기이다.
3 우리는 식물의 한 부분만을 먹는다.
해설　**1** 당근은 식물의 뿌리이므로 참이다.
2 아스파라거스는 식물의 줄기이지만 옥수수는 식물의 씨앗이므로 거짓이다.
3 브로콜리처럼 한 부분 이상 먹는 과일이나 채소도 있으므로 거짓이다.

C

정답　**1** cabbage **2** asparagus **3** berries **4** peas
5 carrots
해석　**1** 양배추 **2** 아스파라거스 **3** 베리 **4** 완두콩 **5** 당근
해설　잎은 먹는 채소는 양배추, 줄기를 먹는 것은 아스파라거스, 열매를 먹는 것은 베리류, 씨앗을 먹는 것은 완두콩, 뿌리를 먹는 것은 당근이다.

D

정답　**1** ⓑ. root
2 ⓒ. leaves of the plant
3 ⓐ. I am eating the fruit of the plant
해석　**1** 질문: 여러분이 당근을 먹을 때, 식물의 어느 부분을 먹는가? / 답: 식물의 뿌리를 먹는다.
2 질문: 여러분이 양배추를 먹을 때, 식물의 어느 부분을 먹는가? / 답: 식물의 잎을 먹는다.
3 질문: 여러분이 베리를 먹을 때, 식물의 어느 부분을 먹는가? / 답: 식물의 열매를 먹는다.
해설　본문에 근거하여 그림과 식물의 각 부분을 알맞게 이어 준다. 당근은 뿌리이며 양배추는 잎, 베리는 열매이다. 각각 서로 알맞게 이어 주고 채소와 과일을 먹을 때 식물의 어느 부분을 먹는지 문장으로 묻고 답한다.

Unit 11 The Statue of Liberty

Pop Quiz

정답　The Statue of Liberty
해석　미국의 랜드마크는 어느 것입니까?
자유의 여신상 / 피사의 사탑 / 시드니 오페라 하우스
해설　자유의 여신상은 미국의 뉴욕에, 피사의 사탑은 이탈리아에, 시드니 오페라 하우스는 호주에 있으므로 미국에 있는 랜드마크는 자유의 여신상이다.

Let's Read

해 석 자유의 여신상은 미국의 가장 유명한 랜드마크 중 하나이다. 그것은 뉴욕시의 리버티섬(Liberty Island)에 있다. 그것은 큰 동상이다. 그 동상 자체는 46m이다. 그리고 받침의 바닥부터 동상의 꼭대기까지 측정한 전체 높이는 93m이다. 자유의 여신상은 그녀의 왕관에 일곱 개의 광선을 가지고 있다. 그녀는 그녀의 오른손에 횃불을 들고 있고 그녀의 왼손에 평판을 들고 있다. 자유의 여신상은 프랑스로부터 받은 우정의 선물이다.

어 휘 statue 동상, 조각상 **famous** 유명한
landmark 랜드마크, 주요 지형지물, 획기적 사건
height 높이, 신장 **measure** 측정하다
bottom 바닥, 맨 아래 **base** 받침, 토대
top 꼭대기, 맨 위 **ray** 광선, 빛살 **crown** 왕관, 왕위
hold 들다, 잡다 **torch** 횃불, 손전등
tablet 평판(중요한 인물·사건을 기념하는 글귀 등을 적어 벽에 박아 놓은 것)
friendship 우정, 친선 **gift** 선물, 기증품

Key Words

정 답 1 ray 2 statue 3 torch 4 height
해 석 1 광선 2 동상 3 횃불 4 높이

After You Read

정 답 1 New York City 2 a torch 3 a tablet
해 석 자유의 여신상
Q: 그녀는 어디에 있는가?
A: 그녀는 뉴욕시의 리버티섬에 있다.
Q: 그녀는 무엇을 들고 있는가?
A: 그녀는 그녀의 오른손에 횃불을 들고 있다.
    그녀는 그녀의 왼손에 평판을 들고 있다.

해 설 1 자유의 여신상은 뉴욕에 있다.
2 자유의 여신상이 오른손에 든 것은 횃불이다.
3 자유의 여신상이 왼손에 든 것은 평판이다.

B

정 답 1 46 2 height, bottom
해 석 1 질문: 동상 자체의 크기는 얼마입니까?
답: 46m입니다.

2 질문: 받침의 바닥부터 동상 꼭대기까지 측정한 전체 높이는 얼마입니까?
답: 93m입니다.

해 설 1 받침을 뺀 동상 자체의 크기는 46m이다.
2 전체의 높이를 답하고 있으므로 첫 번째 빈칸은 height가 오는 것이 적절하다. 이는 받침의 바닥부터 동상 꼭대기까지의 높이를 묻는 것으로 꼭대기(top)와 호응을 이루는 bottom이 적절하다.

C

정 답 1 landmark 2 crown 3 famous 4 gift
해 석 1 후지산은 일본의 자연적인 랜드마크이다.
2 여왕의 왕관은 많은 다이아몬드가 있는 틀을 가지고 있다.
3 우리는 시카고에서 가장 유명한 식당에 갔다.
4 어제는 나의 생일이었다. 나는 자전거를 생일 선물로 받았다.

해 설 1 후지산을 설명하는 단어로 랜드마크(landmark)가 문맥상 적합하다.
2 여왕의 것이며 다이아몬드가 많은 것이므로 왕관(crown)이 문맥상 적합하다.
3 식당을 꾸며 주는 말로 유명한(famous)이 문맥상 적합하다.
4 생일날 받은 자전거이므로 문맥상 선물(gift)이 적합하다.

D

정 답 1 is wearing a cap on his head
2 is holding a bat in his right hand

해 석 〈보기〉
질문: 그는 자신의 왼손에 무엇을 끼고 있습니까?
답: 그는 자신의 왼손에 글러브를 끼고 있습니다.
1 질문: 그는 자신의 머리에 무엇을 쓰고 있습니까?
답: 그는 자신의 머리에 야구 모자를 쓰고 있습니다.
2 질문: 그는 자신의 오른손에 무엇을 들고 있습니까?
답: 그는 자신의 오른손에 야구 방망이를 들고 있습니다.

해 설 그림을 보고 그가 머리에 쓴 것과 오른손에 들고 있는 것을 묻는 질문에 답을 한다.
1 그가 머리에 쓰고 있는 것은 야구 모자이다.
2 그가 오른손에 들고 있는 것은 야구 방망이이다.

12 String Musical Instruments

Pop Quiz

정 답 a violin

해 석 악기는 어느 것인가요?

바이올린 / 망원경 / 카메라

해 설 악기에 해당하는 것은 바이올린이다.

Let's Read

해 석 악기로 소리를 내는 아주 많은 방법이 있다. 현악기는 현을 진동시켜 소리를 만들어 낸다. 바이올린, 비올라, 첼로 그리고 콘트라베이스는 오케스트라의 주요 네 가지 현악기이다. 이들 악기들은 현과 나무로 된 몸체를 가지고 있다. 그것들은 활로 연주된다. 바이올린이 가장 작고 가장 높은 소리를 낸다. 비올라는 바이올린보다 더 크고 첼로보다 더 작다. 콘트라베이스는 가장 크며 가장 낮은 소리를 낸다. 작은 악기일수록 더 높은 소리를 내고, 큰 악기일수록 더 낮은 소리를 낸다. 기타와 하프 역시 현악기이다. 그것들은 주로 손가락으로 연주된다. 각각의 악기는 그것의 모양, 재료 그리고 크기 때문에 고유한 소리를 낸다.

어 휘 **musical instrument** 악기
string 현, 줄, 끈   **vibrate** 진동시키다, 흔들리다
violin 바이올린   **viola** 비올라   **cello** 첼로
contrabass 콘트라베이스, 더블베이스
orchestra 오케스트라   **wooden** 나무로 된, 목재의
bow 활, 곡선   **guitar** 기타   **harp** 하프
mainly 주로, 대개   **finger** 손가락
unique 고유의, 유일무이한   **material** 재료, 자료

Key Words

정 답 **1** string **2** wooden **3** vibrate **4** bow

해 석 **1** 현 **2** 목재의 **3** 진동시키다 **4** 활

After You Read

정 답 **1** violin **2** viola **3** cello **4** contrabass

해 석 **1** 그것은 가장 작은 현악기이다.

그것은 가장 높은 소리를 낸다.

2 그것은 바이올린보다 더 크다.

그것은 첼로보다 더 작다.

3 그것은 비올라보다 더 크다.

그것은 콘트라베이스보다 더 작다.

4 그것은 활을 쓰는 가장 큰 악기이다.

그것은 가장 낮은 소리를 낸다.

해 설 **1** 가장 작고 높은 소리를 내는 것은 바이올린이다.

2 바이올린보다 더 크고 첼로보다 더 작은 것은 비올라이다.

3 비올라보다 더 크고 콘트라베이스보다 더 작은 것은 첼로이다.

4 활을 쓰는 현악기 중 크기가 가장 크고, 가장 낮은 소리를 내는 것은 콘트라베이스이다.

B

정 답 **1** They make sounds by vibrating the strings.

2 The contrabass makes a lower sound than the viola.

해 석 **1** 현악기는 어떻게 소리를 내는가?

• 그것들은 현을 진동시켜 소리를 낸다.

• 그것들은 두드려서 소리를 낸다.

2 비올라와 콘트라베이스 중 어느 것이 더 낮은 소리를 내는가?

• 콘트라베이스는 비올라보다 더 낮은 소리를 낸다.

• 비올라는 콘트라베이스보다 더 낮은 소리를 낸다.

해 설 **1** 현악기는 현의 진동을 통해 소리를 낸다.

2 비올라와 콘트라베이스 중 더 낮은 소리를 내는 것은 콘트라베이스다.

C

정 답 **1** a guitar **2** a cello, a bow **3** a harp, your fingers

해 석 **1** 그것은 기타이다. 보통 6개의 현을 가지고 있다.

2 그것은 첼로이다. 활로 현을 켜서 연주할 수 있다.

3 그것은 하프이다. 당신의 손가락으로 그것을 연주할 수 있다. 각각의 현은 다른 음을 낸다.

해 설 그림을 참고하여 빈칸에 알맞은 단어를 넣어 문장을 완성한다.

1 기타는 6개의 현을 가지고 있다.

2 첼로는 활로 현을 켜서 연주하는 악기이다. 빈칸에는 '활'을 뜻하는 a bow가 들어간다.

3 하프는 주로 손가락으로 연주한다. 빈칸에는 손가락을 의미하는 단어인 your fingers가 들어간다.

D

정답　**1** The piccolo is smaller than the flute.

2 My guitar is more expensive than your guitar.

해석　〈보기〉 첼로는 바이올린보다 더 크다.

1 피콜로는 플루트보다 더 작다.

2 나의 기타는 너의 기타보다 더 비싸다.

해설　괄호 안의 단어를 변형하여 두 사물을 비교하는 문장을 완성한다.

1 small을 비교급 형태인 smaller로 바꾸어 크기를 비교한다.

2 나의 기타가 더 비싸므로, expensive를 비교급 형태인 more expensive로 바꾸어 가격을 비교한다.

Unit 13 The Arctic Tundra

Pop Quiz

정답　a polar bear

해석　북극에는 어떤 동물이 살고 있나요?

도마뱀 / 낙타 / 북극곰

해설　북극은 추운 지방으로 북극곰이 산다. 도마뱀과 낙타는 사막에서 볼 수 있는 동물이다.

Let's Read

해석　북극 툰드라는 북극 근처에 있는 매우 추운 지역이다. 그곳은 북아메리카와 유럽 그리고 아시아의 북부에서 발견된다. 땅은 일 년 중 대부분 얼어 있다. 북극 툰드라는 건조하고 바람이 불고 그리고 나무가 없다. 여름은 굉장히 짧고 서늘하고 겨울은 굉장히 길고 춥다. 이 지역에 사는 것은 어렵다. 모든 동물은 살아남기 위하여 적응해 왔다. 어떤 동물들은 그들의 몸을 따뜻하게 하기 위하여 두꺼운 털을 가지고 있다. 어떤 동물들은 너무 추워지면 이동한다. 대부분의 새들이 겨울이 시작되면 남쪽으로 이동한다. 북극 툰드라에서 찾을 수 있는 동물은 북극여우, 흰올빼미, 그리고 북극

곰이다.

어휘　Arctic 북극의　area 지역, 구역
northern 북쪽[북부]에 위치한, 북부의
frozen 얼어붙은, 냉동된　**dry** 마른, 건조한
windy 바람이 많이 부는　**cool** 서늘한
live 살다, 생존하다　**in order to** ~하기 위하여
survive 살아남다, 견뎌내다　**thick** 두꺼운, 두툼한
fur (동물의) 털, 모피　**arctic fox** 북극여우
snowy owl 흰올빼미

Key Words

정답　**1** frozen **2** owl **3** fur **4** thick

해석　**1** 얼어붙은 **2** 올빼미 **3** (동물의) 털 **4** 두꺼운

After You Read

A

정답　**1** the Arctic **2** short, cool, long, cold
3 snowy owls, polar bears

해석

북극 툰드라		
위치	계절	동물
북극 툰드라는 북극 가까이에 있다.	여름은 매우 짧고 서늘하며 겨울은 매우 길고 춥다.	북극 툰드라에서 볼 수 있는 동물은 북극 여우, 흰올빼미, 북극곰이다.

해설　**1** 북극 툰드라가 있는 곳은 북극 근처이다.

2 여름은 매우 짧고 서늘하며 겨울은 매우 길고 춥다고 되어 있다.

3 북극여우, 흰올빼미, 북극곰을 북극 툰드라에서 찾을 수 있다.

B

정답　**1** – ⓐ　**2** – ⓑ

해석　ⓐ 그들은 몸을 따뜻하게 유지하기 위해 하얗고 두꺼운 털을 가지고 있다.

ⓑ 그들은 너무 추워지면 남쪽으로 날아간다.

해설　그림을 보고, 북극 툰드라에 사는 동물들이 겨울을 보내는 방법으로 알맞은 것을 연결한다.

1 북극곰의 털은 두꺼워서 몸을 따뜻하게 보호해 준다.

2 본문에 대부분의 새들이 겨울이 오면 이동한다고

되어 있다.

C

정 답 **1** survive **2** dry **3** cold **4** in order to

해 석 사막은 살아남기 가장 어려운 장소 중 하나이다. 그곳은 매우 적은 양의 비가 내린다. 그곳은 매우 건조하다. 낮 동안은 덥고 밤에는 춥다. 땅은 거친 모래로 덮여 있다. 이 지역에 사는 동물들은 살아남기 위하여 적응해 왔다. 예를 들어 낙타는 모래가 눈에 들어오는 것을 막기 위해 긴 속눈썹을 가지고 있다.

해 설 **1** 보기에서 the hardest place를 꾸며 주는 말로 survive가 문맥상 적합하다.

2 적은 양의 비가 내리므로 dry가 적합하다.

3 밤의 날씨를 나타내는 말로 더운(hot)과 대비되는 추운(cold)이 가장 적합하다.

4 적응해 왔다(have adapted) 뒤에 '~하기 위하여'의 뜻을 가진 in order to가 문맥상 어울린다.

D

정 답 **1** The Arctic tundra is a very cold area near the Arctic.

2 It is hard to live in the Arctic tundra.

해 설 단어를 적절하게 배열하여 문장을 완성하도록 한다.

Pop Quiz

예시답안

toothbrush

해 석 여러분은 오늘 어떤 종류의 플라스틱 물건을 사용했나요?

플라스틱 칫솔

해 설 플라스틱으로 되어 있는 물건을 사용한 경험을 생각해 보고 오늘 쓴 플라스틱 제품을 적어 본다.

Let's Read

해 석 매일 얼마나 많은 플라스틱을 사용하는가? 우리는 물병, 비닐봉지, 빨대와 같이 플라스틱으로 만들어진 것들에 둘러싸여 있다. 그것들의 대부분은 땅이나 바다에 버려진다. 플라스틱은 우리의 땅과 물을 오염시킨다. 또한 플라스틱은 동물들에게 해롭다. 예를 들어 바다에 있는 대부분의 플라스틱은 작은 조각으로 부서진다. 물고기와 새들이 이 아주 작은 플라스틱 조각을 먹이로 착각한다. 그것은 그들을 아프게 할 수 있다. 우리는 지구를 깨끗하게 할 필요가 있다. 플라스틱을 재사용하고, 재활용하고 줄이는 것은 지구를 구하는 하나의 방법이다.

어 휘 **surround** 둘러싸다, 에워싸다 **bottle** 병, 우유병 **straw** 빨대 **throw** 버리다, 던지다 **land** 땅, 육지 **ocean** 대양, 바다 **pollute** 오염시키다 **harmful** 해로운 **break down** 부서지다 **mistake A for B** A를 B로 잘못 알다 **tiny** 아주 작은 **clean up** (~을) 치우다, 청결히 하다 **Earth** 지구 **reuse** 재사용하다 **recycle** (폐품을) 재활용하다 **reduce** (크기·양 등을) 줄이다[축소하다]

Key Words

정 답 **1** straw **2** harmful **3** bottle **4** pollute

해 석 **1** 빨대 **2** 해로운 **3** 병 **4** 오염시키다

After You Read

정 답 **1** water bottles, plastic bags, straws
2 land, water
3 animals

4 (R)eusing, recycling, reducing

해석 플라스틱 물건

1 물병, 비닐봉지, 빨대

문제

2 플라스틱은 우리의 땅과 물을 오염시킨다.

3 플라스틱은 동물들에게 해가 될 수도 있다.

우리가 할 수 있는 일

4 플라스틱을 재사용, 재활용하고 줄이는 것은 지구를 구하는 방법 중 하나이다.

해설 **1** 본문에 제시된 물건은 물병, 비닐봉지, 빨대이다.

2 플라스틱은 우리의 땅과 바다를 오염시킨다고 하였다.

3 플라스틱은 동물에 해가 된다고 하였다.

4 본문에서 지구를 구하는 방법 중 하나로 플라스틱을 재사용, 재활용하고 줄이는 것이 제시되었다.

B

정답 **1** reusing **2** reducing **3** recycling

해석

재사용	버리기보다는 다시 사용하는 것
줄이기	크기나 양이나 정도를 작게 하는 것
재활용	다 쓴 제품에서 재료를 취하고 그것으로 새로운 물건을 만드는 것

해설 문장 의미에 맞는 단어를 찾는다.

1 버리기보다 다시 사용하는 것은 reusing이다.

2 크기나 양이나 정도를 작게 하는 것은 reducing이다.

3 다 쓴 제품에서 재료를 취하고 그것으로 새로운 물건을 만드는 것은 recycling이다.

C

정답 **1** Earth **2** land **3** reduce **4** plastic

해석 우리의 지구를 구하기 위한 몇 가지 방법이 있다. 첫째, 매일 밤 너의 컴퓨터를 꺼라. 그것은 네가 쓰고 있는 에너지를 절약할 수 있다. 둘째, 이를 닦을 때, 칫솔질 하는 동안 수도꼭지를 잠가라. 셋째, 나무를 심어라. 그것은 땅과 공기 모두의 환경에 좋다. 넷째, 일회용 플라스틱 사용을 줄여라. 예를 들어 비닐봉지 대신 에코백을 사용해라. 이것들은 여러분이 환경을 구하기 위해 할 수 있는 간단한 것들이다.

해설 **1** 본문의 내용은 지구(Earth)를 구하기 위한 방법이다.

2 공기(air)와 and로 연결될 수 있는 것으로 땅(land)이 문맥상 적합하다.

3 한 번 사용되는 플라스틱 사용을 줄여야 하므로 reduce가 문맥상 적합하다.

4 eco-bags와 대조적인 단어로 plastic bags가 적합하다.

D

정답 **1** I will use reusable containers

2 I will reduce plastic straw use

해석 〈보기〉 나는 비닐봉지 사용을 줄일 것이다.

1 나는 재사용이 가능한 용기를 사용할 것이다.

2 나는 플라스틱 빨대 사용을 줄일 것이다.

해설 그림에 알맞게 나의 다짐을 I will 구문을 활용하여 완성한다.

Unit 15 Cyber Etiquette

Pop Quiz

정답 He is writing an e-mail.

해석 소년은 무엇을 하고 있는가?

해설 그는 이메일을 쓰고 있다.

Let's Read

해석 요즘 사람들은 인터넷을 거의 매일 사용한다. 우리는 친구들과 전자 우편과 메신저로 의사소통을 한다. 우리는 여행을 할 때 누리 소통망에 사진을 올리기도 한다. 그리고 인터넷 쇼핑으로 물건을 구매하기도 한다. 컴퓨터 통신망을 통해 의사소통이 일어나는 공간은 가상 공간이라고 불린다. 가상 공간에서는 예절을 지키는 것이 아주 중요하다. 가상 공간에서는 서로 얼굴을 맞대고 만나지 않는다. 그래서 다른 사람과 말하는 중이라는 사실을 잊어버리기가 쉽다. 그러나 다른 사람들을 존중하고 배려해야 한다. 또 자신의 생각을 표현할 때는 열린 마음을 갖는 것이 좋다. 다른 사람들의 의견에 귀를 기울이려고 노력해야 한다. 또한 더 중요한 것은, 다른 사람들에 대해 나쁜 말을 하면 안 된다는 것이다. 몇몇 나라에서는 인터넷에서 거짓말을 하거나 나쁜 말을 하는 것은 범죄이다. 가상 공간에서도 우리는 기본적인 규칙을 지켜야 하고 다른 사람들에게 피해를 주지 않도록 노력해야 한다.

어휘 **communicate** 의사소통하다
post (웹사이트에 정보·사진을) 올리다, 게시하다
polite 예의 바른   **forget** 잊다
respect 존중하다, 존경하다   **consider** 배려하다, 생각하다
express 표현하다   **thought** 생각   **crime** 범죄

Key Words

정 답 **1** communicate **2** respect **3** consider
4 follow

해 석 **1** 의사소통하다 **2** 존중하다, 존경하다
3 배려하다, 생각하다 **4** 따르다

After You Read

정 답 **1** cyberspace **2** cyber etiquette
해 석

가상 공간	컴퓨터 통신을 통해 의사소통이 이루어지는 공간
인터넷 예절	가상 공간을 이용하는 사람들을 위한 예절 또는 규칙

해 설 **1** 컴퓨터 통신을 이용하여 의사소통이 이루어지는 공간은 cyberspace(가상 공간)라고 본문에 제시되어 있다.
2 가상 공간에서 지켜야 하는 예절 또는 규칙이 있어야 함이 본문에 제시되고 있는데, 그것은 cyber etiquette(인터넷 예절)이다.

B

정 답 은혁
해 석

도이	가상 공간에서는 기본적인 규칙을 지켜야 하고 다른 사람에게 피해를 주지 않도록 노력해야 해
재영	가상 공간에서 자신의 생각을 표현할 때는 열린 마음을 갖는 것이 좋아.
정원	인터넷에서는 다른 사람들을 존중하고 배려해야 해.
은혁	가상 공간에서는 거짓말을 하거나 나쁜 말을 해도 괜찮아.

해 설 상대방의 얼굴이 보이지 않아도 존중하고 배려해야 한다고 하였으므로 인터넷 예절에 어긋나는 말을 하는 사람은 은혁이다.

C

정 답 follow **1** forget **2** listen **3** say
해 석   안내문
가상 공간에 오신 여러분 환영합니다!
기본적인 규칙을 지켜야 해요.
1 다른 사람과 말하는 중이라는 것을 잊지 마세요.
2 다른 사람의 의견을 잘 들으려고 노력해야 해요.
3 다른 사람들에 대해 나쁜 말을 하면 안 됩니다.

해 설 follow는 '(규칙 등을) 따르다'라는 의미로 쓰인다.
1 '잊어버리다'라는 의미의 동사로 forget을 쓴다.
2 다른 사람들의 의견을 '(귀 기울여) 듣다'라는 의미의 동사로 listen을 쓴다.
3 '말하다'라는 의미를 가진 say가 맥락상 어울린다.

D

정 답 **1** Communicating with friends by e-mail and messenger
2 Posting photos on social media
3 Buying things through Internet shopping

해 석 **1** 전자 우편과 메신저를 통하여 친구와 의사소통하기
2 누리 소통망에 사진 올리기
3 인터넷 쇼핑을 통해 물건 구매하기

해 설 주어진 단어를 배열하여 명사구를 완성한다.

Unit 16 Stomachaches

Pop Quiz

정 답 A lot of ice-cream
해 석 민수는 간식으로 무엇을 먹었는가?
해 설 제시된 그림에서, 민수는 아이스크림을 먹고 있다.

Let's Read

해 석 우리는 많은 원인으로 복통을 앓는다. 소화불량은 가장 흔한 원인이다. 너무 빨리 먹으면 음식이 잘 소화되지

않을 것이다. 그래서 음식을 천천히 먹어야 한다.

복통은 또한 식중독에 의해서 유발될 수도 있다. 설익은 과일을 먹으면 안 된다. 유통 기한이 지난 음식을 먹는 것은 위험하다. 특히 여름철에는 차거나 익히지 않은 음식을 먹는 것을 조심해야 한다.

때때로 너무 많이 먹어서 속이 불편할 수 있다. 과식은 당신의 건강에 좋지 않다. 또한, 너무 맵거나, 짜거나, 기름진 음식을 먹는 것도 당신의 소화에 좋지 않다. 건강한 식습관을 기르는 일은 중요하다.

또, 여름밤에 잠을 잘 때에는 덥더라도 담요로 배를 덮는 것이 좋다. 자주 배가 아프면 병원에 가서 검진을 받아 보는 것이 가장 좋다.

어휘 **suffer** (질병 등에) 시달리다, 고통받다
indigestion 소화불량 **common** 흔한 **quickly** 빠르게
digest 소화하다 **stomachache** 복통
cause 일으키다, 초래하다; 원인 **unripe** 덜 익은, 설익은
expired 만료된, 기한이 지난
uncomfortable 불편한, (속이) 거북한
greasy 기름진, 기름이 많은 **frequently** 자주, 빈번히

Key Words
정답 **1** poison **2** digest **3** stomachache **4** greasy
해석 **1** 독, 독약 **2** 소화하다 **3** 복통 **4** 기름진, 기름이 많은

After You Read

A

정답 **1** Indigestion **2** poisoning **3** much **4** spicy, salty, greasy **5** slowly **6** careful **7** Develop **8** Cover

해석

원인	소화불량
	식중독
	과식
	너무 맵거나, 짜거나, 기름진 음식을 먹는 것

예방법	천천히 먹어라.
	찬 음식이나 익히지 않은 음식을 조심해라.
	건강한 식습관을 길러라.
	여름밤에 배를 담요로 덮어라.

해설 본문의 내용과 비교하면서 복통의 원인과 예방법으로 제시된 것을 찾아 빈칸을 채워 단어를 완성한다.

B

정답 **1** fast → slowly **2** is → is not [good→not good]

해석 **1** 음식을 빨리 먹어야 한다. **2** 너무 맵거나, 짜거나, 기름진 음식을 먹는 것은 소화에 좋다.

해설 본문에 의하면 복통의 예방법으로 **1** 음식을 천천히 먹어야 한다고 하였으므로 fast를 slowly로 고쳐야 하고, **2** 너무 맵거나, 짜거나, 기름진 음식을 먹는 것은 소화에 좋지 않다고 하였으므로 is를 is not으로 고쳐야 한다.

C

정답 **1** unripe **2** expired **3** cold/uncooked **4** uncooked/cold

해석

> 식중독에 의해 복통이 생길 수 있어요.
> 설익은 과일을 먹으면 안 됩니다.
> 유통 기한이 지난 음식을 먹는 것은 위험해요.
> 특히, 여름철에는 차거나 익히지 않은 음식을 먹는 것을 조심해야 합니다.

해설 본문에 의하면, 설익은 과일을 먹으면 안 되고, 유통 기한이 지난 음식을 먹는 것은 위험하다. 또한, 찬 음식이나 익히지 않은 음식을 조심해야 한다. 이 때, cold와 uncooked는 서로 순서가 바뀌어도 무방하다.

D

정답 **1** suffer from stomachaches for many reasons
2 to develop healthy eating habits
3 it is best to see a doctor for a checkup

해설 주어진 단어를 배열하여 문장을 완성한다.

Unit 17 020 (Online to Offline)

Pop Quiz

정답 (She paid) By using a mobile phone.
해석 서윤이는 어떻게 음식 값을 지불했는가?
해설 스마트폰을 사용해서 결제했다.

Let's Read

해석 O2O는 Online to Offline의 줄임말이다. O2O는 전자상거래에서의 물건 구입에서 온라인과 오프라인이 결합하는 것이다. 이 서비스의 시작은 소셜 커머스이다. 먼저 판매자는 온라인에서 제품을 홍보하고, 소비자 또한 온라인에서 더 많은 사람을 모으기 위해 그 제품을 홍보한다. 판매자는 많은 상품을 팔 수 있고 쉽게 상품을 홍보할 수 있다. 또한, 소비자는 매우 합리적인 가격에 물건을 살 수 있다.

O2O는 오프라인 쇼핑뿐만 아니라 온라인 쇼핑의 장점도 가지고 있다. 온라인 쇼핑의 장점은 정보를 얻는 것이 쉽고 제품이 가격이 적당하다는 것이다. 또한, 오프라인 쇼핑의 한 가지 장점은 실제의 물건을 볼 수 있어 믿을 만하다는 것이다.

O2O는 이미 우리 생활에서 흔하다. 앱에서 음식을 고르고 결제하면 그 음식은 여러분의 집으로 배달된다. 온라인으로 택시를 검색하고 결제하여 택시를 이용할 수 있다. 온라인 서점에서 책을 사고 오프라인 서점에 방문해서 책을 가져갈 수도 있다. 스마트폰 사용자가 늘어나면서 O2O 시장은 지금도 성장 중이다.

어휘 **commerce** 상업 **purchase** 구매
seller 판매자 **promote** 홍보하다 **product** 제품
consumer 소비자 **attract** 끌어들이다, 끌어모으다
advantage 이점, 장점 **affordable** (가격이) 알맞은, 적당한
reliability 신뢰할 수 있음, 믿음직함

Key Words

정답 **1** purchase **2** commerce **3** promote **4** product

해석 **1** 구매(하다) **2** 상업 **3** 홍보하다, 촉진하다 **4** 제품, 생산품

After You Read

정답 **1** start **2** promote **3** attract **4** reasonable
5 Sellers **6** Consumers

해석 O2O는 Online to Offline의 줄임말이다. 이 서비스의 시작은 소셜 커머스이다.

〈소셜 커머스를 이용하는 방법〉

1) 판매자는 온라인에서 제품을 홍보한다.

2) 소비자 또한 온라인에서 더 많은 사람을 모으기 위해 제품을 홍보한다.

3) 사람들은 합리적인 가격으로 물건을 살 수 있다.

〈소셜 커머스의 장점〉

판매자	많은 상품을 팔 수 있고 쉽게 상품을 홍보할 수 있다.
소비자	매우 합리적인 가격으로 물건을 살 수 있다.

해설 본문에서는 판매자가 온라인에서 제품을 홍보하고 소비자 또한 온라인에서 더 많은 사람들을 모으기 위해 제품을 홍보하고, 이렇게 많은 구매자가 모여 합리적인 가격에 상품을 구매한다고 제시하고 있다. 또한, 이로 인하여 판매자는 많은 상품을 팔 수 있고 쉽게 상품을 홍보할 수 있으며, 소비자는 매우 합리적인 가격으로 물건을 살 수 있다고 제시되어 있다.

정답 Online: **3, 4, 5** / Offline: **1, 2, 6**
해석

우리 삶의 O2O	
온라인	오프라인
3 온라인 서점에서 책을 산다.	**1** 택시를 이용한다.
4 앱에서 음식을 고르고 결제한다.	**2** 집으로 음식을 배달시킨다.
5 앱에서 서비스를 검색하고 결제한다.	**6** 오프라인 서점에 방문해서 책을 찾는다.

해설 O2O는 물건을 구입하는 거래에서 온라인과 오프라인이 결합하는 것을 말한다. 앱을 이용하여 서비스를 찾아보고 결제를 하는 것은 온라인에 해당하고, 실제로 음식이 배달되거나 택시를 이용하고 책을 찾는 것 등은 오프라인에 해당한다.

정답 **1** Advantage **2** get **3** Affordable **4** Reliable
해석

O2O의 **1** 장점	
온라인 • 쉽게 정보를 얻을 수 있다 • 상품의 가격이 적당하다	오프라인 • 믿을 만하다(실제 물건을 볼 수 있다)

해설 **1** O2O의 장점에 대하여 정리한 것이므로, Advantage가 적절하다.

2 정보를 '얻다(get)'라는 의미의 단어가 적절하다.

3 적절한(affordable) 가격에 물건을 살 수 있다.

4 직접 눈으로 볼 수 있어 믿을 만하다(reliable).

정 답　**1** O2O is short for Online to Offline
　　　2 Yes. O2O is already common in our lives
　　　3 the O2O market is still growing

해 석　**1** O2O는 무슨 뜻이니? / O2O는 Online to Offline 의 줄임말이야.

　　　2 O2O는 많이 사용되니? / 응. O2O는 이미 우리 생활에 흔해.

　　　3 O2O 시장은 어때? / 스마트폰 사용자가 늘어나 면서 O2O 시장은 지금도 성장 중이야.

해 설　**1** O2O는 Online to Offline의 줄임말이므로 힌트로 제시된 be short for를 활용하면 O2O is short for Online to Offline이 정답이 된다.

　　　2 O2O가 많이 사용되느냐고 묻는 질문에 대해서는 힌트로 제시된 common을 활용하여 O2O is already common in our lives.로 대답한다.

　　　3 앞으로의 O2O 시장 전망을 묻는 질문에 대해서 는 스마트폰 사용자가 늘어나면서 성장세에 있다고 답한 the O2O market is still growing이 정답이 된다.

Unit 18 The Importance of a Sound Sleep

Pop Quiz

정 답　They are sleeping.

해 석　그들은 무엇을 하고 있는가?

해 설　그들은 잠을 자고 있다.

Let's Read

해 석　잘 자는 것은 우리 건강에 매우 중요하다. 만약 밤 새 깨어 있다면(한숨도 자지 못한다면) 집중력과 기운을 잃을 것이다. 만약 일주일이 넘도록 잠을 자지 않는다면 제 대로 생각할 수 없고 기억력이 나빠질 것이다. 그러면 좋은 결정을 내릴 수 없을 것이다.

좋은 컨디션을 유지하고 효율적으로 일하기 위해서는 충분 한 수면이 필요하다. 너는 잠을 자기 위해 몇 시간이 필요한

가? 글쎄, 그것은 사람에 따라 다르다. 대부분의 사람들은 정상적인 생활을 하기 위해서 최소한 6시간의 수면이 필요 하다. 갓 태어난 아기들은 훨씬 더 많은 수면 시간이 필요하 다. 사실, 아기들은 하루 대부분의 시간을 잠자는 데 보낸다. 아기들은 충분한 잠을 자지 않으면 충분한 성장 호르몬을 갖지 못하게 된다.

몇몇 사람들은 하루의 4분의 1을 잠자는 데 보내는 게 낭비 라고 말하지만, 그것은 사실이 아니다. 너의 뇌는 네가 잠을 자는 동안에도 쉬지 않는다. 과학자들은 뇌는 잠을 자는 동 안에도 무엇인가를 하고 있다는 사실을 발견했다. 잠을 잘 때 몸은 쉬고 있지만, 뇌는 여전히 열심히 활동하고 있다. 그 러므로 밤에는 편안히 잠을 자도록 노력해라. 수면 문제가 있는 경우에는, 전문가의 도움을 최대한 빨리 받는 것이 최 선이다.

어 휘　**important** 중요한　**awake** 잠들지 않는, 깨어 있는 **concentration** 집중　**decision** 결정, 판단 **enough** (필요한 만큼) 충분한　**efficient** 능률적인, 효율적인 **newborn** 갓 태어난　**growth** 성장 **wasteful** 낭비하는, 낭비적인　**scientist** 과학자 **professional** 직업의, 전문적인

Key Words

정 답　**1** concentration　**2** scientist　**3** comfortable
　　　4 professional

해 석　**1** 집중　**2** 과학자　**3** 편안한　**4** 직업의, 전문적인

After You Read

정 답　**1** important, enough – **B**　**3** lose – **A**

해 석　**1** 잘 자는 것은 우리 건강에 매우 중요하다. 좋은 컨디션을 유지하고 효율적으로 일하기 위해서 는 충분한 수면이 필요하다.

　　　2 만약 밤새 깨어 있다면, 집중력과 에너지를 잃 을 것이다.

해 설　숙면을 취하여 좋은 컨디션을 유지한 상태는 **B**의 그림이다. 또한, 밤새 잠을 자지 않아 집중력과 기운 을 잃은 것은 **A**의 그림이다.

B

정 답　**1** two → six　**2** rests → doesn't rest　**3** don't need → need

해석

1 대부분의 사람들은 정상적인 생활을 하기 위해서 최소한 2시간 이상 잠을 자야 한다.

2 잠을 자는 동안에 뇌는 쉬고 있다.

3 갓 태어난 아기들은 더욱 많은 수면 시간이 필요하지 않다.

해설

1 본문에 의하면, 대부분의 사람들이 정상적인 생활을 하기 위해 최소한 2시간이 아닌 6시간 잠을 자야 한다.

2 잠을 자는 동안에도 뇌는 쉬지 않으므로 rests를 doesn't rest로 수정해야 한다.

3 갓 태어난 아기들은 더욱 많은 수면 시간이 필요하므로 don't need를 need로 수정해야 한다.

C

정답 **1** wasteful **2** brain **3** rest **4** as soon as possible

해석
남: 몇몇 사람들은 하루의 4분의 1을 잠으로 보내는 게 낭비라고 말합니다. 사실인가요?
여: 그것은 사실이 아닙니다. 잠을 자는 동안에도 뇌는 쉬지 않습니다. 잠을 잘 때 비록 몸은 쉬고 있지만, 뇌는 여전히 열심히 활동하고 있어요.
남: 수면 문제가 있다면 무엇을 해야 하나요?
여: 수면 문제가 있는 경우, 전문적인 도움을 최대한 빨리 받는 것이 최선입니다.

해설
1 본문의 내용에서 잠을 자는 것을 낭비라고 말하는 사람들이 있다는 부분이 있으므로 해당 빈 칸에 어울리는 단어는 wasteful이다.

2 뒤에 이어지는 문장에서도 잠을 자는 동안 몸은 쉬지만 뇌는 일한다는 내용이 있으므로 빈칸에는 brain이 들어가는 것이 적절하다.

3 연결어 but으로 반대 의미를 나타내는 두 개의 절이 연결되고 있으므로 working과 대조적인 의미의 resting이 적절하다.

4 잠을 자는 데 문제가 있을 경우 도움을 받아야 한다는 의미이므로, '최대한[가능한 한] 빨리'라는 의미인 as soon as possible이 적절하다.

D

정답 **1** is very important for our health
2 to stay in good shape and work efficiently
3 brain doesn't rest while you sleep

해설 주어진 단어를 배열하여 문장을 완성한다.

Unit 19 New Words Related to Low Birthrates

Pop Quiz

정답 No, they aren't.

해석 이 커플들은 아이와 함께 있나요?

해설 아니요, 같이 있지 않습니다.

Let's Read

해석 낮은 출산율은 대한민국에서 심각한 사회 문제이다. 많은 사람들이 그것에 대해 이야기하고 있고, DINKs, PINKs, TONKs와 같은 몇몇 새로운 단어들이 널리 사용되고 있다. 몇몇 사람들은 아이를 가지지 않기로 선택한다. 우리는 그들을 DINK족(자녀를 두지 않는 맞벌이 부부)이라고 부른다. 그들은 자유와 독립을 중요시한다. 그들은 돈과 성공을 중요한 목표로 생각한다.

PINK족(자녀를 두지 않는 경제적으로 어려운 부부) 또한 아이를 가지지 않지만, (DINK족과는) 다른 이유 때문이다. 그들은 대개 경제적 어려움을 겪는다. 그들은 아이를 키울 만한 충분한 경제적 여유가 있다고 생각하지 않는다.

TONK족(자녀를 두지 않고 상대방과 둘만 있는 부부)이라고 불리는 노인들은 자신들만의 삶을 즐기고 싶어 한다. 과거에 노년 세대들은 성인 자녀에 의지하거나 손자 손녀를 돌보아 주기로 기대되는 경우가 많았다. 그러나 최근 노년 세대들은 자녀에게 의지하지 않으려고 하며 그들의 손자 손녀를 돌보기를 원하지 않는다.

어휘 **low** 낮은 **birthrate** 출산율 **widely** 널리, 폭넓게 **value** 가치를 두다 **freedom** 자유 **independence** 독립 **success** 성공 **economic** 경제의, 경제적인 **generation** 세대 **expect** 기대하다, 예상하다 **recently** 최근의

Key Words

정답 **1** independence **2** generation **3** income **4** birthrate

해석 **1** 독립 **2** 세대 **3** 소득, 수입 **4** 출산율

After You Read

정답 **1** Double Income, No Kids **2** Poor Income, No Kids **3** Two Only, No Kids

해 석　딩크족(DINKs)은 자녀를 두지 않는 맞벌이 부부(Double Income, No Kids)의 줄임말이다.
핑크족(PINKs)은 자녀를 두지 않는 경제적으로 어려운 부부(Poor Income, No Kids)의 줄임말이다.
통크족(TONKs)은 자녀를 두지 않고 상대방과 둘만 있는 부부(Two Only, No Kids)의 줄임말이다.

해 설　본문에서 저출산과 관련한 신조어로 제시된 딩크족, 핑크족, 통크족이 무엇의 줄임말인지를 묻는 문제이다.

B

정 답　**1** TONKs　**2** DINKs　**3** PINKs

해 석　**1** 우리는 우리만의 삶을 즐기길 원합니다. 우리는 자녀에게 의지하고 싶지 않고, 손자와 손녀를 돌보고 싶지 않습니다.

2 우리는 자유와 독립을 중요하게 생각합니다. 우리는 돈과 성공을 중요한 목표라고 봅니다.

3 우리는 보통 경제적 어려움을 경험합니다. 우리는 아이를 키울 만한 충분한 여유가 있다고 생각하지 않습니다.

해 설　본문에 의하면, 자녀에게 의지하지 않으려 하고, 손자손녀를 돌보기를 원하지 않는 노년 세대를 TONK족이라고 한다. 또한, 자유와 독립을 중요시하고 돈과 성공을 중요한 목표로 생각하며 아이를 갖지 않는 사람들을 DINK족이라고 부른다. 경제적으로 어려움을 겪어 자녀를 기르기에 충분한 경제적 여유가 있다고 생각하지 않아 자녀를 갖지 않는 사람들을 PINK족이라고 한다.

C

정 답　**1** choose　**2** enjoy　**3** depend　**4** take care of

해 석　여: 어떤 사람들은 아이를 가지지 않기로 선택합니다.
남: 맞습니다. 저도 아이가 없습니다.
여: 왜 그런지 이유를 여쭤 봐도 될까요?
남: 아내와 나는 자식이 없이 우리의 삶을 즐기고 싶습니다.
우리 부부는 성인 자녀에게 의지하거나 손자 손녀를 돌보고 싶지 않습니다.

해 설　아나운서와 TONK족 할아버지의 대화 내용이다.
1 아이를 가지지 않는 것을 선택한다는 의미의 choose가 적절하다.
2 자녀 없이 부부 둘만의 삶을 온전히 즐긴다는 의미의 enjoy가 적절하다.

3 성인 자녀들에게 의지하고 싶지 않다는 뜻이므로 depend가 적절하다.

4 손자손녀를 돌보기를 원하지 않는다는 의미이므로 take care of가 적절하다.

D

정 답　**1** money and success as important goals

2 they have enough money to raise a child

해 설　주어진 단어를 배열하여 문장을 완성한다.

Unit 20 How to Manage Your Time Efficiently

Pop Quiz

정 답　She is writing a schedule on paper.

해 석　여자는 무엇을 하고 있는가?

해 설　그녀는 일정을 종이에 적고 있다.

Let's Read

해 석　우리는 공부, 운동, 그리고 여행 같은 많은 것을 하는 데 시간을 사용하고 있다. 삶은 시간과 분리될 수 없다. 시간은 하루 24시간으로 한정되어 있다. 또한, 시간은 소중한 자원이다. 시간은 저축하거나 빌릴 수 없다. 시간을 균형 있게 사용하는 것이 중요하다.

■ 목표와 계획을 설정하라: 명확한 목표를 설정하고 해야 할 일을 계획해야 한다. 긴급하거나 중요한 일은 먼저 해야 할 필요가 있다. 이렇게 하면 시간을 많이 아낄 수 있다.

■ 데드라인을 설정하라: 데드라인은 어떠한 일을 이 시간까지 반드시 마쳐야 한다는 것을 의미한다. 너는 데드라인을 설정하고 데드라인 전에 일을 끝내야 한다. 이후 실수가 있는지를 보기 위해 나중에 다시 확인하라.

■ 시각적인 일정표를 만들어라: 시각적인 일정표를 만들면 해야 할 일을 확인할 수 있다. 오늘 할 일의 체크리스트를 기록하거나 달력에 시작과 종료일을 추가할 수 있다. 본인만의 방식으로 기록하여 쉽게 볼 수 있도록 방에 둘 수 있다.

어 휘　travel 여행　separate 분리하다
limit 제한을 두다　valuable 소중한, 귀중한, 가치 있는
resource 자원, 재원　save 저축하다, 절약하다, 모으다, 구하다

borrow 빌리다   urgent 긴급한, 시급한
create 창조하다, 창작하다   visual 시각의, 시각적인

Key Words

정답   **1** separate **2** visual **3** valuable **4** borrow

해석   **1** 분리하다, 나누다 **2** 시각의, 보는 **3** 소중한, 귀중한 **4** 빌리다

After You Read

Ⓐ

정답   **1** ⓑ **2** ⓒ **3** ⓐ

해석

문제점	해결 방법
1 나는 무엇을 먼저 해야 할지 잘 모르겠어요.	ⓐ 시각적인 일정표를 만드세요. 오늘 할 일의 체크리스트를 기록하세요.
2 나는 실수를 확인해 볼 시간이 없어요.	ⓑ 명확한 목표와 계획을 설정하세요. 긴급하거나 중요한 일을 먼저 하세요.
3 나는 내 일정표를 매일 확인하고 싶어요.	ⓒ 데드라인을 설정하고 데드라인 전에 일을 끝내도록 하세요. 이후 실수가 있는지 다시 확인하세요.

해설   **1** 일의 우선순위를 모르는 경우, 명확한 목표와 계획을 설정하고 긴급하거나 중요한 일을 먼저 하는 것이 도움이 된다.

2 실수를 확인해 볼 시간이 없는 경우, 데드라인을 설정하고 그 이전에 일을 끝낸 후 여유 시간을 만들어 확인하는 것이 도움이 된다.

3 일정표를 매일 확인하고 싶다면, 시각적인 일정표를 만들고 체크리스트를 만드는 것이 해결 방법이 될 수 있다.

Ⓑ

정답   **1** can → cannot **2** later → first **3** after → before

해석   **1** 시간은 저축하거나 빌릴 수 있다.

2 너는 중요하거나 긴급한 일을 나중에 해야 할 필요가 있다.

3 너는 데드라인을 설정하고 데드라인 후에 일을 끝내야 한다.

해설   **1** 시간은 저축하거나 빌릴 수 없으므로 can을 cannot으로 수정해야 한다.

2 중요하거나 급한 일은 나중이 아니라 먼저 해야 할 필요가 있으므로 later를 first로 수정해야 한다.

3 데드라인을 설정하고 그 전에 일을 끝내야 하므로, after를 before로 수정해야 한다.

Ⓒ

정답   **1** create **2** calendar **3** keep **4** easily

해석   남: 누나는 어떻게 시간을 관리해?

여: 나는 시각적인 일정표를 만들어. 내가 무엇을 해야 할지 볼 수 있어.

남: 그건 어떻게 하는 거야?

여: 오늘 할 일의 체크리스트를 기록하거나 시작과 종료일을 달력에 추가하는 거야.

너만의 방식으로 기록하여 쉽게 볼 수 있도록 방에 둘 수 있어.

해설   **1** 시각화된 일정표를 만든다는 의미인 create가 적절하다.

2 시작일과 종료일을 기록하는 달력인 calendar가 적절하다.

3 달력을 방에 둔다는 것이므로 keep이 적절하다.

4 달력을 방에 두어 쉽게 볼 수 있도록 한다는 것이므로 easily가 자연스럽다.

Ⓓ

정답   **1** to do many things like study, exercise, and travel

2 clear goals and plan what you need to do

3 write down a checklist of things to do today

해설   주어진 단어를 배열하여 문장을 완성한다.

Unit 21 Various Forms of Transportation in the World

Pop Quiz

정 답 He is riding a bicycle.

해 석 수철이는 어떤 종류의 교통수단을 타고 있는가?

해 설 수철이는 자전거를 타고 있다.

Let's Read

해 석 우리나라에서는 자동차와 버스, 지하철역을 쉽게 볼 수 있다. 몇몇 나라에는 그 나라만의 교통수단이 있다. 이것들은 우리나라에는 없기 때문에 더욱 재미있다.

툭툭(TUK-TUK): 이것은 바퀴 3개 달린 오토바이이다. 이 기계 안에는 작은 엔진이 있다. 이것은 동남아시아에서 널리 이용된다. 그리고 이것은 태국에서 많이 사용된다. 엔진에 시동을 걸면 툭툭 소리를 낸다.

지프니(JEEPNEY): 이것은 필리핀에서 흔한 교통수단이다. 제2차 세계 대전 후, 미국은 필리핀에 많은 군용 지프를 두고 떠났다. 필리핀 사람들은 그것을 개조하여 새로운 교통수단을 만들었다. 지프니는 크기와 색깔이 다양하여, 지프니마다 주인의 개성이 담겨 있다.

수상 택시(WATER TAXI): 이것은 수상으로 손님을 데려다준다. 요금은 일반 택시보다 비싸다. 하지만 몇몇 사람들은 수상에는 교통체증이 없어서 그것들을 이용하기를 더 선호한다. 호주의 수상 택시는 시드니 바다를 가로지른다. 이것은 관광객들이 도시를 둘러보는 데 인기 있는 수단이다.

어 휘 **various** 여러 가지의, 다양한

transportation 운송, 수송
motorcycle 오토바이 **machine** 기계
military 군사의, 무력의 **modify** 수정하다, 변경하다, 바꾸다
vary (크기, 모양 등에서) 서로 다르다
reflect (사물의 속성·사람의 태도나 감정을) 나타내다[반영하다]
personality 성격, 개성 **passenger** 승객 **fare** 요금
expensive 비싼 **prefer** ~을 더 좋아하다, 선호하다
harbour 항구

Key Words

정 답 1 transportation 2 modify 3 reflect
4 personality

해 석 1 운송, 수송 2 수정하다, 바꾸다 3 (사물의 속성·사람의 태도나 감정을) 나타내다[반영하다]
4 성격, 개성

After You Read

A

정 답 1 common 2 military 3 water 4 traffic jams
5 motorcycle 6 engine

해 석

교통수단	관련 설명
툭툭	이것은 필리핀에서 흔한 교통수단이다. 제2차 세계 대전 후, 미국은 필리핀에 많은 군용 지프를 두고 떠났다. 필리핀 사람들은 지프차를 개조하여 새로운 교통수단을 만들었다.
지프니	이것은 수상으로 손님을 데려다준다. 이것을 이용하면 교통체증이 없다. 호주의 이것은 시드니 바다를 가로지른다.
수상 택시	이것은 바퀴 3개 달린 오토바이이다. 이 기계 안에는 작은 엔진이 있다. 엔진에 시동을 걸면 툭툭 소리를 낸다.

해 설 1 필리핀에서 흔하며, 2차 세계 대전 후 미군이 두고 떠난 군용 지프를 개조하여 만든 새로운 교통수단인 이것은 지프니이다.

2 수상으로 손님을 수송하여 교통체증이 없는 이것은 수상 택시이다.

3 바퀴 3개 달린 오토바이로, 기계 안에 작은 엔진이 있고 시동을 걸면 툭툭 소리가 나는 이것은 툭툭이다.

B

정 답 1 two-wheel → three-wheel
2 are all the same → vary
3 cheaper → more expensive

해 석 1 툭툭은 바퀴 2개 달린 오토바이다.

2 지프니의 크기와 색깔이 모두 같다.

3 수상 택시 요금은 일반택시 요금보다 싸다.

해 설 1 툭툭은 바퀴가 2개가 아니라 3개이므로 two를 three로 바꾸어야 한다.

2 지프니는 크기와 색깔이 다양하므로 are를 vary로 바꾸고, all the same을 삭제하여야 한다.

3 수상 택시의 요금은 일반 택시보다 비싸기 때문에 cheaper를 more expensive로 바꾸어야 한다.

C

정 답 1 passenger 2 Fare 3 expensive 4 Harbour

해석 나는 지난여름 방학에 호주에 갔다. 그때, 나는 수상 택시를 탔다. 수상 택시는 승객들을 수상으로 데려다주었다. 요금은 일반 택시보다 더 비쌌다. 이 택시는 시드니 항구 바다를 가로질렀다. 정말 멋졌다.

해설 **1** 교통수단이 주어로 사용되고 take가 동사로 사용되었으므로, passenger가 오는 것이 자연스럽다.

2 일반 택시와 수상 택시의 어떤 것을 비교하는 것이므로, 주어진 보기에서는 요금에 해당하는 fare가 적절하다.

3 일반 택시와 수상 택시의 요금을 비교하는 형용사가 위치하는 자리이므로 expensive가 적절하다.

4 시드니 바다를 가로지르는 수상 택시에 대한 내용이므로 문맥상 Harbour가 적절하다.

D

정답 **1** have their own forms of transportation
2 a popular way for tourists to see the city
3 left many military jeeps in the Philippines

해설 주어진 단어를 배열하여 문장을 완성한다.

Unit 22 Good Eating Habits

Pop Quiz

정답 He ate rice, chicken, tofu, kimchi, and water.

해석 소년은 점심으로 무엇을 먹었는가?

해설 그는 밥, 치킨, 두부, 김치, 물을 먹었다

Let's Read

해석 우리 몸은 탄수화물, 단백질, 지방, 무기질, 비타민, 물의 6가지 영양소를 필요로 한다. 각각의 영양소는 몸이 활동하는 데 필요한 에너지를 만든다. 그것들은 근육, 혈액, 뼈를 구성한다. 또한 그것들은 신체 기능을 조절하는 역할을 한다. 우리 몸은 스스로 영양소를 만들 수 없다. 그래서 우리는 먹고 마시는 것에서 영양소를 얻어야 한다.
밥, 떡, 국수, 그리고 빵은 탄수화물을 함유하고 있다. 소고기, 생선, 콩, 그리고 달걀은 단백질을 함유하고 있다. 마가린, 식용유, 그리고 버터는 지방을 함유하고 있다. 치즈, 요구르트, 우유는 다량의 칼슘 무기질을 포함하고 있다. 딸기, 오렌지, 시금치, 당근은 비타민 C를 많이 함유하고 있다. 그리고 물은 그 자체로 영양소이다.
균형 잡힌 식사는 당신이 필요한 모든 필수 영양소를 준다. 성장기 어린이의 식생활 습관은 특히 중요하다. 불균형한 식사, 끼니 거르기, 그리고 과식은 건강을 해칠 수도 있다. 다시 말해서, 올바른 식생활 습관으로 건강을 유지할 수 있다.

어휘 **nutrient** 영양소 **carbohydrate** 탄수화물
protein 단백질 **fat** 지방 **mineral** 무기질
vitamin 비타민 **muscle** 근육
blood 혈액, 피 **bone** 뼈 **function** 기능하다
contain ~이 함유되어 있다 **necessary** 필요한
skip 거르다, 빼먹다 **overeat** 과식하다
in other words 다시 말해서, 다른 말로 하면
stay healthy 건강을 유지하다 **eating habit** 식생활 습관

Key Words

정답 **1** nutrient **2** muscle **3** bone **4** overeat

해석 **1** 영양소, 영양분 **2** 근육 **3** 뼈 **4** 과식하다

After You Read

A

정답 **1** Rice, Rice cakes, Noodles, Bread
2 Beef, Fish, Beans, Eggs
3 Margarine, Cooking oil, Butter
4 Cheese, Yogurt, Milk
5 Strawberries, Oranges, Spinach, Carrots
6 Water

해석 **1** 밥, 떡, 국수, 빵 **2** 쇠고기, 생선, 콩, 달걀
3 마가린, 식용유, 버터 **4** 치즈, 요구르트, 우유
5 딸기, 오렌지, 시금치, 당근 **6** 물

해설 본문에서 제시된 각각의 영양소가 많이 포함된 음식들을 찾는 문제이다.

B

정답 **1** five → six **2** are not → are **3** can → cannot

해석 **1** 여러분의 몸은 다섯 종류의 영양소를 필요로 한다.
2 성장기 어린이의 식생활 습관은 중요하지 않다.
3 우리 몸은 스스로 영양소를 만들 수 있다.

해설 **1** 우리 몸은 다섯 종류가 아닌 여섯 종류의 영양소

가 필요하므로 five를 six로 고쳐야 한다.

2 성장기 어린이의 식생활 습관은 더욱 중요하므로, are not에서 not을 삭제해야 한다.

3 우리 몸은 스스로 영양소를 만들 수 없으므로, can을 cannot으로 고쳐야 한다.

C

정답 **1** blood **2** control **3** own **4** must

해석 영양소는 무슨 일을 하나요?

영양소는 활동하는 데 필요한 에너지를 냅니다. 그것들은 근육, 혈액, 뼈를 구성합니다. 그리고 신체 기능을 조절합니다.

우리는 어떻게 영양소를 얻을 수 있나요?

우리 몸은 스스로의 영양소를 만들 수 없습니다. 그래서 우리는 먹고 마시는 것을 통해 영양소를 섭취해야 합니다.

해설 **1** 영양소가 구성하는 것은 근육, 혈액, 뼈이므로 정답은 blood이다.

2 영양소가 하는 일 중의 하나는 몸의 기능을 조절하는 것이므로, 빈칸에는 control이 적절하다.

3 우리의 몸이 스스로의 영양소를 만들어 낼 수 없다는 맥락이므로 own이 적절하다.

4 그러므로 우리는 매일 먹고 마시는 것에서 영양소를 얻어야 한다는 내용이므로 must가 적절하다.

D

정답 **1** get nutrients from what we eat and drink

2 gives you all the necessary nutrients you need

3 can stay healthy with good eating habits

해설 주어진 단어를 배열하여 문장을 완성한다.

Unit 23 I Got the Wrong Shoes

Pop Quiz

정답 **1** He bought his shoes online. / He bought his shoes on the Internet. **2** They are black.

해석 **1** 수호가 그의 신발을 산 곳은 어디인가? 그는 신발을 온라인에서 샀다.

2 수호가 산 신발의 색은 무엇인가? 그의 신발은 검은색이다.

해설 **1** 그림 속 수호의 컴퓨터 화면을 보면 수호가 온라인으로 신발을 주문한 사실을 알 수 있다.

2 그림 속 주문 내역서에 묘사된 신발은 검정색이다.

Let's Read

해석 수호는 패션에 관심이 매우 많다. 수호는 새로운 패션 아이템을 사는 것을 좋아한다. 새로운 브랜드의 신발이 나왔을 때 수호는 그 신발을 온라인에서 샀다. 드디어 신발이 도착했다. 수호는 신발 상자를 열고 깜짝 놀랐다. 그 신발들은 잘못 온 신발이었다! 수호는 회사에 항의하기로 하였다.

[주문 정보]

주문 번호: 12101024702
물건: 신발
HJ 회사에서 판매
크기: 250
색상: 검은색
가격: 56,000원
2020년 5월 20일에 주문
2020년 5월 29일에 배송

[고객 후기]
★★★☆☆ 3 out of 5

제목: 잘못된 신발을 받았어요!
저는 당신의 웹사이트에서 신발을 샀습니다. 신발이 편해 보여서 즉시 신고 싶었어요. 하지만, 잘못된 신발을 받았어요! 저는 검은색 신발을 주문했는데 노란색 신발을 보내 주셨어요. 이 상황을 어떻게 해결해 주실 수 있나요?

[HJ 회사의 답변]
안녕하세요, 수호님! 배송 문제에 대해 진심으로 사과드립니다. 현재 그 새 신발이 매우 인기가 있어서 많은 주문을 처리하느라 매우 바쁩니다. 잘못된 배송에 대해서는 노란색 신발을 반품해 주시면 기꺼이 검은색 신발을 즉시 보내 드리도록 하겠습니다. 이틀 안에 받아 보실 수 있습니다. 고객님의 기분이 더욱 나아질 수 있도록 10퍼센트 할인 쿠폰을 드리겠습니다. 저희 웹사이트에서 언제든지 사용하실 수 있습니다. 다시 한 번 저희 제품을 구매해 주셔서 감사하고 신발이 마음에 드셨으면 좋겠습니다!

어 휘 **be into** ~에 관심이 많다 **online** 온라인에서
arrive 도착하다 **decide** 결심하다
complain 항의하다 **order** 주문하다; 주문
customer 고객 **review** 후기 **right away** 즉시
comfortable 편안한 **send** 보내다
fix 고치다 **be busy -ing** ~하느라 바쁘다
deal with ~을 처리하다 **popular** 인기 있는
return 반품하다 **discount coupon** 할인 쿠폰

Key Words

정 답 **1** delivery **2** comfortable **3** complain
4 popular

해 석 **1** 배달 **2** 편안한 **3** 항의하다 **4** 인기 있는

After You Read

정 답 **1** online **2** delivery **3** black **4** return
5 discount coupon

해 석

┌─────────────────┐
│ 수호의 온라인 쇼핑 │
└─────────────────┘

[문제]
– 잘못된 신발 배송
– 수호는 검은색 신발을 주문했지만 잘못된 색상을 받았다.

[해결책]
– 수호는 잘못된 신발을 반품할 것이다.
– 회사는 올바른 신발을 즉시 보내 줄 것이다.
– 회사는 수호에게 할인 쿠폰을 줄 것이다.

해 설 **1** 수호는 온라인상에서 신발을 주문했다.
2 수호는 잘못된 색상의 신발을 받아서 회사에 문제 해결을 요청했다.
3 수호가 주문한 신발 색상은 검은색이다.
4 HJ 회사의 답변에서 수호에게 노란색 신발을 반품하라고 요청했다.
5 HJ 회사는 배송 실수에 대한 보상으로 수호에게 웹사이트에서 사용할 수 있는 할인 쿠폰을 제공했다.

정 답 **1** white → yellow **2** five → two **3** 20% → 10%

해 석

┌──────────────────────────────┐
│ 고객 이름: 수호   │
│ 물건: 신발 / 250 / 검정 / 온라인 주문 │
│ ──────────────────────────── │
│ 그는 검정색 신발을 주문하였으나 흰색 신발을 받았다. │
│ 그는 5일 안에 올바른 신발을 받을 수 있을 것이다. │
│ 그는 우리 웹사이트에서 20% 할인 쿠폰을 사용할 수 있다. │
└──────────────────────────────┘

해 설 **1** 수호가 실제로 받은 신발은 노란색이다.
2 회사는 수호가 검정색 신발을 이틀 안에 받아 볼 수 있다고 했다.
3 회사는 수호에게 보상으로 10% 할인 쿠폰을 제공했다.

정 답 **1** ordered **2** delivery **3** dealing **4** send

해 석 수호: 안녕하세요. 제가 웹사이트에서 신발을 구매했는데요.

회사: 안녕하세요 수호님! 무엇을 도와드릴까요?

수호: 검은색 신발을 주문했는데 노란색 신발이 왔어요.

회사: 잘못 배송해 드려 죄송합니다.

수호: 이것에 대해 실망스럽습니다. 이 문제를 어떻게 해결해 주실 수 있나요?

회사: 죄송합니다. 최근에 많은 주문을 처리하느라 바쁩니다.

회사: 노란색 신발은 반품해 주세요.

회사: 그러면 저희가 즉시 검정색 신발을 보내 드리겠습니다.

해 설 **1** 대화의 내용이 수호가 산 신발에 관한 것이므로 구매와 관련된 의미가 있는 동사 'order(주문하다)'의 과거형 'ordered(주문했다)'가 적합하다.
2 검은색 신발이 아닌 노란색 신발을 잘못 보낸 일에 대해 사과하는 내용이므로 명사 'delivery(배송)'가 적합하다.
3 늦은 배송에 대한 고객의 불만에 변명하는 내용으로, 현재 많은 주문량으로 배송이 지연되고 있다는 의미가 되도록 동사 'deal(처리하다)'의 현재 진행형 'dealing(처리하고 있는)'이 적합하다.
4 원래 주문한 검은색 신발을 배송해 줄 것이라는 내용이므로 동사 'send(보내다)'가 적합하다.

정답
1 But you sent the wrong pizza
2 we deal with a lot of orders
3 when you order pizza online

해석

> [고객 리뷰]
> 수호 〉
> ★★☆☆☆ 2 out of 5
>
> 저는 당신의 피자를 정말 좋아합니다만 이번에는 매우 실망했습니다. 저는 감자 피자를 주문했습니다. 그러나 당신은 잘못된 피자를 보냈습니다. 그것은 치즈 피자였어요! 이 상황을 어떻게 해결해 주실 수 있나요?

> [파파스 피자 답변]
> 안녕하세요 수호님! 잘못된 배송에 대해 진심으로 사과드립니다. 주로 점심시간에는 저희가 많은 주문을 처리하느라 매우 바쁩니다. 고객님의 기분이 더욱 나아질 수 있도록 무료 샐러드 쿠폰을 드리겠습니다. 피자를 온라인으로 주문할 때 언제든지 사용하실 수 있습니다.

해설
1 감자 피자를 시켰는데 치즈 피자가 온 상황에 대해 항의하고 있으므로 '잘못된 피자 배송'이라는 구체적인 내용이 들어가야 한다.

2 피자 배달이 늦은 이유에 대해 변명하는 내용이므로 글의 흐름으로는 점심시간에 '많은 주문을 처리한다'가 적합하다.

3 무료 샐러드 쿠폰을 사용하는 방법에 대해 설명하고 있으므로 '피자를 온라인으로 주문할 때'라는 구체적인 조건이 제시되어야 한다.

Unit 24 Let's Make a Blueberry Cake

Pop Quiz

정답
1 He is going to Boram's birthday party.
2 He will make a birthday cake for her.

해석
1 하준이는 이번 주말에 어디에 가는가?
하준이는 보람이의 생일 파티에 갈 예정이다.

2 하준이는 보람이를 위해 무엇을 만들 것인가?
하준이는 보람이를 위해 생일 케이크를 만들 것이다.

해설
1 그림에서 하준이는 보람이의 생일 초대장을 들고 있다.

2 그림에서 하준이는 보람이에게 케이크를 생일 선물로 주고 있다.

Let's Read

해석 하준이는 이번 주 보람이의 생일 파티에 초대받았다. 하준이는 보람이를 위해 케이크를 만들 예정이다. 하준이는 맛있는 블루베리 케이크를 만드는 법을 알고 있다.

블루베리 케이크 조리법

재료: 버터, 신선한 블루베리, 설탕, 달걀, 소금, 밀가루, 우유

만드는 순서

1 오븐을 175도로 예열한다.

2 블루베리를 씻어서 종이 수건 위에 올린다. 종이 수건으로 부드럽게 물기를 닦는다.

3 블루베리를 유리 접시 위에 올린다.

4 그릇에 밀가루와 소금을 넣고 섞는다.

5 버터와 설탕을 넣고 반죽이 부드러워질 때까지 두드린다.

6 그릇에 계란과 우유를 넣는다. 모든 재료를 모두 잘 섞는다.

7 반죽을 블루베리 위에 붓는다.

8 한 시간 동안 굽는다. 케이크가 완성되면 갈색으로 보일 것이다.

9 케이크를 작은 조각으로 자르고 맛있게 먹는다.

[요리를 위한 조언]

케이크 가운데에 칼을 꽂아 보아라. 만약 칼이 깨끗하게 나오면, 케이크는 완성된 것이다. 만약 그렇지 않다면 오븐에 다시 넣어야 한다.

어휘 invite 초대하다 delicious 맛있는
ingredient 재료 flour 밀가루 bowl (우묵한) 그릇
paper towel 종이 수건 preheat 예열하다 dry 말리다
gently 부드럽게 place 올려두다 add 넣다
beat 두드리다 batter 반죽 until ~할 때까지
smooth 부드러운 pour 붓다 bake 굽다
look ~처럼 보이다 piece 조각 center 중앙

Key Words

정답 1 batter 2 pour 3 ingredients 4 bowl

해석 1 반죽 2 붓다 3 재료 4 그릇

After You Read

A

정답 **1** Birthday Party **2** paper towels
3 smooth **4** oven **5** brown

해석

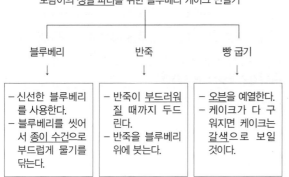

보람이의 생일 파티를 위한 블루베리 케이크 만들기

블루베리	반죽	빵 굽기
- 신선한 블루베리를 사용한다. - 블루베리를 씻어서 종이 수건으로 부드럽게 물기를 닦는다.	- 반죽이 부드러워질 때까지 두드린다. - 반죽을 블루베리 위에 붓는다.	- 오븐을 예열한다. - 케이크가 다 구워지면 케이크는 갈색으로 보일 것이다.

해설 **1** 하준이는 보람이의 생일 파티를 위해 블루베리 케이크를 만들기로 하였다.

2 깨끗이 씻은 블루베리는 종이 수건으로 부드럽게 닦아야 한다.

3 반죽이 부드러워질 때까지 두드려야 한다.

4 케이크를 만들기 전에 오븐을 예열하여야 한다.

5 케이크 굽기가 끝나면 케이크는 갈색을 띤다.

B

정답 **1** 100 → 175 **2** 30 minutes → one hour
3 not done → done

해석 맛있는 블루베리 케이크를 만들기 위한 유용한 조언들!

1 오븐을 100도로 예열시킨다.

2 30분간 케이크를 굽는다.

3 케이크 가운데에 칼을 꽂아보아라. 만약 칼이 깨끗하게 나오면, 케이크는 끝나지 않은 것이다.

해설 **1** 요리하기 전에 오븐은 175도로 예열시킨다.

2 반죽이 완성된 케이크는 오븐에 넣고 한 시간 동안 굽는다.

3 케이크 가운데 칼을 꽂아서 뽑았을 때 칼이 깨끗하면 케이크는 완성된 것이다.

C

정답 **1** delicious **2** Place **3** Ingredients **4** until

해석 오늘은 맛있는 블루베리 케이크를 만들어보겠습니다.

우선 신선한 블루베리를 씻어 종이수건으로 잘 말려줍니다. 접시 위에 블루베리를 올려 둡니다.

모든 재료를 그릇에 넣습니다. 그리고 잘 섞어 줍니다.

반죽이 준비되면 갈색이 될 때까지 케이크를 구워줍니다.

해설 **1** 블루베리 케이크에 대한 묘사이므로 명사를 수식하는 형용사 'delicious(맛있는)'가 적합하다.

2 블루베리를 씻은 후 접시에 담아 두는 내용이므로 동사 'place(올려두다)'가 적합하다.

3 반죽을 만들기 위해 모든 재료를 그릇에 담고 섞는 내용이므로 명사 'Ingredients(재료)'가 적합하다.

4 케이크가 갈색을 띠면 완성이 되었다는 내용이므로 접속사 'until(~할 때까지)'이 적합하다.

D

정답 **1** until it is brown

2 Place the ham and cheese on the other slice of bread

3 Put your sandwich together and cut it in half

해석 햄 샌드위치 만드는 방법

1) 빵을 토스터에 넣는다.

2) 빵이 갈색이 될 때까지 굽는다.

3) 한쪽 빵 조각에 버터를 바른다.

4) 햄과 치즈를 다른 빵 조각에 올린다.

5) 햄과 치즈 위에 상추와 토마토를 약간 올린다.

6) 샌드위치를 한데 모아 반으로 자른다.

해설 **1** 빵을 토스터에 넣고 굽는 단계이므로 구체적으로 '빵이 갈색이 될 때까지'라는 내용이 이어져야 한다.

2 빵 두 조각 중 나머지 한쪽 빵에 대한 설명이 필요하므로 '다른 빵 조각에 햄과 치즈를 올린다'라는 설명이 제시되어야 한다.

3 햄 샌드위치를 만드는 가장 마지막 단계이므로 '재료를 올린 빵을 한데 모아 반으로 자른다'가 적합하다.

Unit 25 Sneeze Etiquette

Pop Quiz

정답 1 You should cover your mouth and nose.

2 You should wash your hands right away.

해 석 1 올바른 재채기 방법은 무엇인가?
여러분은 입과 코를 가려야 한다.

2 손에 재채기한 후에 무엇을 해야 하는가?
여러분은 손을 즉시 씻어야 한다.

해 설 1 그림 속 재채기를 하는 사람은 휴지나 셔츠 소매로 입과 코를 가리고 있다.

2 그림에서 재채기 후 손을 깨끗이 씻는 방법을 알려 주고 있다.

Let's Read

해 석 여러분이 재채기할 때 어떤 일이 일어나는가? 재채기할 때 여러분은 입에서 작은 물방울을 내보낸다. 만약 여러분이 아프다면 그 물방울들은 공기를 통해 수백만 개의 바이러스를 옮길 수 있다. 바이러스가 다른 사람들의 몸에 들어가면 그들은 아플 수 있다. 여러분 자신과 다른 사람들을 보호하기 위해서는 재채기 예절이 아주 중요하다.

입과 코를 가려라!
재채기할 때 휴지로 입과 코를 가린다. 사용한 휴지는 쓰레기통에 버리는 것을 잊지 마라. 만약 주변에 휴지가 없다면 손이 아니라 셔츠 소매에 재채기하라. 마스크를 쓰는 것도 좋다. 마스크는 바이러스가 퍼지는 것을 막을 수 있다.

재채기 후에는 손을 씻어라!
만약 손에 재채기하면 즉시 손을 씻어라. 만약 그렇지 않으면 여러분이 무언가를 만질 때 여러분의 손에 있는 바이러스를 퍼트릴 수 있다. 최소 30초 동안 비누를 사용하여 깨끗한 흐르는 물에 손을 씻어라. 손을 올바르게 씻기 위해서는 다음의 네 가지 순서를 따르라.
1. 우선 깨끗한 흐르는 물에 손을 적셔라.
2. 손바닥, 손등, 손가락 사이, 손톱 밑을 비누로 문질러라.
3. 깨끗한 흐르는 물로 손을 헹궈라.
4. 깨끗한 수건이나 손 건조기로 손을 말려라.

어 휘 happen 발생하다 sneeze 재채기하다
droplet 물방울 carry 운반하다 virus 바이러스
through ~을 통해 protect 보호하다
etiquette 예절 cover 가리다 tissue 휴지
waste basket 휴지통 sleeve 소매
wear 쓰다, 착용하다 stop 막다

spread 퍼뜨리다, 퍼지다 touch 만지다 soap 비누
running 흐르는 at least 최소한 second 초
follow 따르다 right 올바른 way 방식
wet 적시다 rub 문지르다 palm 손바닥
nail 손톱 rinse 헹구다

Key Words

정답 1 droplet 2 cover 3 sneeze 4 spread

해 석 1 물방울 2 가리다 3 재채기하다 4 퍼지다

After You Read

정답 1 Etiquette 2 droplets 3 Cover 4 shirt sleeve
5 soap

해 석

```
            재채기 예절

재채기할 때 입에서 나온 물방울이 사람들을
          아프게 할 수 있다.

입과 코를 가려라!          재채기 후 손을 씻자!
– 휴지를 사용하라.        – 비누와 흐르는 깨끗한
– 셔츠 소매에 재채기 하라.    물로 손을 씻어라.
– 마스크를 써라.
```

해 설 1 올바르게 재채기를 하는 방법에 대해 제시되므로 글의 제목은 재채기 예절이다.

2 재채기를 할 때 입에서 나오는 물방울들은 공기를 통해 바이러스를 옮길 수 있다.

3 입과 코를 가리고 재채기를 하여야 한다.

4 휴지가 없을 때 셔츠 소매에 재채기하여야 한다.

5 재채기 후 손을 씻을 때는 비누를 사용하여 깨끗이 씻어야 한다.

정답 1 eat → touch 2 10 → 30 3 before → after

해 석 1 만약 여러분이 손에 재채기하면, 여러분이 무언가를 먹을 때 여러분은 바이러스를 퍼뜨릴 수 있다.

2 최소 10초 동안 비누를 사용하여 깨끗하고 흐르는 물에 손을 씻어라.

3 여러분이 손을 적시기 전에 비누를 문질러라.

해 설 **1** 손에 재채기하고 무언가를 만질 때 바이러스를 옮길 수 있다.

2 깨끗한 흐르는 물에 비누로 최소 30초간 손을 씻어야 한다.

3 손을 적신 후 손바닥에 비누를 칠한다.

C

정 답 **1** protect **2** carry **3** touch **4** follow

해 석 재채기 예절은 중요한데요 그 이유는 여러분 자신과 다른 사람들을 <u>보호해</u> 줄 수 있기 때문입니다.

손에 재채기하면 여러분은 손에 묻은 바이러스를 <u>옮길</u> 수 있습니다.

만약 손을 씻지 않는다면 무언가를 <u>만졌을</u> 때 바이러스를 퍼트릴 수 있습니다.

손을 바르게 씻기 위해서는 네 단계를 <u>따라</u> 주세요.

해 설 **1** 재채기 예절이 중요한 이유에 관해서 설명하고 있는 내용으로 동사 'protect(보호하다)'가 적합하다.

2 손에 묻은 바이러스를 다른 곳으로 옮길 수 있다는 내용이므로 동사 'carry(옮기다)'가 적합하다.

3 재채기 후 손을 씻지 않고 무언가를 만지면 바이러스를 퍼뜨릴 수 있다는 내용이므로 동사 'touch(만지다)'가 적합하다.

4 손을 씻는 네 가지 단계에 관한 내용이므로 동사 'follow(따르다)'가 적합하다.

D

정 답 **1** Sneeze Etiquette Can Protect Your Health

2 It can stop the viruses from spreading further

3 do not touch the outside of the mask

해 석 재채기 예절이 여러분의 건강을 지킬 수 있습니다.

여러분의 입과 코를 가리세요! <u>이러한 행동은</u> 바이러스가 멀리 퍼지는 것을 막을 수 있습니다.

• 재채기할 때 휴지를 사용하여 입과 코를 가리세요.

• 만약 주변에 휴지가 없다면 셔츠 소매에 재채기하세요.

• 마스크를 벗을 때 <u>마스크 겉면을 만지지</u> 마세요. 바이러스가 여러분의 손 곳곳에 묻을 수 있습니다.

해 설 **1** 재채기 예절을 알리는 포스터의 제목이므로 '건강을 지키기 위한 재채기 예절의 중요성'에 대한 내용

이 적합하다.

2 재채기할 경우 입과 코를 가리는 행동의 구체적인 장점에 관해서 설명하고 있으므로 '바이러스가 퍼지는 것을 막을 수 있다'라는 내용이 이어져야 한다.

3 마스크와 관련된 내용이 제시되고 있으며 바이러스가 손 곳곳에 묻을 수 있는 상황에 대한 설명이 필요하므로 마스크를 벗을 때 '겉면을 만지면 안 된다'가 적합하다.

Unit 26 I Feel Angry!

Pop Quiz

정 답 **1** She feels angry.

2 She walks. / She takes some quiet time. / She writes in a journal.

해 석 **1** 소진이의 기분은 어떤가? 그녀는 화가 났다.

2 소진이는 화가 났을 때 무엇을 하는가?
그녀는 걷는다. / 그녀는 조용한 시간을 가진다. / 그녀는 일기를 적는다.

해 설 **1** 그림 속 소진이는 친구와 싸워서 화가 나 있는 것을 알 수 있다.

2 그림 속에서 묘사된 활동들을 통해 소진이는 화를 건전한 방식으로 다루고 있다.

Let's Read

해 석 여러분은 주로 언제 화가 나는가? 여러분은 불쾌한 경험을 할 때 화가 날 수도 있다. 가끔 화를 내는 것은 정상적인 일이다. 하지만 여러분은 건전한 방법으로 화를 다스리는 방법을 배워야 한다. 여기 여러분을 위한 몇 가지 유용한 조언이 있다.

1 말하기 전에 시간을 가져라!

여러분이 화가 날 때 여러분은 말로 누군가를 다치게 할 수도 있다. 나중에 여러분이 한 말을 후회할지도 모른다. 말은 사람들의 감정을 다치게 할 수 있다. 누군가에게 화가 날 때 몇 분간의 조용한 시간을 가져라. 이러한 행동은 여러분이 마음을 가라앉히고 좀 더 긍정적인 방식으로 반응하도록 도와줄 것이다.

2 운동하라!

운동은 화를 덜 내도록 도와줄 수 있다. 화가 나기 시작하면 걷거나 뛰면서 시간을 보내라. 신체 활동은 스트레스를 줄이고 기분이 나아지게 할 수 있다. 운동하고 나면 여러분은 기분이 훨씬 나아질 것이다.

3 감정을 적어라!

화가 날 때는 감정을 적어라. 이러한 행동은 여러분이 잠시 멈추고 여러분 자신에 대해 생각할 수 있도록 도와줄 것이다. 자신에게 몇 가지 질문을 할 수 있다. 나는 왜 친구와 싸우고 있는가? 나는 왜 이렇게 화가 나 있는가? 이러한 질문에 답하는 것은 여러분의 감정을 더 잘 이해하는 데 도움이 될 것이다.

어 휘 anger 화 unpleasant 불쾌한
experience 경험 normal 정상적인, 평범한
handle 다루다 healthy 건전한 way 방법
useful 유용한 hurt 다치게 하다 regret 후회하다
calm down 마음을 가라앉히다 react 반응하다
positive 긍정적인 spend 시간을 보내다
physical 신체의 reduce 감소시키다
improve 향상시키다 mood 기분

Key Words

정 답 1 useful 2 physical 3 reduce 4 regret
해 석 1 유용한 2 신체의 3 감소시키다 4 후회하다

After You Read

A

정 답 1 Healthy 2 Words 3 Physical activities 4 Write down 5 understand

해 석

건전한 방법으로 화를 다스리는 방법

말하기 전에 시간을 가져라!	운동을 하라!	여러분의 감정을 적어라!
- 말은 사람들의 감정을 다치게 할 수 있다. - 몇 분간의 조용한 시간을 가져라.	- 걷거나 뛰면서 시간을 보내라. - 신체 활동은 여러분의 기분을 더 좋게 할 수 있다.	- 자신에게 몇 가지 질문을 하라. - 여러분은 자신의 감정을 더 잘 이해할 수 있다.

해 설 1 화가 났을 때 건전한 방식으로 화를 다룰 수 있는 세 가지 방식에 관한 내용이다.
2 화가 날 때 말로 누군가를 다치게 할 수도 있으므로 말하기 전에 시간을 가져야 한다.
3 화가 나기 시작할 때 몸을 움직이는 것은 스트레스를 줄이고 기분을 좋게 할 수 있다.
4 자신의 감정을 적어 보면 화가 났을 때 자신에 대해서 생각해 볼 수 있다.
5 자신에게 질문하고 답을 하는 과정에서 자신의 감정을 더 잘 이해할 수 있다.

B

정 답 1 a pleasant → an unpleasant
2 feelings → words 3 muscles → mood

해 석 1 여러분이 즐거운 경험을 할 때 여러분은 화가 날 수도 있다.
2 나중에 여러분의 감정에 대해 후회할 수도 있어서 말하기 전에 여러분의 시간을 가져라.
3 여러분이 화가 날 때 운동은 여러분의 근육을 향상시킬 수 있다.

C

정 답 1 useful 2 handle 3 help 4 Spend

해 석 화가 날 때 여러분은 주로 무엇을 하나요? 제가 유용한 조언을 몇 가지 알려 드리겠습니다.

화가 나기 시작하면 몇 분간의 조용한 시간을 가지세요. 이러한 행동은 여러분이 화를 다스리도록 도와줄 수 있습니다.

걷거나 뛰는 것도 여러분이 스트레스를 줄이는 데 도움을 줍니다. 운동하고 나면 기분이 훨씬 나아질 것입니다.

여러분의 감정을 적으면서 시간을 보내세요. 여러분의 감정을 더 잘 이해할 수 있습니다.

해 설 1 화가 날 때 화를 다스리는 방법에 대한 설명이므로 명사를 수식하는 형용사 'useful(유용한)'이 적합하다.
2 화가 날 때 조용한 시간을 가지는 행동의 장점에 관해서 설명하고 있으므로 동사 'handle(다스리다)'이 적합하다.
3 걷거나 뛰는 것이 화를 다스리는 데 어떤 도움을 주는지 설명하고 있으므로 동사 'help(돕다)'가 적합

하다.

4 화가 났을 때 자신의 감정을 적으면서 시간을 보내는 방법의 효과에 관해서 설명하고 있으므로 동사 'spend(시간을 보내다)'가 적합하다.

D

정답 **1** you can handle your anger in a healthy way
2 it is good to write down your feelings
3 It will help you calm down and feel less angry

해석 소진이에게

네가 가장 친한 친구인 제니와 싸워서 안타깝구나. 분명 너는 화가 났을 거야. 그러나 네가 건전한 방식으로 화를 잘 다스릴 수 있다면 너와 제니가 다시 친한 친구가 될 거야. 우선 제니에게 말하기 전에 너의 감정을 적어 보는 것이 좋아. 그렇게 해서 너는 몇 가지 질문을 자신에게 해 볼 수 있어. 내가 왜 제니와 싸웠지? 왜 나는 그렇게 화가 났지? 이러한 행동은 네가 마음을 가라앉히고 화가 덜 나도록 도와줄 거야.

너의 벗,

샘이

해설 **1** 제니와 다시 친하게 지내는 방법을 알려 주고 있으므로 '건전한 방식으로 화를 다스릴 수 있다면'이라는 내용이 적합하다.

2 소진이가 자신에게 질문하는 상황에 대한 설명이 필요하므로 '자신의 감정을 적어 보아라'라는 조언이 제시되어야 한다.

3 화를 다스리는 구체적인 방식에 대해 앞서 설명하고 '마음을 가라앉히고 화가 덜 나도록 도와준다'라는 효과에 관한 내용이 이어져야 한다.

Unit
27 A World of Glass

Pop Quiz

정답 **1** We can make windows or mirrors.
2 Glass comes from sand.

해석 **1** 유리로 무엇을 만들 수 있는가?

유리로 창문이나 거울을 만들 수 있다.

2 유리는 어디에서 오는가?
유리는 모래에서 온다.

해설 **1** 사진에서 알 수 있듯이 창문이나 거울은 유리로 만들어진 물건이다.

2 유리 제작 과정을 보면 모래를 녹여 유리를 만드는 것을 알 수 있다.

Let's Read

해석 여러분은 어디에서나 유리를 찾을 수 있다. 유리는 인기 있는 재료이다. 유리는 창문, 거울, 접시와 같은 많은 것들을 만드는 데 사용될 수 있다.

유리는 어디에서 오는가?
유리는 모래를 가열하여 만든다. 모래가 녹으면 아주 뜨거운 액체로 변한다. 액체 상태의 모래가 식으면 녹은 유리가 나온다. 약간의 화학 물질을 첨가해서 유리의 색을 바꿀 수 있고 더 강하게 만들 수 있다.

녹은 유리가 어떻게 모양을 가지는가?
유리 제작자들은 모양을 만들기 위해 끝이 열려 있는 파이프를 사용한다. 그들은 녹은 유리를 파이프에 감싸고 그 안에 공기를 불어 넣는다. 그러고 나서 공기가 유리 안으로 들어가서 유리를 더 크게 만든다. 아직 뜨거울 때 유리 제작자들은 모양을 만들기 위해 많은 도구로 유리를 자르고 당길 수 있다.

오래된 유리가 새 유리로 재활용될 수 있는가?
우리는 새로운 유리를 만들기 위해 오래된 유리를 다시 사용할 수 있다. 오래된 유리는 잘게 부서져 모래와 섞인다. 그리고 다시 녹여진다. 그러면 다양한 색깔과 크기의 새로운 유리를 얻을 수 있다. 오래된 유리는 녹이기 쉬우므로 유리를 재활용하면 에너지를 절약할 수 있다. 유리를 재활용하는 것은 또한 쓰레기가 줄어드는 것을 의미한다.

어휘 **everywhere** 어느 곳에서나 **popular** 인기 있는 **material** 물질 **heat** 가열하다 **melt** 녹이다 **liquid** 액체 **cool** 식다 **molten** 녹은 **add** 첨가하다 **chemical** 화학물질 **change** 바꾸다 **shape** 모양 **wrap** 감싸다 **blow** 불다 **while** ~하는 동안 **tool** 도구 **recycle** 재활용하다 **save** 절약하다 **garbage** 쓰레기

Key Words

정답 **1** melt **2** liquid **3** blow **4** recycle

해 석 **1** 녹이다 **2** 액체 **3** 불다 **4** 재활용하다

After You Read

A

정 답 **1** sand **2** shapes **3** blow **4** be recycled
5 is melted

해 석

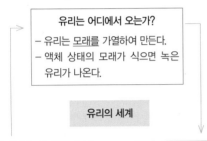

유리는 어디에서 오는가?
– 유리는 <u>모래</u>를 가열하여 만든다.
– 액체 상태의 모래가 식으면 녹은
유리가 나온다.

유리의 세계

오래된 유리가 새유리로
재활용될 수 있는가?

– 오래된 유리는 작은 조각
으로 부서지고 모래와 섞
인다.
– 그것은 다시 <u>녹는</u>다.

녹은 유리가 어떻게 <u>모양</u>을
가지는가?

– 유리 제작자들은 녹은 유
리를 파이프에 감싸고 그
안에 공기를 불어 넣는다.
– 유리 제작자들은 많은 도구
로 유리를 자르고 당긴다.

해 설 **1** 유리는 모래를 가열하여 만들 수 있다.

2 유리 제작자들은 유리 모양을 만들기 위해서 녹은 유리를 사용한다.

3 녹은 유리에 공기를 불어 넣기 위해서 유리 제작자들은 녹은 유리를 파이프에 감싼다.

4 오래된 유리가 재활용될 수 있는지에 관한 내용이다.

5 오래된 유리가 새 유리로 재활용되기 위해서는 다시 녹여져야 한다.

B

정 답 **1** weaker → stronger **2** smaller → bigger
3 new → old

해 석 **1** 약간의 화학 물질을 첨가해서 유리의 색을 바꿀 수 있고 더 약하게 만들 수 있다.

2 공기가 녹은 유리 안으로 들어가서 유리를 더 작게 만든다.

3 새 유리는 녹이기 쉬우므로 유리를 재활용하는 것은 에너지를 절약할 수 있다.

해 설 **1** 화학 물질을 첨가하여 유리를 더 강하게 만들 수 있다.

2 녹은 유리 안으로 공기가 들어가면 유리의 크기는 커진다.

3 오래된 유리가 녹이기 쉬우므로 활용하면 에너지를 절약할 수 있다.

C

정 답 **1** popular **2** turns **3** While **4** Add

해 석 유리는 우리 주변 어디에나 있습니다. 오늘은 이 <u>인기 있는</u> 재료를 만드는 방법을 알려 드리겠습니다.

우선 모래를 녹여야 합니다. 모래가 녹아서 식으면 녹은 상태의 유리로 변합니다.

녹은 유리가 아직 뜨거울 <u>동안</u> 유리를 다양한 모양으로 만들 수 있습니다.

오래된 유리를 재활용할 수도 있습니다. 오래된 유리에 모래를 넣고 함께 녹여 줍니다.

해 설 **1** 재료로서 유리의 특성에 대한 설명이므로 명사를 수식하는 형용사 'popular(인기 있는)'가 적합하다.

2 모래를 녹여 녹은 형태의 유리를 만드는 과정이므로 동사 'turns(~으로 변하다)'가 적합하다.

3 유리의 모양을 만들 수 있는 조건에 관해서 이야기하고 있으므로 접속사 'While(~하는 동안)'이 적합하다.

4 오래된 유리를 재활용하기 위해서는 모래를 첨가하는 과정이 필요하다는 내용이므로 동사 'Add(넣다)'가 적합하다.

D

정 답 **1** While it is still hot, add some chemicals

2 it will turn into different sizes and shapes

3 old glass can be used again to make new things

해 석 오래된 유리는 잘게 부서져 모래와 섞인다. 그리고 다시 녹여진다.

아직 뜨거울 때 약간의 화학 물질을 첨가해라. 그러면 유리의 색을 바꿀 수 있다.

많은 도구로 유리를 자르고 당겨서 유리는 다양한 크기와 모양으로 변할 것이다.

이런 식으로 유리를 재활용하는 것은 쓰레기를 줄이는 것을 의미한다. 왜냐하면 오래된 유리가 새로

운 것을 만드는 데에 다시 사용될 수 있기 때문이다.

해 설 **1** 유리의 색을 바꾸기 위해서는 어떻게 해야 하는지에 대한 설명이 필요하므로 '화학 물질을 첨가하라'는 내용이 적합하다.

2 유리를 자르고 당기는 작업의 결과에 대한 설명이 필요하므로 '유리의 크기와 모양이 변한다'는 내용이 이어져야 한다.

3 오래된 유리를 재활용하는 것의 장점과 그 이유에 대한 설명이 나와야 하므로 '오래된 유리를 재활용하여 새로운 유리 제품을 만들 수 있다'는 내용이 제시되어야 한다.

Unit
28 Dancing Is Good for You

Pop Quiz

정 답 **1** They are dancing.

2 Dancing is good for our health.

해 석 **1** 그림 속 사람들은 무엇을 하고 있는가?
그들은 춤을 추고 있다.

2 춤을 추는 것은 여러분에게 왜 좋은가?
춤은 우리 건강에 좋다.

해 설 **1** 그림 속 사람들은 춤을 추고 있다.

2 그림을 통해 춤이 근육, 감정, 두뇌 등 우리 건강에 좋은 영향을 미친다는 것을 알 수 있다.

Let's Read

해 석 사람들은 다른 이유로 춤을 춘다. 어떤 사람들은 재미로 춤을 춘다. 다른 사람들은 직업으로서 춤을 추기도 한다. 하지만 춤을 추는 이유는 중요하지 않다. 춤은 신체 건강과 정서에 좋다. 춤은 심지어 여러분의 두뇌에도 좋다.

춤은 신체적 건강에 좋다.
춤을 출 때 여러분은 음악 소리에 맞춰 몸을 움직인다. 춤은 몸을 움직이는 자연스러운 방법이다. 춤은 근육과 뼈를 향상시킬 수 있다. 한 시간 동안 춤을 추면 약 400칼로리를 태울 수 있다. 춤은 살 빼는 데 도움을 줄 수 있다.

춤은 정서에 좋다.
스트레스를 받을 때 춤을 추는 것은 감정을 표현하는 안전

한 방법이다. 춤을 추는 동안 좋아하는 음악을 들을 수 있고 다른 사람들과 소중한 시간을 보낼 수 있다. 음악의 리듬에 맞춰 몸을 움직이면 엔도르핀과 같은 '행복' 호르몬이 생성된다. 이 호르몬들은 당신의 기분을 나아지게 할 수 있다.

춤은 두뇌에 좋다.
춤을 출 때는 여러 가지 일을 동시에 한다. 발걸음을 기억하고 음악에 맞춰 올바른 순서로 몸을 움직여야 한다. 이것은 당신의 두뇌에 훌륭한 운동이 될 수 있다. 춤은 두뇌가 열심히 일하게 만들 것이다. 이런 종류의 정신 운동은 기억력을 향상시킨다.

어 휘 **reason** 이유 **physical** 신체의 **emotion** 감정 **brain** 두뇌 **natural** 자연스러운 **improve** 향상시키다 **muscle** 근육 **bone** 뼈 **burn** 태우다 **lose weight** 살을 빼다 **express** 표현하다 **spend** 시간을 보내다 **quality time** 귀중한 시간 **rhythm** 리듬 **produce** 만들다 **hormone** 호르몬 **at the same time** 동시에 **order** 순서 **mental** 정신의 **memory** 기억력

Key Words

정 답 **1** rhythm **2** emotion **3** weight **4** mental

해 석 **1** 리듬 **2** 감정 **3** 몸무게 **4** 정신의

After You Read

Ⓐ

정 답 **1** improve **2** safe **3** happy **4** brain **5** memory

해 석

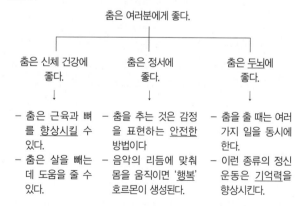

춤은 여러분에게 좋다.

춤은 신체 건강에 좋다.	춤은 정서에 좋다.	춤은 두뇌에 좋다.
– 춤은 근육과 뼈를 <u>향상시킬 수</u> 있다. – 춤은 살을 빼는 데 도움을 줄 수 있다.	– 춤을 추는 것은 감정을 표현하는 <u>안전한</u> 방법이다 – 음악의 리듬에 맞춰 몸을 움직이면 '<u>행복</u>' 호르몬이 생성된다.	– 춤을 출 때는 여러 가지 일을 동시에 한다. – 이런 종류의 정신 운동은 <u>기억력</u>을 향상시킨다.

해 설 **1** 춤을 추면 우리의 근육과 뼈의 발달에 좋다.

2 춤을 통해 자신의 감정을 안전하게 표현할 수 있다.

3 춤을 추면 사람의 기분을 좋게 만들어 주는 '행복' 호르몬이 생성된다.

4 춤이 우리의 두뇌에 미치는 영향에 관한 내용이다.

5 여러 가지 일을 동시에 처리해야 하므로 춤은 우리의 기억력 향상에 도움이 된다.

4 춤이 체중을 조절하는 데 도움을 준다는 내용이 므로 동사 'make(만들다)'가 적합하다.

B

정 답 **1** 200 → 400 **2** can't → can **3** slowly → hard

해 석 **1** 한 시간 동안 춤을 추는 것은 여러분이 200칼로 리를 태울 수 있도록 도와준다.

2 춤을 추는 동안 여러분은 좋아하는 음악을 듣거 나 다른 사람들과 소중한 시간을 보낼 수 없다.

3 춤은 여러분의 두뇌가 천천히 일하도록 한다.

해 설 **1** 한 시간 동안 춤을 추면 약 400칼로리를 태울 수 있다.

2 춤을 추는 동안 좋아하는 음악을 들으면서 다른 사람들과 소중한 시간을 보낼 수 있다.

3 춤을 추는 동안 여러 가지 일을 처리해야 하므로 두뇌는 열심히 일해야 한다.

C

정 답 **1** improve **2** express **3** order **4** make

해 석 사람들은 다른 이유로 춤을 추지만, 춤은 여러 가지 면에서 건강을 향상시킬 수 있습니다.

음악의 리듬에 맞춰 몸을 움직임으로써 자신을 표현하고 즐겁게 놀 수 있습니다. 이것은 여러분이 스트레스를 덜 받도록 도와줍니다.

춤은 여러분의 기억력에 좋을 수 있습니다. 많은 일 을 동시에 그리고 올바른 순서로 해야 하기 때문입 니다.

한 시간 동안 춤을 추면 400칼로리를 태울 수 있습 니다. 그래서 춤은 자연스럽게 살을 빼게 만들어 줄 수 있습니다.

해 설 **1** 춤이 건강에 긍정적 영향을 미친다는 내용이므로 동사 'improve(향상시키다)'가 적합하다.

2 춤을 추면 감정에 도움이 된다는 내용이므로 동 사 'express(표현하다)'가 적합하다.

3 춤을 추는 동안 여러 가지 일을 순서에 맞게 기억 해야 한다는 내용이므로 명사 'order(순서)'가 적합 하다.

D

정 답 **1** Some dances make your heart and lungs work hard

2 It will improve your confidence and social skills

3 Dancing is a great way to use your brain

해 석 춤은 몸을 음악에 맞춰 움직이는 것 이상이다. 춤이 건강에 좋은 세 가지 이유는 다음과 같다.

1 신체 건강

어떤 춤은 당신의 심장과 폐를 열심히 일하게 한다. 그것은 건강한 체중을 유지하도록 도와준다.

2 정서 건강

다른 사람들과 춤을 추는 것은 친구 사귀는 법을 배 우는 데 도움이 된다. 그것은 당신의 자신감과 사회 적 능력을 향상시킬 것이다.

3 정신 건강

춤은 두뇌를 사용하는 좋은 방법이다. 춤을 출 때 여러분은 많은 것을 올바른 순서로 기억하고 해내야 한다.

해 설 **1** 춤이 신체적 건강에 어떤 좋은 점이 있는지에 대 해 설명하고 있으므로 '심장과 폐를 열심히 일하게 한다'는 내용이 적합하다.

2 춤을 추면서 친구를 사귀는 방법을 배울 수 있다 고 하였으므로 그 결과인 '자신감과 사회적 능력을 향상시킨다'는 내용이 이어져야 한다.

3 춤이 우리의 두뇌에 왜 좋은지 그 이유를 설명하 고 있으므로 '춤은 두뇌를 사용하는 좋은 방법이다' 라는 내용이 제시되어야 한다.

29 Cubes in Everyday Life

Pop Quiz

정 답 **1** It has six sides.

2 We can find cubes in boxes, in dice, or in puzzles.

해 석 **1** 정육면체는 몇 개의 면을 가지고 있는가?
그것은 여섯 개의 면을 가지고 있다.

2 정육면체 모양을 어디에서 찾을 수 있는가?
우리는 정육면체를 상자, 주사위 또는 퍼즐에서 찾을 수 있다.

해 설 **1** 그림 속 정육면체를 살펴보면 모두 여섯 개의 면이 있음을 알 수 있다.

2 정육면체 모양은 그림에서 묘사된 상자, 주사위, 퍼즐 장난감에서 찾아볼 수 있다.

Let's Read

해 석 정육면체는 도형이다. 정육면체는 여섯 개의 동일한 정사각형이 있다. 정육면체에 있는 모든 정사각형은 높이와 너비가 같아서 정육면체는 동일한 깊이를 가지고 있다. 주위를 둘러보면 사방에서 정육면체를 발견할 수 있다.

정육면체 상자

다양한 모양의 상자들이 있지만 정육면체가 가장 인기 있다. 정육면체 상자에는 장점이 있다. 정육면체 상자는 공간을 적게 차지하기 때문에 더 쉽게 옮길 수 있다. 생일 선물을 포장하려면 정육면체 모양의 상자를 사용해라. 정육면체 상자는 다른 형태의 상자보다 튼튼해서 여러분의 선물은 안전할 것이다.

주사위

주사위는 작은 정육면체이다. 각 면에는 다른 개수의 점들이 있다. 주사위를 던지면 주사위는 여러분에게 1에서 6 사이의 숫자를 보여 줄 것이다. 주사위 게임을 하는 것은 매우 쉬워서 누구나 그것을 할 수 있다.

루빅큐브

루빅큐브는 퍼즐 장난감이다. 루빅큐브는 여섯 개의 면으로 구성되어 있는데 각 면은 서로 다른 여섯 개의 색(흰색, 빨간색, 파란색, 주황색, 녹색, 노란색)을 가지고 있다. 각 면에는 다시 아홉 개의 작은 정육면체가 있다. 게임 참가자는 각 면을 같은 색으로 만들기 위해 루빅큐브를 돌린다. 퍼즐을 빨리 풀 수 있다면 친구들을 놀라게 할 것이다.

어 휘 **shape** 도형 **cube** 정육면체 **identical** 동일한 **square** 정사각형 **height** 높이 **width** 너비

---

depth 깊이 **take up** 차지하다 **space** 공간 **wrap** 포장하다 **die** 주사위(pl. dice) **turn** 돌리다 **solve** 풀다 **amaze** 놀라게 하다

Key Words

정 답 **1** cube **2** dot **3** square **4** wrap

해 석 **1** 정육면체 **2** 점 **3** 정사각형 **4** 포장하다

After You Read

정 답 **1** space **2** dice **3** dots **4** different colors **5** turn

해 석

일상 속의 정육면체

정육면체 상자	주사위	루빅큐브
– 정육면체 상자는 공간을 적게 차지하기 때문에 여러분은 더 쉽게 옮길 수 있다. – 정육면체 상자는 다른 형태의 상자보다 튼튼하다.	– 각 면에 다른 개수의 점이 있다. – 주사위 게임을 하는 것은 누구에게나 쉽다.	– 루빅큐브는 각기 다른 색의 여섯 개의 면으로 이루어져 있다. – 게임 참가자는 각 면을 같은 색으로 만들기 위해 루빅큐브를 돌린다.

해 설 **1** 정육면체 상자는 다른 모양의 상자보다 공간을 적게 차지하는 장점이 있다.

2 일상 속 정육면체의 예로 주사위에 관한 내용이다.

3 주사위의 각 면에는 서로 다른 개수의 점이 있다.

4 루빅큐브는 서로 다른 여섯 색의 면을 가지고 있다.

5 루빅큐브는 정육면체를 돌려 각 면을 같은 색으로 만드는 퍼즐 장난감이다.

B

정 답 **1** different → same **2** seven → six **3** twelve → nine

해 석 **1** 모든 정사각형의 높이와 너비가 같아서 정육면체의 깊이가 다르다.

2 주사위를 던지면 주사위는 여러분에게 1에서 7 사이의 숫자를 보여줄 것이다.

3 루빅큐브의 각 면에는 다시 열두 개의 작은 정육면체가 있다.

해 설　**1** 정육면체 상자는 모든 정사각형의 높이와 너비가 같아서 깊이도 같다.

2 주사위는 1에서 6 사이의 숫자를 보여 준다.

3 루빅큐브의 한 면에는 아홉 개의 작은 정육면체가 있다.

C

정 답　**1** identical **2** than **3** popular **4** solve

해 석　정육면체에는 여섯 개의 정사각형이 있어요. 모든 정사각형의 높이와 너비가 같아요. 정육면체는 어디에나 있어요!

무엇인가를 포장할 때는 정육면체 상자를 사용하세요. 다른 형태의 상자보다 옮기기가 더 쉽습니다.

주사위는 각각의 면에 다른 개수의 점들을 가진 작은 정사각형이에요. 주사위 게임은 누구나 할 수 있어서 인기가 있지요.

루빅큐브에는 여섯 개의 면이 있어요. 각 면에는 아홉 개의 작은 정사각형이 있습니다. 각 정사각형을 돌리면 퍼즐을 풀 수 있지요.

해 설　**1** 정육면체의 높이, 너비, 깊이 대한 설명이므로 형용사 'identical(동일한)'이 적합하다.

2 정육면체 모양의 상자와 다른 형태의 상자를 비교하는 내용이므로 전치사 'than(~보다)'이 적합하다.

3 주사위 게임에 대한 설명이므로 형용사 'popular (인기 있는)'가 적합하다.

4 루빅큐브는 각 면의 정사각형을 돌려서 맞추는 퍼즐이므로 동사 'solve(문제를 풀다)'가 적합하다.

D

정 답　**1** A square has the same height and width

2 Draw an identical square behind the first square

3 connect both squares with straight lines

해 석　정육면체 그리는 방법

1 먼저 정사각형을 그려라. 정사각형은 같은 높이와 너비를 가지고 있다.

2 첫 번째 정사각형 뒤에 똑같은 정사각형을 그려라.

3 마지막으로 두 정사각형을 직선으로 연결하라.

4 안쪽의 선을 지우면 정육면체가 나타난다.

해 설　**1** 그림에서 정사각형의 특징에 대해 알 수 있으므로

'정사각형의 높이와 너비는 같다'는 내용이 적합하다.

2 그림에서 첫 번째 정사각형 뒤에 두 번째 정사각형이 있으므로 '동일한 두 번째 정사각형을 그려라'라는 내용이 제시되어야 한다.

3 그림에서 두 정사각형이 직선으로 연결된 장면이 있으므로 '두 정사각형을 직선으로 연결하라'는 내용이 이어져야 한다.

Unit 30 Amazing Senses

Pop Quiz

정 답　**1** They use their ears.

2 They use their noses.

3 They use their tongues.

해 석　**1** 박쥐는 먹이를 찾을 때 어떤 부분을 사용하는가? 그들은 귀를 사용한다.

2 백상아리는 먹이를 찾을 때 어떤 부분을 사용하는가?

그들은 코를 사용한다.

3 왕도마뱀은 먹이를 찾을 때 어떤 부분을 사용하는가?

그들은 혀를 사용한다.

해 설　그림 속 동물들과 연결된 감각 기관을 살펴보면 각 동물들이 먹이를 찾을 때 사용하는 부분을 알 수 있다.

Let's Read

해 석　어떤 동물들은 특별한 감각을 지니고 있다. 그들은 먹이를 사냥할 때 그러한 감각을 사용한다.

박쥐는 음파를 이용해 먹이를 찾는다. 박쥐는 입에서 음파를 내보낸다. 음파가 나가면 무언가에 부딪친다. 그리고서 음파는 다시 박쥐의 귀로 돌아간다. 이러한 음파를 들음으로써 박쥐들은 어둠 속에서 먹이를 찾을 수 있다.

백상아리는 사냥에 뛰어난 코를 가지고 있다. 백상아리는 물 속에서 한 방울의 피 냄새를 맡을 수 있다. 백상아리의 코에는 또한 작은 구멍이 많다. 이 구멍들은 백상아리가 물고기의 심장에서 발생하는 약한 전기를 느끼도록 도와준다. 그것

이 백상아리가 멀리서도 물고기를 찾는 방법이다.

왕도마뱀은 한쪽 끝이 갈라진 모양의 혀를 가지고 있다. 왕도마뱀은 먹이를 찾을 때 혀를 매우 빠르게 안팎으로 움직인다. 이를 통해 왕도마뱀은 공기를 맛볼 수 있고 먹이 냄새를 맡을 수 있기 때문이다. 왕도마뱀은 특별한 혀를 사용함으로써 먹이를 먹기 전에 맛을 볼 수 있다.

어 휘 special 특별한 sense 감각 hunt 사냥하다 sound wave 음파 hit 부딪히다 smell 냄새를 맡다; 냄새 drop 방울 blood 피 hole 구멍 feel 느끼다 weak 약한 electricity 전기 from far away 멀리서 forked 한쪽 끝이 갈라진 tongue 혀 taste 맛보다

Key Words

정 답 1 electricity 2 forked 3 sense 4 hole

해 석 1 전기 2 한쪽 끝이 갈라진 3 감각 4 구멍

After You Read

정 답 1 sound waves 2 Nose 3 weak electricity 4 forked tongues 5 air

해석

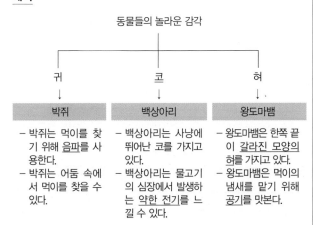

동물들의 놀라운 감각

귀	코	혀
박쥐	백상아리	왕도마뱀
– 박쥐는 먹이를 찾기 위해 음파를 사용한다. – 박쥐는 어둠 속에서 먹이를 찾을 수 있다.	– 백상아리는 사냥에 뛰어난 코를 가지고 있다. – 백상아리는 물고기의 심장에서 발생하는 약한 전기를 느낄 수 있다.	– 왕도마뱀은 한쪽 끝이 갈라진 모양의 혀를 가지고 있다. – 왕도마뱀은 먹이의 냄새를 맡기 위해 공기를 맛본다.

해 설 1 박쥐는 입에서 음파를 내보내 먹이를 찾는다.

2 백상아리는 사냥에 적합한 후각을 가지고 있다.

3 백상아리는 약한 전기를 느끼고 물고기의 위치를 찾을 수 있다.

4 왕도마뱀은 한쪽 끝이 갈라진 모양의 독특한 혀를 가지고 있다.

5 왕도마뱀은 혀를 매우 빠르게 안팎으로 움직여 공기를 맛본다.

정 답 1 don't come → come 2 big → small 3 slowly → quickly

해 석 1 박쥐는 먹이를 찾기 위해 음파를 보낸다. 음파가 도중에 무언가에 부딪히면 박쥐에게 다시 돌아오지 못한다.

2 백상아리는 사냥에 뛰어난 코를 가지고 있다. 그들의 코에는 큰 구멍이 많다.

3 왕도마뱀은 먹이를 찾을 때 한쪽 끝이 갈라진 모양의 혀를 사용한다. 그들은 혀를 천천히 안팎으로 움직여서 먹이 냄새를 맡을 수 있다.

해 설 1 박쥐가 내보낸 음파는 어딘가에 부딪히고 다시 박쥐의 귀로 돌아간다.

2 백상아리의 코에는 작은 크기의 구멍이 많다.

3 왕도마뱀은 먹이 냄새를 맡기 위해 한쪽 끝이 갈라진 모양의 혀를 빠르게 안팎으로 움직인다.

정 답 1 hunt 2 listen to 3 smell 4 taste

해 석 오늘은 동물들이 어떻게 먹이를 사냥하는지에 대해 배워 봅시다. 동물들은 먹이를 찾을 때 특별한 감각을 사용합니다.

박쥐는 좋은 청력을 가지고 있습니다. 박쥐는 음파를 듣고 그것을 사용해서 어둠 속에서 먹이를 찾습니다.

백상아리는 매우 훌륭한 코를 가졌습니다. 백상아리의 코는 많은 작은 구멍을 가지고 있어서 물속에서 한 방울의 피 냄새도 맡을 수 있습니다.

왕도마뱀은 한쪽 끝이 갈라진 모양의 혀를 빠르게 안팎으로 움직입니다. 왕도마뱀은 먹이를 먹기 전에 혀로 공기를 맛볼 수 있습니다.

해 설 1 동물들이 먹이를 찾는데 사용하는 감각에 관한 내용이므로 동사 'hunt(사냥하다)'가 적합하다.

2 박쥐가 음파를 활용하여 먹이를 사냥한다는 내용이므로 동사 'listen to(~을 듣다)'가 적합하다.

3 백상아리가 물 속에서 피 냄새를 맡을 수 있다는 내용이므로 동사 'smell(냄새를 맡다)'이 적합하다.

4 왕도마뱀이 혀를 안팎으로 움직이는 이유에 대한 설명이므로 동사 'taste(맛보다)'가 적합하다.

D

정답

1 They listen to the very small sound of animals when they hunt

2 Their noses help them smell food from far away

3 They can find good grass by tasting it

해석
동물들의 놀라운 감각!

올빼미
올빼미는 어둠 속에서 먹이를 찾을 수 있다. 올빼미는 청각이 좋다. 올빼미가 사냥할 때 동물들의 아주 작은 소리를 듣는다.

북극곰
북극곰은 크고 검은 코를 가지고 있다. 북극곰은 사냥할 때 강한 코를 사용한다. 북극곰의 코는 멀리서 먹이 냄새를 맡도록 도와준다.

소
소는 강력한 혀를 가지고 있다. 소는 단맛을 느낄 수 있다. 단맛은 풀이 먹어도 안전하다는 것을 의미한다. 소는 풀을 맛보고 좋은 풀을 찾을 수 있다.

해설
1 올빼미가 청각을 활용하여 사냥을 한다고 설명하고 있으므로 '올빼미는 동물들의 작은 소리를 듣는다'는 내용이 적합하다.

2 북극곰은 사냥을 할 때 후각을 활용하여 먹이를 찾는다고 하였으므로 '북극곰은 냄새를 맡아 먹이를 찾는다'는 내용이 이어져야 한다.

3 단맛이 나는 풀이 소에게 적합하다는 내용이므로 단맛이 나는 풀을 찾는 구체적인 방법인 '소는 풀을 맛보고 적합한 풀을 찾는다'는 내용이 제시되어야 한다.

Workbook

정답과
해설

Unit 1 Going to the Dog Center

Vocabulary Practice

A

정답 **1** heart **2** healthy **3** favorite **4** checkup

해석 **1** 심장 **2** 건강한, 건강에 좋은 **3** (가장) 좋아하는 **4** (건강) 검진, 신체검사

B

정답 **1** (s)hot **2** (s)tay **3** (w)eigh **4** (t)ake

```
              a
            r p w
            e w k
          o u q b w
          a s h p m
g i w n n s t a y w q t h o e h d
c z s f h a x p f y d y u o l
o u n h i w k e y n a l p
w f t e r k z n s b d
p i a a v b k h t
g b t l v r z o c
h p v g f l l b t s h
c o h g         u f k r
r n y b         y i h z
l r o           e o w
x f u             c h q
```

Reading Practice

A

정답 **1** I hope she stays healthy.

2 He weighs her and gives her a shot.

3 Once a year, I take my dog, Sunny, for a checkup.

4 He listens to her heart and checks her eyes and ears.

해석 〈보기〉 그녀는 가고 싶어 하지 않는다.

1 나는 그녀가 건강한 상태를 유지하기를 바란다.

2 그는 그녀의 체중을 재고 그녀에게 주사를 놓는다.

3 일 년에 한 번 나는 나의 개 Sunny를 건강 검진 받으러 데려간다.

4 그는 그녀의 심장 소리를 듣고 그녀의 눈과 귀를 검사한다.

해설 문장의 주어는 대개 문장의 제일 앞에 나오며 동작의 주체로서 '~가/이'로 해석되는 말이다. 동사는 주어의 동작이나 행동, 상태를 나타내는 말이다.

1 문장의 주어는 I, 동사는 hope이다. 단, hope 뒤에 「주어(she)+동사(stays)+~로 이루어진 목적어가 뒤따라오고 있다.

2 주어는 He 하나지만 동사 weighs와 gives가 and로 연결되어 있다.

3 빈도는 나타내는 말(Once a year) 뒤에 주어와 동사가 이어지고 있다.

4 주어는 He 하나지만 listens와 checks가 and로 연결되어 있다.

B

정답 **1** (my dog) Sunny **2** a checkup **3** The animal doctor **4** Sunny

해설 대명사가 가리키는 대상은 해당 대명사의 앞부분에 언급된 대상 중에서 인칭과 수를 고려하여 찾는다.

1 앞부분에 언급된 대상 중 She가 가리킬 수 있는 대상은 my dog 또는 Sunny이다. 둘은 동일 대상이다.

2 앞부분에 언급된 대상 중 it이 가리킬 수 있는 대상은 a checkup이다.

3 앞부분에 언급된 대상 중 He가 가리킬 수 있는 대상은 The animal doctor이다.

4 앞부분에 언급된 대상 중 she가 가리킬 수 있는 대상은 Sunny이다.

Unit 2 My House

Vocabulary Practice

A

정답 **1** family **2** garden **3** back **4** bedroom

해석 **1** 가족, 가정, 가구(家口) **2** 뜰, 정원 **3** (앞에서 멀리 떨어진) 뒤쪽 **4** 침실, 방

B

정답 **1** (s)wing - **C** **2** (p)orch - **d**

3 (d)ining - **ⓐ** **4** (b)ackyard - **ⓑ**

해석 **1** Nancy는 <u>그네</u>를 타고 노는 것을 좋아한다.

2 너의 젖은 운동화를 <u>베란다</u>에서 말려라.

3 엄마는 <u>식당</u>에 놓을 새 탁자를 주문하신다.

4 Ted는 자신의 집 <u>뒤뜰</u>에서 농구를 한다.

해설 주어진 문장의 의미를 파악하여 빈칸에 알맞은 단어를 생각해 본다.

Reading Practice

정답 **1** 세 개의 침실, 한 개의 욕실, 한 개의 부엌, 한 개의 식당이 있다

2 베란다를 하나 갖고 있다

3 화원이 하나 있다

해석 **1** 세 개의 침실, 한 개의 욕실, 한 개의 부엌, 한 개의 식당이 있다.

2 내 집은 뒤편에 그네가 설치된 베란다를 하나 갖고 있다.

3 뒤뜰에는 화원이 하나 있다.

해설 **1, 3** There are/is ~로 시작하는 문장은 '~(들)이 있다'로 해석한다.

2 has는 '~을 갖고 있다'라는 소유를 나타내는 동사이며, 소유의 대상은 a porch이다.

정답 **1** We also <u>have</u> a family room with a sofa.

2 My family <u>lives</u> a happy life here.

3 I <u>love</u> my house.

해석 〈보기〉 내 집은 일곱 개의 방을 갖고 있다.

1 우리는 또한 소파를 갖춘 거실을 갖고 있다.

2 나의 가족은 여기서 행복한 삶을 산다.

3 나는 나의 집을 사랑한다.

해설 문장에서 동사가 나타내는 동작이나 상태의 대상이 되는 말을 목적어라고 한다. 대개 '~을/를'로 해석한다.

1 have는 소유를 나타내는 동사로서 목적어는 바로 뒤의 a family room이다.

2 live는 대개 '살다'라는 뜻으로 동작의 대상 없이 사용되지만, 여기서는 a happy life를 목적어로 하여 live a happy life는 '행복한 삶을 살다'라는 뜻이 된다.

3 love는 상태를 나타내는 동사로서 목적어는 바로 뒤의 my house이다.

Unit 3 My Neighborhood

Vocabulary Practice

정답 **1** next-door **2** neighborhood

3 grocery **4** town

해석 **1** 옆집의, 옆집에 사는 **2** 근처, 인근, 이웃

3 식료품 **4** 소도시, 읍, 시내

정답 **1** (s)treet **2** (n)eighbor **3** (g)rocery **4** (t)own

```
            t t o l u h f
          k o l v c n p p y w q
        x i c g a a q a l d f e m r v
      w n j u f z y m y x m t t v h f a
    v r y c i i i p v h j o x p n i q y b
    b y d p c x n j i f l j v i w y d c y
  z s l k h m c d f b i b w q p n p x m x o
  m x s i v l h v o s g r o c e r y w c d d
  u d b w x z u i i h r e s x u a r t j c x
  y y f d s k p c m c k d f x d h l y z h h
  r j i s t r e e t k a a y i j t e k t r w
  b t v v w l i z q j q s j f p d n n o a e
  c r e c i f u a m d e f u l s u b m j
    f k w l c t o w n m r z o y f h k v y
      k f t s d w i i v j t p g g b l a
        p y t o u p f i n u d i c j y
          r n l h k j i v e c k
            r k y d n n y
```

Reading Practice

정답 **1** Ms. Pelt and her dog <u>live next door.</u>

2 On the other side of my house is Mr. Thomson's house.

3 At the end of Oak Street is a small grocery store.

4 I think my neighborhood is the best one in town.

해석 〈보기〉 나는 Oak Street에 산다.

1 Pelt 여사와 그녀의 개가 옆집에 산다.

2 나의 집의 다른 쪽에는 Thomson 씨의 집이 있다.

3 Oak Street의 끝에는 작은 식료품점이 하나 있다.

4 나는 내 이웃이 마을에서 최고의 것(이웃)이라고 생각한다.

해설 동작의 주체를 나타내는 문장의 주어는 대개 문장의 제일 앞에 나오며 뒤에 주어의 동작이나 상태를 나타내는 동사가 오는 것이 일반적인 어순이다. 그러나 위치를 나타내는 말이 문장 앞에 올 때 동사와 주어의 순서가 바뀌기도 한다.

1 문장의 주어는 Ms. Pelt and her dog, 동사는 live이다. 뒤에는 장소를 나타내는 말이 이어진 문장이다.

2, 3 위치를 나타내는 말이 문장의 맨 처음에 나오고 동사와 주어가 이어지는 어순의 문장이다.

4 주어는 I, 동사는 think이다. think의 목적어로 절이 오는 구조의 문장이다.

B

정답
1 Ms. Pelt, her dog and I

2 Mr. Thomson

3 (my best friend) Sam and I

4 the small grocery store (at the end of Oak Street)

5 neighborhood

해설 대명사가 가리키는 대상은 해당 대명사의 바로 앞부분에 언급된 대상 중에서 인칭과 수를 고려하여 찾는다.

1 앞부분에 언급된 대상 중 We가 가리킬 수 있는 대상은 Ms. Pelt and her dog과 I이다.

2 앞부분에 언급된 대상 중 He가 가리킬 수 있는 대상은 Mr. Thomson이다.

3 앞부분에 언급된 대상 중 We가 가리킬 수 있는 대상은 Sam과 I이다.

4 앞부분에 언급된 대상 중 there가 가리킬 수 있는 대상은 the small grocery store (at the end of Oak Street)이다.

5 앞부분에 언급된 대상 중 one이 가리킬 수 있는 대상은 neighborhood이다.

Unit 4 Pictures and Letters

Vocabulary Practice

A

정답 **1** letter **2** life **3** alphabet **4** sometimes

해석 **1** 글자, 문자 **2** 삶, 생(명) **3** 알파벳, 자모 **4** 때때로, 가끔

B

정답 1 - ⓐ - ⓖ 2 - ⓒ - ⓔ 3 - ⓓ - ⓕ 4 - ⓑ - ⓗ

해석 **1** 절벽이나 언덕의 측면에 있는 커다란 구멍이 - ⓐ 동굴

2 표기된 글자, 숫자, 또는 다른 상징 - ⓒ 글자, 부호

3 언제나라기보다는 어떤 경우에 - ⓓ 때때로, 가끔

4 소리와 표기된 기호의 세트로 이루어진 의사소통 체계 - ⓑ 언어, 말

Reading Practice

A

정답 **1** People used letters to make words.

2 Today, we write about our lives with letters.

3 Sometimes the characters look like pictures.

4 They tell you about hunting, growing food, and people's lives.

해석 〈보기〉 모든 언어는 알파벳을 갖고 있다.

1 사람들은 단어를 만들기 위해 글자를 사용했다.

2 오늘날 우리는 우리의 삶에 대해 글자로 기록한다.

3 가끔 그 문자들은 그림처럼 보인다.

4 그것들은 여러분에게 사냥과 식량 재배와 사람들의 생활에 대해 말해 준다.

해설 문장의 주어는 대개 문장의 제일 앞에 나오며 동작의 주체로서 '~가/이'로 해석되는 말이다. 동사는 주어의 동작이나 행동, 상태를 나타내는 말이다.

1 문장의 주어는 People, 동사는 used이다. letters는 목적어이며, to make words는 목적을 나타내는 부사구이다.

2 주어는 we이고, 동사는 write이다. about 이하는 '~에 대하여'라는 표현으로 기록(write)의 주제를 언급하고 있다.

3 빈도는 나타내는 부사 뒤에 주어와 동사가 이어지는 구조이다. 여기서 like는 전치사로 '~처럼'이라는 뜻이며 look like는 '~처럼 보이다'라는 뜻이다.

4 주어는 They, 동사는 tell이다. you는 목적어이며, about 이하는 말하는(tell) 주제를 언급하고 있다.

정답 **1** Those pictures tell (stories) from long ago.

2 We (write) about our lives with letters of the alphabet.

3 Sometimes (characters) from alphabets look like letters.

해석 〈보기〉 우리는 동굴의 벽에 있는 많은 그림들을 찾는다.

1 그 그림들은 오래 전으로부터 전해진 이야기들을 말해 준다.

2 우리는 알파벳이라는 글자를 가지고서 우리의 생활에 대해서 쓴다.

3 가끔 알파벳의 문자들은 글자처럼 보인다.

해설 전치사구가 수식하는 어구를 찾는다.

1 '오래 전으로부터의'라는 의미로 바로 앞의 명사 stories를 수식하는 형용사구로 볼 수 있다.

2 '알파벳이라는 글자를 가지고서'라는 의미로 동사 write를 수식하는 부사구로 볼 수 있다.

3 '알파벳의, 알파벳에서 온'의 의미로 명사 characters를 수식하는 형용사구로 볼 수 있다.

Vocabulary Practice

정답 **1** germ **2** rash **3** regular **4** sore

해석 **1** 세균, 미생물 **2** 발진

3 규칙적인, 정기적인, 주기적인

4 (보통 염증이 생기거나 근육을 많이 써서) 아픈

B

정답 **1** s<u>o</u>re : 아픈, 병든 **2** f<u>e</u>v<u>e</u>r : 열, 열병

3 bl<u>oo</u>d : 피, 혈액

4 reg<u>u</u>lar : 규칙적인, 정기적인, 주기적인

해설 본문에서 학습한 영단어들을 생각해 보고 알맞은 모음을 추가하여 단어를 완성한다.

Reading Practice

A

정답 **1** These (white blood cells) kill the germs.

2 They are (too tiny) to see with our eyes.

3 Our blood has germ-fighting (white cells).

4 Let's keep our bodies strong by eating healthy (foods).

해석 〈보기〉 살아 있는 세균은 사람들을 병들게 할 수 있다.

1 이 백혈구들은 세균들을 죽인다.

2 그것들은 우리 눈으로 보기에는 지나치게 작다.

3 우리의 피는 세균과 싸우는 백혈구를 갖고 있다.

4 건강에 좋은 음식을 먹음으로써 우리 몸을 강하게 지키자.

해설 **1** These는 This의 복수형으로 white blood cells를 꾸미는 말이다.

2 to see(보기에)는 정도를 나타내는 too tiny(지나치게 작은)를 꾸미는 말로서 too tiny to see는 '(눈으로) 보기에는 지나치게 작은, 너무 작아서 (눈으로는) 볼 수 없는'이라는 표현이다.

3 뒤에 이어지는 white cells를 꾸미는 말이다.

4 뒤에 이어지는 foods를 꾸미는 말이다.

B

정답　1 germs　2 living germs　3 germ-fighting white cells　4 the germs

해설　대명사가 가리키는 대상은 해당 대명사의 바로 앞부분에 언급된 대상 중 인칭과 수를 고려하여 찾는다.

1 앞부분에 언급된 대상 중 they가 가리킬 수 있는 대상은 germs이다.

2 앞부분에 언급된 대상 중 they가 가리킬 수 있는 대상은 living germs이다.

3 앞부분에 언급된 대상 중 those cells가 가리킬 수 있는 대상은 germ-fighting white cells이다.

4 앞부분에 언급된 대상 중 they가 가리킬 수 있는 대상은 the germs이다.

Unit 6 Winter Sleep

Vocabulary Practice

A

정답　1 thin　2 crawl　3 squirrel　4 hibernation

해석　1 마른, 여윈, 얇은, 가는　2 (엎드려) 기다, 기어가다
3 다람쥐　4 겨울잠, 동면

B

정답　1 crawl – ⓒ　2 meal – ⓐ　3 squirrel – ⓑ

1				2				3			
c	o	ㄱ	l	p	m	e	l	e	q	—	s
r	w	e		a	e	n		t	u	e	
a	d	i		↓	n	s		e	—	r	

해석　〈보기〉 마른, 여윈 – 몸에 여분의(extra) 지방이 없는
　ⓐ 아침식사, 점심식사 또는 저녁식사를 위한 음식
　ⓑ 길고 털이 있는 꼬리를 가진 작은 동물
　ⓒ 손과 무릎으로 앞으로 이동하다

Reading Practice

A

정답　1 squirrels, bats
　　2 Skunks, some types of squirrels and bats, bears
　　3 the summer, the fall
　　4 crawl into their homes, fall into a deep sleep

해석　〈보기〉 그들은 말라 있고 많은 양의 식사를 할 준비가 된 상태이다.
　　1 스컹크, 다람쥐와 박쥐의 일부 유형, 그리고 곰이 겨울잠을 잔다.
　　2 스컹크, 다람쥐와 박쥐의 일부 유형, 그리고 곰이 겨울잠을 잔다.
　　3 이 동물들은 여름과 가을 동안에 자신들의 몸에 지방을 저장한다.
　　4 그 동물들은 자신들의 집으로 기어 들어가서 깊은 잠에 빠진다.

해설　and는 어법적으로 대등한 어구를 연결한다.

1 and 앞뒤에 있는 squirrels와 bats는 동물 이름을 나타내는 대등한 명사이다.

2 and가 hibernate라는 동작을 하는 동물들을 대등하게 나열하며 연결하고 있다.

3 and 앞뒤에 있는 the summer와 the fall은 계절을 나타내는 대등한 명사이다.

4 and는 주어 The animals에 대한 두 가지 동사(구)를 대등하게 연결하고 있다.

B

정답　1 The stored fat gets used up.
　　2 They are thin and ready for a big meal.
　　3 The animals crawl into their homes and fall into a deep sleep.
　　4 These animals store fat on their bodies during the summer and the fall.

해석　〈보기〉 동면은 '겨울잠'을 의미한다.
　　1 저장된 지방은 모두 소진된다.
　　2 그들은 말라 있고 많은 양의 식사를 할 준비가 된 상태이다.
　　3 그 동물들은 자신들의 집으로 기어 들어가서 깊

은 잠에 빠진다.

4 이 동물들은 여름과 가을 동안에 자신들의 몸에 지방을 저장한다.

해설 문장의 주어는 대개 문장의 제일 앞에 나오며 동작의 주체로서 '~가/이'로 해석되는 말이다. 동사는 주어의 동작이나 행동, 상태를 나타내는 말이다.

1 문장의 주어는 The stored fat, 동사는 gets이다.

2 주어는 They이고 are는 '(상태가) ~하다'라는 의미의 동사이다. thin과 ready는 be동사의 의미를 보충하는 말이다.

3 주어는 The animals 하나이지만 두 개의 동사 crawl과 fall이 접속사 and로 연결된 구조이다.

4 주어는 These animals이고 동사는 store이다. fat은 동사 store의 대상이 되는 말이고, 장소와 시간을 나타내는 전치사구가 이어지는 구조의 문장이다.

Unit 7 Hurricanes

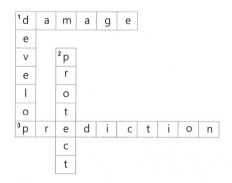

Vocabulary Practice

A

정답 **1** cause **2** damage **3** direction **4** protect

해석 **1** ~을 야기하다, 초래하다 **2** 손상, 피해, 훼손 **3** 방향, 쪽 **4** 보호하다, 지키다

B

정답 〈가로〉 **1** (d)amage **3** (p)rediction
〈세로〉 **1** (d)evelop **2** (p)rotect

¹d	a	m	a	g	e			
e								
v		²p						
e		r						
l		o						
o		t						
³p	r	e	d	i	c	t	i	o	n
		c						
		t						

Reading Practice

A

정답 **1** They fly airplanes into the center.

2 Scientists and hurricane hunters study hurricanes.

3 These predictions help to protect the people in the path of the hurricane.

4 They can make predictions about the strength and direction of the storms.

해석 〈보기〉 그것들은 엄청난 피해를 야기할 수 있다.

1 그들은 중심부로 비행기를 띄운다.

2 과학자들과 허리케인 정찰대는 허리케인을 연구한다.

3 이 예측들은 그 허리케인의 경로에 있는 사람들을 보호하는 것을 돕는다.

4 그들은 폭풍의 강도와 방향에 대해 예측할 수 있다.

해설 문장에서 동사가 나타내는 동작의 대상이 되는 말을 목적어라고 한다. 대개 '~을/를'로 해석한다.

1 fly(~을 날리다, 띄우다)의 목적어는 바로 뒤에 나오는 airplanes이다.

2 study(~을 연구하다)의 목적어는 바로 뒤에 나오는 hurricanes이다.

3 protect(~을 보호하다)의 목적어는 바로 뒤에 나오는 the people이다.

4 make(~을 만들다)의 목적어는 바로 뒤에 나오는 predictions이다.

B

정답 **1** Hurricanes (또는 These storms)

2 Hurricanes (또는 These storms)

3 Scientists and hurricane hunters

4 Scientists and hurricane hunters

해설 대명사가 가리키는 대상은 해당 대명사의 바로 앞부분에 언급된 대상 중 인칭과 수를 고려하여 찾는다.

1, 2 앞부분에 언급된 대상 중 They/they가 가리킬 수 있는 대상은 These storms, 또는 These storms가 가리키는 Hurricanes이다.

3, 4 앞부분에 언급된 대상 중 They/they가 가리킬 수 있는 대상은 Scientists and hurricane hunters이다.

Unit 8 When I Grow Up

Vocabulary Practice

A

정답　**1** wound　**2** feed　**3** designer　**4** chef

해석　**1** 상처　**2** (먹이를) 주다　**3** 디자이너　**4** 요리사

B

정답　**1** (c)heck　**2** (c)are　**3** (t)eacher　**4** (c)ook

```
s w p q f n a l i p v l
o h j f s m b f h p x i
e c b j n c w i e y o e
k m y n w o m r v y z q
b v n l e o q y v v n e
i p j e j k e p x h t e
v m l c h e c k w c e w
b n s v z c w m x f a s
d k p z n c a r e o c n
y a x y s s n e e t h c
g d r d i c c y a a e j
i h e d m s g c h d r o
```

해설　우리말 뜻에 해당하는 영단어를 생각해 보고 철자
판에서 찾는다.

Reading Practice

A

정답　**1** She treats the wounds of animals.

　　　2 He prepares and cooks different kinds of food.

　　　3 She works with animals.

　　　4 She designs and makes clothes.

해석　〈보기〉 나의 아빠는 비행기 조종사이다.

　　　1 그녀는 동물들의 상처를 치료해 준다.

　　　2 그는 다른 종류의 음식을 준비하고 요리한다.

　　　3 그녀는 동물들과 일한다.

　　　4 그녀는 옷을 디자인하고 만든다.

해설　문장의 주어는 대개 문장의 제일 앞에 나오며 동작
의 주체로서 '~가/이'로 해석되는 말이다. 동사는 주어의 동
작이나 행동, 상태를 나타내는 말이다.

1 She가 주어이고 동사는 treats이다.

2 He가 주어이고 동사는 prepares와 cooks이다.

3 She가 주어이고 동사는 works이다.

4 She가 주어이고 동사는 designs와 makes이다.

B

정답　**1** <u>work</u> → works　**2** <u>check</u> → checks

　　　3 <u>treats</u> → treat　**4** <u>are</u> → is

해석　**1** 동물원 수의사는 동물원에서 동물들과 일한다.

　　　2 그녀는 사육 조건을 점검한다.

　　　3 우리는 동물들의 상처를 치료한다.

　　　4 나의 동생은 요리사이다.

해설　1인칭, 2인칭 주어, 복수 주어 다음에 일반 동사가
올 때는 원형을 쓰고, 3인칭 단수 주어 다음에 일반 동사가
나올 때에는 일반 동사에 -(e)s를 붙인다.

1 3인칭 단수 주어(A zoo veterinarian) 다음의 work를
works로 바꾸어야 한다.

2 3인칭 단수 주어(She) 다음의 check를 checks로 바꾸
어야 한다.

3 복수 주어(We) 다음에 일반 동사가 올 때는 원형을 쓰므
로 treats를 treat으로 바꾸어야 한다.

4 3인칭 단수 주어(My brother) 다음에 오는 be동사 are
를 is로 바꾸어야 한다.

Unit 9 We Are Twins

Vocabulary Practice

A

정답　**1** outgoing　**2** talkative　**3** kind　**4** shy

해석　**1** 외향적인　**2** 수다스러운　**3** 친절한　**4** 수줍음을 많
이 타는

B

정답　〈세로〉 **1** (o)utgoing　**2** (q)uiet　**3** (t)wins

　　　〈가로〉 **3** (t)alkative　**4** (s)hy

Reading Practice

A

정답　**1** but　**2** but　**3** or　**4** and

해석　**1** 우리는 다르지만, 우리는 항상 서로를 사랑한다.

　　　2 John은 힘이 세지만 그의 아빠는 약하다.

　　　3 어떤 주스를 원하니, 망고 주스 아니면 오렌지 주스?

　　　4 나는 토마토와 포도를 슈퍼마켓에서 샀다.

해설　단어, 구, 절 등을 대등하게 연결하는 접속사를 등위접속사라고 하며 and, or, but, so 등이 있다.

1, 2 앞 문장과 뒤 문장이 대조의 성격을 지니므로 but를 쓴다.

3 앞의 단어와 뒤의 단어 중에 선택을 나타낼 때는 or를 쓴다.

4 앞의 단어와 뒤의 단어가 나열되는 성격이므로 and를 쓴다.

B

정답 ④

해석　〈보기〉 나는 친구들과 함께 노는 것을 <u>좋아한다</u>.

　　　① 나는 핫 초콜릿을 <u>좋아하지</u> 않는다.

　　　② 그녀는 TV보는 것을 <u>좋아한다</u>.

　　　③ 그는 농구하는 걸 <u>좋아하니</u>?

　　　④ 나의 동생은 나와 <u>닮았다</u>.

해설　like의 뜻을 묻는 문제이다. ① ~ ③은 '좋아하다'라는 의미로 쓰였으며 ④는 '~와 같이', '~처럼'이라는 의미로 쓰였다.

Vocabulary Practice

A

정답　**1** root　**2** stem　**3** flower　**4** seed

해석　**1** 뿌리　**2** 줄기　**3** 꽃　**4** 씨앗

B

정답　**1** (c)arrot　**2** (c)abbage　**3** (c)orn　**4** (p)ea

```
u u i b s k j z b c r e
c a b b a g e d y q m e
y t i i o s q z a m g p
y e c h a v x q d j a z
p l r a k w m p d x m q
v k i v r y l x c i d f
r t v u n r p w y o i h
w x v p f z o q g v r w
f a q x t f w t v j n n
h o q n t a p e a q n m
a g m n p n v x d j w k
```

Reading Practice

A

정답　**1** seed – 　**2** flower – **d**　**3** root – **b**

　　　4 stem – **c**

해석　**1** <u>씨앗</u>은 그 안에 새로운 식물이 있다.

　　　2 꽃은 줄기 끝에서 자라며, 짧은 시간 동안 산다.

　　　3 <u>뿌리</u>는 땅속에서 자라는 식물의 부분이다.

　　　4 <u>줄기</u>는 뿌리와 식물의 다른 부분을 연결해 준다.

해설　문장의 뜻을 생각하며 괄호 안의 철자를 알맞게 배열하고 그 뜻을 찾아 서로 이어 준다.

1 새로운 식물이 그 안에 있는 것은 씨앗(seed)이다.

2 줄기 끝에서 자라며, 짧은 시간만 사는 것은 꽃(flower)이다.

3 땅속에서 자라는 식물의 부분은 뿌리(root)이다.

4 뿌리와 식물의 다른 부분을 연결해 주는 것은 줄기(stem)이다.

정 답 **1** Corn and peas <u>are</u> the seeds of the plant.

2 <u>Some plants have</u> more than one part to eat.

3 <u>The fruit of the pumpkin is</u> the part most people eat.

해 석 〈보기〉 베리는 과일이다.

1 옥수수와 완두콩은 식물의 씨앗이다.

2 어떤 식물들은 먹을 수 있는 부분을 하나 이상 가지고 있다.

3 호박의 열매는 대부분의 사람들이 먹는 부분이다.

해 설 **1** Corn and peas가 주어이고 are이 동사이다.

2 Some plants가 주어이고 have가 동사이다.

3 The fruit of the pumpkin이 주어이고 is가 동사이다.

Unit 11 The Statue of Liberty

Vocabulary Practice

정 답 **1** ray **2** torch **3** crown **4** statue

해 석 **1** 광선 **2** 횃불 **3** 왕관 **4** 동상

정 답 **1** landmark **2** statue **3** famous **4** gift

```
y t c l y o v i l e l d
j e w g s t c g d s a p
k e c q r w t v d c n l
f v t m u e x m w v d f
w d i z r o s a e g m y
o w y q g u x o n l a a
p y q f o i b b a g r n
q g x m s t f e h i g o
u h a p j r u t s f t d
w f m h a t y a r t v j
l a d x a f y y e t f f
s h z t q v e l z d q s
d d s y q x t k m l v c
```

Reading Practice

정 답 ②

해 석 ① 자유의 여신상이 어디에 있는가?

② 자유의 여신상은 무엇으로 만들어졌나?

③ 자유의 여신상의 전체 높이는 얼마인가?

④ 자유의 여신상이 그녀의 오른손에 무엇을 들고 있는가?

해 설 ① 자유의 여신상은 미국 뉴욕시에 있다.

② 자유의 여신상이 무엇으로 만들어졌는지는 지문에 나와 있지 않다.

③ 자유의 여신상의 전체 높이는 93m이다.

④ 자유의 여신상은 오른손에 횃불을 들고 있다.

정 답 **1** T **2** F **3** F

해 석 **1** 자유의 여신상은 유명하다.

2 자유의 여신상은 그녀의 왕관에 여섯 개의 광선을 가지고 있다.

3 자유의 여신상은 영국으로부터 받은 우정 선물이다.

해 설 **1** 자유의 여신상은 유명한 랜드마크(famous landmark)이므로 사실이다.

2 자유의 여신상은 그녀의 왕관에 일곱 개의 광선을 가지고 있으므로 거짓이다.

3 자유의 여신상은 프랑스(France)로부터 받은 선물이므로 거짓이다.

Unit 12 String Musical Instruments

Vocabulary Practice

정 답 **1** string **2** vibrate **3** bow **4** wooden

해 석 **1** 현 **2** 진동시키다 **3** 활 **4** 목재의

B

정답 〈세로〉 **1** string **2** vibrate **4** violin **6** bow

〈가로〉 **3** finger **5** guitar **7** cello

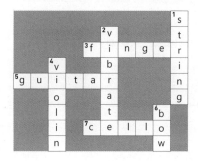

Reading Practice

A

정답 contrabass – cello – viola – violin

해석 작은 악기일수록 더 높은 소리를 내고 큰 악기일수록 더 낮은 소리를 낸다.

콘트라베이스 – 첼로 – 비올라 – 바이올린

해설 큰 악기일수록 더 낮은 소리를 낸다고 하였으므로 크기가 큰 악기 순서대로 적는다.

B

정답 **1** by **2** of

해석 **1** 현악기는 현을 진동시켜 소리를 낸다.

2 각각의 현악기는 그것의 모양과 크기 때문에 다른 소리를 낸다.

해설 **1** 방법을 나타내는 전치사 by가 오는 것이 적절하다.

2 「because + of + 명사」는 '~ 때문에'라는 뜻으로 of가 오는 것이 적절하다.

Vocabulary Practice

A

정답 **1** owl **2** fur **3** frozen **4** dry

해석 **1** 올빼미 **2** 털 **3** 얼어붙은 **4** 건조한

B

정답 **1** (c)ool **2** (f)rozen **3** (s)urvive **4** (t)hick

l	b	f	b	x	l	k	p	b	y	i	w
e	z	i	b	k	v	p	g	b	t	k	o
c	e	r	y	x	q	j	j	h	h	e	j
b	g	r	d	m	t	v	y	h	i	v	x
w	r	d	r	w	g	s	p	w	c	x	r
x	t	m	c	l	e	o	l	m	k	n	a
f	r	o	z	e	n	j	d	q	u	u	d
f	k	k	h	y	s	u	r	v	i	v	e
l	w	m	f	c	q	c	b	x	s	w	f
g	s	s	g	f	a	b	o	w	f	q	v
h	t	e	w	u	z	q	f	o	z	m	k
c	y	t	v	p	h	z	c	n	l	z	r

Reading Practice

A

정답 ③

해석 ① 북극 툰드라는 매우 추운 지역이다.

② 북극 툰드라는 북아메리카의 북부에서 발견될 수 있다.

③ 북극 툰드라는 나무가 많다.

④ 북극여우는 북극 툰드라에 산다.

해설 ① 북극 툰드라는 매우 춥다.

② 북극 툰드라는 북아메리카, 유럽, 아시아의 북부에서 찾을 수 있다.

③ 북극 툰드라에는 나무가 없다고 하였으므로 정답이다.

④ 북극여우와 흰올빼미, 북극곰이 북극 툰드라에 산다.

B

정답
1 The Arctic tundra is a very cold area near the Arctic.

2 In the Arctic tundra, summers are very short and cool.

3 Animals like polar bears have thick fur to keep them warm.

4 Every animal has adapted in order to survive

해석
1 북극 툰드라는 북극 근처의 매우 추운 지역이다.

2 북극 툰드라에서는 여름이 매우 짧고 서늘하다.

3 북극곰과 같은 동물들은 그들을 따뜻하게 하기 위해 두꺼운 털을 지닌다.

4 모든 동물은 살아남기 위해 적응해 왔다.

해설
1 The Arctic tundra는 주어이고 is는 동사이다.

2 summers는 주어이고 are는 동사이다.

3 Animals like polar bear가 주어이고 have가 동사이다.

4 Every animal는 주어이고 has adapted는 동사이다.

Unit 14 Plastic Pollution

Vocabulary Practice

 A

정답
1 bottle 2 straw 3 land 4 Earth

해석
1 병 2 빨대 3 땅 4 지구

B

정답
〈세로〉 1 harmful 3 bottle
〈가로〉 2 plastic 4 pollute

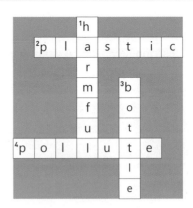

Reading Practice

A

정답 ④

해설 be surrounded by는 '~로 둘러싸여 있다'라는 의미이다. throw는 '버리다'라는 뜻으로 문맥상 그것들의 대부분이 버려진다고 해야 자연스러우므로 thrown이 들어가는 것이 적절하다.

B

정답
1 Plastic pollutes our land and water.

2 Plastic is harmful to animals.

3 We need to clean up the Earth.

해설 문장의 뜻에 알맞게 단어를 배열하여 문장을 완성한다.

Unit 15 Cyber Etiquette

Vocabulary Practice

 A

정답
1 communicate 2 respect 3 consider
4 follow

해석
1 의사소통하다 2 존중하다, 존경하다
3 배려하다, 생각하다 4 따르다

정답

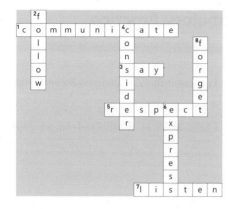

			²f						
¹c	o	m	m	u	n	i	⁴c	a	t	e

Crossword:
- ¹communicate
- ²f...
- ⁴con si d r (connsider - reading down: c,o,n,s,i,d,e,r)
- ³say
- ⁸f or ge t (forget)
- ⁵respect
- ⁶express
- ⁷listen

(llow / communicate crossword grid)

Reading Practice

정답 1 ① 2 ③ 3 (D)

해설 1 이 글은 사이버 예절의 중요성에 대한 것이다. 인터넷 쇼핑은 사람들이 인터넷을 사용하는 방법의 하나로 제시되었으나 인터넷 쇼핑을 하는 방법은 제시되지 않았으므로 ②가 주제로는 적절하지 않다. 또한, 몇몇 나라에서는 인터넷에서 나쁜 말을 하는 것이 범죄가 된다고 하였지만 ③ 역시 전체 글의 주제로는 적절하지 않다.

2 본문에 따르면, 요즘 사람들은 거의 매일 인터넷을 사용하고(These days, people use the Internet almost every day.), 가상 공간에서 예절을 지키는 것은 매우 중요하며(In cyberspace, it's very important to be polite.), 가상 공간에서는 직접 만나서 얼굴을 보며 대화하지 않으므로(We don't meet each other face to face in cyberspace.), 정답은 ③이다.

3 주어진 문장에서 Also, more importantly가 포함되어 있으므로, 앞부분의 내용에 지켜야 할 내용들이 있어야 한다. 따라서 글의 가장 앞부분인 (A)는 정답이 아니다. (B)와 (C) 역시, 앞부분에 나열된 문장들이 지켜야 할 것들에 대한 내용이 아니므로 정답이 될 수 없다. 따라서 정답은 You should try to listen to others' ideas. 문장 뒤인 (D)이다.

Vocabulary Practice

A

정답 1 poison 2 digest 3 stomachache 4 greasy
해석 1 독약 2 소화하다 3 복통 4 기름진

B

정답

s	t	o	m	a	c	h	a	c	h	e
d	f	r	e	q	u	e	n	t	l	y
i	e	s	u	n	c	o	o	k	e	d
g	x	u								
e	p	f	u	n	r	i	p	e		c
s	i	f								o
t	r	e								l
	e	r								d
		d								

복통	stomachache	고통받다	suffer
덜 익은, 설익은	unripe	차가운	cold
자주, 흔히	frequently	소화하다	digest
익히지 않은	uncooked	기한이 지난	expired

Reading Practice

A

정답 1 ⓐ eating ⓑ to develop 2 ① 3 (C)

해설 1 ⓐ는 전치사 of 뒤에 위치하고 있으므로 eat에 -ing를 붙여서 나타내야 한다. ⓑ는 it이 의미하는 바를 나타낼 수 있도록 to develop로 표현하는 것이 적절하다.

2 더운 여름에도 배를 덮고 자는 게 좋다고 했으므로(when you sleep on summer nights, it's best to cover your stomach with a blanket even when it's hot.), 정답은 ①이다. 여름에는 차가운 음식을 많이 먹는 것이 좋지 않으며(You should be careful of eating cold or uncooked foods especially during the summer.), 과식은 건강에 좋지 않다(Eating too much is not good for your health.). 또한, 복통이 반복된다면 병원에 가서 검진을 받아 보는 것이 가장 좋다(If you frequently get stomachaches, it is best to see a doctor for a checkup).

3 전체적으로 복통의 원인과 예방법에 대한 내용이다. 그런데 (C)는 '좋은 식당으로 가자.'는 의미의 문장이므로 전체 흐름과 관계가 없다. 그러므로 정답은 (C)이다.

Unit 17 O2O (Online to Offline)

Vocabulary Practice

A

정답 1 purchase 2 commerce 3 promote 4 product

해석 1 구매 2 상업 3 홍보하다 4 제품

B

정답

단어 뜻	배열한 단어
믿을 만한	Reliable
(가격이) 적당한, 알맞은	Affordable
구매	Purchase
제품	Product

단어 뜻	배열한 단어
얻다	Get
상업	Commerce
홍보하다	Promote
장점	Advantage

Reading Practice

A

정답 1 (C) – (A) – (B) 2 ① 3 easy, strong

해설 1 소셜 커머스에 대한 설명이다. 순서를 나타내는 서수사 First가 포함된 문장 (C)가 가장 먼저 위치한다. 판매자가 먼저 온라인으로 제품을 홍보한다는 내용이다. 다음으로는 소비자 또한 온라인에서 상품을 홍보한다는 내용의 (A)가 위치한다. 마지막으로 부사 Then으로 연결되어, 사람들이 합리적인 가격으로 오프라인에서 물건을 구매할 수 있다는 내용의 (B)가 위치한다.

2 소셜 커머스에서 물건 홍보는 판매자와 소비자가 모두 하므로(sellers promote a product online / consumers also promote the product to attract more people online.), ①은 일치하지 않는다.

3 (1) 온라인 쇼핑의 장점으로 정보를 쉽게 얻을 수 있다고 언급되어 있으므로 easy가 적절하다.

(2) 오프라인 쇼핑의 장점으로 믿을 수 있는 점을 들고 있으므로 strong이 적절한 단어이다.

Unit 18 The Importance of a Sound Sleep

Vocabulary Practice

A

정답 1 concentration 2 scientist 3 comfortable 4 professional

해석 1 집중 2 과학자 3 편안한 4 직업의, 전문적인

B

정답

Reading Practice

A

정답 1 (D) 2 ③ 3 ①

해설 1 몇몇 사람들이 하루의 4분의 1을 잠으로 보내는 게 낭비라고 말하지만, 잠을 자는 동안에도 뇌는 쉬지 않는다. 그러므로 잠은 시간을 낭비하는 것이 아니라는 내용의 주어진 문장은 (D)에 와야 한다.

2 글의 내용 중, 잠을 자는 동안에도 뇌는 휴식을 취하지 않는다는 문장이 있으므로(When you sleep, your body is resting, but your brain is still working hard.) 잠을 자는 동안에는 뇌도 함께 휴식을 취한다는 ③은 글의 내용과 일치하지 않는다.

3 이 글은 좋은 컨디션을 유지하고 효율적으로 일하기 위해서는 충분한 수면이 필요하다고 하고 있다. 따라서 이 글의 주제는 ① '충분한 잠의 중요성'이다.

Unit 19 New Words Related to Low Birthrates

Vocabulary Practice

정답 **1** independence **2** generation **3** income
       4 birthrate

해석 **1** 독립 **2** 세대 **3** 소득, 수입 **4** 출산율

B

정답

g	e	n	e	r	a	t	i	o	n		e
c								e			x
h		d	e	p	e	n	d		n		p
o									j		e
o	e	c	o	n	o	m	i	c	o		c
s									y		t
e		b	i	r	t	h	r	a	t	e	
i	n	d	e	p	e	n	d	e	n	c	e

세대	generation		의존하다	depend
즐기다	enjoy		독립	independence
기대하다	expect		출산율	birthrate
선택하다	choose		경제적인	economic

Reading Practice

정답 **1** (C) **2** ③ **3** money, raise

해설 **1** 본문은 저출산에 따라 함께 나타난 신조어인 DINK족, PINK족, TONK족에 대해 설명하고 있다. 그런데 (C)는 세대 차이가 하나의 큰 사회적 문제가 되고 있다는 내용이므로 글의 전체 흐름과 관계가 없다.

2 경제적 어려움으로 인하여 아이를 가지지 않는 부부는 PINK족이므로 ①, ②는 모두 답이 아니다. TONK족은 자녀 없이 둘만의 삶을 즐기려는 노년 세대이다. TONK족에 대한 설명인 Some elderly people, called TONKs (Two Only, No Kids), want to enjoy their own lives.로 보아 ③이 정답이다.

3 (1) PINK족은 경제적 어려움을 겪는 사람들이다. 그러므로 health가 아니라 money가 적절하다.

(2) TONK족은 그들의 손자손녀를 돌보는 것을 원하지 않으므로 meet이 아니라 raise가 적절하다.

Unit 20 How to Manage Your Time Efficiently

Vocabulary Practice

A

정답 **1** separate **2** visual **3** valuable **4** borrow
해석 **1** 분리하다 **2** 시각의 **3** 소중한 **4** 빌리다

B

정답

단어 뜻	배열한 단어		단어 뜻	배열한 단어
소중한	Valuable		시각의	Visual
창조하다	Create		달력	Calendar
분리하다	Separate		더하다	Add
기록하다	Record		빌리다	Borrow

Reading Practice

정답 **1** ① **2** ③

해설 **1** 시각적인 일정표를 만들면 해야 할 일을 확인할 수 있다는 내용이므로 빈칸에는 If(만약 ~하면)가 적절하다. ② ~ 전에 ③ 하지만 ④ ~에도 불구하고

2 데드라인 이전에 일을 마치고, 다른 실수가 없었는지 다시 한 번 확인을 해 보아야 한다고 말한다(Then, check again later to see if there are any mistakes.). 그러므로 데드라인까지 일을 마친다면 실수는 확인할 필요가 없다는 내용의 ③은 글의 내용과 일치하지 않는다.

Unit 21 Various Forms of Transportation in the World

Vocabulary Practice

A

정답 1 transportation 2 modify 3 reflect
4 personality

해석 1 운송, 수송 2 수정하다 3 반영하다 4 성격

B

정답

p	e	x	p	e	n	s	i	v	e	h		r		
a				m						a		e		
s				o			f			r		f		
s				d			a			b		l		
e				i			r			o		e		
n				f			e			u		c		
g				y						r		t		
e		p	e	r	s	o	n	a	l	i	t	y		
r	t	r	a	n	s	p	o	r	t	a	t	i	o	n

승객	passenger
교통수단	transportation
값비싼	expensive
성격	personality

반영하다	reflect
항구	harbour
수정하다	modify
요금	fare

Reading Practice

A

정답 1 ④ 2 ④ 3 (D)

해설 1 ①, ②, ③은 TUK-TUK이고 ④는 the engine을 의미하므로 정답은 ④이다.

2 수상 택시는 일반 택시에 비해 요금이 비싸다는 내용이 나오므로(Fares are more expensive than regular taxis.) 정답은 ④이다.

3 이 글은 여러 가지 다양한 교통수단에 대해 이야기하고 있으며, 툭툭, 지프니, 수상 택시가 언급되고 있다. 주어진 문장은 on the water 부분을 통해 수상 택시에 대한 부분임을 알 수 있다. 수상 택시와 관련 있는 보기는 (D)가 유일하다. 또한, 요금이 비쌈에도 불구하고 몇몇 사람들은 교통체증이 없어서 수상 택시 이용을 더 선호한다는 내용을 고려하였을 때 정답은 (D)이다.

Unit 22 Good Eating Habits

Vocabulary Practice

A

정답 1 nutrient 2 muscle 3 bone 4 overeat

해석 1 영양소 2 근육 3 뼈 4 과식하다

B

정답

단어 뜻	배열한 단어	단어 뜻	배열한 단어
자신의	Own	근육	Muscle
영양소	Nutrient	뼈	Bone
과식하다	Overeat	혈액	Blood
~해야 한다	Must	통제하다	Control

Reading Practice

A

정답 1 ⓐ growing, ⓑ overeating 2 ② 3 (B)

해설 1 ⓐ '성장하는'이라는 의미로 child를 수식하기 위해서 grow를 growing으로 고쳐야 한다. ⓑ eating과 skipping, overeat이 and로 연결되어 있으므로 overeat를 overeating으로 고쳐야 한다.

2 본문의 A growing child's eating habits are especially important.라는 문장을 통해, 어린이의 식습관은 특히 더욱 중요하다는 것을 알 수 있으므로, ②의 내용은 본문과 일치하지 않는다.

3 주어진 문장에서 지칭하는 them은 우리가 먹고 마시면서 얻어야 하는 어떤 것이므로 nutrients라고 보아야 한다. 그러므로 (B)가 해당 문장이 들어가기에 적절한 곳이라고 할 수 있다.

Unit 23 I Got the Wrong Shoes

Vocabulary Practice

A

정답 **1** delivery **2** comfortable **3** complain **4** popular

해석 **1** 배달 **2** 편안한 **3** 항의하다 **4** 인기 있는

B

정답

1 customer **2** review **3** send **4** fix **5** arrive **6** return

7 online **8** order **9** decide

Reading Practice

A

정답 **1** ② **2** ① **3** (C)

해설 **1** 수호가 남긴 고객 후기 글에서 잘못된 색상의 신발이 배송됐다(I ordered black shoes, but you sent yellow ones)고 하였고, 이 문제를 어떻게 해결할 것인가(What can you do to fix this problem?)를 물었기 때문에 ① '잘못된 신발 배송에 항의하려고'가 정답이다.

2 글을 읽고 그 세부 내용을 파악하는 문제이다. 수호가 남긴 고객 후기 글에서 신발이 편해 보여서(because the shoes looked comfortable) 주문했다고 했으므로 ① '수호는 독특한 디자인 때문에 신발을 주문했다.'가 정답이다.

② 노란색 신발을 반품하면 신발 회사는 기꺼이 검정색 신발을 즉시 보낼 예정이다(we will be pleased to send you the black shoes right away).

③ 신발 회사는 수호에게 10% 할인 쿠폰을 제공할 것이다(We will give you a 10% discount coupon).

3 주어진 문장은 '이틀 안에 신발을 받아 볼 수 있을 것이다(You will be able to get them in two days)'라는 내용이다. 기꺼이 검정색 신발을 바로 보내 주겠다(we will be pleased to send you the black shoes right away)는 내용 뒤에 이어져야 자연스러우므로 (C)가 주어진 문장이 들어갈 곳으로 가장 적절하다.

Unit 24 Let's Make a Blueberry Cake

Vocabulary Practice

A

정답 **1** pour **2** ingredients **3** batter **4** delicious

해석 **1** 붓다 **2** 재료 **3** 반죽 **4** 맛있는

B

정답

```
c p b p g f d h y t h z
g y y r r e g i y u t h
o g n w x e n w h o f q
z z o d i g h t h z v h
u o b r r h q e l x h z
n g w i d u s s a y b j
t c u c y e a m d t n x
i n v i t e r o u d w j
l y l o o k f o w r b c
t a a x e o l t r y a n
s i n o d q t h e i z m
k m h n u t b a k e h z
```

예열하다	preheat		부드러운	smooth
말리다	dry		초대하다	invite
부드럽게	gently		굽다	bake
~할 때까지	until		~처럼 보이다	look

Reading Practice

A

정답 **1** ② **2** ③ **3** ②

해설 **1** 블루베리 케이크를 만드는 단계가 소개되고 있으므로 ② 'Delicious blueberry cake recipe'가 정답이다.

① 여러분의 건강을 위한 블루베리

② 맛있는 블루베리 케이크 요리법

③ 어린이를 위한 재밌고 쉬운 요리

2 케이크 굽기가 끝나면 갈색으로 보인다(When it is done, the cake will look brown)고 하였으므로 ③ '케이크가 다 구워지면 갈색을 띤다'가 정답이다.

① 오븐은 175°C로 예열시킨다(Preheat the oven to 175°C).

② 씻은 블루베리는 접시에 담아 둔다(Place the blueberries on the glass dish).

3 케이크가 완성되었는지 확인하는 방법에 관한 내용이다. 칼을 케이크 가운데에 꽂은 후 뽑았을 때 칼이 깨끗한지 아닌지를 통해 케이크 완성 여부를 확인할 수 있다. 따라서 (B)–(C)–(A) 순서로 배열되어야 가장 자연스럽다.

Unit 25 Sneeze Etiquette

Vocabulary Practice

A

정답 **1** sneeze **2** spread **3** carry **4** follow

해석 **1** 재채기하다 **2** 퍼트리다, 퍼지다 **3** 운반하다 **4** 따르다

B

정답

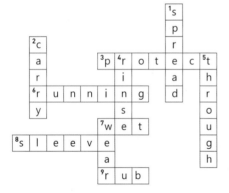

Reading Practice

A

정답 **1** ② **2** ② **3** ③

해설 **1** 재채기 예절의 중요성을 강조(To protect yourself and others, sneeze etiquette is very important)하면서 올바르게 재채기하는 방법과 손 씻는 방법을 소개하고 있으므로 ② '올바른 재채기 예절을 안내하려고'가 정답이다.

2 마스크를 쓰면 바이러스가 퍼지는 것을 막아 준다(Masks can stop the viruses from spreading)고 하였으므로 ② '마스크로 바이러스가 퍼지는 것을 막을 수 없다.'가 정답이다.

① 재채기할 때 주변에 휴지가 없으면 셔츠 소매에 한다(If you do not have a tissue around you, sneeze into your shirt sleeve, not your hands).

③ 손을 씻을 때는 흐르는 물에 30초 이상 씻는다(Wash your hands with soap and clean running water for at least 30 seconds).

3 글의 흐름에 맞게 빈칸에 들어갈 연결어를 찾는 문제이다. 빈칸 (A)의 앞 문장은 손에 재채기하였을 때 즉시 손을 씻어야 한다(If you sneeze into your hands, wash them right away)는 내용이며, 빈칸 (A) 이후에 손에 묻은 바이러스를 퍼트릴 수 있다는 내용(you may spread the viruses on your hands when you touch something)이 이어진다. 따라서 재채기 후 손을 씻지 않을 경우의 위험성에 관해서 이야기하고 있으므로 ③ If not이 정답이다.

Unit 26 I Feel Angry!

Vocabulary Practice

A

정답 **1** physical **2** regret **3** useful **4** reduce

해석 **1** 신체의 **2** 후회하다 **3** 유용한 **4** 감소시키다

B

정답

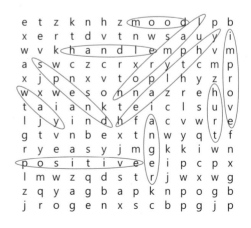

화	anger	다치게 하다	hurt
정상적인	normal	긍정적인	positive
다루다	handle	시간을 보내다	spend
건전한	healthy	향상시키다	improve
방법	way	기분	mood

Reading Practice

정답　1 ③　2 ③　3 ②

해설　**1** 건전한 방법으로 화를 다스릴 수 있는 유용한 방법(Here are some useful tips to handle your anger in a healthy way)을 소개하기 때문에 ③ '화를 건전한 방식으로 다스리는 방법을 알려 주려고'가 정답이다.

2 화가 났을 때 자신의 감정을 적으면 자신에 대해 생각할 수 있다(When you are angry, write down your feelings. It will help you stop and think about yourself)라고 하였으므로 ③ '화가 났을 때 상대방의 감정을 적으면 자신에 대해 생각할 수 있다.'가 정답이다.

① 말은 사람의 감정을 다치게 할 수 있다(Words can hurt people's feelings).

② 화가 났을 때 걷거나 뛰는 것은 기분 전환에 도움이 된다(Physical activities can reduce stress and improve your mood).

3 운동을 통해 건전한 방식으로 화를 다스리는 방법에 관한 내용이므로, 운동 전 준비 운동을 해야 한다(You should warm up before you exercise)고 설명하고 있는 (B)가 글의 전체 흐름과 관계가 없다.

Vocabulary Practice

정답　**1** melt　**2** recycle　**3** add　**4** blow

해석　**1** 녹이다　**2** 재활용하다　**3** 첨가하다　**4** 불다

B

정답

1 popular　**2** heat　**3** cool　**4** molten　**5** chemical
6 shape　**7** wrap　**8** while　**9** tool　**10** garbage

Reading Practice

정답　**1** ①　**2** ①　**3** ②

해설　**1** 우리 주변에서 쉽게 발견할 수 있는 유리가 만들어지는 과정(Where does glass come from?, How is molten glass formed into shapes?)과 재활용을 통해 어떻게 다시 사용될 수 있는지(Can old glass be recycled into new glass?)를 설명하고 있으므로 ① Life cycle of glass가 정답이다.

① 유리의 일생

② 액체 모래에서 만들어지는 유리

③ 유리 제작자의 놀라운 기술

2 유리의 색을 바꿀 수 있고 더 강하게 만들 수 있다(you can change the color of glass and make the glass stronger)고 했으므로 ① '유리의 색을 바꾸거나 더 강하게 만들 수 있다.'가 정답이다.

② 아직 뜨거울 때(While it is still hot) 유리의 모양을 만들 수 있다.

③ 유리를 재활용하면 더 적은 쓰레기가 발생한다(Recycling glass also means less garbage).

3 밑줄 친 단어가 의미하는 대상이 바르게 연결되지 않은 것을 찾는 문제이다. (B)는 앞 문장에서 언급한 파이프(the pipe)를 의미하므로 ②가 정답이다.

Unit 28 Dancing Is Good for You

Vocabulary Practice

A

정답 1 emotion 2 rhythm 3 order 4 improve

해석 1 감정 2 리듬 3 순서 4 향상시키다

B

정답

```
        ¹p ²r  o  d  u  c ³e
           e              x
 ⁴n a  t  u  r  a  l      p        ⁵b
           s        ⁶b  u  r  n     o
        ⁷m e  m  o  r  y    e        n
           n        ⁸m u  s  c ⁹l  e
                    s        o
                             s
              ¹⁰i m  p  r  o  v  e
```

Reading Practice

A

정답 1 ③ 2 ① 3 ①

해설 1 춤이 우리 몸에 좋은 이유 세 가지(Dancing is good for your physical health, emotions, and brain)에 대해 이야기하고 있으므로 ③ '춤이 우리에게 미치는 긍정적인 영향을 설명하려고'가 정답이다.

2 춤을 추는 것은 감정을 표현하는 안전한 방법(dancing is a safe way to express your feelings)이라고 하였으므로 ① '춤을 통해 감정을 안전하게 표현할 수 있다'가 정답이다.

② 음악의 리듬에 맞춰 몸을 움직이면 엔도르핀과 같은 '행복' 호르몬이 생성된다(Moving your body to the rhythm of the music produces 'happy' hormones like endorphins).

③ 이런 종류의 정신 운동은 기억력을 향상시킨다(This type of mental exercise improves your memory).

3 어법에 맞는 표현을 고르는 문제이다. (A)의 경우 동명사(dancing for an hour)가 문장의 주어일 때 동사는 단수 형태를 사용해야 하므로 helps가 적절하다. (B)의 경우 접속사 and를 기준으로 동사 listen to와 동일한 형태로 연결되어야 하므로 spend가 적절하다. (C)의 경우 make는 「make + 목적어(명사) + 동사원형」 형태로 사용되므로 work가 적절하다.

Unit 29 Cubes in Everyday Life

Vocabulary Practice

A

정답 1 square 2 straight 3 identical 4 solve

해석 1 정사각형 2 직선의, 곧은 3 동일한 4 풀다

B

정답

```
s  a  q (s) s  p  n  g  c  t  w  u  l
t  s  m (p) x (t  u  r  n) i (h) s  q
r  l  w (a) x  n  q  f  l (t) x  x  d
a  f  k (c) i  v  x  k  p (w) f  x (i)
i  e  e (e) w (e  l  e  g  i) m  f (d)
g  p  y  d (a) d  j  v (d) c  w (e)
h  z  u (a) r  l  h  e  w (t) z  m (n)
t  g  h  q  x  f  w  g  y  h  o  l (t)
a (s  m  j  g (h  e  i  g  h  t) s  (i)
m  r  e  r  o  q  p  r  c  i  e  r (c)
q  r  l  s  t  f  v  r  q  c  n  h (a)
q  d  w  z  a  t  f  b  f  d  w  l
v  v  y  w  z  y  x  q  t  h  u  g  r
```

도형	shape	너비	width
동일한	identical	돌리다	turn
높이	height	직선의	straight
공간	space	깊이	depth

Reading Practice

A

정답 1 ② 2 ③ 3 ①

해설 1 정육면체의 특징에 관해서 설명하면서 생활 속 정육면체의 예시(If you look around, you can find cubes everywhere)를 제공하고 있으므로 ② 'Cubes are in everyday life.'가 정답이다.

① 주사위 게임은 재미있다.

② 정육면체는 일상생활 속에 있다.

③ 정육면체 상자는 유용하다.

2 각 면을 같은 색으로 만들기 위해 루빅큐브를 돌린다(Players turn the Rubik's cube to make each side of the cube the same color)라고 하였으므로 ③ '루빅 큐브 게임 참가자는 한 면에 다양한 색이 보이도록 퍼즐을 돌려 맞춘다.'가 정답이다.

① 정육면체 상자는 공간을 적게 차지하기 때문에 더 쉽게 옮길 수 있다(You can move cube boxes around more easily because they take up less space).

② 루빅큐브는 여섯 개의 면으로 구성되어 있는데 각 면은 서로 다른 여섯 개의 색을 가지고 있다(The Rubik's cube has six sides with different colors).

3 주사위 게임을 모두가 즐길 수 있는 적절한 이유가 제시되어야 하므로 ① 'easy'가 정답이다.

① 쉬운 ② 어려운 ③ 지루한

Unit
30 Amazing Senses

Vocabulary Practice

정답　**1** sense **2** electricity **3** hunt **4** taste

해석　**1** 감각 **2** 전기 **3** 사냥하다 **4** 맛보다

B

정답

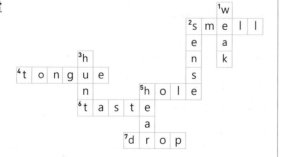

Reading Practice

A

정답　**1** ② **2** ② **3** ③

해설　**1** 동물들이 특별한 감각을 사용하여 사냥을 한다고 설명하며 세 동물(bats, white sharks, monitor lizards)에 대해 설명하고 있으므로 ② 'Some animals use special senses for hunting.'이 정답이다.

① 박쥐는 어둠 속에서도 음파를 사용할 수 있다.

② 어떤 동물들은 사냥할 때 특별한 감각을 사용한다.

③ 백상아리는 코에 작은 구멍을 가지고 있다.

2 백상아리의 코에는 작은 구멍이 많다. 이 구멍들은 백상아리가 물고기의 심장에서 발생하는 약한 전기를 느끼도록 도와준다(There are also many small holes on their noses. These holes help them feel weak electricity in a fish's heart)고 하였으므로 ② '백상아리는 귀에 있는 작은 구멍들을 통해 전기를 느낄 수 있다.'가 정답이다.

① 박쥐는 음파를 이용해 먹이를 찾는다(Bats use sound waves to find food).

③ 왕도마뱀은 혀로 공기를 맛보고 먹이 냄새를 맡을 수 있다(This is because they can taste the air and pick up the smell of food. By using their special tongues, they can taste their food before eating it).

3 밑줄 친 낱말의 쓰임이 글의 흐름 상 적절한지를 판단하는 문제이다. 왕도마뱀은 갈라진 혀를 이용하여 먹이를 찾을 수 있다. 혀와 관련된 감각은 시각이 아닌 미각이므로 밑줄 친 (C)의 'see(보다)'를 'taste(맛보다)'로 고쳐야 한다. 따라서 ③ (C)가 정답이다.

① 백상아리는 사냥을 위한 훌륭한 코를 가지고 있다고 하였으므로 후각과 관련된 'smell(냄새를 맡다)'은 적절하다.

② 백상아리가 멀리 떨어진 물고기를 찾기 위해 물고기의 심장에서 나오는 전기 신호를 감지하여야 하므로 'feel(느끼다)'은 적절하다.

Memo

이 책을 먼저 읽은 독자들의 메시지 ────────

한빛비즈 코리딩 클럽(Co-reading Club)은 출간 전 원고를 '함께 읽고' 출간 과정을 함께하는 활동입니다. 《저속노화를 위한 초간단 습관》을 먼저 읽고 편집과 디자인, 마케팅에 많은 아이디어를 주신 코리딩 클럽 7호 멤버 여러분에게 감사의 마음을 전하며 그분들의 소감을 공유합니다.

이해하기 쉬운 설명, 짧고도 구체적인 행동 제시! 당장 실행하고 싶다는 의욕이 불타오릅니다.
- 김보리

가까운 지인이 조곤조곤 건강 노하우를 전해주는 편안한 느낌이 너무 좋았습니다. 의사의 솔직한 의견이라 더 믿음이 갔고요. 건강을 원하지만 실천에 어려움을 겪고 있는 분들에게 일독을 권합니다.
- 전준규

너무 당연한 건강법이 아닌가 생각이 들 수 있습니다. 하지만 우리는 그 당연한 것들을 실천하지 않고 대충 넘기며 또 시간을 낭비하고 있습니다. 건강의 답은 생각보다 쉬운 곳에 있습니다.
- C군

저속노화를 위한 꿀팁이 가득합니다. 생활 속에서 바로 실천 가능한 것들이라 머릿속에 쏙쏙 들어옵니다.
- 주리

딱딱 필요한 내용만 짚어주는 과외 선생님 같았어요. 현실적으로 가능한 목표만 제시해주시니 더 좋았어요. 알고 있던 내용도 깊이 있게 알게 되는 시간이었습니다.
- 영필

아무리 좋은 지식도 실천하지 않으면 아무 소용 없다는 사실을 새삼 깨닫습니다.
- 주미령

저속노화를 위한
초 간 단 습 관

저속노화를 위한 초간단 습관

초판 1쇄 발행 2024년 12월 20일

지은이 지미 모하메드 / **옮긴이** 이연주
펴낸이 조기흠
총괄 이수동 / **책임편집** 최진 / **기획편집** 박의성, 유지윤, 이지은
마케팅 박태규, 임은희, 김예인, 김선영 / **제작** 박성우, 김정우
디자인 이슬기

펴낸곳 한빛비즈(주) / **주소** 서울시 서대문구 연희로2길 62 4층
전화 02-325-5506 / **팩스** 02-326-1566
등록 2008년 1월 14일 제 25100-2017-000062호

ISBN 979-11-5784-780-8 03510

이 책에 대한 의견이나 오탈자 및 잘못된 내용은 출판사 홈페이지나 아래 이메일로 알려주십시오.
파본은 구매처에서 교환하실 수 있습니다. 책값은 뒤표지에 표시되어 있습니다.

⌂ hanbitbiz.com ✉ hanbitbiz@hanbit.co.kr ⓕ facebook.com/hanbitbiz
ⓝ post.naver.com/hanbit_biz ▶ youtube.com/한빛비즈 ⓘ instagram.com/hanbitbiz

ZERO CONTRAINTE POUR RESTER JEUNE
Il n'y a pas d'âge pour commencer!
by Dr. Jimmy Mohamed
Copyright © Flammarion, 2024.
All rights reserved.

Korean edition Copyright © Hanbit Biz, Inc., 2024.
Korean translation rights arranged with EDITIONS FLAMMARION through EntersKorea Co., Ltd., Seoul, Korea.
이 책의 한국어판 저작권은 (주)엔터스코리아를 통한 저작권사와의 독점 계약으로 한빛비즈(주)에 있습니다.
저작권법에 의해 보호를 받는 저작물이므로 무단 복제 및 무단 전재를 금합니다.

지금 하지 않으면 할 수 없는 일이 있습니다.
책으로 펴내고 싶은 아이디어나 원고를 메일(hanbitbiz@hanbit.co.kr)로 보내주세요.
한빛비즈는 여러분의 소중한 경험과 지식을 기다리고 있습니다.

ZÉRO CONTRAINTE POUR RESTER JEUNE

저속노화를 위한
초간단 습관

지미 모하메드 지음 | 이연주 옮김

ⒽⒷ한빛비즈
Hanbit Biz, Inc

시작하기에 늦은 나이란 없다!

- 플라마리옹

나이, 숫자에 불과하다

· ·

이 책은 여러분이 '젊음을 유지할 수 있게' 도울 것을 약속합니다. 여기서 말하는 '젊음'은 나이를 거꾸로 먹게 해준다거나 150세까지 살 수 있게 해주겠다는 것은 아니에요. (인내심을 갖고 기다리면 언젠가 그렇게 되지 않을까요?)

이 책의 목표는 일상에서 간단히 움직이는 것만으로도 '실질적으로, 건강하게, 오래' 살 수 있는 가능성이 높아진다는 사실을 알리는 겁니다. 의학과 과학의 발전으로 남자의 기대수명은 약 80세, 여성의 기대수명은 약 86세로 늘어났습니다(한국, 〈2022년 생명표〉 기준).

오늘날 기대수명까지 사는 건 당연해 보이지만, 18세기 중반만 해도 아동의 절반이 10세 이전에 사망했고 기대수명은 25세를 넘지 않았어요. 18세기 말에 이르러서야 기대수명이 겨우 30세에 도달했지요. 그리고 천연두 백신이 등장해 1810년경 기대수명은 37세로 크게 올라갑니다. 이후에도 기대수명은 꾸준히 늘어 1900년에는 45세까지 늘었죠. 이 모든 게 거의 한 세기 전의 일이니… 우리는 정말 먼 길을 걸어왔네요!

하지만 이제는 '얼마나 오래 살 것인가'가 중요하지 않습니다. '건강한 상태로 얼마나 오래 살 수 있는가' 그게 중요하지요. 이 둘은 크게 다릅니다. 기대수명이 늘어난 건 사실이지만, 늘어난 시간을 누구나 건강하게 보내는 것은 아니니까요. 그래서 나온 개념이 '건강기대수명(또는 건강수명)'입니다. 중요한 개념이지요.

건강한 상태의 기대수명은 일상생활에서 활동에 제약을 받지 않고 생활할 수 있는 기간을 말해요. 건강기대수명은 남성의 경우 약 65세, 여성의 경우 약 67세(한국, 〈2022년 생명표〉 기준)입니다. 이 수치는 뭘 의미할까요? 보통 나이가 들면 만성질환을 앓거나 약물 치료에 의존하면서 긴 시간을 보내게 될 거라는 뜻입니다. 삶의 질이 그만큼 떨어지겠지요.

나이보다 젊게 살기

나이는 숫자에 불과합니다. 큰 의미가 없어요. 물론 80세 노인의 에너지가 25세 청년의 에너지와 같지는 않겠지만, 현실적으로 생각해봅시다. 우리 모두가 바라는 건 가능한 한 오래, 건강하게 사는 거잖아요. 100세가 넘어서도 맑은 정신을 유지하고, 약에 의존하지 않고, 완전히 자립적으로 생활하기! 충분히 가능한 일입니다. 이렇게 건강한 100세 노인이 많이 사는 지역을 '블루존Blue Zone'이라고 부릅니다.

- 사르데냐섬의 바르바지아 지역: 사르데냐섬 동쪽에 위치한 산악 지역으로, 세계에서 100세 남성 노인이 가장 많이 사는 곳입니다.
- 그리스의 이카리아섬: 에게해에 위치한 섬으로, 퇴행성 질환과 치매 발병률이 세계에서 가장 낮은 곳입니다.

저속노화를 위한 초간단 습관

- 코스타리카의 니코야반도: 100세 남성 노인 인구가 두 번째로 많은 곳입니다.
- 미국 캘리포니아주 로마린다: 제칠일안식일예수재림교 신도들이 밀집한 곳으로, 여성과 남성의 평균 수명이 다른 북미 지역보다 10년 더 깁니다.
- 오키나와섬: 70세 이후 여성의 건강기대수명이 전 세계에서 가장 높은 곳입니다.

위에서 소개한 곳에 사는 100세 노인들은 몇 가지 공통점을 갖고 있습니다. 과일과 채소가 풍부한 음식을 먹고, 평생 규칙적인 신체 활동을 하고, 낮잠을 자고, 공동체 생활을 하고, 사회적 유대 관계와 종교적 믿음을 중시하지요. 이게 바로 장수의 비결입니다. 이 책을 통해 여러분도 그 비결에 조금이나마 가까워지길 바랍니다.

우리는 모두 똑같이 나이 들어가지 않아요. 건강은 유전형

질이나 환경에 의해 결정된다는 사실을 받아들여야 합니다.

하지만 그 무엇도 당연한 건 없고, 정해져 있는 것도 아니에요. 당뇨병에 걸리게 된다 해도 가능한 한 늦게, 그리고 가볍게 앓는 것이 좋지 않을까요?

당신의 장기 나이는 몇 살?

아마 몇 년 후에는 생리적 나이, 즉 장기 나이를 아주 빠르고 간단하게 측정할 수 있게 될 거예요. 90세가 되어도 40~50대처럼 뇌가 완벽하게 기능하고 또렷한 정신을 유지할 수 있습니다. 반면 50세에도 90세의 폐를 갖고 있을 수 있습니다. 나이든 환자들을 진찰할 때 불안해하는 분이 계시면 저는 이렇게 말해줍니다. "젊은 사람처럼 혈압이 좋으시네요!" 그러면 대부분 본인의 심장이 나이에 비해 건강하다는 사실에 기뻐하시지요.

우리가 목표로 해야 하는 건 우리 장기가 실제 나이보다 더 젊게 유지되는 겁니다! 이 책에 나오는 팁들은 이런 목표에 도달하는 데 도움이 될 거예요. 여기서 소개하는 건 기적의 건강보조식품이나 엉터리 약이 아닙니다. 단순한 조언이에요. 일부는 상식적인 조언이고, 일부는 전통적인 생각과 반대되는 것도 있지만, 모두 과학적으로 검증된 정보입니다.

이 책을 쓴 저는 나이가 서른여섯밖에 되지 않지만, 이 책의 조언을 매일 실천하고 있어요. 거듭 이야기하지만, 아프기 전에 건강을 챙기는 게 가장 중요하니까요.

다만 이 책에서 제공하는 조언 때문에 지금 받고 있는 치료를 중단하시면 안 됩니다. 궁금한 점이 있거나 의문이 생기면 반드시 담당 의사와 상의하세요.

차 | 례

젊음을 유지하기 위한
네 가지 계명

  우리는 신체적 질병이든 정신적 질병이든 질병 앞에 평등하지 않다는 사실을 잘 알고 있습니다. 저도 의사로서 매일 이사실을 실감하지요. 우리 인생에는 통제할 수 없는 일이 참 많아요. 사고를 거스를 수 없고, 인생의 고락도 거스를 수 없고, 타고난 유전형질도 거스를 수 없어요. 이런 상황에서도 지성과 사고력, 판단력, 자율성을 유지하면서 건강하게 나이 드는 분들이 있어요. 저는 그분들에게서 몇 가지 공통적인 특징을 발견했습니다.

계속 움직이세요!

건강하게 오래 사는 사람들은 가만히 있지 않아요. 운동을 하든 안 하든, 어떤 형태로든 항상 몸을 움직입니다. 앉아서 보내는 시간이 거의 없어요. 바로 이게 우리가 일상에서 우선순위로 삼아야 할 첫 번째 특징입니다. 어떻게 하면 더 많이 그리고 계속 움직일지, 어떻게 하면 모든 근육과 뼈, 신경, 힘줄을 잘 움직일 수 있을지, 어떻게 하면 신체 에너지를 잘 쓰면서 '인체'라는 에너지 저장소를 더 잘 채울지 고민해야 해요.

저는 헬스장을 좋아하지 않아요. 매번 연간 회원권을 결제하지만 막상 헬스장에 가는 건 서너 번이 고작입니다. 하지만 걷고 뛰고 계단을 오르고 계속 움직이려고 노력합니다. 많은 신체적 · 정신적 질병은 잘 움직이지 않는 생활 습관이 원인이거든요. 저는 그 좋지 않은 습관과 싸우기 위해 노력하고 있습니다. 달성하기 어려운 목표를 세우지 말고 매일 조금씩만 더 나아지도록 노력해보세요. 짧다면 짧은 인생일 수 있어요. 그래도 우리는 인생이 마라톤이라고 생각해야 합니다.

건강하게 드세요!

건강하게 오래 사는 사람들은 식단에도 신경을 많이 씁니다. 우리는 정크푸드가 만연한 세상에 살고 있어요. 그러다 보니 음식이라는 연료를 간과합니다. 멋진 자동차로 멀리까지 갈 수도 있지요. 하지만 괜히 속도를 내서 과속방지턱을 넘다가 첫 번째 과속방지턱에서 바로 고장이 날 수도 있거든요. 나쁜 연료를 넣으면 멀리 갈 수 없는 건 당연하고요.

우리 몸도 마찬가지입니다. 음식을 먹을 때 잠시 입으로 느끼는 즐거움보다 그 음식이 장기적으로 우리 몸에 어떤 영향을 미칠지 생각해야 합니다. 입의 즐거움을 모두 멀리하라는 말이 아니에요. 식품업계가 우리에게 제공하는 음식 때문에 우리가 병들고 있다는 사실을 정확히 이해해야 한다는 겁니다. 가공식품은 화학물질 덩어리일 뿐이에요. 진짜 음식이라 할 수 없죠.

물론 경기가 좋지 않고, 구매력은 떨어지고, 바빠서 요리할 시간이 부족하다는 건 알고 있습니다. 하지만 우리와 다음 세대의 건강을 위해 먹거리를 통제할 필요가 있어요. 국가가 중요한 역할을 하겠죠. 경제적으로 어려운 사람들에게 과일과 채소를 구매할 수 있는 바우처를 제공하는 건 보다 나은 사회정의를 실현하는 데 바람직하다고 봅니다. 농식품 바우처는 겉으로 보기에 보조금처럼 보이지만 사실은 투자에 가까워요. 사람들이 건강한 음식을 먹으면 여러 만성질환을 예방하는 데 도움이 되니까요. 기억하세요. 우리가 먹는 음식이 곧 우리 자신입니다.

밖으로 나가세요!

사회적 유대 관계도 매우 중요합니다. 저는 참 많은 사람을 만났는데, 가장 행복하고 충만하고 건강한 사람들이 꼭 부유하지는 않았어요. 네, 그러니까 위선은 떨지 맙시다. 금전적으로 걱정할 필요가 없다면 살기는 더 편해집니다.

요즘은 마트에서 장을 볼 때 물가가 자꾸 오르는 걸 실감합니다. 그렇게 물가가 오르는데도 다행히 안정적인 직업이 있어서 큰 걱정 없이 필요한 걸 모두 살 수 있다는 게 얼마나 행운인지 저도 잘 알고 있습니다. 하지만 돈이 부족해서 계산대에서 물건 몇 개를 빼야 했던 때가 저에게도 있었어요. 돈과 노동의 가치를 잘 알고 있지요. 그리고 건강하게 살려면 가족이든 지인이든 다른 사람과의 사회적 유대관계가 정말 중요하다는 것도 알고 있습니다. 고립은 사람을 병들게 하거든요.

진료차 어느 노부인의 집을 방문한 적이 있습니다. 노부인은 몇 년 동안 집 밖을 나가지 않아 얼굴에 바람이라도 좀 쐬고 싶다고 하셨어요. 제가 10년 동안 SOS 응급의료서비스˙ 소속 의료진으로 직접 환자를 찾아가서 진료하다 보니, 혼자 사는 노인들이 정말 외롭고 힘들다는 걸 많이 느꼈어요. 그래서 친구나 사랑하는 사람, 단체 활동을 통해 튼튼한 관계를 만드는 게 얼마나 중요한지 알게 되었습니다.

'사회적'이라는 이름만 붙었을 뿐 눈속임에 불과한 소셜 네트워크에 갇히지 마세요. 그들은 가짜 관계를 제공할 뿐입니다. 지인에게 전화를 걸어 갈등이 있으면 풀고, 서로를 아끼며 살아가세요. 진심으로 드리는 말입니다. 그리고 지금 누리고 있는 삶에 감사하는 마음을 잊지 마세요. 건강은 그 무엇과도 바꿀 수 없지만, 병에 걸린 후에야 그 소중함을 깨닫는 경우가 많습니다. 그러니 인생을 즐기고 매 순간을 즐기세요.

자신을 돌보세요!

눈앞의 상황을 외면하는 타조처럼 행동하지 마세요. 우리의 의료 시스템이 한계에 다다랐다고 하지만, 몇 가지 시스템은 여전히 잘 작동하고 있습니다. 대장암과 유방암, 자궁경부암 등에

˙ 가정에서 의료 서비스를 받을 수 있는 프랑스의 시스템. 의사들이 환자의 집으로 직접 방문해 진료한다. – 옮긴이

대해 체계적인 검진을 받을 수 있다면 적극적으로 받으세요. 작은 질병은 작은 치료로 해결되지만, 큰 질병에는 큰 치료가 필요하고 많은 부작용이 따릅니다.

증상이 나타나거나 아플 때까지 기다리지 말고 건강에 신경 쓰세요. 건강염려증 환자가 되지는 말되, 자기 몸을 잘 살피세요. 지속적으로 이상한 부분이 있거나 걱정스러운 증상이 있다면 바로 의사와 상담하세요. 증상이 악화되기 전에 진료를 받으세요. 최선의 치료는 그 질병을 예방하는 겁니다. 조기 진단은 대부분 조기 치료로 이어집니다.

초|간|단|T|I|P|

사랑하는 사람들과 함께 의식적으로 건강하고 즐거운 삶을 사는 것이야말로 오래 건강하게 사는 비결입니다!

가능하면 같은 시간에
잠들고 일어나세요

수면은 모든 생명체에게 필수적인 욕구입니다. 하지만 현실을 보면 문제가 심각해요. 우리는 점점 더 늦게 잠자리에 들지만, 여전히 일찍 일어나고 있어요. 현대 사회는 우리에게 잠을 적게 자야 하는 나쁜 이유를 점점 더 많이 만들어내고 있고요. 그 결과 수면 시간이 점점 줄어들고 있습니다. 수면 부족은 건강에 심각한 영향을 미칩니다.

수면을 앗아가는 빛

수면 부족에 가장 큰 책임이 있는 사람은 아마 19세기 말 전구를 발명한 토머스 에디슨일 거예요. 다들 아시겠지만 지구의 자전으로 낮과 밤이 생기잖아요. 낮과 밤의 주기는 우리 생체시계를 조절하는 가장 중요한 동기화 장치입니다. 저를 잘 아는 분이라면 제가 이 생체시계를 얼마나 중요하게 생각하는지 아실 거예요.

생체시계는 우리 몸의 모든 기능을 지시하는 역할을 하거든요. 우리 뇌에는 '시상하부'라는 샘이 있는데 이곳에 생체시계가 자리 잡고 있습니다. 생체시계는 두 개의 시신경이 교차하는 곳 바로 위에 있는데, 약 2만 개의 신경세포로 이루어진 '시교차상핵'이라는 곳에 있습니다.

생체시계는 호르몬 분비와 배고픔, 배뇨 욕구, 혈압은 물론 수면-각성 주기를 조절해요. 생체시계는 하루를 기준으로 약 24시간 주기를 따르기 때문에 '서캐디언 리듬Circadian rhythm'이라고 부르지요. 서캐디언은 라틴어로 '거의 하루'라는 뜻입니다. 다시 말해 우리의 생체시계는 지구가 자전하는 데 걸리는 시간인 하루 밤낮 주기에 맞춰 작동한다는 것이죠. 가만 보면 자연은 참 잘 만들어진 것 같아요.

수렵채집을 했던 우리 조상들은 밤이면 포식자를 피해 잠을 자고, 낮에는 생존을 위해 사냥을 했어요. 그런데 전구가 발명되면서 밤에도 환하게 볼 수 있게 됐고, 처음으로 수면을 방해하는 요소가 생겼습니다.

빛에 노출되면 수면에 필수적인 호르몬인 멜라토닌 기능이 방해를 받게 됩니다. 저녁이나 밤에 빛에 노출되면 멜라토닌 생성이 지연되어 잠들기 어려워지고, 따라서 수면의 질도 떨어지죠. 그렇기 때문에 어른이든 아이든 특정 시간이 지나면 모든 빛을 차단할 필요가 있어요.

이건 어디까지나 저의 개인적인 의견인데요. TV나 모니터 등은 가급적 수요일과 주말에만 허용하고, 자녀의 나이에 맞게 사용 시간을 제한하는 게 좋다고 생각합니다.

모든 걸 금지하는 건 비현실적이죠. 반면에 모두 허용하는 것도 건강에 안 좋거든요. 금지와 허용 사이에서 적절한 균형을 찾는 것이 중요합니다. 물론 올바른 균형을 찾기는 쉽지 않아요. 저조차도 이 규칙을 잘 지키지 못하고 있습니다. 지금이 밤 11시 45분인데 컴퓨터 앞에서 이 원고를 쓰고 있으니 말이죠.

수면은 신용카드가 아닙니다

우리 뇌에는 보호하고 아껴줘야 할 내부 생체시계가 있어요. 생체시계는 터무니없거나 실현 불가능한 것을 바라지 않습니다. 단지 우리의 존중을 바라지요. 월요일부터 일요일까지, 1월 1일부터 12월 31일까지, 예외적인 경우를 제외하고 매일 같은 시간에 잠자리에 들고 일어나는 습관이 필요합니다.

'월요일부터 금요일까지 매일 4시간만 자고 토요일과 일요일에 12시간씩 몰아 자면서 보충해야지.' 이건 잘못된 생각입니다. 주중에 잃어버린 수면은 절대로 주말에 몰아서 보충할 수 없어요. 이건 마이너스 통장과 비슷합니다. 매번 계좌에 돈을 채워 넣어도 은행은 항상 이자를 요구하잖아요. 규칙적으로 잠을 채우지 않으면 언젠가 반드시 그 대가를 치르게 됩니다.

잠을 충분히 자는 것도 중요하지만, 규칙적으로 자는 것도 중요합니다. 펜실베이니아대학교 연구진은 16세 청소년을 대상으로 수면 패턴을 분석했어요. 그 결과 과체중이나 비만인 청소년 가운데 취침 시간이 불규칙한 청소년이 그렇지 않은 청소년보다 고혈압을 겪는 비율이 더 높다는 사실을 발견했습니다. 단순히 수면 패턴을 바꾸고 평상시보다 늦게 자는 것만으로도 고혈압 위험이 높아진다는 사실이 밝혀진 것이죠. 수면 패턴의 변화는 크지도 않았습니다. 겨우 45분 차이만으로도 청소년들의 혈압은 영향을 받았어요.

이 연구는 우리가 이미 알고 있는 수면 부족과 고혈압 사이의 밀접한 연관성을 다시 한번 확인시켜 주었습니다. 다른 생활 습관과 상관없이 잠을 자지 않거나 너무 적게 자거나 수면 장애를 겪는 것 모두 혈압을 높이는 요인이 된다는 얘기입니다.

또 다른 연구에서는 청소년을 세 그룹으로 나눴습니다. 수면 부족 그룹, 수면은 부족하지만 주말에 늦잠을 잘 수 있는 그룹, 충분히 수면을 취한 그룹. 당연히 수면이 부족한 그룹은 충분히 수면을 취한 그룹보다 혈당과 혈압, 콜레스테롤 수치가 모두 불안정했습니다. 이 데이터는 수면 장애가 당뇨병 및 고혈압 발병과 관련이 있다는 다른 연구 결과와 일치합니다.

더 놀라운 사실은, 수면이 부족하지만 주말에 늦잠을 잘 수 있었던 그룹도 수면 부족 그룹과 똑같이 생리적 대사적 이상을 보였다는 것입니다. 간단히 말하면 평소 수면 부족에 시달리는 아이들은 주말에 늦잠을 자든 안 자든 결국 생리적 문제를 겪는다는 이야기입니다. 그래서 우리는 같은 결론에 도달하게 되지요. 주중에 부족했던 잠은 주말에 절대 보충할 수 없다는 결론 말입니다.

그래도 아이에게 늦잠이 필요하다고 생각되면 억지로 깨우지 마세요. 주중에 쌓인 피로를 해소하려는 거니까요. 그렇게라도 하지 않으면 아이의 피로와 수면 부족으로 인한 문제는 더 심각해질 수 있습니다.

올바른 균형을 잡으세요

아이가 늦잠을 자면서 수면 부족을 보충한다고 해도 주말에 너무 늦게 일어나면 일요일 밤에 정상적인 시간에 잠드는 게 어려워질 수 있어요. 다음 날 학교에 가야 하는데 말이죠. 그러면 월요일 아침에 피곤한 상태로 일어나게 되고, 결국 수면 부족의 악순환이 됩니다.

그래서 아이에게 주중에는 좀 더 일찍 잠자리에 들고, 주말에는 가능한 한 평소와 비슷한 시간에 자도록 가르쳐야 합니다. 금요일이나 토요일에도 저녁 8시쯤 아이를 재우라는 말이 아니에요. 가족이나 친구와 함께 시간을 보내는 건 정신 균형을 위해 정말 중요합니다.

아내와 저는 여름 방학이면 치르는 의식이 있습니다. 온 가족이 함께 모여 TV쇼 〈포트 보야르〉*를 보는 거죠. 그날 아이들

---

* 프랑스 보야르 요새를 배경으로 한 프랑스의 TV쇼. 우리나라에서는 〈보야르 원정대〉라는 이름으로 리메이크된 적이 있다. – 옮긴이

은 늦게 잠을 잡니다. TV 앞이긴 하지만 가족이 함께 시간을 보내죠. 나이가 많든 적든 혼자 스마트폰이나 태블릿으로 의미 없는 동영상을 보며 시간을 낭비하는 것과는 비교할 수 없습니다.

주중 내내 되도록 같은 시간에 잠자리에 들고 같은 시간에 일어나세요. 일주일에 한 번 정도는 늦잠을 자도 괜찮지만, 그때에도 생체시계가 교란되지 않도록 두 시간을 넘기지 않는 게 좋아요.

지금보다
딱 1천 보만 더

제가 뭔가를 잊어버리거나 오타를 낸 게 아닙니다. 1만 보가 아니라 1천 보라고 쓴 게 맞아요. 요즘 모두가 한다는 그 유명한 1만 보 걷기는 여러분께 권하지 않을 겁니다. 아무 의미가 없어서요. 제가 권하는 건 그저 하루에 딱 1천 보만, 지금보다 더 많이 걷는 겁니다. 다른 추가 사항은 없습니다.

왜 하루 1만 보일까요?

1만 보 규칙은 1964년 도쿄올림픽 당시 '만보케이'라는 만보계를 홍보하려는 일본의 광고 캠페인에서 시작됐습니다. 이 만보계는 하루에 1만 보라는 목표를 설정했어요. 여기서 마케팅 목적으로 사용된 '1만 보'라는 수치가 완전히 우연은 아닙니다. 하타노 요시로 박사의 이론에 따르면, 하루에 1만 보를 걸으면 약 500칼로리를 소모하고 건강이 좋아지면서 체중 감량에도 도움이 된다고 합니다.

더 많이 걸으면 기대수명이 늘어난다는 단순한 원리는 이미 수많은 연구를 통해 입증됐어요. 그래서 보건 당국은 이 1만 보 규칙을 채택해 누구나 쉽게 기억할 수 있는 목표와 함께 명확한 메시지를 전달했습니다. 그 유명한 '하루 다섯 가지 과일과 채소 섭취'와 같은 목표도 함께요. 사실은 지키기 어려운 지침들이죠. 바로 여기에 문제가 있습니다.

음바페에서 할머니까지

1만 보 걷기 같은 규칙을 정하면 권장 사항을 표준화해서 최대한 널리 알릴 수 있고, 많은 사람이 따르는 데 도움이 됩니다. 하지만 이 1만 보라는 수치는 축구 선수인 킬리안 음바페에게는 충분하지 않을 것이고, 걷는 데 어려움이 있는 노인들에게는 너무 많을 거예요. 여러분 가운데 일부는 이미 이 목표가 너무 어렵다고 느끼면서 낙담한 분도 있을지 모르겠습니다.

우리 의사들은 때때로 환자들에게 너무 엄격하고 까다로운 요구를 할 때가 있다는 사실을 알아야 합니다. 우리는 비만이면서 담배를 피우고 거의 움직이지 않는 환자에게 갑자기 담배를 끊고 체중을 줄이고 유산소 운동을 시작하라고 하니까요.

하지만 환자들은 이미 자신이 무엇을 해야 하는지 알고 있습니다. 흡연이 건강에 나쁘고, 비만과 잘 움직이지 않는 생활 습관이 신체에 부정적인 영향을 미친다는 건 의사가 설명하지 않아도 잘 알고 있지요. 겨우 10분 남짓의 진료 시간 동안 많은 지시 사항을 전달하거나 도덕적인 훈계를 한다고 해서 환자의 건강을 개선할 수 있는 것도 아닙니다. 그래서 우리에게는 '예방'이 필요합니다.

오늘날의 일반의는 의학을 제외한 모든 일을 하는 만능 해결사가 되어 버렸어요. 저도 일반의라서 이렇게 말할 수 있는 겁니다. 쓸모없는 증명서를 작성하고, 행정 업무에 불과한 병가 처리를 하거나 감기를 치료하느라 진짜 의학을 할 시간은 없지요. 하지만 일반의는 의료 시스템에서 가장 중요한 의사입니다!

이제 일반의에게 진짜 의술을 펼칠 수 있도록 그에 걸맞은 명예를 되찾아 줄 때입니다. 저는 일반의로서 포기하지 않기로 결심했어요. 그래서 책을 출판하고, TV와 라디오 프로그램에 출연하고, 예방 관련 동영상을 촬영해서 소셜 미디어에 올리고 있습니다. 진짜 저의 일을 할 수 있는 또 다른 방법을 찾은 거죠.

자기만의 방식으로 시작하기

요즘 모든 스마트폰에는 걸음 수 측정기가 내장되어 있어 그 결과를 금방 확인할 수 있습니다. 하루에 몇 걸음을 걸었는지 단 몇 초면 알 수 있죠. 요즘 제가 얼마나 걷고 있는지 봤더니 1만 보는커녕 하루에 5천 보 정도밖에 안 되더라고요. 하루 종일 떠들고 다닌 지침을 정작 저는 전혀 지키지 못하고 있다는 사실을 깨달았을 때 정말 한 대 맞은 기분이었어요. 겸손한 자세로 제 말을 바꿔야 할 때라고 생각했습니다.

저는 헬스장 등록을 하지 않고도 걸음 수를 늘릴 방법을 찾기로 결심했습니다. 응급의료서비스를 위해 가정방문을 할 때 절대 엘리베이터를 타지 않는 것부터 시작했어요. 그랬더니 하루 만에 10층에서 20층 정도를 걸어 올라가더군요! 전화 통화를 할 때도 가급적 걷고, 짧은 거리를 이동할 때는 오토바이나 자동차를 덜 타려고 노력했더니 큰 힘을 들이지 않고도 걸음 수를 20%나 늘릴 수 있었습니다!

걸음 수를 5천에서 6천 보로 늘리면서 저는 스트레스를 받지 않고 기대수명을 늘릴 수 있었습니다. 그 이후 다시 달리기를 시작했지요. 물론 전혀 힘들지 않았다고는 말할 수 없겠네요. 솔직히 말해 처음에는 별로 즐겁지 않았어요. 그래도 한 시간을 달리면 한 번에 1만 보를 채울 수 있습니다. 어찌 보면 균형을 맞추게 된 셈이죠.

달리기가 싫다면(저도 이해합니다) 적당한 속도로 30분만 걸어보세요. 3천~4천 보 정도는 거뜬히 채울 수 있습니다! 여러분도 자신만의 방식으로 균형을 맞춰보세요.

걷기는 의무 사항이 아닙니다

우리의 목표는 움직임이 적은 생활 습관에서 벗어나는 거예요. 활동량이 많으면 많을수록 수면의 질과 기분, 면역력, 전반적으로 건강이 좋아집니다. 일부 연구자들은 잘 움직이지 않는 생활 습관에서 벗어나려면 하루에 최소 5천 보 이상은 걸어야 한다고 말합니다.[1] 5천 보보다 적게 걸으면 비만과 제2형 당뇨병, 심혈관 질환에 걸릴 확률이 높아집니다.

하지만 걷지 않더라도, 하루에 1만 보를 채우지 않더라도 다양한 방법으로 움직일 수 있어요. 천천히 1분 동안 수영을 하면 1백 보를 걷는 것과 같고, 접영 1분이면 3백 보를 걷는 것과 같습니다. 복싱 1분도 3백 보를 걷는 것과 같아요![2]

그러니 좋아하는 활동을 찾아 에너지 소비를 늘려보세요. 만성질환을 앓고 있다면 걷기는 여전히 도움이 될 겁니다. 한 걸음 더 걸을 때마다 건강한 삶에 한 발짝 더 다가간다는 사실을 잊지 마세요.

뒤로 걷기는 어떨까요?

걷기는 진부하고 기계적이고 누구나 쉽게 할 수 있는 자연스러운 신체 활동처럼 보이지만, 뒤로 걷는 건 다릅니다. 별다른 노력 없이 뒤로 걷는 것만으로도 신체 상태를 개선할 수 있습니다. 물론 체력을 키우려면 노력을 해야겠지요. 사고가 날 수도 있으니 처음에는 장애물이 없는 곳에서 뒤로 걷는 연습을 해보세요. 10미터 정도 거리에서 뒤로 걷는 연습을 시작해보세요.

평소와 다르게 걸으니, 처음에는 무섭기도 하고 불안정한 느낌이 들 거예요. 낯설지만 불쾌하지는 않을 겁니다. 그 느낌은 올바른 방향으로 나아가고 있다는 신호입니다. 새로운 기술을 배우고 있다는 뜻이니까요.

뒤로 걸으면 균형 감각이 향상되고 평소에 사용하지 않는 근육을 쓰게 됩니다. 인대와 힘줄에 가해지는 움직임과 긴장을 변화시킬 수 있고요. 실제로 일부 정상급 스포츠 선수들은 무릎 통증을 개선하거나 하지의 특정 근육을 강화하기 위해 러닝머신에서 뒤로 걷기 훈련을 합니다. 여기서 놀라운 건 뒤로 걸으면 앞으로 걷는 것보다 30~40% 더 많은 칼로리를 소모한다는 거예요. 뒤로 걷지만, 실제로는 더 앞으로 나아가는 거죠.

> **초│간│단│T│I│P**
> 더 빨리 늙는 것을 방지하려면 1만 보는 잊어버리고 매일 걷는 걸음 수보다 딱 1천 보만 더 걸어보세요.

질병과 체중을
함께 줄이는 단식

　가능한 한 오랫동안 건강을 유지하고 싶다면 단식을 하라고 권하고 싶습니다. 저는 간헐적 단식을 통해 식사 방식에 대해 완전히 새로운 관점을 갖게 되었습니다. 사실 처음에는 왜 의사들이 환자들에게 간헐적 단식을 권하지 않는지 이해할 수 없었어요. 단식을 했을 때 몸에서 어떤 일이 일어나는지 알게 되면 단식을 하는 건 너무나 당연한 일일 텐데 말이죠.

이 주제에 대해 더 이야기하기 전에 한 가지 말씀드리고 싶은 게 있어요. 여기서는 제 개인적인 경험을 공유하지만, 이 주제는 신뢰할 만한 과학적 연구를 통해 검증된 데이터를 기반으로 하고 있다는 점입니다. 그래서 여기에는 개인적인 의견뿐만 아니라 삶을 바라보는 철학적 관점과 과학적으로 검증된 사실이 모두 포함되어 있습니다.

간헐적 단식이 뭔가요?

먼저 주의사항부터 알려드릴게요. '간헐적 단식'은 하루 중 일부 시간 동안 소화기관을 쉬게 하는 겁니다. 일부 자연요법사나 치료사들이 만성질환을 치료해준다며 권하는 '장기 단식'과 절대 혼동해서는 안 됩니다.

간헐적 단식은 하루에 일정 시간 동안 액상형이나 고형 음식으로 칼로리를 섭취하지 않는 걸 의미합니다. 밤에 잠을 자고 아침에 식사하면 사실상 간헐적 단식을 실천하는 것이죠. 아침을 먹으면서 단식을 깨는 것이고요. 영어로 아침 식사를 의미하는 단어 'breakfast'가 바로 이 뜻입니다.

간헐적 단식에는 여러 가지 방법이 있어요. 가장 유명하고 가장 많이 연구된 방법은 16대 8 단식입니다. 16시간 동안 금식하고 8시간 동안 식사를 하는 방법이죠. 예를 들어 아침을 먹지 않고 정오에 첫 끼를 먹은 뒤, 오후 8시에 마지막 식사를 할 수 있습니다. 이렇게 하면 16대 8 간헐적 단식을 실천하게 되는 거죠.

이 원칙은 하루 중 어느 시간에 적용해도 효과가 있습니다. 여기저기서 신진대사를 위해 아침 식사를 거르면 안 된다고 말하지만, 저는 스스로 몸 상태에 귀를 기울이고 자신만의 리듬을 따라야 한다고 생각합니다. 어떤 분에게는 아침 식사를 거르는 건 상상할 수 없는 일일 거예요. 특히 아주 일찍 일어나거나 육체노동을 하는 분들은 더욱 그렇습니다.

반면 대부분은 아침 식사를 꼭 할 필요가 없습니다. 저도 무언가를 집어삼키지 않고는 집을 나설 수 없던 때가 있었어요. '집어삼켰다'고 말한 이유는 실제로 영양분을 섭취한 게 아니라 그저 칼로리와 당분으로 배를 채웠기 때문입니다. 저는 매일 아침 초콜릿 빵이나 크루아상, 토스트, 브리오슈 같은 빵을 즐겨 먹었습니다. 신선한 오렌지 주스 한 잔도 빼놓지 않았죠. 불필요한 칼로리를 섭취하고 있다는 사실을 깨닫기 전까지는 그랬습니다. 사실 이 달콤한 아침 식사는 부적절할 뿐만 아니라 전혀 필요하지도 않았습니다.

우리는
너무 많이 먹고 있습니다!

우리 삶은 무엇을 먹느냐의 영향을 많이 받아요. 아침에 일어나면 아침으로 뭘 먹을지 고민합니다. 오전 11시쯤에는 점심으로 뭘 먹을지 고민하고, 저녁에는 간식과 저녁 식사를 하고도 충동적으로 먹는 야식까지 메뉴를 고민합니다. 소화기관이 쉴 시간이 없죠.

우리 조상들이 수렵채집 생활을 하던 때에는 먹을 게 거의 없었지만, 반대로 지금 현대인은 너무 많이 먹고 있어요. 월요일부터 일요일까지, 1월 1일부터 12월 31일까지, 낮이든 밤이든 언제든지 원하는 음식을 쉽게 먹을 수 있어요. 이제는 요리할 필요도 없습니다. 배달 앱으로 주문만 하면 되니까요.

저는 파리를 떠나 음식 배달 플랫폼이 없는 곳으로 이사를 온 뒤 이러한 음식 배달 서비스가 얼마나 큰 문제인지 깨달았습니다. 음식 배달 앱은 언뜻 보기에 우리 삶을 편하게 해주는 것처럼 보이지만, 사실은 정크푸드를 과도하게 소비하도록 부추기는 유인책이에요. 솔직히 말해 배달 앱으로 건강한 음식을 주문하는 사람은 별로 없습니다. 누가 몇만 원을 내고 간단한 샐러드나 균형 잡힌 요리를 주문하겠어요? (일시적이라고는 하지만)

우리는 큰 만족감을 얻기 위해 자연스럽게 기름지고 칼로리가 높은 음식, 푸짐한 음식을 찾게 됩니다. 배달 기사가 착취당하는 상황은 더 말할 것도 없고요. 그건 다른 주제니까 여기까지만 할 게요.

달게 먹으면 더 배가 고파져요

아침에 당분이 많은 음식을 먹으면 혈류로 다량의 당분이 방출됩니다. 이 과도한 당분은 혈당을 낮추는 호르몬인 인슐린에 의해 조절되어야 하죠. 한꺼번에 많은 양의 당분을 섭취하면 췌장은 혈당 수치를 적정 수준으로 낮추기 위해 많은 양의 인슐린을 분비합니다. 그 결과 혈당 수치가 급격히 떨어지고 금세 배고픔을 느끼게 됩니다. 주로 흡수가 빠른 단당류로 구성된 아침을 먹을 때 이런 일이 발생합니다. 그래서 저는 오전 10시나 11시쯤이면 어김없이 배가 고팠고, 에너지 충전을 위해 또 한 번 달콤한 간식을 먹곤 했습니다. 저도 모르게 배고픔의 악순환이 계속되고 있었던 거죠.

젊음을 유지하려면
단식을 실천하세요

하루 종일 너무 자주 먹으면 소화기관이나 췌장이 쉴 시간이 없습니다. 끊임없이 인슐린을 만들어야 하고, 먼저 간에서 당분을 비축한 다음 지방으로 저장해야 하니까요. 시간이 지나면 인슐린의 효과는 떨어지고 지방으로 가득 찬 조직에는 잘 작동하지 않게 됩니다. 이를 '인슐린 저항성'이라고 해요.

췌장은 혈당 수치를 안정적으로 유지하기 위해 더 많은 양의 인슐린을 분비하는데, 이게 바로 전당뇨 단계입니다. 전당뇨는 모든 생체 검사에서 정상으로 나올 수 있습니다. 일상적인 검사에서 인슐린 수치를 측정하지는 않으니까요. 의사는 환자에게 '내당능 장애'로 분류되는 당뇨병 전 단계를 제대로 관리하라고 말할 겁니다. 곧 당뇨병으로 발전할 가능성이 높고, 그로 인해 합병증도 발생할 수 있다고 경고할 거예요. 간헐적 단식의 주요 장점은 바로 이 지점과 관련이 있습니다. 모든 대사적 문제를 개선해 줄 수 있거든요. 간헐적 단식은 당뇨병을 예방하고 혈당과 혈압 및 콜레스테롤 수치를 개선하는 데 도움을 줍니다.[1]

산화 스트레스와 단식

세포는 정상적인 상태로 기능할 때 에너지를 사용하고 생산하지만, 그 과정에서 '활성산소'라는 노폐물도 만들어냅니다. 활성산소는 세포 독성을 유발하고 산화 스트레스˚를 일으킵니다. 산화 스트레스를 이겨내기 위해서는 항산화 성분이 풍부한 음식, 즉 자연에서 나는 과일과 채소를 섭취해야 하지요.

산화 스트레스는 세포 노화와 수많은 심혈관 질환, 뇌 질환을 유발합니다. 간헐적 단식은 이 산화 스트레스를 이겨내는 데 도움을 주지요.[2] 간헐적 단식이 심장마비와 알츠하이머병, 파킨슨병을 완전히 예방한다고 말할 수는 없지만, 심장과 뇌를 보호하는 데 도움이 된다는 연구들이 있습니다. 간헐적 단식이 뇌의 여러 중요한 분자들을 조절하는 데 도움을 줄 뿐만 아니라 뉴런이 산화 스트레스를 잘 견디게 하고, 뇌의 유연성을 높여준다는 연구 결과도 있습니다. 간헐적 단식은 새 뉴런을 만들어내는 데도 도움을 줍니다.

● 생체 내에서 발생하는 산화 물질과 이에 대응하는 항산화 물질 사이의 균형이 파괴되어 산화 비율이 높아지면서 발생하는 스트레스.

저속노화를 위한 초간단 습관

삶의 방식으로서의 단식

간헐적 단식은 다이어트가 아닙니다. 이건 중요한 얘기예요. 간헐적 단식은 삶의 방식입니다. 저는 간헐적 단식을 하면서 식단을 제한하고 있다는 느낌이 전혀 들지 않았어요. 먹는 즐거움이 박탈당하지 않았기 때문에 좌절감도 덜 느꼈고요.

단식을 하기로 마음먹었다면 의식적으로 그리고 장기적으로 실천해야 한다는 점을 잊지 마세요. 6개월 동안 간헐적 단식을 하다가 다시 예전의 식습관으로 돌아간다면 이제까지 얻은 이점을 모두 잃을 위험이 있습니다. 개인적으로 저는 거의 3년 동안 아무 스트레스를 받지 않고 간헐적 단식을 해왔습니다. 간헐적 단식은 이제 저의 생활 방식에서 필수적인 부분이 되었지요.

간헐적 단식을 일주일 내내 할 필요는 없어요. 저도 주말이나 휴일에는 단식하지 않아요. 그러니까 단식이 의무는 아니지만 제 일상생활에서 중요한 동반자가 된 셈이죠. 이 글을 쓰고 있는 오늘을 볼까요? 저는 방송국 아침 프로그램에서 생방송으로 제 코너를 진행하고, 응급의료서비스 가정방문까지 했습니다. 이른 오후에는 다시 다른 방송국에서 건강 프로그램을 진행했어요. 다시 글을 쓰느라 오후 3시쯤이 되어서야 첫 식사를 할 수 있었죠. 그런데도 배고픔이나 피곤함을 전혀 느끼지 않아요. 오히려 간헐적 단식을 하지 않고 아침이나 점심을 일찍 먹은 날에는 훨씬 더 피곤하고 머리가 무겁습니다.

우리 몸은 적절한 시간에 적절한 양과 적절한 품질의 음식이 제공되어야 최대한 잘 기능할 수 있습니다. 제 글을 계속 읽어온 분이라면 제가 간헐적 단식을 통해 10킬로그램을 감량했고, 그 이후 체중이 다시 늘지 않았다는 사실을 잘 알고 계실 겁니다.

초 | 간 | 단 | T | I | P
간헐적 단식을 하면 많은 질병의 위험을 줄일 수 있고, 다이어트를 하지 않고도 체중을 감량할 수 있어요.

편두통은
규칙적인 생활로
막을 수 있습니다

사람들이 병원을 찾는 가장 흔한 이유 가운데 하나는 두통입니다. 전 세계적으로 성인의 50~75%가 지난 1년 동안 적어도 한 번 이상 두통을 경험했습니다. 그리고 편두통은 모든 두통 가운데 두 번째로 일상생활에 지장을 주는 두통이죠.

긴장성 두통, 혈압이 정상인 경우

가장 흔한 두통은 사실 편두통이 아니라 긴장성 두통입니다. 긴장성 두통은 흔히 생각하는 것과 달리, 그리고 이름에서 느껴지는 것과 달리 혈압과는 아무 관련이 없어요. 오히려 신경이나 심리적 긴장과 관련이 있죠.

긴장성 두통은 대부분 두개골 양쪽에 느껴지는 압박감으로 설명됩니다. 스트레스를 받으면 두개골과 경추 근육, 즉 머리와 목 근육이 민감해지면서 통증이 발생하지요. 긴장성 두통은 대부분 일시적이지만 꽤 자주 발생합니다. 국가별로 차이는 있지만, 전체 인구의 50~70%가 겪는 것으로 추정됩니다. 보통 청소년기에 시작되고, 환자 5명 가운데 여성이 3명, 남성이 2명꼴입니다.

이상한 점은 긴장성 두통은 진통제를 많이 먹으면 먹을수록 오히려 악화되는 경향이 있다는 거예요. 통증을 줄이려고 약을 먹었는데, 먹으면 먹을수록 두통이 더 심해진다는 겁니다.

다행히 긴장성 두통은 편두통에 비해 일상생활에 미치는 불편함이 덜하고 간단한 생활 습관 개선으로 쉽게 완화할 수 있어요. 예를 들어 신체 활동을 늘리고, 규칙적인 수면 습관을 기르고, 이완 운동으로 스트레스만 줄여도 긴장성 두통은 상당히 완화됩니다.

물론 고혈압이 두통을 유발할 수 있지만, 보통 혈압이 160/90을 크게 웃도는 경우에 발생하는 경우가 많아요. 혈압이 140이나 150인데 두통이 있다면 다른 원인을 찾아봐야 합니다.

진짜 편두통

뇌에는 통증을 전달하는 물질이 있어요. 이 물질은 통증 신호를 뇌에 전달하는 역할을 하는데, 편두통은 이 물질의 조절에 문제가 생긴 경우입니다. 유전적인 신경혈관 질환이죠. 편두통 발작이 일어날 때 '신경 펩타이드'라고 하는 물질이 방출되는데요. 신경 펩타이드는 염증을 일으키고 통증을 느끼게 하는 데 관여합니다.

편두통은 전 세계 인구의 15%, 전 세계적으로 10억 명이 앓고 있고, 프랑스에서는 약 1,000만 명이 앓고 있다고 합니다.

어린이도 편두통을 앓을 수 있지만, 편두통은 대부분 사춘기에 시작됩니다. 여성 환자가 남성 환자보다 두 배 더 많아요. 일반적으로 편두통은 어느 정도 유전이라고 합니다. 그래서 편두통 환자가 있으면 그 가족 중에도 편두통을 앓는 사람이 많습니다.

편두통을 방치하면 심각한 장애를 초래할 수 있어요. 편두통의 정의는 명확하고 간단합니다. '편두통 발작'은 다음 기준 가운데 최소 5가지 이상을 충족해야 해요.

- 효과적으로 치료하지 않을 경우에 발작이 4~72시간 지속된다.
- 다음 네 가지 특징 가운데 두 가지를 포함한다.
  - 두통이 두개골 또는 머리 한쪽에만 발생한다.
    - → 일측성 통증
  - '심장이 머리에서 뛴다'는 느낌이 든다.
    - → 박동성 통증
  - 통증 강도가 중등도에서 심각한 수준이다(실제로 편두통은 고통스럽습니다).
  - 걷기나 계단 오르기 같은 일상적인 신체 활동으로 증상이 악화될 수 있다. 그래서 그런 활동들을 기피하게 된다.
- 두통이 있는 동안 아래 증상 가운데 하나 이상이 나타난다.
  - 메스꺼움 및/또는 구토
  - 빛에 대한 민감성(광과민증), 소리에 대한 민감성(음과민증)

이 기준을 충족하지 않는다면 비정형 편두통이거나 다른 유형의 두통일 수 있으니 전문적인 상담이 필요합니다.

편두통의 조짐

편두통을 겪기 전에 먼저 조짐이 나타나는 경우가 있습니다. 대부분의 경우 이 신경학적 증상은 시각적으로 나타납니다. 환자들은 흰색의 밝고 빛나는 반점이나 선, 점을 봅니다. 이걸 일반적으로 '안과성 편두통'이라고 불러요.

저도 편두통을 앓고 있습니다. 제일 처음 조짐 편두통을 겪었을 때는 솔직히 말해서 무서웠어요. 2010년이었고 월드컵이 열리고 있었습니다. 나이지리아와 아르헨티나 경기가 30분 정도 지났는데 어느 순간 경기를 보는 게 힘들어졌어요. 경기장과 선수, 점수는 보이는데 공이 보이지 않는 거예요. 당시 저는 의대생이었는데 단순히 피곤해서 그런가 보다 싶어 잠이나 자야겠다고 생각했어요. 누웠는데 갑자기 입 주변과 얼굴 한쪽, 왼손이 저린 느낌이 들었어요. 뇌졸중이 온 줄 알고 응급실에 갔습니다. 간호사에게 상황을 설명했더니 제가 스트레스를 많이 받은 것 같다며 대기실에서 기다리라고 하더군요.

몇 분 후 증상이 누그러졌는데 엄청난 두통이 시작됐어요.

그제야 내가 조짐 편두통을 겪었구나, 깨달았습니다. 제가 느꼈던 그 이상한 변화가 조짐 편두통의 시각적 증상이라는 것도 깨달았고요. 집으로 돌아간 뒤 저는 제 인생 최악의 편두통을 겪었습니다. 다행히 뇌졸중은 아니었죠.

조짐 편두통을 처음 겪는다면 꼭 병원에 가보시길 권합니다. 잠재적으로 심각한 신경 질환과 증상이 비슷할 수 있으니까요. 편두통인지 아닌지는 두 번째 발생 후에야 공식적으로 진단을 내릴 수 있습니다.

편두통 유발 요인

편두통은 생활이나 신체에서 발생하는 변화에 잘 적응하지 못하는 성향, 즉 불내성과 관련 있습니다. 편두통이 발생하는 원인은 여러 가지가 있지요.

- 기분이나 감정의 변화(부정적 또는 긍정적)
- 스트레스, 과로, 긴장이 풀어진 상태 또는 비정상적으로 과도한 노력
- 수면 부족 또는 과다
- 호르몬 변화, 특히 생리 중 에스트로겐 감소

- 특정 냄새에 노출
- 식사를 거르거나 과식, 음주와 같은 식습관의 변화
- 갑작스럽게 더위나 추위에 노출되는 등 날씨의 변화

일반적으로 우리는 주중에 일이나 공부 때문에 좀 더 착실하고 규칙적인 생활을 하려고 노력합니다. 대체로 비슷한 시간에 잠자리에 들고 일어나고 비슷한 종류의 음식을 먹는 등 환경변화가 거의 없죠. 하지만 주말에는 외출도 많이 하고 식단이나 수면 패턴도 바뀌기 쉬워요. 바로 그런 변화 때문에 편두통이 발생할 수 있어요.

그래서 만성 편두통 환자는 월요일부터 일요일까지 안정적인 생활 방식을 유지하고 건강 관리를 해야 합니다. 그래야 편두통 발작의 위험을 줄일 수 있어요. 개인적으로 저는 스트레스와 수면 부족, 식단 변화가 저의 편두통 유발 요인임을 알고 있습니다. 저는 편두통 발작이 일어나면 '아, 내 생활 방식이 좋지 않나 보다. 주의해야겠다'라는 신호로 받아들입니다.

마지막으로 초콜릿 이야기를 해볼까요? 편두통과 초콜릿의 관계에 대해서는 아직 확실하게 밝혀진 게 없습니다. 일부 연구자들은 초콜릿이나 음식에 대한 욕구를 억누를 수 없는 건 편두통의 증상이지, 유발 요인이 아니라는 가설을 제시했어요. 다시 말해 초콜릿이나 음식이 갑자기 당긴다는 건 편두통 발작이 곧 시작될 거라는 신호일 수 있다는 거죠. 결론적으로 초콜릿을 먹은 후에 편두통이 발생한다고 해서 초콜릿이 편두통을 유발하는 요인이라고 단정할 수는 없어요.

편두통 발작은 어떻게 치료하나요?

SOS 응급의료서비스 소속으로 가정방문을 해보면 편두통 환자를 자주 보게 됩니다. 실제로 편두통을 앓고 있으면서도 편두통을 방치하거나 제대로 치료하지 않는 경우가 많아요. 이런 경우 편두통은 우리를 극도로 무기력하게 만듭니다. 하지만 아세트아미노펜(파라세타몰)을 복용해서 두통이 완화된다면 편두통이 아니라 다른 유형의 두통일 가능성이 높습니다.

표준 치료는 이부프로펜, 아스피린, 케토프로펜, 디클로페낙 같은 비스테로이드성 소염제를 사용하는 겁니다. 일부는 처방전 없이도 구입할 수 있지만, 잘못 사용하면 소화기 출혈 같은 부작용이 있을 수 있어요. 최대 복용량과 약을 먹으면 안 되는 환자의 상태 등 주의사항을 지켜서 복용하세요.

또 다른 치료약으로 트립탄이 있는데요. 일반적으로 편두통 치료에 매우 효과가 좋습니다. 기존에 나와 있는 치료법이나 건강한 생활 습관으로 편두통이 조절되지 않는다면, 증상이 나타날 때마다 일시적으로 치료하는 게 아니라 증상이 나타나기 전에 예방 차원에서 미리 매일 약을 복용하는 방법이 있어요.

최근에는 '항CGRP 단클론항체'라는 신약이 나왔는데 예방에 매우 효과적입니다.* 이름이 좀 무섭죠. CGRP는 '칼시토닌 유전자 관련 펩타이드'라고 하는데, 강력한 혈관 확장제입니다. CGRP는 뇌혈관을 확장시키고 통증 신호를 뇌에 전달해서 편두통의 원인이 됩니다. CGRP를 차단하면 혈관 확장을 막고 편두통 발병을 예방할 수 있지요.

젊고 건강한 상태를 유지하려면 편두통 발작을 피하는 것이 중요합니다. 반복적으로 편두통 발작을 겪는 환자는 다른 사람보다 수면 시간이 짧고, 스트레스와 우울증이 심하고, 진통제를 더 많이 복용하고, 신체 활동량이 적은 경향이 있어요. 그래서 편두통을 잘 조절하고 가능한 한 발작 횟수를 줄이는 게 중요합니다.

> **초│간│단│T│I│P**
> 특히 주말에 편두통을 예방하려면 생활 방식을 크게 바꾸지 않는 게 좋아요. 일반적으로 우리 뇌는 '출근–일–잠'같이 반복되는 일상을 좋아합니다.

● 우리나라에서는 건강보험급여가 적용되지만, 급여 기준이 까다로운 편이다.

지중해식 식단으로
10년을 더 벌어봅시다

저는 이전에 쓴 책《제로 스트레스 다이어트》[1]에서 크게 노력하지 않으면서도 좌절하지 않고 균형 잡힌 식단을 통해 체중을 줄이는 법에 대해 말씀드렸습니다. 저 자신도 그 책에서 소개한 팁과 권장 사항을 실천했어요. 식단이나 음식과의 관계도 점검했고요. 우리는 곧 '우리가 먹는 것'이기 때문이죠. 먹는 음식을 통해 우리는 더 건강하고 오래 살 수 있습니다.

지중해식 식단의 힘

어디선가 지중해 식단이나 크레타 식단을 먼저 실천해야 한다는 말을 들어보신 적이 있을 겁니다. 사실입니다. 1950년대 제2차 세계대전이 끝난 후 록펠러 재단은 그리스 정부의 요청으로 크레타섬 주민들의 식습관에 대한 대규모 역학 연구를 시작했습니다. 같은 시기에 미국의 한 연구자도 건강과 식습관 사이의 연관성을 알아보는 연구를 진행했지요. 그 연구자는 미국뿐만 아니라 그리스와 크레타섬을 포함한 다른 6개국의 식습관도 함께 조사했습니다.

결과는 명확했습니다. 크레타섬 주민들은 다른 나라 사람들보다 심혈관 질환에 걸릴 확률이 훨씬 낮았어요. 크레타섬 주민들의 식단은 과일과 채소, 콩류, 통곡물, 생선, 유제품, 식물성 지방(올리브유 등 유지 작물로 만든 기름)으로 구성되어 있었습니다. 붉은 육류는 거의 먹지 않고 생선류는 적당히 섭취했어요.

물론 공해나 스트레스에 대한 노출이 적고, 낮잠을 자고, 사교 활동이 매우 활발하다는 다른 요인들로도 심혈관 질환의 낮은 발병률을 설명할 수 있을 거예요. 하지만 이들의 식습관이 건강에 미치는 영향은 상당하다고 할 수 있었죠. 그 이후 수많은 연구가 이어졌고, 크레타섬 주민들의 식단은 암과 알츠하이머병의 위험을 줄이고, 허리둘레와 체지방을 줄이는 데 도움이 되는 것으로 밝혀졌습니다.

우리는 '식단'이라고 말하지만, 사실은 '생활 방식'이라고 말하는 게 더 적절할 수 있어요. 식단이라고 하면 뭔가 '제한'적인 느낌이 들지만, 식단은 사실 일상 속의 습관을 만들어 나가는 방식에 가깝습니다. 식단만으로도 더 오래 살 수 있다는 점에서 의미가 크죠.

크레타 식단은 기적의 식단일까

흡수가 빠른 단순당과 붉은 육류, 초가공 제품 섭취가 많은 서구 식단을 지중해 식단으로 바꾸면 기대수명이 늘어난다는 최신 연구 결과가 있습니다.[2] 20세부터 가당 음료, 붉은 육류, 지방, 달고 짠 음식 섭취를 줄이고 과일과 채소, 콩류, 생선, 유지 작물을 더 많이 섭취하면 여성의 경우 기대수명이 최대 10년이 늘어난다고 합니다. 남성의 경우 최대 13년이 늘어나고요!

인생은 즐거워야 하니 여러분에게 뭘 먹지 말라는 말씀은 드리지 않겠습니다. 하지만 방금 말씀드린 연구 결과를 보면 콩류(렌틸콩, 말린 콩, 병아리콩 등), 통곡물(귀리, 보리, 옥수수 등), 유지 작물(호두, 아몬드 등)을 많이 섭취할수록 건강에 더 이롭다고 합니다. 초가공 식품과 붉은 육류 섭취를 줄이거나 끊는 게 어렵다고 해도 괜찮아요. 완벽하지 않아도 됩니다. 그저 이런 음식의 섭취를 줄이고 더 나은 식단을 채택하는 것만으로도 20세를 기준으로 기대수명을 거의 7년까지 늘릴 수 있다고 합니다. 놀랍지 않나요?

60세에 식단을 바꾼 사람들의 기대수명을 보면 여성은 8년, 남성은 9년 가까이 늘어났습니다. 80세에 더 나은 식단을 선택한 사람들은 기대수명이 3~4년 더 늘어났고요. 식단이 얼마나 중요한지, 그 영향력이 얼마나 강력한지 보여주는 연구 결과죠. 이미 명백한 사실이지만, 추가로 더 증명된 사실이기도 하고요.

이 연구가 끝난 뒤 연구진들은 인터넷에 생활 습관의 변화로 기대수명을 얼마나 늘릴 수 있을지 예측하는 온라인 계산기를 공개했습니다. 저도 테스트를 해봤는데 결과는 꽤 설득력이 있었습니다(인터넷에 '기대수명 계산기'를 검색하면 쉽게 찾을 수 있습니다).

이 책을 쓰고 있는 지금 제 나이는 서른여섯 살이고 치아도 모두 건강합니다. 테스트 결과 지중해 식단을 더 충실히 지키면 제 기대수명은 13년까지 늘어날 것으로 나왔습니다. 제가 해야할 일은 붉은 육류 섭취를 줄이고 견과류와 생선, 과일, 채소를 더 많이 먹는 것뿐입니다. 생각해보면 놀라운 일 아닌가요? 비타민이나 건강보조식품을 먹는 것보다 훨씬 더 효과적일 수 있으니까요.

음식에 투자하세요

여러 번 말씀드렸지만, 가끔 우리 의사들은 너무 엄격하게 뭔가를 금지합니다. 저부터도 이런저런 음식을 먹지 말라고 이야기하거나 아주 부정적으로 이야기하기도 하거든요. 저는 우리 식단이 지나치게 표준화된 초가공 식품이나 공산품에 얼마나 많이 점령당했는지 경고하는 동영상을 소셜 미디어에 올리고 있습니다.

사람들은 종종 저에게 말하죠. "당신 때문에 더 이상 먹을 게 없어!" 물론 좋은 뜻으로요. 식품업계 로비의 힘이 얼마나 막강한지 알 수 있는 대목입니다. 식품업계는 여러분에게 이상한 믿음을 심었습니다. "비싸지만 건강에 해롭고, 영양학적으로도 열악한 이 제품이 없으면 당신의 삶은 참 슬프고 복잡해질 거야." 그렇게 믿게 만드는 데 성공했지요.

이제는 식단에 대한 통제권을 되찾아야 할 때입니다. 식단을 제약이나 시간 낭비가 아닌 '투자'로 바라봐야 할 때입니다. 거듭 말씀드리지만, 우리는 억지로 먹이를 먹어야 하는 거위가 아닙니다. 우리가 먹는 음식이 우리 몸에 어떤 영향을 미치는지 알고 선택해야 합니다. 특히 임신을 했다면, 그 선택은 태아의 건강과도 직결됩니다. 산모의 식단은 태아의 장내 미생물 군집에 큰 영향을 미치니까요.

제가 식품업계에 반대하는 운동을 벌이고 있는 것도 이런 이유 때문입니다. 우리 아이들은 설탕을 너무 많이 먹고, 충분히 움직이지 않습니다. 오늘의 식습관이 내일의 세대를 비만으로 이끌고 있어요. 그 반대로 해본다면 어떨까요? 더 나은 식습관에 대해 경각심을 갖도록 교육받고, 더 나은 식습관을 지향하는 내일의 건강한 성인으로 자라나게 하는 건 어떨까요?

초 | 간 | 단 | T | I | P

더 오래 살고 싶다면 지중해 식단을 최대한 실천해보세요. 20세를 기준으로 기대수명을 10년 이상 늘릴 수 있습니다!

성욕은 건강의 지표

성욕은 개인의 성적 욕망이나 본능을 뜻합니다. 성욕은 개인차가 상당히 큰데요. 평생에 걸쳐 변화하고요. 호르몬과 같은 생물학적 요인, 감정이나 정신 상태 같은 심리적 요인, 사회적 요인이나 인간관계 등 다양한 요인에 의해 영향을 받습니다.

성욕이 변하는 건 자연스러울 수 있지만 갑자기 큰 변화가 있거나 그 변화가 지속된다면 신체적이나 심리적으로 근본적인 건강에 문제가 있을 수 있어요. 우울증이나 폐경기, 치료가 필요한 특정 호르몬 병리가 원인일 수 있습니다.

실제로 성욕에 문제가 있다면 제가 여기서 드리는 여러 팁을 적용하기 전에 전문의와 먼저 상담이 필요합니다. 누구나 성욕을 높일 수 있는 실천 팁을 몇 가지 소개할게요.

옷을 벗고 주무세요

성욕을 끌어올리려면 먼저 시간을 내어 상대방과의 관계를 재건하고 친밀감을 높이는 게 중요합니다. 뭘 하든 상관없어요. 중요한 건 시간을 함께 보내는 거니까요. 그 시간이 특별할 필요도 없습니다. 소소한 일상도 서로 가까워질 좋은 기회가 될 수 있어요.

저녁 시간을 예로 들어보죠. 소파에 앉아 TV 드라마를 여러 편 보거나 스마트폰을 하느라 시간을 보내는 경우가 많습니다. 하지만 잠자리에 들 시간이 되면 스마트폰을 치우고 가급적 사용하지 않도록 하세요. 소셜 미디어를 한번 보기 시작하면 계속해서 페이지를 넘기고 게시물을 스크롤 하느라 정신이 없습니다. 스마트폰을 끄는 게 얼마나 어려운지 잘 아시죠?

가급적 옷을 벗고 주무세요. 당연한 이야기겠지만 커플 간

친밀감을 높일 수 있습니다. 피부가 맞닿는 것만으로도 엔도르핀과 옥시토신이 분비됩니다. 기분을 좋게 하고 애착을 느끼게 하는 호르몬이죠. 거기서 멈춰도 괜찮습니다. 정신적으로 가까워진 뒤 육체적으로 가까워지는 것만으로도 충분히 좋은 경험이 될 수 있어요.

여성들은 상대방의 체온을 느끼며 따뜻하게 잠들 수 있어요. 여성들은 특히 말초 혈액 순환이 원활하지 않기 때문에 저녁이 되면 손발이 차가워지는 경우가 많으니까요! 옷을 벗고 자면 체온이 조금 떨어져 잠드는 데 도움이 됩니다. 침대에 누울 때 따뜻하게 몸을 감싸고 누우면 기분이 좋을 수는 있지만, 숙면에는 방해가 될 수 있어요.

친구 같은 약용식물요법,
파이토테라피

솔직히 말씀드리면, 저는 파이토테라피Phytotherapy˚에 대한 지식이 부족합니다. 우리 일반의들이 파이토테라피 관련 교육을 더 받으면 분명 도움이 될 거라고 생각합니다. 사실 파이토테라

˚ 식물에서 추출한 물질 중 생리적 효과를 가진 화학물질로 치료하는 자연치유법.

피는 과학적으로 근거가 입증된 전문 분야입니다. 특정 식물 추출물의 활성 성분을 활용하는 방식이죠. 그 가운데 일랑일랑 에센셜 오일은 다양한 효능을 지니고 있습니다. 불안 완화에 효과적이고, 평소 사용하는 샴푸에 첨가하면 모발 성장을 촉진하고 모발을 강화하는 데 도움이 되죠. 마지막으로 성욕과 성적 매력을 증가시키는 성분이 있어서 최음제로 사용되곤 합니다.

일랑일랑 에센셜 오일은 올바르게 사용하면 안전합니다. 다만 피부에 바를 때는 희석해서 사용해야 하고, 건강 전문가의 조언 없이 섭취해서는 안 된다는 점을 기억하세요. 다른 에센셜 오일과 마찬가지로 알레르기 반응이나 민감 반응이 나타날 수 있으니 사용하기 전에 피부 테스트를 하는 것이 좋습니다. 마카다미아 오일에 희석하거나 원액 4방울을 허리에 떨어뜨려 마사지하거나 깊게 흡입해 보세요.

또는 스위트 오렌지 에센셜 오일 75방울, 실론 시나몬 껍질 오일 10방울, 일랑일랑 30방울, 레몬 오일 60방울을 섞어 침실에 뿌려두세요. 이 혼합액을 건식 디퓨저에 넣어 15분간 두거나 손수건이나 베개 밑에 몇 방울 떨어뜨려 보세요.[1] 그리고 자연스럽게 기분에 몸을 맡겨보세요.

스포츠로
발기 부전 문제를 해결하기

발기 부전은 이후 다른 장에서 자세히 다룰 예정입니다. 발기 부전은 검사가 필요하고 적절한 약물로 치료할 수 있지만, 신체 활동과 병행해야 큰 효과를 볼 수 있어요.

발기 부전 치료에서 운동이 어떤 효과가 있는지 평가한 연구가 있습니다. 그 연구에서는 남성 1,147명을 운동을 하는 그룹과 하지 않는 그룹으로 나누었습니다. 결과는 매우 긍정적이었어요. 운동이 발기 부전을 개선하는 데 아주 긍정적인 효과가 있다는 결과가 나왔어요.[2]

일반적으로 신체 활동은 심장을 강화하고 혈액 순환을 개선해 심혈관 건강을 향상시키는 데 도움을 준다는 사실을 알고 계실 겁니다. 발기 부전의 대부분은 음경 동맥 기능 저하, 즉 혈류가 원활하지 못한 것과 관련이 있는데 운동은 이를 개선합니다.

신체 활동은 발기 부전을 유발할 수 있는 혈압과 당뇨병 조절에도 도움이 됩니다. 신체 활동을 하면 음경 동맥벽에서 산화질소가 방출되어 혈관이 확장되고 최적의 기능을 유지하는 데 도움을 줍니다. 신체 활동은 발기 부전을 유발할 수 있는 산화 스트레스와 염증을 줄이는 데도 도움이 된다는 사실도 잊지 마세요.

　마지막으로 달리기와 자전거 타기, 수영이나 기타 지구력 운동을 하면 테스토스테론 수치가 증가합니다. 테스토스테론은 성욕을 증가시키고 무엇보다도 발기를 돕는 효과가 있어요. 지구력 운동을 일주일에 30분씩 3번만 해도 발기에 긍정적인 효과가 있습니다. 그러니 남성분들, 모두 운동복을 챙기세요!

> 초|간|단|T|I|P
> **성욕을 높이려면 스마트폰이나 TV를 최대한 멀리하세요. 옷을 벗고 파트너와 최대한 가까이 누워 친밀한 시간을 나누세요.**

8

허리 통증이 있다고
검사를 서두르지 마세요

프랑스에서 병원을 찾는 환자 가운데는 요통, 즉 허리 통증 환자가 가장 많습니다. 허리 통증은 '세기의 질병'이라고 할 수 있어요. 실제로 허리 통증을 호소하는 환자가 없는 날은 거의 없습니다. 다들 비슷한 이야기를 해요. 30세에서 60세 사이의 환자 대부분이 크게 움직이지도 않았고 특별한 걸 한 적이 없는데 허리를 '삐끗했다'고 말합니다. 아이를 들어 올리거나 바닥에 떨

저속노화를 위한 초간단 습관

어진 물건을 주운 후에 허리 통증을 처음 느꼈다고 하고요. 특별한 원인 없이 통증을 느낀 분들도 있습니다.

처음 허리 통증이 생기면 그 고통은 상당히 심하고 참기 어려울 수 있습니다. 제가 통증 강도를 0에서 10 사이 어느 정도냐고 물어보면 환자들은 대부분 6에서 10 사이의 숫자를 말합니다. 임상 검사는 아주 단순해서 중증 여부를 확인하는 게 다입니다. 진료가 끝나면 환자들이 엑스레이나 MRI 같은 검사를 받아야 하는지 묻습니다. 제 대답은 이렇습니다. "둘 다 하지 마세요!" 그 환자들에게 엑스레이는 아무 도움이 되지 않기 때문입니다.

또 다른 경우로는 몇 주, 몇 달 또는 몇 년 동안 허리 통증으로 고생하는 분들이 있어요. 이미 여러 검사를 통해 관절염, 척추 간격 감소, 디스크 탈출증(추간판 탈출증) 또는 디스크 돌출증 등의 진단을 받은 경우입니다. 이 경우에도 환자가 겪는 통증은 실제로 큽니다. 이 환자들은 여러 차례 진료와 치료를 받았지만 효과가 없어서 지쳐 있어요. 지금까지 받은 검사들은 거의 소용이 없거나 오히려 환자에게 해로웠을 수도 있고요. 허리 통증이 있을 때 함부로 검사하지 않는 게 좋다는 건 과학적으로도 입증된 사실입니다. 아주 특정 조건에 해당하는 경우에만 검사를 받으세요.

허리 MRI가 정상으로 나오는 경우는
아예 없습니다

모든 사람에게 허리 MRI 검사를 해본다면 대부분 어딘가 이상이 있다는 소견이 나올 거예요. 예를 들어서 경추 관절염은 30세부터 시작됩니다. 30세 이상이라면 목에 아무 증상이 없어도 경추 MRI를 찍으면 진단서에 경추 관절염이 있다고 기록될 확률이 높습니다. 어느 날 목에 통증이 생기더라도 그게 경추 관절염과는 전혀 관련이 없을 가능성도 크고요. 디스크 탈출증도 마찬가지입니다. 방사선 전문의가 검사 중에 디스크 탈출증을 발견했다 하더라도요. 디스크 탈출증이 있다고 반드시 통증이 있는 건 아닙니다. 디스크 탈출증이 있다고 해도 모든 허리 통증이 반드시 디스크 탈출증과 관련이 있는 것도 아닙니다.

허리 통증이 전혀 없는 사람들을 대상으로 척추 MRI를 시행한 연구가 있습니다. 30~39세 사이의 참가자 가운데 절반 이상이 디스크에 이상이 있는 것으로 나왔지요. 디스크는 척추뼈 사이에서 충격을 흡수하는 역할을 해요. 섬유로 이루어진 외부 고리(섬유륜)가 수분이 아주 풍부한 젤라틴 성분의 수핵을 둘러싸고 있죠. 나이가 들면 수핵이 탈수되고 탄력을 잃고 섬유 고리에 균열이 생기면서 수핵이 밖으로 밀려 나와 탈출이 생길 수 있어요. 그러면 척추에서 나오는 신경을 압박해서 통증을 유발할 수 있습니다.

하지만 디스크가 퇴행하는 건 생각보다 흔한 일이에요. 인구의 90%는 살면서 척추 디스크의 퇴행성 변화를 겪게 되거든요. 앞서 말한 연구에 따르면, 60세 이상 환자의 90%가 척추 디스크에 이상이 있었지만 허리 통증을 느끼지 않았다고 해요. 그러니까 디스크 퇴행은 병리적인 현상이 아니라 정상적인 노화의 한 부분입니다. 따라서 대부분의 경우, 엑스레이나 MRI 같은 검사는 불필요합니다.

노세보 효과

노세보nocebo 효과*는 플라세보placebo 효과와 반대되는 개념이에요. 플라세보 효과는 설탕 알약이나 생리식염수처럼 아무런 약리적 성질이 없는 물질을 복용하거나 투여받은 뒤 긍정적인 효과를 경험하는 걸 말합니다. 예를 들어 동종요법**을 사용하거나 아이가 넘어져 다쳤을 때 아픈 부위에 뽀뽀를 해주며 "이제 괜찮다"고 위로해주는 것과 비슷하죠.

• 　진짜 약을 줘도 환자가 약의 효능을 믿지 못해 약효가 나타나지 않는 현상.
•• 　'비슷한 것이 비슷한 것을 치유한다'는 원리에 기반한 대체 의학의 한 형태. – 옮긴이

미국의 의사 헨리 비처Henry K. Beecher는 제2차 세계대전 중 플라세보 효과가 가진 힘을 발견했습니다.[1] 부상병들을 치료하다가 진통제로 사용할 모르핀이 다 떨어지자 소금물 용액을 주면서 강력한 진통제라고 설명했어요. 그러자 많은 환자가 통증 완화를 경험했습니다. 그 후로 임상 연구에서는 플라세보 그룹(위약군)을 체계적으로 도입하기 시작했죠.

다른 연구, 특히 뇌 영상 연구에서도 플라세보 현상을 구체적으로 확인할 수 있었습니다. 통증 감각과 관련된 특정 뇌 영역의 활동이 감소하는 게 확인됐거든요. 플라세보 효과는 쾌락과 관련된 호르몬인 엔도르핀과 도파민의 분비를 촉진합니다.[2]

결론적으로 우리 뇌는 앞서 말한 비활성 물질, 즉 신체에 생리적이나 약리적 영향을 미치지 않는 물질로 특정 유형의 통증을 완화할 수 있지만, 반대로 뜻밖의 불쾌한 증상이나 바람직하지 않은 효과를 유발할 수도 있어요. 다소 당황스러운 결과가 나온 연구도 있습니다.[3]

이 연구에서는 4만 5천 명의 환자를 두 그룹으로 나누어 한 그룹은 COVID-19 예방 접종을 받고, 다른 그룹은 생리식염수를 맞게 했습니다. 주사 부위의 통증과 두통, 발열, 피로와 같은 부작용의 발생을 관찰하는 것이 이 연구의 목적이었죠. 연구 결과, 위약군의 35%가 첫 번째 접종 후 부작용을 경험했고, 두 번째 접종 후에는 31%가 이상 반응을 보였어요. 연구진은 백신을 접종한 그룹의 경우 첫 번째 접종 후 나타난 부작용의 76%, 두 번째 접종 후 나타난 부작용의 51%가 노세보 효과와 관련이 있다고 추정했습니다.

허리 MRI와 노세보 효과

허리 MRI와 같은 복잡한 검사 보고서를 보면 일반인이 이해할 수 없는 설명 몇 줄이 나와 있고, 결론 부분에는 디스크 손상이나 압박, 관절염 등의 내용이 적혀 있어서 우리를 불안하게 만들죠. 팔이나 다리가 부러지면 깁스를 하거나 수술을 받아야 한다는 건 모두 알고 있습니다. 허리 MRI의 경우에는 골관절염이 완전히 치료되거나 회복되지 않을 것이고, 시간이 지나면서 악화될 가능성이 있다는 사실 정도를 알 수 있죠. 방사선 전문의가 설명할 수 있는 다른 모든 이상 징후도 마찬가지입니다.

며칠 후 의사는 여러분에게 "디스크는 고칠 수 없으니 할 수 있는 일이 별로 없다"라든지 "그냥 이 상태로 살아가야 한다"라든지 "물리치료를 좀 받아보자"고 말할 것입니다. 여러분은 더 상태가 악화될까 봐 덜 움직이고, 더 많은 약을 복용하고, 다른 전문의를 찾아가고, 나아가 추가 검사를 받게 되겠죠. 노세보 효과가 최악의 상황으로 치닫는 악순환에 빠지게 되는 겁니다.[4] 바로 이런 점 때문에 허리 MRI 검사 결과는 대개 정말 좋지 않은 해석을 낳는다고 하는 겁니다. 추가 검사를 처방할 때는 정말 신중해야 한다는 거죠.

그렇다면 언제
검사를 처방해야 할까?

MRI는 의학적으로 매우 중요한 검사예요. 기존 검사로는 불가능했던 진단을 가능하게 해서 환자 치료 방식에 혁신을 가져왔죠. 그러니까 제가 드리고 싶은 얘기는, 척추 MRI 검사를 진행하지 말라는 것이 아니라 '적색 신호'라고 부르는 특별 징후가 없는 경우에는 꼭 필요하지 않을 수 있다는 겁니다.

예를 들어 허리 통증을 겪은 지 3개월 미만인 환자에게는 굳이 엑스레이 검사를 처방하지 않는 것이 좋습니다. 적색 신호는 류머티즘 질환, 척추 압박골절이나 종양성 질환처럼 통증의 원인이 될 수 있는 잠재적 질환을 가리키는 임상 증상이나 징후를 말합니다. 암 병력이 있는 환자가 허리 통증을 호소한다면 저는 당연히 더 주의를 기울이게 될 것이고, 뼈에 전이가 되지 않았나 살펴보기 위해 추가 검사를 처방하겠죠.

물론 치료 효과가 없거나 통증이 악화되면 담당 의사는 다음 치료 방향을 정하기 위해 추가 검사를 고려할 수 있어요. 하지만 MRI에서 허리 디스크 탈출증이 발견된다고 해서 통증이 반드시 완화되지는 않습니다. MRI는 의사가 치료를 조정하는 데 도움을 줄 뿐입니다.

보통 저는 이런 경우에 환자들에게 항상 같은 조언을 합니다. 검사 보고서를 절대 읽지 말고, 인터넷이나 소셜 미디어에서 검색도 하지 말라고요. 방사선 전문의에게 설명해달라고 요청하고, 그 결과를 의사에게 보여주는 것이 '허리 디스크 탈출 치료'를 구글에서 검색하는 것보다 훨씬 더 유익합니다.

허리 통증의 원인이 무엇이든 가장 좋은 치료법은 신체 활동이고, 앞으로도 그럴 거예요. 많이 움직일수록 통증은 줄어들고, 더 활동적으로 지낼 수 있습니다. 통증이 있을 때 움직이기 어렵다는 걸 잘 알고 있어요. 그래서 때때로 약물이 도움이 될 수 있지요. 저는 항상 환자들에게 제가 처방하는 약은 전체 치료에서 20~30% 비중밖에 차지하지 않는다고 말합니다. 나머지는 환자에게 달려 있습니다. 여기서 좋은 소식은 '신체 활동'이 많은 질병을 예방할 뿐만 아니라 일반적으로 기대수명과 건강기대수명까지 늘려준다는 것입니다!

허리 통증이 있다고 해서 이것저것 검사를 서두르지 마세요. 불필요한 추가 검사는 비용만 들고 노세보 효과로 이어질 수 있습니다.

당뇨병은
예방이 최선입니다

만성질환 예방은 우리 모두에게 최우선 과제가 되어야 합니다. 일반의인 저뿐만 아니라 보건 당국, 정부, 그리고 여러분에게도 최우선 순위가 되어야 해요.

안타깝게도 우리는 당뇨병을 예방하기보다 치료하는 데 모든 에너지를 쏟고 있습니다. 1차 예방의 핵심은 질병으로 인한 문제를 겪지 않고 그 질병을 예방하는 겁니다. 일반의는 당뇨병을 진단하고 당뇨병이 있을 때 해야 할 일과 하지 말아야 할 일에 대해 잘 알고 있습니다.

예를 들어 체중 감량과 단당류 피하기, 신체 활동 참여 등이죠. 이런 종류의 조언은 과학적으로 타당한 말이지만, 지나치게 단순하고 때로는 교훈적이어서 실질적인 효과는 크지 않습니다. 우리는 당뇨병을 예방하거나 발병을 늦추거나 그 영향을 최소화할 수 있도록 최선을 다해야 합니다. 왜냐하면 지금 현재 약물로만 당뇨병을 완치하기는 불가능하거든요. 당뇨병은 대부분의 만성질환처럼 평생 관리해야 하는 질환입니다.

당뇨병의 확산 추세

프랑스에서는 약 400만 명이 당뇨병을 앓고 있는 것으로 추정되고, 그중 95%가 제1형 당뇨병이 아닌 제2형 당뇨병을 앓고 있어요. 전 세계적으로 당뇨병 환자는 2040년까지 7억 8,300만 명에 달할 것으로 예상된다고 하고요.

제1형 당뇨든 제2형 당뇨든, 당뇨병을 진단하는 방법은 동일하며 혈액 검사를 기반으로 합니다. 공복 혈당 수치가

◆   대한당뇨병학회의 발표에 따르면, 2022년 기준 한국의 당뇨병 환자는 605만 명을 넘었다.

저속노화를 위한 초간단 습관

126mg/dl 이상이거나 공복이 아닌 상태의 두 번의 검사에서 혈당 수치가 200mg/dl 이상이면 당뇨병으로 진단해요.

제1형 당뇨병은 소아기나 청소년기에 갑자기 시작되는 자가면역질환으로, 인슐린을 생성하는 췌장 세포를 파괴해요. 반면 제2형 당뇨병은 여러 가지 요인이 복합적으로 작용해 오랜 시간에 걸쳐 서서히 진행되죠. 참고로 우리의 혈당 수치는 미세하게 조절되며 항상 약 100mg/dl 내외로 유지되어야 합니다. 음식을 먹으면 혈당이 상승하고 췌장은 인슐린을 분비해 혈당 수치를 낮춥니다.

하지만 제2형 당뇨병의 경우에는 인슐린의 효과가 점점 줄어들어요. 같은 효과를 내기 위해 점점 더 많은 인슐린이 필요해지는 거죠. 이를 인슐린 저항성 또는 전당뇨라고 합니다. 공복 혈당 수치가 110~125mg/dl인 경우가 전당뇨 상태에요. 전당뇨를 방치하면 결국 당뇨병으로 진행될 가능성이 커집니다.

물론 당뇨병에 대한 감수성은 사람마다 차이가 있습니다. 남성은 여성보다 당뇨병에 걸릴 가능성이 거의 3배 더 높고 나이가 들수록 위험은 증가하죠. 2020년을 기준으로 70~85세 남성 5명 가운데 1명, 여성 7명 가운데 1명이 당뇨병 치료를 받고 있어요.

당뇨는 눈(당뇨병성 망막병증)과 심장(심근경색), 뇌(뇌졸중),

신장(만성 신부전), 발(당뇨족) 등 우리 몸의 모든 장기에 영향을 미치고 수많은 합병증을 유발해요. 당뇨족 같은 경우에는 감염이 쉽게 발생하고 심한 경우에는 절단까지 이어지기도 하고요. 가능하면 당뇨를 예방할 수 있을 때 미리 예방하고 정기 검진을 통해 주기적으로 혈당 수치를 확인하는 것이 중요합니다.

생활 습관을 바꿔
당뇨병을 예방합시다

특정 질병을 예방하고 건강을 유지하려면 그 변화는 점진적이고 수용 가능하며 지속 가능해야 합니다. 체중 감량에 관한 제 책[1]에서 말씀드렸듯이, 나쁜 식습관 하나를 바꾸는 데 보통 21일 이상이 걸립니다. 제가 만난 환자 대부분은 마음을 굳게 먹고 모든 것을 단기간에 바꾸고 싶어 했어요. 하지만 모든 문제를 한 번에 해결할 수는 없습니다.

우선순위를 세워 진행하는 방법을 알아야 해요. 제가 몇 년 전에 사용한 방법이 바로 이것입니다. 저는 운동 없이 10킬로그램 이상을 감량하는 데 성공했어요. 체중이 안정된 다음에 서서히 운동을 시작했죠. 처음에는 15분씩 운동했어요. 매일은 아니었고요. 그다음 운동 시간과 횟수를 늘렸죠. 가장 먼저 여러분의 생활 습관 가운데 어떤 게 가장 해롭고 이득이 적은지 살펴보세요. 간단한 생활 습관의 변화만으로도 제2형 당뇨병 발병 위험을 줄일 수 있는 경우가 많습니다.

핀란드에서 진행된 연구[2]에서도 같은 결론을 내렸어요. 이 연구에서는 전당뇨 환자 522명을 두 그룹으로 나누어 한 그룹은 특별한 지침 없이 지내게 하고, 다른 그룹은 신체 활동과 영양 교육을 병행한 지도를 받게 했습니다. 3년 만에 윤리적 이유로 연구는 중단됐지만, 그 결과를 살펴보면 신체 활동을 하고 균형 잡힌 식단을 따른 그룹은 당뇨병 발병 위험이 58% 감소했어요. 일본의 또 다른 연구[3]에서는 여기에 채소 섭취를 하나 더 늘렸죠. 그랬더니 당뇨병 발병 위험이 67% 감소했다는 결과가 나왔습니다.

당뇨병 예방의 열쇠

당연히 체중 감량은 당뇨병 발병 위험을 줄이는 데 중요한 요소예요. 하지만 20킬로그램씩 감량할 필요는 없고, 몇 킬로그램만 감량해도 상황을 개선하는 데 충분합니다. 지방 1킬로그램을 감량할 때마다 몸 전체에 긍정적인 영향이 크게 미치기 때문입니다. 저는 체중이 빨리 빠지지 않아 좌절하는 환자들에게 수분과 근육 5킬로그램을 빼는 것보다 나쁜 지방 3킬로그램을 빼는 게 더 낫다고 설명하곤 해요.

체중 감량에서 인내심과 지구력이 중요하다는 사실은 과학적으로도 입증됐어요. 영국에서 진행된 한 연구[4]에 따르면 체중을 5%만 감량해도 감량하지 않은 사람들보다 제2형 당뇨 발병률이 89%나 감소했습니다! 또 다른 연구에서는 15킬로그램 이상을 감량한 환자의 86%에게서 당뇨병이 사라졌다고 하고요.[5]

간헐적 단식이 인슐린 감수성을 개선해서 혈당 수치를 조절하는 데 도움이 된다는 연구 결과도 있습니다. 실제로 소화기관을 쉬게 하면 인슐린 분비량은 줄어들지만, 인슐린의 질은 더 좋아져요. 수면도 당뇨병 발병에 매우 중요한 역할을 합니다. 수면 시간이 적을수록 당뇨병 발병 위험이 커지니까요. 충분한 수면은 앞서 언급한 다른 모든 조언만큼이나 중요합니다.

당뇨병 예방에 좋은
균형 잡힌 식단

체중만으로 당뇨병을 다 설명할 수는 없어요. 비만 환자라고 해서 모두 당뇨병에 걸리는 건 아니니까요. 마른 사람도 당뇨병에 걸릴 수 있어요. 그래서 식단 같은 다른 요인도 고려해야 해요. 붉은 육류, 백미나 가당 음료를 과도하게 섭취하면 제2형 당뇨병의 위험이 커져요. 반대로 녹색 채소와 채유 식물, 커피를 섭취하면 당뇨병을 예방하는 데 도움이 될 수 있어요. 당도가 높은 과일이라도 항산화 성분인 안토시아닌이 풍부한 블루베리, 포도 같은 과일은 당뇨병 예방에 도움이 될 수 있어요.

제가 아는 간호사 중에 50대인데 매우 활동적인 분이 있어요. 가정방문을 할 때 걸어서 다니고 매일 1만 보 이상을 걷는 분이에요. 당연히 과체중도 아니고요. 그런데 그분이 제2형 당뇨에 걸렸어요. 가족력이 있는지 없는지 잘 모르지만, 그분이 당뇨에 걸린 한 가지 요인은 짐작이 갑니다. 바로 '무가당' 탄산음료를 즐겨 마신다는 점입니다.

아스파탐과 아세설팜-K 등 인공 감미료가 들어간 음료는 칼로리 없이 단맛을 내지만 장내 미생물에 영향을 미치고 당뇨병 위험을 증가시켜요. 무가당 탄산음료를 자주 마시면 위험이 얼마나 커지는지 제가 정확히 말할 수는 없어요. 하지만 개인적으로 추천하지 않습니다. 설탕을 대체한다고 말하는 모든 인공 감미료는 예방 차원에서 가급적 피하는 것이 좋습니다.

금연하세요!

....

이 글이 흡연자들의 금연 결심에 도움이 되기를 바랍니다. 흡연이라고 하면 우리는 대부분 폐암을 떠올리지만, 솔직히 말해 폐암의 위험이 완전히 증명됐다고 해도 사람들은 크게 두려워하지 않는 것 같아요. 그런 건 남의 일이라고 생각하니까요.

담배를 피운다고 모두 폐암에 걸리는 게 아니라 더욱 그렇습니다. 여기에서 흡연이 어떤 질병을 유발할 수 있는지 모두 나열하지는 않겠지만, 흡연이 당뇨병 발병 위험도 증가시킨다는 사실을 꼭 아셔야 합니다. 흡연자는 비흡연자에 비해 제2형 당뇨병에 걸릴 위험이 37~44% 더 높다고 합니다!

흡연은 남성뿐만 아니라 여성에게도 당뇨병 발병 위험을 높입니다. 여성 흡연율이 증가하고 있는 만큼 여성에게도 관련 합병증이 늘어날 가능성이 큽니다.

담배를 끊으면 당뇨병에 걸릴 위험을 줄일 수 있어요. 이미 당뇨병을 앓고 있다면 가능한 한 빨리 담배를 끊는 것이 좋습니다. 당뇨병 환자의 경우, 흡연은 사망률을 50% 가까이 높이고 심근경색 위험은 51%, 뇌졸중 위험은 54%, 하지동맥폐쇄증(다리 동맥이 점점 막히는 질환) 위험은 115%나 증가시킵니다.

저속노화를 위한 초간단 습관

겨울에도 자외선 차단제를
바르세요

소셜 미디어 시대, 얼굴을 '완벽하게' 만들어주는 필터들이 등장하면서 외모에 대한 관심이 커지고 있죠. 노화는 자연스러운 과정이고, 누구나 거쳐야 할 정상적인 과정인데 마치 병리적인 현상인 것처럼 여겨지고 있습니다. 젊은이들은 입술을 도톰하게 하거나 새로 생긴 주름을 지우거나 더 풍만한 몸매를 갖기위해 성형 수술에 점점 더 많이 의존하고 있어요. 물론 각자의 선택이니 누구도 비난할 수 없어요.

오래전부터 여성들은 얼굴 노화를 막으려고 노력해왔습니다. 화장품 업계에서도 각종 아이디어를 쏟아내며 계절마다 새로운 주름 방지 크림이나 노화 방지 크림을 출시하고 있고요. 어떤 제품은 효과가 있지만, 어떤 제품은 그렇지 않습니다. 어떤 제품은 매우 비싸고, 또 어떤 제품은 대부분의 사람이 구입할 만한 가격대입니다. 하지만 피부 노화를 예방하기 위해 우리가 매일, 심지어 겨울에도 꼭 사용해야 하는 제품이 있다면 그건 바로 자외선 차단제입니다.

햇볕에 그을리면
피부 노화가 빨라진다

햇볕을 쬐면 기분이 좋아지고, 그래서 우리는 볕이 좋은 날을 손꼽아 기다립니다. 휴가에서 돌아와 햇볕에 그을린 피부를 보면 생기도 돌고 기분도 좋습니다. 하지만 그 대가는 너무 클 수 있어요.

피부에 도달한 자외선은 우리의 세포 DNA를 손상시킬 수 있습니다. 우리 몸에서는 이를 보호하기 위해 피부색을 결정하는 색소인 멜라닌이 표피로 이동해서 DNA를 보호합니다. 멜라닌이 축적되면 피부색이 변하는데, 우리가 '햇볕에 피부가 그을 린다'고 하는 것이 바로 이 과정입니다.

즉, 피부가 그을리는 건 햇볕이라는 공격에 대응하는 피부 의 방어 메커니즘에 지나지 않아요. 햇볕을 쬐는 건 피부에 화상 을 입는 것 그 이상도 그 이하도 아닙니다. 그래서 저는 '햇볕을 쬐다'라는 표현을 별로 좋아하지 않아요. 영어 단어 '썬번sunburn' 이 오히려 더 명확하게 그 의미를 전달한다고 생각해요. 실제로 햇볕을 쬐면 피부가 화상을 입습니다. 가벼운 햇볕 화상은 1도 화상에 해당하고요. 끓는 물에 화상을 입는 것과 햇볕에 화상을 입는 것의 유일한 차이는 병변이 생기는 속도뿐입니다. 이 병변 은 피부암으로 변하기도 해요.

해가 덜 드는 곳에 사는 주민들, 특히 주의하세요

아이러니하게도 프랑스 남부보다 브르타뉴 지방에서 피부 암 발생률이 더 높아요. 음모론이 아닙니다. 브르타뉴의 날씨가 상대적으로 안 좋기 때문이에요. 프랑스 남부 지방 사람들은 햇 볕에 자주 노출되기 때문에 자연스럽게 선크림을 바르거나 가 장 더운 시간대에 외출을 자제하는 등 스스로 보호해야 한다는 사실을 잘 알고 있어요. 하지만 브르타뉴에서는 볕이 나는 날이 적고, 특히 구름이 끼어 흐린 날이 많아서 사람들이 착각하는 경우가 많아요.

안타깝게도 태양의 자외선은 구름을 통과해 피부암의 위험을 커지게 해요. 결과적으로 구름이 많은 지역에 사는 사람들은 햇볕의 위험을 덜 느끼고 결국 햇볕에 더 많이 노출되지만, 보호 조치는 덜 취하는 경향이 있어요. 이런 이유로 피부암에 걸릴 위험이 더 커지고요. 흐린 날에도 자외선 차단제를 바르는 게 정말 중요합니다.

햇볕에 타는 것과 암

햇볕에 타면 불쾌하기도 하지만 무엇보다도 고통스러워요. 심한 경우 2도 화상까지 갈 수도 있어요. 피부 화상은 일반적으로 며칠 안에 회복되지만 그 후유증은 오래 남을 수 있어요.

실제로 DNA가 손상되면 무질서한 세포 증식을 유도해서 흑색종 발생 가능성이 높아져요. 흑색종은 가장 공격적인 피부암입니다. 면역 치료 같은 새로운 치료법의 등장으로 관련 연구에서 크게 진전이 이루어지기는 했지만, 여전히 예방이 우선시되어야 합니다.

본인의 사진을 찍어두세요

음식을 먹기 전에 항상 음식 사진을 찍는 분들이 있죠? 저도 가끔 그래요. 이유는 잘 모르지만요. 제가 정말 여러분에게 권하고 싶은 건 본인 사진을 찍어두라는 거예요. 여러분의 생명을 구할 수도 있거든요. 피부과 의사에게 점을 보여주고 암의 위험성이 있는지 확인하는 건 우리 모두가 지녀야 할 습관입니다.

하지만 피부과 의사는 마법사가 아니에요. 전문 지식을 바탕으로 어떤 점이 암일 위험이 있는지 가능성을 평가할 뿐입니다. 의사의 전문적인 시각에도 도움이 필요합니다. 우리가 몸 사진을 찍어서 보여주면 피부과 의사는 점이 어떻게 변했는지, 모양이나 색깔, 대칭성, 크기가 어떻게 변했는지 즉시 확인할 수 있어요. 인공지능도 암 위험 여부를 평가하는 데 도움이 될 수 있습니다. 이미 이런 진단 프로그램이 있지만, 아직 완벽하지 않아서 피부과 의사를 대체하지는 못합니다. 진단에는 도움이 되지요.

자, 스마트폰을 꺼내 여러분의 사진을 찍고 이메일로 보내 저장해놓으세요. 그러면 필요할 때 빠르게 다시 찾아볼 수 있습니다. 매년 할 필요는 없어요. 한 번만이라도 여러분 자신을 위해 해보세요. 그리고 친구와 가족에게도 권해보세요.

자외선 차단제는
최고의 주름 방지제입니다

    1년 내내 거의 매일 자외선 차단제를 사용하면 피부 노화를 늦출 수 있다는 연구 결과가 오스트레일리아에서 나왔습니다.[1] 오스트레일리아 보건의료연구위원회에서 자금을 지원받은 신뢰할 만한 연구입니다. 실험은 55세 미만의 참가자 900명 이상을 대상으로 4년 반 동안 진행되었다고 합니다. 참가자들은 두 그룹으로 나뉘어 한 그룹은 매일 아침 SPF 15 자외선 차단제를 바르고 수영을 하거나 장시간 외출할 경우 덧발랐고, 다른 그룹은 평소처럼 자외선 차단제를 발랐어요.

    연구 시작과 종료 시점에 참가자들의 손등과 목의 피부를 분석했습니다. 결과는 확실했어요. 자외선 차단제를 거의 매일 바른 경우 가끔 바른 경우보다 피부 노화 징후가 25% 감소했어요. 자외선 차단제를 아주 규칙적으로 바른 사람들은 거의 바르지 않거나 전혀 바르지 않은 사람들보다 나이에 관계없이 피부가 더 탄력 있고 덜 건조하고 주름이 적고 색소 침착이 덜했습니다!

    이런 결과는 신체의 나머지 부분, 특히 얼굴에도 적용될 수 있을 거예요. 우리는 같은 속도로 노화하지 않습니다. 아침에 자외선 차단제를 조금 바른다고 해서 나쁠 건 없습니다. 간단한 방법으로 노화를 늦출 수 있는데 관리를 소홀히 해서 노화를 앞당길 이유는 없지 않나요?

초|간|단|T|I|P

1년 내내 자외선 차단제를 바르는 건 피부 노화를 예방하고 암 위험을 줄이는 데 도움이 됩니다.

건강의 동반자, 커피

물을 제외하고 저에게 절대 없어서는 안 될 것을 꼽으라면 단연코 커피입니다. 아침에 일어나서 가장 먼저 하는 일이 커피 머신을 켜는 겁니다. 커피 머신 소리를 듣고 원두 향을 맡는 것만으로도 기분이 좋아집니다. 저는 세계에서 가장 널리 소비되고 가장 많이 연구된 '향정신성 물질'에 중독된 사람입니다. 커피가 건강에 좋다는 건 과학적으로도 검증되었습니다.

심장에 좋은 커피

대부분의 연구 결과는 비슷합니다. 커피의 카페인이 염증을 줄이고 심장과 혈관을 보호할 수 있다는 거죠. 커피를 마시면 혈관이 더 탄력적으로 변하고, 동맥이 더 유연해지고 덜 딱딱해진다는 겁니다. 커피가 혈관을 보호한다는 연구는 너무 많아서 한 가지만 꼽기가 어렵습니다.

그 가운데 참가자 122만 9,804명을 대상으로 한 연구가 있어요. 이 연구에서는 커피를 적당량(하루 3~5잔) 마시는 사람이 커피를 아예 마시지 않는 사람보다 심근경색 같은 심혈관 질환이나 뇌졸중에 걸릴 확률이 약 15% 낮다는 결과가 나왔어요.[1] 다른 연구에서도 커피를 마시면 심혈관 질환 및 다른 원인에 의한 사망률을 줄일 수 있다는 확실한 결과가 나왔습니다.[2]

커피가 두근거림, 심박수 증가나 장기적인 혈압 상승의 원인이라는 기존 통념과는 반대되는 결과죠. 커피를 마시면 심장이 빨리 뛰고 혈압이 상승할 수 있습니다. 하지만 카페인의 이러한 효과는 일시적이고, 커피를 자주 마시는 사람들에게는 시간이 지나면 사라집니다.

어떤 연구에서는 환자들을 커피를 마시는 그룹과 마시지 않는 그룹으로 나누어 24주 동안 관찰했어요. 연구가 끝날 때까지 두 그룹 간에 심박수, 즉 심장이 뛰는 속도에서 유의미한 차이는 발견되지 않았어요. 또 다른 연구에서도 커피를 마시는 사람들의 혈압이 장기적으로 상승하지 않고, 오히려 살짝 낮아지는 경향이 있다는 결과가 나왔고요![3] 결론적으로, 커피가 심장에 좋다는 사실만 기억하면 됩니다.

커피는 두뇌에도 좋습니다

커피는 각성 효과를 내고 집중력을 높여줄 뿐만 아니라 뇌의 다른 기능을 향상시키는 데도 도움을 줍니다. 많은 연구에서 이런 사실이 밝혀졌어요. 예를 들어 카페인이 알츠하이머병에 긍정적인 영향을 미친다는 결과는 여러 차례 발표되었습니다. 2021년에는 경증에서 중등도의 알츠하이머병 환자들을 대상으로 카페인이 인지 기능에 미치는 영향을 평가하는 임상시험도 시작되었어요.

프랑스국립보건의학연구원 연구진은 쥐에게 하루에 커피 세 잔 분량의 카페인을 투여한 뒤 기억 중추인 해마를 분석했어요. 결과는 놀라웠어요. 카페인이 유전자 자체를 변화시키지는 않지만 후성유전적 수준에서, 즉 유전자가 켜지거나 꺼지는 방식인 유전자 발현에 장기적인 영향을 미친다는 사실을 발견했거든요. 또 쥐에게 카페인을 섭취하게 했더니 특정 뇌 구조 간의 조정력이 향상되면서 학습 능력이 좋아진다는 사실도 발견했습니다.[4]

하지만 커피는
수면 부족을 보충하지 못해요

각성 효과와 피로 해소를 위해 커피를 마시기도 합니다. 기운이 없으신가요? 커피 한 잔이면 다시 활력을 되찾을 수 있어요. 거의 그렇습니다. 하지만 여기서 잊지 말아야 할 건 그 어떤 것도 숙면을 대신할 수 없고 수면 부족을 보충할 수 없다는 점이에요. 커피를 몇 리터 마신다고 해도요.

우리가 깨어 있는 동안, 심지어 잠에서 막 깨어난 순간부터 뇌는 아데노신이라는 화학 물질을 생성합니다. 아데노신은 하루 종일 축적되고, 깨어 있는 시간이 길수록 더 많이 생성됩니다. 아데노신은 우리가 깨어 있는 동안 각성을 억제하고 수면을 활성화하는 특징이 있어요. 우리가 저녁에 피곤함을 느끼고, 밤을 새운 다음 날 기진맥진하는 것도 부분적으로 아데노신 때문입니다.

카페인은 아데노신을 제거하는 게 아니라 아데노신이 뇌의 수면 유도 수용체와 결합하지 못하도록 방해하는 방식으로 각성 상태를 유지합니다. 카페인을 섭취하면 잠이 깨는 이유가 바로 이 때문입니다. 카페인이 아데노신의 효과를 숨기는 거죠.

하지만 아데노신은 카페인이 작용을 멈출 때까지 조용히 기다립니다. 그래서 잠이 정말 부족한 경우, 커피를 마셔도 계속 졸립니다. 깨어 있는 상태를 유지하려면 커피를 계속 마셔야만 하는 상황이 발생할 수 있어요. 반면에 커피의 효과가 사라지면 극심한 피로가 밀려올 수 있으니 역효과에 주의하세요!

즉, 잠이 부족하거나 너무 피곤할 때 커피를 마시면 일시적으로 각성 효과는 있지만 정신 상태나 기분은 회복되지 않습니다. 오히려 두근거림이나 짜증, 소화 불량(위산 역류나 설사 등) 같은 부작용을 겪을 위험이 있습니다. 또 카페인은 장운동을 촉진시키기 때문에 위염이 있는 경우에 콜라를 마시는 건 좋지 않아요. 콜라에도 카페인이 들어 있으니까요.

커피는 수면을
방해할 수 있습니다

카페인의 반감기는 4~6시간입니다. 이 말은 4~6시간이 지나야 몸에서 카페인의 절반이 배출된다는 뜻입니다. 오후 4시에 커피 한 잔을 마셨다면 밤 10시에도 여전히 혈액 속에는 카페인의 절반이 남아 있을 수 있어요. 우리 뇌는 완벽한 수면을 취하려고 하지만, 아직 혈액 속에 남아 있는 카페인이 강하게 작용하기 때문에 수면을 방해할 수 있습니다. 우리가 인지하지 못하더라도 카페인의 영향이 지속되는 겁니다. 이렇게 카페인은 잠드는 시간을 지연시켜 우리의 수면을 방해할 수 있어요.

많은 제품에 카페인이 함유되어 있다는 사실을 잊지 마세요. 차, 초콜릿, 콜라, 에너지 음료에도 카페인이 들어 있고 일부 진통제에도 카페인이 들어 있습니다. 이렇게 축적된 카페인은 수면의 질에 좋지 않은 영향을 미칠 수 있어요.

에너지 음료의 경우, 카페인 함량은 아메리카노 한 잔과 비슷하지만 여기에는 타우린도 들어 있어요. 타우린은 카페인을 오래 안정적으로 만들어 시간이 지나도 각성 상태를 연장시키는 특성이 있어요. 실제로 카페인과 타우린을 함께 섭취하면 알코올의 효과를 지연시키기 때문에 술을 마실 때 에너지 음료를 함께 마시는 경우가 많죠. '1보 전진을 위한 2보 후퇴'라고나 할까요? 하지만 결국 알코올이 이겨요. 알코올은 다시 수면을 방해하는 요인이 됩니다.

마지막으로 저녁 식사 후에 디카페인 커피를 마셨다고 해도 큰 기대는 하지 마세요. 디카페인 커피에도 일반 커피의

15~30%에 해당하는 카페인이 함유되어 있으니까요.

마지막으로 커피 마신
시간 찾기

카페인이 수면에 미치는 영향은 사람마다 달라요. 어떤 사람은 오후 9시에 커피를 마셔도 바로 잠들 수 있지만, 어떤 사람은 오후 4시에 커피를 마셔도 잠드는 데 어려움을 겪을 수 있어요. 이런 차이는 유전적 요인 때문이에요. 어떤 사람은 다른 사람보다 카페인에 더 민감하게 반응해요.

카페인은 간 효소에 의해 분해됩니다. 유전적인 이유로 어떤 사람들은 이 효소가 좀 더 효율적으로 작용해서 카페인을 더 빠르게 분해하고, 어떤 사람들은 더 느리게 분해해요. 나이나 흡연 여부와 같은 요인도 카페인 배출에 영향을 미치고요. 나이가 들수록 카페인을 제거하는 데 걸리는 시간이 길어지고 그만큼 카페인에 민감해집니다. 반면 흡연은 카페인의 반감기를 단축시킵니다. 개인적으로 저는 오후 4시 이후에 커피를 마시면 잠들기 어려워요. 스무 살 때는 저녁 8시에 커피를 마셔도 문제 없이 잠들 수 있었는데 말이죠. 제가 나이가 들어서겠죠.

단 이 모든 것에도
몇 가지 주의 사항이 있습니다

초콜릿처럼 커피도 위-식도 역류 질환을 유발할 수 있어요. 커피에는 메틸잔틴이라는 성분이 들어 있는데, 메틸잔틴은 식도 괄약근을 이완시켜 위산이 역류하게 만들 수 있어요. 역류성 식도염을 앓고 있다면 커피를 마실 때 주의해야 합니다. 커피는 위산 분비를 자극할 수 있어요. 저도 커피를 너무 많이 마시면 속이 쓰릴 때가 있습니다.

의학에서는 항상 의학적인 결과를 해석할 때 신중해야 합니다. 카페인은 특정 암의 위험을 줄이고[5] 우울증[6]과 제2형 당뇨병을 예방하는 등 여러 장점이 있다고 알려져 있습니다. 하지만 이러한 연구 결과는 신중하게 해석해야 하고, 지나치게 확대 해석해서는 안 됩니다. 커피는 확실히 건강에 도움이 되는 음료이지만, 기적의 음료는 아닙니다. 커피를 즐기는 건 좋지만, 이제부터는 과하게 마시지 않도록 노력해보세요.

커피를 마시면 심혈관 질환의 위험을 낮추고 심혈관계를 보호할
수 있습니다. 하지만 숙면을 대신할 수는 없습니다.

자연 환기로 바이러스를
날려버리세요

부모 입장에서 바람이 잘 통하는 건 그리 반가워할 일이 아닐 수도 있겠네요. 문이 쾅쾅 닫히면서 아이들을 깨울 수 있으니까요. 하지만 의사 입장에서 바람이 잘 통한다는 건 병에 걸리지 않게 하는 효과적인 방역 조치입니다.

가끔 "선생님은 안 아프세요?"라는 질문을 받습니다. "저도 아플 때가 있어요. 하지만 늘 조심하고 있어요"라고 답하지요.

의사라고 해서 특별히 더 나은 면역 체계를 가지고 있는 건 아니거든요. 세상의 모든 질병을 알고 있다고 해서 그 질병으로부터 보호받을 수 있는 것도 아니고요. 조심하는 만큼 도움이 되기는 합니다.

저는 진료 중에 수많은 바이러스와 박테리아에 노출되기 때문에 논리적으로 보면 24시간에서 48시간마다 병에 걸려야 정상일 것 같아요. 장염, 독감, 모세기관지염 바이러스, 인후염 등 수많은 병원체에 노출되거든요. 솔직히 제 면역 체계가 이 모든 걸 다 막아내지는 못할 겁니다. 하지만 제 아이 중 한 명이라도 아프면(저는 아이가 셋이나 있어요) 저는 거의 확실하게 그 병에 걸립니다. 이유는 간단해요. 우리가 잊고 있던 단어 '방역 조치' 때문입니다.

환기하세요

. . . .

코로나 팬데믹 동안 우리는 실내 환기를 포함한 방역 조치가 얼마나 중요한지 다시금 깨달았습니다. 일반적으로 여름이든 겨울이든 환기를 시켜서 먼지나 알레르기 유발 물질, 유해 물질 등 집 안의 다양한 오염 물질을 제거하는 것이 중요합니다. 연구자들은 실내 환기를 잘 시킬수록 코로나 바이러스를 포함한 다양한 바이러스에 감염될 위험이 낮아진다는 사실을 알아냈어요.

실제로 대부분의 호흡기 바이러스는 침과 같은 큰 비말을 통해 전염됩니다. 재채기를 할 때 팔꿈치로 입을 가리고 하라는 것도, 독감에 걸린 남편이나 아내 옆에서 자면 금방 병에 걸리는 것도 이 때문입니다.

에어로졸을 통해서도 여러 바이러스성 호흡기 감염에 걸릴 수 있어요. 에어로졸은 우리가 숨만 쉬어도 발생하는 미세 입자로, 말을 할 때 더 많이 방출됩니다. 에어로졸은 매우 미세한 입자로 구성되어 있어서 공기 중에 오랫동안 떠다닙니다. 환기를 하면 이 미세한 입자 구름이 흩어져서 호흡기 감염 위험을 줄일 수 있어요.

COVID-19가 유행할 때 사람들이 이산화탄소 센서를 몸에 차고 다닌 것도 이 때문입니다. 우리는 숨을 쉴 때 산소를 들이마시고 이산화탄소를 배출합니다. 실내에 사람이 많고 환기나 통풍이 제대로 되지 않으면 이산화탄소 농도가 높아져요. 이산화탄소 농도가 높을수록 독감이나 미세기관지염, 코로나 바이러스 등에 걸릴 위험이 커집니다. 따라서 추운 날씨에도 틈틈이 환기하는 것이 중요합니다.

이상적인 경우 환기를 시키면 바이러스가 섞인 크고 작은 입자가 밖으로 배출됩니다. 물론 날씨가 추운 12월 중순이나 1월에는 환기하기가 쉽지 않죠. 겨울에 바이러스가 기승을 부리는 주요 원인 가운데 하나는 아마 이런 실내 환경 때문일 거예요. 추우니까 사람들이 밀폐된 공간에서 더 오래 생활하고 오히려 환기는 덜 하니까요.

중간에도, 그 이후에도
환기를 하세요

우리는 대개 회의가 끝나면 환기를 시킵니다. 덥고 답답한 공기가 때문이기도 하고, 가끔은 체취가 남아 있어 불쾌할 때도 많으니까요. 하지만 회의 중에도 환기를 해주는 게 좋아요. 학교에서도 마찬가지입니다. 교실을 환기시켜 다양한 바이러스가 전파될 가능성을 줄여야 합니다. 가장 좋은 건 공기를 빨아들여 외부로 내보내는 성능 좋은 환기 시스템을 갖추는 것이고요.

특히 여름철에는 선풍기처럼 단순히 공기를 순환시키기만 하는 장치를 주의해서 사용해야 합니다. 선풍기는 회전 방향으로 바이러스를 퍼뜨릴 수 있어요. 이 때문에 어떤 사람들은 너무 강한 선풍기 때문에 병에 걸렸다고 말하기도 합니다.

결론은 자연 환기가 가장 좋습니다. 코로나 위기 기간에 모두가 권장했던 것처럼 매시간 10분씩 환기시킬 필요는 없지만, 규칙적인 환기는 중요해요. 좁은 공간에 대여섯 명이 함께 있었다면 당연히 더 자주 환기해야 하고요. 결국 공간의 크기와 그 안에 있는 사람 수에 따라 환기 빈도를 조절하면 됩니다.

손을 씻으세요

손을 씻으라는 건 너무나 상식적인 이야기지만, 프랑스인 4명 가운데 1명은 여전히 식사를 하기 전에 손을 씻지 않고, 3명 가운데 1명은 대중교통을 이용 후에 손을 씻지 않습니다. 2명 가운데 1명은 집에 돌아와서도 손을 씻지 않고요![1]

이런 상황이면 손에는 온갖 바이러스가 잔뜩 묻어 있을 수밖에 없죠. 뒤에 벌어질 일은 뻔합니다. 바이러스가 번식해서 여러분을 아프게 할 겁니다. 여러분을 침대에서 꼼짝하지 못하게 하거나 며칠 동안 학교나 직장을 빠지게 만들고, 휴가나 생일 등의 행사를 망치고, 면역력이 약한 사람을 감염시킬 수 있는 많은 감염병이 실제로 손을 통해 전염됩니다.

일부 연구에 따르면, 여성과 35~50세 사이의 중장년층이 남성과 15세~25세 사이의 젊은 층보다 손 위생에 더 신경을 쓰는 편이라고 합니다.[2] 제 진료실에 찾아오는 다양한 바이러스 감염 환자 가운데 어린이와 젊은이들이 유독 많은 이유도 이 때문이겠죠.

문제는 손이 깨끗해 보이지만, 사실은 쉽게 더러워진다는 데 있습니다. 손에 묻은 박테리아와 바이러스는 맨눈으로 보이지 않아요. 눈에 보이지 않는다고 해서 위협이 존재하지 않는 것은 아니죠.

그러니 기본 수칙을 다시 점검해봅시다. 하루에 여러 번, 최소 30초 동안 비누로 손을 씻으세요. 액체나 젤 형태의 비누를 사용하는 것이 좋습니다. 고형 비누는 젖은 상태에서 세균이 남아 있을 수 있어서 위생적이지 않습니다. 굳이 항균 비누나 소독비누는 일상생활에서 필요하지 않습니다. 의사의 처방이 있을 때만 사용해도 됩니다. 집에 아무리 좋은 소독제가 있더라도 소독의 첫 번째 단계는 비누와 물로 씻는 것임을 기억하세요!

하지만 비누만으로는 세균을 완전히 제거할 수 없습니다. 모든 감염원을 제거하려면 손을 비누로 씻고 문지르고 헹구고 말려야 합니다.

먼저 손을 물에 적시고, 손바닥에 비누를 짠 다음, 손가락과 손바닥, 손등, 손목 등 어느 부위도 빠뜨리지 말고 15~20초 동안 구석구석 문지르세요. 그다음 손가락 사이사이와 손톱도 잊지 말고 문지르세요. 이제 물로 헹구고 깨끗한 수건으로 손을 말리세요. 비누가 없다면 망설이지 말고 알코올 성분의 젤이나 손 세정제를 사용하세요.

핸드 드라이어는 피하세요

손을 제대로 말리는 건 손을 씻는 것만큼이나 중요합니다. 이때 깨끗한 수건을 사용하는 게 좋습니다. 여러 사람이 사용하는 수건에는 아픈 사람(특히 아이들)이 병원균을 묻혀 놓았을 가능성이 크거든요.

예를 들어 막내 아이가 장염에 걸렸다고 해볼게요. 훌륭한 부모라면 아이에게 화장실에 다녀온 후에 꼭 손을 씻으라고 강조할 거예요. 아이도 그 말을 들을 거고요. 하지만 아이가 수건으로 손을 닦는 순간 수천 개의 바이러스가 그 수건에 옮겨 묻을 것이고, 며칠 동안 생존할 겁니다. 다음에 그 수건을 쓰는 사람도 감염시키겠죠!

그래서 SOS 응급의료서비스로 가정방문을 했을 때 손을 씻어야 할 경우가 있으면 저는 일회용 종이 타월을 달라고 합니다. 물론 환경에 도움이 되지 않는다는 건 잘 알고 있지만, 위생을 위해서요.

전기 핸드 드라이어는 실제로 '바이러스 에어로졸' 역할을 한다고 합니다. 따라서 공공장소에서는 핸드 드라이어 사용을 피하는 게 좋습니다. 뜨거운 바람이 감염성 물질을 더 멀리 퍼트리기 때문이죠.

초|간|단|T|I|P|

우리 집 안에 있는 바이러스와 세균에 감염되지 않으려면 규칙적으로 방을 환기시키세요.

13

근육 유지는
건강에 필수

이번에는 우리 몸에서 가장 중요한 기관이라고 할 수 있는 근육에 대해 이야기해볼게요. 사실 모든 근육이 다 중요합니다. 근육을 건강하게 유지하면 분명히 더 오래 그리고 더 나은 삶을 살 가능성이 높아집니다.

실제로 체중을 측정할 때 근육량 비율도 함께 고려해야 합니다. 체중이 정상 범위에 있다, 체질량 지수가 정상이다… 이런

저속노화를 위한 초간단 습관

건 큰 의미가 없습니다. 같은 키라도 근육량이 높으면 80킬로그램이 나갈 수 있고, 지방 비율이 높으면 70킬로그램이 나갈 수 있으니까요. 하지만 근육량이 많으면 더 건강하게 더 오래 살 가능성이 큽니다.

근육은 체중의 40% 이상을 차지하고 몸에서 가장 비중이 높은 조직이에요. 근육은 우리가 움직일 때도 쓰지만, 호흡과 심장 기능 같은 중요한 역할을 수행할 때도 필수적입니다. 우리의 움직임과 모든 필수 기능은 600여 개의 근육이 제대로 기능하느냐에 달려 있어요. 근육은 소화와 자세 유지, 체온 조절, 면역 체계 등 몸의 여러 기관과 생물학적 메커니즘에 직접적으로 영향을 미쳐요. 이것이 바로 근육이 건강에 필수적인 이유, 근육을 강화해야 하는 이유입니다.

다양한 근육의 종류

'근육'이라고 하면 보통 이두, 복근, 흉근 등을 떠올립니다. 골격을 덮고 있는 이러한 근육을 줄무늬 근육 조직인 골격근이라고 합니다. 골격근은 근섬유로 이루어져 있는데, 예를 들어 근육이 다치면 이 근섬유가 손상되기도 하죠. 근섬유는 미오피브릴이라는 구조로 이루어져 있는데, 미오피브릴은 근세포 내부에 있고 근육 수축을 담당합니다. 우리가 신체를 자발적으로 움직일 수 있는 것도 미오피브릴 덕분입니다.

방광이나 소화기관과 같은 장기 벽에는 민무늬근(평활근)이 있는데, 민무늬근은 우리가 의식하지 않아도 스스로 작동해요. 예를 들자면, 민무늬근 덕분에 음식물이 장에서 이동하고 공기가 기관지를 통과하고 혈액이 혈관을 통해 순환할 수 있는 거죠.

하지만 근육의 왕은 역시 심장 근육이겠죠. 심장 근육은 일정 속도로 그리고 자동으로 움직이면서 심장이 제대로 기능하고 혈액이 순환할 수 있도록 합니다. 심장은 자율 신경계에 의해 조절되며 우리가 의식하지 않아도 기능해요. 심장은 우리가 사는 동안 평균 25억 회에 걸쳐 끊임없이 수축합니다. 그러므로 심장을 잘 관리하는 것이 중요합니다.

마이오카인의 초능력

근육 운동을 하면 그게 어떤 종류든 상관없이 운동으로 자극받은 근육이 '마이오카인'이라는 작은 분자를 분비해서 체내로 방출해요. 마이오카인은 생각보다 많이 알려져 있지 않지만, 놀라운 능력을 갖추고 있습니다. 예를 들어 마이오카인은 지방을 더 많이 태우게 하고, 인슐린 민감성을 개선하고, 골밀도를 높이고, 면역 체계도 강화해줍니다. 그러니까 누군가 겨울 감기를 예방하기 위해 어떤 비타민을 먹어야 하는지 묻는다면 근력 운동을 하라고 말해주세요!

마이오카인은 뇌에도 영향을 미쳐요. 특히 새로운 뉴런이 생성되도록 도와서 기억력 향상에도 도움이 됩니다. 그래서 운동과 기억력 사이에는 연관성이 있는 거예요.

마지막으로 신체 활동이 대장암이나 유방암 같은 특정 암의 재발 위험을 줄이는 데 도움이 된다는 사실. 이 또한 수많은 연구를 통해 밝혀졌어요. 이러한 효과도 마이오카인 덕분입니다. 결국 마이오카인은 여러분의 건강을 지켜줄 든든한 평생의 동반자입니다.

근감소증과 싸우세요

저는 이전에 쓴 책[1]에서 나이가 들면서 발생하는 근육 감소, 즉 근감소증을 예방하고 건강을 유지하는 방법으로 자전거 타기를 소개한 적이 있습니다. 사실 적절한 신체 활동을 하지 않으면 근육량의 최대 30%까지 잃을 수 있습니다. 더 시간이 지나면 결국 높은 선반에 냄비를 올리거나 잼 뚜껑을 여는 것처럼 간단한 동작마저도 할 수 없게 될 수 있어요. 65세 이후 부상으로 인한 사망 원인 1위가 낙상인데, 근감소증은 낙상의 위험을 높입니다! 근육량이 적으면 병원 입원 기간이 길어지고, 감염도 늘어나고, 노화 속도도 빨라집니다. 그러니 우리는 근육을 단련해야 합니다.

어떻게 하면 근육을 단련할 수 있을까요? 근육을 단련하기 위해 어떤 운동을 하라고 구체적으로 말씀드리지 않을게요. 여러분의 취향과 시간, 능력에 따라 다르니까요. 가장 이상적인 방법은 표면 근육과 심부 근육을 골고루 강화하는 겁니다. 이두, 흉근, 햄스트링 같은 표면 근육은 전통적인 근육 강화 운동뿐만 아니라 계단 오르기, 쇼핑하기, 아이들과 밖에서 놀기 등을 통해서도 키울 수 있어요.

심부 근육은 키와 자세와 관련된 근육들로, 평평한 복근을 만드는 그 유명한 복횡근과 회음부 근육, 척추를 따라 있는 근육들이 여기에 포함됩니다. 심부 근육은 신체 안정성과 유연성에 필수적인 역할을 해요. 널빤지처럼 몸을 일직선으로 유지하는 운동, 그 유명한 플랭크 자세로 가능한 한 오래 버티면 심부 근육을 강화할 수 있습니다. 요가와 필라테스 같은 운동도 심부 근육 강화에 좋아요.

다시 말씀드리지만, 모든 근육 운동을 다 하라는 게 아닙니다. 건강한 근육을 유지하는 것이 얼마나 중요한지 인식하는 게 중요합니다.

초|간|단|T|I|P|

일상생활에서 근육을 강화하면 건강하게 오래 사는 데 도움이 됩니다. 계단을 이용하세요. 물병이나 아이를 안고 움직이세요!

14

충분한 잠은
백신 효과를 높입니다

이번 장은 과학을 믿고 백신을 신뢰하는 분을 위한 내용입니다. 백신은 여러 가지 치명적인 질병을 예방해줍니다. 더 오래 더 건강하게 살 수 있도록 해주는 도구입니다. 그러니 백신 접종이 전 세계적인 거대한 음모라고 생각하거나 코로나 백신을 맞을 때 4G 칩이 몸에 이식된다고 믿는 분이라면 이번 장은 건너뛰셔도 됩니다. 그런 분이 아니라면 몇 줄만 주의 깊게 읽어보세요. 백신을 맞을 때 큰 도움이 될 거예요. 여전히 의구심을 가진 분들을 위해 말씀드리지만, 저는 어떤 제약회사와도 직간접적인 이해관계가 없습니다.

암소에서 유래한 용어, 백신

1796년 영국의 의사 에드워드 제너는 놀라운 사실을 발견했습니다. 당시 천연두는 치명적인 질병이었는데, 천연두와 유사한 소의 질병인 우두에 노출된 사람은 천연두에 걸리지 않는다는 사실을 발견한 거죠. 제너 박사는 이를 테스트하기 위해 소에서 우두 바이러스를 소량 채취해서 제임스 핍스라는 소년에게 주입했어요. 약간 열이 났지만 제임스는 금방 회복했습니다. 더 중요한 건 제임스가 나중에 천연두에 노출됐을 때 감염되지 않았다는 겁니다. 이 실험을 통해 제너 박사는 최초의 백신을 발명했지요. '백신'이라는 단어는 라틴어로 암소를 뜻하는 '바카 vacca'에서 유래한 거랍니다.

제너 박사는 약해지거나 비활성화된 병원체를 몸에 넣어 면역 체계를 자극하는 새로운 방법을 발견했어요. 이걸 면역 원리라고 부르는데, 이 방법은 오늘날 백신 개발에서도 여전히 중요한 원리로 작용하고 있어요. 백신이 개발되기 전 천연두는 전 세계에서 수억 명의 목숨을 앗아갔습니다. 하지만 백신이 개발된 후 수백만 명의 생명을 구할 수 있었고, 백신은 여전히 전염병 예방에서 중요한 역할을 하고 있습니다. 특히 세계보건기구의 노력으로 백신 접종이 확대되면서 천연두는 1980년에 공식적으로 박멸됐습니다.

DTP 백신

프랑스에서는 2018년부터 아이들에게 11가지 백신을 의무적으로 맞도록 하고 있어요. 저는 여기서 백신에 대한 프랑스 사람들의 회의적 시각에 대해서는 논하고 싶지 않습니다. 특히 코로나 사태 이후 백신의 유효성에 대해 논란이 더 많아졌다는 걸 느껴요.

하지만 과학적으로 봤을 때 백신 접종이 생명을 구한다는 증거는 명확합니다. 물론 백신도 의약품이니 부작용이 있을 수 있습니다. 가장 흔하고 약하게 나타나는 부작용은 접종 후 48시간 이내에 생기는 근육통과 발열 같은 증상입니다. 하지만 이 증상은 우리 면역 체계가 잘 작동하고 있다는 신호일 뿐입니다.

한 가지 조언을 드리죠. DPT 백신(디프테리아 · 백일해 · 파상풍에 대해 면역력을 제공하는 백신)이 이 최신 상태인지 확인해 보세요. 면역이 없는 상태라면 단순히 베이거나 긁힌 상처로도 파상풍에 걸릴 수 있거든요. DPT 백신은 25세부터 20년마다, 65세부터는 10년마다 추가 접종이 필요해요.＊ 나이가 들면 면역 체계가 약해지기 때문에 정기적인 추가 접종은 더 오래 더 건강하게 사는 간단하고 효과적인 방법입니다.

청소년을 위한
· · · · · · · · · · · · · · · ·
유두종 바이러스(HPV) 백신
· ·

저는 백신 접종이 인류를 더 건강하게 오래 살게 만드는 기회라는 점을 거듭 강조하고 싶습니다. 건강을 관리하면 가능한 한 아프지 않으면서 나이 들 수 있어요. 그 시작은 어린 나이에 빨리 백신을 맞는 것에서부터 출발합니다.

2023학년도 새 학기가 시작하면서 프랑스 전역의 중학교에서는 10세 이상 어린이들을 대상으로 특정 유두종바이러스에 대한 대규모 자발적 백신 접종 캠페인이 시작됐습니다. 이 캠페인은 참담할 정도로 낮은 프랑스의 백신 접종률을 높이는 게 목적이었어요. 2021년 말을 기준으로 프랑스에서 15세 여아의

＊　　우리나라는 18세 이상 성인에게 10년마다 파상풍-디프테리아 백신(Td) 재접종을 권유한다.

45.8%, 15세 남아의 6%만이 인체 유두종바이러스 백신을 한 번 이상 접종했습니다.

인체 유두종바이러스는 암을 유발할 수 있는 바이러스인데, 프랑스의 백신 접종률은 다른 선진국에 비해 아주 낮은 편이에 요. 프랑스는 국가 정책으로 11~19세 청소년의 예방 접종률을 2023년까지 60%, 2030년까지 80%로 끌어올린다는 목표를 세 웠는데, 거기에 한참이나 못 미치는 수치이고요.

12가지 유형의 유두종 바이러스는 자궁경부뿐만 아니라 질, 음경, 항문, 구강에도 암을 유발할 수 있어요. 이 바이러스는 첫 성관계 시 감염될 수 있고, 남성과 여성 모두에게 영향을 미칩니 다. 콘돔은 이 성병을 완벽하게 예방할 수 없고, 결국 우리 가운 데 80%는 언젠가 이 바이러스에 노출될 수밖에 없어요.

성생활을 시작하기 전에 예방 접종을 받으면 백신에 포함된 바이러스와 그에 관련된 암에 대해 거의 100%에 가까운 예방 효과를 얻을 수 있어요. 스웨덴과 영국처럼 접종률이 높은 국가 에서는 백신 접종으로 자궁경부의 전암 병변, 즉 암으로 발전할 가능성이 있는 세포 변화가 거의 75%까지 감소했다고 합니다.

하지만 백신이라고 해도 100% 효과가 있는 것은 아니니, 여 성분들은 25세부터 정기적으로 자궁경부암 검사를 받으셔야 합 니다. 잊지 마세요.

백신 접종 전 수면의 중요성

의사들은 백신을 접종하기 전에 환자에게 전날 몇 시간이나 잤는지 물어봅니다. 환자가 충분히 자지 못했다고 하면 접종을 미뤄야 하지요. 수면 시간은 백신의 효과와 직결되기 때문입니다. 저는 종종 특정 코로나 백신이나 독감 백신이 효과가 없어서 '병에 걸렸다'는 말을 듣습니다. 하지만 여기서 우리가 기억해야 하는 건, 백신을 맞았기 때문에 바이러스에 감염되고서도 중증으로 발전하지 않고 가볍게 지나갔을 가능성이 크다는 겁니다.

백신을 맞기 전에 며칠 동안 충분히 수면을 취하면 백신 접종의 효과를 높일 수 있어요. 백신 접종 환자들이 백신 접종 전날이나 다음 날 6시간보다 적게 잔 경우에 항체 생산이 감소했다는 연구가 있습니다. 잠을 적게 자면 면역 체계가 제대로 기능하지 못하고, 바이러스에 노출될 때 우리를 보호해야 하는 항체를 제대로 만들어내지 못한다는 거죠. 이 연구에는 독감 백신뿐만 아니라 A형 간염과 B형 간염 백신도 포함되어 있습니다.

앞의 연구가 의미하는 바는 간단합니다. 우리 몸은 특정 수면 단계에서 감염에 대항하는 방어 체계를 만들어냅니다. 잠을 충분히 자지 못하면 방어력이 약해집니다. 수면 부족은 우리 몸에 고문을 가하는 것과 같아서 생체시계와 모든 신체 기능을 방해합니다. 그러니까 건강을 위해서도, 백신의 효과를 높이기 위해서도 충분히 자는 게 필수적이에요.

초|간|단|T|I|P|

어떤 백신을 맞든, 접종 전후에 충분히 잠을 자면 백신의 효과가 높아집니다. 수면 시간이 6시간 미만이라면 접종을 미루는 것이 좋습니다.

15

도파민도
절제가 필요합니다

제가 다른 책에서 디톡스 치료가 무의미하다고 설명한 적이 있는데요. 이 생각에는 변함이 없습니다. 1년 중 51주 내내 과식을 하다가 겨우 일주일 디톡스로 이를 만회하려고 하는 건 아주 비논리적이죠. 차라리 대부분의 시간을 조심하고 가끔 적당히 무리하는 게 건강에 훨씬 더 좋습니다. 그게 건강하게 나이 드는 가장 좋은 방법입니다.

특히 '간 건강을 돕는다' '신장을 해독한다'고 주장하는 온갖 건강보조제들은 실제로 어떤 효능도 입증된 적이 없습니다. 이런 제품을 사는 건 돈 낭비라고 봅니다. 죄책감을 덜어준다는 슈퍼 디톡스 제품만 믿고 무엇이든 해도 괜찮다는 유혹을 받기 쉽죠. 특히 명절 기간에는 모두가 숙취 해소를 위해 이런저런 해결책을 찾곤 합니다. 결론부터 말하면, 디톡스 요법은 전혀 쓸모가 없습니다. 도파민 디톡스를 제외하고요. 제 경험을 통해 그 이유를 말씀드리겠습니다.

도파민은 신경전달물질의 일종입니다. 신경전달물질은 뇌의 특정 뉴런들이 뇌의 여러 회로에 정보를 전달하기 위해 화학적 메신저로 사용하는 분자입니다. 도파민은 티로신이라는 아미노산에서 만들어져요. 아미노산은 단백질을 구성하는 기본 단위입니다. 닭고기 같은 백색육과 달걀, 우유, 치즈, 생선, 바나나와 콩, 시금치 같은 식물성 식품에서 자연스럽게 얻을 수 있어요. 일부 연구에 따르면 티로신은 집중력과 기억력, 주의력을 높이는 데 도움이 된다고 합니다.[1]

도파민은 흔히 쾌락과 보상을 담당하는 분자로 알려져 있습니다. 도파민은 움직임을 담당하기도 하는데, 파킨슨병과 같은 퇴행성 신경 질환에서는 도파민을 분비하는 뉴런이 조금씩 파괴되면서 도파민이 부족해집니다. 그런데 많은 장점을 가진 도파민에도 한 가지 큰 단점이 있습니다. 바로 중독성을 유발한다는 점이에요.

행복과 중독의 분자

도파민이 생성될 때마다 우리 뇌는 보상 회로를 활성화합니다. 때로는 보상 기대 회로까지 활성화하지요. 예를 들어 아이는 아이스크림을 먹기 전부터 아이스크림을 먹을 생각에 들뜹니다. 그 순간 이미 아이 몸속에서는 도파민이 만들어지고 있는 겁니다. 문제는 도파민이 너무 많이 만들어지면 뇌가 그 상태에 익숙해져서 같은 정도의 쾌감을 얻기 위해 점점 더 많은 도파민을 요구한다는 거예요. 이를 '내성'이라고 합니다.

담배와 같은 약물에서도 이 현상이 나타납니다. 처음에는 한 개비로 충분하지만 다음에는 두 개비, 그다음에는 한 갑을 통째로 피우게 되고 결국 중독이 됩니다. 최근 몇 년 동안 우리는 거의 모두 도파민 과잉 상태에 익숙해졌고, 도파민에 완전히 의존하게 되었습니다. 주로 소셜 미디어 때문이죠.

틱톡, 인스타그램, 유튜브를
잠시 멈춰 보세요

많은 플랫폼이 등장하면서 끝도 없이 이어지는 동영상 스크롤이 가능해졌습니다. 우리는 아침부터 저녁까지 하루 종일 도파민에 노출되어 있어요. 자주 사용하는 앱을 열면 바로 동영상이 뜹니다. 이제 선택지는 두 가지입니다. 재미없으면 바로 넘기고, 마음에 들면 계속 시청하는 거죠. 손가락 하나만 까딱하면 됩니다. 아무 노력도 필요 없고 제약도 없습니다. 누구의 제지도 받지 않고 마음에 들지 않는 동영상은 그냥 넘겨버릴 수 있습니다.

그런데 이렇게 쉬운 행동이 일상생활에서는 불가능합니다. 아이가 말을 듣지 않아 짜증이 난다고 손가락 하나만 까딱해서 아이를 쫓아낼 수 있나요? 회의 중에 동료가 지루한 이야기를 한다고 모든 이들 앞에서 자리를 박차고 나갈 수 있나요? 배우자가 불만을 쏟아놓는다고 바로 그 사람과 관계를 끊어버릴 수 있나요? 아니죠! 모든 일상적인 상황에서는 회복력과 인내심, 때로는 친절함까지 발휘해야 합니다.

우리가 깨닫지 못하는 사이에 소셜 미디어는 우리를 좌절감과 지루함을 참지 못하는 사람으로 만들고 있습니다. 저는 가끔 병원 대기실이나 미용실에 잡지가 있었던 시절이 그립습니다. 평소에 절대 독서를 하지 않는 사람도 그때만큼은 시간을 내서 뭔가를 읽었으니까요. 저는 그때의 독서가 제 호기심을 키우는 데 도움이 되었다고 생각해요.

그런데 이제 우리는 잠깐이라도 기다릴 일이 생기거나 할 일이 없으면 바로 스마트폰을 꺼내 시간을 때우죠. 처음에는 대기 줄이 길거나 대중교통을 이용할 때, 병원 대기실에서 스마트폰을 꺼내요. 그러다가 식사할 때, 배우자와 영화를 볼 때, 친구들과 브런치를 할 때도 스마트폰을 확인합니다(대놓고 보지는 않더라도 잠깐씩 들여다보곤 하지요). 이제는 아이들을 재우기 위해 동화책을 읽어줄 때도 스마트폰을 봅니다.

이런 이야기를 쉽게 쓸 수 있는 건 저 역시 이 나쁜 습관의 희생양이었기 때문이에요. 제가 아침에 일어나서 가장 먼저 하는 일은 소셜 미디어에 올린 게시물의 통계를 보는 거였어요. 이 영상이 반응이 좋네, 이러면서 만족해했어요. 도파민을 쏟아내며 하루를 시작했고, 가능한 한 빨리 다른 영상을 만들려고 했습니다. 그렇게 거의 1년 가까이 하루에 한 개씩 영상을 올렸어요. 물론 그렇게 해서 커뮤니티를 만들고 예방에 대한 조언을 널리 전할 수 있었지만, 어느 순간 소셜 미디어에서 점점 길을 잃고 있다는 기분이 들었습니다.

기술 발전을 부정하려는 건 아니에요. 하지만 요즘 우리는 아무것도 하지 않는 방법을 아예 잊어버렸습니다. 스마트폰은 우리 삶 속 모든 무료한 순간을 자연스럽게 차지해 버렸어요.

지루함은 더 이상 우리 삶의 일부가 아니게 됐어요. 그 결과 우리의 마음은 쉴 틈이 없어요. 계속해서 알림과 경고가 뜨고, 새로운 동영상이 올라오고, 댓글과 좋아요, 공유 등 다양한 형태의 상호작용이 일어납니다. 끊임없이 자극이 주어지는 것이죠.

우리는 다시 지루함을 느끼고 아무것도 하지 않고 시간을 보내는 방법을 배워야 합니다. 우리는 다시 마음이 방황할 수 있게 내버려 두는 방법을 배워야 합니다. 자연을 관찰하고, 호흡에 집중하고, 주변을 둘러보고, 시간의 흐름을 즐기는 시간을 가져야 합니다. 자기계발 코치의 지겨운 조언처럼 들릴 수 있지만, 저는 정말로 그래야 된다고 믿고 있습니다.

진보를 거부하고 모든 앱에 맞서 싸우는 것은 환상에 불과합니다. 소셜 미디어를 이용하는 시간을 조절하고 구분하는 것이 중요합니다. 시간을 정해놓고 좋아하는 앱을 사용하거나 해야 할 일을 마친 다음 바로 끄는 식으로요. 저는 거의 모든 소셜 미디어를 삭제했다가 필요할 때만 다시 설치해요. 그렇게 했더니 저도 몰랐던 부담감에서 해방된 기분이 들었습니다. 이 방법을 단 며칠만이라도 시도해 보세요. 곧 마음이 가벼워질 겁니다.

소셜 미디어는 필요할 때만 확인하세요. 순간적인 도파민 분비로
부터 해방되세요.

16

작은 생선이 가진
풍부한 영양소

정어리는 가장 저평가된 생선이지만, 우리 식단에 반드시 포함해야 할 식품입니다. 이 작고 매력적이지 않은 생선은 우리 건강을 지키는 중요한 동반자이자 우리가 자주 섭취해야 하는 식품입니다. 저는 정어리가 몸에 좋다는 건 이미 알고 있었지만, 그 사실을 실감한 건 포르투갈 여행을 하면서였어요. 거기서는 정어리가 '생선의 왕' 대우를 받거든요. '하루 다섯 가지 과일과 채소'라는 슬로건 아시죠? 저는 거기에 '정어리도 함께'라고 덧붙이고 싶습니다.*

비타민과 단백질이 풍부한 식품

환자들이 종종 아연과 마그네슘, 비타민C 같은 영양제를 먹어도 되는지 물어봅니다. 다음에도 그 질문을 받는다면 저는 정어리를 추천할 겁니다. 정어리에는 칼륨과 마그네슘, 아연, 철분, 타우린, 아르기닌 등 여러 영양소가 풍부합니다. 이 영양소들은 심혈관 질환에서 생길 수 있는 염증과 산화 스트레스를 줄이는 데 도움이 됩니다. 정어리의 가운데 뼈에는 칼슘이 풍부하니 꼭 함께 드시길 바랍니다!

정어리에는 단백질도 매우 풍부합니다. 정어리 100그램에는 단백질이 25그램 들어 있는데 이건 닭고기만큼이나 많은 양이에요! 단백질은 근육을 만드는 데 필수적일 뿐만 아니라 탄수화물, 지방과 함께 3대 영양소에 속하지요. 우리 몸에 에너지를 공급하는 주요 성분이에요. 단백질은 우리 몸의 구조를 이루는 데 중요한 역할을 하고, 피부와 표피(손톱, 모발) 같은 신체 조

● 정어리 구하기가 어렵다면 비슷한 효과를 내는 고등어, 꽁치로 대체해도 된다.

직의 재생을 돕습니다. 감염으로부터 우리 몸을 방어할 수 있는 항체 생성부터 헤모글로빈을 통한 체내 산소 운반, 소화 효소를 통한 소화에도 관여합니다. 단백질은 동물성 단백질(육류, 달걀, 생선 등)과 식물성 단백질(렌틸콩, 콩, 완두콩 등), 곡류 단백질(쌀, 밀, 옥수수 등)로 나뉩니다.

프랑스국립보건안전국은 건강한 성인의 경우 매일 체중 1킬로그램당 0.83그램의 단백질 섭취를 권장합니다.[1] 이 수치가 언뜻 복잡하게 느껴질 수 있지만 사실 꽤 간단합니다. 몸무게가 60킬로그램이라면 60×0.83, 즉 하루에 50g의 단백질이 필요하다는 거죠. 정어리 한 캔에는 무려 25g의 단백질이 들어 있습니다. 일일 권장량의 절반이 들어 있는 것이죠! 매일 섭취해야 하는 단백질량을 일일이 계산할 필요는 없지만, 균형 잡힌 식단에 단백질이 꼭 포함되어야 한다는 점은 잊지 마세요.

좋은 지방, 오메가3의 힘

정어리가 가진 지방에는 EPA(에이코사펜타엔산)와 DHA(도코사헥사엔산) 유형의 오메가3가 들어 있습니다. 우리 뇌의 60%는 지방산으로 구성되어 있는데, 그 대부분이 오메가3지요. 오메가3 DHA는 뇌와 망막의 발달과 기능에 아주 중요한 역할을 해요. DHA는 기억 과정에 관여하고, EPA는 염증을 줄이는 데 도움이 되는 프로스타글란딘 같은 물질을 만들어내는 데 도움을 주죠. 그래서 오메가3는 심혈관 질환 예방에도 효과적입니다. 우리 몸은 불완전한 기계와 같아서 스스로 오메가3를 만들어내지 못해요. 그러니까 꼭 음식으로 섭취해야만 하죠.

하지만 요즘 우리 식단을 보면 오메가3를 포함한 필수 지방산이 점점 더 부족해지고 있어요. 식단과 식습관이 변화하면서 패스트푸드와 초가공식품 섭취가 늘어났기 때문이죠. 이 식품들에는 지방산이 부족하고요. 이런 식단은 우울증과 스트레스 같은 정신 질환의 위험을 높일 수 있다고 합니다.

프랑스국립보건의학연구소INSERM의 마르세유 연구팀[2]은 오메가3가 부족한 식단이 뇌에 어떤 영향을 미치는지 알아보기 위해 쥐를 대상으로 실험을 했어요. 쥐가 청소년기부터 성체가 될 때까지 오메가3를 거의 먹지 않도록 했지요.

결과는 흥미로웠습니다. 청소년기에 오메가3가 부족한 식단을 먹은 쥐는 전두엽 피질(의사 결정과 실행 통제, 추론 등 복잡한 인지 기능에 관여)과 측좌핵(보상과 감정 조절에 관여)에 지방산이 부족해져서 성체가 된 후에 불안 증상을 보이고 인지 기능이 떨어졌어요. 또 다른 연구[3]에서는 임신한 쥐가 오메가3를 충분히 먹지 않으면 새끼의 신경망 발달에 문제가 생겨 기억력이 떨어진다는 사실도 밝혀졌어요.

물론 인간과 쥐는 다르죠. 하지만 오메가3에 관한 많은 연구는 뇌 기능과 영양이 얼마나 긴밀하게 연결되어 있는지 보여줍니다. 정어리에 함유된 오메가3가 얼마나 유익한지 이제 아시겠죠? 오메가3는 심혈관 질환을 예방할 뿐만 아니라, 제2형 당뇨병과 지방간 질환의 위험을 줄이는 데도 도움이 됩니다.

오메가3 보충제는 어떤가요?

저에게 보충제를 문의하는 환자들이 있어요. 물론 제가 틀릴 수도 있지만, 그분들을 보고 있으면 불균형한 식단을 유지하면서 약국에서 구입한 캡슐 몇 개로 균형을 맞추려고 한다는 느낌을 받아요. 이론적으로 보면 혹하는 이야기일 수 있죠. 원하는 음식을 먹고, 나머지는 보충제로 균형을 맞춘다는 방식이요.

하지만 오메가3는 이런 방식이 잘 맞지 않아요. 자연에서 얻는 오메가3의 효과를 보충제의 형태로 완벽하게 똑같이 재현하는 건 지금까지 성공한 적이 없기 때문이에요. 그러니까 앞서 말한 이야기는 설득력이 떨어지죠.

간단히 말할게요. 오메가3를 캡슐 형태로 섭취해서는 정어리에서 얻는 오메가3와 같은 효과를 기대하기는 어렵습니다.[4]

안타깝지만 보충제 형태로 오메가3를 섭취한다고 해서 지적 능력이 향상되지도 않아요.[5] 인류가 아무리 노력해도 자연이 주는 혜택을 그대로 재현할 수 없는 것처럼요. 그럼 주머니 사정도 좋지 않은데 우리는 왜 보충제에 돈을 쓰는 걸까요? 양질의 식품을 사는 데 그 돈을 쓸 수 있는데도요. 저는 개인적으로 맛있고 균형 잡힌 식단을 통해 필요한 영양을 채우는 게 좋다고 생각합니다. 하지만 이 부분은 각자의 선택이죠. 저는 아무 강요도 하지 않습니다.

작은 생선, 적은 오염

오염에 대한 이야기도 빼놓을 수 없겠죠? 생선과 해산물을 고를 때는 정어리, 멸치, 청어, 고등어처럼 먹이사슬의 하위에 있는, 비교적 작은 것들을 선택하는 게 좋습니다. 작을수록 오염 물질에 덜 노출되기 때문이에요. 사람들이 많이 찾는 연어와 만새기 같은 큰 생선은 정어리보다 훨씬 더 많은 오염 물질을 포함하고 있어요.

큰 생선일수록 작은 생선을 더 많이 잡아먹는데, 그 작은 생선도 그보다 더 작은 생선을 잡아먹으면서 오염 물질을 섭취하기 때문이죠. 이게 먹이사슬의 원리입니다. 모든 생선은 어느 정도 오염 물질을 포함하고 있고, 생선이 클수록 먹이사슬 아래쪽에 있는 생선이 섭취한 독성 물질도 함께 축적하게 됩니다. 이걸 '생물농축'이라고 해요.

프랑스보건안전국은 모든 생선이 폴리염화비페닐PCB과 메틸수은 같은 화학 물질, 박테리아, 특정 기생충 같은 미생물에 오염되어 있을 가능성이 높다고 지적합니다. 따라서 생선 섭취는 일주일에 두 번으로 제한하는 게 좋습니다. 대신 한 마리는 기름진 생선을 먹고, 생체축적량이 많은 민물고기(장어, 잉어, 납줄개, 잉어, 메기 등)의 섭취는 한 달에 두 번으로 제한하는 것이 좋습니다. 프랑스보건안전국은 임산부와 수유 중인 여성, 3세 미만의 어린이는 만새기와 연어, 가오리, 참치 섭취를 제한하라고 권고했습니다.[6]

초|간|단|T|I|P|

심혈관 건강을 챙기고 뇌 기능을 강화하고 싶다면 정어리 같은 등 푸른 생선을 드세요. 오메가3와 다른 영양소가 듬뿍 들어 있으니까요.

창의력을 깨우는 '유레카' 낮잠

잠을 자면서 창의력이 올라가고 문제 해결 능력도 향상된다면 어떨까요? 잠을 잘 자는 게 얼마나 중요한지 이미 말씀드렸지요. 수면의 각 단계는 우리 몸의 중요한 기능과 직결되기 때문에 충분히 길게 그리고 잘 자지 않으면 여러 질병에 걸릴 위험이 커집니다.

잠이 너무 부족하다면 20분 정도의 낮잠을 통해 보충할 수도 있어요. 하지만 5분도 안 되는 짧은 낮잠으로도 우리가 직면한 많은 문제를 해결할 수 있습니다.

오래된 개념

토머스 에디슨은 창의력을 자극하기 위해 짧은 낮잠을 잤다고 하죠. 에디슨은 금속으로 된 공을 들고 낮잠을 자다가 잠이 들어 공이 바닥에 떨어지면 그 소리로 잠에서 깨곤 했습니다. 에디슨은 잠에서 깨어나는 짧은 순간 번뜩 떠오르는 창의적인 생각들을 기록했다고 해요.

유명한 화가 살바도르 달리도 비슷한 방식을 사용했다고 합니다. 열쇠를 손에 들고 잠들었다가 열쇠가 바닥에 떨어지면 잠에서 깬 거죠. 달리는 안락의자에서 열쇠를 손에 들고 낮잠을 잤는데 열쇠가 떨어질 때 더 큰 소리가 나도록 바닥에 접시를 뒤집어 놓았다고 합니다. 아인슈타인도 이렇게 짧은 낮잠을 즐겼고, 미국의 억만장자이자 컴퓨터 과학자인 래리 페이지도 마찬가지였습니다. 이 외에도 많은 이들이 비슷한 방법을 사용했다고 하지요.

과학이 말하는 것

프랑스국립보건의학연구원과 세르보연구소에서는 이 매력적인 가설을 검증하는 실험을 진행했어요.[1] 실험에 참여한 103명에게 수학 문제를 풀게 했는데, 그 문제들은 특정 규칙을 이용하면 빠르게 풀 수 있었지만, 참가자들은 처음에 그 규칙을 알지 못했습니다. 참가자들은 문제를 풀려고 애를 썼죠.

연구진은 숨겨진 규칙을 찾지 못한 모든 참가자에게 에디슨의 방식처럼 손에 물건을 들고 낮잠을 자게 한 뒤 수학 문제를 다시 풀게 했어요. 결과는 어땠을까요? 잠들자마자 첫 번째 수면 단계에서 15초 이상 머문 사람들은 숨겨진 규칙을 찾을 확률이 무려 세 배나 높았습니다! 그 유명한 감탄사 "유레카!"는 이 짧은 낮잠에서 나왔을지도 모릅니다.

짧은 낮잠 사용법

자, 이제 여러분이 질문을 하실 것 같네요. 잠들자마자 거의 바로 깨야 하는데 어떻게 잠들 수 있냐고 물어보실 것 같아요. 맞습니다. 그래서 제가 몇 가지 팁을 알려드릴게요.

우선 낮잠을 잘 수 있는 적절한 장소를 찾아야 합니다. 간단히 의자나 안락의자면 충분합니다. 의자에 반쯤 기대고 엉덩이를 약간 앞으로 당기고 등을 등받이에 기댄 상태로 편하게 앉습니다. 팔로 머리를 받치면 목이 뻣뻣해질 수 있으니 주의하세요. 어깨와 목의 긴장을 풀어주세요. 그리고 열쇠 같은 시끄러운 소리를 낼 수 있는 금속 물체를 잡습니다. 너무 세게 쥐지 말고 가볍게 손바닥에 올려둔 채 팔을 편안하게 늘어뜨리세요.

자, 호흡에 집중하고 천천히 숨을 쉬기 시작합니다. 숨을 깊이 들이마시고 잠시 멈췄다가 천천히 내쉽니다. 잠이 들 때까지 이 과정을 여러 번 반복합니다. 잠이 들면 손 근육이 이완되면서 열쇠가 떨어지고, 그 순간 잠에서 깰 거예요. 이때 문제 해결의 실마리가 떠오를 수 있고, 창의적인 생각이나 영감이 떠오를 수도 있습니다.

너무 깊이 잠이 들까 봐 걱정되면 알람을 맞춰두세요. 시간 선택은 본인 마음이지만 20분은 넘기지 마세요. 그 이상은 '리프레시 낮잠'의 범위를 벗어나니까요.

유레카의 순간을 찾으세요

짧은 낮잠은 창의력을 자극하는 데 도움이 됩니다. 검증된 사실이에요. 그런데 어떻게 작용하는지는 정확히 알 수 없어요.

지나치게 많은 생각으로 막혔던 생각을 잠시 내려놓음으로써 해결책을 찾는 데 도움이 되는 것이 아닌가 생각합니다.

저는 개인적으로 달리기를 할 때 아이디어가 더 쉽게 떠오르는 것 같아요. 마음을 비우고 그 순간에 집중하다 보면 신기하게도 아이디어가 떠오르는 거죠. 물론 그 아이디어가 모두 특별한 건 아닙니다. 그냥 그런 아이디어도 있고 정말 괜찮은 아이디어도 있죠.

아이들과 함께 바닷가에서 시간을 보낼 때도 마찬가지입니다. 물속에서 별다른 일을 하지 않을 때 아이디어가 떠오르는 경우가 있습니다. 결국 이 모든 상황은 아무것도 하지 않을 때와 연결되는 것 같아요. 아무것도 하지 않음으로써 스트레스에서 벗어나고 그로 인해 창의력이 발휘되는 거죠.

'유레카' 낮잠도 그런 역할을 하는 것 같습니다. 모두 그런 경험 한 번쯤 있지 않나요? 발표 내용을 외우거나 시험이나 면접을 열심히 준비했는데 결정적인 순간에 갑자기 기억이 나지 않았던 경험이요. 스트레스가 기억력을 방해한다는 건 쉽게 알 수 있는 사실이죠. 문제를 해결하거나 창의력을 자극하는 방법은 사실 수천 가지가 있습니다. 낮잠도 그중 하나일 수 있습니다.

떨어질 때 시끄러운 소리를 내는 물건을 손에 들고 아주 짧은 낮잠을 주무세요. 잠이 들면 물건이 손에서 떨어지면서 자연스럽게 깰 수 있습니다. 단 몇 분의 휴식이 창의력을 자극할 것입니다.

저속노화를 위한 초간단 습관

18

나이와 상관없이
윤활제 사용을 권합니다

흔히 이렇게들 생각합니다. '윤활제는 나이 든 사람들이 성
관계를 할 때나 필요한 거지.' 아니에요. 그건 오해입니다. 이런
생각들도 있지요. '여성이면 누구나 자연스럽게 그리고 거의 즉
각적으로 윤활액이 풍부하게 나오는 것 아닌가?' 이 또한 오해
입니다. 이런 생각은 영화에서 비롯된 거예요. 남성이 몇 초 만
에 삽입을 하고, 여성은 바로 오르가슴을 느끼고, 둘 다 금방 잠

들어버리는 그런 장면들 때문이죠. 좋은 윤활제는 만족스러운 성생활의 핵심이에요. 물론 건강하고 오래 사는 삶에도 긍정적인 영향을 미칩니다.

윤활액 메커니즘

음경과 달리 여성의 질에는 자체적인 세척 시스템이 있습니다. 이 기회를 빌려 한 가지 말씀드리자면, 생리학적으로 질은 남성의 성기보다 훨씬 깨끗해요. 그래서 질 내부 세척은 전혀 필요하지 않을 뿐만 아니라 세척은 질 내 미생물 군집, 즉 미생물 환경에도 해로워요.

성적으로 흥분하게 되면 심장이 빨리 뛰고 혈압이 올라가면서 질 부위의 혈류가 증가해요. 혈류가 증가한다는 건 질 주변 혈관에 더 많은 혈액이 공급되면서 혈액 성분이 혈관 밖으로 스며 나와 질이 촉촉해진다는 뜻이에요. 이 현상을 '삼출'이라고 합니다.

이때 물과 비슷한 액체가 질 피부 모공에서 분비되는데요. 이 액체는 질 내의 pH를 알칼리성 쪽으로 바꿔서 산성을 낮추는 역할을 해요. 평소 질의 산성도$_{pH}$는 산성에 가깝기 때문에 정자가 생존하기 어려운 환경입니다. 하지만 윤활액이 나오면 산성도가 약산성에서 약알칼리성으로 바뀌지요. 이렇게 되면 정자는 저항력이 더 강해지고 이동성이 높아집니다.

윤활액은 성관계 시 삽입을 용이하게 만들고 왕복 운동에서 마찰을 줄여주기 때문에 성적 만족에 있어서 결정적인 역할을 합니다.

여성의 생식기는 아주 정교한 구조로 이루어져 있는데요. 여러 부위에 다양한 분비샘이 있고요. 예를 들어 질 입구의 근육에 위치한 바르톨린샘(전정샘)은 음순과 외음부를 윤활하는 데 큰 역할을 해요. 이 분비샘에서 나오는 투명한 점액질이 질 입구와 소음순을 촉촉하게 유지해줍니다. 윤활액은 주로 물로 구성되어 있고, 젖산을 포함한 다른 화학 성분도 함유하고 있어요.

점액은 질 내 박테리아 균총(세균이나 미생물의 집단)을 형성해 감염으로부터 보호하는 역할도 해요. 또 다른 분비샘인 스킨샘은 요도(소변이 통과하는 작은 관) 양옆에 있는데, 오르가슴을 느끼면 여기에서도 투명하거나 약간 흰색의 액체가 분비됩니다. 자궁경부에서는 다른 분비물이 분비되는데, 그 농도는 생리주기에 따라 달라지고요. 예를 들어 배란기에 생성되는 점액은 더 투명하고 탄력 있고 끈적끈적해서 정자가 더 쉽게 이동할 수 있어요.

자, 요약할게요. 질 분비물 생성에는 여러 해부학적 구조가 기여하고, 이 분비물은 생식 기능과 감염 예방, 윤활 작용에 중요한 역할을 한다는 겁니다.

전희와 윤활제

성적으로 흥분하면 자연스럽게 질 내 윤활 작용이 촉진됩니다. 남성의 경우 발기는 일반적으로 몇 초밖에 걸리지 않지만, 여성은 삽입을 위한 준비를 하는 데 훨씬 더 오랜 시간이 걸릴 수 있어요. 그래서 종종 너무 서두르는 남자분들에게 다음과 같은 조언을 드리고 싶습니다.

펜실베니아대학교의 연구진은 지원자들을 대상으로 10년간 성관계의 질을 평가해달라고 요청했어요. 이 연구는 전희를 고려하지 않고 삽입부터 사정까지 성교 자체에 초점을 맞췄어요. 지원자들은 성관계의 지속 시간과 만족도를 비교하며 평가를 했고요.

여기서 대다수는 3~7분 사이의 성관계를 '충분하다'고 평가했고, 7~13분 사이의 성관계를 '만족스럽다'고 평가했어요. 또 1~2분 사이의 관계는 '실망스럽다'고 답했고, 10~30분 사이의 관계는 '너무 길다'고 답했어요. 그러니 남성분들, 전희 과정에 충분히 시간을 들이세요. 어차피 실제 관계는 그리 오래 걸릴 필요가 없으니까요.

그럼 어떤 윤활제를 선택해야 하나요?

윤활제는 성욕 부족을 완화하는 처치제가 아니에요. 성관계의 고통을 덜어줘서 다시 관계를 갖고 싶게 만드는 데 도움이 되지요. 윤활액이 부족해서 성관계가 고통스러웠다면, 그 기억 때문에 다음에 또 관계를 갖고 싶다는 생각이 들지 않겠죠. 그러다 보면 자연히 성욕도 줄어들 수 있고요.

윤활제는 꼭 삽입할 때만 사용하는 게 아니에요. 전희 중에도 사용할 수 있어요. 그렇다고 전희 자체를 대체할 수는 없지요. 윤활제를 조금 쓴다고 해서 바로 삽입이 가능한 건 아니니까요. 윤활 과정은 성관계에서 필요한 조건일 뿐, 그 자체로는 충분하지 않아요.

현재 시중에는 다양한 윤활제가 있는데, 그 가운데 많은 제품이 히알루론산을 포함하고 있어요. 히알루론산이 포함된 윤활제는 질 점막에 달라붙어 물 분자를 잡아두는 역할을 해요. 히알루론산은 물 분자를 붙잡아 수분과 탄력을 회복하고 보존하는 데 도움을 주거든요. 히알루론산 기반의 윤활제는 물 기반의 윤활제나 글리세린이나 실리콘을 기반으로 하는 윤활제와 달라요. 이런 윤활제는 가벼운 건조함을 완화하거나 성인용 장난감과 함께 사용하는 데 더 적합하죠.

윤활제 사용의 걸림돌은 생각보다 가격이 좀 비싸다는 거예요. 저는 개인적으로 특정 상황에서는 건강보험으로 지원해야 한다고 생각합니다. 성생활은 건강한 삶에서 필수적인 부분이니까요. 예를 들어 유방암 치료에 사용되는 일부 호르몬 치료제는 심각한 질 건조증을 유발하는 부작용이 있어요. 이런 경우 윤활제를 건강보험으로 지원하는 게 맞다고 생각합니다.

폐경과 성욕

폐경은 질병이 아니에요. 모든 여성이 겪어야 하는 인생의 한 과정일 뿐이죠. 하지만 폐경은 종종 부정적으로 여겨지고 여성성을 상실하는 것으로 잘못 인식되기도 해요. 일반적인 생각과 달리 많은 여성이 폐경을 피임의 부담에서 해방되는 시기로 받아들입니다. 성관계가 더 자유로워지고, 모든 제약과 임신에 대한 부담도 사라지니까요.

하지만 폐경으로 인해 호르몬이 부족해지면서 질 건조증을 겪을 수 있어요. 특히 에스트로겐이 부족하면 삽입 시 통증을 겪는 성교통을 일으킬 수 있어요. 질이 마찰에 의해 자극을 받고,

그로 인해 성관계가 불쾌해지거나 고통스러워지는 거죠. 이 경우에도 치료법은 있습니다. 산부인과 전문의와 상담을 해보세요. 에스트로겐 성분이 들어 있는 크림만 발라도 질이 다시 유연해지고 윤활 기능을 어느 정도 회복할 수 있어요. 물론 이 치료는 필요에 따라 윤활제 사용과 병행할 수 있고요. 이때 안면 홍조나 기분 변화, 골다공증 같은 증상이 나타난다면 알약 형태의 호르몬 치료제를 복용하는 방법도 있습니다.

질경련, 심각하게
받아들여야 할 질환

성관계 중에 통증이 느껴진다고 해서 모두 윤활액이 부족해서라고 생각할 필요는 없어요. 여러 가지 원인이 있을 수 있는데, 질경련이 그런 예가 될 수 있습니다.

질경련은 성관계 중에 회음부 근육이 반사적으로 수축하면서 삽입이 불가능해지는 질환이에요. 회음부 근육의 수축은 삽입을 시도할 때뿐만 아니라 단순히 삽입에 대해 생각하는 것만으로도 일어날 수 있어요. 이런 과정이 반복되면 질경련이 점점 악화하는 악순환이 생길 수 있지요.

질경련은 기본 성교육이 부족하거나 성에 대해 지나치게 엄격한 종교 교육을 받아서 자신의 해부학적 구조를 잘 모르는 여성에게 생길 수 있어요. 다행히 질경련은 심리치료, 조산사의 재활 치료를 통해 개선할 수 있어요.

다시 강조하지만, 성생활도 삶의 일부라는 것을 인식하는 것이 중요해요. 그러니 조금이라도 문제가 있다면 꼭 전문 교육을 받은 전문가에게 상담을 받으세요.

초|간|단|T|I|P|

나이와 상관없이 윤활제 사용을 권합니다. 절대 망설이지 마세요. 건강하고 만족스러운 성생활은 장수에도 기여할 수 있다는 점을 꼭 기억하세요!

19

감기약 대신
해독주스를

이번에는 누구나 다 겪는 감기(급성 비인두염)에 대해 이야
기해 볼게요. 감기는 근육질의 남자들도 침대에서 못 일어나게
만들곤 하죠. 저 역시 콧물이 나고 근육통에 열까지 겹치면 버티
기 어려워요.

저는 SOS 응급의료서비스 의료진으로 일하면서 감기나 독
감 유사 증상을 보이거나 바이러스 감염 증상을 보이는 환자들

을 매일 만나요. 콧물이 줄줄 흐르고, 목 통증을 호소하고, 열이
나는 환자들을 거의 매일 봅니다. 물론 겨울에 환자들이 훨씬 더
많지만, 이제는 한여름에도 코로나 바이러스 감염 환자를 보는
게 흔해졌어요.

여기서 짚고 넘어가야 할 중요한 사실은, 코로나를 제외한
대부분의 바이러스 감염은 병세가 심하지 않기 때문에 특별한
치료가 필요하지 않다는 겁니다. 하지만 환자들은 자신이 처방
받은 게 겨우 해열진통제라는 사실에 종종 불만을 가져요. 처방
전이 얼마나 긴가, 항생제를 처방했느냐 아니냐로 의사의 자질
과 실력을 판단하는 것 같아요.

저도 같은 얘기를 자주 들어요. "정말 항생제가 필요 없나
요?" "제가 자주 찾는 의사 선생님은 항상 항생제를 처방해주는
데요." "제 상태는 제가 잘 알아요. 제 느낌에는 곧 상태가 더 나
빠져서 다시 병원에 올 것 같은데요?" "목이 이렇게 아픈데 아
무것도 안 주세요?"

자, 이럴 때 의사에게는 여러 선택지가 있습니다. 환자가 달
라는 대로 항생제를 잘못 처방하거나, 항생제를 처방하기를 거
부하거나, 전혀 효과도 없고 건강에도 위험할 수 있는 비급여 약
으로 처방전을 채우는 거죠.

코는 뚫리고 동맥은 막히고

약국에서 파는 대부분의 감기치료용 일반의약품은 생각만큼 큰 효과가 없어요. 저는 목 스프레이나 목캔디, 기침 시럽으로 감기가 완전히 나았다는 이야기를 들어본 적이 없어요. 오히려 처방전 없이 구입할 수 있는 코막힘 완화제를 사용하고 부작용을 호소하는 경우가 많아요.

슈도에페드린이 함유된 약이 그 대표적인 예입니다. 요즘 이 약에 대한 비판의 목소리가 높은데요. 슈도에페드린은 혈관을 수축시키는 작용을 해요. 코 점막 혈관이 수축되고 분비물과 점액이 줄어들면서 콧물이 줄어드는 거죠.

문제는 슈도에페드린이 코 혈관에만 작용하는 게 아니라 뇌 혈관이나 심장 혈관 같은 다른 주요 장기의 혈관에도 작용한다는 거예요. 그래서 가역적후뇌병증후군이나 가역적뇌혈관수축증후군과 같은 심각한 신경계 문제를 유발한다고 의심받고 있어요. 어떤 질병인지 자세히 설명드리지 않겠지만, 이름만 들어도 무시무시하지 않나요?

뿐만 아니라 슈도에페드린은 심장에도 영향을 줄 수 있어요. 젊은 사람들에게도 고혈압이나 심근경색을 일으킬 가능성이 높아요. 특히 스프레이 형태의 비강 혈관 수축제를 슈도에페드린 성분이 함유된 알약과 함께 사용하는 경우에 위험은 더 커질 수 있어요.

혹시라도 슈도에페드린 성분의 알약을 복용 중이라면 반드시 의사에게 그 사실을 알려야 해요. 그래야 의사가 추가로 비강 혈관 수축제를 처방하는 일을 막을 수 있고, 아니면 비강 혈관 수축제를 사용하지 말라고 권고할 테니까요. 이런 약물은 효과와 위험을 비교해 볼 때 위험이 더 크다는 쪽이에요. 유럽의약청이 규제하기 전까지는 이런 약물을 피하는 것이 좋아요. 물론 이 약을 의사가 직접 처방하는 경우는 거의 없을 거예요. 약사들을 비난하는 것은 아니지만, 과연 이런 종류의 약을 약국에서 판매하는 게 적절한지에 대해 고민해볼 필요가 있어요.

항바이러스 주스

저는 주스를 좋아하지 않아요. 하지만 이비인후과 부위에 바이러스 감염이 있는 경우에는 다음과 같은 방법을 추천해요. 마늘 한 쪽, 신선한 생강 한 조각, 껍질을 벗긴 오렌지 한 개, 자몽 반 개, 고추가 약간 필요해요. 이 모든 걸 믹서기에 넣고 갈면 아주 효과가 뛰어난 항바이러스 칵테일이 완성됩니다.

마늘에는 항균 작용을 하는 알리신이라는 성분이 들어 있어요. 일부 연구에 따르면, 마늘을 섭취하는 사람은 그렇지 않은 사람보다 감기에 걸릴 확률이 낮다고 해요.[1] 생강은 염증을 줄이고 통증을 완화하는 효과가 있어요. 메스꺼움과 구토를 완화하는 데 도움을 주기 때문에 임신 중 메스꺼움을 완화하는 데도 효과적이에요. 주스로 먹기가 불편하면 차 형태로도 즐길 수 있어요. 오렌지와 자몽은 비타민C가 풍부해서 감염과 싸우는 데 도움이 되고요. 고추에는 캡사이신이 풍부해서 통증을 줄여주고 항균 효과를 내요. 이렇게 해독주스를 만들어서 하루에 두세 번 몇 모금씩 마시면 좋아요. 다만 고추와 생강은 세계보건기구에서 6세 미만 아동에게 적합하지 않다고 권고하고 있으니 아이들에게 줄 때는 빼는 게 좋아요.

마늘은 과다 섭취하지 말고 비타민C, 보충제에 돈을 쓰지 마세요. 보충제는 쓸모없을 뿐만 아니라 건강에 잠재적으로 위험할 수 있어요.[2] 마늘을 과도하게 섭취하면 혈액을 묽게 하는 항응고 효과가 있고요. 보충제를 먹고 있는데 치과 치료나 다른 처치를 받는다면 출혈 위험이 클 수 있지요. 비타민C를 과다 복용하면 메스꺼움이나 소화 장애를 일으킬 수 있고요.

다시 영양의 원칙으로 돌아가보죠. 보충제보다 음식이 먼저입니다. 물론 해독주스는 가벼운 증상을 완화하고 건강을 돕는 차원에서 먹는 것이지, 세균 감염이나 염증성 질환, 자가면역질환, 특정 암 같은 심각한 병을 치료하기 위한 게 아니에요. 가벼운 증상을 위한 주스라는 걸 꼭 기억하세요.

천연 대안제,
에센셜 오일

이비인후과 관련 감염 증상에 도움을 줄 수 있는 다른 방법으로는 에센셜 오일이 있어요. 에센셜 오일에는 독성이 있을 수 있으니 항상 에센셜 오일에 대한 교육을 받은 전문가와 상담한 뒤 사용하세요. 혼자 마법사의 제자 놀이를 하는 건 피하시고요.

손수건에 라벤더 아스픽 오일을 한두 방울 떨어뜨려 아침, 점심, 저녁으로 들이마시거나 손목 안쪽에 발라 마사지하면 효과가 있어요. 페퍼민트 오일도 같은 방법으로 사용할 수 있고요. 코막힘을 해소하는 데는 멘톨 유칼립투스 오일, 니아울리 오일, 타임 투자놀 오일, 라빈트사라 오일을 사용하면 좋아요. 감기 증상이 심해져서 부비동염으로 번질 것 같으면 저는 이런 에센셜 오일들을 사용합니다. 다만 어린이나 임산부는 반드시 의사와 상담한 후에 사용하세요.

생리식염수로 코 세척하기

감기 증상을 완화하기 위해 생리식염수를 이용할 수도 있어요. 생리식염수를 코안으로 흘려보내서 코를 깨끗이 세척하면 돼요. 콧물이 너무 많다 싶으면 망설이지 말고 끝부분이 실리콘으로 된 주사기나 코 세척기를 이용해 코를 세척하세요.

콧속 분비물이 귀로 올라가면 중이염을 일으키고 부비동에 차게 되면 부비동염, 목뒤로 넘어가 기관지로 퍼지면 기관지염을 일으킬 수 있어요. 추가 감염의 위험을 낮출 수 있는 가장 좋은 방법은 최대한 자주 코를 씻어주는 거예요. 특히 코를 자주 훌쩍이거나 아직 코 푸는 방법을 모르는 아이들에게는 코 세척이 더욱 중요합니다.

초|간|단|T|I|P

감기에 걸렸다고 해서 약국에서 불필요한 약을 사지 마세요. 마늘과 생강, 오렌지로 해독주스를 만들어 드세요. 일반적인 진통제를 조금 복용한 뒤 인내심을 갖고 기다려보세요.

웃는 사람이
오래 삽니다

이번에는 여러분을 미소 짓게 만들 내용입니다. 혹 그렇지 않더라도 미소가 얼마나 특별한 힘을 가지고 있는지 다시 한번 일깨워 드릴 기회가 되겠네요. 사실 태아도 만족감을 느끼면 미소를 지어요.

임신 3기 동안 엄마가 당근 캡슐을 섭취했을 때와 양배추 캡슐을 섭취했을 때 자궁 내 태아의 반응을 비교한 연구가 있어요. 태아는 당근에는 미소를 짓고, 양배추에는 찡그린 표정을 지었어요.[1] 연구진은 태아가 양배추의 쓴맛에 거부감을 느끼는 것 같다고 설명했죠. 여기서 중요한 건 미소가 아주 일찍부터 만족 감을 표현하는 신호일 수 있다는 겁니다. 어린이와 어른에게도 마찬가지고요.

미소는 전염성이 있어요

갓난아이는 생후 2개월부터 자신이 보는 행동과 표정을 따라 할 수 있어요. 더 놀라운 점은 갓난아이가 엄마의 반응 수준에 맞춰 적응하는 능력을 갖고 있다는 것이죠. 예를 들어 우울한 엄마를 둔 아이는 엄마의 행동에 적응해요. 그래서 생후 3개월이 되면 우울하지 않은 사람과 상호작용할 때에도 상대적으로 반응이 적어요. 우리는 이런 아이들을 보고 '아주 차분하다'고 하죠.

하지만 걱정하지 마세요. 아이가 차분하다고 해서 엄마가 꼭 우울하다는 뜻은 아니에요. 다만 아이가 활기차다면 신뢰를 느끼고 최대한 상호작용을 많이 하고 싶어 한다는 뜻이니 긍정적인 면을 보는 게 중요해요.

이제 미소가 하품만큼이나 전염성이 있다는 이론을 살펴보죠. 〈영국의학저널British Medical Journal〉에 발표된 연구에 의하면, 행복하고 미소를 짓는 사람들이 자신처럼 행복하고 미소를 짓는 사람들과 더 많이 접촉하는 경향이 있다고 해요. 쾌활한 배우자와 함께 살면 행복감이 8% 증가하고, 쾌활한 이웃이 있으면 그 수치는 34%까지 증가한다고도 해요.[2] 여기서 중요한 건 배우자보다 이웃이 당신을 더 행복하게 만든다는 게 아니라 미소가 미소를 부른다는 사실이지요.

미소는 여러분을
행복하게 만들어요

미소는 미소를 부르고 결국 우리를 행복하게 만들어요. 전문가들은 이 현상을 '안면 피드백'이라고 불러요. 연구자들은 미소에 일종의 반사 효과가 있다는 가설을 세웠어요. 행복하거나 만족스러워서 미소를 짓지만, 일단 미소를 지으면 우리의 행복감이 다시 증폭된다는 거죠.

이 가설을 검증하기 위해 19개국 4,000명을 대상으로 실험이 진행됐어요. 실험 결과가 편향되지 않도록 참가자들에게는 연구의 목적이 미소와 관련 있다는 사실을 알리지 않았고요. 첫번째 그룹에게는 펜을 입에 물고 안면 근육을 자극하라고 했어요. 두 번째 그룹에게는 배우들의 웃는 얼굴 사진을 보면서 그 미소를 따라 하라고 요청했고요. 세 번째 그룹에게는 "입꼬리를 귀 쪽으로 당기고 광대뼈를 올리면서 얼굴 근육만을 사용"해 미소를 지어달라고 요청했어요. 한마디로 억지로 미소를 지어보라는 거였죠.

참가자의 절반은 개나 고양이, 꽃, 불꽃놀이 등 행복한 이미지를 보면서 앞서 말한 행동을 수행했고, 나머지 절반은 아무것도 없는 흰색 화면을 바라보면서 했어요. 각 활동이 끝난 후 참가자들은 자신이 느낀 기쁨 정도를 기록했어요. 연구진은 참가자들을 혼란스럽게 만들기 위해 참가자들에게 수학 문제를 풀고 신체 활동도 같이 하도록 했어요. 그 결과 배우들의 표정을 흉내 내며 미소를 지었던 그룹과 '안면 근육을 스트레칭'했던 그룹이 다른 그룹보다 훨씬 더 행복감을 느꼈다는 점을 발견했어요.[3]

이 연구는 스탠퍼드대학의 연구진이 세계적으로 권위 있는 학술지인 〈네이처〉에 발표한 연구입니다. 언뜻 보면 그다지 대단하지 않은 것처럼 보이죠. 하지만 이 연구는 감정이 무엇인지, 감정이 어떻게 발생하는지 이해하는 데 있어 큰 진전을 가져온 근본적인 연구라 할 수 있어요.

단순히 하루에 한 번 미소 짓기를 몇 주, 몇 달, 몇 년, 수십 년 동안 한다면 어떤 영향을 미칠 수 있을까요? 우리는 늘 행복과 기쁨을 추구합니다. 어쩌면 간단한 미소에서부터 그게 시작될 수 있을지도 몰라요. 미소는 비용이 들지 않지만 효과는 아주 커요.

간단히 미소를 통해 기분을 좋게 할 수는 있지만, 이것만으로 우울증과 맞서기란 불가능해요. 미국에서 버스 운전사를 대상으로 연구를 진행했는데, 기분이 좋지 않은 상태에서 가짜 미소를 짓는다고 기분이 나아지는 건 아니라는 결론이 나왔어요. 심지어 억지로 친절한 미소를 지은 사람들은 오히려 기분이 점점 더 나빠지고 업무에 대한 흥미를 잃는 경우가 많았어요. 하지만 진심 어린 미소를 지으면 기분이 나아졌다고 하고요.[4]

달리면서
미소를 지어보세요

놀라운 연구 결과가 또 있어요. 달릴 때 미소를 지으면 달리기 능력을 향상시킬 수 있다고 해요. 정말이에요! 어떤 연구에서는 6분 레이스를 4회 관찰하면서 '러닝 이코노미'를 측정했어요. '러닝 이코노미'는 특정 속도에서 소비되는 산소량을 기반으로 성능을 평가하는 지표예요. 참가자들은 실험 중에 몇 가지를 지시받았어요. 웃으면서 달리라는 지시도 있었고, 싫은 표정을 짓거나 손과 상체의 긴장을 풀고 평소 생각에 집중하라는 지시도 있었어요.

연구 결과를 보니 웃으면서 달렸을 때 2%의 에너지가 절약되는 것으로 나타났어요.[5] 이 수치가 미미해 보일 수는 있지만, 단순히 웃는 것만으로 운동 능력을 향상시킬 수 있다니 놀랍지 않나요? 참고로 '싫은 표정을 지은' 참가자들의 성과가 더 나쁜 건 아니었어요. 하지만 달리기가 더 힘들게 느껴졌다고 해요.

앞의 연구는 케냐의 마라톤 금메달리스트 엘리우드 킵초게의 성과와 연습에서 영감을 받았어요. 킵초게는 이탈리아와 독일에서 열린 마라톤 경기의 마지막 구간에서 1km당 한두 번씩 약 30초 동안 미소를 지었어요. 기자들은 킵초게에게 왜 미소를 지었냐고 물었죠. 킵초게는 "모두 전략이었고, 미소를 통해 신체적 고통을 극복하고 긴장을 풀 수 있었다"고 말했어요.

연구진은 미소가 근육의 긴장을 완화하고 심박수를 낮추는 역할을 해서 달리기 기술 같은 요소에 더 집중하게 해줄 수 있다고 추측했어요. 사이클링 같은 다른 스포츠를 다룬 연구에서도 비슷한 결과가 나왔어요. 페달을 밟으며 단순히 미소만 지었는데 그것만으로 사이클을 12% 더 오래 탈 수 있었다고 해요![6] 그러니 마음껏 미소를 지으세요.

젊음의 묘약, 미소

사실 미소가 건강에 어떤 긍정적인 영향을 미치는지에 대한 대규모 연구는 진행된 적이 없어요. 아마도 엄청난 비용이 들 것이고, 무엇보다 미소는 공짜니까요. 하지만 소규모 연구는 있었어요. 미국에서 진행된 한 연구에 따르면, 많이 웃는 사람은 평균 7년을 더 오래 산다고 해요. 이 연구에서는 1952년도 미국 야구선수 230명의 사진을 비교했어요. 웃지 않는 선수는 평균 72.9년을 살았고, 미소를 지은 선수는 75년, 활짝 웃는 선수는 79.9년을 살았어요.[7]

물론 상관관계가 있다고 해서 그게 꼭 인과관계를 뜻하는 건 아니죠. 하지만 건강하고 안정적이고 만족스러운 삶을 사는 사람이 더 자주 웃을 가능성이 높고, 따라서 더 오래 산다고 볼 수 있죠. 미소는 아낌없이 사용해도 되는 무기이자 지표라는 생각이 다시 한번 드네요.

일본의 연구자이자 유전학자인 무라카미 카즈오는 웃으면 우리 몸에서 23개의 유전자가 활성화되고, 그 가운데 18개는 면역 체계와 관련 있다는 사실을 밝혀냈어요. 그리고 또 재미있는 연구 하나를 진행했지요. 당뇨병 환자들이 단조롭고 지루한 강의를 들었을 때보다 재미있는 쇼를 봤을 때 혈당 수치가 더 많이 떨어졌다는 겁니다. 웃음 치료를 받으라는 이야기가 아니에요.

저는 SOS 응급의료서비스를 통해 고립된 고령 환자들을 많이 만나는데, 진료 중에 건넨 농담 한두 마디에 환자들의 기분이 훨씬 나아지는 경우를 자주 봐요. 환자들은 거의 백이면 백, "기분이 이미 훨씬 좋아졌다"고 말씀하세요. 이걸 뭐라고 부르든, 저는 미소가 고립감을 해소하고 사람들이 더 건강하고 오래 살 수 있도록 도와준다고 확신해요. 게다가 비용도 들지 않고요.

마지막으로 한 가지 조언을 더하자면, 소셜 미디어에서 웬만하면 재미있는 동영상을 보세요. 저는 개인적으로 몰래카메라 같은 영상을 볼 때 잘 웃습니다. 과학적으로 증명된 건 아니지만, 불안감을 유발하는 콘텐츠를 피하는 게 아무래도 더 낫지 않겠어요?

초│간│단│T│I│P│

기회가 될 때마다, 하루 동안 미소를 지을 수 있는 모든 순간에 미소를 지어 보세요. 힘도 안 들고 금기 사항도 없는 안전한 건강법입니다.

치아 건강 없이
온전한 건강은
없습니다

구강 위생은 건강하게 오래 살고 싶다면 필수적인 요소인데, 소홀히 하는 분이 너무 많습니다. 프랑스구강건강연합은 효과적으로 양치질을 하려면 아침저녁으로 2분은 써야 한다고 권장하지요. 하지만 여러 설문조사를 살펴보니 프랑스인의 양치 시간은 평균 50초에 불과해요.

어떤 설문조사에서는 프랑스인의 31%가 매일 양치를 하지

저속노화를 위한 초간단 습관

않는다고 답했고, 젊은 층에서는 그 비율이 무려 50%까지 올라갔어요. 또 고령자를 포함한 프랑스인의 32%는 아침에 양치하는 게 '귀찮다'고 했고, 43%는 저녁 양치를 꺼린다고 답했어요.

우리는 더 자주, 더 오래 양치하는 습관을 고민해야 합니다. 저도 아침에 아이들을 준비시키고 아침을 챙겨주고 급히 칼럼을 쓰다 보면 여유롭게 양치하기가 쉽지 않아요. 칫솔질을 빨리 끝내고 싶다는 유혹이 들거든요. 또 저녁 양치질이 루틴에 포함되어 있지 않으면 피곤해서 양치를 잊어버리기 쉬워요. 이상적인 환경에서라면 사람들은 구강 건강에 더 많은 신경을 쓸 거예요. 치아 건강 없이 전체적인 건강이 좋을 수 없기 때문이죠.

제가 자주 하는 말이 있습니다. "치통이 생기기 전에 정기적으로 치과를 방문하세요." 충치가 없는지 확인하는 게 중요하거든요. 아직 통증이 없다고 해도 치료하지 않으면 나중에 극심한 치통을 유발할 수 있으니까요.

치아가 좋지 않을 경우 생길 수 있는 위험을 여기에 전부 나열하지는 않을게요. 다만 치아 건강이 나빠지면 그 영향은 치아에만 미치는 게 아니라는 점을 기억하세요.

가장 흔하게 발생하지만 사람들이 잘 생각하지 않는 몇 가

• 2023년 한국리서치가 성인 남녀 1,000명을 대상으로 한 실태조사에서 한국인의 하루 평균 양치 횟수는 2.6회, 평균 양치 시간은 3.2분으로 나왔다.

지 예를 들어볼게요. 구강 위생 상태가 좋지 않아서 잇몸 염증이 생기면 인슐린 저항성이 커지고 혈당 조절이 어려워져요. 당뇨병은 치아를 약하게 만들고, 또 건강하지 않은 치아는 당뇨병을 촉진하거나 악화시킬 수 있어요. 치아를 제대로 관리하지 않으면 세균이 혈류를 통해 퍼지면서 건염을 유발할 수도 있고요.

입안에 있는 좋은 세균은 구강 미생물군을 형성해서 우리 몸에 중요한 역할을 한다는 사실을 잊지 마세요. 어떤 미생물은 과일과 채소에 함유된 질산염을 산화질소로 전환할 수 있어요. 산화질소는 혈압 조절에 도움이 되는 혈관 확장제 역할을 하지요. 마지막으로 치주(치아를 지지하는 조직) 질환과 알츠하이머병 사이의 연관성을 보여주는 연구 결과도 여럿 있어요.[1]

초|간|단|T|I|P|

아침저녁으로 2분씩 양치하기, 건강한 치아는 당뇨병 예방에도 도움이 됩니다.

저속노화를 위한 초간단 습관

22

숙면에 도움을 주는
오르가슴

하루를 마무리하며 잠들기 전에 오르가슴을 느끼는 것만큼
기분 좋은 일이 있을까요? 이건 과학적으로 입증된 사실입니다.
왜 망설이세요?

잠들기 전에 술은 피하세요

숙면이 건강에 얼마나 중요한지는 더 이상 더 말씀드리지 않을게요. 대신 잘 자는 방법에 대해 최고의 조언을 드릴게요. 대부분 상식적인 내용입니다.

숙면을 취하기 위해 제가 드릴 수 있는 첫 번째 조언은 낮 동안 충분히 깨어 있어야 한다는 거예요. 활동량이 부족하면 수면 압박, 즉 잠들고자 하는 압박감이 낮아서 잠들기 어려워요. 어른도 아이처럼 잠들기 위해 특정한 루틴이 필요해요.

그런데 다소 우려되는 점이 하나 있어요. 세계에서 가장 널리 사용되는 수면유도제는 술이라는 연구 결과가 있거든요. 하지만 술은 숙면을 이루는 데 최악의 적이라 할 수 있어요! 술을 마시면 잠드는 데 걸리는 시간을 줄일 수는 있지만, 질 좋은 수면을 보장하지는 못해요. 어떤 의미에서는 술 때문에 마취된 것처럼 몸이 잠드는 거죠. 하지만 진정한 휴식은 되지 않아요.

술은 자주 깨게 만들어서 수면을 조각조각 끊어지게 만들고, 수면 무호흡증을 유발해서 자는 동안 호흡을 멈추게 해요. 술 몇 잔에 쉽게 잠들 수 있을지 모르지만, 사실 뇌는 술 때문에 충분하게 그리고 제대로 수면 단계를 이어나가지 못해요. 술은 우리 몸을 녹초로 만들 뿐만 아니라 건강에도 여러 가지 해로운 영향을 미치고요. 그러니 술은 가능한 한 적게 드세요. 그게 일반적으로도 좋은 선택이고요.

다른 방해 요소들도 없애세요

잘 알려지지 않았지만, 담배도 수면에 악영향을 미쳐요. 담배에 포함된 니코틴은 수면을 담당하는 뇌세포의 활동을 방해해요. 결과적으로 담배를 피우면 잠드는 데 시간이 더 오래 걸릴 뿐만 아니라 수면의 질도 떨어지고 야간에 자주 깨게 됩니다.

몇몇 연구에서는 담배를 피우면 총수면 시간이 감소하는 것으로 나타났어요.[1] 이 현상은 특히 청소년에게 더 두드러지게 나타나요. 담배를 많이 피우는 청소년일수록 수면 장애를 더 많이 겪는다는 연구 결과가 있어요.[2] 흡연은 수면 관련 장애 위험을 47%나 증가시키죠. 잠자기 전에 담배 생각이 난다면 이 점을 한 번 더 생각해보세요.

오르가슴을 느끼고 잠자리에 들기

흥미로운 연구 결과가 있어요. 25~49세 사이의 남녀를 대상으로 설문조사를 실시했는데, 응답자의 75%가 잠자리에 들기 전 오르가슴을 느끼거나 성관계를 가지면 더 잘 잔다고 답했어요. 그중 대다수가 수면의 질이 향상되었다고 답했고요. 반면 약을 먹고 잠을 잤을 때 수면의 질이 향상되었다는 응답자는 66%뿐이었고요. 성관계와 약물이 수면에 어떤 영향을 미치는지 비교해달라는 질문에서 성관계가 우위를 차지했다는 결과는 그리 놀랍지 않네요.[3]

성관계를 갖거나 오르가슴을 느끼거나 혹은 둘 다를 경험하면 옥시토신 같은 쾌락 호르몬과 애착 호르몬이 분비됩니다. 반대로 코르티솔 같은 스트레스 호르몬은 감소하지요. 스트레스가 줄고 긴장이 풀리면서 자연스럽게 숙면을 취하기 쉬워지는 거죠.

또 다른 직관적인 설명은 우리의 생존 본능과 관련이 있어요. 생물학적 관점에서 보면 성관계는 번식을 위한 행위입니다. 사정 후 누워 있으면 정자가 난자를 향해 더 쉽게 이동하면서 수정 가능성이 높아져요. 정자가 중력에 맞서 싸우지 않아도 되기 때문에 더 쉽게 이동할 수 있죠. 그래서 오르가슴을 느낀 후 잠이 더 빨리 찾아오는 것일 수도 있어요.

파트너가 없다면 자위도 좋은 방법이 될 수 있어요. 하지만 잠들기 위해 자위하는 방식으로 습관화되지 않도록 조심하세요. 저는 개인적으로 수면제보다 자위를 권합니다.

허브차는요?

숙면을 취하기 위해 허브차나 식품 보조제로 사용할 수 있는 식물들이 있어요. 쥐오줌풀, 시계꽃, 산사나무꽃은 수면에 도움이 될 수 있지만 맛은 호불호가 갈릴 수 있지요. 이 허브들은 삼키기 쉬운 캡슐 형태로도 나와요. 개양귀비, 라벤더, 카모마일도 좋고요. 이 허브들은 시럽이나 에센셜 오일 형태로도 활용할 수 있고요.

개인적으로 저는 약간의 멜라토닌(1.9밀리그램)과 허브를 혼합해 복용합니다. 멜라토닌은 부작용도 거의 없고 중독성도 없는 편이지만, 꼭 드시라는 말은 아니에요. 하지만 수면제나 항불안제는 절대 복용하지 말라고 말씀드리고 싶어요. 수면제나 항불안제를 복용하면 수면의 질 저하는 물론 중독의 악순환에 빠질 수 있어요.

예전에 어떤 기자가 며칠째 수면제를 먹으며 잠을 잔다는 이야기를 듣고 제가 경고를 한 적 있어요. 낮과 밤에 걸쳐 일하는 새벽 근무는 신체적으로 고문에 가까운 일입니다. 저는 그 기자에게 빨리 수면제를 끊고, 대신 저녁에 멜라토닌을 조금 복용한 뒤 잠들기 좋은 환경을 만들라고 권했어요.

제 말이 약간 불안을 조장한 것처럼 들릴 수 있겠지만, 그건 정말 그 기자를 위해 한 말이었어요. 수면제에 중독되어 장기 기억력이 손상된 환자들을 너무 많이 봤거든요. 수면제는 알츠하이머병과도 관련이 있어요. 다행히 그 기자는 제 조언에 따라 수면제 복용을 중단하고 곧바로 잠을 잘 수 있게 되었다고 했어요.

여러분도 수면에 도움을 줄 수 있는 식물을 찾아보세요. 특별한 진정 효과가 없더라도 잠들기 전 루틴으로 뇌가 인식한다면 그 자체로도 도움이 될 수 있어요. 저 같은 경우에는 저녁에 레몬생강차를 마십니다. 레몬생강차는 소화를 돕고 잠들기 전에 긴장을 푸는 데 도움이 되지요.

초|간|단|T|I|P
성관계나 오르가슴은 부작용 없이 수면을 취하는 데 도움이 됩니다. 파트너가 없거나 혼자라면 자위 행위도 충분히 효과가 있어요.

23

새 옷을 사자마자
바로 입으세요?

걱정하지 마세요. 여러분의 잘못을 지적하려는 게 아닙니다. 그저 제가 여러분의 생활 방식에 약간의 긍정적 변화를 줄 수 있으면 좋겠어요. 이번 장에는 여러분이 힘들이지 않고 새로운 습관을 만들어 더 건강하게 사는 데 도움이 되는 조언이 담겨 있어요.

쇼핑한 옷은 세탁을 해주세요

방금 산 스웨터나 티셔츠, 원피스를 빨리 입고 싶으신가요? 저도 그렇습니다. 하지만 건강을 위해 새로 산 옷은 세탁해서 입는 게 좋아요. 매장에 걸려 있던 옷이라면 위생을 위해서라도 반드시 세탁해야 합니다. 얼마나 많은 사람이 입어봤는지 알 수 없으니까요. 매장에 오래 있던 제품이라면 수십 명 이상이 입어봤을 수도 있지 않을까요?

미국의 미생물학자 필립 티에노는 주요 기성복 체인점과 명품 부티크 매장에서 샘플을 채취해 옷을 입어본 고객들이 남긴 박테리아를 조사했어요. 결과는 충격적이었죠. 옷에서 포도상구균, 연쇄상구균, 노로바이러스뿐만 아니라 심지어 배설물의 흔적도 발견했거든요. 진정한 의미의 배양액인 거죠.

이 모든 균은 호흡, 피부 접촉, 배설물과의 접촉이라는 세 가지 경로를 통해 묻은 거였어요. 배설물과의 접촉 경로도 아주 간단합니다. 누군가 볼일을 보고 손을 씻지 않은 채 쇼핑을 한 거죠. 물론 감염 위험은 낮으니 안심하세요. 다만 겉보기에 깨끗해 보여도 실제로는 그렇지 않을 수 있다는 점을 알려드리고 싶었어요.

온라인에서 옷을 구입한 경우도 마찬가지예요. 옷이 깨끗한 옷장에 보관되어 있었을 거라고 기대하지 마세요. 먼지와 오염 물질로 가득한 공장이나 창고에 보관되었을 가능성이 높아요. 여러분의 옷장에 도착하기 전까지 이 옷들은 여러 손을 거치고 포장지와 비닐, 택배상자로 옮겨졌을 거예요. 그러니 새 옷이라고 해서 무조건 깨끗한 옷이라고 볼 수 없다는 점을 기억하세요!

새 옷에는 제조 과정에서 사용된 화학 물질도 남아 있을 수 있어요. 프랑스 식품환경노동위생안전청의 조사 결과를 보면 새 옷에서 벤지딘, 크롬, 니켈, 부틸페놀포름알데히드레진PTBT 같은 물질이 발견됐어요. 의류 제조업체들이 일부러 소비자를 해칠 마음은 없겠지만, 운송 중 습기 등의 이유로 옷감에 곰팡이가 생기는 것을 막기 위해 방부제 처리를 해서 출고하는 경우가 많아요.

일부 의류에는 구김 방지 기능을 위해 포름알데히드를 사용하기도 해요. 알레르기 위험이 높은 물질이죠. 포름알데히드는 습진이나 접촉성 피부염 같은 피부 자극을 일으킬 위험이 있어요. 별일 아니라고 느끼실 수도 있지만, 프랑스 국제암연구소는 2004년부터 포름알데히드를 1급 '인체 발암 물질'로 분류하고 있어요. 흡입을 통해 비인두암을 유발하기 때문입니다.

패스트 패션에 저항하세요

조금 지나친 이야기인 줄 알지만, 우리는 옷이 어떤 환경에서 만들어지는지 알아야 합니다. 스웨터나 티셔츠, 청바지, 운동화의 라벨을 보면 위구르족 등 억압받는 소수민족이나 어린아이들을 착취하는 제3세계 국가에서 생산된 제품이 많아요.

요즘 경제 상황이 어렵다는 건 잘 알고 있어요. 하지만 값싼 옷은 품질이 좋지 않아서 결국 몇 달만 지나면 입지 못하는 경우가 많아요. 계절마다 옷을 새로 사는 것보다 차라리 조금 더 값을 주더라도 몇 년 동안 입을 수 있는 옷을 사는 편이 나을 수 있어요.

최근 설문조사에 따르면, 프랑스인이 실제로 입는 옷은 갖고 있는 옷의 32%에 불과하다고 해요. 옷장 속에 있는 옷 세 벌 가운데 한 벌만 입는다는 말이죠. 우리는 옷을 너무 많이 사고 있는 거예요. 지구 반대편으로부터 옷을 운반하면서 생기는 탄소 발자국은 말할 것도 없고, 그로 인해 생태계에 미치는 부정적인 영향도 무시할 수 없죠.

다시 한번 말씀드리지만, 각자 최선을 다하고 있다는 것을 알고 있어요. 하지만 인식의 변화가 필요해요. 누군가를 비난하려는 게 아니라는 점을 이해해주세요.

속옷을 매일 갈아입으세요

프랑스여론연구소는 유럽 위생에 관한 다소 당황스러운 설문조사를 실시했어요. 결과를 봤더니 프랑스인의 73%만이 매일 속옷을 갈아입는다고 해요. 더 심각한 건 프랑스 남성 5명 가운데 1명은 일주일에 두 번만 속옷을 갈아입는다고 답했어요. 70세 이상 남성의 경우, 3명 가운데 1명은 매일 속옷을 갈아입지 않는다고 답했고요.

매일 속옷을 갈아입고 중요 부위를 비누와 물로 씻는 건 아주 중요합니다. 성기는 땀과 각종 분비물에 쉽게 노출되거든요. 샤워를 매일 하지 않는다 해도 성기는 매일 씻는 게 좋아요. 그 위험성이 크지는 않지만, 성기 부위는 특히 곰팡이가 번식하기 쉬워서 진균증이 생길 수 있어요. 양말과 발도 마찬가지예요. 깨끗이 씻고 잘 말리는 게 중요합니다.

성기를 씻을 때 비누는 클렌징 오일이나 무향 제품을 선택하세요. 성기에서 장미향이 나야 할 필요는 없잖아요. 깨끗하기만 하면 됩니다. 그리고 '질 pH 농도에 맞춘' 청결제라는 마케팅 문구에 속지 마세요. 질은 자체 세척 시스템이 있어 세척할 필요가 없어요. 비누를 질에 맞게 고를 필요가 없습니다. 해부학적으로 질은 몸의 외부, 즉 외음부와 자궁경부를 연결하는 통로라는 점을 다시 말씀드릴게요. 이 통로에는 자체 미생물 군집, 즉 질내 세균총이 있어서 외부 감염으로부터 몸을 방어하는 역할을 해요.

질내 세균총에는 젖산균(락토바실리)이 있는데 젖산균은 젖산을 생성해서 질을 보호해요. 산부인과 검사를 통해 질내 세균총의 질을 평가할 수 있어요. 질에는 땀샘이 있고, 질 분비물이 나오고, 자체 세척 시스템이 있어서 따로 씻을 필요가 없어요. 질의 pH에 맞췄다는 비누 광고를 보면 마치 질 세척이 필요하다는 생각을 갖게 되지만, 사실 그건 완전히 해롭고 불필요해요. 그렇다고 해서 아무 비누나 사용해도 된다는 뜻은 아니에요. 몸 전체에 사용할 수 있는 제품이면 질에도 적합하니 그런 제품을 사용하시면 됩니다.

초|간|단|T|I|P|

정말 건강을 생각한다면 항상 옷을 세탁해서 입으세요.

숲속을 산책하세요

걱정하지 마세요. 나무를 안으라는 이야기는 하지 않을게요. 자연은 우리 신체와 두뇌에 놀라운 힘을 발휘합니다. 우리 모두 그 혜택을 누릴 수 있고요.

신선한 시골 공기

'신선한 시골 공기'. 시골 생활이라 하면 머릿속에 이런 진부한 표현이 떠오를 거예요. 솔직히 말해 상대적으로 도시에 사는 사람들의 우월함이 느껴지는 표현이기도 해요. 현재 전 세계 인구의 절반 이상이 도시에 거주하고 있고, 이 숫자는 계속 증가하고 있어요. 도시화가 진행되면서 자연과 접촉하는 일은 급격하게 줄어들고 있지요.

자연이 우리에게 좋다는 사실에는 누구나 동의하실 거예요. 코로나 바이러스가 유행하고 봉쇄 조치가 내려지면서 우리는 이 점을 더욱 실감하게 됐지요. 우리는 인간을 인간답게 만드는 사회적 유대감과 자연과의 연결을 놓쳐버렸어요. 자연이 우리 몸에 긍정적인 영향을 미친다는 건 과학적으로도 입증된 사실입니다.

정신적 신체적 건강을 위해 대도시에서 벗어날 필요가 있어요. 저는 몇 년 전에 행동으로 옮겼죠. 솔직히 말씀드리면 이제 다시 도시로 돌아가고 싶지 않아요. 저는 파리에서 태어나 자랐고, 초등학교부터 고등학교까지 모두 그곳에서 보냈어요. 대학도 파리에서 다녔죠. 진정한 파리 사람입니다.

하지만 저는 가게도 없고 버스 외에는 대중교통이랄 게 거의 없는 시골 지역으로 이사하기로 결심했어요. 그리고 파리를 떠났죠. 파리의 교통 체증과 시각적 오염, 소음, 대기 오염을 견딜 수 없었거든요. 세상과 끊임없이 전쟁을 치르는 것 같았어요. 파리 사람들이 불친절하다는 말은 아니지만, 그들은 끊임없이 시간에 쫓기고 스트레스를 받고 있기 때문에 사소한 일도 크게 만드는 경우가 많아요. 운전 중에 욕설이 오가고, 대중교통에서 서로 밀치고, 담배 하나 때문에 길거리 다툼이 벌어지기도 해요. 스트레스와 소음, 녹지 부족 등 모든 환경적 요인이 우리의 전반적인 건강에 큰 영향을 미치고 있지만, 그 사실을 깨닫지 못하고 있는 거죠.

그래서 저는 이사를 결심했고, 그게 가족과 저 자신을 위해 내릴 수 있는 최선의 결정이었다고 생각해요. 물론 제 일이 여전히 파리 중심으로 이루어지기 때문에 일상생활이 조금 복잡해지긴 했지만, 장단점을 따져보면 장점이 훨씬 더 많아요.

삼림욕

....

일본에서는 삼림욕이 휴식을 취하고 스트레스를 해소하는 활동으로 인기를 끌고 있어요. 관련 연구도 많이 진행됐고요. 삼림욕은 1980년대 초 일본산림청에 의해 도입된 후 홍보가 많이 됐지만, 삼림욕의 긍정적인 효과를 다룬 과학적 연구가 본격적으로 시작된 건 1990년대 후반부터였어요. 일본인은 숲을 신이 깃든 장소나 죽은 자의 영혼이 머무는 신성한 장소로 여겨요. 일본뿐만 아니라 아시아 외 지역에서도 숲의 이점을 입증한 연구는 많이 진행되었죠.

여러 연구를 종합해서 분석하는 방법을 '메타 분석'이라고 하는데, 700명 이상이 참여한 연구를 보면 숲에 머무는 동안 혈압이 눈에 띄게 낮아지는 것으로 나타났어요.[1] 또 숲에서 산책할 때 심박수, 즉 심장이 뛰는 속도가 감소한다는 연구 결과도 있고요.

왜 이런 효과가 나타나는지에 대한 설명은 간단해요. 숲속을 산책하면 스트레스에 반응하는 교감 신경계의 활동이 감소해요. 반대로 이완을 돕는 부교감 신경계의 활동이 증가하고요. 도시에서 걷는 사람들과 비교했을 때 숲속을 걷는 사람들의 타액에서 스트레스 호르몬인 코르티솔이 감소하는 것을 발견했어요.[2] 이처럼 자연은 신체 건강에 긍정적인 영향을 미쳐요.

또 다른 연구에서는 숲속에서의 간단한 산책이 불안감을 인식하는 태도에 긍정적인 영향을 미친다는 사실이 밝혀졌어요. 참가자들은 산책을 통해 기분이 좋아지고 피로감이 줄어들며 행복감을 느낀다고 답했어요.[3] 숲속 산책이 우울증을 치료한다는 건 아니지만, 일주일에 30분 이상 자연을 접한 사람들은 그렇지 않은 사람들에 비해 우울증 발생률이 7~9% 낮다는 연구 결과도 있어요.[4] 이 연구는 자연과 더 많이 접촉할수록 우울증에 걸릴 위험이 줄어든다는 결론을 내렸죠. 숲속 산책을 망설일 이유가 있을까요?

자연과 함께
집중력을 높여보세요

저는 달리기를 좋아하지 않아요. 건강을 위해 억지로 달리고 있죠. 시골로 이사 온 후, 차나 자전거를 조심할 필요도 없고 빨간불에 걸려 멈출 염려 없이 달릴 수 있게 되었어요. 달리다 보면 '기발한 아이디어'들이 저절로 떠오르더라고요. 처음에는 우연이라고 생각했는데, 신기하게도 들판을 달리다 보면 자동으로 아이디어가 떠오르고 정신이 맑아졌어요. 삶의 여러 측면을 좀 더 명확하게 볼 수 있게 되는 것 같아요.

제가 받은 느낌은 과학적으로도 입증됐어요. 시카고대학교 연구진은 자연 환경에 노출되면 도시 환경에 노출될 때보다 지적 능력과 주의력, 작업 기억력이 향상된다는 사실을 밝혀냈어요.[5] 이 점은 인구 고령화가 심각한 현 상황에서 중요한 요소가 될 수 있지요. 앞으로 고령 인구의 인지 능력을 유지하기 위해 자연 속 산책을 권할 수도 있겠네요. 돈도 거의 들지 않는 방법이기도 하고요. 언젠가는 의사가 이런 활동을 처방할지도 모릅니다.

하지만 그때까지 기다리지 마시고 지금 바로 시도해보세요. 자연의 긍정적인 효과는 아이들에게도 동일하게 나타납니다. 자연 속에서 10분만 산책해도 아이들의 심리적 지표와 생리적 상태가 눈에 띄게 개선되었다는 연구 결과가 있어요.[6]

오감을 자극하세요

제가 다른 책에서 언급한 적 있는데요. 1980년대에 발표된 연구에 따르면 병실 창문이 정원 쪽으로 나 있으면 수술 환자들의 회복 속도가 더 빨랐다고 해요. 그 환자들은 녹지 공간이 보이지 않는 병실에 있는 환자들보다 진통제 사용도 적었고, 입원 기간도 짧았고, 전반적으로 기분이 더 좋았다고 해요.[7]

자연에 대해 이야기할 때 녹색 효과를 언급하는 건 우리가 보는 색이 뇌에 영향을 미치기 때문이에요. 나무의 초록색이나 하늘의 파란색 같은 자연색은 불안을 완화하는 데 도움이 된다고 하지요.[8] 소음 공해가 심한 도시 환경에서는 청각이 과도하게 쓰입니다. 주변 소음은 스트레스를 증가시키고, 수면을 방해하고, 심혈관 질환을 유발하는 등 건강에 좋지 않은 영향을 미치죠. 반대로 새소리와 파도 소리, 폭포 소리 같은 자연의 소리나 절대적인 고요함은 스트레스를 완화하는 긍정적인 효과가 있습니다.

후각도 무시할 수 없어요. 배기가스 냄새나 옆 사람의 땀 냄새, 입냄새는 꽤 불쾌하잖아요. 냄새는 우리 심리 상태에 큰 영향을 미쳐요. 제가 이 주제에 대해 전문가는 아니지만, 특정 향이 만족스러운 삶을 꾸리는 데 필수적인 부분을 차지할 수 있다는 점은 인정합니다. 예를 들어 라벤더 같은 향은 스트레스를 줄여주고, 귤 향은 아이들이 악몽을 꾸지 않게 도와주고, 자몽 향은 마음을 편안하게 해주는 효과가 있는 것처럼요.

우리 주변 환경은 냄새를 구성하는 분자를 발산해요. 여기에는 피톤치드도 있어요. 특정 식물이 해충으로부터 스스로 보호하기 위해 생성하는 물질이죠. 이러한 분자에 노출되면 아드레날린 수치가 낮아지고 스트레스가 줄어들 뿐만 아니라, 세포 노화를 일으키는 산화 스트레스에도 긍정적인 영향을 미친다는 연구 결과가 있어요.

나무에서는 모노테르펜이라는 물질을 포함해 여러 휘발성 화합물을 방출하는데, 가장 잘 알려진 건 피넨입니다. 그중에서도 알파피넨이 가장 잘 알려져 있죠. 이름은 기억하지 않으셔도 됩니다. 숲을 걸으면 그 안에서 자연스럽게 호흡을 통해 알파피넨의 체내 농도가 높아지고, 그것만으로도 이로운 영향을 받을 수 있다는 사실만 기억하세요. 알파피넨은 상업용 에센셜 오일에도 많이 들어가 있는데요. 감염을 막아주고 면역 체계를 자극하는 효과가 있어요.

다시 강조하지만, 숲을 거닌다고 해서 병을 치료할 수 있다는 말은 아닙니다. 우리가 먹고 마시는 것뿐만 아니라 보고 냄새를 맡는 것 또한 건강에 영향을 미친다는 점을 이해하자는 거죠. 설령 이 모든 것이 과학적으로 증명되지 않았다고 하더라도 가족과 함께 자연 속에서 산책하며 즐거운 시간을 보내고 마음을 비우는 건 큰 의미가 있을 거예요.

동기 부여와 환경

저는 헬스장의 러닝머신이나 육상 트랙에서 달리는 게 싫어요. 너무 지루하거든요. 실내나 도시 환경보다 자연 속에서 달리는 게 훨씬 좋습니다. 이건 제 단순한 느낌이 아니라 실제 연구 결과로 입증된 사실입니다. 사람들이 도시 환경보다 시골에서 더 활동적으로 움직인다는 사실이 증명되었거든요.[9] 정원이 있는 집에 사는 분들은 알고 계시겠지만, 아이들은 날씨가 추워도 바깥에서 노는 걸 더 좋아하잖아요.

아이들이 외부 환경에서 야외 시설을 이용할 기회가 많을수록 활동성이 높아진다는 연구도 있어요.[10] 과잉행동장애가 있는 아이가 야외에서 놀 기회가 많을수록 증상이 개선된다는 보고도 있지요.[11] 인과관계를 명확히 알 수는 없지만, 아이는 본능적으로 움직여야 하잖아요. 그런데 학교에서 하루 종일 책상 앞에 앉아 있다가 집에 돌아와서는 다시 스마트폰이나 TV 앞에서 시간을 보내기 일쑤죠. 그러다 보면 야외에서 움직일 기회가 있는 아이보다 당연히 밤에 잠들기 어려워하고 더 예민해질 가능성이 높습니다. 충분히 상상이 가시죠?

사실 우리는 원래 야외에서 생활하고 실내에서 최소한으로 시간을 보내도록 만들어진 존재들이에요. 하지만 실제로는 사무실과 집에서, 이동 중에도 모니터나 스마트폰 화면 앞에서 대부분의 하루를 보냅니다. 이렇게 움직임이 적은 생활 때문에 신체적·정신적 질병이 더 많이 발생하고 있어요. 물론 자연에 노출된다고 해서 우울증이나 수면 장애, 다른 병을 모두 다 예방할 수 있다는 뜻은 아니에요. 하지만 가능한 한 자연과 가까워지면 우리에게 확실히 도움이 될 거예요.

제 이야기가 납득하기 어렵다면, 저명한 학술지 〈더 란셋The

Lancet)에 발표된 연구 결과를 보시죠. 단순히 공원이나 숲과 같은 녹지 공간 근처에 사는 것이 모든 원인에 의한 사망률에 어떤 영향을 미치는지 알아본 연구에요. 결과는 분명했어요. 자연 가까이 살면 사망 위험이 감소하는 효과가 있어요. 그리고 '용량-반응 효과'라고 해서 주변에 녹지가 많을수록 기대수명도 늘어나고요.[12]

초|간|단|T|I|P|

최대한 오래 살면서 건강하게 나이 들고 싶다면 자연을 가까이하세요.

우울증에는
사프란을 활용하세요

    사프란은 '크로커스 사티버스'라는 식물에서 추출한 향신료예요. 무려 3,000년 이상 사용되어 온 향신료죠. '붉은 황금'이라고도 불리는데, 그램당 가격이 원화로 4~6만 원, 킬로그램당 가격은 4~6천만 원에 달할 만큼 세계에서 가장 비싼 향신료예요. 건조된 사프란 1킬로그램을 얻으려면 거의 15만 송이의 크로커스 꽃이 필요하거든요. 사프란을 요리에 쓴다는 건 잘 알려져 있지만, 약으로도 쓴다는 건 잘 알려져 있지 않아요. 고대 그리스와 로마, 페르시아, 이집트에서는 사프란을 약용으로 많이 재배했지요.

효과적인 항우울제

사프란은 고대부터 천연 항우울제로 사용되어 왔어요. 사프란을 많이 재배하는 이란에서는 사프란 차가 기분을 좋게 하고 우울감을 해소하는 것으로 유명해요.[1] 사프란으로 기존의 항우울제나 심리치료를 대체하라는 것이 아니에요. 다만 식물이 건강에 얼마나 중요한 역할을 할 수 있는지 다시 한번 생각해보자는 거죠.

이번 장에서 한 가지 더 강조하고 싶은 건 경증에서 중등도 우울증에는 1차 치료제로 항우울제를 권하지 않는다는 점이에요. 경증에서 중등도 우울증에는 지구력 운동, 근육 강화 운동, 심리치료가 더 효과적이에요. 식물을 활용하는 것도 좋은 방법일 수 있고요.

예를 들어 세인트존스워트 같은 식물은 세계보건기구에서도 우울증 치료에 효능이 있음을 인정합니다. '임상적으로 사용해도 안전하다'는 평가를 받았지요. 프랑스에서는 처방전 없이 구매할 수 있고요. 자가 치료도 사용할 수 있지만, 다른 약과 함께 사용했을 때 상호작용을 일으킬 수 있으니 세인트존스워트를 사용한다면 의사에게 알려야 하고 약사와도 상담을 해야 해요.

세인트존스워트는 효소 유도제로 알려져 있어요. 약물의 대사 속도를 촉진해서 특정 약물의 치료 효과를 감소시킬 수 있어요. 특히 피임약이나 항응고제, 항경련제, 일부 항암제, 특정 면역억제제나 항레트로바이러스제, 일부 고혈압 치료제 등의 약물과 함께 사용할 때 주의가 필요해요. 세인트존스워트는 특정 정신과 약물과 함께 복용해도 안 됩니다. 예를 들어 선택적 세로토닌 재흡수 억제제SSRIs라는 약물 계열과 일부 편두통 치료제인 트립탄 계열 약물과 함께 사용해서는 안 됩니다.

우울증 병력이 없고 현재 다른 약물을 전혀 복용하지 않는다면 세인트존스워트는 경증에서 중등도 우울증 치료를 위한 보조제로 사용할 수 있어요. 특히 심리치료나 신체 활동과 병행해서 사용한다면 더 큰 도움이 될 수 있고요. 하지만 그렇지 않다면 반드시 의사의 승인을 받고 사용하세요.

사프란과 우울증

· ·

수많은 연구를 통해 사프란이 경증에서 중등도 우울증에 대해 효능과 이점이 있다는 게 확인되었어요. 사프란은 위약보다 더 뛰어난 효과를 보였고, 우울증의 심각성을 줄이는 데도 일부 항우울제와 비교해 손색이 없는 것으로 나타났어요.[2] 다른 대규모 연구에서도 사프란이 우울증 증상을 개선하는 것으로 나타났습니다.[3]

사프란은 우울증에 어떻게 작용할까요? 먼저 사프란은 시상하부-뇌하수체-부신 축에 영향을 미쳐요. 우울증은 이 축의 조절 장애와 관련이 있는 경우가 많아요. 시상하부-뇌하수체-부신 축은 스트레스 호르몬인 코르티솔 같은 여러 호르몬과 다른 화학적 메신저에 영향을 미쳐요. 사프란은 스트레스 반응을 줄여서 이 축을 조절하는 데 도움을 주고요. 예를 들어 사프란에 들어 있는 사프라날과 크로신 성분은 쥐 실험에서 스트레스 호르몬 증가를 억제하는 것으로 나타났어요.

두 번째로 사프란은 신경 보호 효과가 있어요. 우울증은 종종 신경 생성과 관련이 있는 경우가 있어요. 즉 새로운 신경세포 생성이 줄어들고 신경이 손상을 입는 것과 관련이 있죠. 사프란에 들어 있는 크로신 성분은 신경세포를 보호하는 효과가 있어요. 크로신은 쥐 실험에서 기억을 담당하는 뇌의 해마 영역에서 신경 성장과 관련된 특정 단백질의 수치를 증가시키는 것으로 나타났어요.

세 번째로 사프란은 항산화 효과가 있어요. 우울증은 산화 스트레스 증가와 관련이 있는 경우가 많아요. 사프란의 항산화 성분은 스트레스에 대항하는 데 도움이 됩니다.

마지막으로 사프란은 항염 효과가 있어요. 우울증은 때때로 신체와 뇌에서 염증을 유발하는 특정 분자가 증가하는 것과 관련이 있어요. 사프란에는 염증을 줄일 수 있는 항염증 화합물이 포함되어 있어서 우울증 증상 완화에 도움이 될 수 있어요.[4]

문제는 사프란이 희귀해서 매우 비싼데 우울증은 흔하다는 것이죠. 따라서 사프란의 원재료인 크로커스 사티버스의 다른 부위를 약리용으로 활용하는 방안을 모색하고 있어요. 예를 들어 암술 대신 저렴한 꽃잎을 이용할 수도 있고, 크기가 크고 수확량이 많은 알줄기를 활용하는 방법도 있어요.

사프란이 불안과 수면 장애뿐만 아니라 알츠하이머 환자의 인지 능력 개선에도 도움이 된다는 연구 결과가 있어요. 사프란은 특정 유형의 불면증 치료에도 효과가 있을 뿐만 아니라[5] 콜레스테롤이나 당뇨병 치료에도 도움이 될 수 있어요.[6] 하지만 효과가 있다는 것이지, 사프란만으로 당뇨병이나 콜레스테롤을 치료할 수 있다는 뜻은 아니에요. 많은 문화권에서 사프란을 요리 목적으로만 사용하는 것이 아니라는 점을 다시 한번 말씀드릴게요.

초│간│단│T│I│P│

기본적으로 지중해 식단을 따르면서 좋은 식물성 기름, 과일과 채소, 생선, 백색육, 콩류와 채유 식물에 사프란을 살짝 곁들여보세요. 부작용 없이 여러분에게 건강한 동반자가 될 거예요.

내분비계 교란물질과
최대한 싸웁시다

앞에서 건강한 옷에 대해 이야기했죠. 건강을 유지하려면 피해야 할 요소가 많은데, 사실 옷은 빙산의 일각에 불과합니다. 더 심각한 문제는 건강에 큰 영향을 미치는 내분비계 교란물질이에요. 이 물질이야말로 진짜 공중보건 문제라 할 수 있어요.

호르몬 기능 교란물질

·····················

저는 일상적인 물건에서 발견되는, 건강에 아주 해로운 물질에 대해 자주 이야기해요. 내분비계 교란물질이란 호르몬의 기능을 흉내 내거나 그 기능을 방해하는 물질을 말해요. 갑상샘에서 췌장, 난소, 고환 등에 이르기까지 우리 몸 전체가 호르몬에 의해 영향을 받습니다. 그런데 호르몬 생산에 조금이라도 이상이 생기면 건강에 치명적인 영향을 미칠 수 있어요. 유방암 같은 호르몬 의존성 암은 물론 성조숙증과 비만, 당뇨병, 비뇨생식기 기형 등의 문제가 발생하죠.

내분비계 교란물질은 우리 생활 곳곳에 존재하고, 우리 생활에서 완전하게 몰아내기가 아주 어려워요. 구김 방지나 방수 기능이 들어간 옷에는 그 기능을 강화하기 위해 과불화화합물이 들어 있어요. 이러한 내분비계 교란물질은 거의 모든 플라스틱에 들어 있고 열에 의해 방출돼요. 어린이용 화장품, 일부 의약품, 살충제, 기타 방충제, PVC 바닥재, 초가공 식품에도 들어 있고요.

저도 내분비계 교란물질이 건강에 위험하다는 건 알고 있었어요. 하지만 의대에서는 이 주제에 대해 단 1분의 설명도 듣지 못했어요. 대신 의사로 일하는 동안 단 한 번도 접할 일이 없는,

극도로 희귀한 유전 질환이나 복잡한 항체에 대해 지나치게 자세하게 배웠죠.

다시 내분비계 교란물질 이야기를 해볼게요. 방송 활동을 하면서 프랑스 환경보건협회 회장님을 만났습니다. 화학자이자 독물학자이고, 주요 내분비계 교란물질인 비스페놀A가 젖병에 사용되지 못하도록 금지시키는 데 중요한 역할을 하신 분이죠. 내분비계 교란물질 노출을 줄이기 위한 조사나 연구에 앞장서고 계시고요.

이 분은 늘 같은 얘기를 하십니다. 프탈레이트를 퇴출시켜야 한다는 거예요. 프탈레이트는 플라스틱을 가공할 때 널리 사용되는 물질이에요. 거의 모든 폴리염화비닐PVC 제품에 들어 있죠. 프탈레이트는 딱딱한 플라스틱을 유연하게 만들어주는 첨가물이에요. 경질, 반경질, 연질 등 플라스틱을 원하는 대로 유연하게 만들 수 있죠. 생산된 프탈레이트의 90%가 PVC에 쓰여요.

식탁보나 샤워 커튼 같은 유연한 제품을 보면 무게를 기준으로 50% 이상이 프탈레이트 성분이에요. 프탈레이트는 향수나 데오드란트, 헤어스프레이, 젤, 매니큐어, 애프터셰이브 로션, 윤활제 등 화장품에도 들어가요. 주로 고정제로 사용되죠. 매니큐어가 빨리 벗겨지지 않는 것도, 향수가 더 오래 지속되는 것도 프탈레이트 덕분이에요. 프탈레이트는 이처럼 다양한 곳에 들어 있기 때문에 프탈레이트 노출을 줄이는 건 공중보건에서 큰 과제입니다.

저명한 〈미국의학협회지JAMA〉에 발표된 연구에 따르면 프탈레이트 노출을 50% 줄이면 조산율이 12% 감소한다고 해요.[1] 프랑스에서만 7,200건의 조산 사례를 예방할 수 있다는 뜻이죠. 내분비계 교란물질은 남성의 생식력에도 심각한 영향을 미쳐요. 지난 25년간 남성의 정자 수는 50% 감소했어요. 이 추세라면 2050년쯤 남성 모두가 불임 상태에 이를 것으로 추정하는 학자들도 있어요.[2] 종말을 예견하는 것은 아니에요. 내분비계 교란물질을 최대한 제한하려는 노력이 시급하다는 건 분명하지요.

플라스틱과의 전쟁

간단히 말할게요. 음식을 데우고 보관하는 용도로 플라스틱 용기를 사용하지 마세요. 대신 유리 용기를 사용하세요. 가격이 더 비싸고 깨지기 쉽다는 걸 알지만, 그래도 그쪽을 권합니다. 특히 아이 우유를 데우기 위해 플라스틱 젖병을 전자레인지에 넣는 일은 하지 마세요. 플라스틱을 가열하면 내분비계 교란물질이 포함된 미세 입자들이 방출되고, 결국 우리 입으로 들어와요.

플라스틱 젖병에 '비스페놀A가 들어 있지 않음'이라는 문구가 쓰여 있어도 속지 마세요. 비스페놀A는 내분비계 교란물질로 간주되어 프랑스에서 사용이 금지됐지만, 다른 유해한 물질로 대체되었을 가능성이 커요. 관련 연구가 충분히 이루어지지 않았을 뿐이죠. 안전하게 사용하려면 플라스틱 젖병째로 데우지 말고 냄비에 데워 옮겨 담거나 유리 젖병을 사용하는 것이 좋아요. 저도 둘째와 셋째 아이를 키울 때 유리 젖병을 사용했어요. 몇 개 깨뜨리긴 했지만, 그만한 가치가 있었죠.

플라스틱 주방 도구도 모두 교체하세요. 플라스틱 주방 도구를 사용하면서 끝부분이 녹아내린 걸 보셨을 거예요. 그건 플라스틱이 프라이팬에 녹아 들어가 결국 여러분의 위장에 들어갔다는 뜻입니다. 프라이팬의 경우 논스틱 코팅이 벗겨졌다면 모두 버리세요. 논스틱 코팅은 내분비계 교란물질을 방출합니다.

한 연구에 따르면 코팅이 벗겨진 프라이팬으로 조리하면 최대 9,100개의 미세 입자가, 코팅이 완전히 벗겨진 프라이팬으로 조리하면 최대 230만 개의 미세 입자가 방출될 수 있다고 해요.[3] 플라스틱에 포함된 이러한 내분비계 교란물질은 장내 미생물로

알려진 소화기 세균총에도 영향을 미칠 수 있다는 연구 결과도 있고요.[4]

마지막으로 내분비계 교란물질은 가구에서도 발견될 수 있다는 사실을 아셔야 해요. 일부 가구에는 특정 페인트나 불연제가 포함되어 있거든요. 집에 가구를 새로 들였다면 설치 후 며칠 동안 충분히 환기를 시켜야 위험을 줄일 수 있어요.

사실상 내분비계 교란물질이 없는 곳은 없어요. 그렇게 보면 이런 물질들을 모두 피한다는 건 절대 오를 수 없는 산처럼 보이겠죠. 하지만 일상 속 간단한 행동만으로도 이 유해 물질에 대한 노출을 크게 줄일 수 있어요.

아이들은 변화에
아주 민감해요

내분비계 교란물질에 더 크게 영향을 받는 시기가 있어요. 여기에는 임신 기간과 유아기, 청소년기, 여성의 생리 주기 전체가 포함됩니다. 하지만 작고 간단한 행동으로 큰 변화를 본 사례가 있으니 소개할게요.

프랑스 안시의 환경단체 보건환경네트워크가 안시 내 고등학교 세 곳에서 '프탈레이트 제로 작전'이라는 예방 캠페인을 진행했어요. 눈에 보이지 않는 화학적 오염을 가시화하고, 프탈레이트가 어디에 있는지 그 존재를 확인해 줄이기 위한 방법을 모색했죠. 그렇게 해서 프탈레이트로 인한 질병을 줄일 수 있다는 점을 보여주는 게 목적이었어요.

각 고등학교에서 자원한 학생 10명과 교직원 2명은 두 차례에 걸쳐 체내 프탈레이트 수치를 측정했어요. 실리콘 팔찌를 착용하고 인식 제고 워크숍에 참여하기 전과 후에 측정한 거죠. 이 워크숍에서는 프탈레이트 오염원을 파악하고 행동과 습관에 몇 가지 변화를 주어 노출을 줄이는 쪽으로 접근했어요. 결과는 놀라웠지요. 참가자의 70%가 행동 변화를 통해 프탈레이트 노출을 줄일 수 있었거든요.

초 | 간 | 단 | T | I | P |

플라스틱 대신 주방에서 유리 용기를 사용하세요. 이것만으로도 내분비계 교란물질에 노출되는 일을 많이 줄일 수 있어요.

더 자주 서로를
안아주세요

우리는 서로 연결되고 접촉하고 교감하고 어루만지고 키스하고 포옹해야 합니다. 간단히 말해 서로 가까이 있어야 해요. 얼핏 나이 든 사람의 말처럼 들리겠지만, 소셜 미디어는 우리를 멀어지게 만들었어요. 그러면서 아이러니하게도 전 세계와 연결되어 있어 실제로 알지도 못하는 사람들의 삶을 하루 종일 들여다보고 그들의 모든 걸 알고 있지요. 우리 역시 스스로 드러내면서 다른 사람들을 우리의 영역 안으로 초대하고요.

각자 뭘 하든 원하는 걸 자유롭게 하는 게 뭐 어떠냐고 할 수 있지만 저는 이게 큰 실수라고 생각합니다. 우리는 모든 가십거리를 소셜 미디어로 옮겨왔고 동영상과 게시물, 스토리, 댓글을 끊임없이 만들어내고 있어요. 깨닫지 못하는 사이에 우리의 삶을 영양분 없이 채우고 있는 거죠.

우리는 실제적인 접촉이 필요합니다. 고독은 우리를 병들게 하니까요. 응급의료서비스 차 가정방문을 하면서 저는 외로움이 사람들, 특히 고령자에게 얼마나 큰 영향을 미치는지 매번 실감하고 있어요.

제가 가정방문을 통해 만나는 분들은 상태가 아주 심각하거나 아니면 전혀 심각하지 않아요. 대부분 그냥 걱정이 많고 단지 안심하기를 원하세요. 그래서 많은 경우에 상담은 이렇게 시작해요. "선생님, 선생님 얼굴만 봐도 한결 낫네요."

물론 의사라는 이미지와 직업이 안정감을 주는 것도 있지만, 많은 분에게는 아마 제가 그날의 유일한 방문자일 거예요. 이런 경우 저는 이런저런 처방을 내리지 않고 그저 환자의 어깨나 손에 제 손을 얹고 그분들의 이야기를 듣습니다. 그것만으로도 충분하니까요. 제가 의사라는 직업에서 좋아하는 게 바로 이런 점이에요. 시간은 많이 걸리지만 큰 의미가 있죠.

여러분, 서로를 만지고 사랑하는 사람과 함께 하는 모든 순간을 소중히 여기세요. 이 말이 참으로 진부하게 느껴질 수 있어요. 저도 잘 압니다. 하지만 그 진부함 속에 명백한 진리가 담겨 있어요.

행복 호르몬을 만드세요

간단한 포옹만으로도 '애착 호르몬'이라고 하는 옥시토신이 분비됩니다. 옥시토신은 다른 모든 호르몬과 마찬가지로 뇌에서 지휘자 역할을 하는 시상하부의 통제를 받아요. 뇌에 있는 또 다른 작은 분비샘인 뇌하수체에서 만들어진 후 혈액을 통해 자궁이나 유선, 즉 가슴으로 이동해요.

옥시토신은 자궁이나 유방의 수용체와 결합해 수축을 촉진해요. 예를 들어 여성이 오르가슴을 느낄 때 수축이 일어나면 정자가 수정을 위해 난자에 더 쉽게 도달할 수 있도록 만들어줘요. 또 출산 시에 자궁 수축을 돕고 분만 직후에는 태반이 배출되도록 촉진하지요. 아기가 젖을 빨 때 모유가 잘 배출되도록 돕기도 하고, 아기가 젖을 빨 때마다 엄마와 아이의 유대감을 촉진하고요.

모유 수유를 하지 않는 여성에게서도 옥시토신이 분비되니

걱정하지 마세요. 신체 접촉이나 포옹, 심지어 아기를 안는 단순한 행위만으로도 유대감이 커질 수 있어요. 아이가 참을 수 없을 정도로 짜증을 내거나 부모님과 배우자, 심지어 친구를 괴롭힐 때도 시간을 내어 아이를 안아주세요. 그러면 서로 기분이 좋아질 거예요.

저는 네 살짜리 막내아들이 형들과 싸우거나 말썽을 부리면 아이에게 다가가 안아줘요. 예전에는 저도 소리를 지르는 아빠였죠. 아이를 안아주면 곧바로 상황이 나아져요. 먼저 아이의 긴장을 풀어주고 난 다음, 왜 그런 행동을 하면 안 되는지 설명해줍니다.

아주 오래
기억에 남는 경험

미국 드라마를 보면 등장인물들이 포옹하는 장면이 많이 나오잖아요. '허그'라고 하죠. 저는 이 장면들을 보면서 그런 포옹은 의도는 좋을지 몰라도 진심이 담겨 있다거나 실질적인 도움이 된다고 생각하지 않았어요. 드라마 속 포옹 장면을 자세히 살펴보세요. 포옹하는 시간이 1~2초를 넘기지 않을 정도로 짧아요.

몇몇 연구를 살펴보니 포옹이 5~10초 정도 지속되어야 실질적으로 효과가 있다고 해요.[1] 어떤 연구에서는 48명의 여성을 모집해서 가까운 사람과 포옹을 하게 한 후 그들의 감정을 측정했어요. 참가자들은 1초 동안의 포옹은 5~10초 동안의 포옹보다 기분이 덜 좋아진다고 평가했어요. 포옹의 방식에는 큰 차이가 없었어요. 원하는 대로 손이나 팔을 둘 수 있지만 당연히 예의와 도리를 지키는 범위 내에 있어야겠죠.

감기와 싸우기 위해

포옹은 바이러스 감염을 예방할 수 있어요. 바이러스 감염에서는 백신 접종이 가장 큰 힘을 발휘하지만, 포옹도 만만치 않습니다. 주기적으로 포옹할 기회가 있는 사람들이 더 강한 사회적 지지 체계를 가지고 있다는 사실을 전제로 한 연구가 있어요. 간단히 말해 사회적으로 활동적인 사람일수록 다른 사람들과 신체적 접촉을 할 가능성이 높다는 거죠.

연구진은 참가자들을 감기 바이러스에 노출되게 한 다음, 그들이 얼마나 사회적 지지를 받고 있는지에 따라 감기에 걸리는 정도를 조사했어요. 그 결과 사회적 유대감이 형성된 관계 속에서 이루어지는 포옹이 바이러스 감염을 예방하는 데 도움이 된다는 사실이 밝혀졌어요![2] 개인적인 문제가 있는 환자에게 포옹 요법을 제공했을 때 병에 덜 걸린다는 사실도 발견했고요!

신체 접촉은 옥시토신을 생성할 뿐만 아니라 스트레스 호르몬인 코르티솔과 아드레날린을 줄여주는 효과가 있어요. 이 두 호르몬은 체내에 만성적으로 존재하면 해로운 호르몬이에요.

초|간|단|T|I|P

사랑하는 사람을 가능한 한 자주 5~10초 동안 안으세요. 그러면 애착과 사회적 유대감을 형성하는 옥시토신이 분비되어 더 오래 더 건강하게 살 수 있어요.

28

이렇게 설탕을
줄일 수 있습니다

밤 10시. 하루가 너무 피곤하셨죠? 직장 동료들은 그다지 친절하지 않았고, 이동하는 데 너무 많은 시간을 보낸 데다가 학교에서 돌아온 아이들은 흥분해서 날뛰었고요. 숙제를 봐주고, 목욕도 시키고, 식사를 준비하고, 아이들을 재우고, 이메일 몇 통을 보내고 나니 고요한 시간이 찾아왔어요. 드디어 나만의 시간을 갖게 된 거죠. 케이크 한 조각이나 아이스크림, 달달한 간

저속노화를 위한 초간단 습관

식보다 위로가 되는 게 있을까요? 저도 몇 년 동안 그런 유혹에 빠져 있었어요. 강박적으로 간식을 먹으면서 '감정적인 살'을 찌웠죠. 다행히 지금은 그런 습관에서 벗어났고요.

방송과 소셜 미디어에서 저를 보신 분들은 제가 설탕 중독에 대해 자주 이야기한다는 걸 알고 계실 거예요. 설탕 중독은 현대 사회의 재앙이라 할 수 있죠. 식품회사들은 제품에 설탕을 듬뿍 집어넣으면 소비자들이 중독될 수 있다는 사실을 분명히 알고 있어요.

제가 너무 도덕적인 잣대를 들이대는 것처럼 보일 수 있지만, 사실이 그렇습니다. 식품회사는 여러분의 건강에 전혀 관심이 없고 오직 여러분의 돈만 원합니다.

어떻게 하면 설탕을 끊을 수 있을까요? 제가 직접 사용했던 전략 몇 가지가 있습니다. 일단 미리 마음의 준비를 하는 거예요. 단 음식이 먹고 싶다는 갈망에 미리 대비하는 거죠. 예를 들어 허브차와 함께 초콜릿 몇 조각을 먹으면서 잠시 마음을 가라앉혀 보는 거예요. 또 다른 방법은 설탕이 당기겠다 싶은 시간이 오기 두 시간 전에 크롬 보충제를 한두 알 복용하는 거예요. 크롬은 혈당 수치를 조절해 주거든요. 마지막으로 허브를 활용할 수 있어요. 저는 허브 전문점에 갔다가 허브로도 설탕을 극복할 수 있다는 사실을 알게 됐어요.

설탕 파괴자,
짐네마 실베스트레

먼저 분명하게 말씀드리고 싶은 게 있어요. 제가 어떤 식물이나 음식을 소개하면서 어떤 질병의 특정 측면을 개선한다고 말씀드린다고 해서 그걸로 약물을 대체하라는 뜻은 아니에요. 그저 우리의 일상 습관과 균형 잡힌 식단이 건강에 어떤 긍정적인 영향을 줄 수 있는지 알려드리려는 거예요.

저는 '기적의' 식품이나 식물이라는 표현도 좋아하지 않아요. 이런 것들은 튼튼한 건물을 세우는 데 필요한 작은 돌 같은 거예요. 작은 돌이 하나하나 모여서 견고한 기반을 만들어내기도 하죠.

여기에서 소개해 드릴 식물은 짐네마 실베스트레Gymnema Sylvestre 입니다. 이 식물은 오랫동안 베일에 싸여 있었어요. 그러다가 여러 학자들이 이 식물이 가진 특별한 능력에 관심을 가졌어요. 단맛을 느끼는 우리 감각에 직접적으로 영향을 미치기 때문이에요. 짐네마 실베스트레는 덥고 습한 기후에서 잘 자라는데 인도와 아프리카, 호주의 열대 우림이 원산지예요.

짐네마 실베스트레는 특히 인도 서부 가츠 지역에서 잘 자라는데, 이곳 주민들은 현대 과학이 짐네마 실베스트레에 관심을 갖기 훨씬 전부터 이 식물의 효능을 알고 있었어요. 인도의 전통 의학인 아유르베다 의학은 수 세기 동안 짐네마 실베스트레를 치료에 사용해왔지요. 치료사들은 소화 장애에서 감염에 이르기까지 다양한 질병 치료에 이 식물을 사용했는데, 특히 당뇨병에 효과가 있다고 알려져 있어요.

짐네마 실베스트레를 흔히 '설탕 파괴자'라고 불러요. 이 식물의 가장 흥미로운 점은 잎을 씹거나 추출물을 섭취하면 단맛을 느끼는 감각이 일시적으로 사라진다는 거예요. 짐네마 실베스트레에 존재하는 활성 분자(짐네믹 산)가 혀의 미각 수용체, 즉 단맛을 감지하는 미뢰와 상호 작용해서 이런 효과를 냅니다. 짐네믹 산이 미뢰와 결합하면 단맛을 느끼는 기능이 잠시 멈춰요. 그러니까 단 음식을 먹어도 무미건조하게 느껴지는 거죠.

허브 전문점에서 이 이야기를 처음 들었을 때 저도 반신반의했어요. 그래서 직접 먹어봤죠. 뜨거운 물이나 차가운 물 한 잔에 짐네마 가루 한두 스푼을 넣고 마시기만 하면 됩니다. 맛은 좋지도 나쁘지도 않았어요. 그런데 짐네마를 처음 마시기로 한 날은 잠도 제대로 못 잤고 스트레스도 많아서 단 음식이 엄청 당기는 상황이었어요. 플라시보 효과인지는 모르겠지만 효과는 대단했어요. 마시고 난 후 몇 분 만에 단 음식을 먹고 싶다는 생각이 사라져 버렸거든요.

짐네마 실베스트레가 정말 음식의 단맛을 차단할 수 있는지 알아보기 위해 저는 실험을 더 진행해 보기로 했어요. 정말 좋아하지만 잘 먹지 않는 과자 하나를 꺼내 한 입 베어 물었죠. 그랬더니 마법 같은 일이 일어났어요. 평소라면 연속으로 서너 개를 먹어 치웠을 텐데, 단맛이 없으니 하나도 다 못 먹겠더라고요. 그 느낌은 뭐랄까, 그냥 플라스틱을 씹어먹는 것 같았어요.

그래서 저는 짐네마 실베스트레가 실제로 효과가 있다고 확신합니다. 하지만 하루 종일 짐네마 실베스트레를 입에 달고 있을 이유는 없어요. 가끔씩 단 걸 먹는 게 잘못된 건 아니니까요. 하지만 낮에 단 음식을 잘 참다가 배고픔을 참지 못해 야밤에 300~400kcal를 갑자기 흡입해서 먹은 게 그대로 지방으로 바뀔 것 같은 상황이라면, 짐네마 실베스트레는 강력한 무기가 될 수 있어요.

여러분도 아시다시피 칼로리만 중요한 게 아니에요. 음식 구성도 중요해요. 저녁에 초콜릿 한 조각, 플레인 요거트나 과일 하나를 먹는다면 짐네마 실베스트레를 섭취할 이유는 없어요. 하지만 설탕 범벅인 시리얼이나 케이크가 먹고 싶다면 짐네마 실베스트레 사용을 권합니다.

당을 파괴하고
동시에 조절해요

짐네마 실베스트레는 단순히 단맛을 차단하는 게 아니라 당뇨병 환자의 혈당 수치 조절에도 긍정적인 영향을 준다는 연구 결과가 있어요. 나쁜 콜레스테롤 수치도 낮추고 혈압도 약간 낮추는 등 신진대사 전반에도 좋은 영향을 미치는 것으로 나타났지요.[1] 일부 연구에서는 짐네마 실베스트레가 장에서 당분이 흡수되는 걸 억제해 전체 칼로리 섭취를 줄이고 체중 감량에 도움이 될 수 있다고 해요.

부작용은 어떨까요? 남용하거나 과도하게 복용하지 않는한, 아직까지 특별히 보고된 사항은 없어요. 다만 아직 관련 데이터가 없으니 의구심이 든다면 임신 중이나 모유 수유 중에는 복용하지 않는 것이 좋겠습니다.

초|간|단|T|I|P|
뜨거운 물이나 차가운 물 한 잔에 짐네마 실베스트레 가루를 한두 스푼 넣어 드셔보세요. 단 게 먹고 싶은 마음이 줄어들 거예요.

29

혈압을 꾸준히 살피면
알츠하이머병을
막을 수 있어요

알츠하이머병은 무섭습니다. 여러분 주변에도 이 병을 앓고 있는 사람 한두 명은 있을 거예요. 그런데 아직까지 효과적인 치료법은 없어요. 초기 단계라면 부분적으로 증상을 완화할 수 있다고 약속하는 이들도 있지만, 그마저도 심각한 부작용이 따르는 경우가 많아요. 언젠가는 알츠하이머병을 정복해서 가볍게 치료할 수 있는 날이 오기를 바라요. 그때까지 알츠하이머병을

저속노화를 위한 초간단 습관

이기는 최선의 방법은 예방입니다.

뇌의 적, 혈압

혈압은 혈관 내부의 압력을 말해요. 정원 호스를 통해 물이 흐른다고 생각해보죠. 갑자기 압력이 높아지면 호스가 터지겠죠. 우리 몸의 장기에서도 비슷한 일이 일어나요. 혈압이 높을수록 장기가 더 많이 손상돼요. 혈압이 높아지면 심장과 뇌, 신장, 눈이 조용히 고통받아요.

실제로 고혈압은 프랑스에서 가장 흔한 만성질환으로, 프랑스인 3명 가운데 1명이 고혈압을 앓고 있어요. 알츠하이머병을 예방하는 것도 중요하지만, 혈압을 정상으로 유지하는 것 또한 건강을 지키는 데 필수적이에요.

알츠하이머병과 혈압

혈압이 너무 높으면 동맥은 소리 없이 고통을 받습니다. 그러다가 심혈관 질환이 발생해요. 뇌졸중을 포함한 심혈관 질환은 인지 능력을 손상시킬 수 있어요. 혈압이 너무 높으면 알츠하이머병의 발병 위험도 커지고요. 고혈압이 있으면 해마를 비롯한 뇌의 특정 부위에 혈액 공급이 원활하지 않게 돼요. 해마는 기억을 담당하는 뇌의 핵심 영역이거든요. 그래서 알츠하이머병과 같은 치매의 경우, 해마는 퇴화되고 기능 저하 현상이 발생해요.

여기서 좋은 소식은 고혈압을 치료하면 뇌 혈류를 20%까지 증가시킬 수 있다는 겁니다.[1] 뇌 혈류 개선이 알츠하이머병 예방에서 중요한 역할을 한다는 건 쉽게 이해할 수 있지만, 그것만이 유일한 설명은 아니에요.

다른 연구에서는 혈압이 낮아지면 뇌에서 아밀로이드 단백질이라는 노폐물이 덜 생성되는 것으로 나타났어요. 아밀로이드 단백질은 플라크 형태(노인성 플라크라고 불러요)로 축적되고, 신경세포 간 통신을 방해해요. 그러니까 혈압은 단순히 혈관과 혈류의 문제가 아닌 거죠. 고혈압과 알츠하이머병 사이에 강력한 연관 관계가 있다는 건 이미 명확하게 입증되었습니다.

이상적인 혈압이란?

정상 혈압은 낮은 혈압이에요. 혈압은 낮을수록 좋아요. 하지만 제가 진료하는 대부분의 환자들은 고혈압만큼이나 저혈압을 걱정하지요. 물론 혈압이 너무 낮으면 불편함을 느낄 수 있지만, 이런 경우는 사실 흔치 않아요.

정상 혈압은 135/85입니다. 집에서 혈압을 측정했을 때 두 수치 가운데 하나라도 이 기준보다 높으면 고혈압이에요. 병원에 가거나 앞에 의사가 있으면 긴장을 해서 혈압이 조금 더 높게 나올 수 있기 때문에 병원에서는 140/90까지 허용해요.

너무 피곤한 상태라도 혈압이 정상으로 나올 수 있다는 점을 말씀드리고 싶어요. 환자들은 피곤하면 혈압이 낮아서라고 생각하지만, 제가 혈압을 잰 후 110이나 120이라고 말하면 거의 실망하세요. 혈압이 100이면 "아, 그래서 몸이 안 좋은 거였구나"라고 하시죠. 저는 혈압이 100이면 정상 범위에 속하고, 100보다 낮아지면 뇌에 충분한 혈액 공급이 이뤄지지 않아 몸 상태가 나빠질 수 있다고 설명합니다. 단, 혈압이 90 미만이라면 미주신경성 실신 위험이 있음을 기억하세요.

혈압측정기를 삽시다

환자들은 진료를 왜 받는지와 상관없이 혈압 재는 걸 좋아하세요. 발목을 삐어 오셨는데 혈압을 재달라는 분도 있어요. 그 상황에서는 혈압을 재는 게 큰 의미가 없다고 말씀을 드리기는 하지만, 잘 듣지 않으세요. 그러면 기분을 상하게 하지 않으려고 혈압을 재드리곤 합니다.

혈압은 피로나 통증, 스트레스, 수면 부족, 음주, 신체 활동 등에 따라 수시로 변해요. 예를 들어 혈압이 180 이상으로 아주 높은 경우가 아니라면 한 번 측정한 혈압 수치는 큰 의미가 없어요. 그런데 혈압이 높아도 거의 아무런 증상을 보이지 않기 때문에 환자들 중에는 혈압이 계속 170이나 180이어도 평생 그런 줄 모르고 사신 경우도 있어요. 그래서 고혈압을 '침묵의 살인자'라고 부르죠.

고혈압은 검사가 중요합니다. 그래서 혈압측정기를 구입해서 직접 확인해보시길 권합니다. 혈압측정기는 단순한 것으로 선택하세요. 모니터가 있고 가급적 팔에 착용하는 팔 커프가 있는 게 좋아요. 식사를 하거나 자극이 될 만한 일이 있다면 시간을 조금 둔 후 편안한 상태에서 혈압을 측정하세요.

혈압이 135/85 미만이면 모든 것이 정상이니 다른 사람에게 혈압계를 빌려주셔도 돼요. 혈압이 그보다 높더라도 당황하지 마세요. 혈압이 높다고 해서 반드시 고혈압이라는 건 아니니까요.

확실히 하려면 아침과 저녁에 3분 간격으로 3회씩 혈압을 재고, 이 과정을 3일 동안 반복하세요. 이렇게 측정한 값을 모두 기록한 다음, 평균을 내보세요. 평균 혈압이 135/85 이상이면 고혈압일 가능성이 있으니 병원을 방문하세요. 고혈압이라고 해서 의사가 꼭 약물 치료를 처방하지는 않을 거예요. 먼저 혈압을 개선하는 데 도움이 되는 조언과 후속 조치를 알려드릴 거예요.

과체중과 음주, 염분 과다 섭취, 신체 활동 부족도 고혈압을 유발한다는 사실을 잊지 마세요. 반대로 균형 잡힌 식단을 실천하고, 술을 줄이고, 신체 활동을 늘리고, 체중을 감량하면 혈압이 개선될 거예요.

나이에 상관없이
좋은 혈압을 유지합시다

나이가 들수록 고혈압이 발생할 위험이 커져요. 하지만 다행스럽게도 혈압을 개선하는 데 나이는 상관없지요. 알츠하이머병을 예방하는 데도 마찬가지고요. 나이에 상관없이 좋은 혈압을 유지하면 긍정적인 영향을 미쳐요.

15개국에서 3만 명 이상의 환자를 대상으로 한 연구를 보면, 60세 이상의 환자가 정상 혈압을 유지했더니 알츠하이머병의 위험이 26% 감소하는 것으로 나타났어요. 혈압을 조절하는 것만으로도 치매의 위험을 피하거나 크게 줄일 수 있다는 뜻이죠. 현재까지 그 어떤 약물도 이런 효과를 내지 못해요.

충분히 자는 걸 잊지 마세요

알츠하이머병 예방에서 또 다른 중요한 요소는 밤에 혈압을 정상으로 유지하는 거예요. 여러분도 아시겠지만, 우리 몸의 모든 생리적 지표는 시간대에 따라 계속 변해요. 아침과 저녁 체온이 같지 않고, 생성되는 호르몬도 시간에 따라 달라지고, 혈압도 계속 변해요. 생리적으로 밤에는 혈압이 10~20% 정도 떨어져요. 하지만 밤에 혈압이 너무 높거나 충분히 낮아지지 않으면 알츠하이머병에 걸릴 위험이 높아진다는 연구 결과가 있어요.

걱정할 필요는 없습니다. 새벽 3시에 일어나서 혈압을 재야 된다는 게 아니에요. 다만 수면을 방해하는 모든 요인이 혈압 상승으로 이어질 수 있으니 이 점을 유의하세요.

그리고 잠을 푹 주무세요. 잠이 부족한 상태에 빠지지 않도록 주의하세요. 수면 문제가 있다면 의사와 꼭 상담하시고요. 특히 수면무호흡증 때문에 잠을 자면서 몇 초 동안 숨을 멈추는 증상이 있는 환자는 꼭 의사에게 상담을 받으세요.

수면무호흡증은 수면을 단절시키고 신체에 스트레스를 줘서 혈압을 상승하게 만들어요. 특히 수면무호흡증은 과체중이

저속노화를 위한 초간단 습관

나 비만인 사람, 코를 심하게 고는 사람, 아침에 일어나면 피곤하고 두통에 시달리고 낮에 졸음이 쉽게 오는 사람들에게서 자주 발견됩니다. 이러한 증상이 있다면 수면 검사를 통해 수면무호흡증 여부를 확인하세요.

결론적으로 잠을 잘 자면 혈압을 보호하고 알츠하이머병 발병 위험을 줄일 수 있을 뿐만 아니라 노폐물 배출에도 도움이 돼요.

초|간|단| T | I |P |
혈압을 꾸준히 조절해서 알츠하이머병 발병 위험을 줄이세요.

발기부전 치료는
필요합니다

발기장애는 단순히 개인적인 문제가 아닙니다. 심각한 공중보건 문제입니다. 그냥 하는 말이 아니에요. 40세 이상 남성의 30%가 발기장애(의학용어로 발기부전이라고 하죠)로 고통받고 있어요.[1] 이 수치가 얼마나 심각한 건지 이해가 되실지 모르겠네요. 저도 이 주제를 조사하면서 깜짝 놀랐어요.

성 건강 없이는 육체적 정신적 건강이 있을 수 없어요. 그리

저속노화를 위한 초간단 습관

고 성관계에는 다양한 형태가 있고, 성관계라고 해서 꼭 전통적인 관념 행위만 있는 게 아니라는 것을 분명히 말씀드리고 싶네요. 애무나 포옹, 애정 표현 같은 것도 훌륭한 성행위예요. 하지만 반드시 발기가 필요한 분들도 있지요. 발기장애에 관해서는 다행히 과학적으로 엄청난 발전이 있었기 때문에 효과적인 치료법이 존재합니다.

발기의 메커니즘

어떤 사람에게 발기는 아주 단순하고 자연스러워 보일 수 있지만, 사실 발기는 매우 복잡한 메커니즘의 결과예요. 간단히 말해 발기에는 혈관, 신경계, 내분비계라는 세 가지 주요 시스템이 관여해요. 발기는 에로틱한 생각이나 이미지 같은 심리적 자극, 신체적 접촉에 의한 반사적 자극으로 시작됩니다.

이러한 자극은 신경계에서 일련의 반응을 유발해요. 뇌와 척수를 포함하는 중추 신경계와 척수에서 뻗어 나온 신경으로 구성된 말초 신경계는 발기에 중요한 역할을 해요. 발기를 일으키는 발기 신경은 뇌에서 생식기로 신호를 전달해요. 발기 신경은 마치 남성의 뇌와 음경을 연결하는 케이블과 같고, 그 케이블에 전류가 흐르면서 정보를 전달하는 거죠.

이러한 자극에 반응해서 음경해면체로 혈액이 흘러 들어가요. 음경해면체는 음경 측면에 있는 일종의 혈액 저장고예요. 해면체에 혈액이 가득 차면 해면체가 팽창하고 단단해지면서 발기가 이루어져요. 해면체는 백막이라는 막으로 둘러싸여 있는데, 이 막이 음경의 정맥을 압박해서 혈액을 가둠으로써 발기가 유지되는 거죠.

발기가 지속되려면 음경 밖으로 혈액이 빠져나가지 못하게 혈류가 일시적으로 차단되어야 해요. 사정하거나 성적 자극이 끝나면 발기가 끝나고요. 평활근이 수축하고 음경으로 가는 혈류가 감소하고 음경해면체에 갇혀 있던 혈액이 방출되면서 음경은 다시 이완된 상태로 돌아가요.

이렇게 발기 과정에는 심리적 요인뿐만 아니라 신경계와 혈관계, 내분비계 간의 복잡한 상호작용이 얽혀 있어요. 이 가운데 하나라도 문제가 생기면 기능 장애로 이어질 수 있어요.

나이에 상관없이
상담을 받아보세요

전 세계적으로 40세 이상 남성의 30%가 발기부전으로 고통받고 있지만, 전문적인 의료 서비스를 받는 비율은 겨우

5~10%에 불과합니다. 의사에게 발기부전 증상을 상의하는 비율은 5%도 되지 않아요.[2] 하지만 연구 결과를 자세히 살펴보면 발기부전으로 고통받는 환자들은 발기부전을 고혈압이나 당뇨병, 신부전, 알츠하이머병, 심지어 젊은 남성이 암에 걸리는 경우보다 더 심각한 문제로 생각하고 있다고 해요.

흥미로운 건 발기부전과 심혈관 질환, 당뇨병 사이에도 연관성이 있다는 거예요. 수치를 볼까요? 당뇨병 환자 2명 가운데 1명은 발기부전을 겪어요. 일반적으로 당뇨병은 우리 몸의 모든 장기에 영향을 미치는 질병이니까요. 당뇨병 환자에게 가능한 한 오랫동안 유지하고 싶은 기능이 뭐냐고 물으면 시각 기능 다음으로 성 기능을 꼽는 경우가 많아요. 심장이나 신장 기능보다 성 기능이 우선순위에 있는 거죠.

발기부전은 주로 40세 이상의 남성에게 영향을 미치지만, 보통의 생각과 달리 젊은 층에서도 발기부전은 흔히 일어납니다. 한 연구에 따르면 발기부전을 겪는 남성의 3~5%는 20세 미만인 것으로 나타났어요.[3] 이게 어떤 의미일까요? 예를 들어 어느 학교에 남학생이 1,000명이라고 하면 그 가운데 30~50명이 정상적인 발기에 어려움을 겪는다는 뜻이에요.

많은 경우 젊은 남성에게 발기 문제가 생기면 스트레스나 심리적인 데서 그 이유를 찾지만, 실제로 젊은 층의 발기부전은 대부분 신체적인 원인 때문인 경우가 많아요. 그 신체적 원인이 무엇인지 파악하기 위해서는 검사가 필요하죠. 물론 효과적인 치료법도 존재하고요. 그래서 젊은 사람들의 발기부전은 "마음먹기에 달렸다"는 고정관념에서 벗어나야 해요. 음란물을 보고 비교하면서 느끼는 부담감이나 첫 경험에 대한 스트레스가 발기를 방해하는 경우도 있을 수 있어요.

40세가 넘으면 발기부전과 심혈관 건강 사이의 연관성은 더욱 뚜렷합니다. 발기에 문제가 있다면 심장 동맥에 이상이 있을 가능성이 높아요. 발기부전은 심근경색보다 몇 년 앞서 나타날 수 있으니, 발기 문제가 있다면 최대한 빨리 심장 전문의와 상담하세요.

내 상태 점검하기

발기 문제로 상담하는 환자들을 보면, 건강과 거의 관련이 없는 여러 가지 이유로 일반의와 상담을 하다가 마지막으로 자리에서 일어나기 전에 슬며시 발기부전 이야기를 꺼내는 경우가 많아요. 그러면 의사는 순간 당황하거나 시간이 부족해서 상담을 빨리 마무리할 수도 있고, 부적절한 치료를 처방할 수도 있어요. 최악의 경우 마지막 순간에 어렵게 증상을 털어놓은 환자의 이야기를 별일 아니라는 듯 넘길 수 있어요.

제 조언은 발기부전에 대해 별도로 진료 예약을 잡고 전문적으로 상담을 받으시라는 거예요. 이건 발기 문제뿐만 아니라 다른 건강 문제에도 해당됩니다. 상담이 거의 끝날 때쯤 수면 문제나 섭식 장애, 기타 주요 문제를 털어놓는 환자가 정말 정말 많아요.

발기부전뿐만 아니라 다른 건강 관련 문제들도 해당 목적에 맞게 개별적으로 진료 예약을 한 뒤 상담하는 것이 효과적이에요. 발기부전에 대한 상담은 충분한 시간을 두고 진행되어야 해요. 상담에는 정확한 문진과 특정 척도를 활용한 문제 평가, 임상 검진(너무 자주 생략되죠)이 포함됩니다.

발기부전을 평가하는 핵심 검사는 약리학적 자극을 이용한 도플러 초음파 검사예요. 이 검사는 심장 건강을 확인할 때 사용하는 러닝머신 심전도 검사와 비슷해요. 원리는 간단해요. 음경에 약물을 주입해서(통증은 없어요) 단단하고 지속적인 발기를 유도해요. 음경에 기질적 문제가 없거나 단순히 심리적인 문제만 있는 경우에는 약물을 투여하면 거의 즉각적으로 발기가 이루어지면서 긍정적인 결과를 확인할 수 있어요. 이 주사와 함께 도플러 초음파 검사를 진행해서 혈관에 이상이 없는지 분석해요. 음경의 모든 동맥을 지도처럼 시각적으로 나타내서 해면체에 혈액이 제대로 유지되고 있는지 아니면 새어나가는지 확인할 수 있어요.

진단은 몇 분이면 내릴 수 있어요. 가장 자주 발견되는 문제는 해면체 정맥 누출이에요. 혈관에서 혈액이 새어 나가서 음경에 혈액이 가득 차 있는 상태가 유지되지 않는 거죠. 마치 물병 바닥에 구멍이 나 있는데 물을 채우려고 하는 것과 비슷한 상황이에요. 해면체 정맥 누출은 젊은 남성들에게서 비교적 흔하게 나타나고, 해면체 스캐너라고 하는 음경 CT 검사로 확인할 수 있어요. 이런 문제를 교정할 수 있는 수술적 치료법이 있다는 사실을 말씀드리는 겁니다.

원인에 따른 치료법

비아그라는 잘 알려진 발기부전 치료제예요. 이 '작은 파란 알약'은 현재 여러 가지 다른 상표명으로 판매되고 있고, 복제약 제품도 있어서 비용 부담이 훨씬 줄어들었어요. 하지만 치료가 효과를 발휘하려면 두 가지 조건이 필요해요. 첫째 체내 테스토스테론 수치가 충분해야 하고, 둘째 성적 자극이 있어야 해요. 테스토스테론 수치가 너무 낮으면 비아그라는 효과를 발휘하지 못할 뿐만 아니라 근본적인 호르몬 부족 문제도 해결하지 못해요.

이 외에도 해면체 내 자가주사 요법이나 음경 보형물 삽입, 특정 수술 같은 다른 치료법도 있지만 여기서는 다루지 않을게요. 줄기세포 주사나 새로운 수술 기법 같은 혁신적인 치료법을 기다리는 분도 계시겠지만, 지금 당장 발기부전을 진단하고 치료하기 위해서는 이 문제를 털어놓고 이야기하는 것이 중요합니다.

> 초│간│단│T│I│P
>
> 발기부전은 반드시 심리적인 문제가 아닐 수 있어요. 젊고 건강한데 발기부전이 있다면 비뇨기과 전문의와 상담하세요.

뛰어난 항산화제,
다크 초콜릿

저는 우리 식단에 꼭 초콜릿이 들어가야 한다고 생각해요.
저만 그렇게 말하는 게 아니에요. 과학도 마찬가지입니다.

신의 음료, 카카오

코코아를 처음 사용한 흔적은 메소아메리카에서 발견되었

어요. 기원전 1900년경 올멕족과 같은 고대 민족이 최초로 카카오 나무를 재배하고 카카오 열매의 잠재력을 발견했다고 추정돼요. 이후 마야인과 아즈텍인은 카카오를 재배하고 카카오 열매를 빻아서 물과 고추 등 다른 재료와 섞어 음료를 만들었어요. 이 음료를 '호코아틀'이라고 불렀고, 신성한 음료로 여기면서 종교의식에 자주 사용했어요.

멕시코를 여행하는 동안 제가 초콜릿 박물관을 방문했을 때 가이드가 재미있는 사실을 알려줬어요. 고대에는 희생 의식을 치르면서 용감한 전사들의 피를 마셨는데 거기에 카카오를 섞었다고 해요. 카카오 열매는 아주 귀해서 화폐로 사용될 정도였죠. 카카오 열매 30개면 토끼 한 마리와, 200개면 칠면조 한 마리와 바꿀 수 있었어요.

세월이 흐르면서 초콜릿의 신성함은 다소 희미해졌지만, 16세기만 하더라도 스페인에서 초콜릿은 엘리트 계층의 전유물이었어요. 그 후 초콜릿은 유럽 전역으로 퍼져 상류층에게 인기를 얻었고 약용으로 소비되다가 오늘날에는 대중적인 소비재로 자리 잡았죠. 물론 초콜릿의 역사는 의학적으로 큰 의미가 없을 수 있지만, 우리의 소비 패턴이 어떻게 변화했는지 그리고 희귀한 상품이 어떻게 일상적인 소비재가 되었는지 살펴보는 것은 아주 흥미롭다고 생각해요.

초콜릿이란 무엇인가

'초콜릿이란 무엇인가'라는 질문이 당연한 것처럼 보일 수 있지만, 프랑스에서 '초콜릿'이라는 용어는 매우 엄격하게 정의되어 있어요. 법령에 따르면 초콜릿에는 최소 카카오 함량이 정해져 있고, 그 비율을 반드시 라벨에 표시해야 해요. 초콜릿은 기본적으로 카카오와 버터, 설탕, 우유, 특정 맛을 내기 위한 추가 재료(말린 과일, 프랄린, 캐러멜, 오렌지 껍질 등)로 구성돼요. 또 초콜릿은 카카오 고형분 함량이 35% 이상이어야 하고, 그 가운데 카카오 버터가 18% 이상이어야 해요.

초콜릿은 크게 세 가지로 나눌 수 있어요. 첫 번째는 밀크 초콜릿이에요. 카카오와 설탕, 우유로 만들고 코코아 고형분이 25% 이상, 우유 성분(유제품, 탈지유, 크림 등)이 14% 이상 포함되어야 해요. 두 번째는 화이트 초콜릿이에요. 카카오 버터와 우유, 설탕으로 만들어요. 카카오 버터가 20% 이상, 우유 성분이 14% 이상 들어 있어야 해요. 마지막은 다크 초콜릿이에요. '다크'라는 명칭은 카카오 함량이 더 높다는 것을 나타내는 품질 기준이에요. 고형분이 43% 이상이어야 하고, 그 가운데 카카오 버터가 26% 이상이어야 해요.

초콜릿은 심장을 보호합니다

거의 100만 명이 참여한 대규모 연구를 살펴보면 초콜릿이 우리 건강에 분명한 이점을 제공한다는 사실을 알 수 있어요. 초콜릿을 섭취하면 심혈관 질환과 심근경색, 뇌졸중, 당뇨병으로 인한 사망 위험이 감소해요.[1] 특히 심근경색을 겪은 사람들이 초콜릿을 적당량 섭취하면 사망 위험이 70% 감소하는 것으로 나타났어요. 판으로 된 초콜릿을 하나 먹는다고 모든 질병으로부터 우리를 보호하지는 못하지만, 일부 질병의 발병 위험을 줄이는 데 도움이 되는 건 분명해요.

초콜릿의 효능은 초콜릿에 함유된 페놀 화합물에서 나와요. 항산화제 역할을 하거든요. 초콜릿은 악명 높은 활성산소를 퇴치하는 데 도움이 되는 최고의 항산화제 공급원이에요. 활성산소는 우리가 숨을 쉴 때마다 계속 생성돼요. 소량의 활성산소는 우리 몸의 세포 기능을 유지하는 데 필요하지만, 너무 많아지면 피부 같은 장기와 조직을 손상시켜요. 백내장과 관절염, 심혈관 질환, 암과 같은 다양한 질병과도 관련이 있고요.

초콜릿에는 항산화 물질이 풍부해서 활성산소를 중화시키고 유해성을 줄여줘요. 자연 상태의 카카오 원두에는 항산화 성분이 8%가량 함유되어 있지만, 초콜릿에서는 카카오 함량이 낮을수록 항산화 성분 함량도 낮아져요. 따라서 카카오 함량이 높은 다크 초콜릿을 선택하는 게 좋아요.

초콜릿에 함유된 플라보놀이라는 성분은 혈관의 탄력을 개선해요. 혈관이 탄력적일수록 건강하고요. 플라보놀을 규칙적으로 섭취하면 혈관의 확장 능력이 향상되어 혈압을 조절하는 데도 도움이 돼요. 또 플라보놀은 일산화질소의 농도를 높이는데, 일산화질소는 혈관 확장에도 도움을 주지만 동맥을 막는 혈전 형성을 억제하기도 해요. 안타깝게도 밀크 초콜릿과 화이트 초콜릿에는 이런 효능이 없어요.

반복해서 드리는 말씀이지만, 우리가 먹는 음식이 건강에 긍정적이거나 부정적인 영향을 미친다는 점을 이해하는 것이 중요해요. 먹었을 때 기분이 좋아지고 건강에도 좋은 음식이 있다면 안 먹을 이유가 있나요?

장내 미생물 환경과
뇌에도 영향을 주는 초콜릿

초콜릿을 먹으면 기분이 좋아진다는 건 누구나 경험해보셨을 거예요. 이런 효과는 초콜릿에 들어 있는 당분 때문만은 아니에요. 어떤 연구에서 참가자를 두 그룹으로 나누고, 한 그룹은 하루에 85% 다크 초콜릿 30g, 다른 그룹은 70% 다크 초콜릿을 30g 섭취하게 했어요. 그랬더니 85% 다크 초콜릿을 먹은 참가자들의 기분이 70% 다크 초콜릿을 먹은 참가자들보다 더 좋은 것으로 나타났어요.

또 참가자들의 장내 미생물을 분석했더니 70% 다크 초콜릿을 먹었을 때보다 85% 다크 초콜릿을 먹었을 때 장내 미생물의 다양성이 유리한 방향으로 변화했다는 사실도 발견했고요. 즉 초콜릿은 프리바이오틱스처럼 작용해서 장내 유익균의 성장을 돕습니다.[2]

초콜릿에는 테오브로민이라는 화합물도 함유되어 있어요. 카카오 함량이 높을수록 더 많이 들어 있고요. 한 연구에 따르면 다크 초콜릿을 꾸준히 섭취하면 뇌의 신경 성장 인자와 테오브로민의 농도가 모두 증가해 지적 능력 향상에 기여한다고 해요.

그럼 얼마나
먹어야 할까요?

얼마나 먹어야 할지에 대해 정해진 기준은 없어요. 지나치지 않다면 원하는 만큼 드셔도 됩니다. 개인적으로 저는 거의 매일, 특히 저녁에 단 게 먹고 싶으면 초콜릿을 먹어요. 예전에는 카카오 함량이 높은 초콜릿을 먹으면 쌉쌀하게 느껴졌는데, 이제는 오히려 그 맛이 더 좋아졌어요. 제가 똑똑해졌거나 나이가 들었다는 뜻이겠죠.

초 | 간 | 단 | T | I | P |
다크 초콜릿을 드시고 심혈관 질환을 예방하세요.

감사 인사가
수명을 연장합니다

여기서 드릴 이야기는 비용은 전혀 들지 않으면서도 여러 분께 큰 도움이 될 수 있는 조언이에요! 제가 응급의료서비스로 가정방문을 했을 때 만난 여섯 살짜리 아이가 알려준 사실이지요.

모세기관지염이 한창 유행하던 2018년 겨울, 저는 9개월 된 아기가 살고 있는 집을 방문했어요. 다섯 식구가 작은 아파트에 살고 있었어요. 응급의료서비스 업무 특성상 다른 사람의 집을 방문하는 경우가 많아요. 저는 그 점이 좋고요. 방문할 집 건물 아래층에 도착하면 그때부터 환자에 대한 많은 정보를 얻을 수 있어요. 인터폰 시스템은 어떤 걸 쓰는지, 건물 복도는 어떤지, 엘리베이터가 있는지, 공용 공간은 얼마나 오래 됐는지, 심지어 현관문의 종류까지도요.

환자가 사는 환경이 어떤지 판단하는 게 아니라 환자 상태를 이해하는 데 도움이 되거든요. 벽에 곰팡이가 보이면 천식 발작의 위험이 높다는 걸 알 수 있고, 거실 한가운데에 의료용 침대가 있으면 중증 환자가 있다는 걸 알 수 있죠. 환자가 고령인데 건물에 엘리베이터가 없으면 아마도 외출을 거의 못 하시겠구나 짐작할 수 있고요.

모세기관지염에 걸린 아기의 이야기로 돌아가봅시다. 그 가족은 다소 열악한 아파트에 살고 있었어요. 벽 장식도 없고, 가구는 덜컹거리고, 카펫도 깨끗하지 않았어요. 그런 곳에 아픈 아기가 있었죠.

저는 아기 상태가 입원할 정도는 아니라고 아이 부모를 안심시켰어요. 몇 가지 주의 사항과 관리 방법을 알리고 가려는데, 아기의 여섯 살 난 오빠가 "여동생을 치료해줘서요"라고 말하며 작은 인형을 건네더군요. 아이는 가진 게 없었지만 고맙다는 마음에 기꺼이 자신이 가진 몇 안 되는 장난감을 제게 주기로 결심한 거죠. 감사에는 놀라운 힘이 있습니다.

'감사합니다'라고
말할 줄 알기

어떤 신을 믿든 모든 종교는 신의 뜻에 대해 감사할 것을 권장하죠. 하지만 감사는 신앙을 가진 사람만 행하는 게 아니에요. 신을 믿든 믿지 않든 모든 인간에게 중요한 덕목이죠. 매일 일상에서 마주하는 모든 긍정적인 일에 감사하는 마음을 갖는 것이 중요해요.

지금 저는 긴 하루를 마치고 집에 들어왔어요. 집에서 몇 미터 떨어지지 않은 곳에서 오토바이 사고가 크게 났더군요. 그 오토바이 운전자가 바로 저였을 수도 있어요. 저도 가끔 집에 빨리 가고 싶어서 서두르곤 하거든요. 무사히 집으로 돌아와 아이들과 아내를 볼 수 있고, 함께 저녁을 먹을 수 있다는 사실에 감사했어요. 그 사실을 깨닫는 순간 기분이 좋아졌고, 아내에게 "나와 함께 있어줘서 고마워요"라고 말했죠.

우리는 잘못된 것에만 집중하고, 정당한 것이든 아니든 비판하고, 긍정적인 부분은 별것 아닌 일로 치부하는 경향이 많아요. 사실 인간은 비관적인 태도를 가지게끔 만들어진 존재이고, 낙관주의는 우리가 노력해야 하는 부분이죠.

우리 조상이 수렵 채집을 하던 시절, 자연에서 발견하는 아주 작은 열매 하나도 독이 될 수 있으니 경계를 해야 했어요. 자연스럽게 방어적인 태도를 갖게 되었고요. 따라서 우리는 낙관주의와 감사하는 마음을 가지려고 일부러 노력해야 해요. 이 점을 인식하는 것도 중요하지만, 말로 표현하는 것이 무엇보다 중요합니다.

혼자 있을 때도 "나는 무엇무엇에 대해 감사한다"라고 큰소리로 말해보세요. 거기서부터 시작해보죠. 그 무엇무엇에 해당하는 부분은 여러분이 채워보세요. 노트에 적어도 좋고요. 소셜 미디어에 저도 직접 이 경험을 공유할 계획입니다. 관심 있는 분들은 지켜봐주세요.

가까운 사람에게 감사의 말을 전하는 것도 중요해요. 의사로 일하다 보면 삶이 때때로 불공평하고 힘들 수 있다는 걸 알게 돼요. 사랑하는 사람이 아프거나 죽으면 어떤 분은 무력감을 느끼기도 하고 때로는 분노를 느끼기도 해요. 자연스러운 일이죠. 아프고 나서야 건강이 얼마나 중요한지 깨닫는 경우도 너무 많고요.

감사할 때를 기다리지 마세요. 발목을 삐고 나서야 비로소

아무 문제 없이 걸을 수 있다는 게 얼마나 행운인지 깨닫고, 어딘가 아프고 나서야 아프지 않다는 게 얼마나 행복한지 깨닫죠. 불면증에 시달리고 나서야 잠을 잘 잔다는 게 얼마나 감사한 일인지 깨닫는 것처럼 말이죠.

감사하는 게 건강한 사람만 갖는 자세라고 생각하지 마세요. 저는 아프거나 아주 나이가 많아도 아직 할 수 있는 일이 있다는 것에 감사하는 분들을 많이 봅니다. 누군가는 그걸 지혜라고 말하지만, 저는 그것이야말로 감사의 놀라운 힘이라고 생각해요.

과학이 바라보는 감사

제 얘기가 마치 자기계발 코치의 조언처럼 들릴 수 있겠지만, 사실 과학적으로도 검증된 부분이에요. 감사는 주관적인 행복감을 향상시키고 심리적으로 더 나은 상태를 느끼게 만든다는 연구 결과가 있어요.[1]

감사가 정신 질환을 치료할 수는 없지만, 약물 없이도 기분을 개선하는 데 도움이 될 수 있어요. 예를 들어 직장에서 누군가를 돕고 감사 인사를 들으면 기분이 좋아지잖아요. 세상을 구하는 거창한 일이 아니더라도 우리가 하는 일에서 의미를 찾을 수 있어요. 요리사라면 손님들에게 맛있는 식사를 제공하는 것만으로도, 선생님이라면 아이들이 새로운 지식을 배우도록 돕는 것만으로도, 의사라면 환자의 고통이나 불안을 덜어주는 것만으로도 감사와 만족을 느낄 수 있어요.[2]

감사는 스트레스를 줄이는 데도 도움이 되지만 수면의 질도 개선해요. 다소 믿기 어렵지만, 감사하는 마음이 콜레스테롤 수치를 개선하는 데 도움이 된다는 연구 결과도 있고요. 이건 마법 같은 일이 아니에요. 감사할 줄 아는 사람들은 확실히 자신이 먹는 음식과 생활 방식에 더 신경 쓰는 경향이 있다는 점에서 비롯된 결과일 가능성이 크죠. 이 가설 또한 다른 연구에서 확인된 사실입니다.

감사함을 느끼고 표현하는 사람들은 자기 자신을 더 잘 돌보고 더 많은 신체 활동을 한다고 해요.[3] 마지막으로 감사하는 마음은 우리의 기대수명을 7년 더 늘릴 수 있다는 연구 결과가 있습니다.[4]

초|간|단|T|I|P

'감사합니다'라는 다섯 글자를 매일 말하거나 적어보세요. 더 오래 더 건강하게 사는 데 반드시 도움이 될 거예요.

33

사우나와
냉욕의 효과

　이번 조언에는 약간의 부담이 있습니다. 더위와 추위를 모두 견뎌야 하거든요. 순서는 상관없습니다. 더위와 추위 두 가지 모두에 노출되는 게 건강에 좋아요.

　저는 핀란드 라플란드에 머무는 동안 이 방법을 발견했어요. 라플란드에서 보냈던 시간은 저에게 정말 특별했어요. 소음, 공해, 도시의 번잡함으로부터 단절된 채 자연 한가운데서 5

일을 보냈어요. 그곳에서 사우나와 냉욕을 경험했는데, 북유럽 문화에 깊이 스며든 이 문화가 건강에 얼마나 유익한지 알게 됐어요.

사우나는
핀란드인의 삶 그 자체

나무가 많은 북유럽 지역 사람들은 추운 날씨를 극복하고 열을 발생시킬 방법을 고민했어요. 이 과정에서 핀란드인들은 2천 년도 훨씬 전에 사우나를 발전시켰어요. 통나무로 지은 오두막에 연기를 배출하는 굴뚝을 설치한 형태였어요. 사우나에는 습식과 건식 등 여러 가지 유형이 있지만, 원리는 동일합니다. 서서히 온도를 높여가면서 최대 90~100°C의 고온에 몇 분 동안 몸을 노출하는 거죠.

그냥 설명만 들으면 별로 건강에 좋을 것 같지 않지만, 실은 놀랍게도 건강에 좋아요. 제가 만난 여행가이드 요나스는 핀란드를 떠나본 적이 없는 스물다섯 살의 청년이었어요. 요나스는 사우나가 핀란드인의 삶에서 매우 중요한 부분이라고 설명했어요. 집을 지을 때 가장 먼저 생각하는 방이 사우나일 정도라고요.

저속노화를 위한 초간단 습관

저는 20제곱미터 크기의 작은 방갈로 안에 사우나가 있는 게 대단하다고 생각했는데, 핀란드에서는 평범한 거였어요. 핀란드 인구가 약 500만 명인데, 핀란드에는 사우나가 무려 300만 개가 있다고 해요. 제가 머물던 라플란드 내 거의 모든 건물에 사우나가 있었죠. 하키 경기장의 VIP 박스와 헬싱키의 의회 건물에서도 사우나를 찾을 수 있어요.

사우나는 부의 상징이나 사치품이 아니라 수백 년 동안 핀란드인의 일상에 깊숙이 자리 잡은 문화예요. 핀란드인은 추위 속에서 긴 하루를 보낸 후 사우나에서 몸을 따뜻하게 풀어요. 옛날에는 사우나에서 출산도 하고 매장을 하기 전 고인의 시신을 닦기도 했다고 해요. 핀란드에서는 중요한 비즈니스 거래도 사우나에서 이루어진다고 합니다.

사우나로 강화되는 몸

핀란드에는 사우나지앙케이넨Saunanjälkeinen이라는 단어가 있는데, 사우나를 하고 뒤 느끼는 충만함과 평온함을 묘사하는 형용사예요. 저도 사우나를 처음 경험했을 때 이런 느낌을 받았어요. 사우나를 하면 우선 모든 것과 단절된 상태로 포근한 열기에 몸을 맡기고 아무것도 하지 않고 있으니 마음이 편안해졌어요.

저한테는 60°C 정도가 적당하더라고요. 하지만 이건 별로 중요한 부분이 아니죠. 사우나에서는 완전한 단절감을 느낄 수 있고, 거의 즉각적으로 이완이 이루어집니다. 저는 곧바로 편안함을 느꼈고 뭔가 긍정적인 느낌이 들었어요.

이런 만족감은 어디서 올까요? 사우나의 열기에 노출되면 피부 온도는 40°C까지 올라가기 시작해요. 내부 온도나 심부 온도는 39°C 정도까지 서서히 올라가고요. 이때부터 심장은 더 빠르고 강하게 뛰기 시작해요. 심박수가 증가하고 심박출량도 증가하고요. 동시에 혈액 순환이 피부로 집중되고 땀이 나면서 심부 온도를 낮추는 과정이 이루어져요. 땀을 흘리면 알루미늄과 카드뮴, 코발트, 납과 같은 특정 중금속을 배출하는 데 도움을 준다는 연구 결과도 있어요.[1]

규칙적으로 사우나를 하면 우리 몸은 급격한 온도 변화에 적응하게 돼요. 이런 적응 과정은 '호르메시스'라는 생물학적 현상 덕분이에요. 호르메시스는 고용량으로 사용하면 해로운 영향을 미칠 수 있는 물리적이나 화학적 자극을 저용량으로 사용해서 유익한 효과를 얻는 걸 뜻해요. 호르메시스는 특히 산화 스트레스에 대한 보호 기전을 연쇄적으로 활성화시켜요. 비교하자면 운동도 호르메시스 스트레스의 일종으로 간주할 수 있어요.

사우나에서 짧고 강렬한 열기에 노출되면 단백질 복구 시스템이 강화되고, 신체의 항염증 요인과 친염증 요인을 더 잘 조절할 수 있게 돼요.

기초 과학에 대한 설명을 하지 않아도 열에 강렬하게 노출되면 단백질이 생성된다는 걸 아실 거예요. 이 단백질을 열충격 단백질이라고 해요. 열충격 단백질은 박테리아와 식물, 동물 모두에서 발견되고, 종의 생존에 필수적이며, 인간의 장수와도 관련이 있어요.

여러 연구에 따르면 사우나가 혈압과 동맥 탄력성을 개선하고 혈액 미세 순환과 심박출량을 증가시켜서 심장을 보호한다고 해요. 특히 소방관, 경찰, 군인처럼 스트레스를 많이 받는 직업군은 수면 부족과 잘못된 식습관, 심리적 스트레스로 인해 심혈관 질환에 걸릴 위험이 높아요. 사우나 열기에 노출되면 심혈관 질환을 유발하는 요인을 개선하는 데 도움이 될 수 있어요. 결론적으로 사우나는 우리의 정신적·신체적 건강에 좋은 영향을 미쳐요.[2]

이 주제에 대해 알아보다가 사우나가 통증, 건선을 비롯한 특정 피부 질환과 특정 류마티스 질환에도 효과가 있다는 과학 문헌을 많이 보게 되었어요.[3]

모든 건강 문제에 대한 해답은 아니지만, 여러 면을 고려했을 때 사우나를 특정 상황에서 기존 치료법을 보완하는 용도로 사용할 수 있다고 생각해요. 위험 없이 그리고 크게 힘들이지 않고 건강을 증진하는 데 충분히 도움이 되는 방법일 수 있다는 이야기입니다.

냉욕의 이점

북유럽의 전통에 따르면, 뜨거운 물과 아주 차가운 물에 번갈아 가며 몸을 담그는 게 건강에 좋다고 해요. 저도 얼어붙은 호수에서 목욕을 해본 경험이 있지요. 당시 두 단계를 경험했어요. 처음에는 충격과 고통이 밀려왔어요. 차가운 물속에서 몸이 얼어붙는 것 같았죠. 혈관이 급격히 수축하면서 다리가 무거워졌고 저린 느낌까지 들었어요. 이 반응은 정상적인 심부 온도를 유지하기 위해서 혈관이 혈액을 빠르게 주요 장기로 집중시키는 자연스러운 방어기제예요. 겨울에 손이 차가워지는 것도 이런 이유 때문이죠.

저는 몇 초 만에 꽁꽁 얼어서 물 밖으로 나왔어요. 그러고 나서 많은 이들이 냉욕 후에 느꼈다는 극도의 행복감을 맛보았어요. 형언할 수 없는 충만감과 행복감이 밀려왔어요. 기분이 너무 좋아서 다시 한번 얼음 호수에 뛰어들고 싶다는 말 외에는 달리 설명할 길이 없네요.

한 연구에서는 20~30세 사이의 젊은 남성들에게 14°C의 찬물에 몸을 담그게 한 뒤 스트레스 호르몬인 코르티솔과 아드레날린, 노르아드레날린을 측정했어요. 예상대로 갑작스러운 추위 노출로 인해 모든 스트레스 호르몬 수치가 급격하게 증가했어요. 연구진은 염증을 촉진하는 분자도 측정했는데 그 수치는 오히려 감소했어요! 냉욕이 혈관 수축을 통해 염증을 줄이고 독소를 배출하는 데 도움이 된다는 걸 보여주죠.

이러한 효과를 확실하게 뒷받침하는 연구는 아직 충분하지 않지만, 냉욕은 한 번쯤 시도해볼 만한 일입니다. 실제로 냉욕을 해본 사람들은 모두 냉욕 없이는 살 수 없다고 말하니까요. 샤워할 때 한 번쯤 시도해보시길 권합니다.

초|간|단|T|I|P|
사우나에서 뜨거운 열기를 쐬거나 14°C 온도의 찬물에 몸을 담가 보세요. 긴장을 풀고 심장을 보호하는 데 도움이 될 거예요. 효과를 보장합니다!

34

냄새의 힘을
이용하세요

이 장을 쓰게 된 배경은 조금 특이해요. 어느 날 아침, 아내가 잠을 잘 자지 못해서 피곤한 상태로 일어났어요. 하지만 엄마이자 조산사와 사업가로 일하다 보니 쉬기가 쉽지 않았어요. 그날 저희는 주방에서 사용할 수도꼭지를 사러 가야 했어요.

매장 안에 커피머신이 있길래 아내에게 커피 한잔 마시고 기운을 차리자고 했죠. 아내가 고른 건 학생 시절 즐겨 마시던

헤이즐넛 커피였어요. 일회용 컵을 손에 쥐자마자 아내 기분이 좋아졌어요. 헤이즐넛 커피 냄새를 맡고 예전에 좋았던 시절이 떠올랐기 때문이죠. 아내는 금세 웃음을 되찾았어요. 저는 그 순간 이 장을 써야겠다 결심했죠. '냄새가 가진 놀라운 힘'에 대해서요.

냄새는 우리가 눈을 뜨는 순간부터 잠자리에 드는 순간까지, 태어날 때부터 죽을 때까지는 우리와 함께해요. 냄새는 우리 삶과 밀접하게 관련이 있고, 우리와 우리의 건강한 삶에 큰 영향을 미쳐요.

냄새가 주는 보상

좋은 냄새는 마약과 비슷한 작용을 해요. 해로운 효과는 없지만 도파민 회로를 활성화하죠. 아침에 커피 향만 맡아도 기분이 좋아지고 에너지가 솟아나는 느낌을 받는 것도 바로 이런 이유 때문이에요. 커피를 좋아하지 않는 분들에게는 맛있는 빵 냄새, 꽃 냄새, 숲 내음도 같은 효과를 줄 수 있어요. 각자에게 기분이 좋아지는 냄새가 있죠!

놀이 하나 해볼까요? 기분이 좋아지는 냄새 세 가지를 떠올려보세요. 도파민 분비가 촉진될 거예요. 몇 초만 시간을 내서 그게 어떤 냄새인지를 생각해보세요. 그리고 다음에 일이 너무 많아서 힘들거나 스트레스가 심한 날 그 냄새를 실제로 맡아보세요. 문제가 해결되지는 않겠지만, 냄새를 맡는 것만으로도 기분이 조금 나아질 거예요.

여러분은 제가 의학을 쉽게 이해할 수 있도록 전달하는 데 열정을 쏟고 있다는 걸 아실 거예요. 이번에는 냄새와 관련된 놀라운 메커니즘을 함께 이해해볼까요? 우리가 숨을 들이마시면 냄새 분자가 콧속으로 들어와 신경성 수용체와 결합해요. 신경성 수용체는 신경세포와 유사한 역할을 하고, 우리 몸에서 공기와 직접 접촉하는 유일한 신경세포에요. 외부 환경으로부터 끊임없이 자극받는 코 안쪽 조직은 신경성 수용체로 구성되어 있고, 신경 재생을 통해 계속 새로 만들어져요.

일단 냄새가 포착되면 후각 신경을 통해 후각신경구로 전달돼요. 학자들은 후각이 특별한 감각인 이유를 후각신경구와 후각결절이라는 두 가지 뇌 영역이 연결되어 있기 때문이라고 설명해요. 후각신경구는 냄새의 쾌적함을 처리하는 영역이고, 후각결절은 보상 회로의 핵심 구조에요.[1] 이 두 영역 간의 연결 덕분에 쾌적한 냄새는 도파민을 분비하게 만들어요. 음식이나 약물이 도파민 분비를 유도하는 것과 같은 원리죠.

추억의 냄새

후각 기억은 아주 생생하고 오래 지속됩니다. 시각 기억은 매우 빠르게 사라지지만, 후각은 수십 년 전에 맡은 냄새도 정확하게 기억할 수 있어요. 냄새를 기억과 연관시키기 때문에 이러한 기억을 '연상 기억'이라고 해요. 냄새는 이미지나 소리보다 더 많은 기억을 생성하지는 않지만, 더 풍부한 감정과 오래된 기억을 떠올리게 해요.

이러한 현상이 가능한 이유는 후각 정보가 기억과 학습, 감정을 담당하는 변연계라는 뇌 영역에서 처리되기 때문이에요. 냄새는 변연계를 자극해서 유쾌하거나 불쾌한 기억을 떠올리게 해요. 개인적으로 저는 어렸을 때 치과에서 맡은 불쾌한 냄새를 아직도 기억하고 있어요. 치과와 관련된 무서운 기억이 많아서 지금도 치과에 들어설 때 나는 냄새에 거의 즉각적으로 불안해져요!

프로스트의 책에는 마들렌을 먹고 좋은 기억을 떠올리는 장면이 나와요. 반대로 우리에게는 불쾌한 기억을 떠올리게 만드는 '안티 마들렌'도 있죠. 좋은 냄새를 이용해서 긍정적인 기억을 떠올리고 기분을 좋게 만드는 건 우리가 선택할 수 있어요.

수면을 돕고 긴장을 푸는
에센셜 오일

아로마테라피에서 에센셜 오일은 디퓨저 형태로 사용할 수 있어요. 매장에서는 제품 구매를 유도하는 데 좋은 향기가 나는 것만큼 기분 좋고 효과적인 것도 없을 거예요. 일부 기업에서는 자사 브랜드와 특정 향을 연관시킬 수 있도록 거액을 투자해 후각적 아이덴티티를 개발하기도 해요.

집에서도 에센셜 오일을 사용하면 수면을 돕거나 단순히 긴장을 푸는 데도 도움이 될 수 있어요. 예를 들어 만다린 에센셜 오일은 저녁에 불안을 쫓고 악몽을 예방하는 데 효과적이어서 아이들이 사용해도 좋아요. 디퓨저로 사용하거나 베개 밑에 몇 방울 떨어뜨리는 방법을 추천해요.

아이의 수면 습관이 잘 잡혀 있어도 잠들기 어려워한다면 로만 카모마일 오일과 트루 라벤더 오일, 레몬 오일을 각각 30방울씩, 그리고 살구씨 기름 20밀리리터를 한 병에 넣고 섞어서 사용해보세요. 취침 전에 손목에 발라서 깊게 들이마시게 하면 도움이 될 거예요.[2] 하지만 에센셜 오일은 사용하기 전에 약사와 상담하거나 관련 자료를 읽어보시길 권합니다.

저속노화를 위한 초간단 습관

냄새는 우리 기분에 영향을 미치고 보상 회로를 활성화해요. 하지만 항상 그렇듯 남용하는 건 좋지 않아요.

완벽하지 않아도
괜찮아

우리는 적어도 겉보기에 모든 게 완벽해야 하는 시대에 살고 있어요. 소셜 미디어를 보면 잊을 수 없는 휴가를 보내야 하고, 잘 정리된 아름다운 집을 가져야 하고, 완벽하게 아이를 키워야 할 것 같아요. 일상생활에서 우리는 훌륭한 성과를 내도록 내몰리고 있어요. 돈을 많이 벌고, 근육질 몸매와 결점 없는 얼굴을 가져야 하죠.

이제는 인공지능 필터로 얼굴을 바꾸기도 하더라고요. 왜 필터를 사용하냐고 물으면 대부분 같은 대답을 합니다. "필터가 있는 게 더 좋으니까요" "필터가 없으면 못생겨 보여요" "습관이 되어서요" 같은 대답이 나오죠. 필터는 성인뿐만 아니라 어린 세대에게도 좋지 않아요. 현실과 다른 얼굴로 자기 정체성을 구축하기 때문에 자아상을 방해하죠. 아이들에게 완벽하지 않아도 된다고 가르치면 아이들은 더 행복해질 것이고, 우리도 더 행복해질 겁니다.

불완전의 미학

얼마 전에 일본 여행을 하면서 와비사비Wabi-sabi라는 개념을 알게 됐어요. 일본의 미적 관념 중 하나인데요. 여기서 '와비'는 단순함과 투박함을 뜻해요. '사비'는 우리 주변 사물의 불완전함과 마모에서 오는 아름다움을 의미하고요.

일본을 한 번 가봤다고 해서 일본 문화를 잘 안다고 할 수는 없지만, 우리 모두는 완벽하지 않음을 받아들일 때 오히려 더 많은 것을 얻을 수 있다고 생각해요. 자신을 내려놓고 뭐든 마음대로 대충 하라는 뜻이 아니에요. 불완전함을 받아들이자는 거죠. 불완전함은 인생을 더 풍요롭게 만들 수 있으니까요.

어떻게 하면 될까요? 우선 필터 사용을 멈추는 거예요. 우리는 사진 필터를 사용해 얼굴을 매끄럽게 하고 결점으로 인식되는 부분을 없애버리고 있지만, 결점이란 진짜 우리 모습의 일부예요. 주름은 우리가 얻은 지혜의 상징이고, 튼살은 여성이 새로운 생명을 탄생시켰다는 증거잖아요.

하지만 완벽하지 않다는 걸 받아들이는 건 힘든 일이에요. 성형수술에 의존하는 젊은 층이 우려할 만큼 많아지고 있다는 걸 봐도 알 수 있죠. 성형수술을 받는 연령대를 보면 18~34세가 50~60세보다 더 많아요. 이 세대를 '메스 세대'라고 부르죠. 이들은 단순히 세월의 흔적을 지우려는 게 아니라 노화의 징후가 조금이라도 나타나기 전에 몸을 완전히 바꾸려고 해요. 아니면 인플루언서나 TV 리얼리티쇼에 나오는 우상을 닮기 위해 수술을 택하죠. 불균형하게 큰 가슴에 두툼한 입술, XXL 사이즈의 엉덩이…

누군가를 따라 하고 싶어 하는 모방심리는 이해해요. 하지만 자신을 있는 그대로 받아들이는 편이 더 간단하고 비용도 덜 들지 않을까요? 우리의 불완전함이 우리 정체성의 일부라는 사실을 깨닫는다면 더 좋지 않을까요? 성형수술이 쓸모없다는 말은 아니에요. 콤플렉스가 너무 심해서 삶을 망칠 정도라면 성형수술이 필요하죠. 하지만 인생은 이미 충분히 복잡하잖아요. 굳

저속노화를 위한 초간단 습관

이 불필요한 콤플렉스를 새로 만들거나 문제를 가중하지 않아도 된다고 생각해요.

그래도 여전히 수술을 받고 싶다면 다음의 세 가지 이유 때문은 아닌지 잘 생각해보셨으면 해요. 첫째, 누군가를 기쁘게 하기 위해서는 아닌가? 둘째, 유명인을 닮고 싶어서는 아닌가? 셋째, 인기 많은 사진 필터가 보여주는 이미지에 맞추기 위해서는 아닌가?

그래도 수술을 결심했다면 이것이 제가 드리는 마지막 조언입니다. 꼭 공인된 전문의에게 상담을 받고 '불법 주사'에 주의하세요. 불법 시술을 하는 사람들은 미용 의학 관련 자격 없이 시술을 하고 있고, 안타깝게도 불법 시술 사고는 빈번하게 발생하고 있어요.

행복은 돈으로 살 수 없어요

하버드대학교에서 발표한 행복에 관한 연구가 있어요. 가장 행복한 사람들은 부자가 아니라 좋은 사회적 관계를 가진 사람들이라는 연구였죠.

우리는 대부분 돈을 버는 데 엄청난 시간을 소비하지만, 그 목표를 달성했을 때 진짜로 남는 건 무엇일까요? 돈을 벌겠다는 목표는 마치 밑 빠진 독에 물을 붓는 것 같잖아요.

저도 사실 '조금만 더'를 좇고 있어요. 일반의로 일하면서 항상 여러 프로젝트를 동시에 진행하고 있지요. 텔레비전과 라디오, 출판, 소셜 미디어까지 점점 더 많은 일을 하고 있어요. 솔직히 꽤 자주 과로의 경계에 서 있다, 아슬아슬하다는 느낌을 받아요. 다만 제가 하는 일을 즐겁게 느끼기 때문에 저는 번아웃이 아니라 '과로'라고 말하는 거고요. 더 이상 일이 즐겁게 느껴지지 않는 날이 오면 모두 그만둘 거예요.

제가 느끼는 '조금만 더'에 대한 욕심은 돈과 상관없어요. 저를 아는 사람들은 제가 화려함과는 거리가 먼, 소박한 삶을 산다는 걸 알고 있어요. 하지만 저는 시작한 일을 성공적으로 해내고 싶다는 욕구가 있어서 어떤 일이든 대충 하지 않아요. 다만 지금 저에게 필요한 건, 잠시 멈추고 아무것도 하지 않는다는 생각을 받아들이는 것이죠.

여러분도 시간을 내어 여러분의 삶에서 정말 중요한 것이 무엇인지 되돌아보고 스스로에게 물어보시기 바랍니다. 물질적인 것이 최우선 순위가 아니라는 걸 곧 알게 되실 거예요. 한 걸음 물러서서 우리에게 중요한 일을 위해 시간을 내봅시다. 저는 환자들에게 일은 우리 삶의 한 측면일 뿐이고 인생의 전부가 아니라는 말을 자주 드려요.

불완전함을
받아들여 봅시다

완벽을 추구하다 보면 결국 실패와 좌절로 이어질 수밖에 없어요. 저는 아이들에게 과일에서 볼 수 있는 불완전함이 오히려 가치가 있을 수 있다고 가르쳐요. 잘 익어서 검은 반점이 생긴 바나나가 그냥 노란 바나나보다 더 달콤하잖아요.

한 심리학자는 저에게 이런 이야기를 들려줬죠. 그 심리학자는 과잉행동장애를 앓고 있는 아이의 부모와 상담할 때 다섯 개의 단어를 보여준다고 해요. 그 가운데는 철자가 틀린 단어가 하나 있어요. 부모에게 뭘 봤냐고 물었더니 모든 단어의 철자가 하나씩 틀렸다고 말했다는 겁니다. 그 심리학자는 철자가 틀리지 않은 단어가 네 개나 있었지만, 부모들이 모두 잘못된 단어만 기억한다고 말했어요.

우리는 종종 스스로에게 너무 많은 요구를 하고 가혹하게 대해요. 다른 사람에게 친절하게 대하는 법도 배워야 하지만 스스로에게도 친절할 줄 알아야 해요.

우리는 항상 쉽게 불평하죠. 제품이나 서비스에 실망했을 때 부정적인 댓글이나 리뷰를 남기는 건 이제 너무 당연한 일이 되었고요. 그러면 만족했을 때도 그 사실을 전해야 하는데, 그건 잊어버리는 경우가 많아요. 일이 잘되거나 마음에 든다면 그 마음을 바로 표현하세요. 주저하지 마세요. 그게 어려운 일이라는 걸 알고 있지만, 마음을 편히 먹고 내려놓는 법을 배운다면 자신을 있는 그대로 받아들이고 더 평온하게 살 수 있을 거예요.

초|간|단|T|I|P|

불완전함을 받아들이면 더 충만한 삶을 살 수 있습니다.

우리는 몸이 안 좋아지고 나서야 치료를 받는 경우가 많아요. 상태가 안 좋아질 때까지 기다리거나 병에 걸리고 나서야 비로소 삶에 변화를 시도하죠. 약물만이 우리를 회복시킬 수 있다고 생각하는 경우도 많고요.

제가 이 책에서 전하고 싶은 건 그 반대예요. 초간단 팁에 나온 일상 속 행동을 실천에 옮기면 여러분은 가능한 한 건강하고 오래 살 수 있는 기회를 만들 수 있을 거예요.

저에게 아직 의사로 일할 '시간'이 있느냐고 묻는 분이 많아요. 마치 의사의 시간이 사회에 의무적으로 속해 있는 것처럼 느껴지는 이런 질문을 받으면 재미있다는 생각이 들어요. 일반의 찾기가 점점 더 어려워지고 있는 프랑스 상황을 보면 왜 이런 질문을 하시는지 이해할 수 있어요.

저는 이렇게 대답합니다. "네, 여전히 의사로 일하고 있고 그만둘 생각이 없어요." 그리고 TV와 라디오, 소셜 미디어와 책을 통해 공중보건 예방과 관련된 조언을 드리는 게 의사라는 제

직업에서 중요한 부분이라고 생각하고요.

의사의 본질이자 역할은 가능한 한 많은 질병을 예방할 수 있도록 필요한 모든 도구를 제공하고 여러분의 건강을 관리하는 거예요. 그런데 의사들이 쓸데없는 행정 업무에 시달리느라 치료보다 예방을 기본으로 하는 예방의학에는 그만큼 시간을 쏟지 못합니다.

이 책에 나오는 팁과 조언은 여러분을 담당하는 의사를 대체할 수 없어요. 이 책에서 나오는 조언이나 식물요법 때문에 약물 치료를 중단하거나 스스로 치료해서도 안 되고요.

이 책의 내용들은 과학적으로 검증된 것들이지만 보완적으로 사용해야 합니다. 여러분이 복용해야 하는 약을 절대로 대체할 수 없어요. 저는 항상 환자들에게 자신의 건강을 책임지는 주체가 되어야 한다고 설명해요. 균형 잡힌 식단과 질 좋은 수면, 약간의 규칙적인 신체 활동을 병행하면 많은 만성질환을 예방할 수 있어요.

시간이 흐르면서 의학과 의사의 역할을 바라보는 제 시각도 크게 바뀌었어요. 정치적 차원에서 진정한 의미의 예방 프로그램이 마련되기를 기다리고 있지만, 그동안 저는 제가 할 수 있는 최선을 다할 겁니다. 여러분이 건강하고 오래 살 수 있도록 제가 아는 모든 것을 전하고 설명하겠습니다.

2장 가능하면 같은 시간에 잠들고 일어나세요

1. 《Circadian misalignment impacts the association of visceral adiposity with elevated blood pressure in adolescents》, N. Morales-Ghinaglia, M. Larsen, F. He, S. L. Calhoun, A. N. Vgontzas, J. Liao, D. Liao, E. O. Bixler, J. Fernandez-Mendoza, *Hypertension AHA*, 6 mars 2023.

3장 지금보다 딱 1천 보만 더

1. 《A step-defined sedentary lifestyle index : 〈 5000 steps/day》, C. Tudor-Locke, C. L. Craig, J. P. Thyfault, J. C. Spence, Applied Physiology, *Nutrition, and Metabolism*, 8 novembre 2012.
2. 《Daily step goal of 10000 steps : a literature review》, B. Choi, A. Pak, J. Choi, E. Choi, *Clin. Invest. Med.*, 2007.

4장 질병과 체중을 함께 줄이는 단식

1. 《Intermittent fasting and metabolic health》, I. Vasim, C. N. Majeed, M. D. DeBoer, *Nutrients*, 31 janvier 2022.

2. 《Intermittent fasting : a heart healthy dietary pattern ?》, T. A. Dong, P. B. Sandesara, D. S. Dhindsa, A. Mehta, L. C. Arneson, A. L. Dollar, P. R. Taub, L. S. Sperling, *Am. J. Med.*, août 2020.

6장 지중해식 식단으로 10년을 더 벌어봅시다

1. 《제로 스트레스 다이어트》, 아침사과, 2024.
2. 《Estimating impact of food choices on life expectancy : a modeling study》, L. T. Fadnes, J.-M. Økland, Ø. A. Haaland, K. A. Johansson, Plos. *Medecine*, 8 février 2022.

7장 성욕은 건강의 지표

1. *Le Guide terre vivante des huiles essentielles*, Dr Françoise Couic Marinier, Éditions Terre vivante, 2020.
2. 《Effect of aerobic exercise on erectile function : systematic review and meta-analysis of randomized controlled trials》, M. Khera, S. Bhattacharyya, L. E. Miller, *The Journal of Sexual Medicine*, 2023.

8장 허리 통증이 있다고 검사를 서두르지 마세요

1. 《Beecher as clinical investigator : pain and the placebo effect》, F. Benedetti, *Perspect Biol. Med.*, 2016.
2. 《Mechanisms of the placebo effect and of conditioning》, F. Haour, *Neuroimmunomodulation*, 2005.
3. 《Frequency of adverse events in the placebo arms of

Covid-19 vaccine trials, a systematic review and meta-analysis》, J. W. Haas, F. L. Bender, S. Ballou et al., *JAMA*, 18 janvier 2022.

4. 《Low back pain : a major global challenge》, S. Clark, R. Horton, *The Lancet*, vol. 391, no 10137, 21 mars 2018.

9장 당뇨병은 예방이 최선입니다

1. 《제로 스트레스 다이어트》, 아침사과, 2024.
2. 《Prevention of type 2 diabetes mellitus by changes in lifestyle among subjects with impaired glucose tolerance》, J. Tuomilehto, J. Lindstrom, J. G. Eriksson, T. T. Valle, H. Hamalainen, P. Ilanne-Parikka, S. Keinanen-Kiukaanniemi, M. Laakso, A. Louheranta, M. Rastas et al., *N. Engl. J. Med.*
3. 《Prevention of type 2 diabetes by lifestyle intervention : a Japanese trial in IGT males》, K. Kosaka, M. Noda, T. Kuzuya, *Diabetes Res. Clin. Pract.*, 2005.
4. 《Prevention of type 2 diabetes in adults with impaired glucose tolerance : the european diabetes prevention RCT in Newcastle upon Tyne》, L. Penn, M. White, J. Oldroyd, M. Walker, K. G. Alberti, J. C. Mathers, *UK. BMC Public Health*.
5. 좌절감이나 요요 현상 없이 점진적으로 체중을 감량하는 방법에 대해서는 이전 저서인《제로 스트레스 다이어트》를 참조하세요.

1. 《Sunscreen and prevention of skin aging》, E. Frank, *Annals of Internal Medicine*, 4 juin 2013.

1. 《Long-term coffee consumption and risk of cardiovascular disease》, M. Ding, S. N. Bhupathiraju, A. Satija, R. M. van Dam, F. B. Hu, *Circulation*, 7 novembre 2013.
2. 《Coffee consumption and health : umbrella review of metaanalyses of multiple health outcomes》, R. Poole, O. J. Kennedy, P. Roderick, J. A. Fallowfield, P. C. Hayes, J. Parkes, *BMJ*, 22 novembre 2017.
3. 《Coffee intake and risk of hypertension : a meta-analysis of cohort studies》, Minjung Han, Yoonjin Oh, Seung-Kwon Myung, J. *Korean Med. Sci.*, novembre 2022.
4. 《Caffeine intake exerts dual genome-wide effects on hippocampal metabolism and learning-dependent transcription》, I. Paiva et al., *J. Clin. Invest.*, édition en ligne du 10 mai 2022.
5. 《Coffee, caffeine, and health outcomes : an umbrella review》, G. Grosso, J. Godos, F. Galvano, E. L. Giovannucci, *Annu. Rev. Nutr.*, 21 août 2017.
6. *Ibid.*

12장 자연 환기로 바이러스를 날려버리세요

1. Sondage IFOP, 2021 : 《Les Européens et le respect des gestes barrières, le grand relâchement ?》

2. Étude INPES/BVA : 《Attitudes et comportements en matière de prévention de la transmission des virus de l'hiver》, novembre 2012.

13장 근육 유지는 건강에 필수

1. Flammarion, 2022.

14장 충분한 잠은 백신 효과를 높입니다

1. 《A meta-analysis of the associations between insufficient sleep duration and antibody response to vaccination》, K. Spiegel, A. E. Rey, M. R. Irwin, E. Van Caute, *Curr Biol.*, 13 mars 2023.

15장 도파민도 절제가 필요합니다

1. 《Behavioral and cognitive effects of tyrosine intake in healthy human adults》, A. Hase, S. E. Jung, M. aan het Rot, *Pharmacol. Biochem. Behav.*, juin 2015.

16장 작은 샘선이 가진 풍부한 영양소

1. 《Apport en protéines : consommation, qualité, besoins et recommandations》, AFSSA, 2007.

2. 《Amplification of mGlu5-endocannabinoid signaling

rescues behavioral and synaptic deficits in a mouse model of adolescent and adult dietary polyunsaturated fatty acid imbalance》, A. Manduca, A. Bara, T. Larrieu, O. Lassalle, C. Joffre, S. Layé, O. J. Manzoni, *Journal of Neuroscience*, 19 juillet 2017.

3.   《Essential omega-3 fatty acids tune microglial phagocytosis of synaptic elements in the mouse developing brain》, C. Madore, Q. Leyrolle, L. Morel, M. Rossitto, A. D. Greenhalgh, J. C. Delpech, M. Martinat, C. Bosch-Bouju, J. Bourel, B. Rani, C. Lacabanne, A. Thomazeau, K. E. Hopperton, S. Beccari, A. Sere, A. Aubert, V. De Smedt-Peyrusse, C. Lecours, K. Bisht, L. Fourgeaud, S. Gregoire, L. Bretillon, N. Acar, N. J. Grant, *Nature*, 30 novembre 2020.

4.   《Eating more sardines instead of fish oil supplementation : beyond omega-3 polyunsaturated fatty acids, a matrix of nutrients with cardiovascular benefits》, H. O. Santos, T. L. May, A. A. Bueno, *Front. Nutr.*,14 avril 2023.

5.   《Omega-3 polyunsaturated fatty acid supplementation and cognition: a systematic review and meta-analysis》, R. E. Cooper, C. Tye, J. Kuntsi, E. Vassos, P. Asherson, *J. Psychopharmacol.*, juillet 2015.

6.   《Poissons et produits de la pêche : synthèse des recommandations de l'Agence》, anses.fr, 5 juillet 2013.

17장 창의력을 깨우는 '유레카' 낮잠

1. 《Sleep onset is a creative sweet spot, science advances》, C. Lacaux, T. Andrillon, C. Bastoul et al., *Science Advances*, 8 décembre 2021, vol. 7, no 50.

19장 감기약 대신 해독주스를

1. 《Garlic for the common cold》, E. Lissiman, A. L. Bhasale, M. Cohen, *Cochrane Database of Systematic Reviews*, 2014.

2. 《Vitamin C for preventing and treating the common cold》, H. Hemilä, E. Chalker, *Cochrane Database of Systematic Reviews*, 2013, chap. 1, art. no CD000980.

20장 웃는 사람이 오래 삽니다

1. 《Flavor sensing in utero and emerging discriminative behaviors in the human fetus》, B. Ustun, N. Reissland, J. Covey, B. Schaal, J. Blissett, *Psychological Science*, 33(10), 2022, p. 1651-1663.

2. 《Dynamic spread of happiness in a large social network : longitudinal analysis over 20 years in the Framingham Heart Study》, J. H. Fowler, N. A. Christakis, *BMJ*, 5 décembre 2008.

3. 《A multi-lab test of the facial feedback hypothesis by the many smiles collaboration》, N. A. Coles, D. S. March, F. Marmolejo-Ramos, J. T. Larsen, N. C. Arinze, I. L. G. Ndukaihe, M. L. Willis et al., *Nature*, 20 octobre 2022.

4. 《A multilevel field investigation of emotional labor, affect,

work withdrawal, and gender》, A. Brent, A. Scott, C. M. Barnes, *Academy of Management Journal*, vol. 54, no 1, 30 novembre 2017.

5. 《The effects of facial expression and relaxation cues on movement economy, physiological, and perceptual responses during running》, N. E. Brick, M. J. McElhinney, R. S. Metcalfe, *Psychology of Sport and Exercise*, vol. 34, janvier 2018, p. 20-28.

6. 《Non-conscious visual cues related to affect and action alter perception of effort and endurance performance》, A. Blanchfield, J. Hardy, S. Marcora, Front. Hum. Neurosci., 11 décembre 2014 ; *Sec. Cognitive Neuroscience*, vol. 8, 2014.

7. 《Smile intensity in photographs predicts longevity》, E. L. Abel, M. L. Kruger, *Psychological Science*, vol. 21, no 4, avril 2010, p. 542-544.

21장 치아 건강 없이 온전한 건강은 없습니다

1. 《The role of periodontitis and periodontal bacteria in the onset and progression of Alzheimer's disease : a systematic review》, M. Dioguardi et al., *J. Clin. Med.*, 2020.

22장 숙면에 도움을 주는 오르가슴

1. 《Sommeil et substances à l'adolescence : les effets de la caféine, de l'alcool, du tabac et du cannabis》, F. Guénolé et al., *Médecine du sommeil*, octobre 2011.

2. 《Smoking and risk of sleep-related issues : a systematic review and meta-analysis of prospective studies》, S. Amir, S. Behnezhad, *Can. J. Public Health.*, octobre 2020.

3. 《How well does sexual activity improve sleep when compared with pharmacologic sleep aids ?》, D. Kirsch, S. Khosla, *Sleep*, vol. 46, supplement 1, mai 2023.

24장 숲속을 산책하세요

1. 《Blood pressure-lowering effect of shinrin-yoku (forest bathing) : a systematic review and meta-analysis》, Y. Ideno et al., *BMC Complement Altern. Med.*, 2017.

2. 《Effects of forest bathing (shinrin-yoku) on levels of cortisol as a stress biomarker : a systematic review and meta-analysis》, M. Antonelli, G. Barbieri et D. Donelli, *International Journal of Biometeorology*, vol. 63, 2019, p. 1117-1134.

3. 《Effects of shinrin-yoku (forest bathing) and nature therapy on mental health : a systematic review and meta-analysis》, Y. Kotera, M. Richardson, D. Sheffield, *International Journal of Mental Health and Addiction*, 28 juillet 2020, vol. 20, 2022, p. 337-361.

4. 《Health benefits from nature experiences depend on dose》, D. F. Shanahan, R. Bush, K. J. Gaston, B. B. Lin, J. Dean, E. Barber, R. A. Fuller, *Scientific Reports*, vol. 6, 2016.

5. 《Positive effects of nature on cognitive performance across

multiple experiments : test order but not affect modulates the cognitive effects》, C. U. D. Stenfors et al., *Front. Psychol.*, 2019.

6. 《Minimum time dose in nature to positively impact the mental health of college-aged students, and how to measure it : a scoping review》, G. R. Meredith et al., *Front. Psychol.*, 2019.

7. 《View through a window may influence recovery from surgery》, R. S. Ulrich, *Science*, avril 1984.

8. 《Effects of four psychological primary colors on anxiety state》, K. W. Jacobs, *Sage Journals Home*, vol. 41, no 1.

9. 《Can green space and biodiversity increase levels of physical activity?》, W. Bird, *Berkshire Healthcare NHS Foundation Trust*.

10. 《Correlates of physical activity at home in, Mexican-American and Anglo-American preschool children》, J. F. Sallis, P. R. Nadir, S. L. Broyles et al., *Health Psychology*, 1995.

11. 《Coping with ADD the surprising connection to green play settings》, A. Faber Taylor, F. E. Kuo, W. C. Sullivan, *Environment Behav.*, 2001.

12. 《Green spaces and mortality : a systematic review and meta-analysis of cohort studies》, D. Rojas-Rueda et al., *The Lancet Planetary Health*, vol. 3, no 11, novembre 2019.

1. 《Avicenna's (Ibn Sina) The Canon of Medicine and Saffron (Crocus sativus) : a review》, H. Hosseinzadeh, M. Nassiri-Ask, *Phytotherapy Research*, 2013.

2. 《The efficacy of saffron in the treatment of mild to moderate depression : a meta-analysis》, B. Tót et al., *Planta Med.*, janvier 2019.

3. 《Saffron, as an adjunct therapy, contributes to relieve depression symptoms : An umbrella meta-analysis》, V. Musazadeh et al., *Pharmacol. Res.*, janvier 2022.

4. 《Saffron (Crocus sativus) for depression : a systematic review of clinical studies and examination of underlying antidepressant, mechanisms of action》, A. L. Lopresti, P. D. Drummond, *Hum. Psychopharmacol. Clin. Exp.*, 2014.

5. 《Effects of saffron supplementation on improving sleep quality : a meta-analysis of randomized controlled trials》, J. Lian et al., *Sleep Med.*, avril 2022.

6. 《Effect of saffron and fenugreek on lowering blood glucose : a systematic review with meta-analysis》, A. Guilherme da Silva Correia et al., *Phytother. Res.*, mai 2023.

1. 《Associations between prenatal urinary biomarkers of phthalate exposure and preterm birth》, B. M. Welch, A. P. Keil, J. P. Buckley et al., *JAMA Pediatr.*, 2022.

2. 《Temporal trends in sperm count : a systematic review and metaregression analysis of samples collected globally in the 20th and 21st centuries》, H. Levine et al., *Human Reproduction Update*, vol. 29, no 2, mars-avril 2023, p. 157-176.

3. 《Raman imaging for the identification of Teflon microplastics and nanoplastics released from non-stick cookware》, Y. Luo, C. T. Gibson, C. Chuah, Y. Tang, R. Naidu, C. Fang, *Science of The Total Environment*, vol. 851, part. 2, 10 décembre 2022.

4. 《Microplastics : what happens in the human digestive tract ? First evidences in adults using in vitro gut models》, E. Fournier et al., *Journal of Hazardous Materials*, vol. 442, 15 janvier 2023.

27장 더 자주 서로를 안아주세요

1. 《The influence of duration, arm crossing style, gender, and emotional closeness on hugging behaviour》, A. L. Dueren, A. Vafeiadou, C. Edgar, M. J. Baniss, *Acta Psychologica*, vol. 221, novembre 2021.

2. 《Sociability and susceptibility to the common cold》, S. Cohen, W. J. Doyle, D. P. Skoner, *Psychological Science*, vol. 14, no 5, septembre 2003.

28장 이렇게 설탕을 줄일 수 있습니다

1. 《The effects of Gymnema Sylvestre supplementation on lipid profile, glycemic control, blood pressure, and anthropometric indices in adults : a systematic review and meta-analysis》, M. Zamani et al., *Phytother. Res.*, mars 2023.

29장 혈압을 꾸준히 살피면 알츠하이머병을 막을 수 있어요

1. 《Effects of nilvadipine on cerebral blood flow in patients with Alzheimer disease, a randomized trial》, D. L.K. de Jong, R. A.A. de Heus, A. Rijpma, R. Donders, M. G.M. Olde Rikkert, M. Günther, B. A. Lawlor, M. J.P. van Osch, Jurgen A.H.R. Claassen, *Hypertension AHA*, 17 juin 2019.

30장 발기부전 치료는 필요합니다

1. 《Organic erectile dysfunction》, M. Fode, M. H. Wiborg, G. Fojecki, U. Nordström Joensen, C. Fuglesang, S. Jensen, *Ugeskrift for Laeger*, 20 janvier 2020.
2. 《How serious is erectile dysfunction in men's lives ? Comparative data from korean adults》, Y. Seob Ji, J. Woong Choi, Y. Hwii Ko, P. Hyun Song, H. Chang Jung, K. Hak Moon, *Korean J. Urol.*, juillet 2013.
3. 《Erectile dysfunction》, T. F. Lue, *N. Engl. J. Med.*, juin 2000.

31장 뛰어난 항산화제, 다크 초콜릿

1. 《Is chocolate consumption associated with health outcomes

? An umbrella review of systematic reviews and meta-analyses》, N. Veronese et al., *Clin. Nutr.*, juin 2019.

2. 《Consumption of 85 % cocoa dark chocolate improves mood in association with gut microbial changes in healthy adults : a randomized controlled trial》, J.-H. Shin et al., *J. Nutr. Biochem.*, janvier 2022.

32장 감사 인사가 수명을 연장합니다

1. 《Gratefulness and subjective well-being : Social connectedness and presence of meaning as mediators》, K. Yu-Hsin Liao, C.-Y. Weng, *J. Couns. Psychol.*, avril 2018.

2. 《Effects of gratitude intervention on mental health and well-being among workers : a systematic review》, Y. Komase et al., *J. Occup. Health*, janvier-décembre 2021.

3. 《Positive psychological assessment : a handbook of models and measures》, R. A. Emmons, J. Froh, R. Rose, 《Gratitude》, M. W. Gallagher, S. J. Lopez, American Psychological Association, 2019.

4. 《Positive emotions in early life and longevity : findings from the nun study》, D. D. Danner, D. A. Snowdon, W. V. Friesen, *J. Pers. Soc. Psychol.*, mai 2001.

33장 사우나와 냉욕의 효과

1. 《Blood, urine, and sweat (BUS) study : monitoring and elimination of bioaccumulated toxic éléments》, S. J. Genuis,

D. Birkholz, I. Rodushkin, S. Beesoon, *Arch. Environ. Contam. Toxicol.*, 2011, p. 344-357.

2. 《The cardiometabolic health benefits of sauna exposure in individuals with high-stress occupations. A mechanistic review, K. N. Henderson, L. G. Killen, E. K. O'Neal, H. S. Waldman, *Int. J. Environ. Res. Public Health*, janvier 2021.

3. 《Sauna as a valuable clinical tool for cardiovascular, autoimmune,toxicant-induced and other chronic health problems》, W. J. Crinnion, *Altern. Med. Rev.*, septembre 2011.

34장 냄새의 힘을 이용하세요

1. 《Neural processing of the reward value of pleasant odorants》, M. Midroit, L. Chalençon, N. Renier, M. Bensafi, A. Didier, N. Mandairon, *Current Biology*, 17 février 2021.

2. *Aroma -enfants*, Dr. F. Couic Marinier, Dr. C. Minker, Éditions Terre vivante, 2023.